西门子S7-200 SMART PLC编程技巧与案例

韩相争　编著

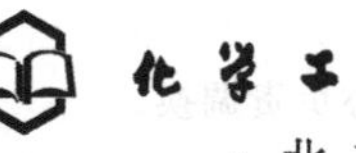

化学工业出版社

·北京·

图书在版编目（CIP）数据

西门子 S7-200 SMART PLC 编程技巧与案例/韩相争编著. —北京：化学工业出版社，2017.3（2025.2重印）

ISBN 978-7-122-28836-3

Ⅰ.①西… Ⅱ.①韩… Ⅲ.①PLC 技术-程序设计 Ⅳ.①TM571.6

中国版本图书馆 CIP 数据核字（2017）第 002738 号

责任编辑：宋　辉　　　　装帧设计：王晓宇

责任校对：边　涛

出版发行：化学工业出版社（北京市东城区青年湖南街 13 号　邮政编码 100011）

印　　装：北京盛通数码印刷有限公司

787mm×1092mm　1/16　印张 22¾　字数 566 千字　2025 年 2 月北京第 1 版第11次印刷

购书咨询：010-64518888　　　　售后服务：010-64518899

网　　址：http://www.cip.com.cn

凡购买本书，如有缺损质量问题，本社销售中心负责调换。

定　　价：69.00 元

前言

FOREWORD

随着时代的发展、科技的进步，PLC 厂商也都推出了自己的更新换代产品，作为全球 PLC 生产大型厂商的西门子公司也不例外。目前，西门子小型 PLC 更新替代产品的发展呈两大方向：S7-200 SMART 和 S7-1200。S7-200 SMART 是 2013 年西门子公司推出的新兴产品，与 S7-200 PLC 相比具有自己的特点：

◆ 机型丰富，选择更多；

◆ 以太互联，经济便捷；

◆ 软件友好，编程高效；

◆ 三轴脉冲，运动自如；

◆ 高速芯片，性能卓越；

◆ 完美整合，无缝集成；

由于 S7-200 SMART PLC 是新兴产品，工程技术人员需要了解它的功能和应用，基于此，笔者结合多年的教学与工程实践经验，编写本书。

本书以西门子 S7-200 SMART PLC 为讲授对象，着眼实际，以 S7-200 SMART PLC 硬件系统组成、指令系统及应用为基础，以开关量、模拟量、通信控制的编程方法与案例为重点，以 PLC 控制系统的设计为最终目的，详细讲述了西门子 S7-200 SMART PLC 的编程技巧与系统设计方法。内容上循序渐进，由浅入深全面展开。

该书在编写的过程中有以下特点：

(1) 去粗取精，直击要点；

(2) 以图解形式讲解，生动形象，易于读者学习；

(3) 案例多且典型，读者可边学边用；

(4) 系统设计完全从工程的角度出发，可与实际直接接轨，易于读者模仿和上手；

(5) 开关量、模拟量、通信等编程方法阐述系统、详细，让读者编程时，有“法”可依；

(6) 以 S7-200 SMART PLC 的手册为第一手资料，直接和工程接轨。

全书共分 7 章，其主要内容为 S7-200 SMART PLC 硬件组成与编程基础、指令系统及案例、开关量控制程序设计、模拟量控制程序设计、通信及应用、PLC 控制系统的设计和附录。

本书实用性强，图文并茂，不仅为初学者提供了一套有效地编程方法，还为工程技术人员提供了大量的编程技巧和实践经验，可作为广大电气工程技术人员自学和参考用书，也可作为高等工科院校、高等职业技术院校工业自动化、电气工程及自动化、机电一体化等相关专业的 PLC 教材。

全书由韩相争编著，辽宁城建职业技术学院杨静审阅，李艳昭、乔海、杜海洋、刘江帅、杨萍和宁伟超校对。韩霞、张振生、韩英、马力、郑宏俊、李志远、张孝雨、张岩为本书编写提供了帮助，在此一并感谢。

由于笔者水平有限，书中不足之处，敬请广大专家和读者批评指正。

编著者

目 录

CONTENTS

第6章 Page

S7-200 SMART PLC 通信及应用案例 240

第7章 Page

PLC 控制系统的设计 261

第 1 章
S7-200 SMART PLC 硬件组成与编程基础

本章要点

- S7- 200 SMART PLC 控制系统硬件组成
- S7- 200 SMART PLC 的外部结构与外部接线
- S7- 200 SMART PLC 的数据类型、地址格式与编程元件
- S7- 200 SMART PLC 寻址方式

1.1 S7-200 SMART PLC 概述与控制系统硬件组成

1.1.1 S7-200 SMART PLC 概述

西门子 S7-200 SMART PLC 是在 S7-200 PLC 基础上发展起来的全新自动化控制产品，该产品的以下特点，使其成为经济型自动化市场的理想选择。

(1) 机型丰富，选择更多

该产品可以提供不同类型，I/O 点数丰富的 CPU 模块。产品配置灵活，在满足不同需要的同时，又可以最大限度地控制成本，是小型自动化系统的理想选择。

(2) 选件扩展，配置灵活

S7-200 SMART PLC 新颖的信号板设计，在不额外占用控制柜空间的前提下，可实现通信端口、数字量通道、模拟量通道的扩展，其配置更加灵活。

(3) 以太互动，便捷经济

CPU 模块的本身集成了以太网接口，用 1 根以太网线，便可以实现程序的下载和监控，省去了购买专用编程电缆的费用，经济便捷；同时，强大的以太网功能，可以实现与其他 CPU 模块、触摸屏和计算机的通信和组网。

(4) 软件友好，编程高效

STEP 7-Micro/WIN SMART 编程软件融入了新颖的带状菜单和移动式窗口设计，先进的程序结构和强大的向导功能，使编程效率更高。

(5) 运动控制功能强大

S7-200 SMART PLC 的 CPU 模块本体最多集成 3 路高速脉冲输出，支持 PWM/PO 输出方式以及多种运动模式。配以方便易用的向导设置功能，快速实现设备调速和定位。

（6）完美整合，无缝集成

S7-200 SMART PLC、Smart Line 系列触摸屏和 SINAMICS V20 变频器完美结合，可以满足用户人机互动、控制和驱动的全方位需要。

1.1.2 S7-200 SMART PLC 硬件系统组成

S7-200 SMART PLC 控制系统硬件由 CPU 模块、数字量扩展模块、模拟量扩展模块、热电偶与热电阻模块和相关设备组成。CPU 模块、扩展模块及信号板，如图 1-1 所示。

图 1-1 S7-200 SMART PLC CPU 模块、信号板及扩展模块

（1）CPU 模块

CPU 模块又称基本模块和主机，它由 CPU 单元、存储器单元、输入输出接口单元以及电源组成。CPU 模块（这里说的 CPU 模块指的是 S7-200 SMART PLC 基本模块的型号，绝不是中央微处理器 CPU 的型号。）是一个完整的控制系统，它可以单独地完成一定的控制任务，主要功能是采集输入信号，执行程序，发出输出信号和驱动外部负载。CPU 模块有经济型和标准型两种。经济型 CPU 模块有两种，分别为 CPU CR40 和 CPU CR60，经济型 CPU 价格便宜，但不具有扩展能力；标准型 CPU 模块有 8 种，分别为 CPU SR20、CPU ST20、CPU SR30、CPU ST30、CPU SR40、CPU ST40、CPU SR60 和 CPU ST60，具有扩展能力。

CPU 模块具体技术参数，如表 1-1 所示。

表 1-1 CPU 模块技术参数

特征	CPU SR20/ST20	CPU SR30/ST30	CPU SR40/ST40	CPU SR60/ST60
外形尺寸/mm×mm×mm	90×100×81	110×100×81	125×100×81	175×100×81
程序存储器/KB	12	18	24	30
数据存储器/KB	8	12	16	20
本机数字量 I/O	12 入/8 出	18 入/12 出	24 入/16 出	36 入/24 出
数字量 I/O 映像区	256 位入/256 位出	256 位入/256 位出	256 位入/256 位出	256 位入/256 位出
模拟映像	56 字入/56 字出	56 字入/56 字出	56 字入/56 字出	56 字入/56 字出

续表

特征	CPU SR20/ST20	CPU SR30/ST30	CPU SR40/ST40	CPU SR60/ST60
扩展模块数量(个)	6	6	6	6
脉冲捕捉输入个数	12	12	14	24
高速计数器个数 单相高速计数器个数 正交相位	4 路 4 路 200kHz 2 路 100kHz	4 路 4 路 200kHz 2 路 100kHz	4 路 4 路 200kHz 2 路 100kHz	4 路 4 路 200kHz 2 路 100kHz
高速脉冲输出	2 路 100kHz (仅限 DC 输出)	3 路 100kHz (仅限 DC 输出)	3 路 100kHz (仅限 DC 输出)	3 路 20kHz (仅限 DC 输出)
以太网接口(个)	1	1	1	1
RS-485 通信接口	1	1	1	1
可选件	存储器卡、信号板和通信版			
DC 24V 电源 CPU 输入电流/最大负载	430mA/160mA	365mA/624mA	300mA/680mA	300mA/220mA
AC 240V 电源 CPU	120mA/60mA	52mA/72mA	150mA/190mA	300mA/710mA

(2) 数字量扩展模块

当 CPU 模块数字量 I/O 点数不能满足控制系统的需要时，用户可根据实际的需要对数字量 I/O 点数进行扩展。数字量扩展模块不能单独使用，需要通过自带的连接器插在 CPU 模块上。数字量扩展模块通常有 3 类，分别为数字量输入模块、数字量输出模块和数字量输入/输出混合模块。数字量输入模块有 1 个，型号为 EM DI08，8 点输入。数字量输出模块有 2 个，型号有 EM DR08 和 EM DT08，EM DR08 模块为 8 点继电器输出型，每点额定电流 2A；EM DT08 模块为 8 点晶体管输出型，每点额定电流 0.75A。数字量输入/输出模块有 4 个，型号有 EM DR16、EM DT16、EM DR32 和 EM DT32，EM DR16/DT16 模块为 8 点输入/8 点输出，继电器/晶体管输出型，每点额定电流 2A/0.75A；EM DR32/DT32 模块为 16 点输入/16 点输出，继电器/晶体管输出型，每点额定电流 2A/0.75A。

(3) 信号板

S7-200 SMART PLC 有 3 种信号板，分别为模拟量输出信号板、数字量输入/输出信号板和 RS485/RS232 信号板。

模拟量输出信号板型号为 SB AQ01，1 点模拟量输出，输出量程为 −10～10V 或 0～20mA，对应数字量值为 −27648～27648 或 0～27648。

数字量输入/输出信号板型号为 SB DT04，为 2 点输入/2 点输出晶体管输出型，输出端子每点最大额定电流为 0.5A。

RS485/RS232 信号板型号为 SB CM01，可以组态 RS-485 或 R-S232 通信接口。

编者心语:

① 和 S7-200 PLC 相比，S7-200 SMART PLC 信号板配置是特有的，在功能扩展的同时，也兼顾了安装方式，配置灵活，且不占控制柜空间。

② 读者在应用 PLC 及数字量扩展模块时，一定要注意针脚载流量，继电器输出型载流量为 2A，晶体管输出型载流量为 0.75A。在应用时，不要超过上限值，如果超限，则需要用继电器过渡，这是工程中常用的手段。

(4) 模拟量扩展模块

模拟量扩展模块为主机提供了模拟量输入/输出功能，适用于复杂控制场合。它通过自带连接器与主机相连，并且可以直接连接变送器和执行器。模拟量扩展模块通常可以分为3类，分别为模拟量输入模块、模拟量输出模块和模拟量输入/输出混合模块。

4路模拟量输入模块型号为EM AE04，量程有4种，分别为－10～10V、－5～5V、－2.5～2.5V和0～20mA，其中电压型的分辨率为11位＋符号位，满量程输入对应的数字量范围为－27648～27648，输入阻抗≥9MΩ；电流型的分辨率为11位，满量程输入对应的数字量范围为0～27648，输入阻抗为250Ω。

2路模拟量输出模块型号为EM AQ02，量程有2种，分别为－10～10V和0～20mA，其中电压型的分辨率为10位＋符号位，满量程输入对应的数字量范围为－27648～27648；电流型的分辨率为10位，满量程输入对应的数字量范围为0～27648。

4路模拟量输入/2路模拟量输出模块型号为EM AM06，实际上就是模拟量输入模块EM AE04与模拟量输出模块EM AQ02的叠加，故不再赘述。

(5) 热电阻与热电偶模块

热电阻或热电偶扩展模块是模拟量模块的特殊形式，可直接连接热电偶和热电阻测量温度。热电阻或热电偶扩展模块可以支持多种热电阻和热电偶。热电阻扩展模块型号为EM AR02，温度测量分辨率为0.1℃/0.1℉，电阻测量精度为15位＋符号位；热电偶扩展模块型号为EM AT04，温度测量分辨率和电阻测量精度与热电阻相同。

(6) 相关设备

相关设备是为了充分和方便地利用系统硬件和软件资源而开发和使用的一些设备，主要有编程设备、人机操作界面等。

① 编程设备主要用来进行用户程序的编制、存储和管理等，并将用户程序送入PLC中，在调试过程中，进行监控和故障检测。S7-200 SMART PLC的编程软件为STEP 7-Micro/WIN SMART。

② 人机操作界面主要指专用操作员界面。常见的如触摸面板、文本显示器等，用户可以通过该设备轻松地完成各种调整和控制任务。

1.2 S7-200 SMART PLC外部结构及外部接线

1.2.1 S7-200 SMART PLC的外部结构

S7-200 SMART PLC的外部结构，如图1-2所示，其CPU单元、存储器单元、输入/输出单元及电源集中封装在同一塑料机壳内。当系统需要扩展时，可选用需要的扩展模块与主机连接。

(1) 输入端子　是外部输入信号与PLC连接的接线端子，在顶部端盖下面。此外，顶部端盖下面还有输入公共端子和PLC工作电源接线端子。

(2) 输出端子　输出端子是外部负载与PLC连接的接线端子，在底部端盖下面。此外，底部端盖下面还有输出公共端子和24V直流电源端子，24V直流电源为传感器和光电开关等提供能量。

(3) 输入状态指示灯(LED)　输入状态指示灯用于显示是否有输入控制信号接入

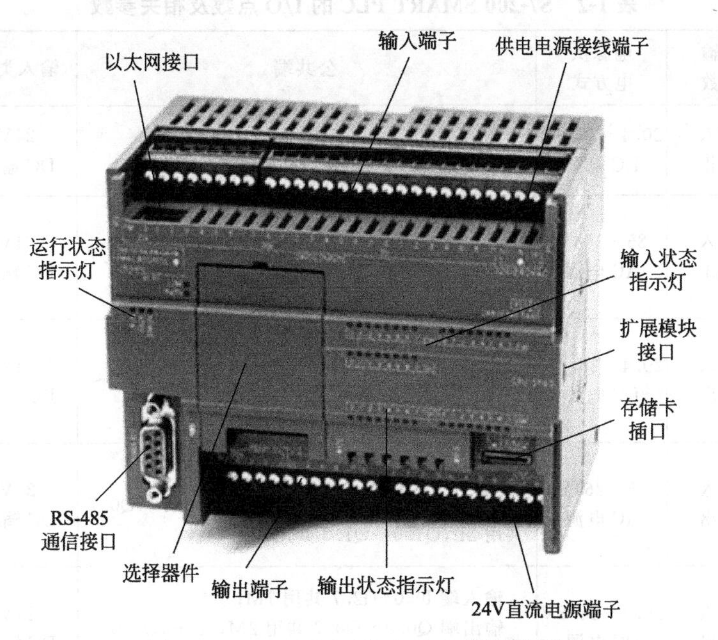

图 1-2　S7-200 SMART PLC 的外部结构

PLC。当指示灯亮时，表示有控制信号接入 PLC；当指示灯不亮时，表示没有控制信号接入 PLC。

（4）输出状态指示灯(LED)　输出状态指示灯用于显示是否有输出信号驱动执行设备。当指示灯亮时，表示有输出信号驱动外部设备；当指示灯不亮时，表示没有输出信号驱动外部设备。

（5）运行状态指示灯　运行状态指示灯有 RUN、STOP、ERROR3 个，其中 RUN、STOP 指示灯用于显示当前工作方式。当 RUN 指示灯亮时，表示运行状态；当 STOP 指示灯亮时，表示停止状态；当 ERROR 指示灯亮时，表示系统故障，PLC 停止工作。

（6）存储卡插口　该插口插入 Micro SD 卡，可以下载程序和 PLC 固件版本更新。

（7）扩展模块接口　用于连接扩展模块，采用插针式连接，使模块连接更加紧密。

（8）选择器件　可以选择信号板或通信板，实现精确化配置的同时，又可以节省控制柜的安装空间。

（9）RS-485 通信接口　可以实现 PLC 与计算机之间、PLC 与 PLC 之间、PLC 与其他设备之间的通信。

（10）以太网接口　用于程序下载和设备组态。程序下载时，只需要 1 条以太网线即可，无需购买专用的程序下载线。

1.2.2　S7-200 SMART PLC 外部接线图

外部接线设计也是 PLC 控制系统设计的重要组成部分之一。由于 CPU 模块、输出类型和外部电源供电方式的不同，PLC 外部接线也不尽相同。鉴于 PLC 的外部接线与输入输出点数等诸多因素有关，本书给出了 S7-200 SMART PLC 标准型和经济型两大类端子排布情况，具体情况如表 1-2 所示。

表 1-2　S7-200 SMART PLC 的 I/O 点数及相关参数

CPU 模块型号	输入输出点数	电源供电方式	公共端	输入类型	输出类型
CPU ST20	12 输入 8 输出	20.4～28.8V DC 电源	输入端 I0.0～I1.3 共用 1M； 输出端 Q0.0～Q0.7 共用 2L＋、2M	24V DC 输入	晶体管输出
CPU SR20	12 输入 8 输出	85～264V AC 电源	输入端 I0.0～I1.3 共用 1M； 输出端 Q0.0～Q0.3 共用 1L，Q0.4～Q0.7 共用 2L	24V DC 输入	继电器输出
CPU ST30	18 输入 12 输出	20.4～28.8V DC 电源	输入端 I0.0～I2.1 共用 1M； 输出端 Q0.0～Q0.7 共用 2L＋、2M，Q1.0～Q1.3 共用 3L＋、3M	24V DC 输入	晶体管输出
CPU SR30	18 输入 12 输出	85～264V AC 电源	输入端 I0.0～I2.1 共用 1M； 输出端 Q0.0～Q0.3 共用 1L，Q0.4～Q0.7 共用 2L，Q1.0～Q1.3 共用 3L	24V DC 输入	继电器输出
CPU ST40	24 输入 16 输出	20.4～28.8V DC 电源	输入端 I0.0～I2.7 共用 1M； 输出端 Q0.0～Q0.7 共用 2M，2L＋，Q1.0～Q1.7 共用 3M，3L＋	24V DC 输入	晶体管输出
CPU SR40	24 输入 16 输出	85～264V AC 电源	输入端 I0.0～I2.7 共用 1M； 输出端 Q0.0～Q0.3 共用 1L，Q0.4～Q0.7 共用 2L，Q1.0～Q1.3 共用 3L，Q1.4～Q1.7 共用 4L	24V DC 输入	继电器输出
CPU ST60	36 输入 24 输出	20.4～28.8V DC 电源	输入端 I0.0～I4.3 共用 1M； 输出端 Q0.0～Q0.7 共用 2M，2L＋，Q1.0～Q1.7 共用 3M，3L＋，Q2.0～Q2.7 共用 4M，4L＋	24V DC 输入	晶体管输出
CPU SR60	36 输入 24 输出	85～264V AC 电源	输入端 I0.0～I4.3 共用 1M； 输出端 Q0.0～Q0.3 共用 1L，Q0.4～Q0.7 共用 2L，Q1.0～Q1.3 共用 3L，Q1.4～Q1.7 共用 4L，Q2.0～Q2.3 共用 5L，Q2.4～Q2.7 共用 6L	24V DC 输入	继电器输出
CPU CR40	24 输入 16 输出	85～264V AC 电源	输入端 I0.0～I2.7 共用 1M； 输出端 Q0.0～Q0.3 共用 1L，Q0.4～Q0.7 共用 2L，Q1.0～Q1.3 共用 3L，Q1.4～Q1.7 共用 4L	24V DC 输入	继电器输出
CPU CR60	36 输入 24 输出	85～264V AC 电源	输入端 I0.0～I4.3 共用 1M； 输出端 Q0.0～Q0.3 共用 1L，Q0.4～Q0.7 共用 2L，Q1.0～Q1.3 共用 3L，Q1.4～Q1.7 共用 4L，Q2.0～Q2.3 共用 5L，Q2.4～Q2.7 共用 6L	24V DC 输入	继电器输出

注：最后两种为经济型，其余为标准型。

本节仅给出 CPU SR30 和 CPU ST30 的接线情况，其余类型的接线读者可查阅附录。鉴于形式相似，这里不再赘述。

(1) CPU SR30 的接线

CPU SR30 接线图，如图 1-3 所示。在图 1-3 中 L1、N 端子接交流电源，电压允许范围为 85～264V。L+、M 为 PLC 向外输出 24V/300mA 直流电源，L+为电源正，M 为电源负，该电源可作为输入端电源使用，也可作为传感器供电电源。

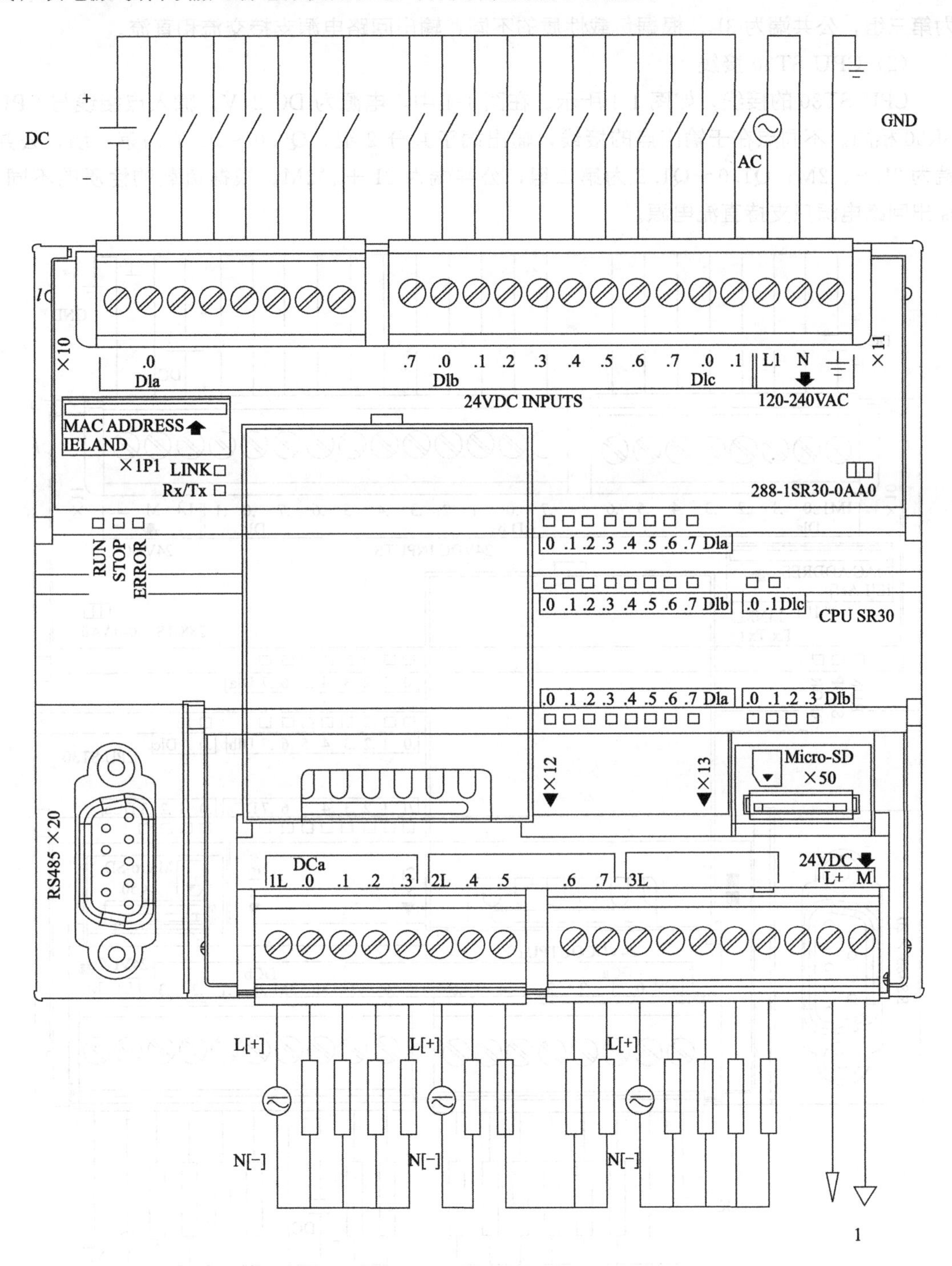

图 1-3 CPU SR30 的接线

① 输入端子　CPU SR30 共有 18 点输入，端子编号采用 8 进制。输入端子 I0.0～I2.1，公共端为 1M。

② 输出端子　CPU SR30 共有 12 点输出，端子编号也采用 8 进制。输出端子共分 3 组。Q0.0～Q0.3 为第一组，公共端为 1L；Q0.4～Q0.7 为第二组，公共端为 2L；Q1.0～Q1.3 为第三组，公共端为 3L。根据负载性质的不同，输出回路电源支持交流和直流。

（2）CPU ST30 接线

CPU ST30 的接线，如图 1-4 所示。在图 1-4 中，电源为 DC 24V，输入点接线与 CPU SR30 相同。不同点在于输出点的接线，输出端子共分 2 组。Q0.0～Q0.7 为第一组，公共端为 2L+、2M；Q1.0～Q1.3 为第二组，公共端为 2L+、2M。根据负载的性质的不同，输出回路电源只支持直流电源。

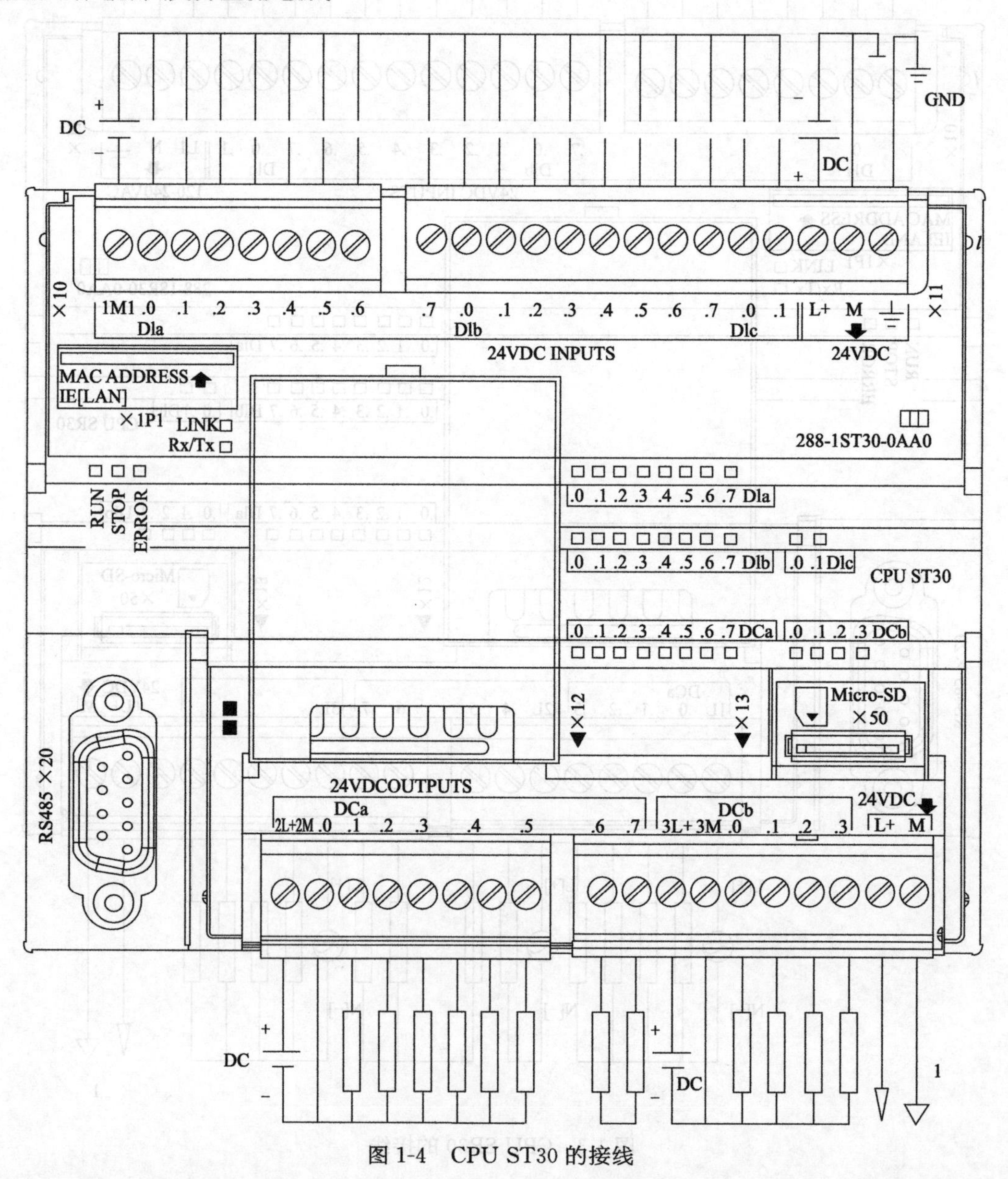

图 1-4　CPU ST30 的接线

编者心语：

① CPU SRXX 模块输出回路电源既支持直流型又支持交流型，有时候交流电源用多了，大家会以为 CPU SRXX 模块输出回路电源不支持直流型，这是误区，读者需注意。

② CPU STXX 模块输出为晶体管型，输出端能发射出高频脉冲，常用于含有伺服电动机和步进电动机的运动量场合，这点 CPU SRXX 模块不具备。

③ 运动量场合，CPU STXX 模块不能直接驱动伺服电动机或步进电动机，需配驱动器。伺服电动机需配伺服电动机驱动器；步进电动机需配步进电动机驱动器。驱动器的厂商很多，例如，西门子、三菱、松下与和利时等，读者可根据需要，进行查找。

1.2.3 S7-200 SMART PLC 电源需求与计算

（1）电源需求与计算概述

S7-200 SMART PLC CPU 模块有内部电源，为 CPU 模块、扩展模块和信号板正常工作供电。

当有扩展模块时，CPU 模块通过总线为扩展模块提供 DC 5V 电源，因此，要求所有的扩展模块消耗的 DC 5V 不得超出 CPU 模块本身的供电能力。

每个 CPU 模块都有 1 个 DC 24V 电源（L+、M），它可以为本机和扩展模块的输入点和输出回路继电器线圈提供 DC 24V 电源，因此，要求所有输入点和输出回路继电器线圈耗电不得超出 CPU 模块本身 DC 24V 电源的供电能力。

基于以上两点考虑，在设计 PLC 控制系统时，有必要对 S7-200 SMART PLC 电源需求进行计算。计算的理论依据是：CPU 供电能力表格和扩展模块电流消耗表格，上述两个表格如表 1-3、表 1-4 所示。

表 1-3 CPU 供电能力

CPU 型号	电流供应	
	5V DC	24V DC(传感器电源)
CPU SR20	740mA	300mA
CPU ST20	740mA	300mA
CPU SR30	740mA	300mA
CPU ST30	740mA	300mA
CPU SR40	740mA	300mA
CPU ST40	740mA	300mA
CPU SR60	740mA	300mA
CPU ST60	740mA	300mA
CPU CR40	—	300mA
CPU CR60	—	300mA

表 1-4　扩展模块的耗电情况

模块类型	型号	电流供应	
		5V DC	24V DC(传感器电源)
数字量扩展模块	EM DE08	105mA	8×4mA
	EM DT08	120mA	—
	EM DR08	120mA	8×11mA
	EM DT16	145mA	输入:8×4mA;输出:—
	EM DR16	145mA	输入:8×4mA;输出:8×11mA
	EM DT32	185mA	输入:16×4mA;输出:—
	EM DR32	185mA	输入:16×4mA;输出:16×11mA
模拟量扩展模块	EM AE04	80mA	40mA(无负载)
	EM AQ02	80mA	50mA(无负载)
	EM AM06	80mA	60mA(无负载)
热电阻扩展模块	EM AR02	80mA	40mA
信号板	SB AQ01	15mA	40mA(无负载)
	SB DT04	50mA	2×4mA
	SB RS485/RS232	50mA	不适用

(2) 电源需求与计算举例

某系统有 CPU SR20 模块 1 台，2 个数字量输出模块 EM DR08，3 个数字量输入模块 EM DE08，1 个模拟量输入模块 EM AE04，试计算电流消耗，看是否能用传感器电源 24V DC 供电。

解：计算过程如表 1-5 所示。

经计算（具体见表 1-5），5V DC 电流差额＝105mA＞0mA，24V DC 电流差额＝－12mA＜0mA，5V CPU 模块提供的电量够用，24V CPU 模块提供的电量不足，因此这种情况下 24V 供电需外接直流电源，实际工程中干脆由外接 24V 直流电源供电，就不用 CPU 模块上的传感器电源（24V DC）了，以免出现扩展模块不能正常工作的情况。

表 1-5　某系统扩展模块耗电计算

CPU 型号	电流供应		备注
	5V DC/mA	24V DC(传感器电源)/mA	
CPU SR20	740	300	
减去			
EM DR08	120	88	8×11mA
EM DR08	120	88	8×11mA
EM DE08	105	32	8×4mA

续表

CPU 型号	电流供应		
	5V DC/mA	24V DC(传感器电源)/mA	备注
EM DE08	105	32	8×4mA
EM DE08	105	32	8×4mA
EM AE04	80	40	
电流差额	105.00	−12.00	

1.3 S7-200 SMART PLC 的数据类型、数据区划分与地址格式

1.3.1 数据类型

（1）数据类型

S7-200 SMART PLC 的指令系统所用的数据类型有：1 位布尔型（BOOL）、8 位字节型（BYTE）、16 位无符号整数型（WORD）、16 位有符号整数型（INT）、32 位无符号双字整数型（DWORD）、32 位有符号双字整数型（DINT）和 32 位实数型（REAL）。

（2）数据长度与数据范围

在 S7-200 SMART PLC 中，不同的数据类型有不同的数据长度和数据范围。通常情况下，用位、字节、字和双字所占的连续位数表示不同数据类型的数据长度，其中布尔型的数据长度为 1 位，字节的数据长度为 8 位、字的数据长度为 16 位，双字的数据长度为 32 位。数据类型、数据长度和数据范围，如表 1-6 所示。

表 1-6　数据类型、数据长度和数据范围

数据类型 / 数据长度	无符号整数范围(十进制)	有符号整数范围(十进制)
布尔型(1 位)	取值 0、1	
字节 B(8 位)	0～255	−128～127
字 W(16 位)	0～65535	−32768～32767
双字 D(32 位)	0～4294967295	−2147483648～2147483647

1.3.2 存储器数据区划分

S7-200 SMART PLC 存储器有程序区、系统区和数据区 3 个存储区，如图 1-5 所示。

程序区用来存储用户程序，存储器为 EEPROM；系统区用来存储 PLC 配置结构的参数如 PLC 主机和扩展模块 I/O 配置和编制、PLC 站地址等，存储器为 EEPROM。

数据区是用户程序执行过程中的内部工作区域。该区域用来存储工作数据和作为寄存器使用，存储器为 EEPROM 和 RAM。数据区是 S7-200 SMART PLC 存储器特定区域，具体如图 1-6 所示。

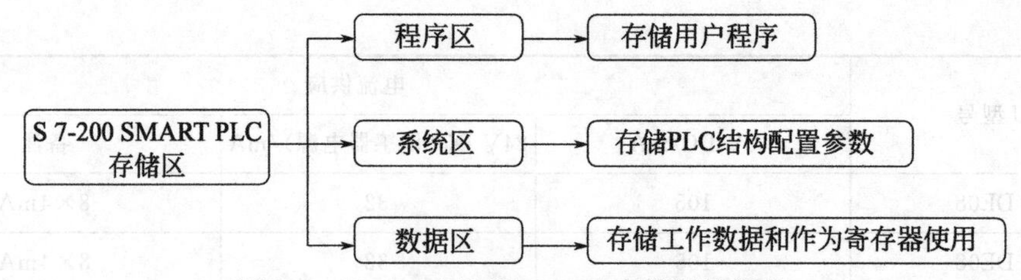

图 1-5　S7-200 SAMRT PLC 存储区的划分

数据区划分

I	V		Q
	M	SM	
	L	T	
	C	HC	
	AC	S	
	AI	AQ	

图 1-6　数据区划分示意图

（1）输入映像寄存器（I）与输出映像寄存器（Q）

① 输入映像寄存器（I）　输入映像寄存器是 PLC 用来接收外部输入信号的窗口，工程上经常将其称为输入继电器。在每个扫描周期的开始，CPU 都对各个输入点进行集中采样，并将相应的采样值写入输入映像寄存器中，这一过程可以形象地将输入映像寄存器比作输入继电器来理解，如图 1-7 所示。在图 1-7 中，每个 PLC 的输入端子与相应的输入继电器线圈相连，当有外部信号输入时，对应的输入继电器线圈得电即输入映像寄存器相应位写入“1”，程序中对应的常开触点闭合，常闭触点断开；当无外部输入信号时，对应的输入继电器线圈失电即输入映像寄存器相应位写入“0”，程序中对应的常开触点和常闭触点保持原来状态不变。

需要说明的是，输入映像寄存器中的数值只能由外部信号驱动，不能由内部指令改写；输入映像寄存器有无数个常开和常闭触点供编程时使用，且在编写程序时，只能出现输入继电器触点，不能出现线圈。

输入映像寄存器可采用位、字节、字和双字来存取。S7-200 SMART PLC 地址范围如表 1-7 所示。

输入映像寄存器（I）；　特殊标志位存储器（SM）；
顺序控制继电器存储器（S）；　定时器存储器（T）；
计数器存储器（C）；　变量存储器（V）；
局部存储器（L）；
模拟量输入映像寄存器（AI）；　模拟量输出映像寄存器（AQ）；
累加器（AC）；
高速计数器（HC）；　输出映像寄存器（Q）
内部标志位存储器（M）；

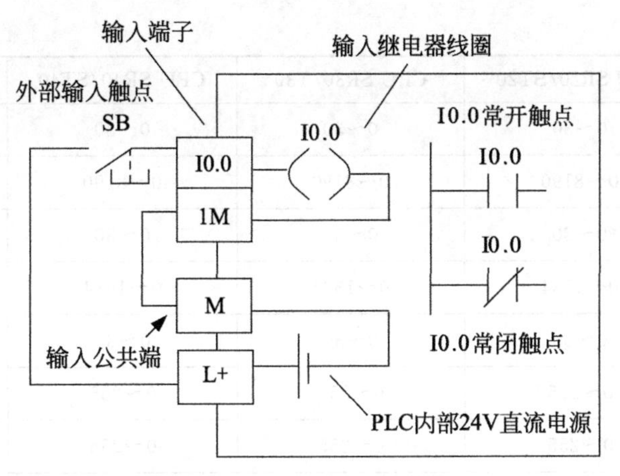

图 1-7　输入继电器等效电路

输入继电器等效电路解析

按下启动按钮 SB，外部输入信号经输入端子驱动输入继电器 I0.0 线圈，其常开触点闭合，常闭触点断开

表 1-7　S7-200 SMART PLC 操作数地址范围

存储方式	CPU SR20/ST20	CPU SR30/T30	CPU SR40/ST40	CPU SR60/ST60
位存储 I	0.0～31.7	0.0～31.7	0.0～31.7	0.0～31.7
Q	0.0～31.7	0.0～31.7	0.0～31.7	0.0～31.7
V	0.0～8191.7	0.0～12287.7	0.0～16383.7	0.0～20479.7
M	0.0～31.7	0.0～31.7	0.0～31.7	0.0～31.7
SM	0.0～1535.7	0.0～1535.7	0.0～1535.7	0.0～1535.7
S	0.0～31.7	0.0～31.7	0.0～31.7	0.0～31.7
T	0～255	0～255	0～255	0～255
C	0～255	0～255	0～255	0～255
L	0.0～63.7	0.0～63.7	0.0～63.7	0.0～63.7
字节存储 IB	0～31	0～31	0～31	0～31
QB	0～31	0～31	0～31	0～31
VB	0～8191	0～8191	0～8191	0～8191
MB	0～31	0～31	0～31	0～31
SMB	0～1535	0～1535	0～1535	0～1535
SB	0～31	0～31	0～31	0～31
LB	0～63	0～63	0～63	0～63
AC	0～3	0～3	0～3	0～3
字存储 IW	0～30	0～30	0～30	0～30

续表

存储方式	CPU SR20/ST20	CPU SR30/T30	CPU SR40/ST40	CPU SR60/ST60
QW	0～30	0～30	0～30	0～30
VW	0～8190	0～8190	0～8190	0～8190
MW	0～30	0～30	0～30	0～30
SMW	0～1534	0～1534	0～1534	0～1534
SW	0～30	0～30	0～30	0～30
T	0～255	0～255	0～255	0～255
C	0～255	0～255	0～255	0～255
LW	0～62	0～62	0～62	0～62
AC	0～3	0～3	0～3	0～3
AIW	0～110	0～110	0～110	0～110
AQW	0～110	0～110	0～110	0～110
双字存储 ID	0～28	0～28	0～28	0～28
QD	0～28	0～28	0～28	0～28
VD	0～8188	0～12284	0～16380	0～20476
MD	0～28	0～28	0～28	0～28
SMD	0～532	0～532	0～532	0～532
SD	0～28	0～28	0～28	0～28
LD	0～60	0～60	0～60	0～60
AC	0～3	0～3	0～3	0～3
HC	0～3	0～3	0～3	0～3

② 输出映像寄存器(Q)　输出映像寄存器是PLC向外部负载发出控制命令的窗口，工程上经常将其称为输出继电器。在每个扫描周期的结尾，CPU都会根据输出映像寄存器的数值来驱动负载，这一过程可以形象地将输出映像寄存器比作输出继电器，如图1-8所示。在图1-8中，每个输出继电器线圈都与相应输出端子相连，当有驱动信号输出时，输出继电器线圈得电，对应的常开触点闭合，从而驱动了负载。反之，则不能驱动负载。

需要指出的是，输出继电器线圈的通断状态只能由内部指令驱动，即输出映像寄存器的数值只能由内部指令写入；输出映像寄存器由无数个常开和常闭触点供编程时使用，且在编写程序时，输出继电器触点、线圈都能出现，且线圈的通断状态表示程序最终的运算结果，这与下面要讲的辅助继电器有着明显的区别。

输出映像寄存器可采用位、字节、字和双字来存取。S7-200 SMART PLC操作数地址范围如表1-7所示。

③ PLC工作原理的理解　下面将就PLC工作原理的理解加以说明，输入输出继电器等效电路如图1-9所示。

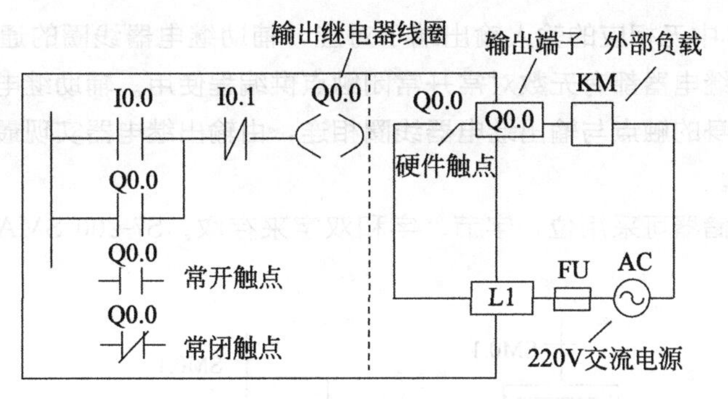

图 1-8　输出继电器等效电路

输出继电器等效电路解析

当输出继电器 Q0.0 线圈得电，经过 PLC 内部电路的一系列转换，使得其硬件触点闭合，输出电路构成通路，从而驱动了外部负载

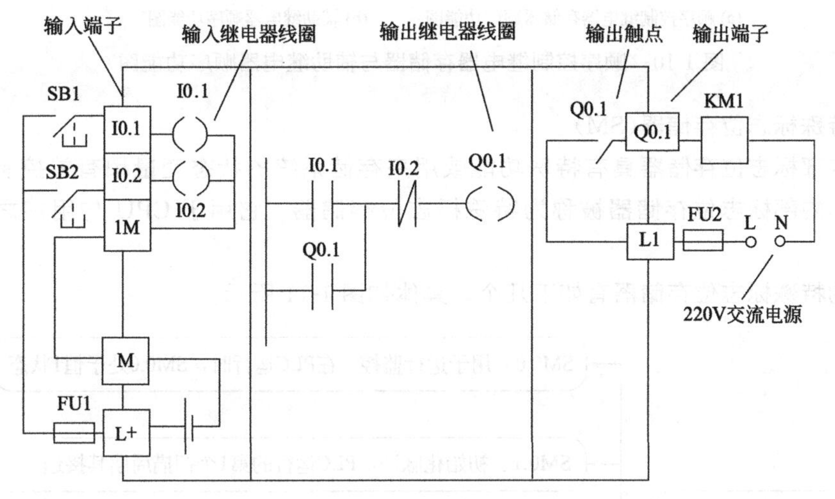

图 1-9　输入输出继电器等效电路

等效电路解析

按下启动按钮 SB1 时，输入继电器 I0.1 线圈得电，常开触点 I0.1 闭合，输出继电器 Q0.1 线圈得电并自锁，输出接口模块硬件常开，触点 Q0.1 闭合，输出电路构成通路，外部负载得电；当按下停止按钮 SB2 时，输入继电器 I0.2 线圈得电，其常闭触点 I0.2 断开，输出继电器 Q0.1 线圈失电，输出接口模块常开触点 Q0.1 复位断开，输出电路形成断路，外部负载断电

（2）内部标志位存储器（M）

内部标志位存储器在实际工程中常称作辅助继电器，其作用相当于继电器控制电路中的中间继电器，它用于存放中间操作状态或存储其他相关数据，如图 1-10（b）所示。内部标

志位存储器在 PLC 中无相应的输入输出端子对应，辅助继电器线圈的通断只能由内部指令驱动，且每个辅助继电器都有无数对常开常闭触点供编程使用。辅助继电器不能直接驱动负载，它只能通过本身的触点与输出继电器线圈相连，由输出继电器实现最终的输出，从而达到驱动负载的目的。

内部标志位存储器可采用位、字节、字和双字来存取。S7-200 SMART PLC 地址范围如表 1-7 所示。

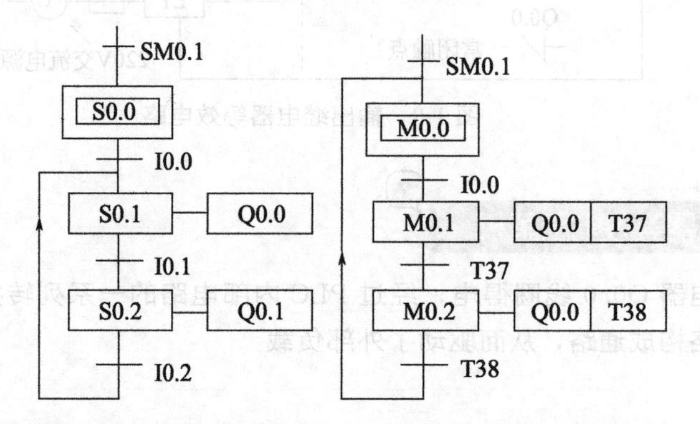

图 1-10　顺序控制继电器存储器与辅助继电器顺序功能图

（3）特殊标志位存储器(SM)

有些内部标志位存储器具有特殊功能或用来存储系统的状态变量和有关控制参数和信息，这样的内部标志位存储器被称为特殊标志位存储器。它用于 CPU 与用户之间的信息交换。

常用的特殊标志位存储器有如下几个，具体如图 1-11 所示。

图 1-11　常用的特殊标志位存储器

常用的特殊标志位存储器时序图及举例，如图 1-12 所示。

其他特殊标志位存储器的用途这里不做过多说明，若有需要读者可参考附录，或者查阅 PLC 软件手册。

（4）顺序控制继电器存储器(S)

顺序控制继电器用于顺序控制(也称步进控制)，与辅助继电器一样，也是顺序控制编程中的重要编程元件之一，它通常与顺序控制继电器指令（也称步进指令）联用以实现顺序控制编程。

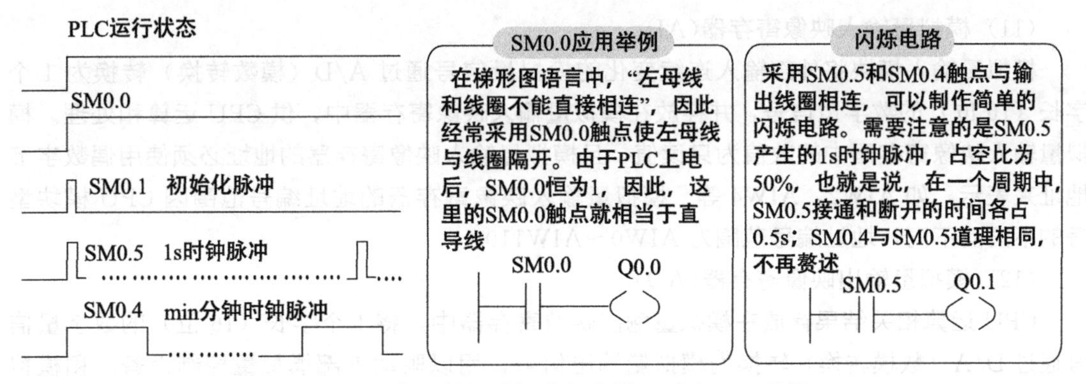

图 1-12　常用的特殊标志位存储器时序图及举例

顺序控制继电器存储器可采用位、字节、字和双字来存取，S7-200 SMART PLC 操作数地址范围如表 1-7 所示。需要说明的是，顺序控制继电器存储器的顺序功能图与辅助继电器的顺序功能图基本一致，具体如图 1-10(a) 所示。

(5) 定时器存储器(T)

定时器相当于继电器控制电路中的时间继电器，它是 PLC 中的定时编程元件。按其工作方式的不同可以将其通电分为延时型定时器、断电延时型定时器和保持型通电延时定时器 3 种。定时时间＝预置值×时基，其中预置值在编程时设定，时基有 1ms、10ms 和 100ms3 种。定时器的位存取有效地址范围为 T0～T255，因此定时器共计 256 个。在编程时定时器可以有无数个常开触点和常闭触点供用户使用。

(6) 计数器存储器(C)

计数器是 PLC 中常用的计数元件，它用来累计输入端的脉冲个数。按其工作方式的不同可以将其分为加计数器、减计数器和加减计数器 3 种。计数器的位存取有效地址范围为 C0～C255，因此计数器共计 256 个，但其常开触点和常闭触点有无数对供编程使用。

(7) 高速计数器(HC)

高速计数器的工作原理与普通的计数器基本相同，只不过它是用来累计高速脉冲信号的。当高速脉冲信号的频率比 CPU 扫描速度更快时，必须用高速计时器来计数。注意高速计时器的计数过程与扫描周期无关，它是一个较为独立的过程。

(8) 局部存储器(L)

局部存储器用来存放局部变量，并且只在局部有效，局部有效是指某个局部存储器只能在某一程序分区(主程序、子程序和中断程序) 中被使用。它可按位、字节、字和双字来存取。S7-200 SMART PLC 操作数地址范围如表 1-7 所示。

(9) 变量存储器(V)

变量存储器与局部存储器十分相似，只不过变量存储器存放的是全局变量，它用在程序执行的控制过程中，控制操作中间结果或其他相关数据，变量存储器全局有效，全局有效是指同一个存储器可以在任意程序分区(主程序、子程序和中断程序) 被访问。它和局部存储器一样可按位、字节、字和双字来存取。S 7-200 SMART PLC 操作数地址范围如表 1-7 所示。

(10) 累加器 (AC)

累加器用来暂时存储计算中间值的存储器，也可向子程序传递参数或返回参数。S7-200 SMART PLC 的 CPU 提供了 4 个 32 位累加器(AC0、AC1、AC2、AC3)，可按字节、字和双字存取累加器中的数值。累加器的有效地址为 AC0～AC3。

（11）模拟量输入映像寄存器(AI)

模拟量输入模块将外部输入连续变化的模拟量信号通过 A/D（模数转换）转换为 1 个字长（16 位）的数字量信号，并存放在模拟量输入映像寄存器中，供 CPU 运算和处理。模拟量输入映像寄存器中的数值为只读值，且模拟量输入映像寄存器的地址必须使用偶数字节地址来表示，如 AIW2，AIW4 等。模拟量输入映像寄存器的地址编号范围因 CPU 模块型号的不同而不同，地址编号范围为 AIW0～AIW110。

（12）模拟量输出映像寄存器(AQ)

CPU 运算相关结果存放在模拟量输出映像寄存器中，将 1 个字长（16 位）的数字量信号通过 D/A（数模转换）转换为模拟量输出信号，用以驱动外部模拟量控制设备。和模拟量输入映像寄存器一样，模拟量输出映像寄存器中的数值也为只读值，且模拟量输出映像寄存器的地址也必须使用偶数字节地址来表示，如 AQW2，AQW4 等，地址编号范围为 AQW0～AQW110。

1.3.3 数据区存储器的地址格式

存储器由许多存储单元组成，每个存储单元都有唯一的地址，在寻址时可以依据存储器的地址来存储数据。数据区存储器的地址格式有如下几种。

（1）位地址格式　位是最小的存储单位，常用 0、1 两个数值来描述各元件的工作状态。当某位取值为 1 时，表示线圈闭合，对应触点发生动作，即常开触点闭合，常闭触点断开；当某位取值为 0 时，表示线圈断开，对应触点发生动作，即常开触点断开，常闭触点闭合。

数据区存储器位地址格式可以表示为区域标识符＋字节地址＋字节与位分隔符＋位号；例如：I1.5，如图 1-13 所示，其中第 0 位为最低位(LSB)，第 7 位为最高位(MSB)。

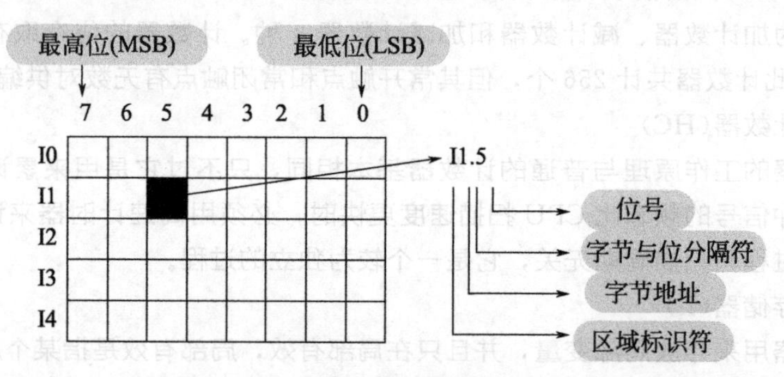

图 1-13　数据区存储器位地址格式

（2）字节地址格式　相邻的 8 位二进制数组成一个字节。字节地址格式可以表示为区域识别符＋字节长度符 B＋字节号；例如：QB0 表示由 Q0.0～Q0.7 这 8 位组成的字节，如图 1-14 所示。

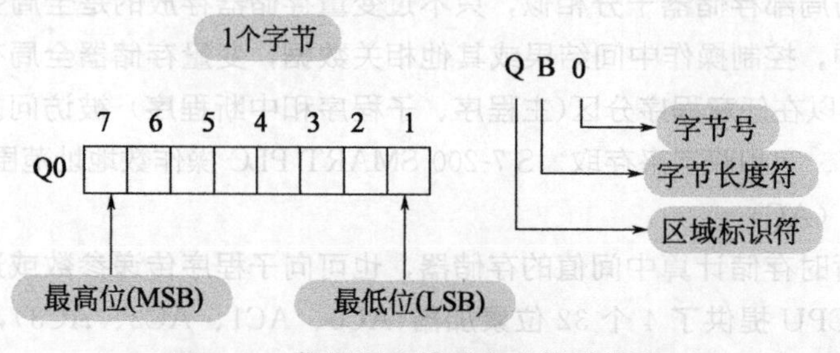

图 1-14　数据区存储器字节地址格式

（3）字地址格式　两个相邻的字节组成一个字。字地址格式可以表示为区域识别符＋字长度符 W＋起始字节号，且起始字节为高有效字节；例如：VW100 表示由 VB100 和 VB101 这 2 个字节组成的字，如图 1-15 所示。

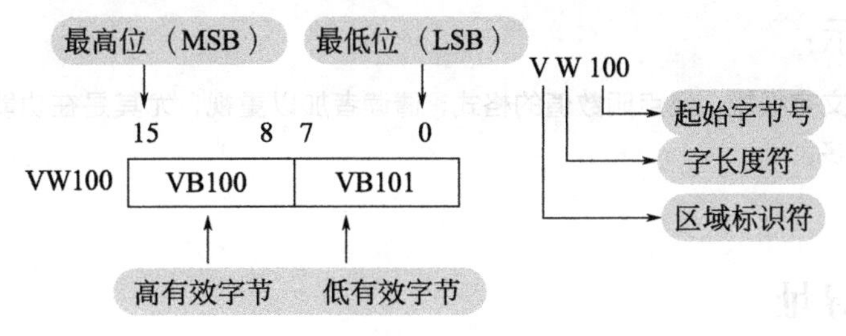

图 1-15　数据区存储器字地址格式

（4）双字地址格式　相邻的两个字组成一个双字。双字地址格式可以表示为区域识别符＋双字长度符 D＋起始字节号，且起始字节为最高有效字节；例如：VD100 表示由 VB100～VB103 这 4 个字节组成的双字，如图 1-16 所示。

需要说明的是，以上区域标识符与 1-16 图一致。

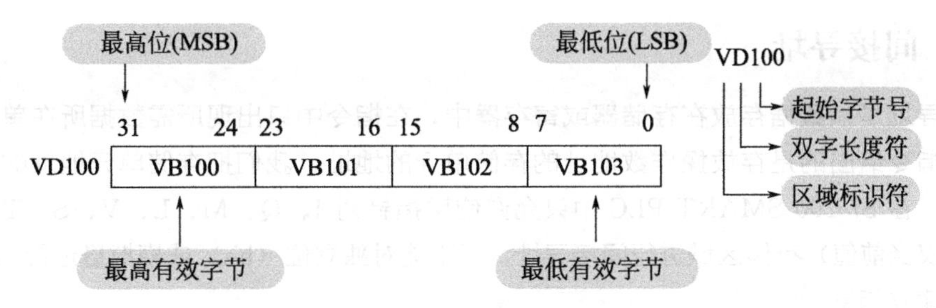

图 1-16　数据区存储器双字地址格式

1.4　S7-200 SMART PLC 的寻址方式

在执行程序过程中，处理器根据指令中所给的地址信息来寻找操作数的存放地址的方式叫寻址方式。S7-200 SMART PLC 的寻址方式有立即寻址、直接寻址和间接寻址，如图 1-17所示。

立即寻址
寻址方式
直接寻址
间接寻址

图 1-17　寻址方式

1.4.1　立即寻址

可以立即进行运算操作的数据叫立即数，对立即数直接进行读写的操作寻址称为立即寻址。立即寻址可用于提供常数和设置初始值等。立即寻址的数据在指令中常常以常数的形式出现，常数可以为字节、字、双字等数据类型。CPU 通常以二进制方式存储所有常数，指令中的常数也可按十进制、十六进制、ASCII 等形式表示，具体格式如下。

二进制格式：在二进制数前加 2＃表示二进制格式，如：2＃1010。

十进制格式：直接用十进制数表示即可，如：8866。

十六进制格式：在十六进制数前加 16＃表示十六进制格式，如：16＃2A6E。

ASCII 码格式：用单引号 ASCII 码文本表示，如：'Hi'。

需要指出，"#"为常数格式的说明符，若无"#"则默认为十进制。

重点提示：

此段文字很短，但点明数值的格式，请读者加以重视，尤其是在功能指令中，对此应用很多。

1.4.2 直接寻址

直接寻址是指在指令中直接使用存储器或寄存器地址编号，直接到指定的区域读取或写入数据。直接寻址有位、字节、字和双字等寻址格式，如：I1.5，QB0，VW100，VD100，具体图例与图 1-13～图 1-16 大致相同，这里不再赘述。

需要说明的是，位寻址的存储区域有 I、Q、M、SM、L、V、S；字节、字、双字寻址的存储区域有 I、Q、M、SM、L、V、S、AI、AQ。

1.4.3 间接寻址

间接寻址是指数据存放在存储器或寄存器中，在指令中只出现所需数据所在单元的内存地址，即指令给出的是存放操作数地址的存储单元的地址，我们把存储单元地址的地址称为地址指针。在 S7-200 SMART PLC 中只允许使用指针对 I、Q、M、L、V、S、T（仅当前值）、C（仅当前值）存储区域进行间接寻址，而不能对独立位（bit）或模拟量进行间接寻址。

（1）建立指针

间接寻址前必须事先建立指针，指针为双字(即 32 位)，存放的是另一个存储器的地址，指针只能为变量存储器（V）、局部存储器（L）或累加器（AC1、AC2、AC3）。建立指针时，要使用双字传送指令（MOVD）将数据所在单元的内存地址传送到指针中，双字传送指令（MOVD）的输入操作数前需加"&"号，表示送入的是某一存储器的地址，而不是存储器中的内容，例"MOVD &VB200，AC1"指令，表示将 VB200 的地址送入累加器 AC1 中，其中累加器 AC1 就是指针。

（2）利用指针存取数据

在利用指针存取数据时，指令中的操作数前需加"*"号，表示该操作数作为指针，如"MOVW *AC1，AC0"指令，表示把 AC1 中的内容送入 AC0 中，间接寻址图示如图 1-18 所示。

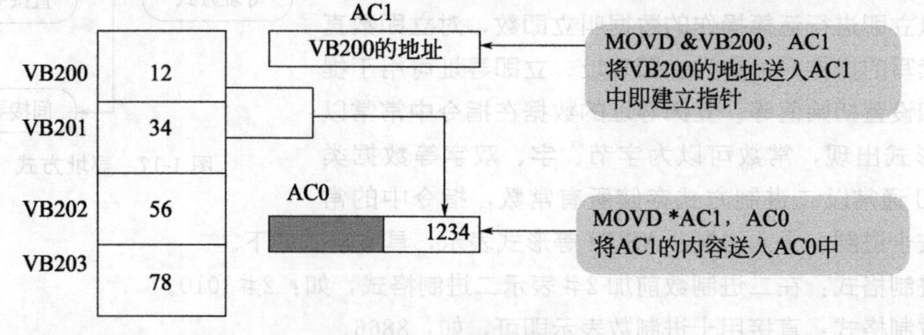

图 1-18 间接寻址图示

（3）间接寻址举例

用累加器（AC1）作地址指针，将变量存储器 VB200、VB201 中的 2 个字节数据内容 1234 移入到标志位寄存器 MB0、MB1 中。

解析：如图 1-19 所示。

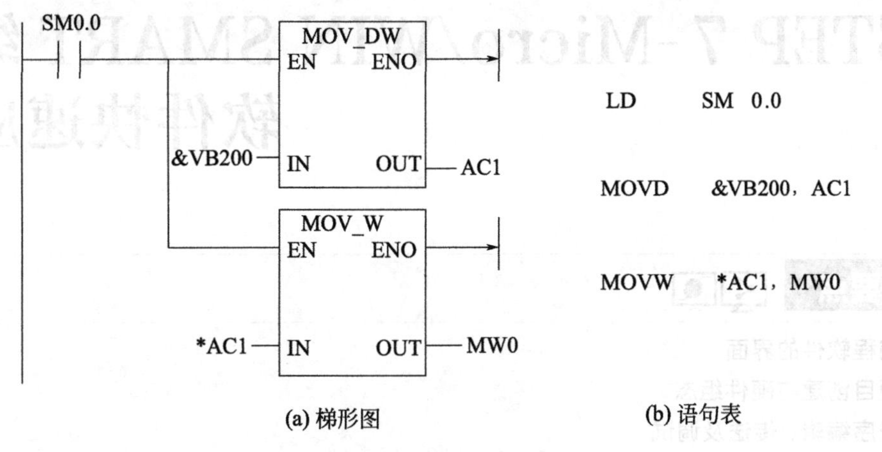

(a) 梯形图　　(b) 语句表

图 1-19　间接寻址举例

① 建立指针，用双字节移位指令 MOVD 将 VB200 的地址移入 AC1 中。

② 用字移位指令 MOVW 将 AC1 中的地址 VB200 所存储的内容（VB200 中的值为 12，VB201 中的值为 34）移入 MW0 中。

第2章

STEP 7-Micro/WIN SMART 编程软件快速应用

本章要点

- 编程软件的界面
- 项目创建与硬件组态
- 程序编辑、传送及调试

STEP 7- Micro/WIN SMART 是西门子公司专门为 S7-200 SMART PLC 设计的编程软件，其功能强大，可在 Windows XP SP3 和 Windows 7 操作系统上运行，支持梯形图、语句表、功能块图 3 种语言，可进行程序的编辑、监控、调试和组态。其安装文件还不足 100MB。在沿用 STEP 7- Micro/WIN 优秀编程理念的同时，更多的人性化设计，使编程更容易上手，项目开发更加高效。

本书以 STEP 7- Micro/WIN SMART V2.0 编程软件为例，对相关知识进行讲解。

2.1 STEP 7-Micro/WIN SMART 编程软件的界面

STEP 7- Micro/WIN SMART 编程软件的界面，如图 2-1 所示。其界面主要包括快速访问工具栏、导航栏、项目树、菜单栏、程序编辑器、窗口选项卡和状态栏。

(1) 快速访问工具栏

快速访问工具栏位于菜单栏的上方，如图 2-2 所示。点击“快速访问文件”按钮，可以简捷快速地访问“文件”菜单下的大部分功能和最近文档。单击“快速访问文件”按钮出现的下拉菜单，如图 2-3 所示。快速访问工具栏上的其余按钮分别为新建、打开、保存和打印等。

此外，点击▼还可以自定义快速访问工具栏。

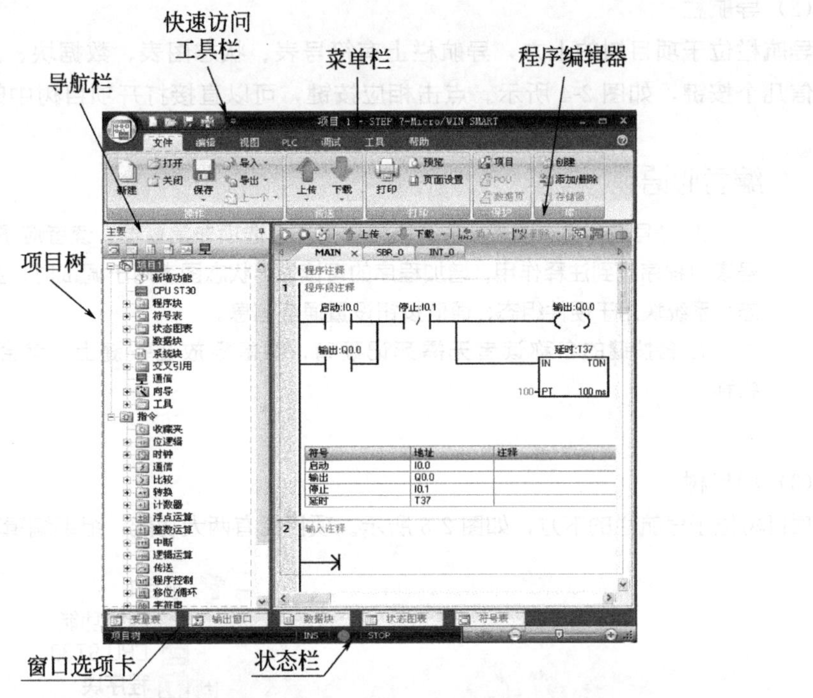

图 2-1 STEP 7- Micro/WIN SMART 编程软件的界面

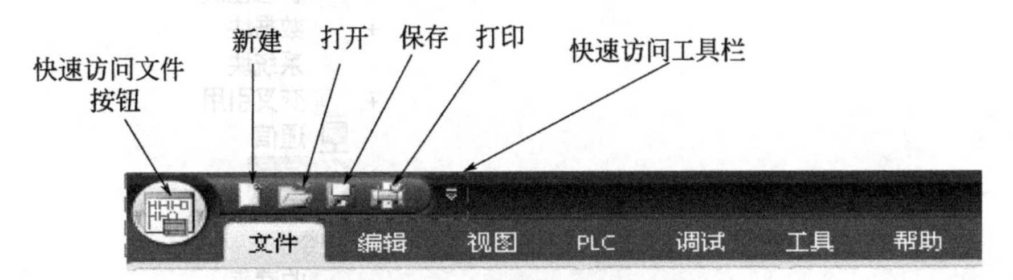

图 2-2 快速访问工具栏

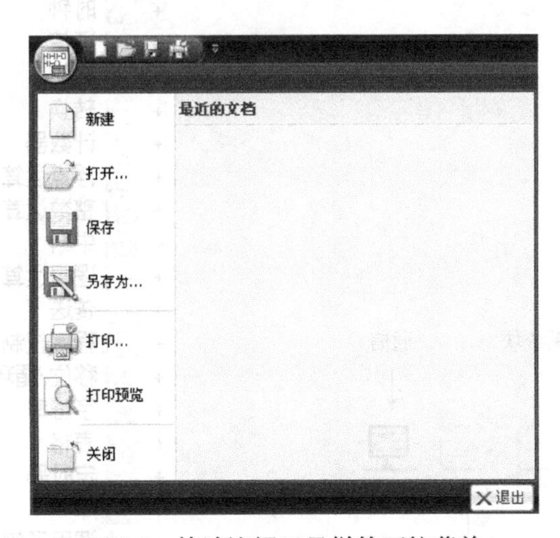

图 2-3 快速访问工具栏的下拉菜单

（2）导航栏

导航栏位于项目树的上方，导航栏上有符号表、状态图表、数据块、系统块、交叉引用和通信几个按键，如图 2-4 所示。点击相应按键，可以直接打开项目树中的对应选项。

编者心语：

① 符号表、状态图表、系统块和通信几个选项非常重要，读者应予以重视。符号表对程序起到注释作用，增加程序的可读性；状态图表用于调试时，监控变量的状态；系统块用于硬件组态；通信按钮设置通信信息。

② 各按键的名称读者无需死记硬背，将鼠标放在按键上，就会出现它们的名称。

（3）项目树

项目树位于导航栏的下方，如图 2-5 所示。项目树有两大功能：组织编辑项目和提供指令。

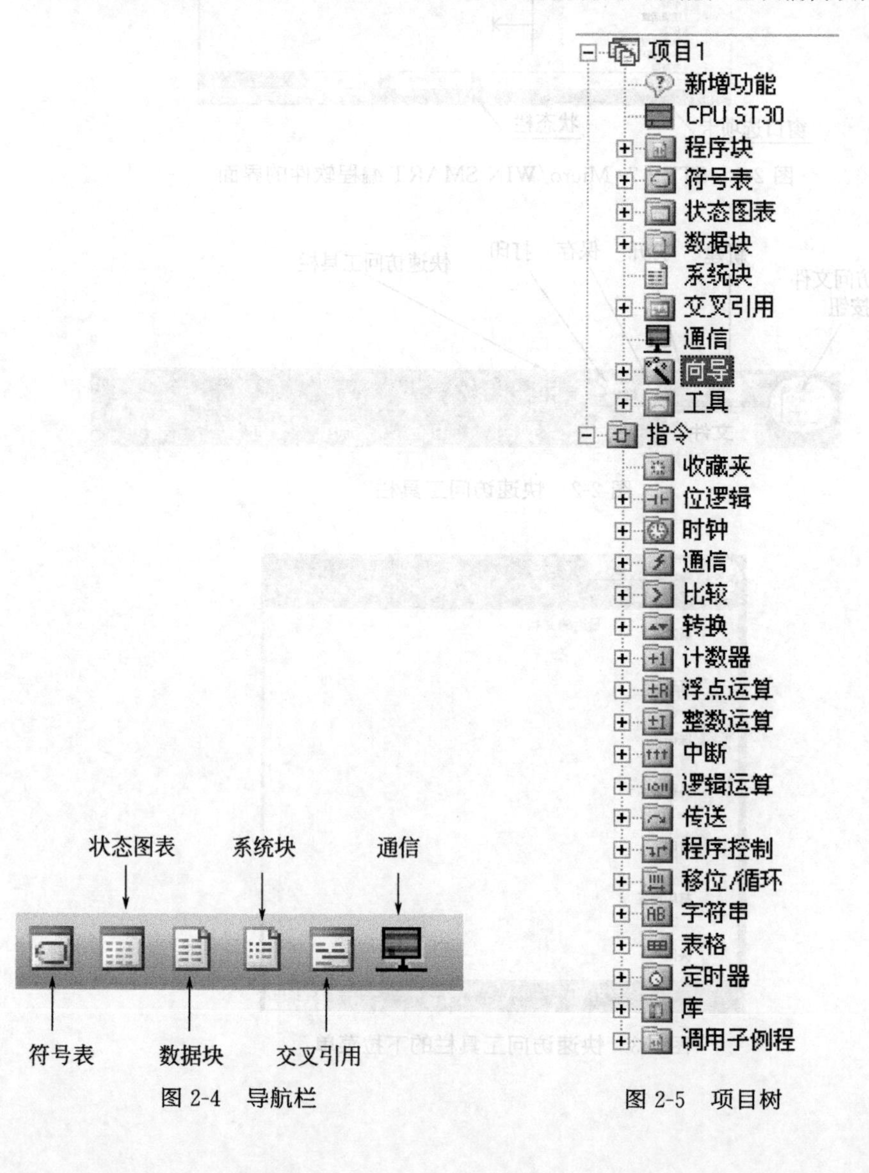

图 2-4 导航栏

图 2-5 项目树

① 组织编辑项目：a. 双击“系统块”或“ ”，可以硬件进行组态；b. 单击“程序块”文件夹前的⊞，“程序块”文件夹会展开。右键可以插入子程序或中断程序；c. 单击“符号表”文件夹前的⊞，“符号表”文件夹会展开。右键可以插入新的符号表；d. 单击“状态表”文件夹前的⊞，“状态表”文件夹会展开。右键可以插入新的状态表；e. 单击“向导”文件夹前的⊞，“向导”文件夹会展开，操作者可以选择相应的向导。常用的向导有运动向导、PID 向导和高速计数器向导。

② 提供相应的指令：单击相应指令文件夹前的⊞，相应的指令文件夹会展开，操作者双击或拖拽相应的指令，相应的指令会出现在程序编辑器的相应位置。

此外，项目树右上角有一小钉，当小钉为竖放“ ”，项目树位置会固定；当小钉为横放“ ”，项目树会自动隐藏。小钉隐藏时，会扩大程序编辑器的区域。

(4) 菜单栏

菜单栏包括文件、编辑、视图、PLC、调试、工具和帮助 7 个菜单项。几个常用菜单的展开如图 2-6 所示。

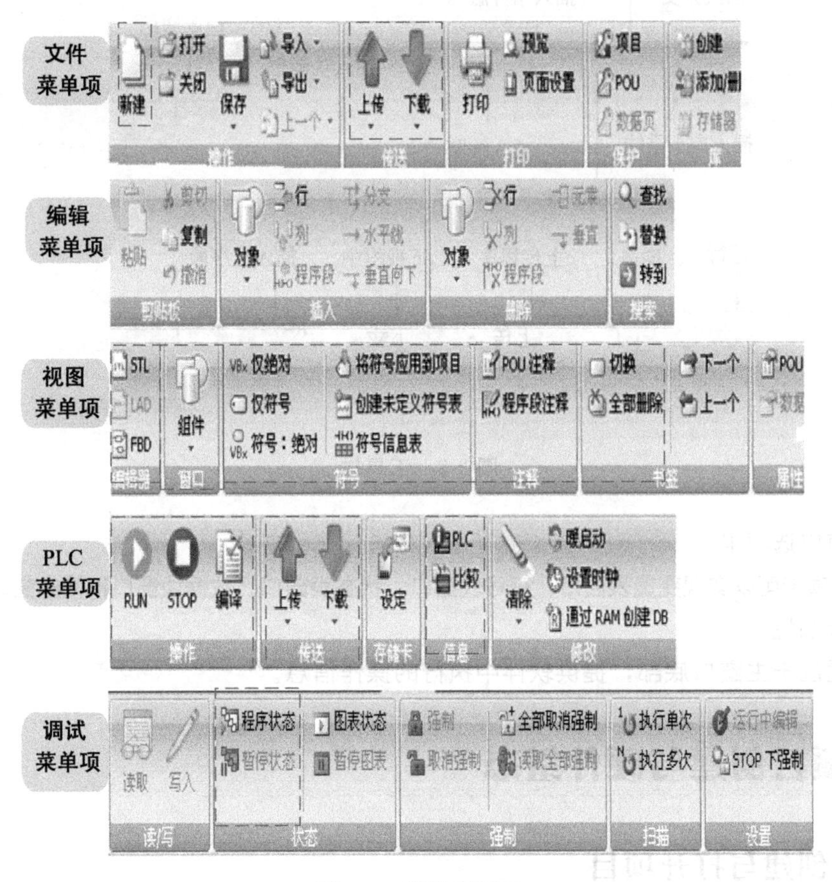

图 2-6 菜单项展开

(5) 程序编辑器

程序编辑器是编写和编辑程序的区域，如图 2-7 所示。程序编辑器主要包括工具栏、POU 选择器、POU 注释、程序段注释等。其中，工具栏详解如图 2-8 所示。POU 选择器用于主程序、子程序和中断程序之间的切换。

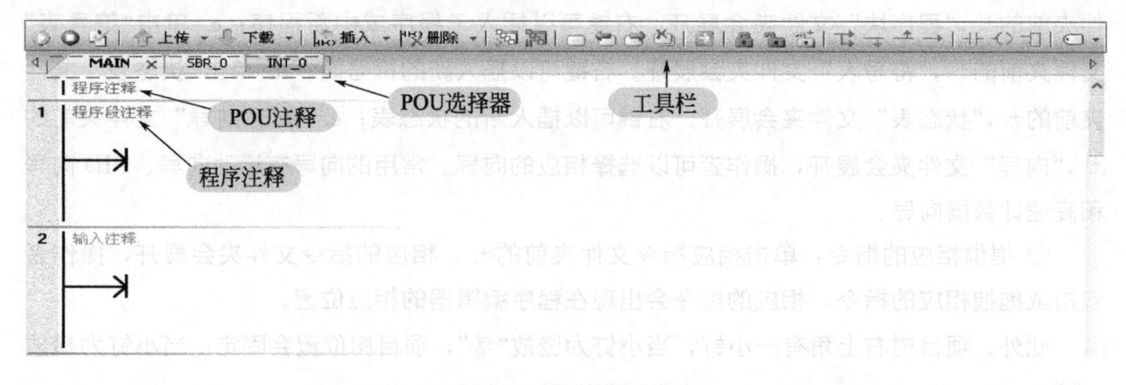

图 2-7　程序编辑器

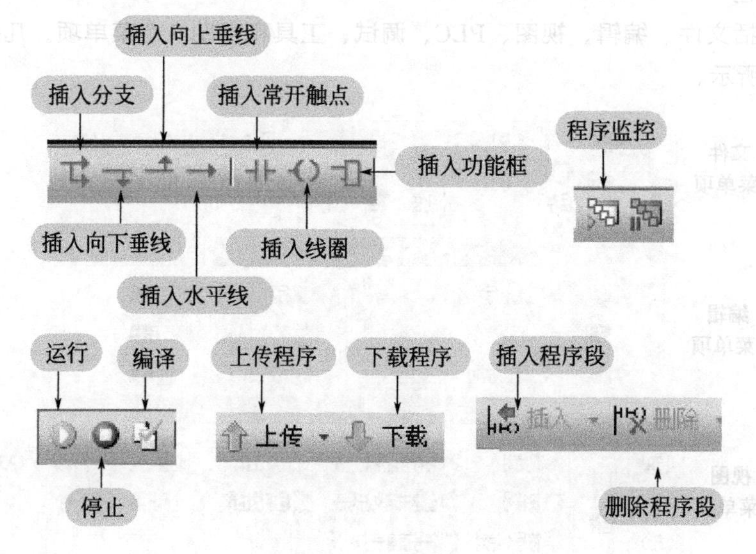

图 2-8　工具栏

（6）窗口选项卡

窗口选项卡可以实现变量表窗口、符号表窗口、状态表窗口、数据块窗口和输出窗口的切换。

（7）状态栏

状态栏位于主窗口底部，提供软件中执行的操作信息。

2.2　项目创建与硬件组态

2.2.1　创建与打开项目

（1）创建项目

创建项目常用的有 2 种方法。

① 单击菜单栏中的“文件→新建”。

② 单击“快速访问文件” 按钮，执行“新建”。

(2) 打开项目

打开项目常用的也有 2 种方法。

① 单击菜单栏中的“文件→打开”。

② 单击“快速访问文件” 按钮，点击“打开”。

2.2.2 硬件组态

硬件组态的目的是生成 1 个与实际硬件系统完全相同的系统。硬件组态包括 CPU 型号、扩展模块和信号板的添加，以及它们相关参数的设置。

(1) 硬件配置

硬件配置前，首先打开系统块。打开系统块有 2 种方法。

① 双击项目树中的系统块图标。

② 单击导航栏中的系统块按钮。

系统块打开的界面，如图 2-9 所示。

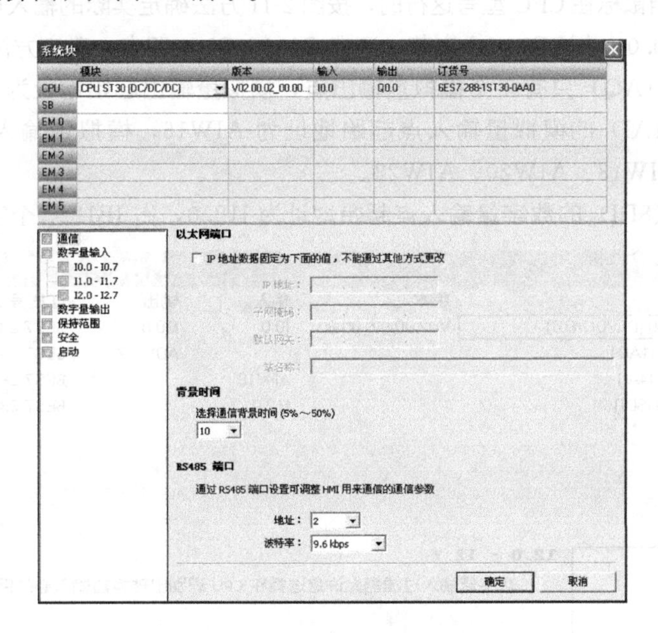

图 2-9 系统块打开的界面

a. 系统块表格的第一行是 CPU 型号的设置；在第一行的第一列处，可以单击图标，选择与实际硬件匹配的 CPU 型号；在第一行的第三列处，显示的是 CPU 输入点的起始地址；在第一行的第四列处，显示的是 CPU 输出点的起始地址；两个起始地址均自动生成，不能更改；在第一行的第五列处，是订货号，选型时要填的。

b. 系统块表格的第二行是信号板的设置；在第一行的第一列处，可以单击图标，选择与实际信号板匹配的类型；信号板有通信信号板、数字量扩展信号板、模拟量扩展信号板和电池信号板。

c. 系统块表格的第三行至第八行可以设置扩展模块；扩展模块包括数字量扩展模块、模拟量扩展模块、热电阻扩展模块和热电偶扩展模块。

d. 案例：某系统硬件选择了 CPU ST30、1 块模拟量输出信号板、1 块 4 点模拟量输入模块和 1 块 8 点数字量输入模块，请在软件中做好组态，并说明所占的地址。

解析：硬件组态结果，如图 2-10 所示。

	模块	版本	输入	输出	订货号
CPU	CPU ST30 (DC/DC/DC)	V02.00.02_00.00...	I0.0	Q0.0	6ES7 288-1ST30-0AA0
SB	SB AQ01 (1AQ)			AQW12	6ES7 288-5AQ01-0AA0
EM 0	EM AE04 (4AI)		AIW16		6ES7 288-3AE04-0AA0
EM 1	EM DE08 (8DI)		I12.0		6ES7 288-2DE08-0AA0
EM 2					
EM 3					
EM 4					
EM 5					

图 2-10　硬件组态举例

a. CPU ST30 的输入点起始地址 I0.0，占 IB0 和 IB1 两个字节，还有 I2.0、I2.1 两点(注意不是整个 IB2 字节，当鼠标在 CPU 型号这行时，按图 2-11 方法确定实际的输入点。）CPU ST30 的输出点起始地址 Q0.0，占 QB0 一个字节，还有 Q1.0～Q1.3 四点，确定方法如图 2-12 所示。

b. SB AQ01（1AQ）只有 1 个模拟量输出点，模拟量输出起始地址为 AQW12。

c. EM AE04(4AI）的模拟量输入点起始地址为 AIW16，模拟量输入模块共有 4 路通道，此后地址为 AIW18、AIW20、AIW22。

d. EM DE08（8DI）的数字量输入点起始地址为 I12.0，占 IB12 一个字节。

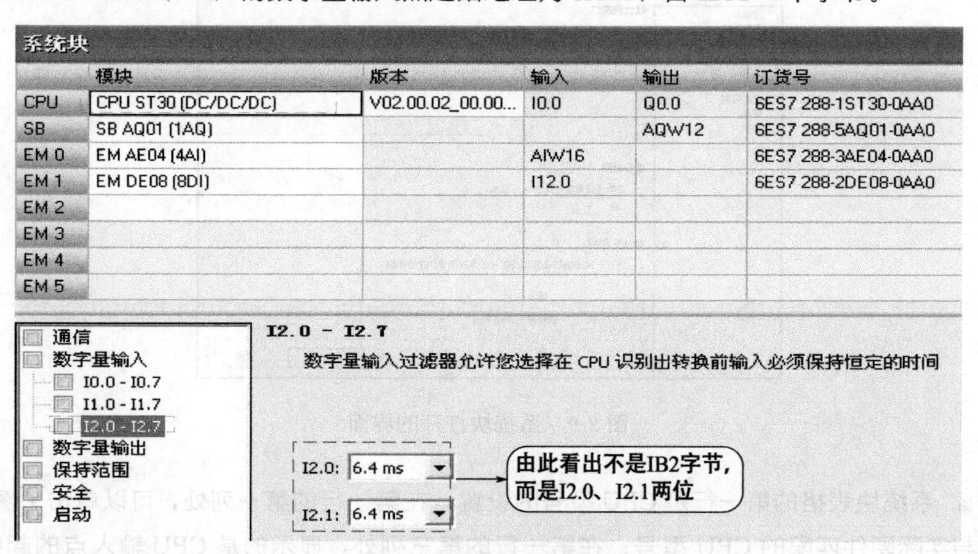

	模块	版本	输入	输出	订货号
CPU	CPU ST30 (DC/DC/DC)	V02.00.02_00.00...	I0.0	Q0.0	6ES7 288-1ST30-0AA0
SB	SB AQ01 (1AQ)			AQW12	6ES7 288-5AQ01-0AA0
EM 0	EM AE04 (4AI)		AIW16		6ES7 288-3AE04-0AA0
EM 1	EM DE08 (8DI)		I12.0		6ES7 288-2DE08-0AA0
EM 2					
EM 3					
EM 4					
EM 5					

图 2-11　实际输入量确定

编者心语：

① S7-200 SMART 硬件组态有些类似 S7-1200 PLC 和 S7-300/400 PLC，注意输入输出点的地址是系统自动分配的，操作者不能更改，编程时要严格遵守系统的地址分配。

② 硬件组态时，设备的选择型号必须和实际硬件完全匹配，否则控制无法实现。

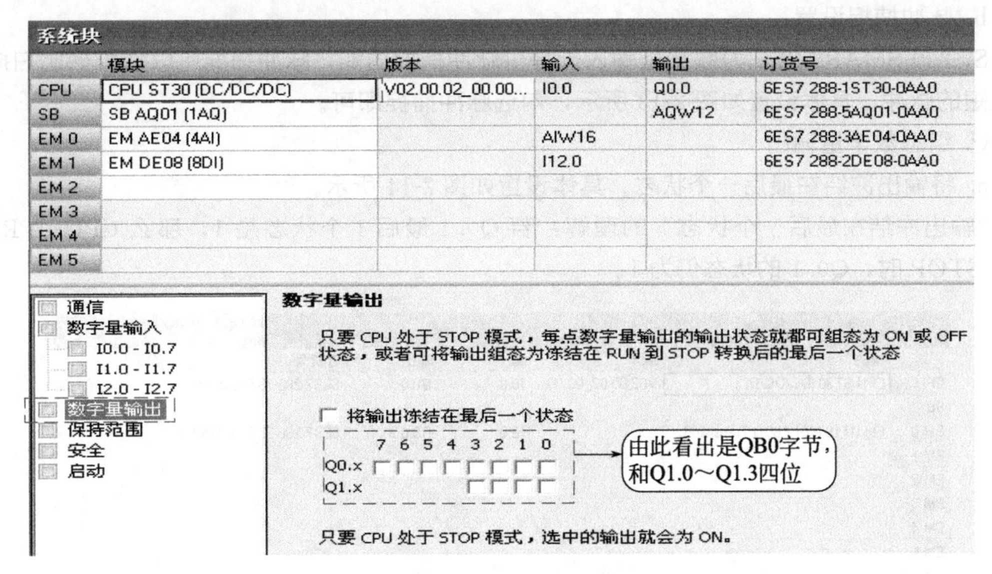

图 2-12　实际输出量确定

（2）相关参数设置

① 组态数字量输入

a. 设置滤波时间

S7-200 SMART PLC 可允许为数字量输入点设置 1 个延时输入滤波器，通过设置延时时间，可以减小因触点抖动等因素造成的干扰。具体设置如图 2-13 所示。

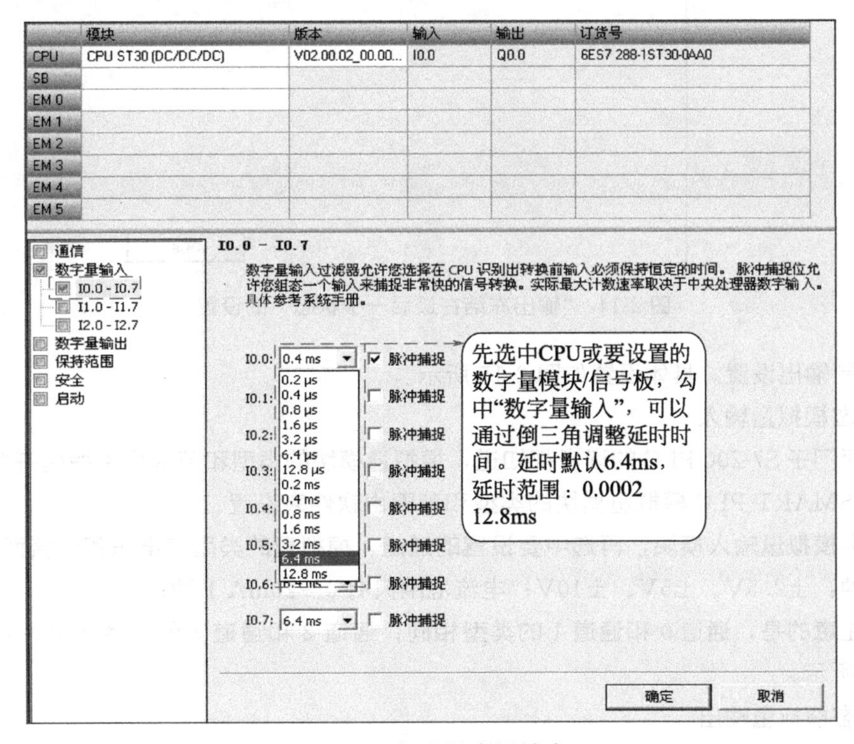

图 2-13　组态数字量输入

b. 脉冲捕捉设置

S7-200 SMARTPLC 为数字量输入点提供脉冲捕捉功能，脉冲捕捉可以捕捉到比扫描周期还短的脉冲。具体设置如图 2-13 所示，勾选脉冲捕捉即可。

② 组态数字量输出

a. 将输出冻结在最后一个状态。具体设置如图 2-14 所示。

“输出冻结在最后一个状态”的理解：若 Q0.1 最后 1 个状态是 1，那么 CPU 由 RUN 转为 STOP 时，Q0.1 的状态仍为 1。

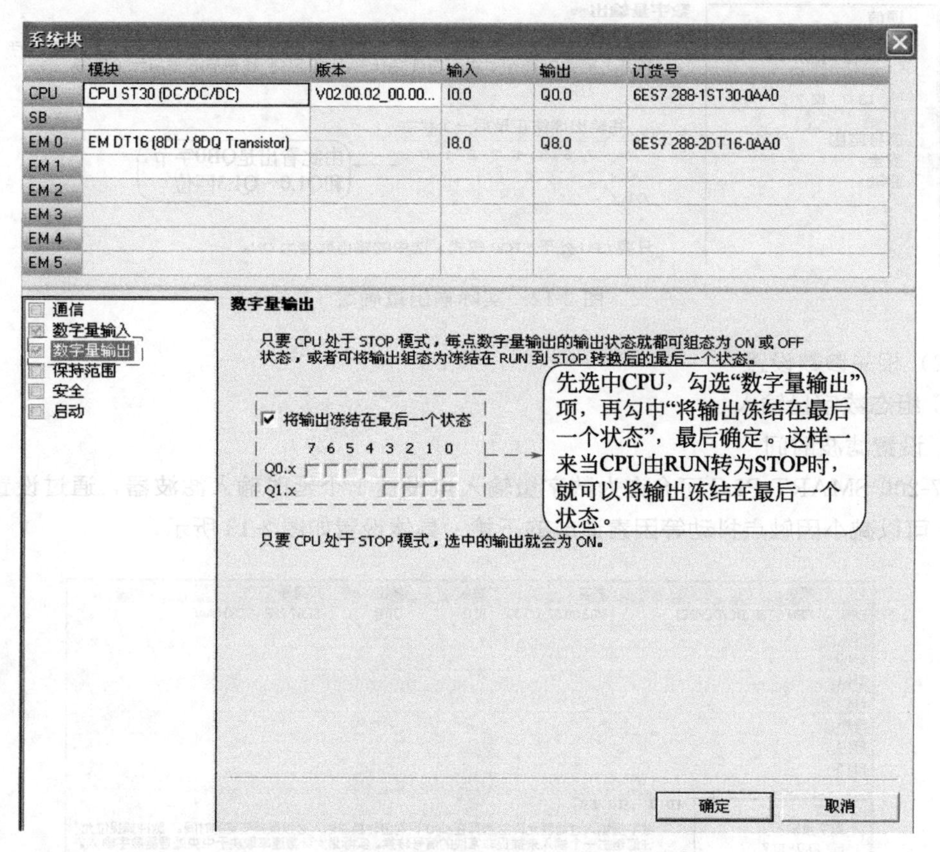

图 2-14 “输出冻结在最后一个状态”的设置

b. 强制输出设置。具体设置如图 2-15 所示。

③ 组态模拟量输入

了解西门子 S7-200 PLC 的读者都知道，模拟量模块的类型和范围均由拨码开关来设置，而 S7-200 SMART PLC 模拟量模块的类型和范围由软件来设置。

先选中模拟量输入模块，再选中要设置的通道，模拟量的类型有电压和电流两类，电压范围有 3 种：±2.5V、±5V、±10V；电流范围只有 0～20mA 1 种；

值得注意的是，通道 0 和通道 1 的类型相同；通道 2 和通道 3 的类型相同；具体设置，如图 2-16 所示。

④ 组态模拟量输出

先选中模拟量输出模块，再选中要设置的通道，模拟量的类型有电压和电流两类，电压范围只有−10V～10V 1 种；电流范围只有 0～20mA 1 种。

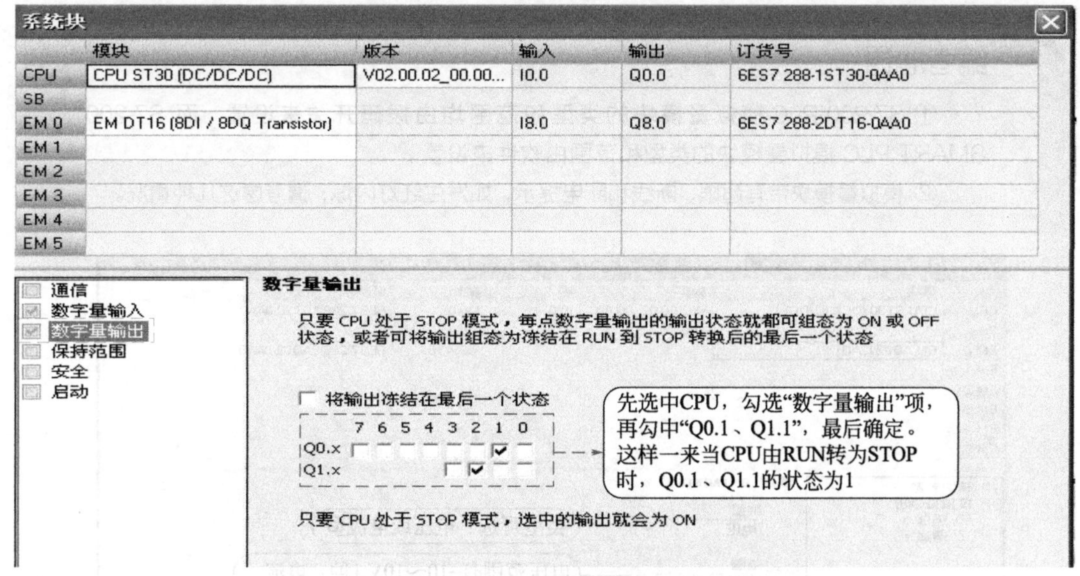

图 2-15　强制输出设置

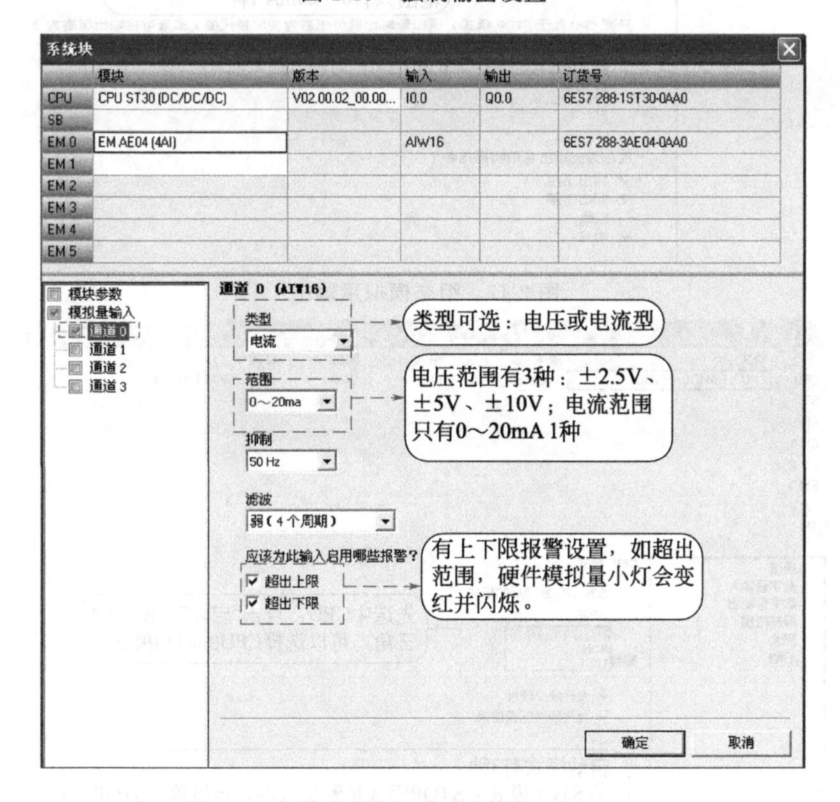

图 2-16　组态模拟量输入

组态模拟量输出，如图 2-17 所示。

（3）启动模式组态

打开“系统块”对话框，在选中 CPU 时，点击“启动”，操作者可以对 CPU 的启动模式进行选择。CPU 的启动模式有 STOP、RUN 和 LAST 3 种，操作者可以根据自己的需要进行选择。具体操作如图 2-18 所示。

编者心语：

① S7-200 PLC 模拟量模块的类型和范围均由拨码开关来设置，而 S7-200 SMART PLC 模拟量模块的类型和范围由软件来设置。

② 模拟量模块带有超限、断线和断电提示，如发生红灯闪烁，请考虑这几种情况。

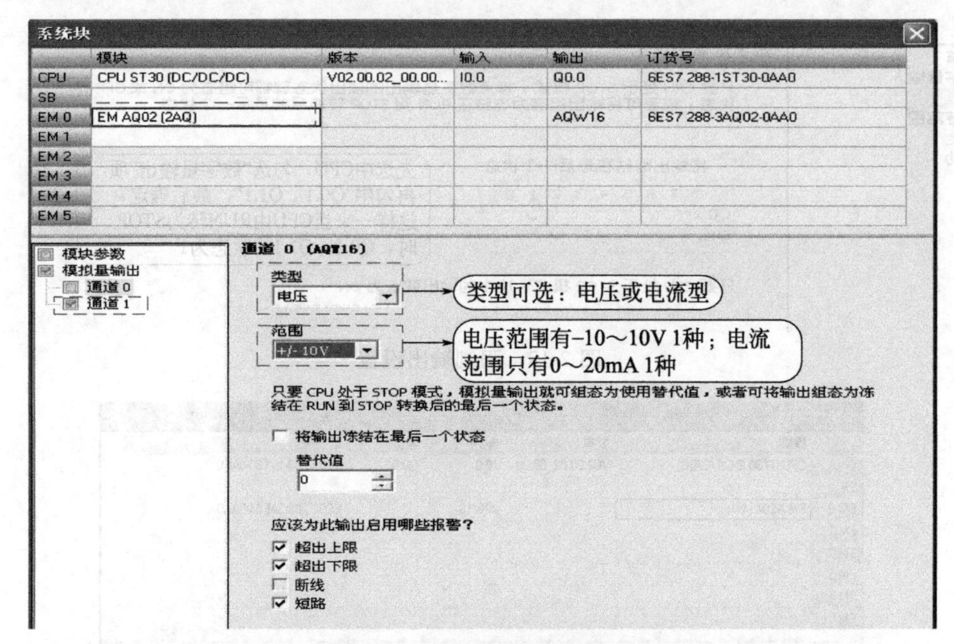

图 2-17　组态模拟量输出

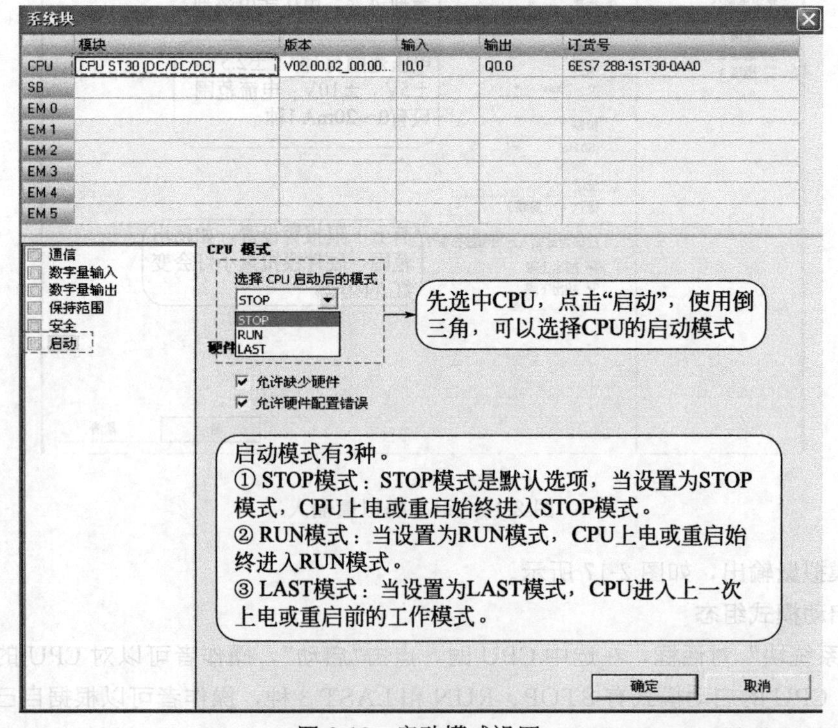

图 2-18　启动模式设置

2.3 程序编辑、传送与调试

2.3.1 程序编辑

(1) 程序输入

生成新项目后，系统会自动打开主程序 MAIN (OB1)，操作者先将光标定位在程序编辑器中要放元件的位置，然后可以进行程序输入了。

程序输入常用的方法有 2 种，具体如下。

① 用程序编辑器中的工具栏进行输入。点击⊣⊢按钮，出现下拉菜单，选择⊣ ⊢，可以输入常开触点；点击⊣⊢按钮，出现下拉菜单，选择⊣ / ⊢，可以输入常闭触点；点击⟨⟩按钮，可以输入线圈；点击⊣□按钮，可以输入功能框；点击↳按钮，可以插入分支；点击↓按钮，可以插入向下垂线；点击↑按钮，可以插入向上垂线；点击→按钮，可以插入水平线；

输入完元件后，根据实际编程的需要，必须将相应元件赋予相应的地址，如 I0.0、Q0.1、T37 等。

② 用键盘上的快捷键输入。触点快捷键 F4；线圈快捷键 F6；功能块快捷键 F9；分支快捷键“Ctrl+↓”；向上垂线快捷键“Ctrl+↑”；水平线快捷键“Ctrl+→”；

输入完元件后，根据实际编程的需要，必须将相应元件赋予相应的地址。

③ 案例。将如图 2-19 所示梯形图程序，输入到 STEP 7- Micro/WIN SMART 编程软件中。输入结果，如图 2-20 所示。

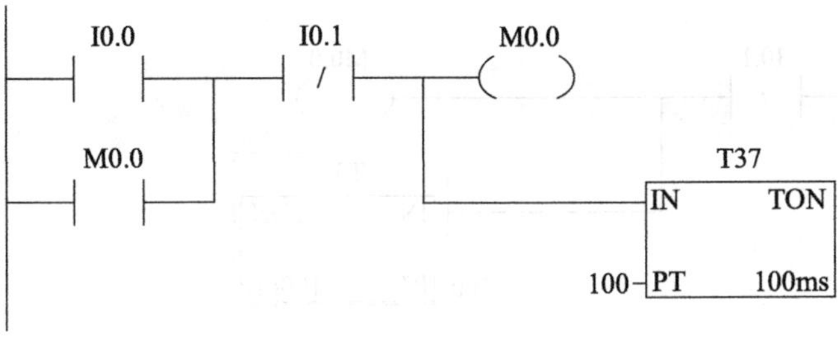

图 2-19 梯形图输入程序

解法（一），用工具栏输入：生成项目后，将矩形光标定位在程序段 1 的最左边［图 2-20(a)］；单击程序编辑器工具栏上的触点按钮⊣⊢，会出现 1 个下拉菜单，选择常开触点⊣ ⊢，在矩形光标处会出现一个常开触点［图 2-20(b)］，由于未给常开触点赋予地址，因此此时触点上方有红色问号 ??.? ；将常开触点赋予地址 I0.0，光标会移动到常开触点的右侧［图 2-20(c)］；

单击工具栏上的触点按钮⊣⊢，会出现 1 个下拉菜单，选择常闭触点⊣ / ⊢，在矩形光标处会出现一个常闭触点［图 2-20(d)］，将常闭触点赋予地址 I0.1，光标会移动到常闭触点的右侧［图 2-20(e)］；

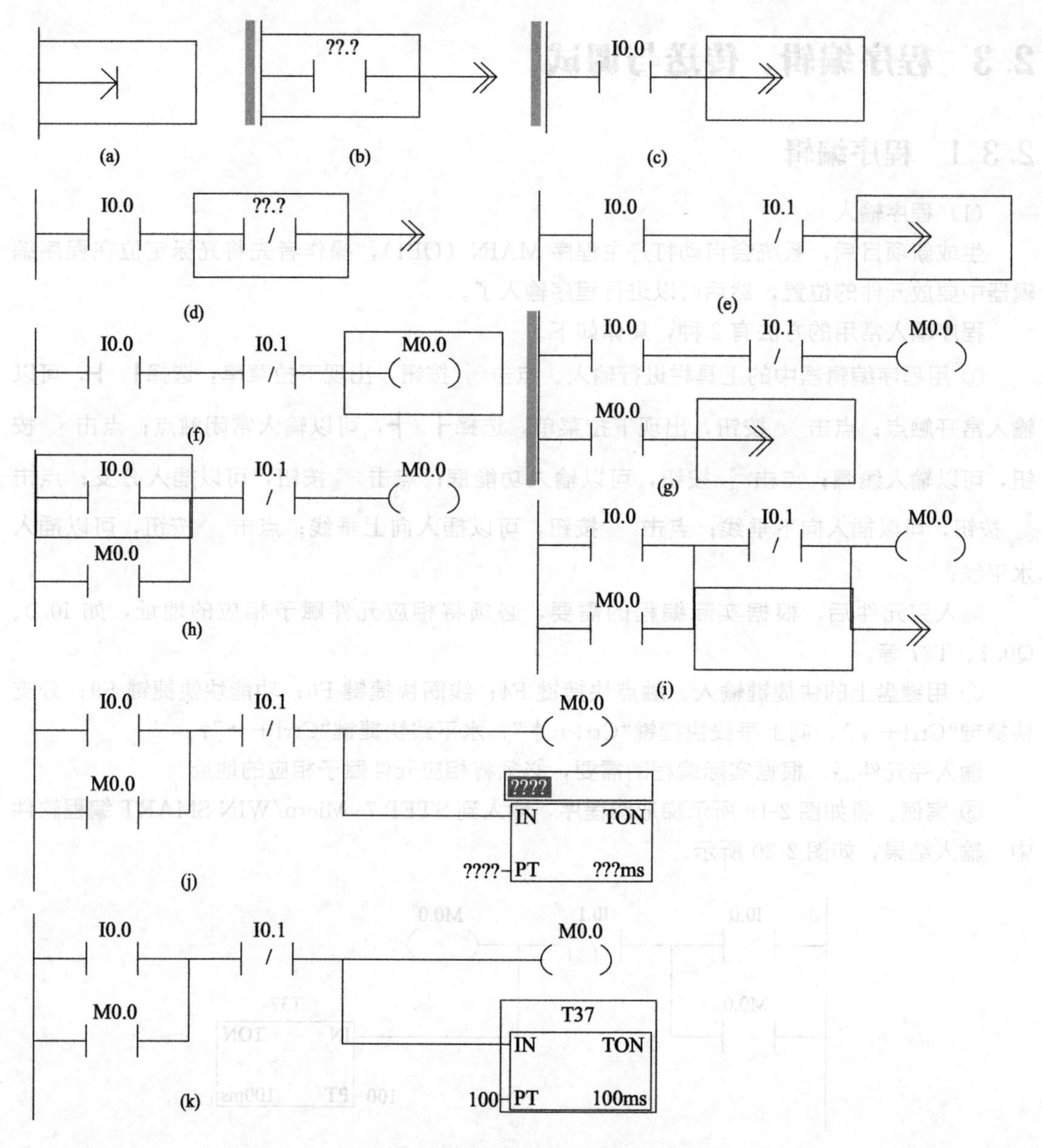

图 2-20　梯形图输入案例的具体步骤

单击工具栏上的线圈按钮，会出现 1 个下拉菜单，选择线圈，在矩形光标处会出现一个线圈，将线圈赋予地址 M0.0［图 2-20(f)］；

将光标放在常开触点 I0.0 下方，之后生成常开触点 M0.0［图 2-20(g)］；将光标放在新生成的触点 M0.0 上，单击工具栏上的“插入向上垂线”按钮，将 M0.0 触点并联到 I0.0 触点上［图 2-20(h)］；

将光标放在常闭触点 I0.1 上方，单击工具栏上的“插入向下垂线”按钮，会生成双箭头折线［图 2-20(i)］；单击工具栏上的“功能框”按钮，会出现下拉菜单，在键盘上输入 TON，下拉菜单光标会跳到 TON 指令处，选择 TON 指令，在矩形光标处会出现一个

TON 功能块［图 2-20(j)］；之后给 TON 功能框输入地址 T37 和预设值 100，便得到了最终的结果。

解法（二）和解法（一）基本相同，只不过点击工具栏按钮换成了按快捷键，故这里不再赘述。

（2）程序描述

一个程序，特别是较长的程序，如果要很容易被别人看懂，做好程序描述是必要的。程序描述包括 3 个方面，分别是 POU 注释、程序段注释和符号表。其中，以符号表最为重要。

① POU 注释。显示在 POU 中第一个程序段上方，提供详细的多行 POU 注释功能。每条 POU 注释最多可以有 4096 个字符。这些字符可以是中文，也可是英文，主要对整个 POU 功能等进行说明。

② 程序段注释。显示在程序段上边，提供详细的多行注释附加功能。每条程序段注释最多可以有 4096 个字符。这些字符可以是中文，也可是英文。

③ 符号表。

a. 符号表打开：ⓐ单击导航栏中的“符号表”按钮；ⓑ执行“视图→组件→符号表”；ⓒ双击项目树中的“符号表”文件夹图标，打开符号表。

通过以上的方法，均可以打开符号表。

b. 符号表组成：符号表由表格 1、系统符号表、POU 符号表和 I/O 符号表 4 部分组成，如图 2-21 所示；

表格 1 是空表格，可以在符号和地址列输入相关信息，生成新的符号，对程序进行注释；POU 符号表为只读表格，可以显示主程序、子程序和中断程序的默认名称；系统符号表，可以看到特殊存储器 SM 的符号、地址和功能；I/O 符号表，可以看到输入输出的符号和地址。

(a) 表格1　(b) POU符号　(c) I/O符号　(d) 系统符号

图 2-21　符号表

c. 例说符号的生成、符号信息表和显示方式

案例：对图 2-19 这段程序进行注释。

解析：用表格 1 注释前，先把系统默认输入输出注释 I/O 符号表删除，否则程序仍按系统默认的情况来注释。

ⓐ 符号生成：打开表格 1，在“符号”列输入符号名称，符号名最多可以包含 23 个符号；在“地址”列输入相应的地址；“注释”列可以进一步详细地注释，最多可注释 79 个字符。图 2-19 的注释信息填完后，点击符号表中的 ，将符号应用于项目。

ⓑ 显示方式：显示方式有 3 种，分别为“仅显示符号”、“仅显示绝对地址”和“显示地址和符号”，显示方式调节，如图 2-22 所示。

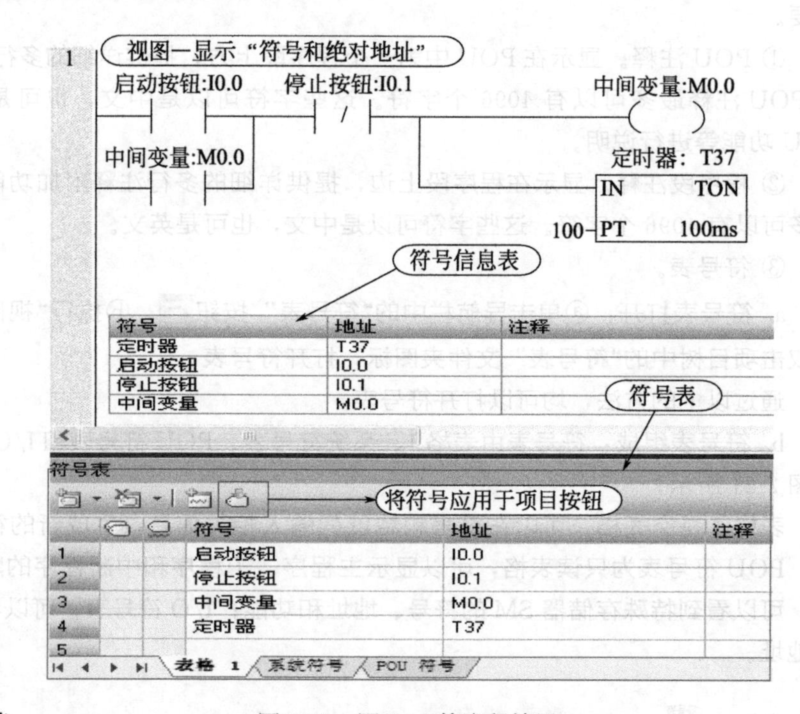

视图
仅绝对
仅符号
符号：绝对

图 2-22　显示方式调节　　　　图 2-23　图 2-19 的注释结果

ⓒ 符号信息表：单击“视图”菜单下的“符号信息表”按钮，可以显示符号信息表。通过以上几步，图 2-19 的最终注释结果，如图 2-23 所示。

编者心语：

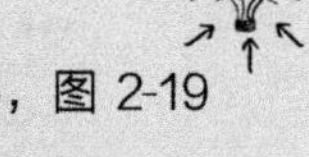

符号表是注释的主要手段，掌握符号表的相关内容对于读者非常重要，图 2-19 的注释案例给出了符号表注释的具体步骤，读者应细细品味。

（3）程序编译

在程序下载前，为了避免程序出错，最好进行程序编译。

程序编译的方法：单击程序编辑器工具栏上的“编译”按钮 ，输入程序就可编译了。如果语法有错误，将会在输出窗口中显示错误的个数、错误的原因和错误的位置，如图 2-24所示。双击某一条错误，将会打开出错的程序块，用光标指示出出错的位置，待错误改正后，方可下载程序。

需要指出，程序如果未编译，下载前软件会自动编译，编译结果会显示在输出窗口。

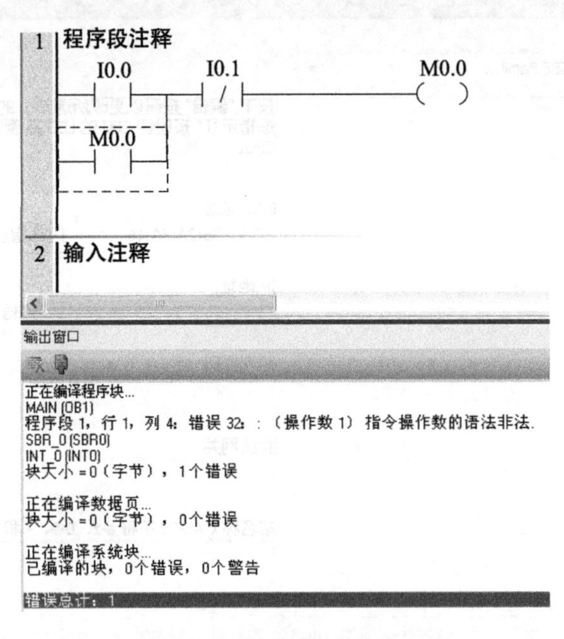

图 2-24　编译后出现的错误信息

2.3.2　程序下载

在下载程序之前，必须先保障 S7-200 SMART 的 CPU 和计算机之间能正常通信。设备能实现正常通信的前提是：①设备之间进行了物理连接；若单台 S7-200 SMART PLC 与计算机之间连接，只需要 1 条普通的以太网线；若多个 S7-200 SMART PLC 与计算机之间连接，还需要交换机；②设备进行了正确的通信设置。

（1）通信设置

① CPU 的 IP 地址设置。双击项目树或导航栏中的“通信”图标，打开通信对话框，如图 2-25 所示。点击“网络接口卡”后边的▼，会出现下拉菜单，本例选择了 TCP/IP(Auto) -> Realtek PCIe GBE Famil... ；之后点击左下角“查找”按钮，CPU 的地址会被搜出来，S7-200 SMART PLC 默认地址为“192.168.2.1”；点击“闪烁指示灯”按钮，硬件中的 STOP、RUN 和 ERROR 指示灯会同时闪烁，再按一下，闪烁停止，这样做的目的是当有多个 CPU 时，便于找到你所选择的那个 CPU。

点击“编辑”按钮，可以改变 IP 地址；若“系统块”中组态了“IP 地址数据固定为下面的值，不能通过其他方式更改”（图 2-26），点击“设置”，会出现错误信息，则证明这里 IP 地址不能改变。

最后，点击“确定”按钮，CPU 所有通信信息设置完毕。

② 计算机网卡的 IP 地址设置。打开计算机的控制面板，双击“网络连接”图标，其对话框会打开，按如图 2-27 设置 IP 地址即可。这里的 IP 地址设置为“192.168.2.170”，子网掩码默认为“255.255.255.0”，网关无须设置。

最后点击“确定”，计算机网卡的 IP 地址设置完毕。

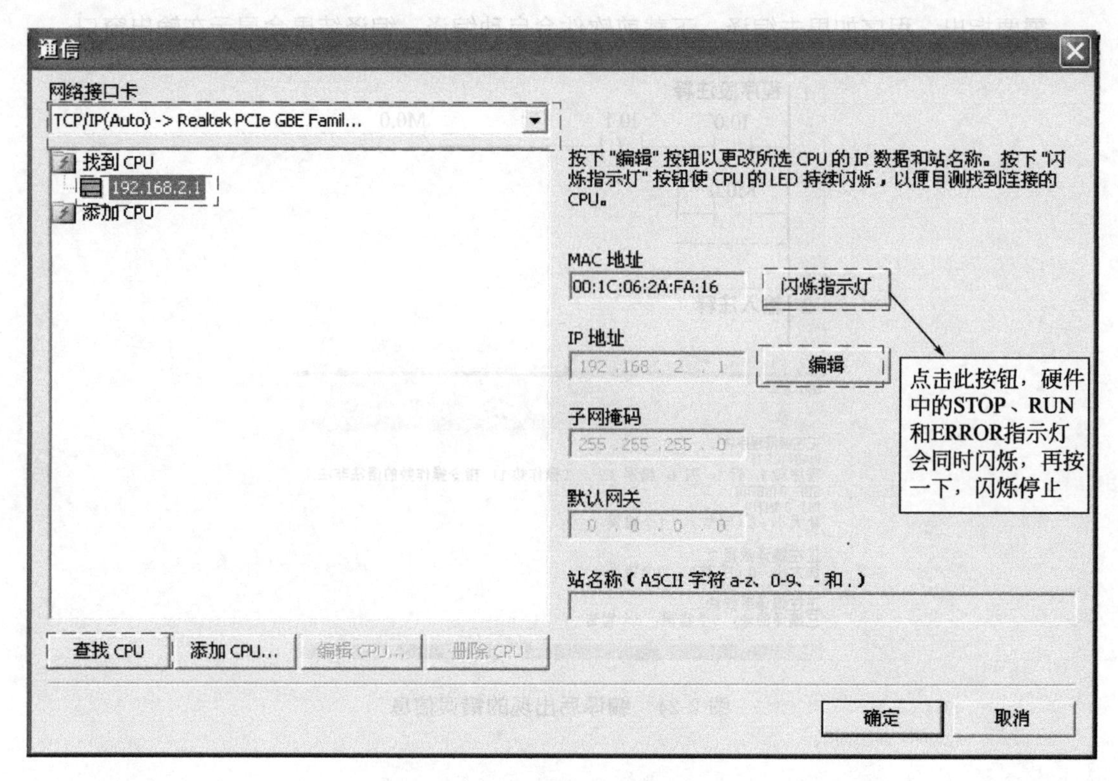

图 2-25　CPU 的 IP 地址设置

图 2-26　系统块的 IP 地址设置

通过以上两方面的设置，S7-200 SMART PLC 与计算机之间就能通信了，能通信的标准是软件状态栏上的绿色指示灯●不停地闪烁。

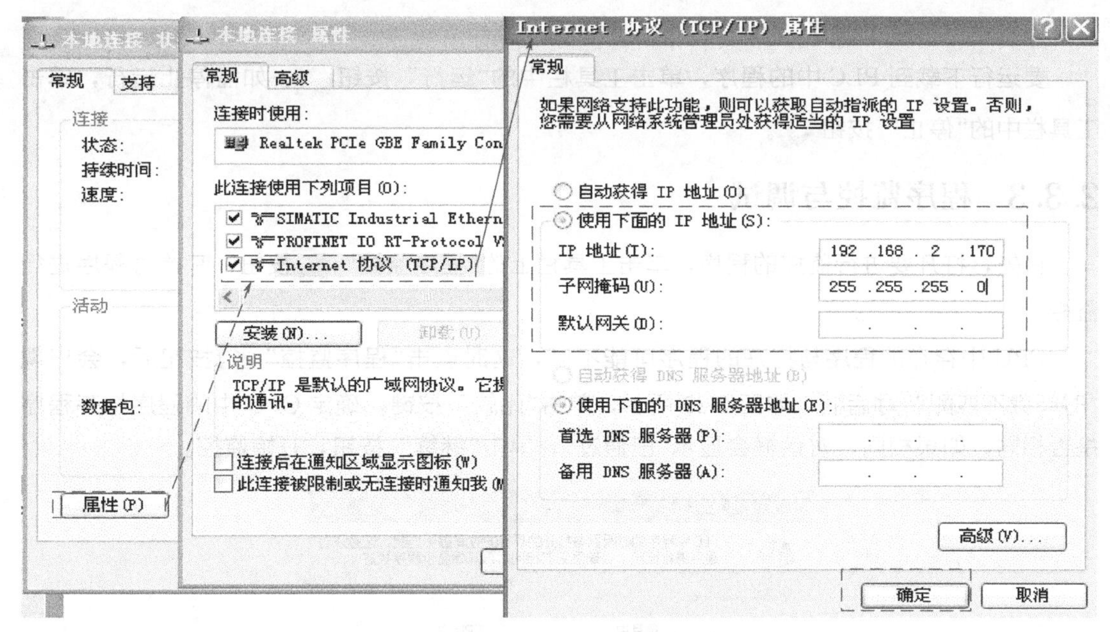

图 2-27　计算机网卡的 IP 地址设置

编者心语：

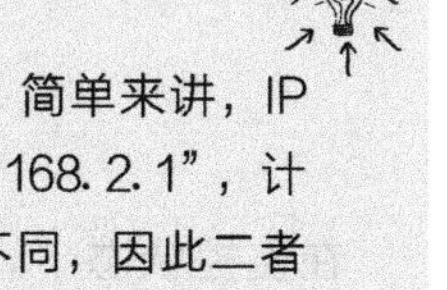

读者需注意：两个设备要通过以太网能通信，必须在同一子网中，简单来讲，IP 地址的前三段相同，第四段不同。如本例，CPU 的 IP 地址为“192.168.2.1”，计算机网卡 IP 地址为“192.168.2.170”，它们的前三段相同，第四段不同，因此二者能通信。

（2）程序下载

单击程序编辑器中工具栏上的“下载”按钮，会弹出“下载”对话框，如图 2-28 所示。用户可以在块的多选框中选择是否下载程序块、数据块和系统块，如选择则在其前面打对勾；可以用选项框选择下载前从 RUN 切换到 STOP 模式、下载后从 STOP 模式切换到 RUN 模式是否提示，下载成功后是否自动关闭对话框。

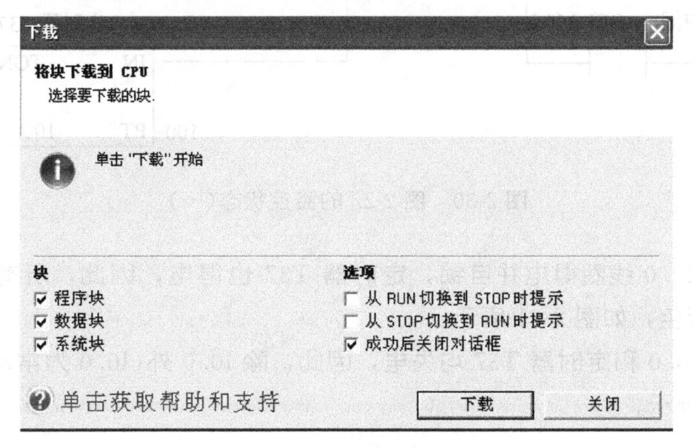

图 2-28　下载对话框

(3) 运行与停止模式

要运行下载到PLC中的程序，单击工具栏中的“运行”按钮；如需停止运行，单击工具栏中的“停止”按钮。

2.3.3 程序监控与调试

首先，打开要进行监控的程序，单击工具栏上的“程序监控”按钮，开始对程序进行监控。

CPU中存在的程序与打开的程序可能不同，这时点击“程序监控”按钮后，会出现“时间戳不匹配”对话框，如图2-29所示，单击“比较”按键，确定CPU中的程序打开程序是否相同，如果相同，对话框会显示“已通过”，单击“继续”按钮，开始监控。

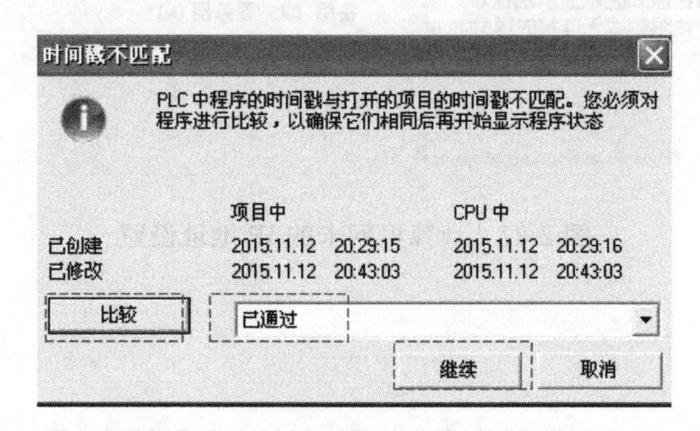

图2-29 比较对话框

在监控状态下，接通的触点、线圈和功能块均会显示深蓝色，表示有能流流过；如无能流流过，则显灰色。

案例：对图2-23这段程序进行监控调试。

解析：打开要进行监控的程序，单击工具栏上的“程序监控”按钮，开始对程序进行监控，此时仅有左母线和I0.1触点显示深蓝色，其余元件为灰色，如图2-30所示。

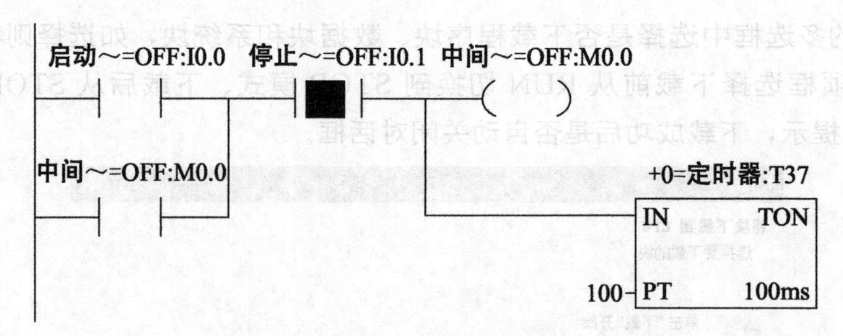

图2-30 图2-23的监控状态(一)

闭合I0.0，M0.0线圈得电并自锁，定时器T37也得电，因此，所有元件均有能流流过，故此均显深蓝色，如图2-31所示。

断开I0.1，M0.0和定时器T37均失电，因此，除I0.0外(I0.0为常动)其余元件均显灰色，如图2-32所示。

启动按～=ON:I0.0
停止～=OFF:I0.1
中间～=ON:M0.0
中间～=ON:M0.0
+42=定时器:T37
IN
TON
100
PT
100ms

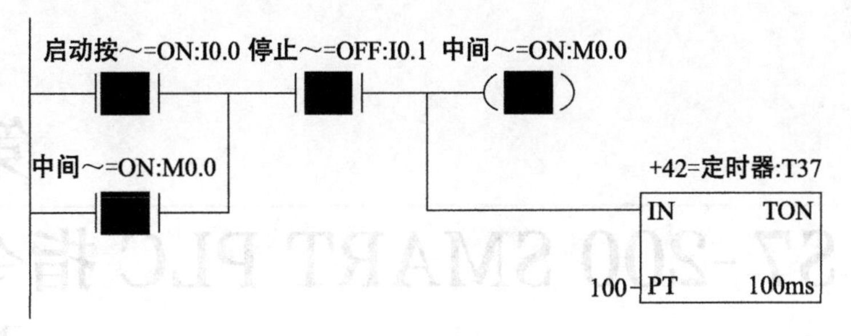

图 2-31　图 2-23 的监控状态(二)

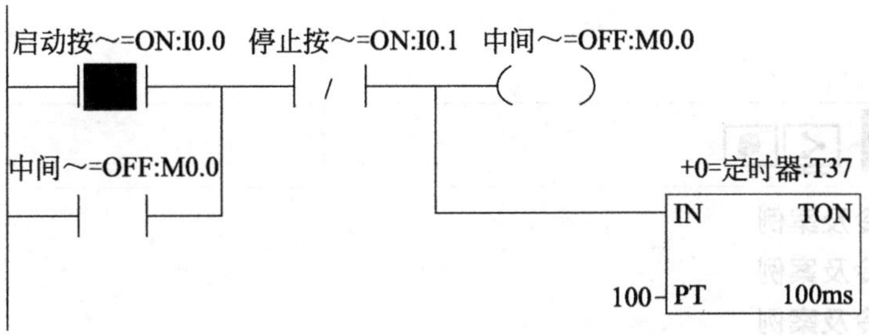

启动按～=ON:I0.0
停止按～=ON:I0.1
中间～=OFF:M0.0
中间～=OFF:M0.0
+0=定时器:T37
IN
TON
100
PT
100ms

图 2-32　图 2-23 的监控状态(三)

第3章 S7-200 SMART PLC指令系统及案例

本章要点

- 位逻辑指令及案例
- 定时器指令及案例
- 计数器指令及案例
- 基本指令应用案例
- 程序控制类指令及案例
- 比较指令与数据传送指令及案例
- 移位与循环指令及案例
- 数据转换指令及案例
- 数学运算类指令及案例
- 逻辑运算类指令及案例
- 中断指令及案例

S7-200 SMART PLC的指令分为基本指令和功能指令两大类。基本指令包括位逻辑指令、定时器指令和计数器指令；功能指令包括程序控制类指令、比较与数据传送指令、移位与循环指令、数据转换指令、数学运算指令、逻辑运算指令等。指令的关系，如图3-1所示。

3.1 位逻辑指令及案例

位逻辑指令主要指对PLC存储器中的某一位进行操作的指令，它的操作数是位。位逻辑指令包括触点指令和线圈指令两大类。触点指令包括触点取用指令、触点串与并联指令、电路块串与并联指令等；线圈指令包括线圈输出指令、置位复位指令等。

位逻辑指令是依靠1、0两个数进行工作的，1表示触点或线圈的通电状态，0表示触点或线圈的断电状态。利用位逻辑指令可以实现位逻辑运算和控制，在继电器系统的控制中应用较多。

编者心语：

① 在位逻辑指令中，每个指令常见的都有梯形图和语句表两种语言表达方式。有些编者在编撰此类书籍的时候，只偏重于语句表的讲解，这点是值得商榷的。

② 语句表的基本表达方式：操作码+操作数，其中操作数会以位地址格式出现。

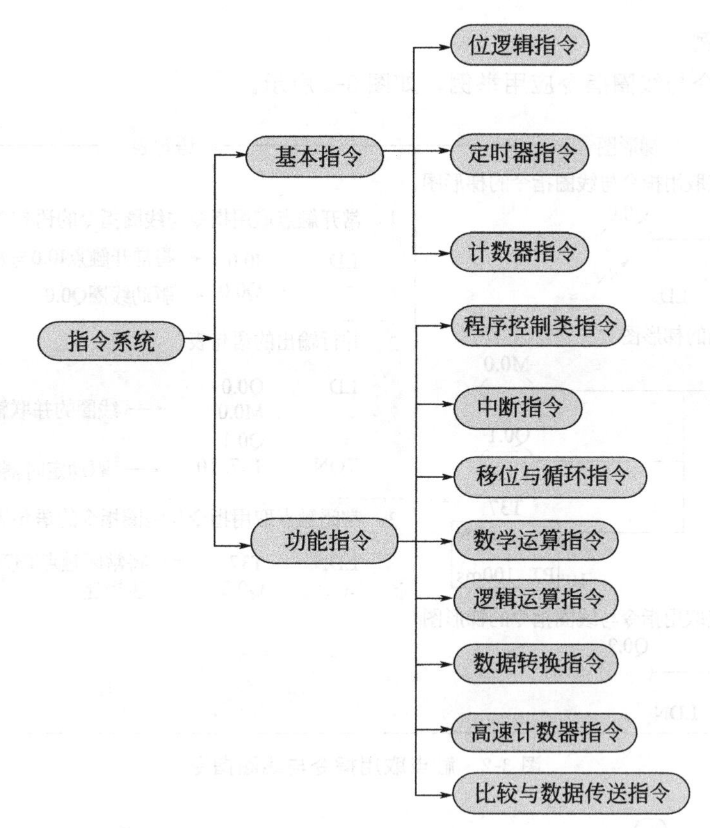

图 3-1　指令的关系

3.1.1　触点取用指令与线圈输出指令

（1）指令格式及功能说明

触点取用指令与线圈指令格式及功能说明，如表 3-1 所示。

表 3-1　触点取用指令与线圈指令格式及功能说明

指令名称	梯形图表达方式	指令表表达方式	功能	操作数
常开触点取用指令	<位地址> —┤ ├—	LD<位地址>	用于逻辑运算的开始，表示常开触点与左母线相连	I、Q、M、SM、T、C、V、S

续表

指令名称	梯形图表达方式	指令表表达方式	功能	操作数
常闭触点取用指令	<位地址> —┤/├—	LDN<位地址>	用于逻辑运算的开始，表示常闭触点与左母线相连	I、Q、M、SM、T、C、V、S
线圈输出指令	<位地址> —(　)	=<位地址>	用于线圈的驱动	Q、M、SM、T、C、V、S

（2）应用举例

触点取用指令与线圈指令应用举例，如图 3-2 所示。

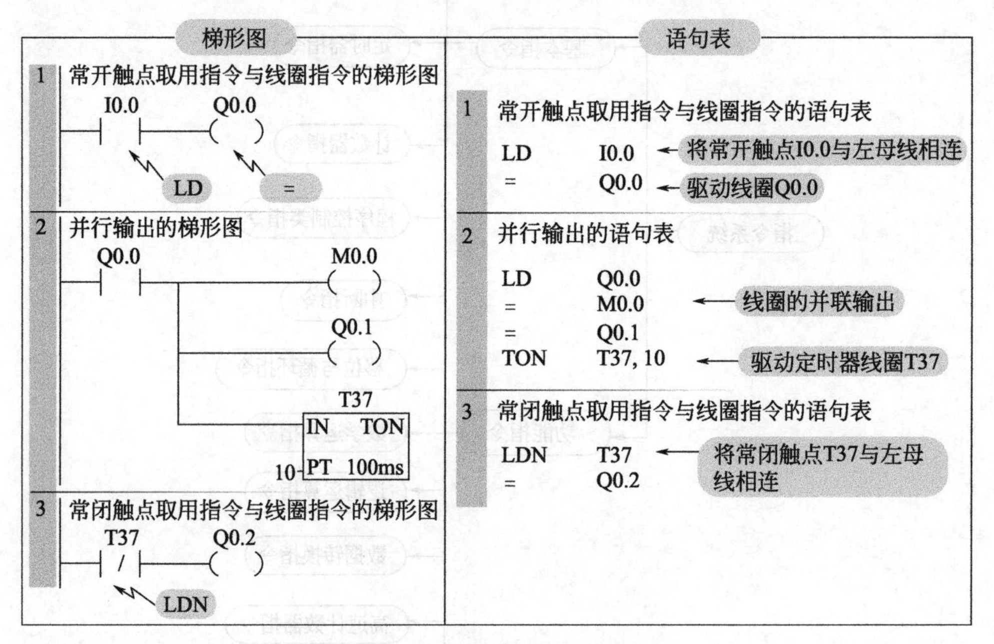

图 3-2 触点取用指令与线圈指令

① 每个逻辑运算开始都需要触点取用指令；每个电路块的开始也需要触点取用指令。

② 线圈输出指令可并联使用多次，但不能串联使用。

③ 在线圈输出指令的梯形图表示形式中，同一编号线圈不能出现多次。

3.1.2 触点串联指令(与指令)

（1）指令格式及功能说明

触点串联指令格式及功能说明，如表 3-2 所示。

（2）应用举例

触点串联指令应用举例，如图 3-3 所示。

表 3-2 触点串联指令格式及功能说明

指令名称	梯形图表达方式	指令表表达方式	功能	操作元件
常开触点串联指令	〈位地址〉	A＜位地址＞	用于单个常开触点的串联	I、Q、M、SM、T、C、V、S；
常闭触点串联指令	〈位地址〉	AN＜位地址＞	用于单个常闭触点的串联	I、Q、M、SM、T、C、V、S；

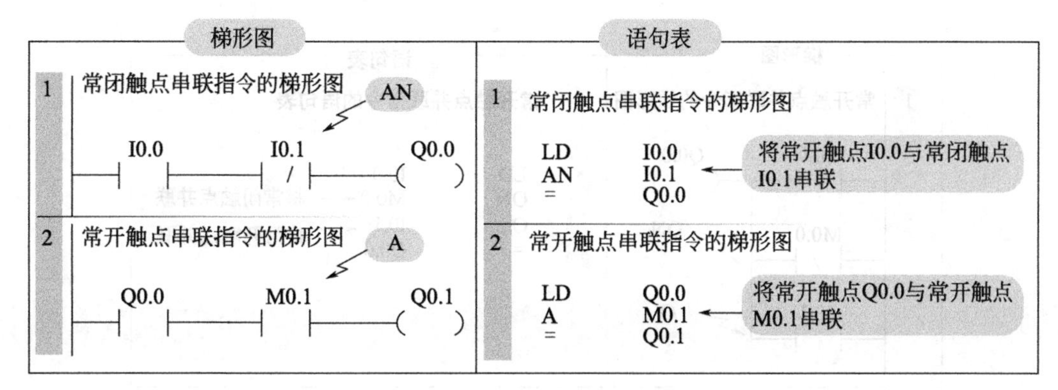

图 3-3 触点串联指令

① 单个触点串联指令可以连续使用。

② 在=之后，通过串联触点对其他线圈使用=指令，我们称之为连续输出。

3.1.3 触点并联指令

（1）指令格式及功能说明

触点并联指令格式及功能说明，如表 3-3 所示。

（2）应用举例

触点并联指令应用举例，如图 3-4 所示。

表 3-3 触点并联指令格式及功能说明

指令名称	梯形图表达方式	指令表表达方式	功能	操作元件
常开触点并联指令	〈位地址〉	O＜位地址＞	用于单个常开触点的并联	I、Q、M、SM、T、C、V、S

续表

指令名称	梯形图表达方式	指令表表达方式	功能	操作元件
常闭触点并联指令	〈位地址〉	ON＜位地址＞	用于单个常闭触点的并联	I、Q、M、SM、T、C、V、S

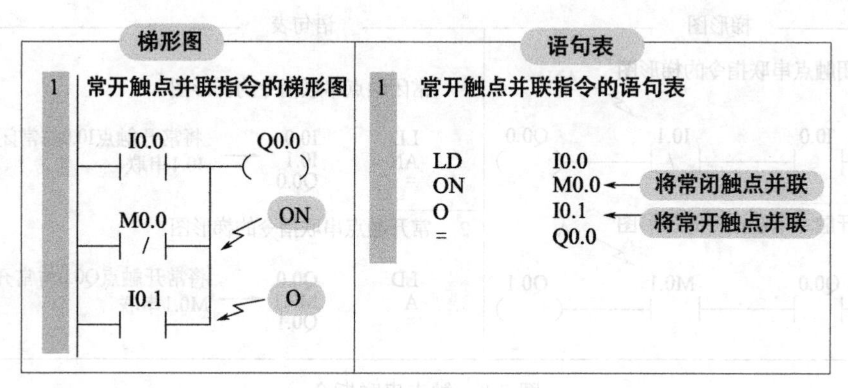

图 3-4 触点并联指令

① 单个触点并联指令可以连续使用。

② 若两个以上触点串联后与其他支路并联，则需用到后面要讲的 OLD 指令。

3.1.4 电路块串联指令

（1）指令格式及功能说明

电路块串联指令格式及功能说明，如表 3-4 所示。

（2）应用举例

电路块串联指令应用举例，如图 3-5 所示。

表 3-4 电路块串联指令格式及功能说明

指令名称	梯形图表达方式	指令表表达方式	功能	操作元件
电路块串联指令		ALD	用来描述并联电路块的串联关系； 注：两个以上触点并联形成的电路叫并联电路块	无

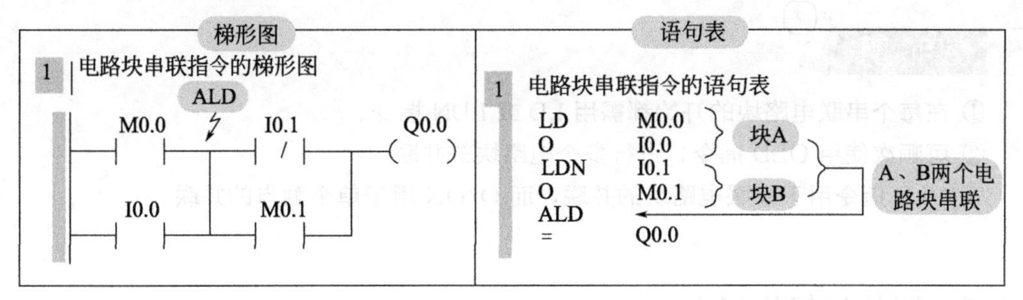

图 3-5　电路块串联指令

① 在每个并联电路块的开始都需用 LD 或 LDN 指令。
② 可顺次使用 ALD 指令，进行多个电路块的串联。
③ ALD 指令用于并联电路块的串联，而 A/AN 用于单个触点的串联。

3.1.5　电路块并联指令

（1）指令格式及功能说明

电路块并联指令格式及功能说明，如表 3-5 所示。

（2）应用举例

电路块并联指令应用举例，如图 3-6 所示。

表 3-5　电路块并联指令格式及功能说明

指令名称	梯形图表达方式	指令表表达方式	功能	操作元件
电路块并联指令		OLD	用来描述串联电路块的并联关系；注：两个以上触点串联形成的电路叫串联电路块	无

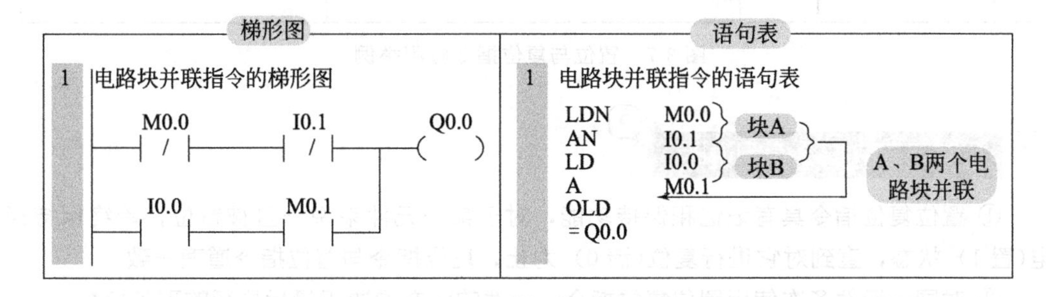

图 3-6　电路块并联指令

使用说明

① 在每个串联电路块的开始都需用 LD 或 LDN 指令。
② 可顺次使用 OLD 指令，进行多个电路块的并联。
③ OLD 指令用于串联电路块的并联，而 O/ON 用于单个触点的并联。

3.1.6 置位与复位指令

(1) 指令格式及功能说明

置位与复位指令格式及功能说明，如表 3-6 所示。

(2) 应用举例

置位与复位指令应用举例，如图 3-7 所示。

表 3-6 置位与复位指令格式及功能说明

指令名称	梯形图表达方式	语句表表达方式	功能	操作元件
置位指令 S(set)	〈位地址〉 —(s) N	S<位地址>,N	从起始位(bit)开始连续 N 位被置 1	S/R 指令操作数为:Q、M、SM、T、C、V、S、L
复位指令 R(reset)	〈位地址〉 —(R) N	R<位地址>,N	从起始位(bit)开始连续 N 位被清 0	

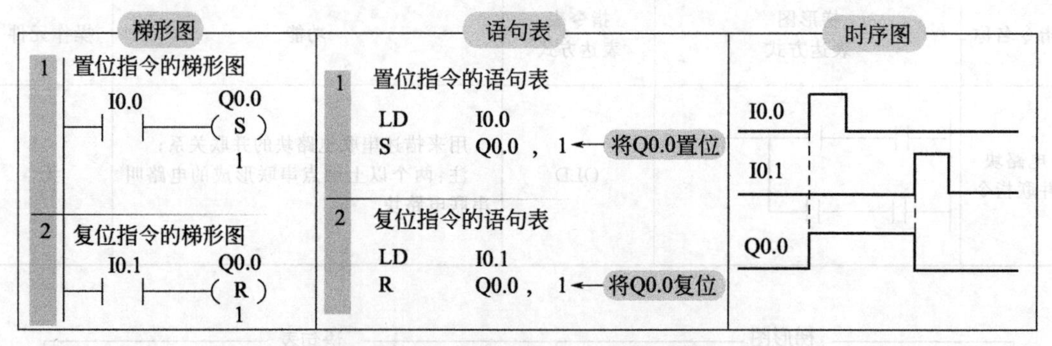

图 3-7 置位与复位指令应用举例

置位与复位指令使用说明

① 置位复位指令具有记忆和保持功能，对于某一元件来说一旦被置位，始终保持通电(置 1) 状态，直到对它进行复位(清 0) 为止，复位指令与置位指令道理一致。

② 对同一元件多次使用置位复位指令，元件的状态取决于最后执行的那条指令。

3.1.7 脉冲生成指令

（1）指令格式及功能说明

脉冲生成指令格式及功能说明，如表 3-7 所示。

（2）应用举例

脉冲生成指令应用举例，如图 3-8 所示。

表 3-7 脉冲生成指令格式及功能说明

指令名称	梯形图	语句表	功能	操作元件
上升沿脉冲发生指令	─┤P├─	EU	产生宽度为一个扫描周期的上升沿脉冲	无
下降沿脉冲发生指令	─┤N├─	ED	产生宽度为一个扫描周期的下降沿脉冲	无

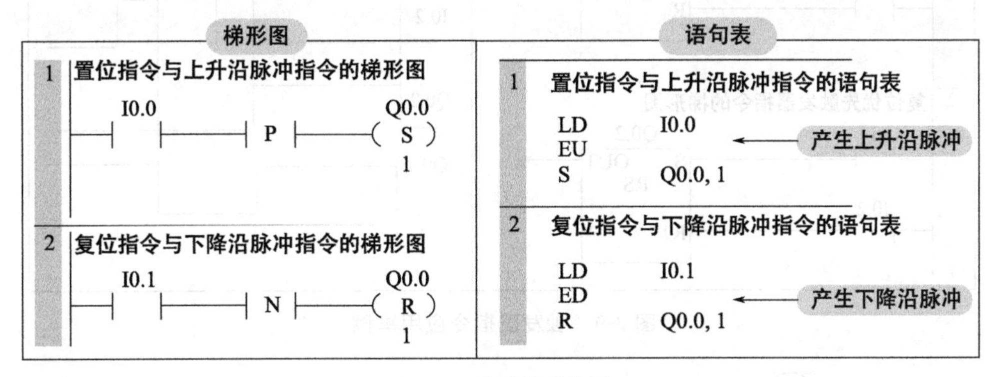

图 3-8 脉冲发生指令

① EU、ED 为边沿触发指令，该指令仅在输入信号变化时有效，且输出的脉冲宽度为一个扫描周期。

② 对于开机时就为接通状态的输入条件，EU、ED 指令不执行。

③ EU、ED 指令常常与 S/R 指令联用。

3.1.8 触发器指令

（1）指令格式及功能说明

触发器指令格式及功能说明，如表 3-8 所示。

（2）应用举例

触发器指令应用举例，如图 3-9 所示。

表 3-8　触发器指令格式及功能说明

指令名称	梯形图	语句表	功能	操作元件
置位优先触发器指令(SR)	bit S1 OUT SR R	SR	置位信号 S1 和复位信号 R 同时为 1 时,置位优先	S1、R1、S、R 的操作数：I、Q、V、M、SM、S、T、C； Bit 的操作数：I、Q、V、M、S
复位优先触发器指令(RS)	bit S OUT RS R1	RS	置位信号 S 和复位信号 R1 同时为 1 时,复位优先	

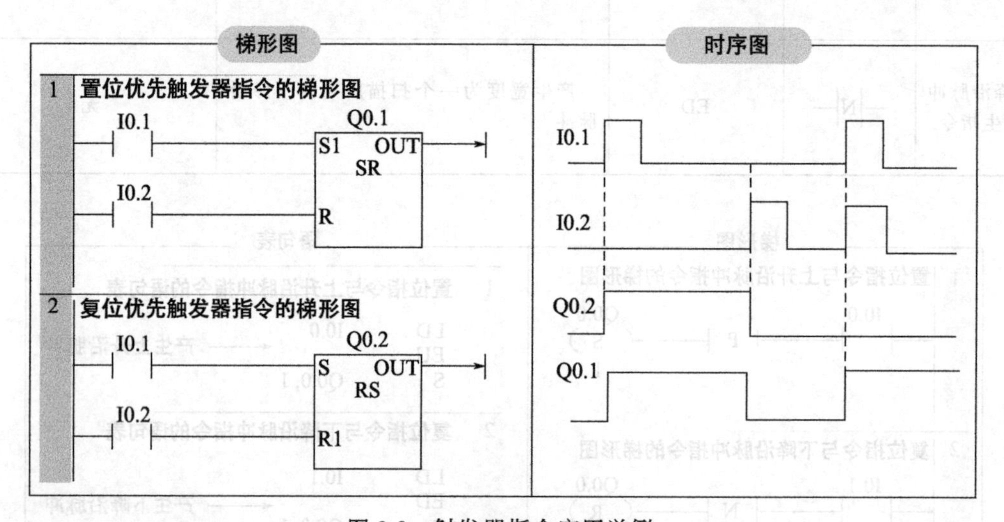

图 3-9　触发器指令应用举例

① I0.1=1 时，Q0.1 置位，Q0.1 输出始终保持；I0.2=1 时，Q0.1 复位；若二者同时为 1，置位优先。

② I0.1=1 时，Q0.2 置位，Q0.2 输出始终保持；I0.2=1 时，Q0.2 复位；若二者同时为 1，复位优先。

3.1.9　逻辑堆栈指令

堆栈是一组能够存储和取出数据的暂存单元。在 S7-200 SMART PLC 中，堆栈有 9 层，顶层叫栈顶，底层叫栈底。堆栈的存取特点“后进先出”，每次进行入栈操作时，新值都放在栈顶，栈底值丢失；每次进行出栈操作时，栈顶值弹出，栈底值补进随机数。

逻辑堆栈指令主要用来完成对触点进行复杂连接，配合 ALD、OLD 指令使用，逻辑堆栈指令主要有逻辑入栈指令、逻辑读栈和逻辑出栈指令，如图 3-10 所示。具体如下。

(1) 逻辑入栈（LPS）指令

逻辑入栈（LPS）指令又称分支指令或主控指令，执行逻辑入栈指令时，把栈顶值复制后压入堆栈，原堆栈中各层栈值依次下压一层，栈底值被压出丢失。逻辑入栈（LPS）指令的执行情况，如图 3-11(a) 所示。

(2) 逻辑读栈（LRD）指令

执行逻辑读栈（LRD）指令时，把堆栈中第 2 层的值复制到栈顶，2～9 层数据不变，堆栈没有压入和弹出，但原来的栈顶值被新的复制值取代，逻辑读栈（LRD）指令的执行情况，如图 3-11(b) 所示。

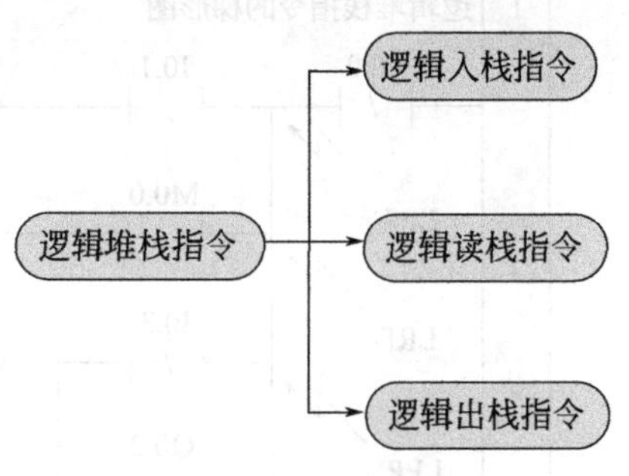

图 3-10　逻辑堆栈指令

(3) 逻辑出栈（LPP）指令

逻辑出栈（LPP）指令又称分支结束指令或主控复位指令，执行逻辑出栈（LPP）指令时，堆栈作弹出栈操作，将栈顶值弹出，原堆栈各级栈值依次上弹一级，原堆栈第 2 级的值成为栈顶值，原栈顶值从栈内丢失，如图 3-11(c) 所示。

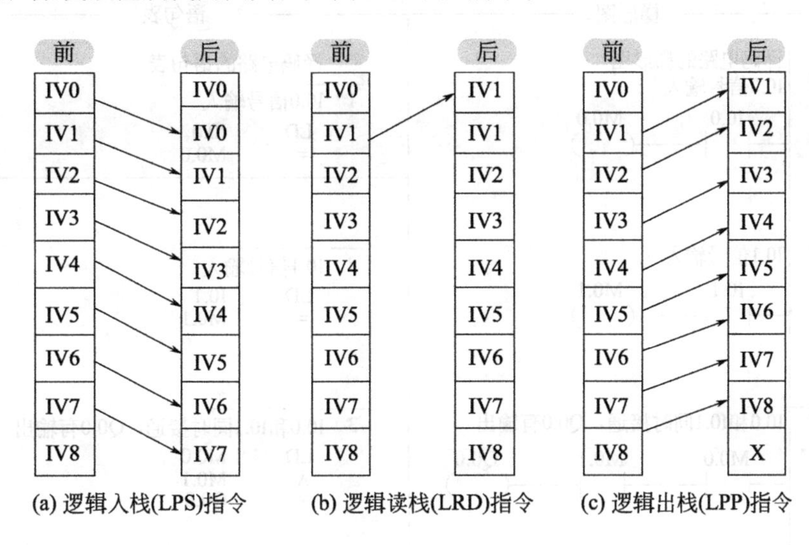

图 3-11　堆栈操作过程

(4) 使用说明

① LPS 指令和 LPP 指令必须成对出现。

② 受堆栈空间的限制，LPS 指令和 LPP 指令连续使用不得超过 9 次。

③ 堆栈指令 LPS、LRD、LPP 无操作数。

(5) 应用举例

逻辑堆栈指令应用举例，如图 3-12 所示。

3.1.10　位逻辑指令应用案例

(1) 译码电路

译码电路又称比较电路，该电路按预先设定的输出要求，根据对两个输入信号的比较，决定某一输出，译码电路程序如图 3-13 所示。

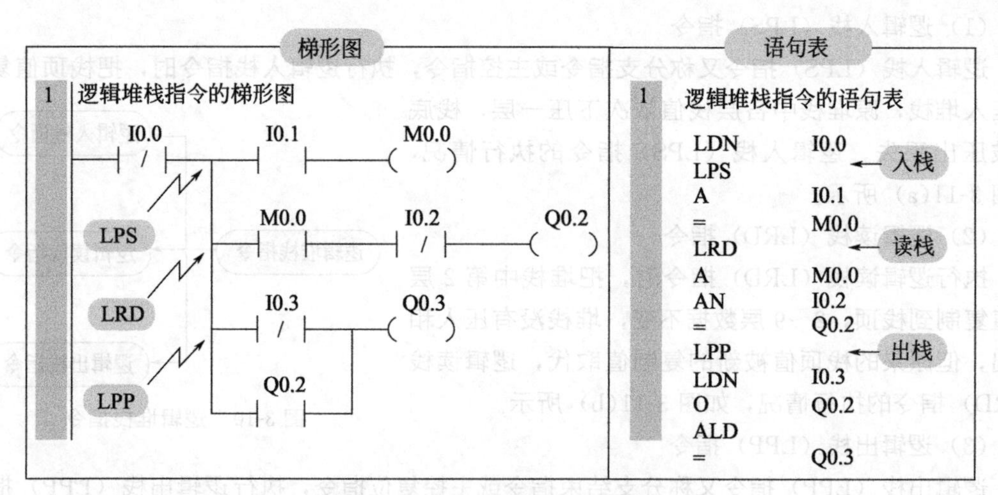

图 3-12 逻辑堆栈指令应用举例

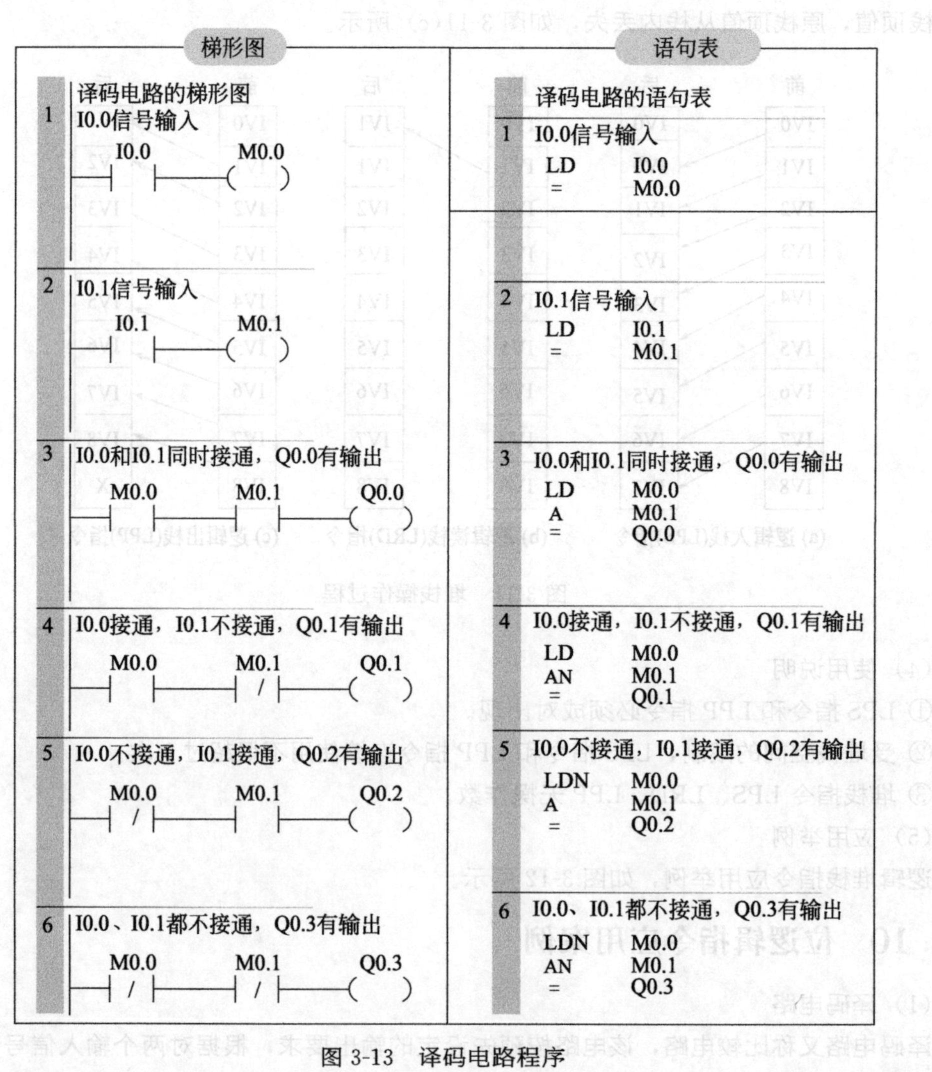

图 3-13 译码电路程序

若I0.0、I0.1同时接通时，线圈Q0.0有输出；若I0.0接通，I0.1不接通，线圈Q0.1有输出；若I0.0不接通，I0.1接通，线圈Q0.2有输出；若I0.0、I0.1都不接通时，线圈Q0.3有输出

（2）两个输入信号优先电路

两个输入信号优先电路是指在两个输入信号中，先到者取得优先权，后到者无效，两个输入信号优先电路程序如图3-14所示。

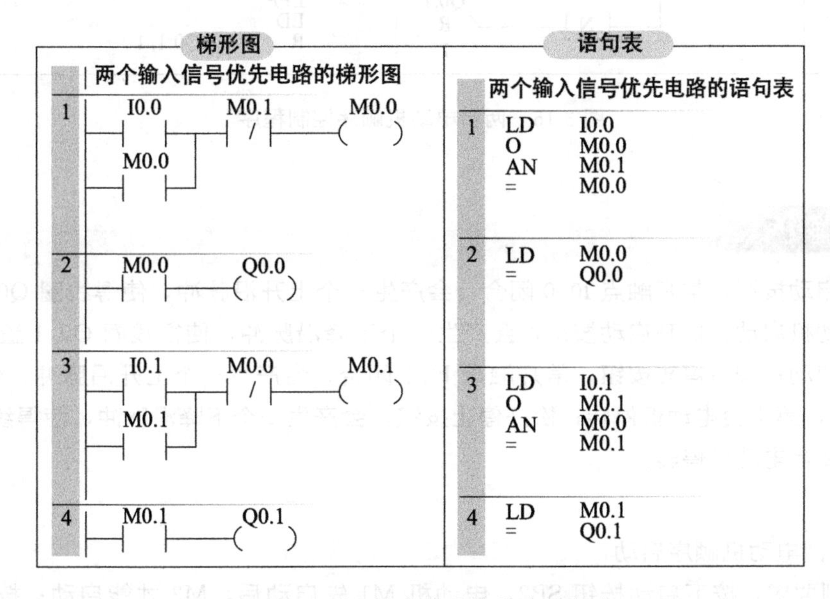

图3-14　两个输入信号优先电路程序

案例解析

常开触点I0.0闭合，线圈M0.0得电并自锁，其常闭触点M0.0断开，这时即使I0.1接通，线圈M0.1也不会动作；

常开触点I0.1闭合，线圈M0.1得电并自锁，其常闭触点M0.1断开，这时即使I0.0接通，线圈M0.0也不会动作

（3）两台电动机顺序控制

按下启动按钮，第1台电动机先启动，松开按钮，第2台电动机再启动；按下停止按钮，第1台电动机先停止，松开按钮，第2台电动机再停止，如图3-15所示。

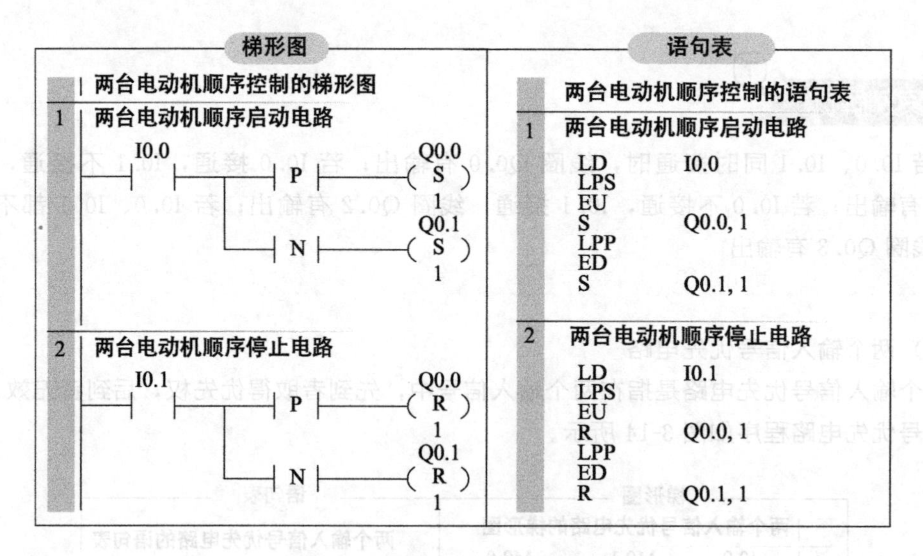

图 3-15　两台电动机顺序控制程序

按下启动按钮，常开触点 I0.0 闭合，会产生一个上升沿脉冲，使得线圈 Q0.0 置位，第 1 台电动机启动；松开启动按钮，会产生一个下降沿脉冲，使得线圈 Q0.1 置位，第 2 台电动机启动；按下停转按钮，常开触点 I0.1 闭合，会产生一个上升沿脉冲，使得线圈 Q0.0 复位，第 1 台电动机停转；松开停止按钮，会产生一个下降沿脉冲，使得线圈 Q0.1 复位，第 2 台电动机停转。

（4）两台电动机顺序启动

① 控制要求：按下启动按钮 SB2，电动机 M1 先启动后，M2 才能启动；按下停止按钮，电动机 M1、M2 同时停止，电气原理图，如图 3-16 所示。

② 设计步骤

根据控制要求，对输入/输出进行 I/O 分配，两台电动机顺序启动 I/O 分配，如表 3-9 所示。

表 3-9　两台电动机顺序启动 I/O 分配

输入		输出	
停止按钮 SB1	I0.0	接触器 KM1	Q0.0
M1 启动开关 SB2	I0.1	接触器 KM2	Q0.1
M2 启动开关 SB3	I0.2		
热继电器 FR1	I0.3		
热继电器 FR2	I0.4		

③ 绘制主电路和 PLC 控制电路电气接线图，两台电动机顺序启动电气接线图纸如图 3-17所示。

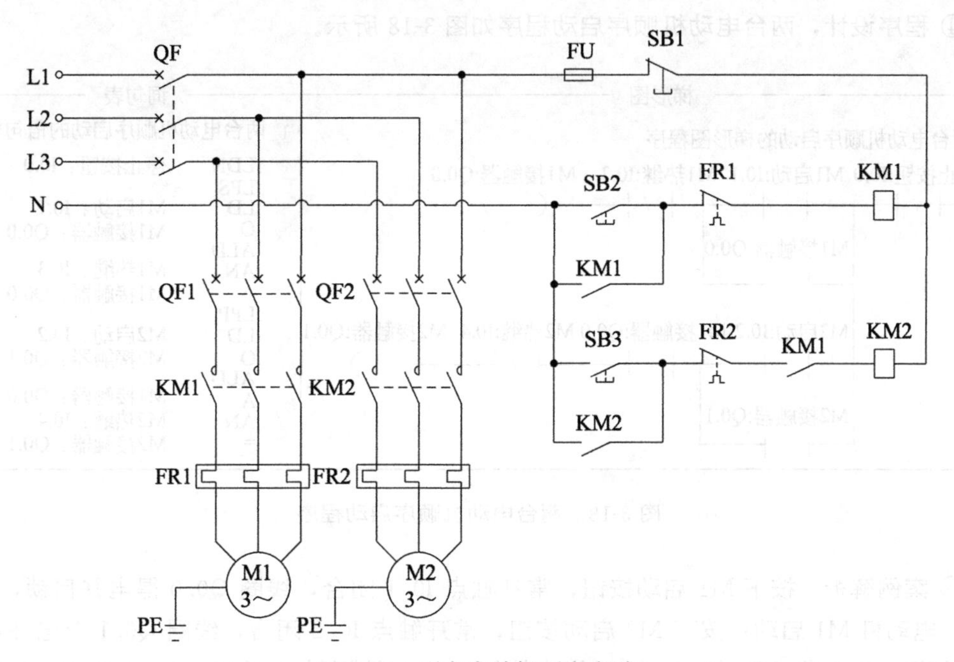

图 3-16 两台电动机顺序启动

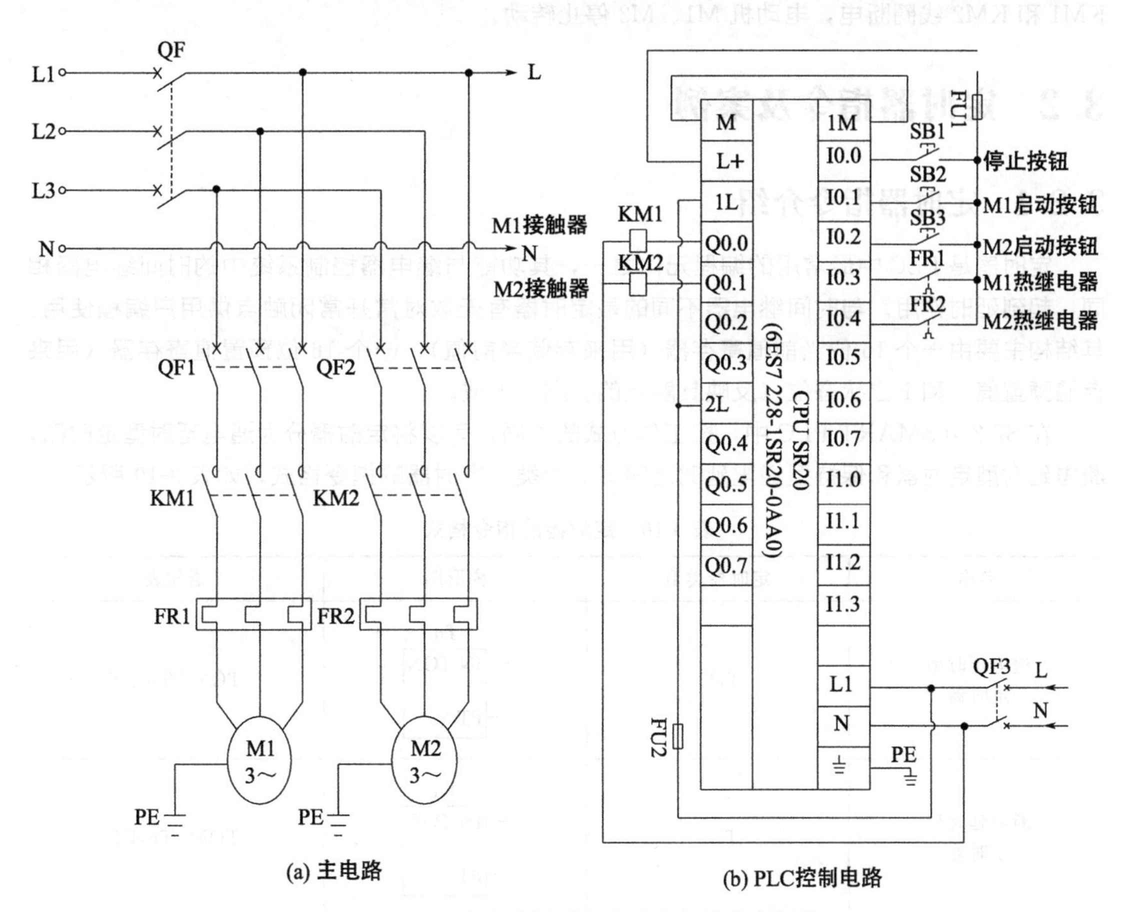

(a) 主电路

(b) PLC控制电路

图 3-17 两台电动机顺序启动电气接线图纸

④ 程序设计，两台电动机顺序启动程序如图 3-18 所示。

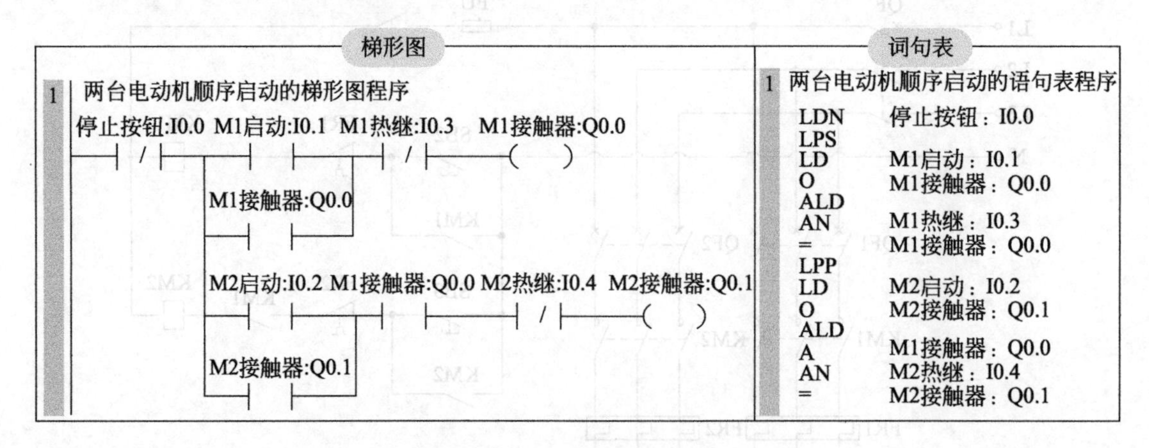

图 3-18　两台电动机顺序启动程序

⑤ 案例解析。按下 M1 启动按钮，常开触点 I0.1 闭合，线圈 Q0.0 得电并自锁，KM1 接通，电动机 M1 启动；按下 M2 启动按钮，常开触点 I0.2 闭合，线圈 Q0.1 得电并自锁，KM2 接通，电动机 M2 启动；按下停止按钮，I0.0 常闭触点断开，Q0.0 和 Q0.1 失电，KM1 和 KM2 线圈断电，电动机 M1、M2 停止转动。

3.2　定时器指令及案例

3.2.1　定时器指令介绍

定时器是 PLC 中最常用的编程元件之一，其功能与继电器控制系统中的时间继电器相同，起到延时作用。与时间继电器不同的是定时器有无数对常开常闭触点供用户编程使用。其结构主要由一个 16 位当前值寄存器（用来存储当前值）、一个 16 位预置值寄存器（用来存储预置值）和 1 位状态位（反映其触点的状态）组成。

在 S7-200 SMART PLC 中，按工作方式的不同，可以将定时器分为通电延时型定时器，断电延时型定时器和保持型通电延时定时器 3 大类。定时器的指令格式，如表 3-10 所示。

表 3-10　定时器的指令格式

名称	定时器类型	梯形图	语句表
通电延时型定时器	TON	Tn IN TON PT	TON　Tn,PT
断电延时型定时器	TOF	Tn IN TOF PT	TOF　Tn,PT

续表

名称	定时器类型	梯形图	语句表
保持型通电延时定时器	TONR	Tn IN TONR PT	TONR Tn,PT

（1）图说定时器指令

图说定时器指令，如图 3-19 所示。

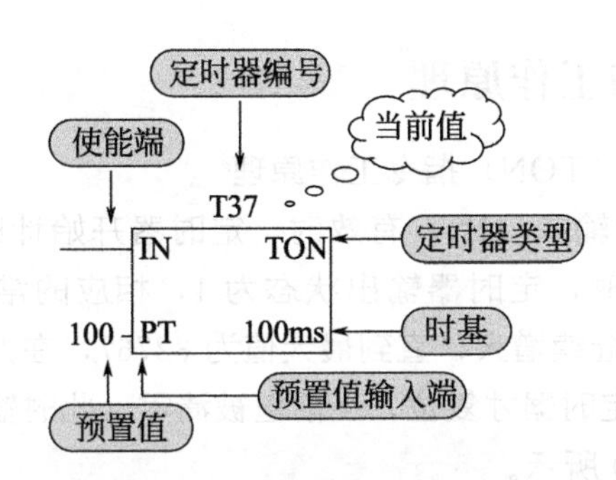

图 3-19　图说定时器

定时器相关概念

① 定时器编号：T0～T255。

② 使能端：使能端控制着定时器的能流，当使能端输入有效时，也就是说，使能端有能流流过时，定时时间到，定时器输出状态为 1。

当使能端输入无效时，也就是说，使能端无能流流过时，定时器输出状态为 0。

③ 预置值输入端：在编程时，根据时间设定需要在预置值输入端输入相应的预置值，预置值为 16 位有符号整数，允许设定的最大值为 32767，其操作数为 VW、IW、QW、SW、SMW、LW、AIW、T、C、AC、常数等。

④ 时基：相应的时基有 3 种，它们分别为 1ms、10ms 和 100ms，不同的时基，对应的最大定时范围、编号和定时器刷新方式不同。

⑤ 当前值：定时器当前所累计的时间称为当前值，当前值为 16 位有符号整数，最大计数值为 32767。

⑥ 定时时间计算公式：

$$T = PT \times S$$

式中，T 表示定时时间；PT 表示预置值；S 表示时基。

（2）定时器类型、时基和编号

定时器类型、时基和编号，如表 3-11 所示。

表 3-11　定时器类型、时基和编号

定时器类型	时基	最大定时范围	定时器编号
TON/TOF	1ms	32.767s	T32 和 T96
	10ms	327.67s	T33～T36 和 T97～T100
	100ms	3276.7s	T37～T63 和 T101～T255
TONR	1ms	32.767s	T0 和 T64
	10ms	327.67s	T1～T4 和 T65～T68
	100ms	3276.7s	T5～T31 和 T69～T95

3.2.2　定时器指令的工作原理

（1）通电延时型定时器（TON）指令工作原理

① 工作原理：当使能端输入（IN）有效时，定时器开始计时，当前值从 0 开始递增，当当前值大于或等于预置值时，定时器输出状态为 1，相应的常开触点闭合，常闭触点断开；到达预置值后，当前值继续增大，直到最大值为 32767，在此期间定时器输出状态仍然为 1，直到使能端无效时，定时器才复位，当前值被清零，此时输出状态为 0。

② 应用举例：如图 3-20 所示。

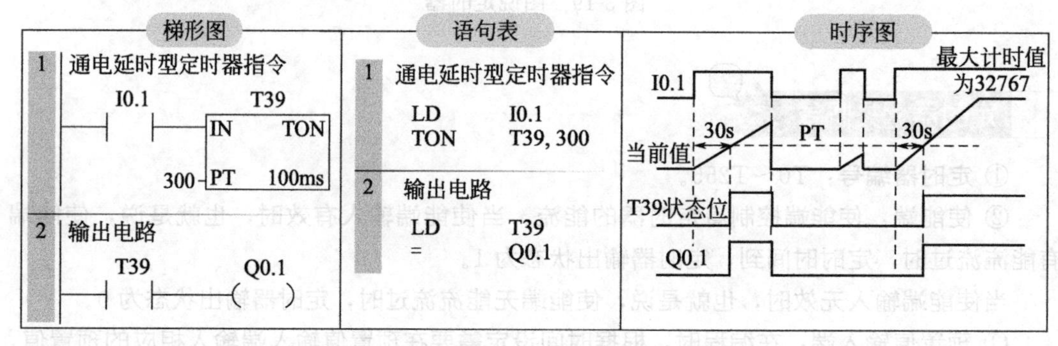

图 3-20　通电延时型定时器指令应用举例

案例解析

当 I0.1 接通时，使能端（IN）输入有效，定时器 T39 开始计时，当前值从 0 开始递增，当当前值等于预置值 300 时，定时器输出状态为 1。定时器对应的常开触点 T39 闭合，驱动线圈 Q0.1 吸合，当 I0.1 断开时，使能端（IN）输出无效，T39 复位，当前值清 0，输出状态为 0，定时器常开触点 T39 断开，线圈 Q0.1 断开；若使能端接通时间小于预置值，定时器 T39 立即复位，线圈 Q0.1 也不会有输出；若使能端输出有效，计时到达预置值以后，当前值仍然增加，直到 32767，在此期间定时器 T39 输出状态仍为 1，线圈 Q0.1 仍处于吸合状态。

（2）断电延时型定时器（TOF）指令工作原理

① 工作原理：当使能端输入（IN）有效时，定时器输出状态为 1，当前值复位；当使

能端（IN）断开时，当前值从 0 开始递增，当当前值等于预置值时，定时器复位并停止计时，当前值保持。

② 应用举例：如图 3-21 所示。

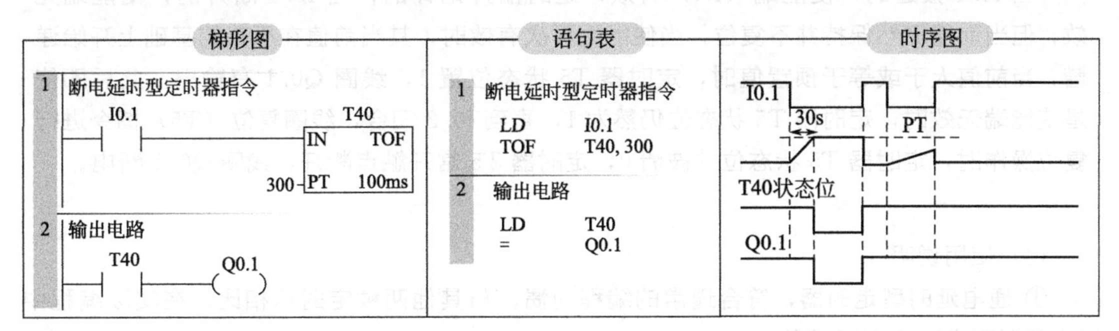

图 3-21 断电延时型定时器（TOF）指令应用举例

当 I0. 1 接通时，使能端（IN）输入有效，当前值为 0，定时器 T40 输出状态为 1，驱动线圈 Q0. 1 有输出；当 I0. 1 断开时，使能端输入无效，当前值从 0 开始递增，当当前值到达预置值时，定时器 T40 复位为 0，线圈 Q0. 1 也无输出，但当前值保持；当 I0. 1 再次接通，当前值仍为 0；若 I0. 1 断开的时间小于预置值，定时器 T40 仍处于置 1 状态。

（3）保持型通电延时定时器（TONR）指令工作原理

① 工作原理：当使能端（IN）输入有效时，定时器开始计时，当前值从 0 开始递增，当当前值到达预置值时，定时器输出状态为 1；当使能端（IN）无效时，当前值处于保持状态，但当使能端再次有效时，当前值在原来保持值的基础上继续递增计时；保持型通电延时定时器采用线圈复位指令（R）进行复位操作，当复位线圈有效时，定时器当前值被清 0，定时器输出状态为 0。

② 应用举例：如图 3-22 所示。

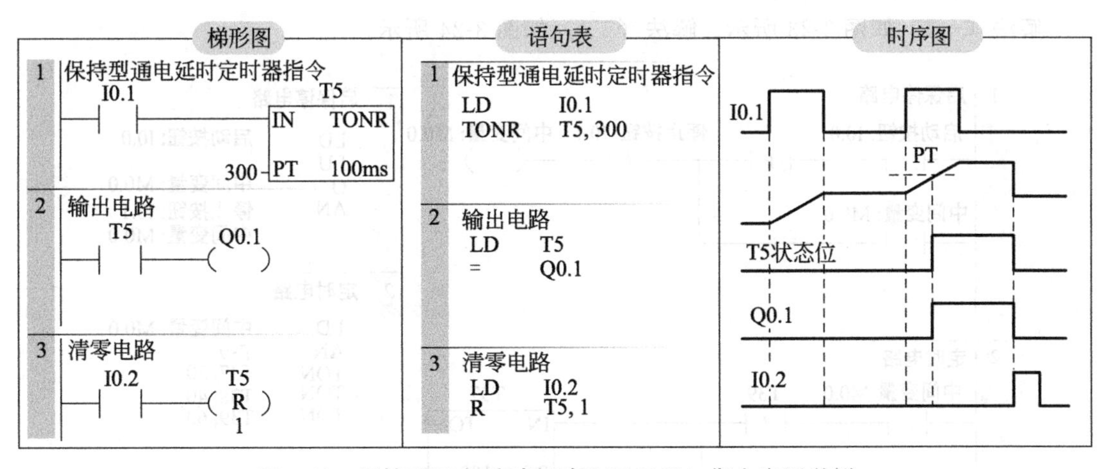

图 3-22 保持型通电延时定时器（TONR）指令应用举例

案例解析

当I0.1接通时，使能端（IN）有效，定时器开始计时；当I0.1断开时，使能端无效，但当前值仍然保持并不复位，当使能端再次有效时，其当前值在原来的基础上开始递增，当前值大于或等于预置值时，定时器T5状态位置1，线圈Q0.1有输出，此后即使是使能端无效时，定时器T5状态位仍然为1，直到I0.2闭合，线圈复位（T5）指令进行复位操作时，定时器T5状态位才被清0，定时器T5常开触点断开，线圈Q0.1断电。

（4）使用说明

① 通电延时型定时器，符合通常的编程习惯，与其他两种定时器相比，在实际编程中通电延时型定时器应用最多。

② 通电延时型定时器适用于单一间隔定时；断电延时型定时器适用于故障发生后的时间延时；保持型通电延时定时器适用于累计时间间隔定时。

③ 通电延时型（TON）定时器和断电延时型（TOF）定时器共用同一组编号（表3-11），因此同一编号的定时器不能即作通电延时型（TON）定时器使用，又作断电延时型（TOF）定时器使用；例如：不能既有通电延时型（TON）定时器T37，又有断电延时型（TOF）定时器T37。

④ 可以用复位指令对定时器进行复位，且保持型通电延时定时器只能用复位指令对其进行复位操作。

⑤ 不同时基的定时器它们当前值的刷新周期是不同的。

3.2.3 定时器指令应用举例

（1）控制要求

有红绿黄3盏小灯，当按下启动按钮，3盏小灯每隔2s轮流点亮，并循环；当按下停止按钮时，3盏小灯都熄灭。

（2）解决方案

解法（一），如图3-23所示。解法（二），如图3-24所示。

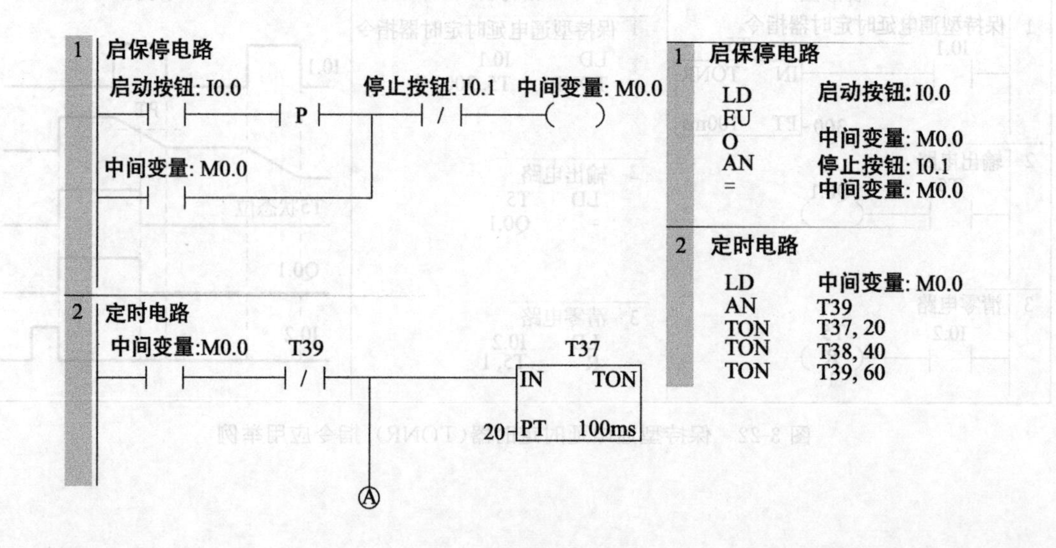

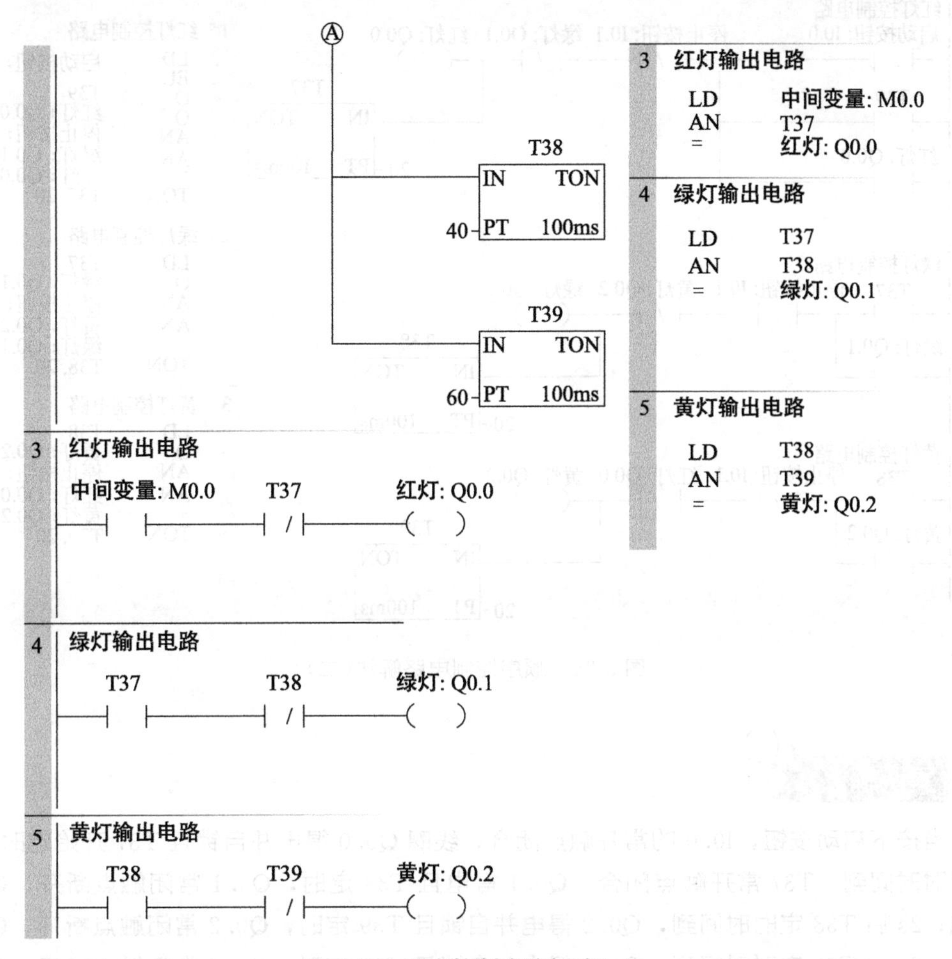

图 3-23 顺序控制电路解法(一)

案例解析

当按下启动按钮，I0.0 的常开触点闭合，辅助继电器 M0.0 线圈得电并自锁，其常开触点 M0.0 闭合，输出继电器线圈 Q0.0 得电，红灯亮；与此同时，定时器 T37～T39 开始定时，当 T37 定时时间到，其常闭触点断开、常开触点闭合，Q0.0 断电、Q0.1 得电，对应的红灯灭、绿灯亮；当 T38 定时时间到，Q0.1 断电、Q0.2 得电，对应的绿灯灭，黄灯亮；当 T39 定时时间到，其常闭触点断开，Q0.2 失电且 T37～T39 复位，接着定时器 T37～T39 又开始新一轮计时，红绿黄等依次点亮往复循环；当按下停止按钮时，M0.0 失电，其常开触点断开，定时器 T37～T39 断电，三盏灯全熄灭。

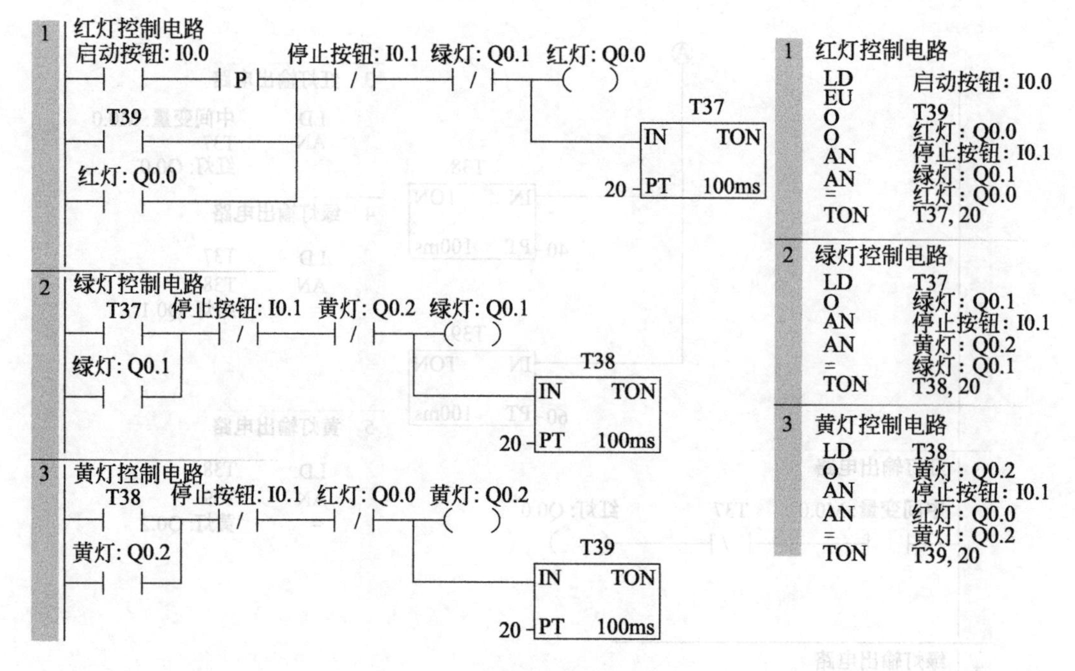

图 3-24　顺序控制电路解法(二)

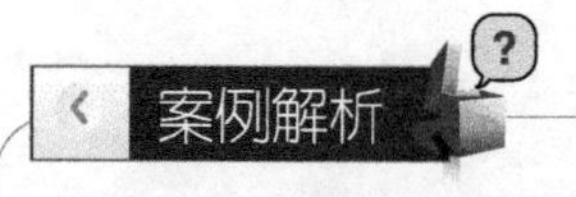

当按下启动按钮，I0.0 的常开触点闭合，线圈 Q0.0 得电并自锁且 T37 开始定时，2s 后定时时间到，T37 常开触点闭合，Q0.1 得电且 T38 定时，Q0.1 常闭触点断开，Q0.0 失电；2s 后 T38 定时时间到，Q0.2 得电并自锁且 T39 定时，Q0.2 常闭触点断开，Q0.1 失电；2s 后 T39 定时时间到，Q0.0 得电并自锁且 T37 定时，Q0.0 常闭触点断开，Q0.2 失电；T37 再次定时，重复上面的动作。当按下停止按钮时，Q0.0、Q0.1 和 Q0.2 断电。

3.3　计数器指令及案例

计数器是一种用来累计输入脉冲个数的编程元件，其结构主要由 1 个 16 位当前值寄存器、1 个 16 位预置值寄存器和 1 位状态位组成。在 S7-200 SMART PLC 中，按工作方式的不同，可将计数器分为加计数器、减计数器和加减计数器 3 大类。

3.3.1　加计数器(CTU)

（1）图说加计数器

图说加计数器，如图 3-25 所示。

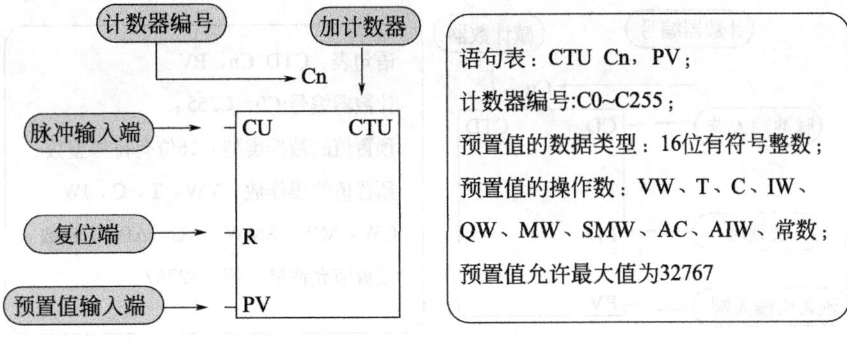

图 3-25 加计数器

(2) 工作原理

复位端（R）的状态为 0 时，脉冲输入有效，计数器可以计时，当脉冲输入端（CU）有上升沿脉冲输入时，计数器的当前值加 1，当当前值大于或等于预置值（PV）时，计数器的状态位被置 1，其常开触点闭合，常闭触点断开；若当前值到达预置值后，脉冲输入依然上升沿脉冲输入，计数器的当前值继续增加，直到最大值为 32767，在此期间计数器的状态位仍然处于置 1 状态；当复位端（R）状态为 1 时，计数器复位，当前值被清 0，计数器的状态位置 0。

(3) 应用举例

如图 3-26 所示。

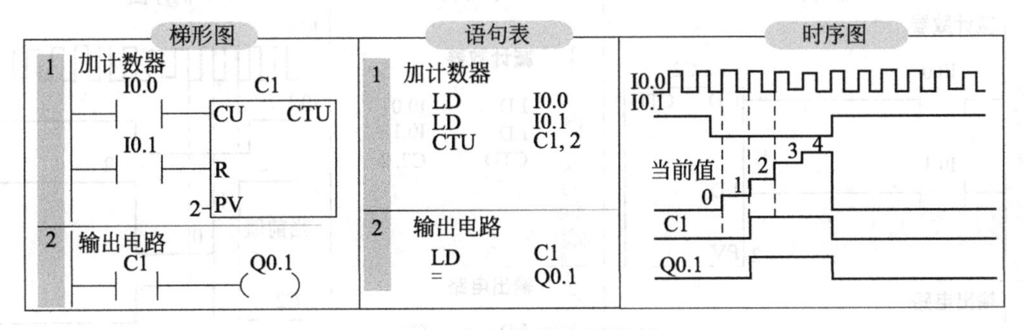

图 3-26 加计数器应用举例

当 R 端常开触点 I0.1=1 时，计数器脉冲输入无效；当 R 端常开触点 I0.1=0 时，计数器脉冲输入有效，CU 端常开触点 I0.0 每闭合一次，计数器 C1 的当前值加 1，当当前值到达预置值 2 时，计数器 C1 的状态位置 1，其常开触点闭合，线圈 Q0.1 得电；当 R 端常开触点 I0.1=1 时，计时器 C1 被复位，其当前值清 0，C1 状态位清 0。

3.3.2 减计数器(CTD)

(1) 图说减计数器

图说减计数器，如图 3-27 所示。

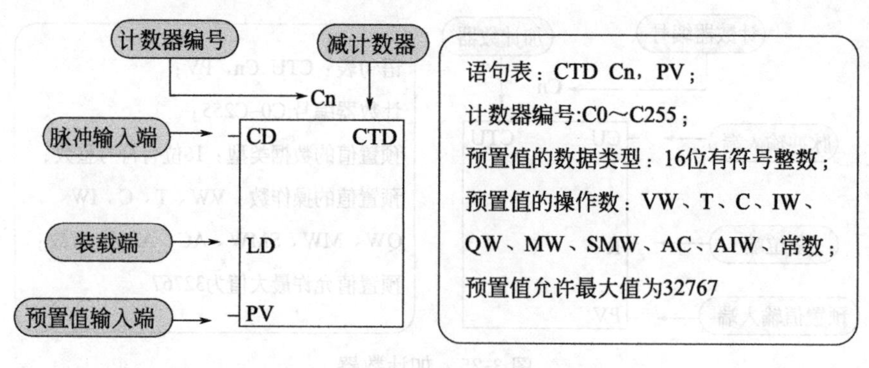

图 3-27　减计数器

（2）工作原理

当装载端 LD 的状态为 1 时，计数器被复位，计数器的状态位为 0，预置值被装载到当前值寄存器中；当装载端 LD 的状态为 0 时，脉冲输入端有效，计数器可以计数，当脉冲输入端（CD）有上升沿脉冲输入时，计数器的当前值从预置值开始递减计数，当当前值减至为 0 时，计数器停止计数，其状态位为 1。

（3）应用举例

如图 3-28 所示。

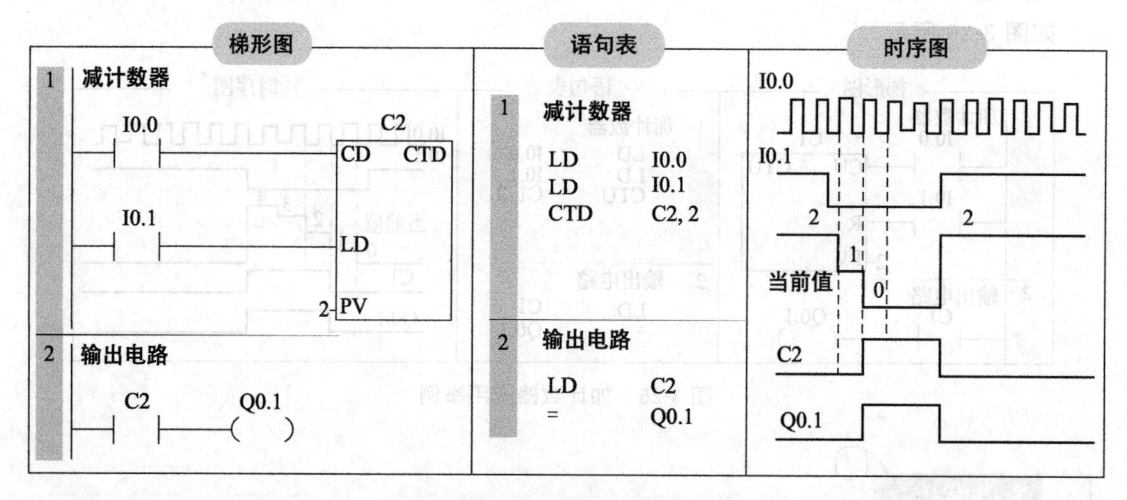

图 3-28　减计数器应用举例

案例解析

当 LD 端常开触点 I0.1 闭合时，减计数器 C2 被置 0，线圈 Q0.1 失电，其预置值被装载到 C2 当前值寄存器中；当 LD 端常开触点 I0.1 断开时，计数器脉冲输入有效，CD 端 I0.0 常开触点每闭合一次，其当前值就减 1，当当前值减为 0 时，减计数器 C2 的状态位被置 1，其常开触点闭合，线圈 Q0.1 得电。

3.3.3 加减计数器(CTUD)

(1) 图说加减计数器

图说加减计数器，如图 3-29 所示。

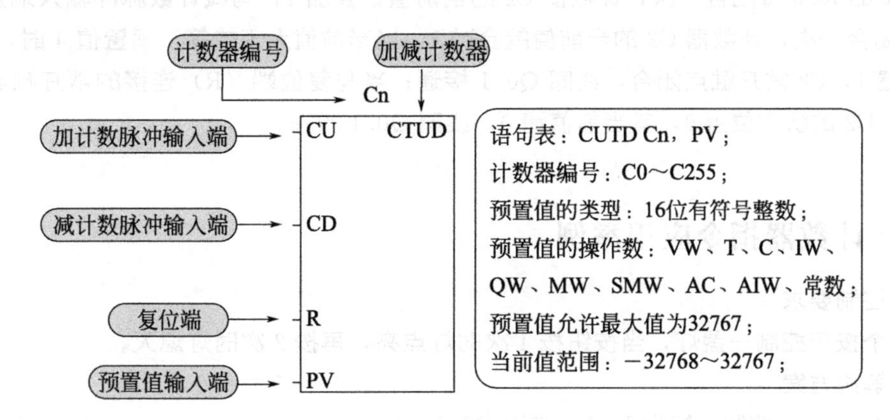

图 3-29　加减计数器

(2) 工作原理

当复位端（R）状态为 0 时，计数脉冲输入有效，当加计数输入端（CU）有上升沿脉冲输入时，计数器的当前值加 1，当减计数输入端（CD）有上升沿脉冲输入时，计数器的当前值减 1，当计数器的当前值大于或等于预置值时，计数器状态位被置 1，其常开触点闭合、常闭触点断开；当复位端（R）状态为 1，计数器被复位，当前值被清 0；加减计数器当前值范围为－32768～32767，若加减计数器当前值为最大值 32767，CU 端再输入一个上升沿脉冲，其当前值立刻跳变为最小值-32768；若加减计数器当前值为最小值-32768，CD 端再输入一个上升沿脉冲，其当前值立刻跳变为最大值 32767。

(3) 应用举例

如图 3-30 所示。

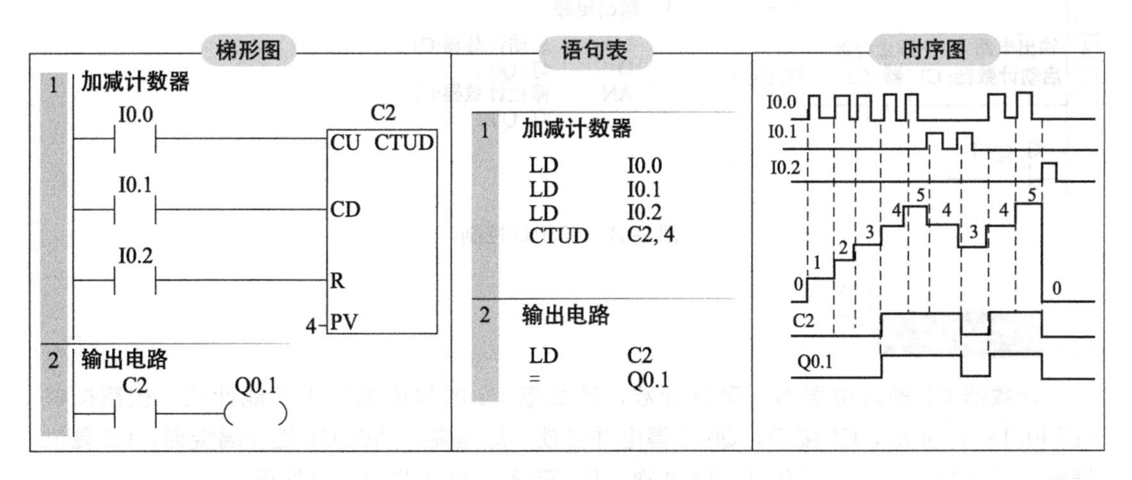

图 3-30　加减计数器应用举例

案例解析

当与复位端（R）连接的常开触点 I0.2 断开时，脉冲输入有效，此时与加计数脉冲输入端连接的 I0.0 每闭合一次，计数器 C2 的当前值就会加 1，与减计数脉冲输入端连接的 I0.1 每闭合一次，计数器 C2 的当前值就会减 1，当当前值大于或等于预置值 4 时，C2 的状态位置 1，C2 常开触点闭合，线圈 Q0.1 接通；当与复位端（R）连接的常开触点 I0.2 闭合时，C2 的状态位置 0，其当前值清 0，线圈 Q0.1 断开。

3.3.4 计数器指令应用举例

（1）控制要求

用一个按钮控制一盏灯，当按钮按 4 次时灯点亮，再按 2 次时灯熄灭。

（2）解决方案

① I/O 分配：控制按钮为 I0.1，灯为 Q0.1。

② 程序编制：如图 3-31 所示。

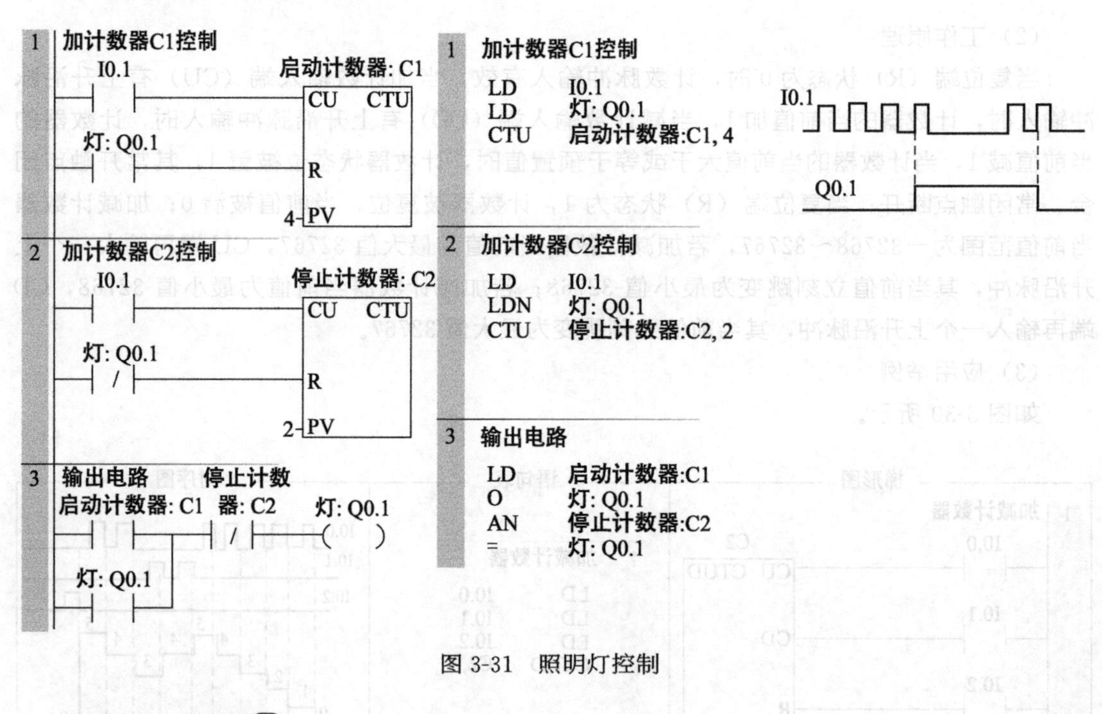

图 3-31 照明灯控制

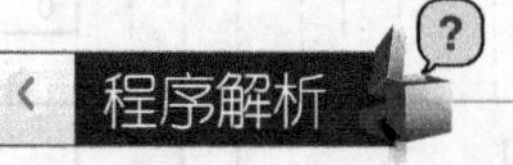

计数器 C1 的复位端为 0 可以计数，计数器 C2 的复位端为 1 不能计数；按钮按够（即 I0.1=1）4 次，C1 接通，Q0.1 得电并自锁，灯点亮，同时 C1 复位端接通，C2 复位端断开可计数。再按（即 I0.1=1）2 次，C2 接通，Q0.1 失电，灯熄灭。

3.4 基本指令应用案例

3.4.1 电动机星三角减压启动

（1）控制要求：

按下启动按钮 SB2，接触器 KM1、KM3 接通，电动机星接进行减压启动；过一段时间后，时间继电器动作，接触器 KM3 断开，KM2 接通，电动机进入角接状态；按下停止按钮 SB1，电动机停止运行，如图 3-32 所示。

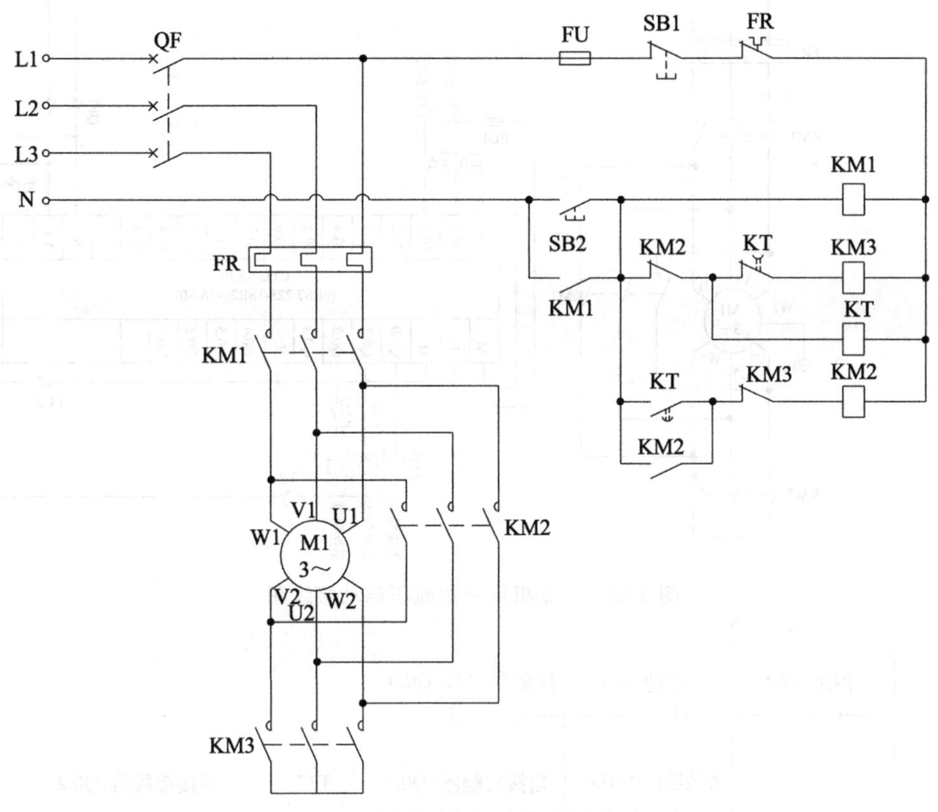

图 3-32 电动机星三角减压启动

（2）设计步骤：

① 第一步：根据控制要求，对输入/输出进行 I/O 分配；如表 3-12 所示。

表 3-12 电动机星三角减压启动 I/O 分配

输入量		输出量	
启动按钮 SB2	I0.1	接触器 KM1	Q0.0
停止按钮 SB1	I0.0	角接 KM2	Q0.1
		星接 KM3	Q0.2

② 第二步：绘制接线图。接线图如图 3-33 所示。

③ 第三步：设计梯形图程序。梯形图电路是在继电器电路的基础上演绎过来的，因此根据继电器电路设计梯形图电路是一条捷径。将继电器控制电路的元件用梯形图编程元件逐一替换，示意图如图 3-34 所示。由于示意图程序可读性不高，因此将其简化和修改，整理结果如图 3-35 所示。

④ 第四步：案例解析。

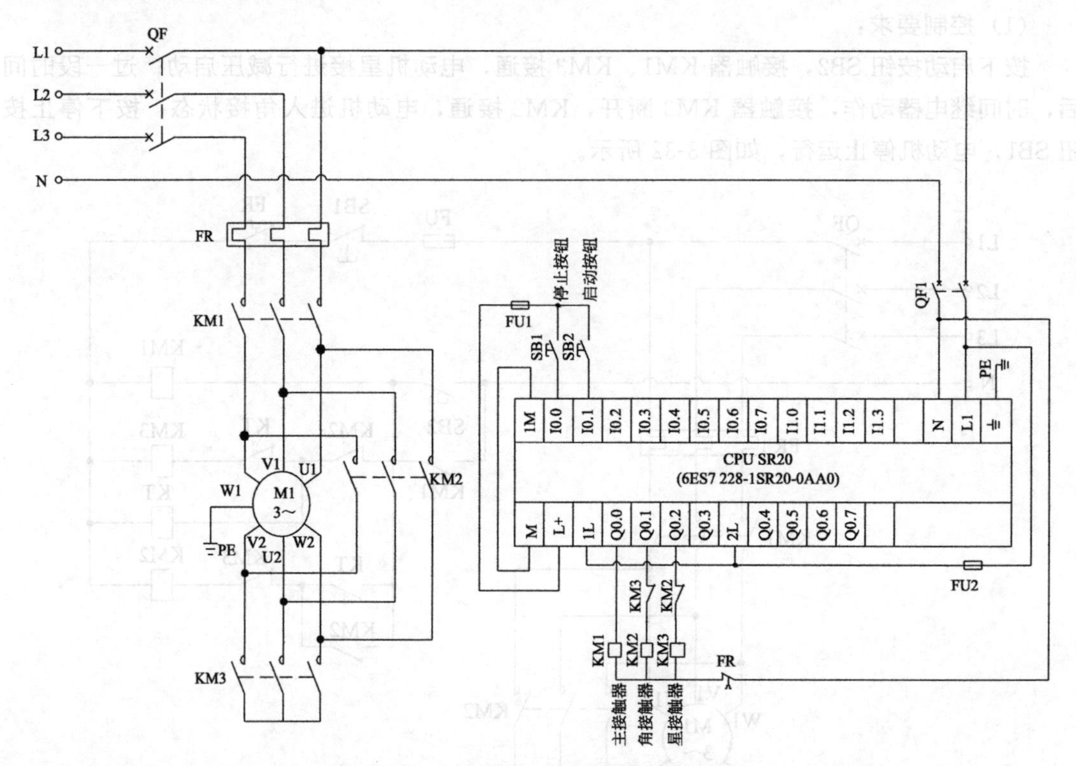

图 3-33　电动机星三角减压启动接线图

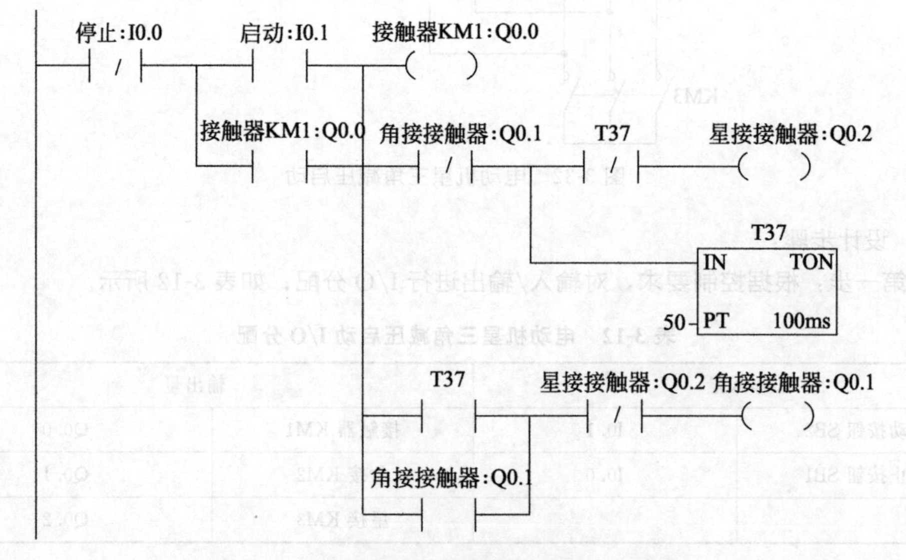

图 3-34　电动机星三角减压启动程序示意图

按下启动按钮 SB2，常开触点 I0.1 闭合，线圈 Q0.0、M0.0 得电且对应的常开触点闭合，因此线圈 Q0.2 得电且定时器 T37 开始定时，定时时间到，线圈 Q0.2 断开，Q0.1 得电并自锁，Q0.1 对应的常闭触点断开，定时器停止定时；当软线圈 Q0.0、Q0.2 闭合时，接触器 KM1、KM3 接通，电动机为星接；当软线圈 Q0.0、Q0.1 闭合时，接触器 KM1、KM2 接通，电动机为角接。

3.4.2 电视塔彩灯控制

（1）控制要求

电视塔彩灯示意图，如图 3-36 所示。按下启动按钮，L0 层灯亮，3s 后 L1 层亮，再过 3s L2 层亮，再过 3s L3 层亮；之后全亮 2s 后，再重复上述过程。

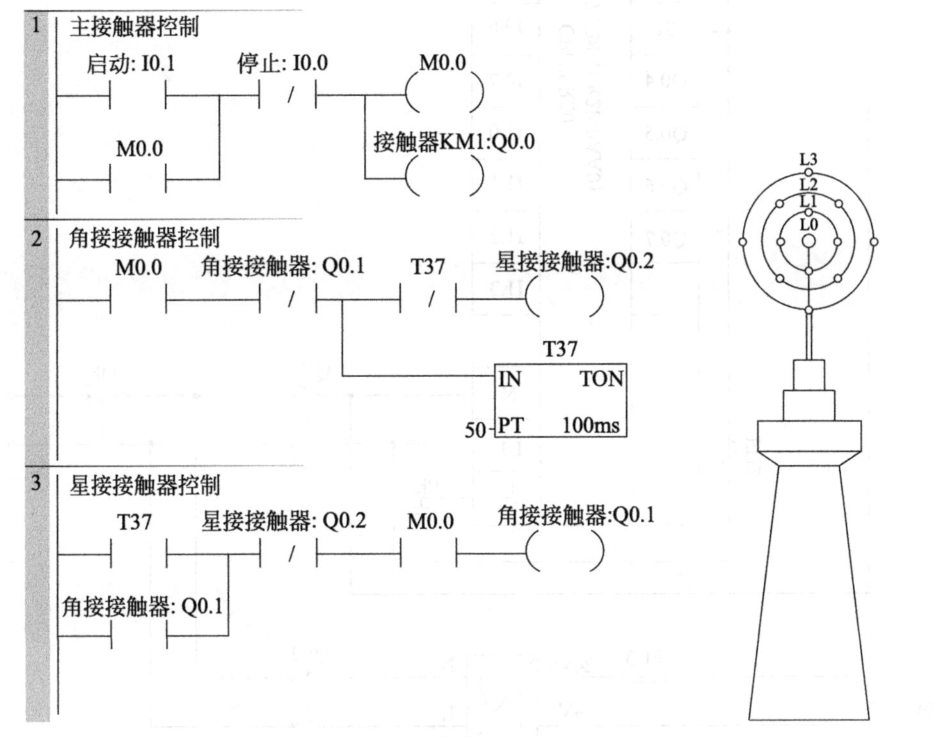

图 3-35　电动机星三角减压启动最终程序

图 3-36　电视塔彩灯示意图

（2）设计步骤

① 第一步：根据控制要求，对输入/输出进行 I/O 分配，如表 3-13 所示。

表 3-13　电视塔彩灯控制 I/O 分配

输入量		输出量	
启动按钮 SB2	I0.0	L0 层灯	Q0.0
停止按钮 SB1	I0.1	L1 层灯	Q0.1
		L2 层灯	Q0.2
		L3 层灯	Q0.3

② 第二步：绘制接线图。电视塔彩灯控制接线图，如图 3-37 所示。

③ 第三步：设计梯形图程序。电视塔彩灯控制梯形图程序如图 3-38 所示。

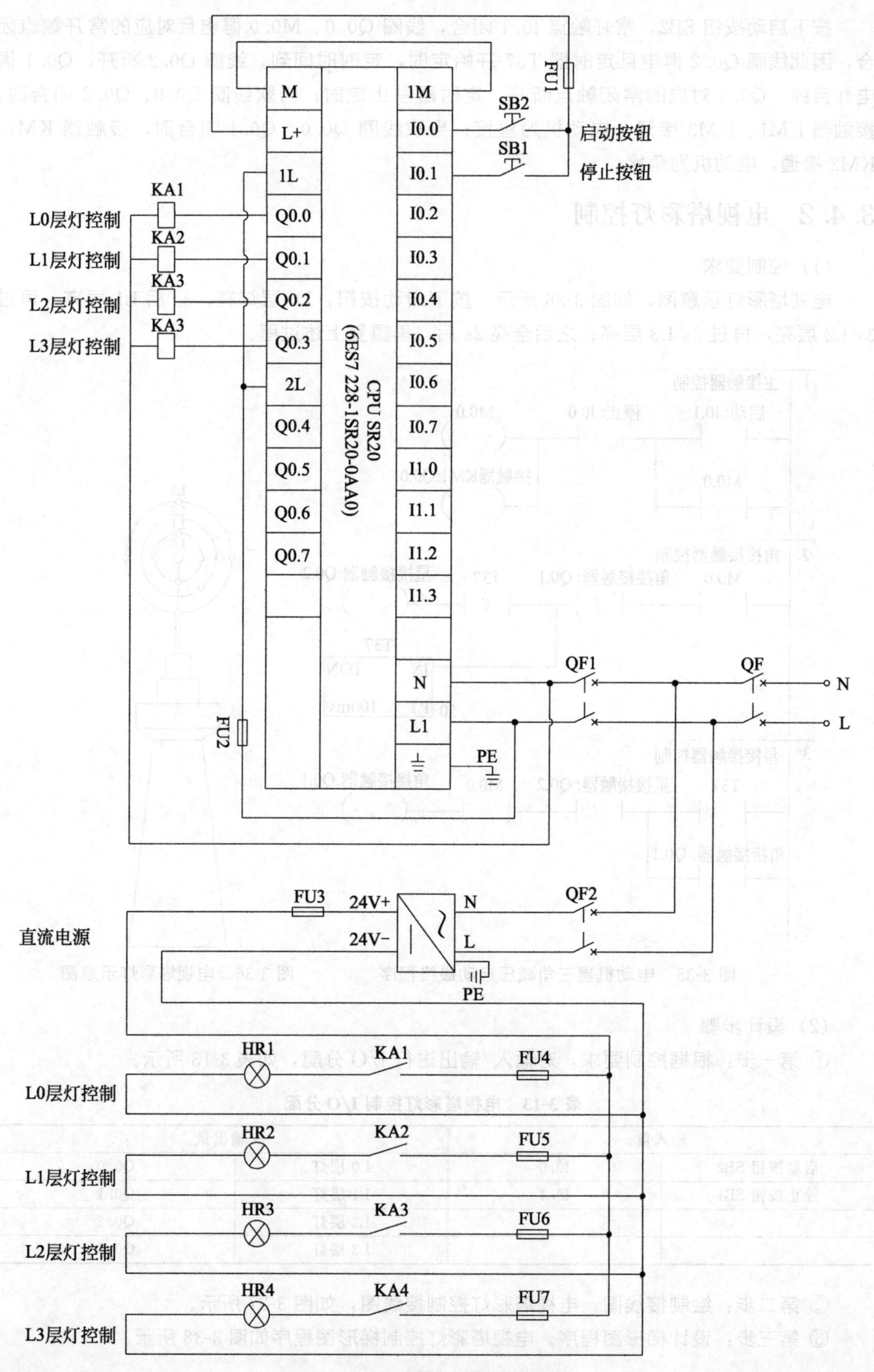

图 3-37　电视塔彩灯控制接线图

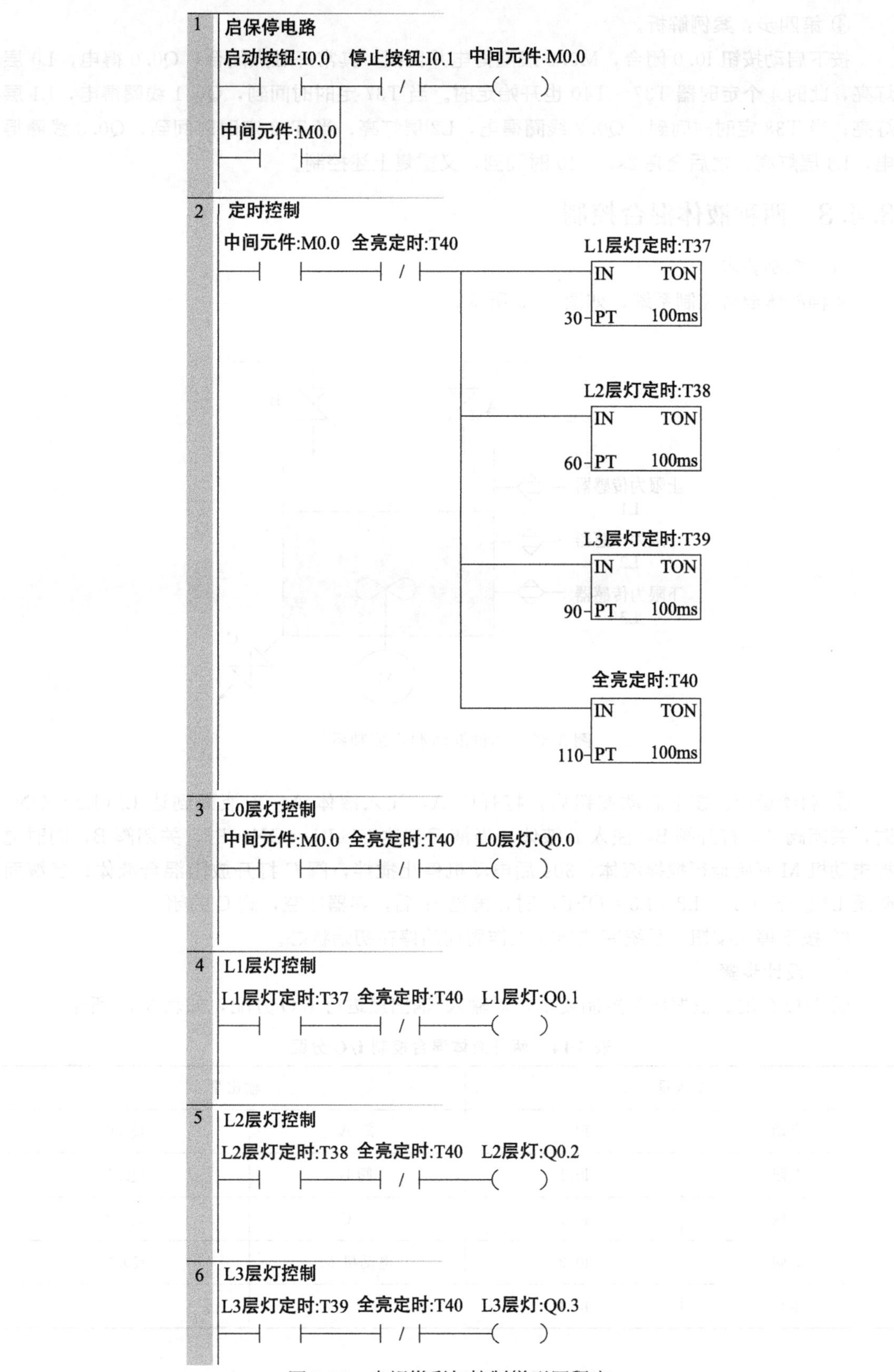

图 3-38　电视塔彩灯控制梯形图程序

④ 第四步：案例解析。

按下启动按钮I0.0闭合，M0.0线圈得电并自锁，其常开触点闭合，Q0.0得电，L0层灯亮，此时4个定时器T37～T40也开始定时。当T37定时时间到，Q0.1线圈得电，L1层灯亮；当T38定时时间到，Q0.2线圈得电，L2层灯亮；当T39定时时间到，Q0.3线圈得电，L3层灯亮；之后全亮2s，T40时间到，又重复上述控制。

3.4.3 两种液体混合控制

（1）控制要求

两种液体混合控制系统，如图3-39所示。

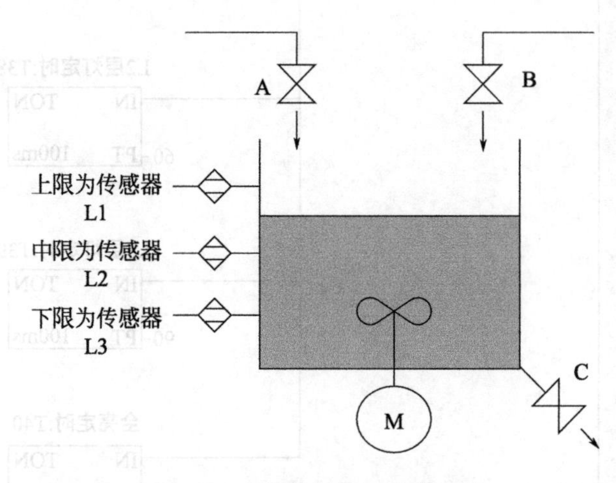

图3-39 两种液体混合控制系统

① 启动运行。按下启动按钮后，打开阀A，注入液体A；当液面到达L2(L2＝ON)时，关闭阀A，打开阀B，注入B液体；当液面到达L1(L1＝ON)时，关闭阀B，同时搅拌电动机M开始运行搅拌液体，30s后电动机停止搅拌，阀C打开放出混合液体；当液面降至L3以下（L1＝L2＝L3＝OFF）时，再过6s后，容器放空，阀C关闭。

② 按下停止按钮，系统完成当前工作周期后停在初始状态。

（2）设计步骤

① I/O分配。根据任务控制要求，对输入/输出量进行I/O分配，如表3-14所示。

表3-14 两种液体混合控制I/O分配

输入量		输出量	
启动	I0.0	阀A	Q0.0
上限	I0.1	阀B	Q0.1
中限	I0.2	阀C	Q0.2
下限	I0.3	电动机M	Q0.3
停止	I0.4		

② 绘制接线图。两种液体混合控制接线图如图 3-40 所示。

③ 设计梯形图程序。两种液体混合控制梯形图如图 3-41 所示。

④ 案例解析。

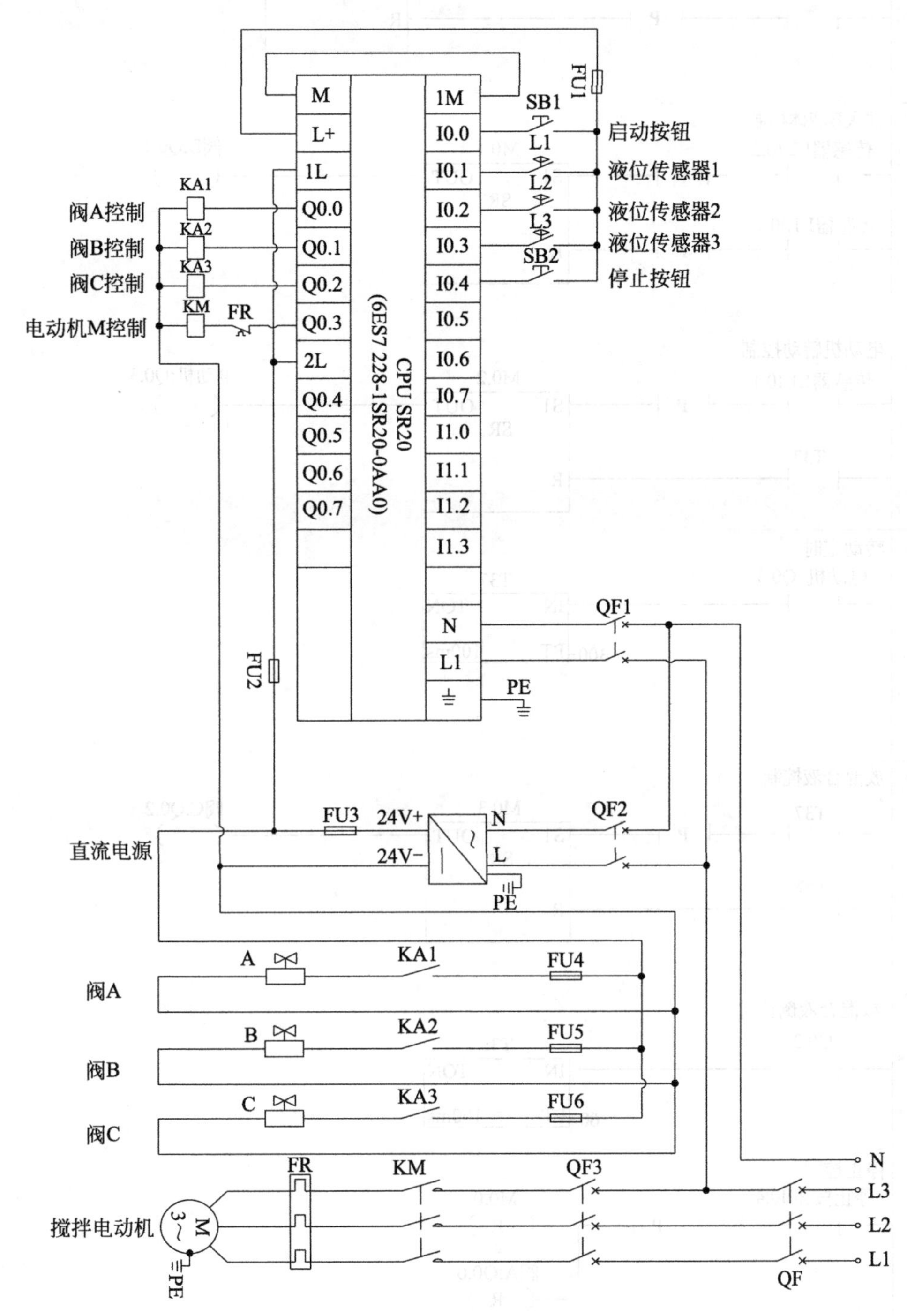

图 3-40 两种液体混合控制接线图

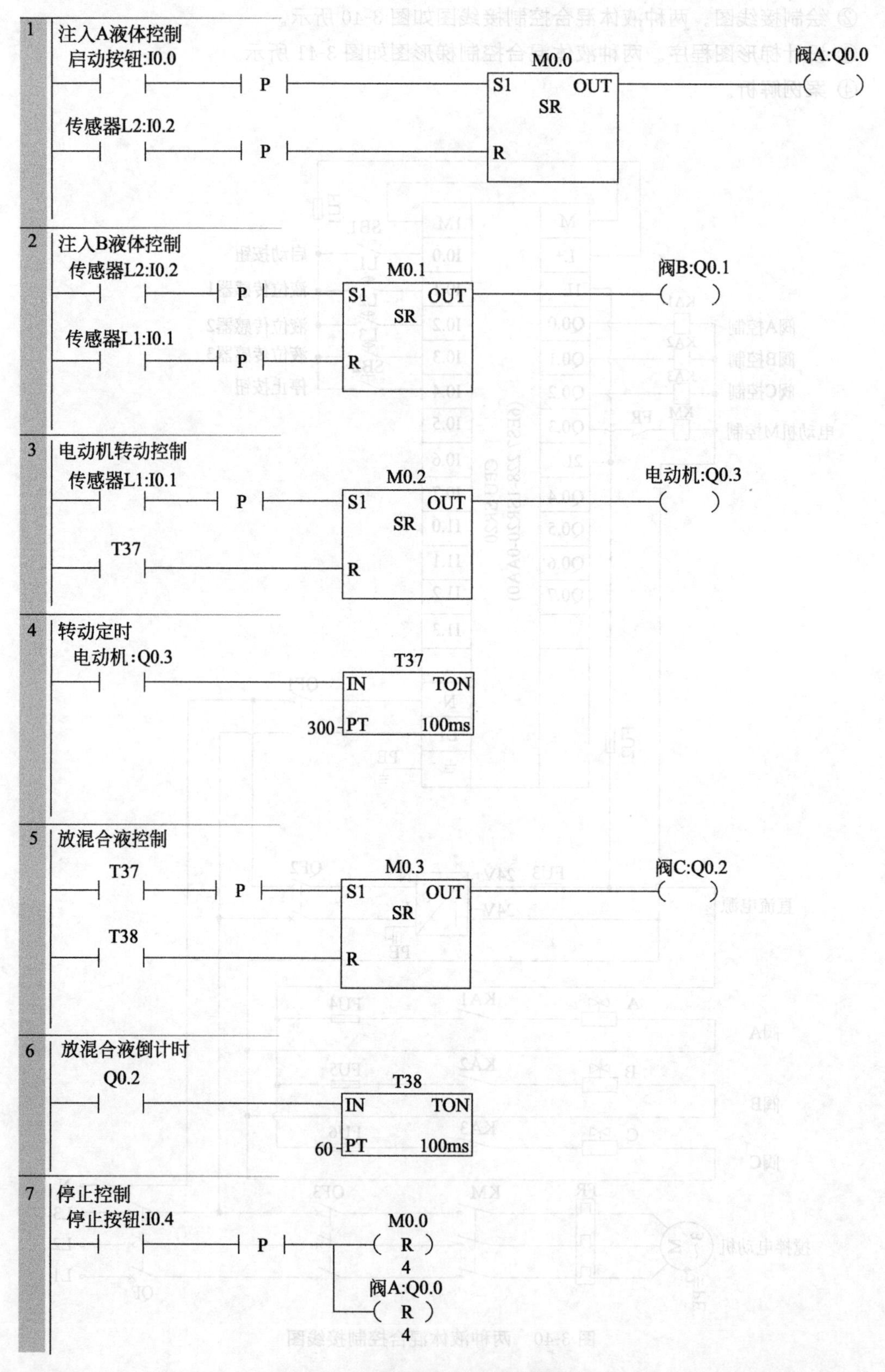

图 3-41　两种液体混合控制梯形图

3.5 程序控制类指令及案例

程序控制类指令用于程序结构及流程的控制，它主要包括跳转/标号指令、子程序指令等。

3.5.1 跳转/标号指令

（1）指令格式

跳转/标号指令是用来跳过部分程序使其不执行，必须用在同一程序块内部实现跳转。跳转/标号指令有两条，分别为跳转指令（JMP）和标号指令（LBL），具体如图 3-42 所示。

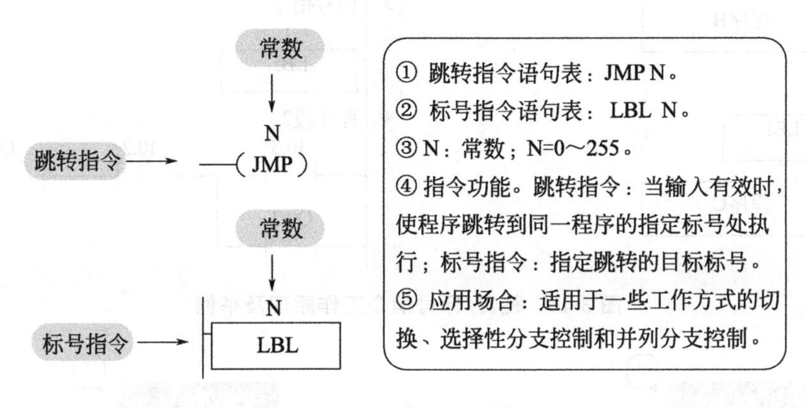

图 3-42　跳转/标号指令格式

（2）工作原理及应用举例

跳转/标号指令工作原理及应用案例，如图 3-43 所示。

（3）使用说明

① 跳转/标号指令必须匹配使用，而且只能使用在同一程序块中，如主程序、同一子程序或同一中断程序。不能在不同的程序块中互相跳转；

② 执行跳转后，被跳过程序段中的各元器件的状态为：

a. Q、M、S、C 等元器件的位保持跳转前的状态；

b. 计数器 C 停止计数，当前值存储器保持跳转前的计数值；

c. 对于定时器来说，因刷新方式不同而工作状态不同。在跳转期间，分辨率为 1ms 和 10ms 的定时器会一直保持跳转前的工作状态，原来工作的继续工作，到预置值后，其位的状态也会改变，输出触点动作，其当前值存储器一直累积到最大值 32767 才停止；对于分辨率为 100ms 的定时器来说，跳转期间停止工作，但不会复位，存储器里的值为跳转时的值，跳转结束后，若输入条件允许，可继续计时，但已失去准确值的意义，所以在跳转段里的定时器要慎用。

d. 由于跳转指令具有选择程序段的功能，在同一程序且位于因跳转而不会被同时执行程序段中的同一线圈，不被视为双线圈。

e. 跳转指令和标号指令必须成对出现，且可以有多条跳转指令使用同一标号，但不允许一个跳转指令对应两个标号的情况，即在同一程序中不允许存在两个相同的标号。

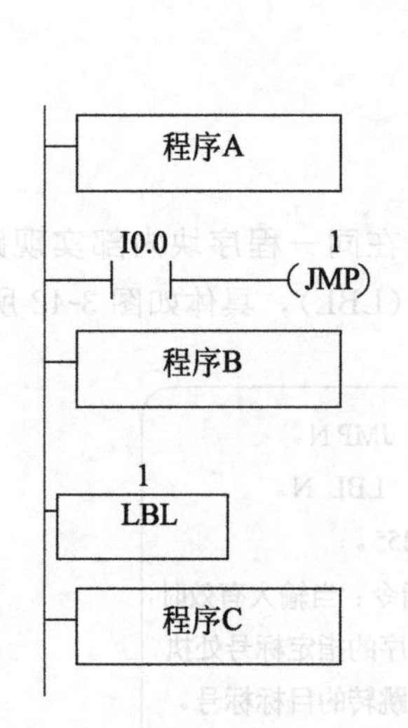

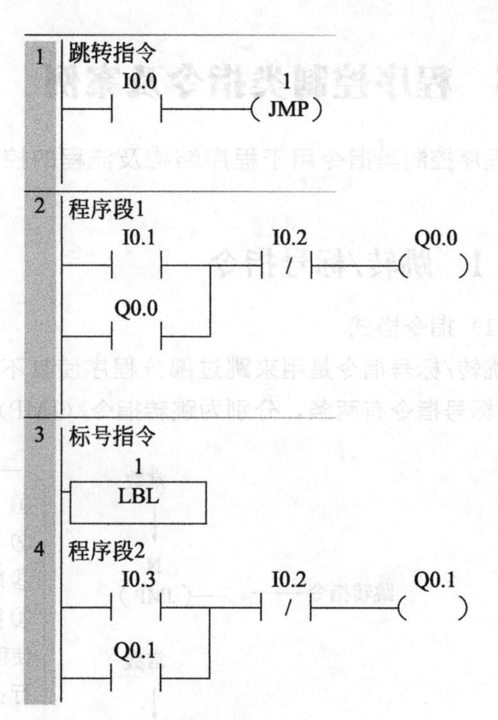

图 3-43 跳转/标号指令工作原理及举例

当跳转条件成立时（常开触点 I0.0 闭合），执行程序 A 后，跳过程序 B，执行程序 C；当跳转条件不成立时（常开触点 I0.0 断开），执行程序 A，接着执行程序 B，然后再执行程序 C

当 I0.0 闭合时，会跳过 Q0.0 所在的程序段，执行标号指令后边的程序；当 I0.0 断开，执行完 Q0.0 所在的程序段后，再执行 Q0.1 所在的程序段

3.5.2 子程序指令

S7-200 SMART PLC 的控制程序由主程序、子程序和中断程序组成。

(1) S7-200 SMART PLC 程序结构

① 主程序。主程序（OB1）是程序的主体。每个项目都必须并且只能有一个主程序，在主程序中可以调用子程序和中断程序。

② 子程序。子程序是指具有特定功能并且多次使用的程序段。子程序仅在被其他程序调用时执行，同一子程序可在不同的地方多次被调用，使用子程序可以简化程序代码和减少扫描时间。

③ 中断程序。中断程序用来及时处理与用户程序的执行无关的操作或者不能事先预测何时发生中断事件。中断程序是用户编制的，它不由用户程序来调用，而是在中断事件发生时由操作系统来调用。

图 3-44 是主程序、子程序和中断程序在编程软件 STEP 7- Micro/WIN SMART 2.0 中的位置，总是主程序在先，接下来是子程序和中断程序。

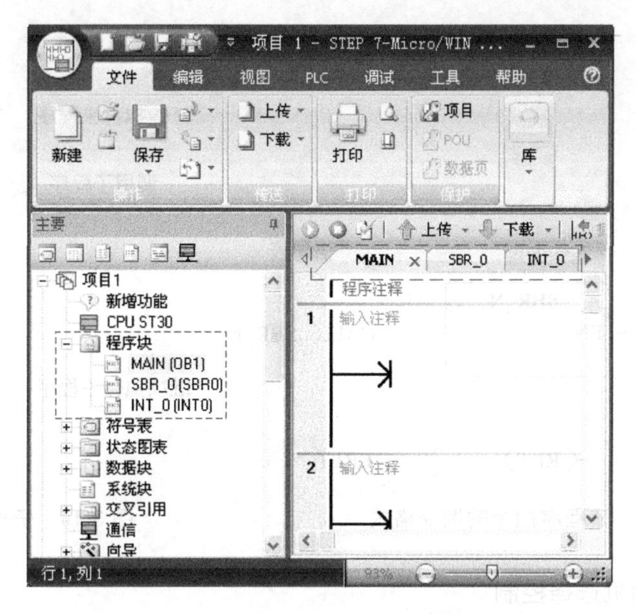

图 3-44　软件中的主程序、子程序和中断程序

(2) 子程序编写与调用

① 子程序的作用与优点。子程序常用于需要多次反复执行相同任务的地方，只需要写一次子程序，当别的程序需要时可以调用它，而无需重新编写该程序。

子程序的调用是有条件的，未调用它时不会执行子程序中的指令，因此使用子程序可以减少程序扫描时间；子程序使程序结构简单清晰，易于调试、检查错误和维修，因此在复杂程序编写时，建议将全部功能划分为几个符合控制工艺的子程序块。

② 子程序的创建。打开编程软件，通常会有 1 个主程序、1 个子程序和 1 个中断程序，如果需要多个时，可以采用下列方法之一创建子程序：a. 双击项目树中程序块前边的 ⊞，将程序块展开，执行右键“插入→子程序”；b. 从编辑菜单栏中，执行“编辑→对象→子程序”；c. 从程序编辑器窗口上方的标签中，执行右键“插入→子程序”。

③ 子程序重命名。子程序名称的修改，可以右击项目树中的子程序图标，在弹出的菜单中选择“重命名” 选项，输入你想要的名称。

(3) 指令格式

子程序指令有子程序调用指令和子程序返回指令两条，指令格式如图 3-45 所示。需要指出的是，程序返回指令由编程软件自动生成，无需用户编写，这点编程时需要注意。

(4) 子程序调用

子程序调用由在主程序内使用的调用指令完成。当子程序调用允许时，调用指令将程序控制转移给子程序（SBR _ n），程序扫描将转移到子程序入口处执行。当执行子程序时，子程序将执行全部指令直到满足条件才返回，或者执行到子程序末尾而返回。当子程序返回时，返回到原主程序出口的下一条指令执行，继续往下扫描程序，如图 3-46 所示。

(5) 子程序指令应用举例

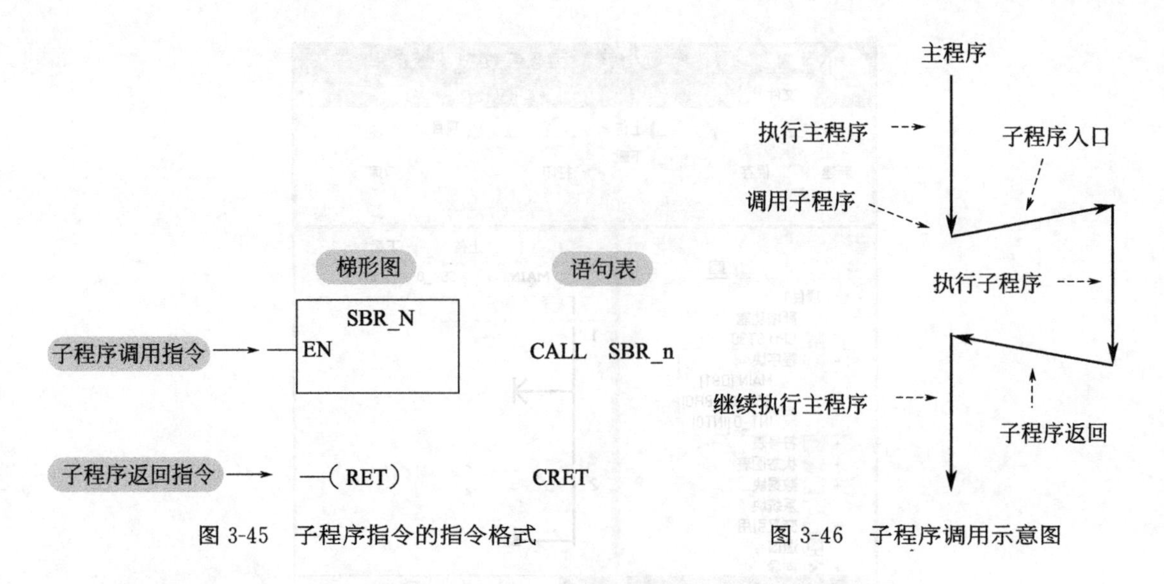

图 3-45 子程序指令的指令格式

图 3-46 子程序调用示意图

例 1：两台电动机选择控制

① 控制要求

按下系统启动按钮，为两台电动机选择控制做准备。当选择开关常开点接通，按下电动机 M1 启动按钮，电动机 M1 工作；当选择开关常闭触点接通，按下电动机 M2 启动按钮，电动机 M2 工作；按下停止按钮，无论是电动机 M1 还是 M2 都停止工作；用子程序指令实现以上控制功能。

② 程序设计

a. 两台电动机选择控制 I/O 分配：如表 3-15 所示。

表 3-15 两台电动机选择控制 I/O 分配

输入量		输出量	
系统启动按钮	I0.0	电动机 M1	Q0.0
系统停止按钮	I0.1	电动机 M2	Q0.1
选择开关	I0.2		
电动机 M1 启动	I0.3		
电动机 M2 启动	I0.4		

b. 绘制梯形图：两台电动机选择控制梯形图程序，如图 3-47 所示。

3.5.3 综合举例——3 台电动机顺序控制

（1）控制要求

按下启动按钮 SB1，电动机 M1、M2、M3 间隔 3s 顺序启动；按下停止按钮 SB2，电动机 M1、M2、M3 间隔 3s 顺序停止。

（2）程序设计

① 3 台电动机顺序控制 I/O 分配，如表 3-16 所示。

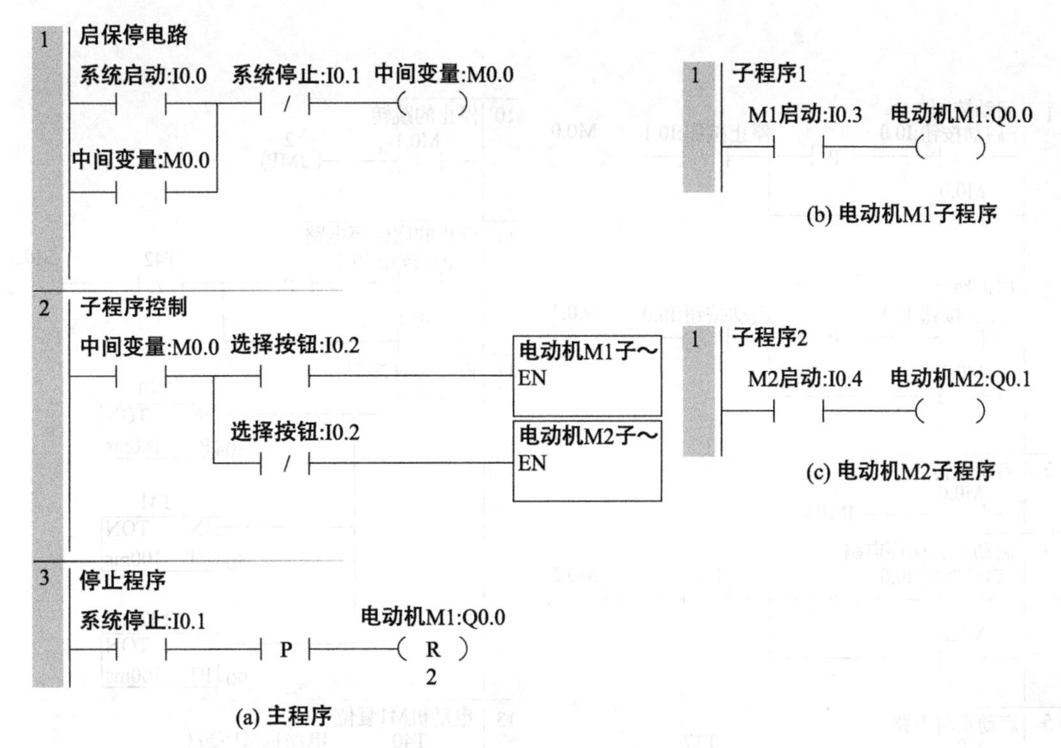

图 3-47 两台电动机选择控制梯形图

图 3-16 3 台电动机顺序控制 I/O 分配

输入量		输出量	
启动按钮 SB1	I0. 0	接触器 KM1	Q0. 0
停止按钮 SB2	I0. 1	接触器 KM2	Q0. 1
		接触器 KM3	Q0. 2

② 梯形图程序

解法（一）用跳转/标号指令编程

图 3-48 为用跳转/标号指令设计 3 台电动机顺序控制梯形图。

解法（二）用子程序指令编程

图 3-49 为用子程序指令设计 3 台电动机顺序控制梯形图，该程序分为主程序、电动机顺序启动和顺序停止的子程序。

3.6 比较指令及案例

比较指令是将两个操作数或字符串按指定条件进行比较，当比较条件成立时，其触点闭合，后面的电路接通；当比较条件不成立时，比较触点断开，后面的电路不接通。

3.6.1 指令格式

比较指令的运算符有 6 种，其操作数可以为字节、双字、整数或实数，指令格式，如图 3-50 所示。

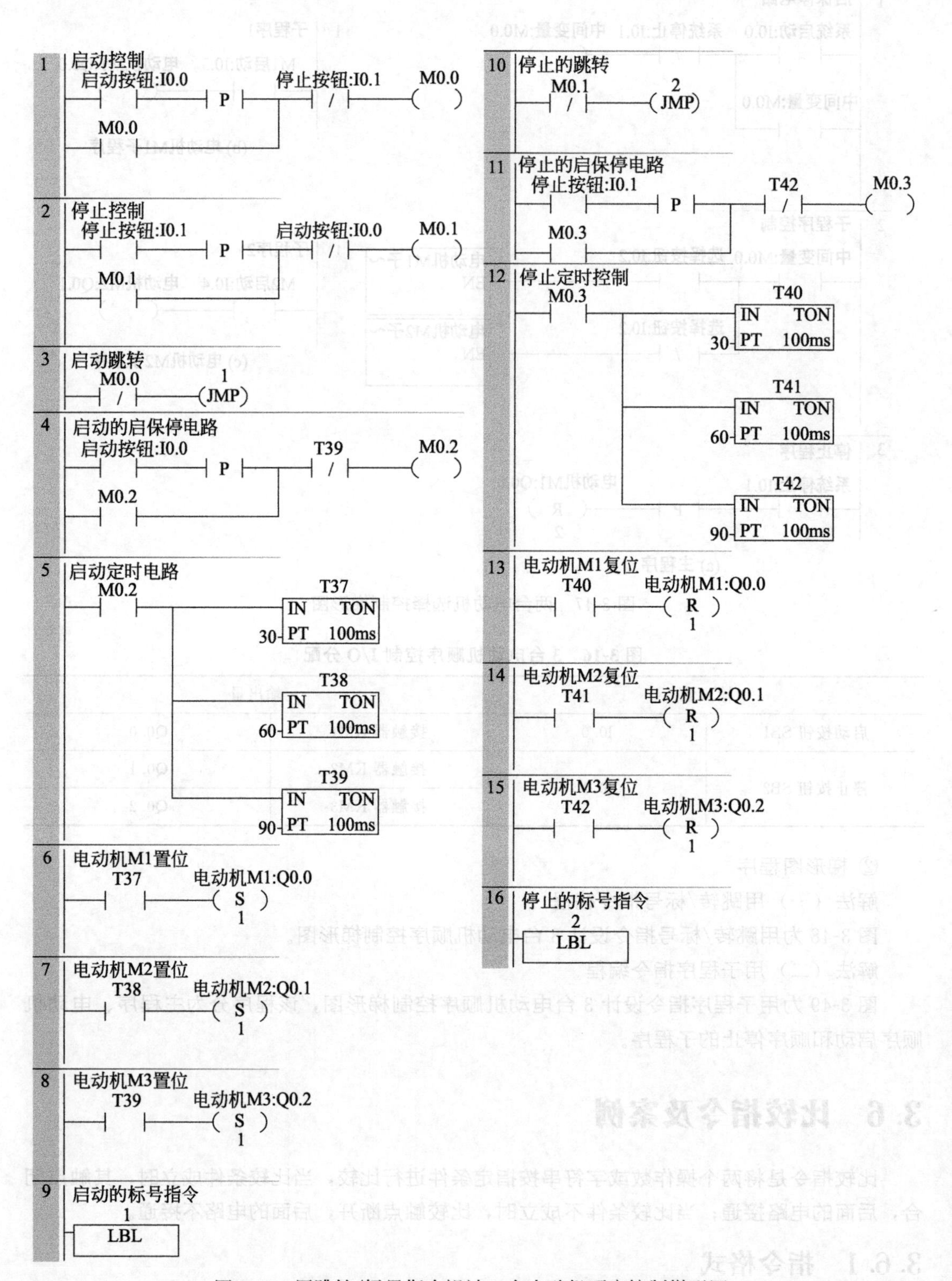

图 3-48 用跳转/标号指令设计 3 台电动机顺序控制梯形图

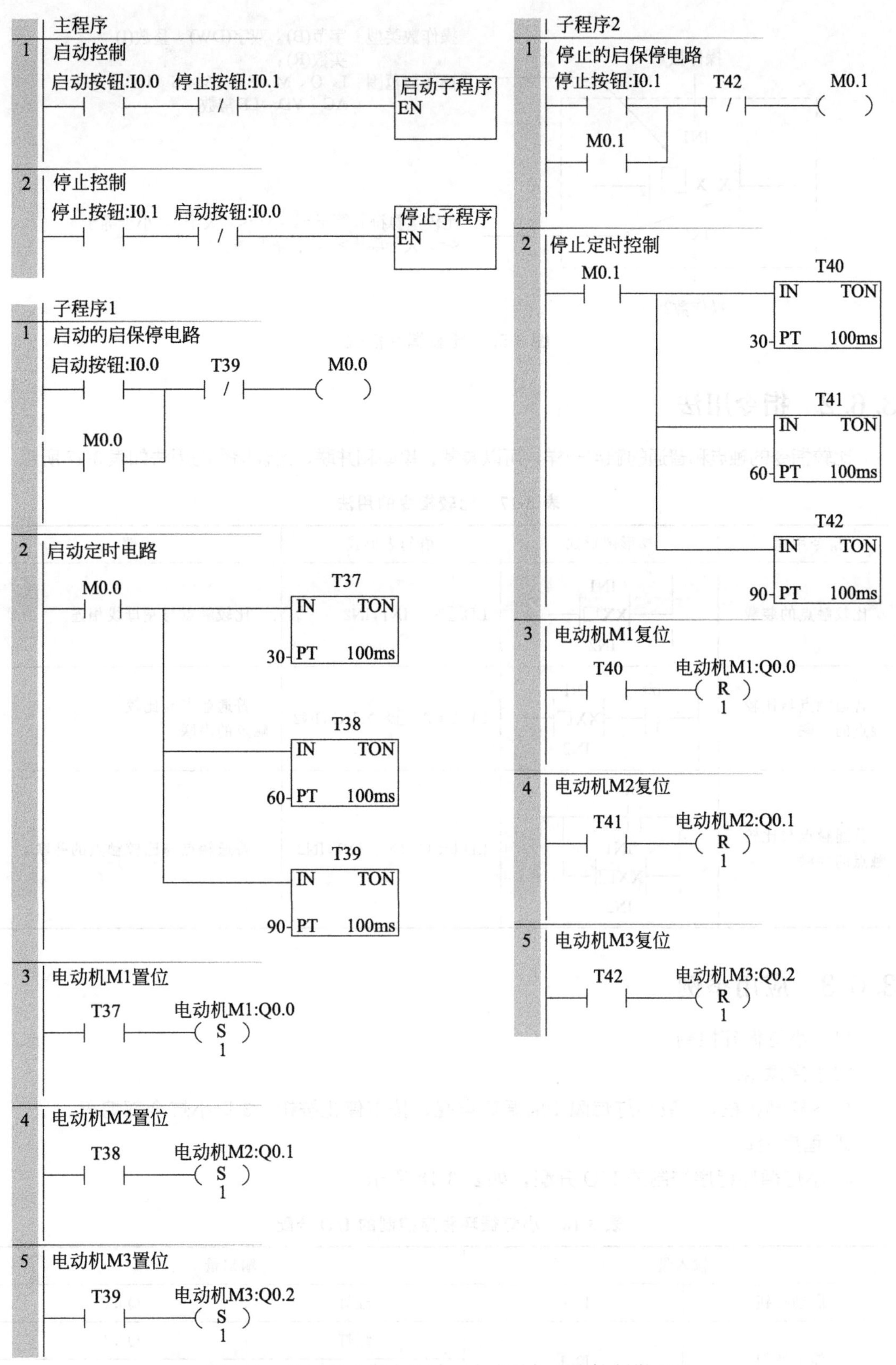

图 3-49　用子程序指令设计 3 台电动机顺序控制梯形图

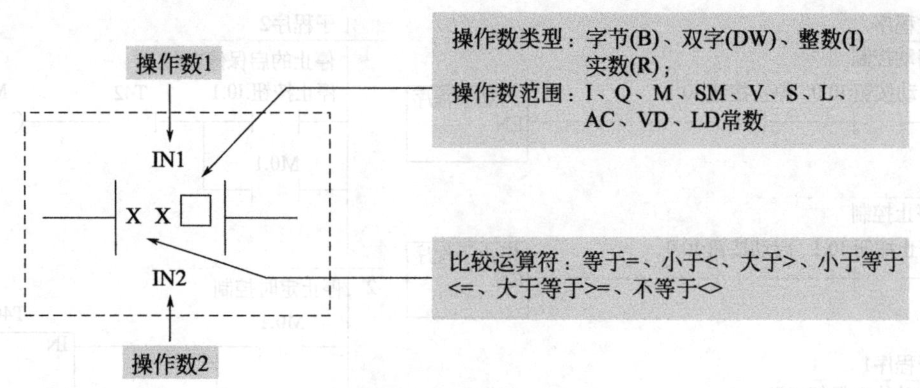

图 3-50　比较指令格式

3.6.2　指令用法

比较指令的触点和普通的触点一样，可以装载、串联和并联，比较指令的用法如表 3-17 所示。

表 3-17　比较指令的用法

指令用途	梯形图形式	语句表形式	说明
比较触点的装载	IN1 XX□ IN2	LD□××IN1,IN2	比较触点与左母线相连
普通触点与比较触点的串联	bit IN1 XX□ IN2	LD bit A □××IN1,IN2	普通触点与比较触点的串联
普通触点与比较触点的并联	bit IN1 XX□ IN2	LD bit O□××IN1,IN2	普通触点与比较触点的并联

3.6.3　应用举例

(1) 小灯循环控制

① 控制要求

按下启动按钮，3 只小灯每隔 10s 循环点亮；按下停止按钮，3 只小灯全部熄灭。

② 程序设计

a. 小灯循环程序控制的 I/O 分配，如表 3-18 所示。

表 3-18　小灯循环程序控制的 I/O 分配

输入量		输出量	
启动按钮	I0.0	红灯	Q0.0
停止按钮	I0.1	绿灯	Q0.1
		黄灯	Q0.2

b. 小灯循环控制梯形图程序，如图 3-51 所示。

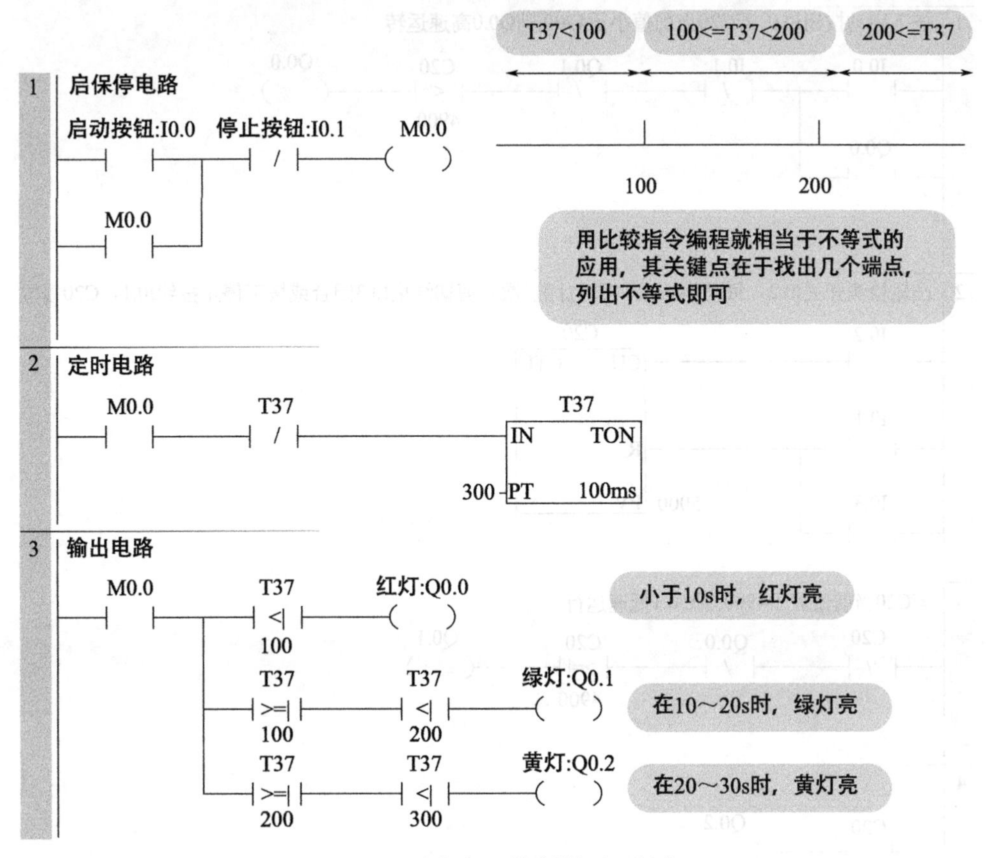

图 3-51　小灯循环控制梯形图程序

(2) 简单定尺裁剪控制

① 控制要求

某材料定尺可通过脉冲计数来控制，在电动机轴上装 1 个多齿凸轮，用接近开关检测凸轮的齿数。

电动机启动后，计数器开始计数，计数至 4900 时，电动机减速，计数到 5000 时，电动机停止，同时剪切机动作将材料切断，并使脉冲计数复位。

② 程序设计

a. 简单定尺裁剪控制的 I/O 分配，如表 3-19 所示。

b. 简单定尺裁剪控制梯形图程序，如图 3-52 所示。

表 3-19　简单定尺裁剪控制的 I/O 分配

输入量		输出量	
启动按钮	I0.0	高速运转	Q0.0
停止按钮	I0.1	低速运转	Q0.1
接近开关	I0.2	剪切机	Q0.2
剪切结束	I0.3		

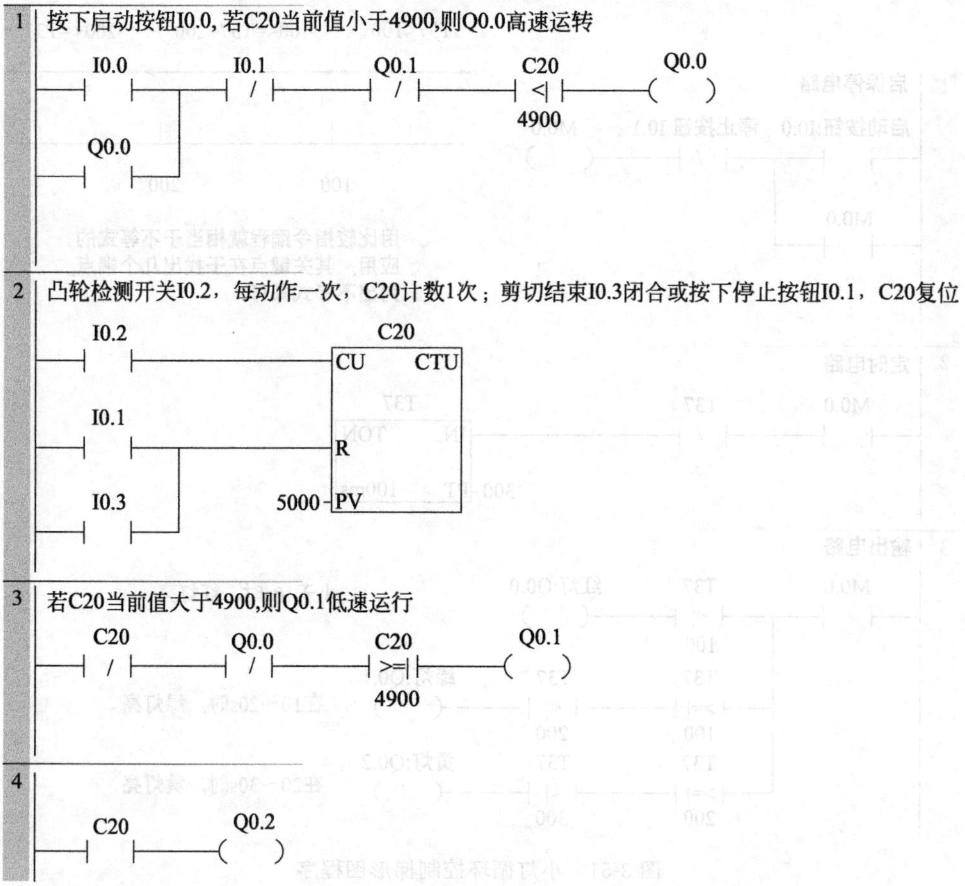

1 按下启动按钮I0.0,若C20当前值小于4900,则Q0.0高速运转

I0.0　I0.1　Q0.1　C20　Q0.0

<I

4900

Q0.0

2 凸轮检测开关I0.2，每动作一次，C20计数1次；剪切结束I0.3闭合或按下停止按钮I0.1，C20复位

I0.2　C20

CU　CTU

I0.1

R

I0.3　5000-PV

3 若C20当前值大于4900,则Q0.1低速运行

C20　Q0.0　C20　Q0.1

>=I

4900

4

C20　Q0.2

图 3-52　简单定尺裁剪控制梯形图程序

3.7　数据传送指令及案例

数据传送指令用来完成各存储单元之间一个或多个数据的传送，传送过程中数值保持不变。根据每次传送数据的多少，可将其分为单一传送指令和数据块传送指令，无论是单一传送指令还是数据块传送指令，都有字节、字、双字和实数等几种数据类型；为了满足立即传送的要求，设有字节立即传送指令，为了方便实现在同一字内高低字节的交换，还设有字节交换指令。

数据传送指令适用于存储单元的清零、程序的初始化等场合。

3.7.1　单一传送指令

（1）指令格式

单一传送指令用来传送一个数据，其数据类型可以为字节、字、双字和实数。在传送过程中数据内容保持不变，其指令格式如表 3-20 所示。

表 3-20　单一传送指令 MOV 的指令格式

指令名称	编程语言		操作数类型及操作范围
	梯形图	语句表	
字节传送指令	MOV_B EN ENO IN OUT	MOVB　IN,OUT	IN:IB、QB、VB、MB、SB、SMB、LB、AC、常数； OUT:IB、QB、VB、MB、SB、SMB、LB、AC； IN/OUT 数据类型:字节
字传送指令	MOV_W EN ENO IN OUT	MOVW　IN,OUT	IN:IW、QW、VW、MW、SW、SMW、LW、AC、T、C、AIW、常数； OUT: IW、QW、VW、MW、SW、SMW、LW、AC、T、C、AQW； IN/OUT 数据类型:字
双字传送指令	MOV_DW EN ENO IN OUT	MOVD　IN,OUT	IN:ID、QD、VD、MD、SD、SMD、LD、AC、HC、常数； OUT:ID、QD、VD、MD、SD、SMD、LD、AC； IN/OUT 数据类型:双字
实数传送指令	MOV_R EN ENO IN OUT	MOVR　IN,OUT	IN:ID、QD、VD、MD、SD、SMD、LD、AC、常数； OUT:ID、QD、VD、MD、SD、SMD、LD、AC； IN/OUT 数据类型:实数
EN(使能端)	I、Q、M、T、C、SM、V、S、L；　EN 数据类型:位		
功能说明	当使能端 EN 有效时,将一个输入 IN 的字节、字、双字或实数传送到 OUT 的指定存储单元输出,传送过程数据内容保持不变		

(2) 应用举例

① 将常数 3 传送 QB0，观察 PLC 小灯的点亮情况。

② 将常数 3 传送 QW0，观察 PLC 小灯的点亮情况。

③ 程序设计：相关程序，如图 3-53 所示。

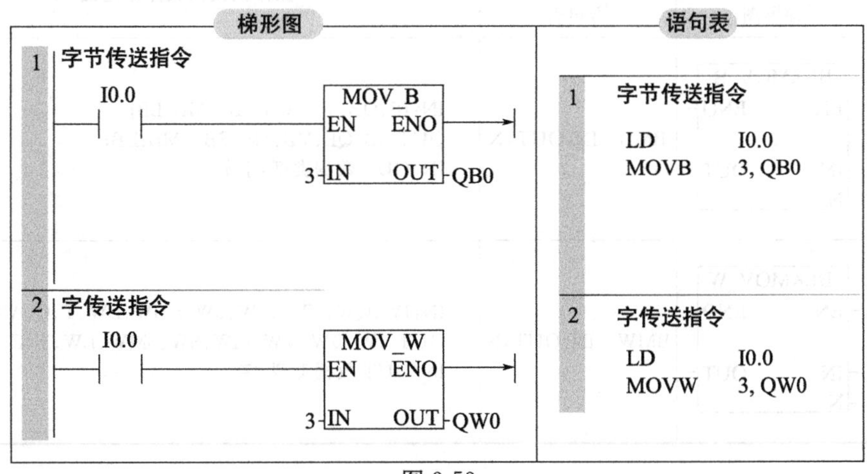

图 3-53

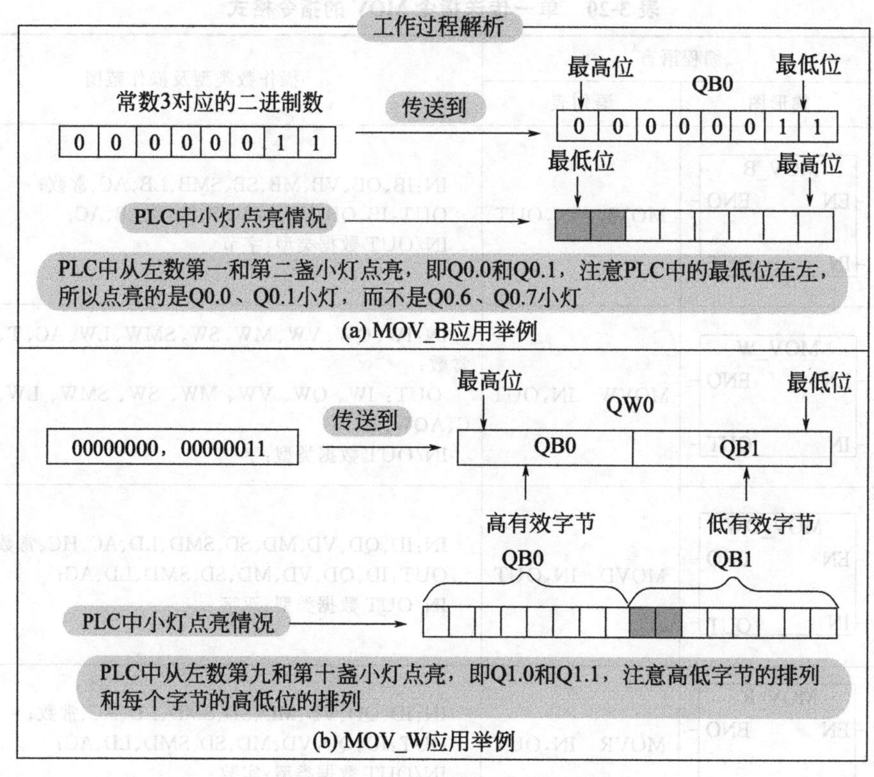

图 3-53　单一传送指令应用举例

3.7.2 数据块传送指令

（1）指令格式

数据块传送指令用来一次性传送多个数据，块传送包括字节的块传送、字的块传送和双字的块传送，数据块传递指令 BLKMOV 的指令格式如表 3-21 所示。

表 3-21　数据块传送指令 BLKMOV 的指令格式

指令名称	编程语言			操作数类型及操作范围
	梯形图	语句表		
字节的块传送指令	BLKMOV_B EN ENO IN OUT N	BMB	IN,OUT,N	IN:IB、QB、VB、MB、SB、SMB、LB; OUT:IB、QB、VB、MB、SB、SMB、LB; IN/OUT 数据类型:字节
字的块传送指令	BLKMOV_W EN ENO IN OUT N	BMW	IN,OUT,N	IN:IW、QW、VW、MW、SW、SMW、LW、T、C、AIW; OUT:IW、QW、VW、MW、SW、SMW、LW、T、C、AQW; IN/OUT 数据类型:字

指令名称	编程语言		操作数类型及操作范围
	梯形图	语句表	
双字的块传送指令	BLKMOV_D EN ENO IN OUT N	BMD IN,OUT,N	IN:ID、QD、VD、MD、SD、SMD、LD; OUT:ID、QD、VD、MD、SD、SMD、LD; IN/OUT 数据类型:双字
EN(使能端)	I、Q、M、T、C、SM、V、S、L; 数据类型:位		
N(源数据数目)	IB、QB、VB、MB、SB、SMB、LB、AC、常数;数据类型:字节;数据范围:1~255		
功能说明	当使能端 EN 有效时,把从输入 IN 开始 N 个的字节、字、双字传送到 OUT 的起始地址中,传送过程数据内容保持不变		

(2) 应用举例

① 控制要求:将内部标志位存储器 MB0 开始的 2 个字节(MB0~MB1)中的数据,移至 QB0 开始的 2 个字节(QB0~QB1)中,观察 PLC 小灯的点亮情况。

② 程序设计:数据块传送指令应用举例,如图 3-54 所示。

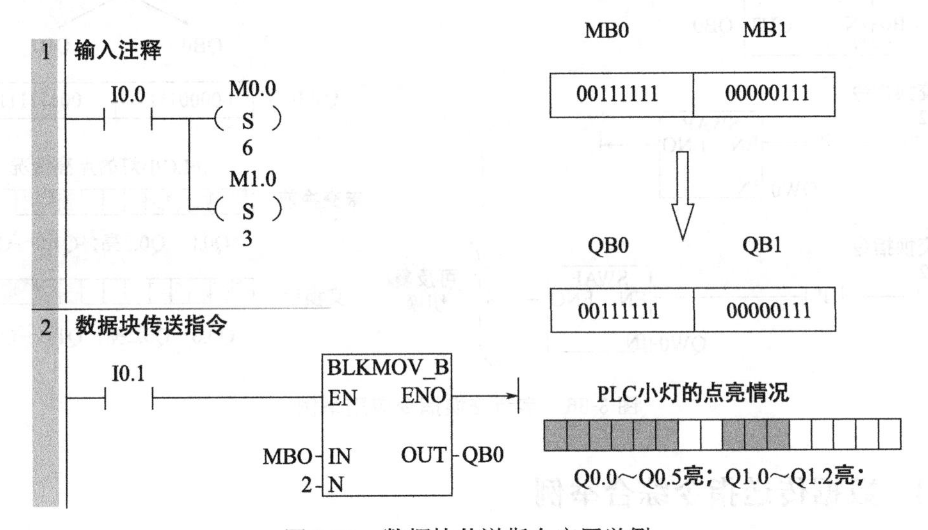

图 3-54 数据块传送指令应用举例

3.7.3 字节交换指令

(1) 指令格式

字节交换指令用来交换输入字 IN 的最高字节和最低字节,具体指令格式如图 3-55 所示。

(2) 应用举例

① 控制要求:将字 QW0 中高低字节的内容交换,观察 PLC 小灯的点亮情况。

② 程序设计:字节交换指令应用举例,如图 3-56 所示。

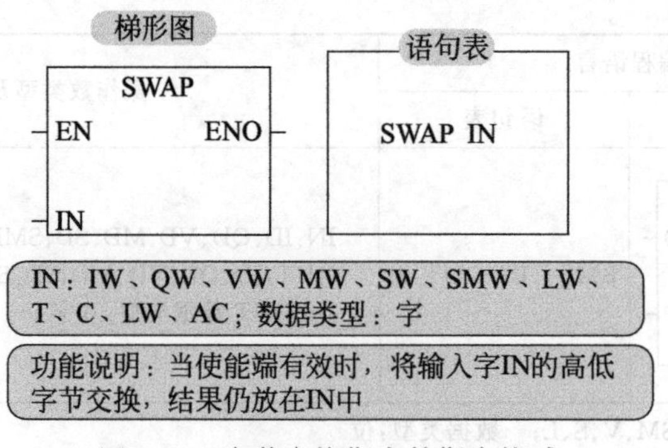

图 3-55　字节交换指令的指令格式

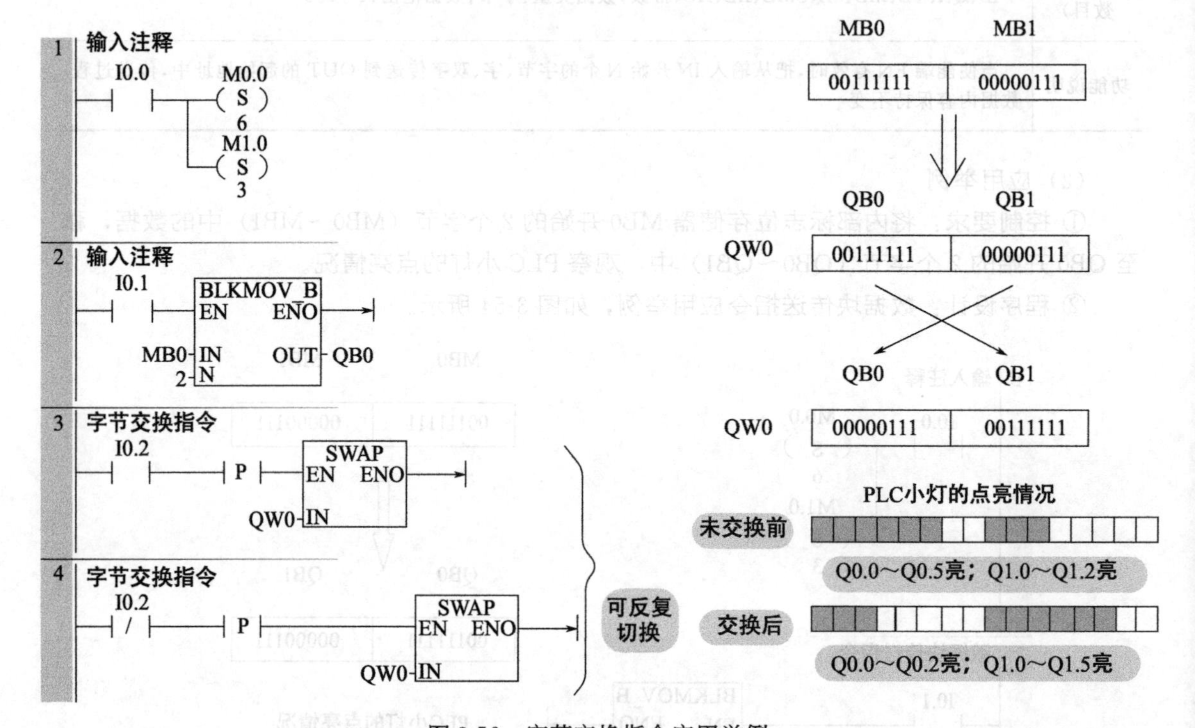

图 3-56　字节交换指令应用举例

3.7.4　数据传送指令综合举例

（1）置位与复位电路

置位与复位是指对某些存储器置 1 或清零的一种操作。用数据传送指令实现置 1 或清零，与用 S、R 指令实现置 1 或清零，效果是一致的。用数据传送指令实现的置位复位电路，如图 3-57 所示。

（2）2 级传送带启停控制

① 控制要求：两级传送带启停控制，如图 3-58 所示。当按下启动按钮后，电动机 M1 接通；当货物到达 I0.1，I0.1 接通并启动电动机 M2；当货物到达 10.2 后，M1 停止；货物到达 10.3 后，M2 停止；试设计梯形图。

② 程序设计：两级传送带启停程序如图 3-59 所示。

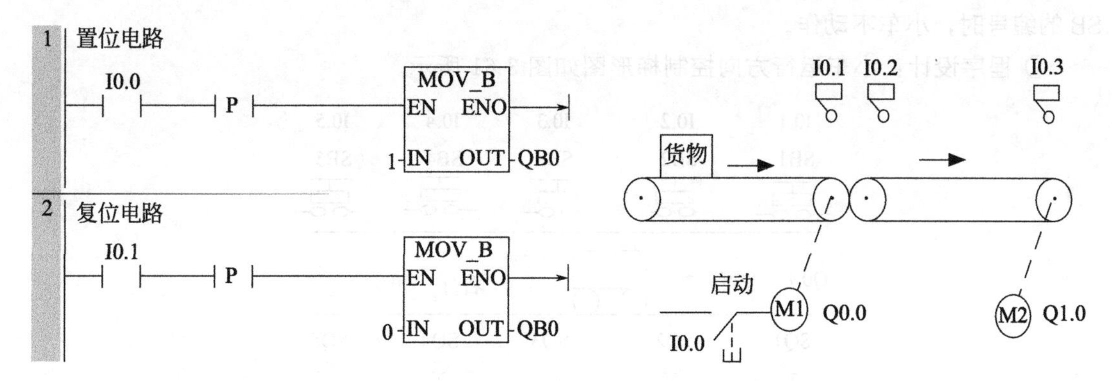

图 3-57　用数据传送指令实现的置位复位电路　　　　图 3-58　两级传送带启停控制

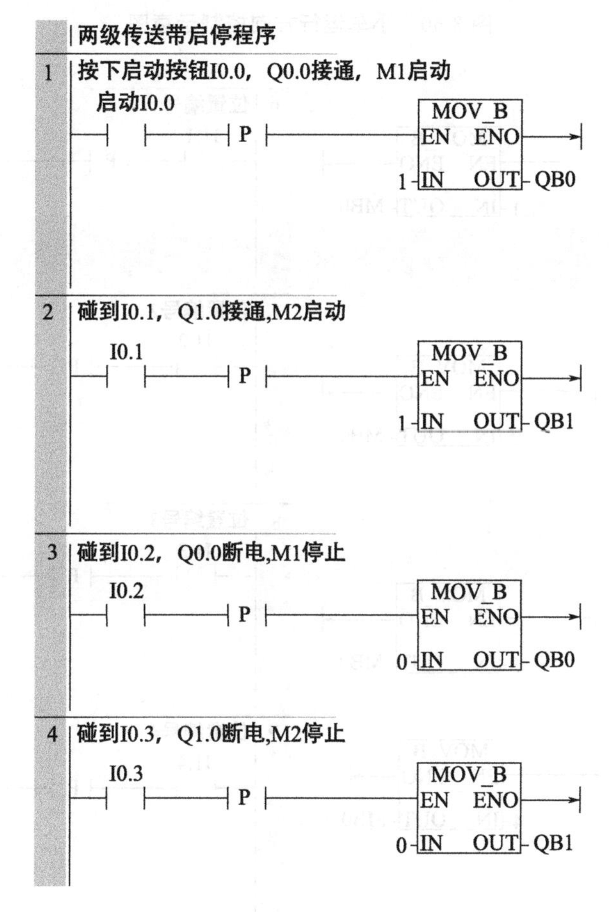

图 3-59　两级传送带启停程序

(3) 小车运行方向控制

① 控制要求

小车运行方向控制示意图，如图 3-60 所示。

当小车所停止位置限位开关 SQ 的编号大于呼叫位置按钮 SB 的编号时，小车向左运行到呼叫位置时停止；当小车所停止位置限位开关 SQ 的编号小于呼叫位置按钮 SB 的编号时，小车向右运行到呼叫位置时停止；当小车所停止位置限位开关 SQ 的编号等于呼叫位置按钮

SB 的编号时，小车不动作。

② 程序设计：小车运行方向控制梯形图如图 3-61 所示。

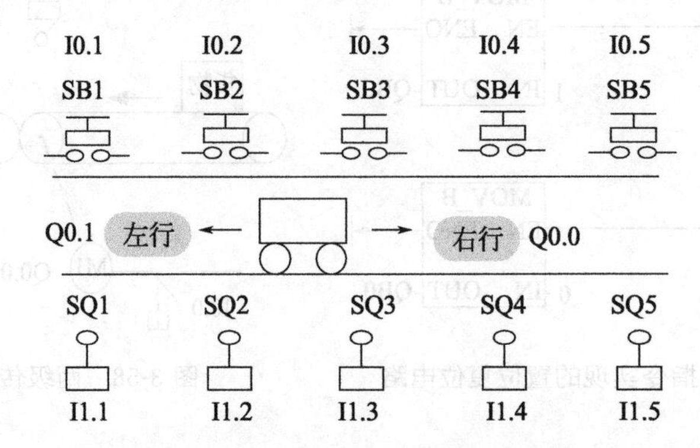

图 3-60 小车运行方向控制示意图

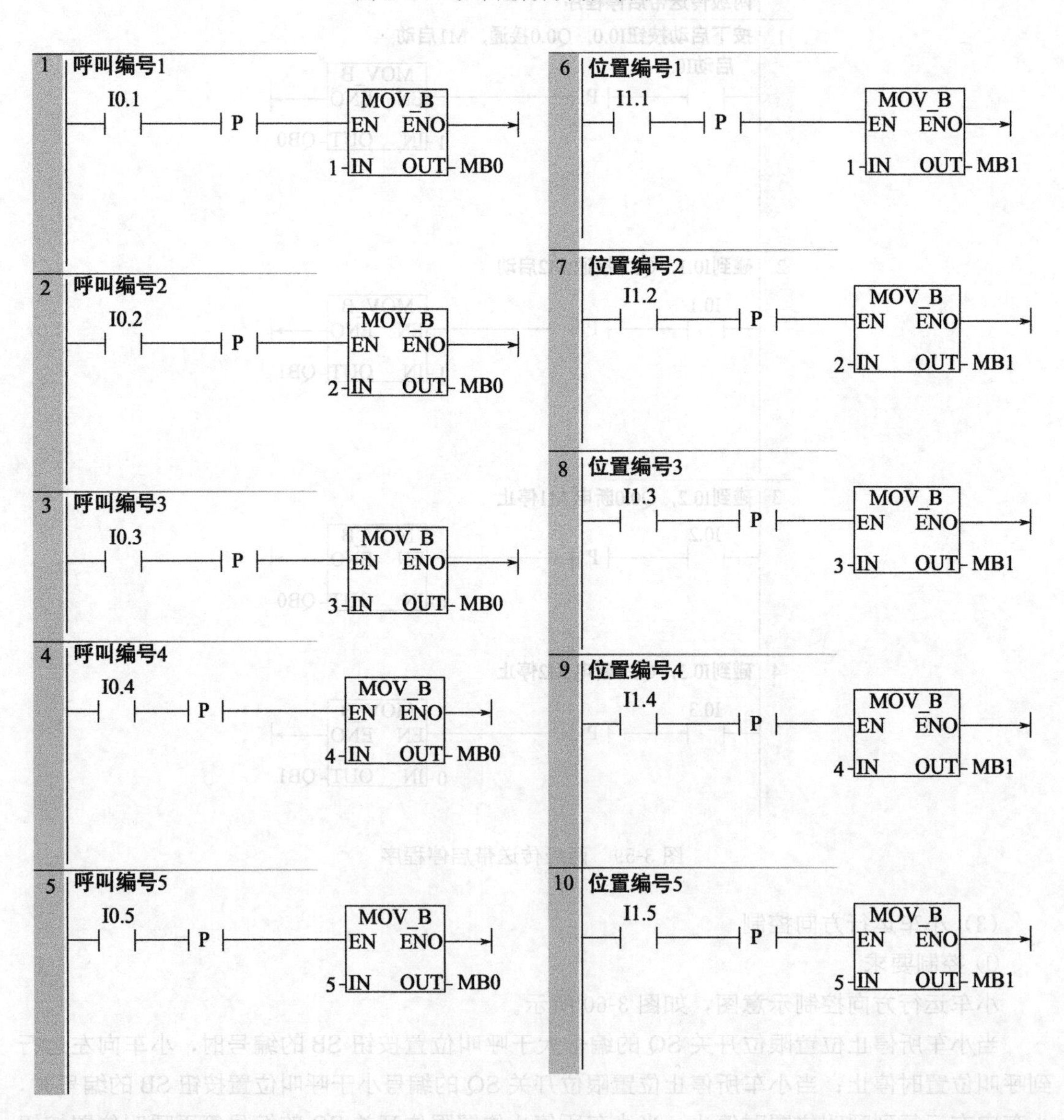

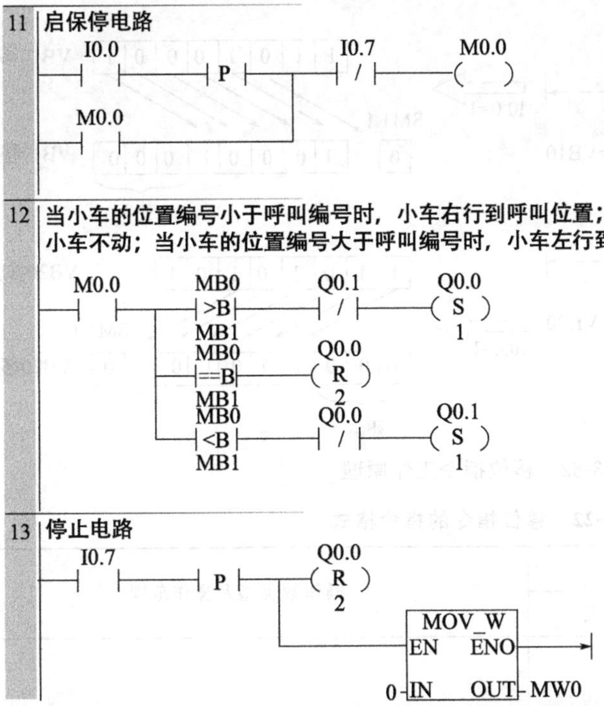

11 启保停电路

I0.0 P I0.7 M0.0

M0.0

12 当小车的位置编号小于呼叫编号时，小车右行到呼叫位置；当小车的位置编号等于呼叫编号时，小车不动；当小车的位置编号大于呼叫编号时，小车左行到呼叫位置

M0.0 MB0 >B MB1 Q0.1 / Q0.0 S 1

MB0 ==B MB1 Q0.0 R 2

MB0 <B MB1 Q0.0 / Q0.1 S 1

13 停止电路

I0.7 P Q0.0 R 2

MOV_W EN ENO 0 IN OUT MW0

图 3-61　小车运行方向控制梯形图

3.8　移位与循环指令及案例

移位与循环指令主要有 3 大类，分别为移位指令、移位循环指令和移位寄存器指令。其中前两类根据移位数据长度的不同，可分为字节型、字型和双字型三种。

移位与循环指令在程序中可方便地实现某些运算，也可以用于取出数据中的有效位数字。移位寄存器指令多用于顺序控制程序的编制。

3.8.1　移位指令

(1) 工作原理

移位指令分为两种，分别为左移位指令和右移位指令。该指令是指在满足使能条件的情况下，将 IN 中的数据向左或向右移 N 位后，把结果送到 OUT 的指定地址。移位指令对移出位自动补 0，如果移动位数 N 大于允许值（字节操作为 8，字操作为 16，双字操作为 32）时，实际移动的位数为最大允许值。移位数据存储单元的移位端与溢出位 SM1.1 相连，若移位次数大于 0 时，最后移出位的数值将保存在溢出位 SM1.1 中；若移位结果为 0，零标志位 SM1.0 将被置 1，具体如图 3-62 所示。

(2) 指令格式

移位指令的指令格式，如表 3-22 所示。

(3) 应用举例：小车自动往返控制

① 控制要求：设小车初始状态停止在最左端，当按下启动按钮小车按如图 3-63 所示的轨迹运动；当再次按下启动按钮，小车又开始了新一轮运动。

② 程序设计：小车自动往返控制顺序功能图与梯形图，如图 3-64 所示。

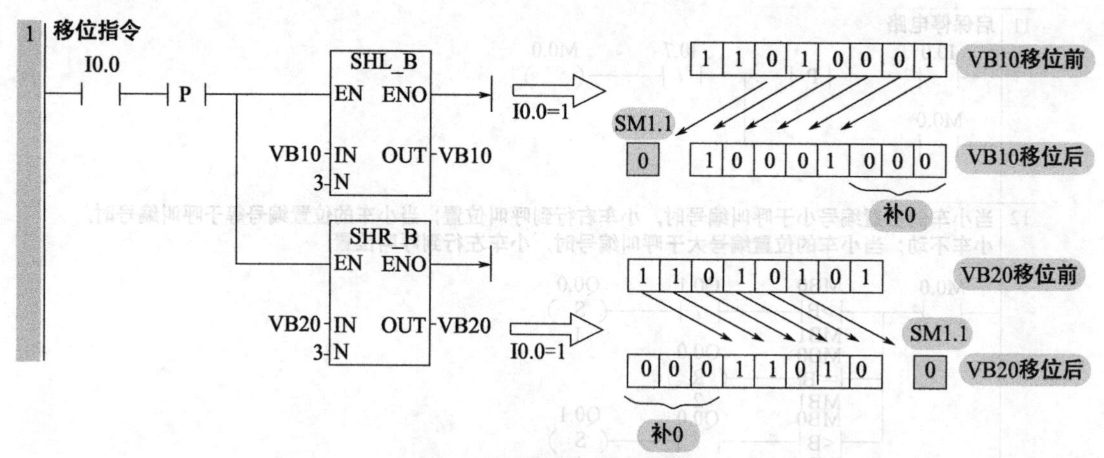

图 3-62　移位指令工作原理

表 3-22　移位指令的指令格式

指令名称	编程语言		操作数类型及操作范围
	梯形图	语句表	
字节左移位指令	SHL_B EN ENO IN OUT N	SLB　OUT,N	IN:IB、QB、VB、MB、SB、SMB、LB、AC、常数； OUT:IB、QB、VB、MB、SB、SMB、LB、AC； IN/OUT 数据类型:字节
字节右移位指令	SHR_B EN ENO IN OUT N	SRB　OUT,N	
字左移位指令	SHL_W EN ENO IN OUT N	SLW　OUT,N	IN:IW、QW、VW、MW、SW、SMW、LW、AC、T、C、AIW、常数； OUT:IW、QW、VW、MW、SW、SMW、LW、AC、T、C、AQW； IN/OUT 数据类型:字
字右移位指令	SHR_W EN ENO IN OUT N	SRW　OUT,N	
双字左移位指令	SHL_DW EN ENO IN OUT N	SLD　OUT,N	IN:ID、QD、VD、MD、SD、SMD、LD、AC、HC、常数； OUT:ID、QD、VD、MD、SD、SMD、LD、AC； IN/OUT 数据类型:双字
双字右移位指令	SHR_DW EN ENO IN OUT N	SRD　OUT,N	

续表

指令名称	编程语言		操作数类型及操作范围
	梯形图	语句表	
EN	I、Q、M、T、C、SM、V、S、L；　EN 数据类型：位		
N	IB、QB、VB、MB、SB、SMB、LB、AC、常数；　N 数据类型：字节		

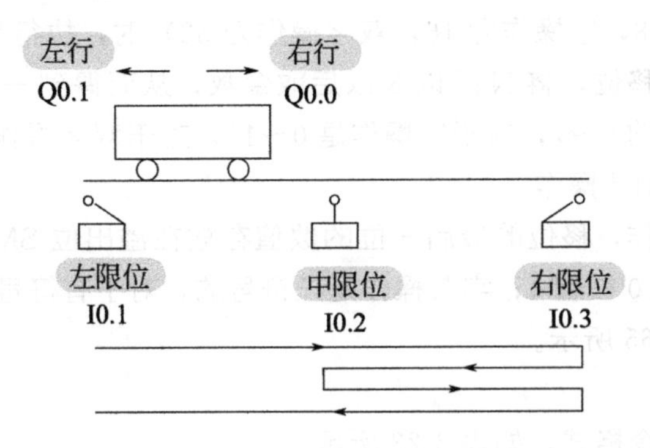

图 3-63　小车运行的示意图

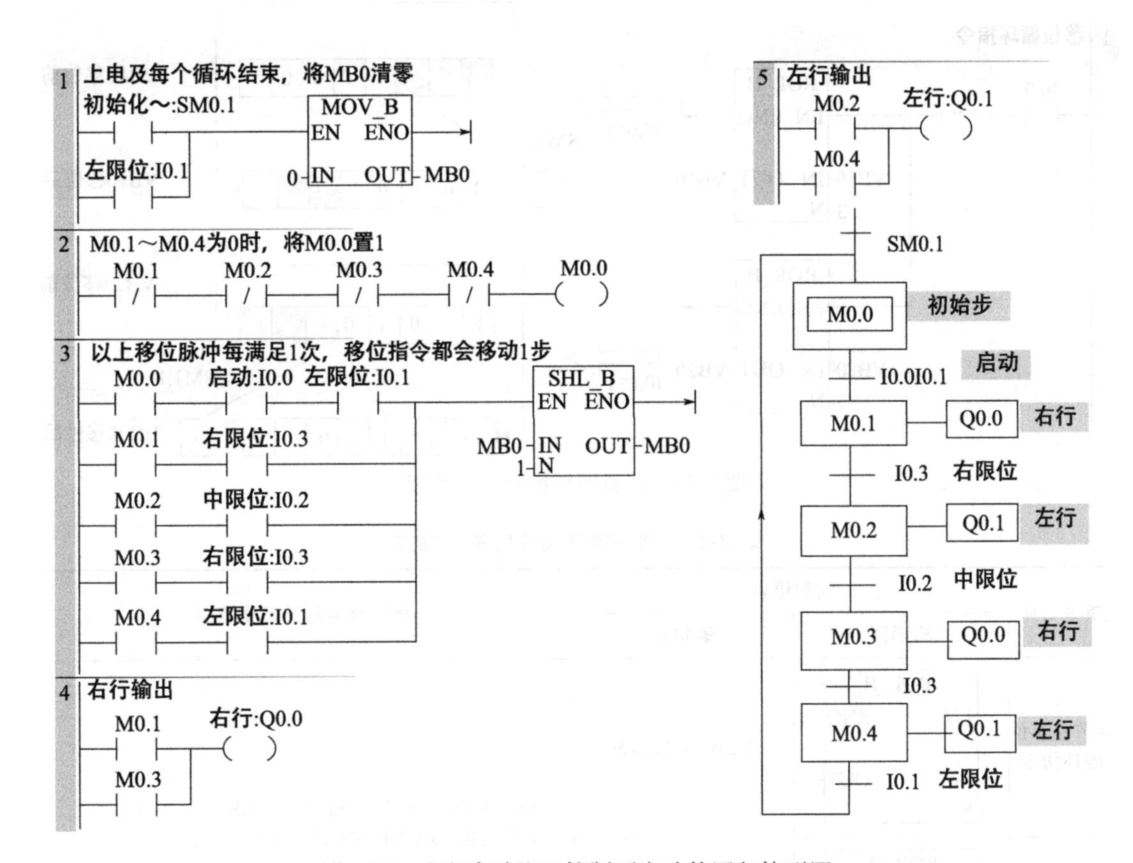

图 3-64　小车自动往返控制顺序功能图与梯形图

a. 绘制顺序功能图。

b. 将顺序功能图转化为梯形图。

3.8.2 移位循环指令

（1）工作原理

移位循环指令分为两种，分别为循环左移位指令和循环右移位指令。该指令是指在满足使能条件的情况下，将 IN 中的数据向左或向右移 N 位后，把结果输出到 OUT 的指定地址。移位循环是一个环形，即被移出来的位将返回另一端空出的位置。若移动的位数 N 大于允许值（字节操作为 8，字操作为 16，双字操作为 32）时，执行移位循环之前先对 N 进行取模操作，例如字节移位，将 N 除以 8 以后取余数，从而得到一个有效的移位次数。取模的结果对于字节操作的 0～7，对于字操作是 0～15，对于双字操作是 0～31，若取模操作为 0，则不能进行移位循环操作。

若执行移位循环操作，移位的最后一位的数值存放在溢出位 SM1.1 中；若实际移位次数为 0，零标志位 SM1.0 被置 1；字节操作是无符号的，对于有符号的双字移位时，符号位也被移位，具体如图 3-65 所示。

（2）指令格式

移位循环指令的指令格式，如表 3-23 所示。

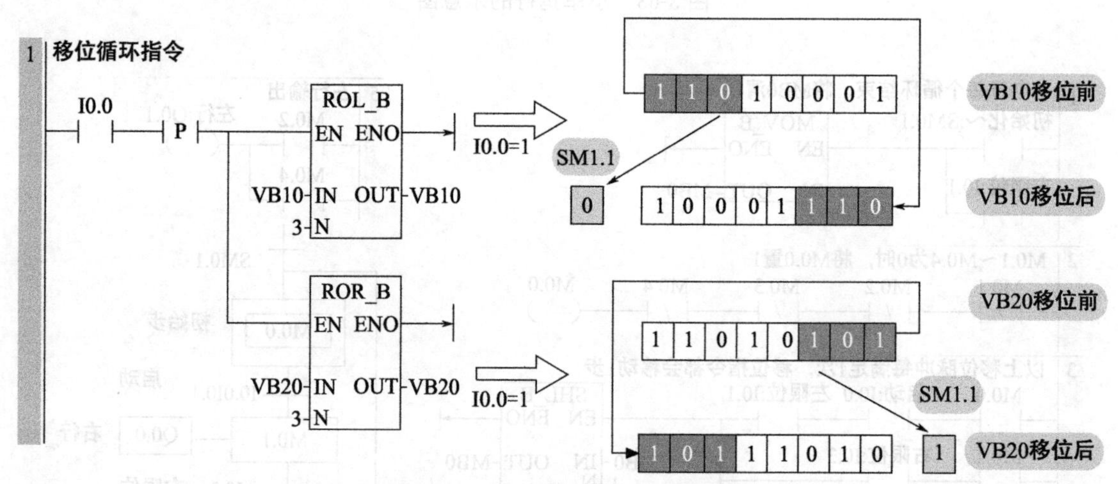

图 3-65 移位循环指令工作原理

表 3-23 移位循环指令的指令格式

指令名称	编程语言		操作数类型及操作范围
	梯形图	语句表	
字节左移位循环指令	ROL_B（EN ENO / IN OUT / N）	RLB OUT,N	IN:IB、QB、VB、MB、SB、SMB、LB、AC、常数； OUT:IB、QB、VB、MB、SB、SMB、LB、AC； IN/OUT 数据类型：字节
字节右移位循环指令	ROR_B（EN ENO / IN OUT / N）	RRB OUT,N	

续表

指令名称	编程语言		操作数类型及操作范围
	梯形图	语句表	
字左移位循环指令	ROL_W EN ENO IN OUT N	RLW OUT,N	IN:IW、QW、VW、MW、SW、SMW、LW、AC、T、C、AIW、常数; OUT:IW、QW、VW、MW、SW、SMW、LW、AC、T、C、AQW; IN/OUT 数据类型:字
字右移位循环指令	ROR_W EN ENO IN OUT N	RRW OUT,N	
双字左移位循环指令	ROL_DW EN ENO IN OUT N	RLD OUT,N	IN:ID、QD、VD、MD、SD、SMD、LD、AC、HC、常数; OUT:ID、QD、VD、MD、SD、SMD、LD、AC; IN/OUT 数据类型:双字
双字右移位循环指令	ROR_DW EN ENO IN OUT N	RRD OUT,N	
N	IB、QB、VB、MB、SB、SMB、LB、AC、常数; N 数据类型:字节		

(3) 彩灯移位循环控制

① 控制要求:按下启动按钮 I0.0 且选择开关处于 1 位置(I0.2 常闭处于闭合状态),小灯左移循环;搬动选择开关处于 2 位置(I0.2 常开处于闭合状态),小灯右移循环,试设计程序。

② 程序设计:彩灯移位循环控制程序,如图 3-66 所示。

3.8.3 移位寄存器指令

移位寄存器指令是移位长度和移位方向可调的移位指令。在顺序控制、物流及数据流控制等场合应用广泛。

(1) 移位寄存器指令格式

移位寄存器指令格式,如图 3-67 所示。

(2) 工作过程

当使能输入端 EN 有效时,位数据 DATA 实现装入移位寄存器的最低位 S _ BIT,此后使能端每当有 1 个脉冲输入时,移位寄存器都会移动 1 位。需要说明移位长度和方向与 N 有关,移位长度范围:1~64;移位方向取决于 N 的符号,当 N>0 时,移位方向向左,输入数据 DATA 移入移位寄存器的最低位 S _ BIT,并移出移位寄存器的最高位;当 N<0 时,移位方向向右,输入数据移入移位寄存器的最高位,并移出最低位 S _ BIT,移出的数据被放置在溢出位 SM1.1 中,具体如图 3-68 所示。

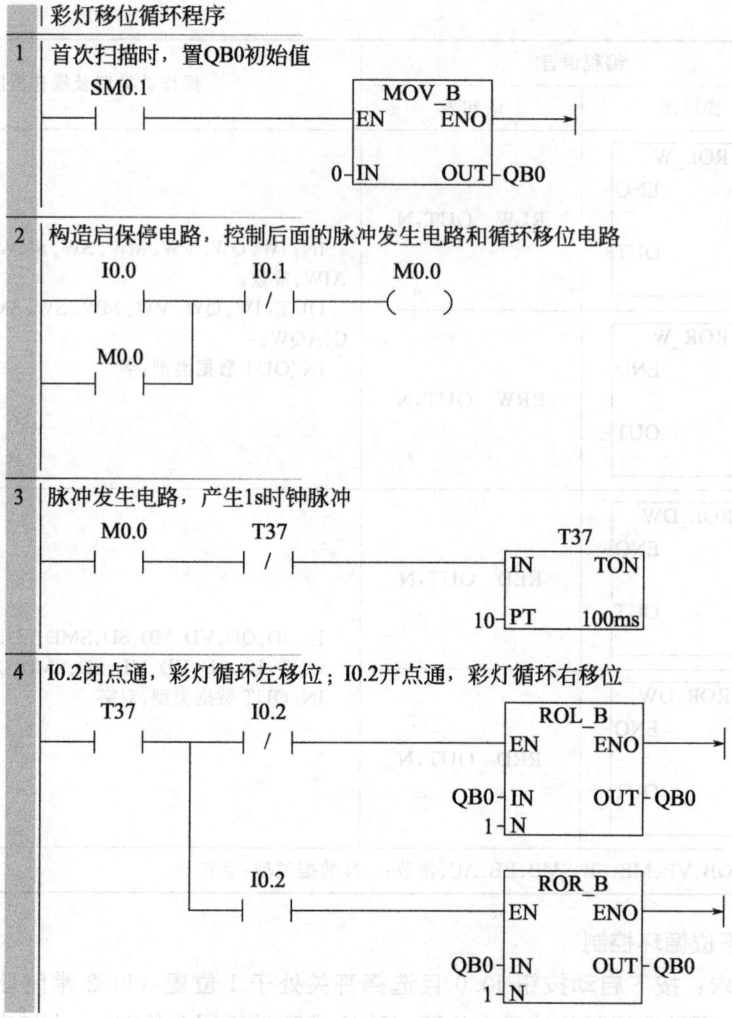

彩灯移位循环程序

1 首次扫描时，置QB0初始值

SM0.1 MOV_B EN ENO 0-IN OUT-QB0

2 构造启保停电路，控制后面的脉冲发生电路和循环移位电路

I0.0 I0.1 M0.0

M0.0

3 脉冲发生电路，产生1s时钟脉冲

M0.0 T37 T37 IN TON 10-PT 100ms

4 I0.2闭点通，彩灯循环左移位；I0.2开点通，彩灯循环右移位

T37 I0.2 ROL_B EN ENO QB0-IN OUT-QB0 1-N

I0.2 ROR_B EN ENO QB0-IN OUT-QB0 1-N

图 3-66 彩灯移位循环控制程序

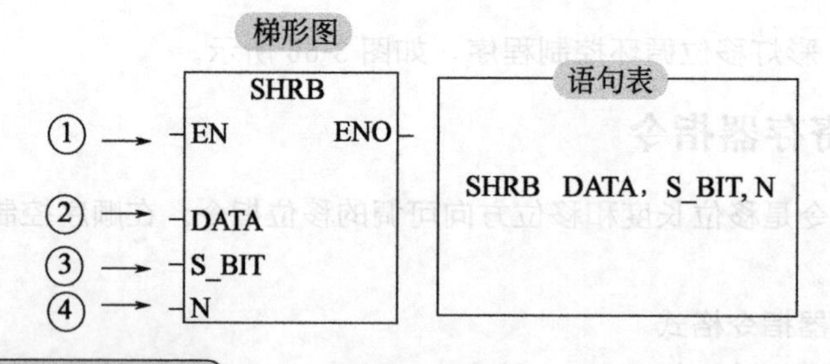

① EN：使能输入端

② DATA：数据输入端，操作数：I、Q、M、SM、T、C、V、S、L；数据类型：布尔型

③ S-BIT：指定移位寄存器最低位，操作数：I、Q、M、SM、T、C、V、S、L；数据类型：布尔型

④ N：指定移位寄存器的长度和方向，操作数：VB、IB、QB、MB、SMB、LB、AC、常数；数据类型：字节

图 3-67 移位寄存器指令格式

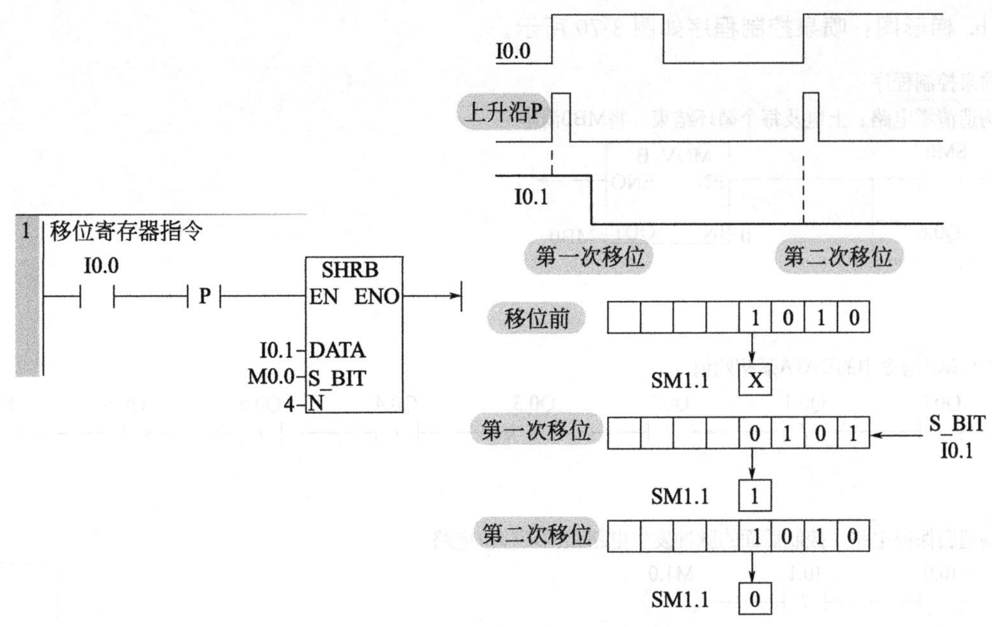

图 3-68 移位寄存器指令工作过程

重点提示：

移位寄存器中的 N 是移位总的长度，即一共移动了多少位；左右移位（循环）指令中的 N 是每次移位的长度。

（3）应用举例：喷泉控制

① 控制要求：某喷泉由 L1～L10 十根水柱构成，喷泉水柱示意图，如图 3-69 所示。按下启动按钮，喷泉按如图 3-69 所示花样喷水；按下停止按钮，喷水全部停止。

② 程序设计

a. I/O 分配：喷泉控制 I/O 分配，如表 3-24 所示。

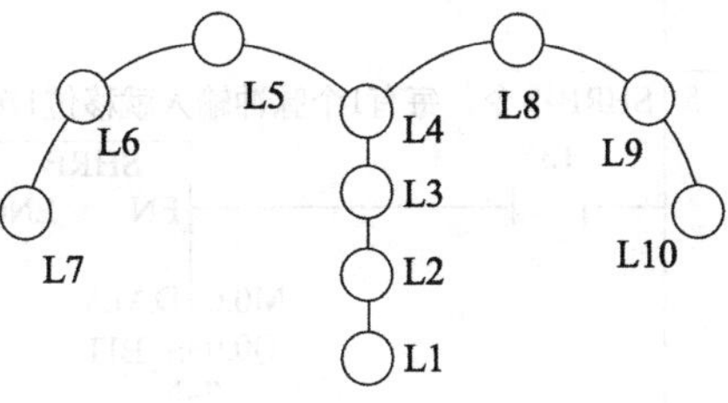

图 3-69 喷泉水柱布局及喷水花样

表 3-24 喷泉控制 I/O 分配

输入量		输出量	
启动按钮	I0.0	L1 水柱	Q0.0
停止按钮	I0.1	L2 水柱	Q0.1
		L3 水柱	Q0.2
		L4 水柱	Q0.3
		L5/L8 水柱	Q0.4
		L6/L9 水柱	Q0.5
		L7/L10 水柱	Q0.6

b. 梯形图：喷泉控制程序如图 3-70 所示。

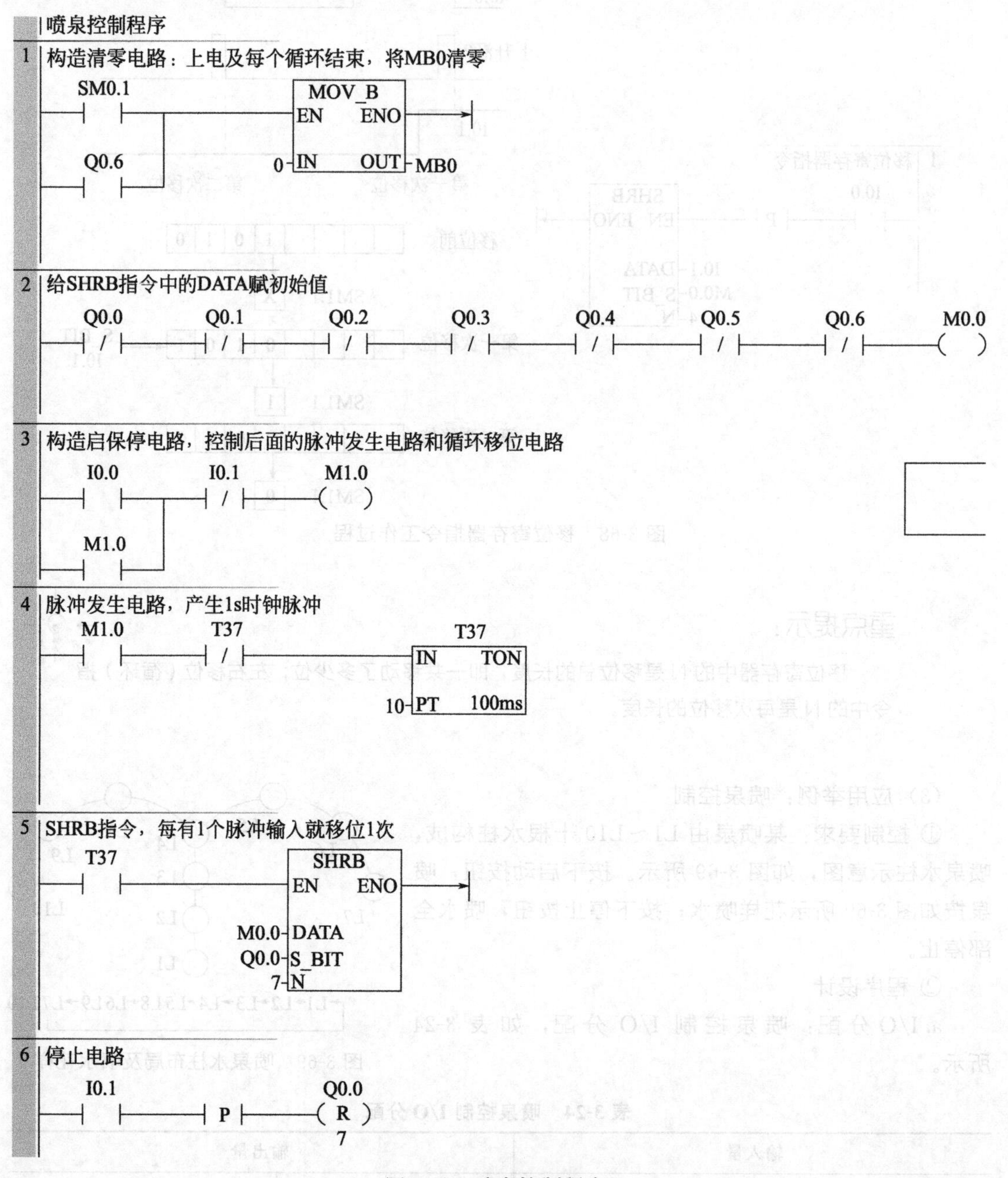

图 3-70　喷泉控制程序

重点提示：

① 将输入数据 DATA 置 1，可以采用启保停电路置 1，也可采用传送指令；

② 构造脉冲发生器，用脉冲控制移位寄存器的移位；

③ 通过输出的第一位确定 S_BIT，有时还可能需要中间编程元件；

④通过输出个数确定移位长度。

3.9 数据转换指令及案例

编程时，当实际的数据类型与需要的数据类型不符时，这时就需要对数据类型进行转换。数据转换指令就是完成这类任务的指令。

数据转换指令将操作数类型转换后，把输出结果存入到指定的目标地址中。数据转换指令包括数据类型转换指令、编码与译码指令以及字符串类型转换指令等。

3.9.1 数据类型转换指令

数据类型转换指令包括字节与字整数间的转换指令、字整数与双字整数间的转换指令、双整数与实数间的转换指令及 BCD 码与整数间的转换指令。

(1) 字节与字整数间的转换指令

① 指令格式。字节与字整数间的转换指令格式，如表 3-25 所示。

表 3-25 字节与字整数间的转换指令格式

指令名称	编程语言		操作数类型及操作范围
	梯形图	语句表	
字节转换成字整数指令	B_I EN ENO IN OUT	BTI IN,OUT	IN:IB、QB、VB、MB、SB、SMB、LB、AC、常数； OUT：IW、QW、VW、MW、SW、SMW、LW、AC、T、C； IN 数据类型:字节;OUT 数据类型:整数
字整数转换成字节指令	I_B EN ENO IN OUT	ITB IN,OUT	IN:IW、QW、VW、MW、SW、SMW、LW、AC、T、C、常数； OUT：IB、QB、VB、MB、SB、SMB、LB、AC； IN 数据类型:整数;OUT 数据类型:字节
功能说明	① 字节转换成字整数指令。将字节数值(IN)转换成整数值,将结果存入目标地址(OUT)中； ② 字整数转换字节指令。将字整数(IN)转换成字节,将结果存入目标地址(OUT)中		

② 应用举例　按下启动按钮，小灯 Q0.0 和 Q0.1 会不会点亮？程序如图 3-71 所示。

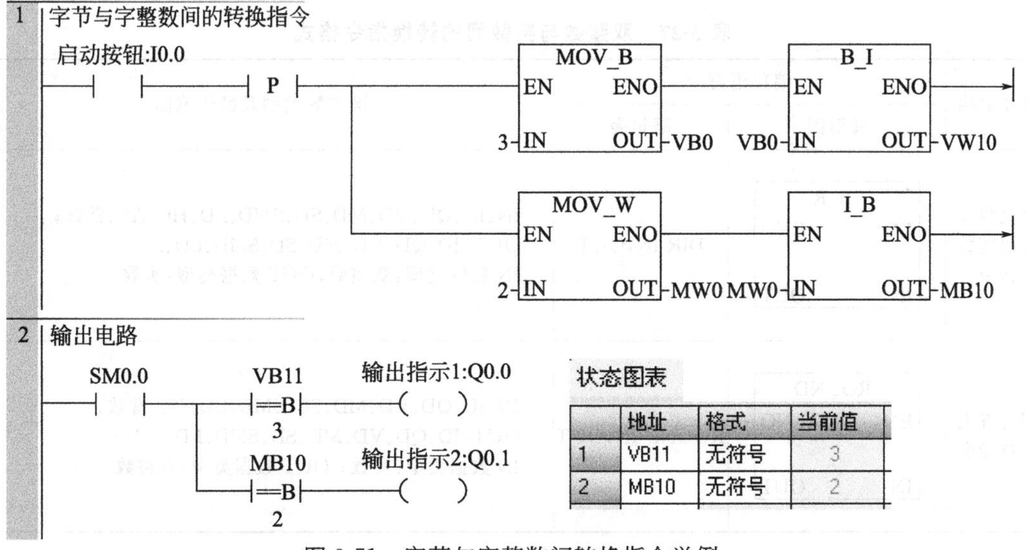

图 3-71 字节与字整数间转换指令举例

（2）字整数与双字整数间的转换指令

字整数与双字整数间的转换指令格式，如表 3-26 所示。

表 3-26　字整数与双字整数间的转换指令格式

指令名称	编程语言		操作数类型及操作范围
	梯形图	语句表	
字整数转换成双字整数指令	I_DI EN　ENO IN　OUT	ITD IN,OUT	IN:IW、QW、VW、MW、SW、SMW、LW、AC、T、C、AIW、常数; OUT:ID、QD、VD、MD、SD、SMD、LD、AC; IN 数据类型:整数;OUT 数据类型:双整数
双字整数转换成字整数指令	DI_I EN　ENO IN　OUT	DTI IN,OUT	IN:ID、QD、VD、MD、SD、SMD、LD、AC、HC、常数; OUT:IW、QW、VW、MW、SW、SMW、LW、AC、T、C; IN 数据类型:双整数;OUT 数据类型:整数
功能说明	① 字整数转换成双字整数指令。将整数值(IN)转换成双整数值,将结果存入目标地址(OUT)中; ② 双字整数转换成字整数指令。将双整数值转换成整数值,将结果存入目标地址(OUT)中		

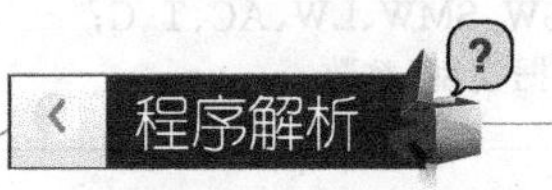

按下启动按钮 I0.0，字节传送指令 MOV_B 将 3 传入 VB0 中，通过字节转换成整数指令 B_I，VB0 中的 3 会存储到 VW10 中的低字节 VB11 中，通过比较指令 VB11 中的数恰好为 3，因此 Q0.0 亮；Q0.1 点亮过程与 Q0.0 点亮过程相似，故不赘述。

（3）双整数与实数间的转换指令

① 指令格式。双整数与实数间的转换指令格式，如表 3-27 所示。

表 3-27　双整数与实数间的转换指令格式

指令名称	编程语言		操作数类型及操作范围
	梯形图	语句表	
双整数转换成实数指令	DI_R EN　ENO IN　OUT	DIR IN,OUT	IN:ID、QD、VD、MD、SD、SMD、LD、HC、AC、常数; OUT:ID、QD、VD、MD、SD、SMD、LD、AC; IN 数据类型:双整数;OUT 数据类型:实数
四舍五入取整指令	ROUND EN　ENO IN　OUT	ROUND IN,OUT	IN:ID、QD、VD、MD、SD、SMD、LD、AC、常数; OUT:ID、QD、VD、MD、SD、SMD、LD、AC; IN 数据类型:实数; OUT 数据类型:双整数

指令名称	编程语言		操作数类型及操作范围
	梯形图	语句表	
截位取整指令	TRUNC EN ENO IN OUT	TRUNC IN,OUT	IN:ID、QD、VD、MD、SD、SMD、LD、HC、AC、常数； OUT:ID、QD、VD、MD、SD、SMD、LD、AC； IN 数据类型:实数；OUT 数据类型:双整数
功能说明	① DIR 指令。将 32 位带符号整数(IN)转换成 32 位实数，并将结果存入目标地址中(OUT)； ② ROUND 指令。按小数部分四舍五入的原则，将实数(IN)转换成双整数值，将结果存入目标地址中(OUT)； ③ TRUNC 指令。按小数部分直接舍去原则，将 32 位实数(IN)转换成 32 位双整数值，将结果存入目标地址中(OUT)		

② 应用举例。按下启动按钮，小灯 Q0.0 和 Q0.1 会不会点亮？双整数与实数间的转换指令举例，如图 3-72 所示。

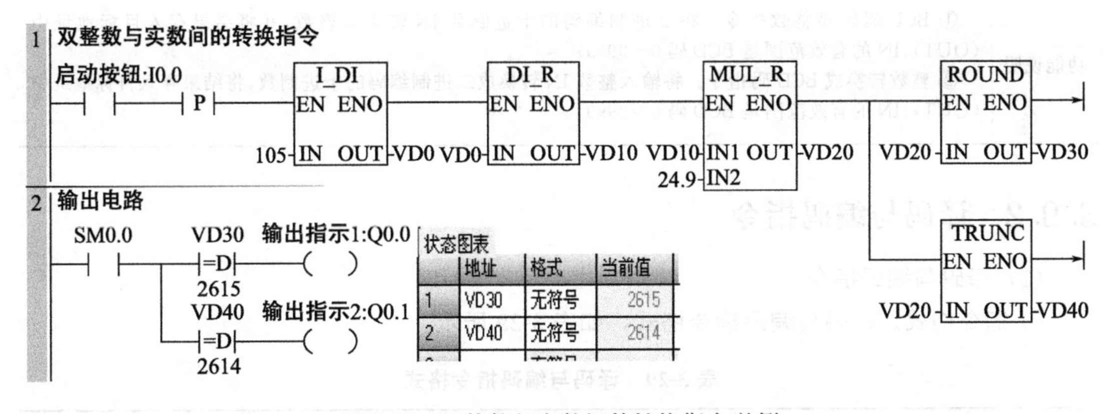

图 3-72　双整数与实数间的转换指令举例

程序解析

按下启动按钮 I0.0，I_DI 指令将 105 转换为双整数传入 VD0 中，通过 DI_R 指令将双整数转换为实数送入 VD10 中，VD10 中的 105.0×24.9 存入 VD20 中，ROUND 指令将 VD20 中的数四舍五入，存入 VD30 中，VD30 中的数为 2615；TRUNC 指令将 VD20 中的数舍去小数部分，存入 VD40 中，VD40 中的数为 2614，因此 Q0.0 和 Q0.1 都亮。

重点提示：

以上转换指令是实现模拟量等复杂计算的基础，读者们需予以重视。

(4) BCD码与整数的转换指令

BCD码与整数的转换指令格式，如表3-28所示。

表3-28 BCD码与整数的转换指令格式

指令名称	编程语言		操作数类型及操作范围
	梯形图	语句表	
BCD码转换整数指令	BCD_I EN ENO IN OUT	BCDI,OUT	IN:IW、QW、VW、MW、SW、SMW、LW、AC、T、C、AIW、常数； OUT:IW、QW、VW、MW、SW、SMW、LW、AC、T、C； IN/OUT数据类型:字
整数转换BCD码指令	I_BCD EN ENO IN OUT	IBCD,OUT	IN:IW、QW、VW、MW、SW、SMW、LW、AC、T、C、AIW、常数； OUT:IW、QW、VW、MW、SW、SMW、LW、AC、T、C； IN/OUT数据类型:字
功能说明	① BCD码转换整数指令。将2进制编码的十进制数IN转换成整数,并将结果存入目标地址中(OUT);IN的有效范围是BCD码0～9999； ② 整数转换成BCD码指令。将输入整数IN转换成二进制编码的十进制数,将结果存入目标地址中(OUT);IN的有效范围是BCD码0～9999		

3.9.2 译码与编码指令

(1) 译码与编码指令

① 指令格式。译码与编码指令格式，如表3-29所示。

表3-29 译码与编码指令格式

指令名称	编程语言		操作数类型及操作范围
	梯形图	语句表	
译码指令	DECO EN ENO IN OUT	DECO IN,OUT	IN:IB、QB、VB、MB、SB、SMB、LB、AC、常数； OUT: IW、QW、VW、MW、SW、SMW、LW、AC、T、C、AQW； IN数据类型:字节;OUT数据类型:字
编码指令	ENCO EN ENO IN OUT	ENCO IN,OUT	IN: IW、QW、VW、MW、SW、SMW、LW、AC、T、C、AIW； OUT: IB、QB、VB、MB、SB、SMB、LB、AC、常数； IN数据类型:字;OUT数据类型:字节
功能说明	① 译码指令根据输入字节IN的低4位表示的输出字的位号,将输出字的相对应位置1； ② 编码指令将输入字IN最低有效位的位号写入输出字节的低4位中		

② 应用举例。按下启动按钮，小灯Q0.0和Q0.1会不会点亮？译码与编码指令举例如图3-73所示。

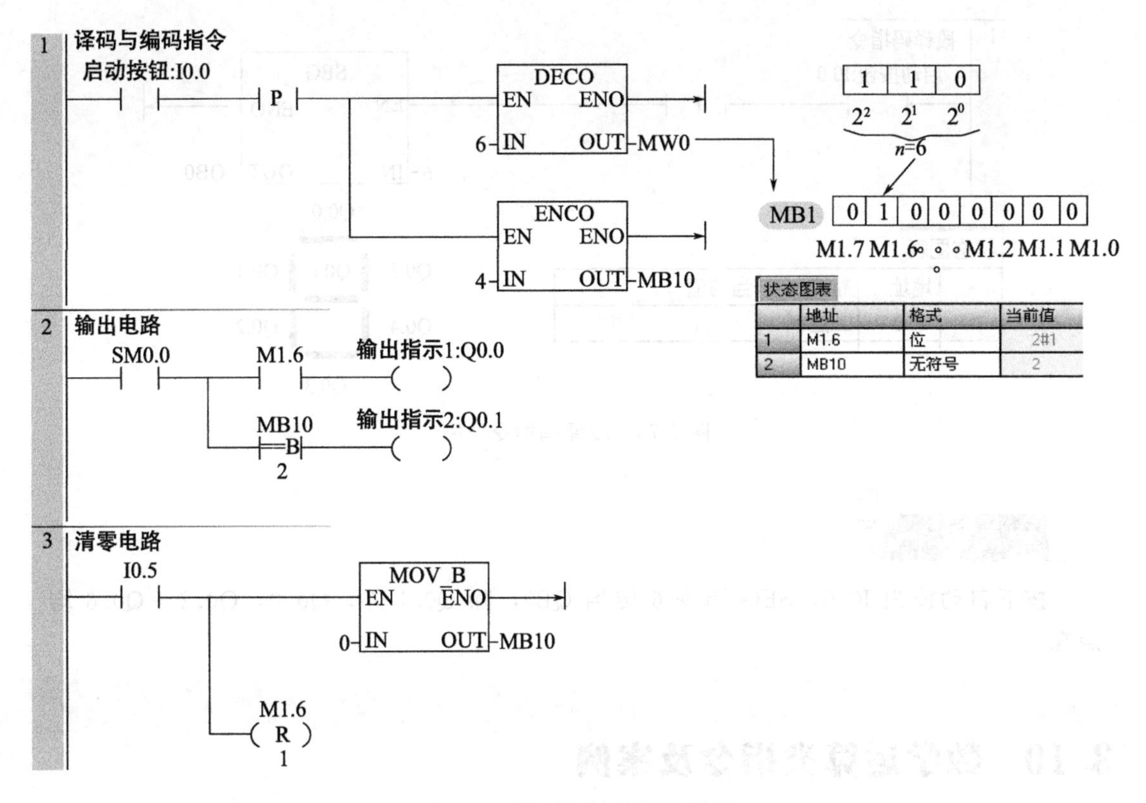

图 3-73　译码与编码指令举例

（2）段译码指令

段译码指令将输入字节中 16＃0～F 转换成点亮七段数码管各段代码，并送到输出（OUT）。

① 指令格式。段译码指令的指令格式，如图 3-74 所示。

② 应用举例。编写显示数字 6 的七段显示码程序，段译码指令举例如图 3-75 所示。

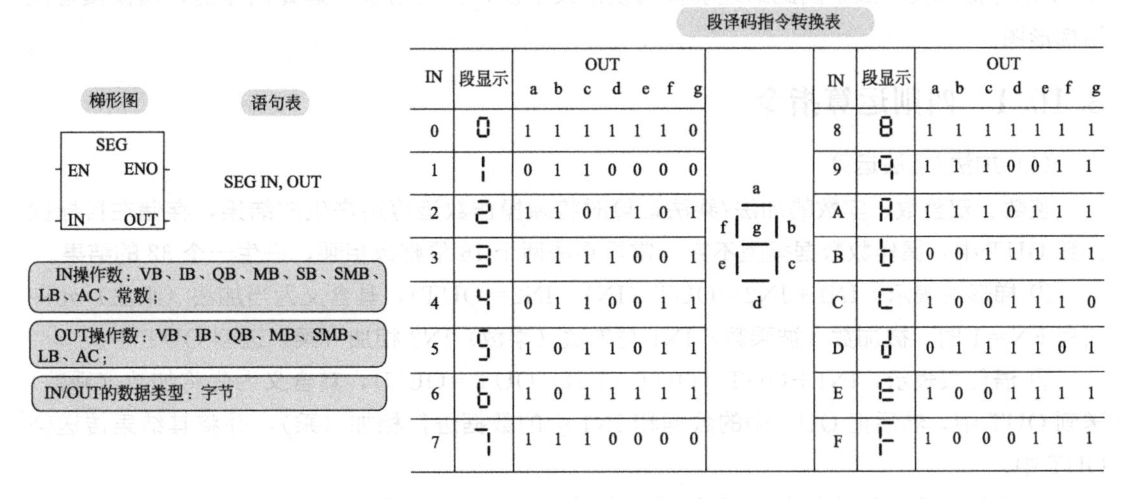

段译码指令转换表

IN	段显示	a	b	c	d	e	f	g
0	0	1	1	1	1	1	1	0
1	1	0	1	1	0	0	0	0
2	2	1	1	0	1	1	0	1
3	3	1	1	1	1	0	0	1
4	4	0	1	1	0	0	1	1
5	5	1	0	1	1	0	1	1
6	6	1	0	1	1	1	1	1
7	7	1	1	1	0	0	0	0
8	8	1	1	1	1	1	1	1
9	9	1	1	1	0	0	1	1
A	A	1	1	1	0	1	1	1
B	b	0	0	1	1	1	1	1
C	C	1	0	0	1	1	1	0
D	d	0	1	1	1	1	0	1
E	E	1	0	0	1	1	1	1
F	F	1	0	0	0	1	1	1

图 3-74　段译码指令的指令格式

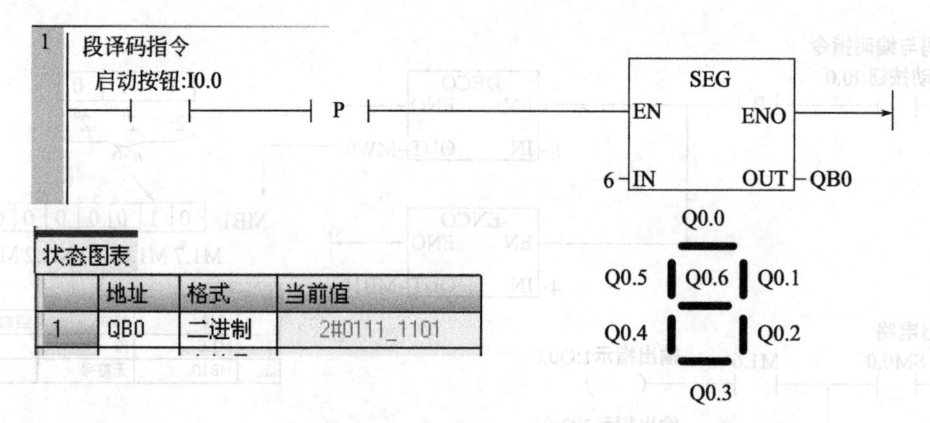

图 3-75　段译码指令举例

按下启动按钮 I0.0，SEG 指令 6 传给 QB0，除 Q0.1 外，Q0.0，Q0.2～Q0.6 均点亮。

3.10　数学运算类指令及案例

PLC 普遍具有较强的运算功能，其中数学运算指令是实现运算的主体，它包括四则运算指令、数学功能指令和递增、递减指令。其中四则运算指令包括整数四则运算指令、双整数四则运算指令、实数四则运算指令；数学功能指令包括三角函数指令、对数函数指令和平方根指令等。S7-200 SMART PLC 对于数学运算指令来说，在使用时需注意存储单元的分配，在梯形图中，源操作数 IN1、IN2 和目标操作数 OUT 可以使用不一样的存储单元，这样编写程序比较清晰且容易理解。在使用语句表时，其中的一个源操作数需要和目标操作数 OUT 的存储单元一致，因此给理解和阅读带来不便，在使用数学运算指令时，建议读者使用梯形图。

3.10.1　四则运算指令

(1) 加法/乘法运算

整数、双整数、实数的加法/乘法运算时将源操作数运算后产生的结果，存储在目标操作数 OUT 中，操作数数据类型不变。常规乘法两个 16 位整数相乘，产生一个 32 的结果。

① 梯形图表示：IN1＋IN2＝OUT（IN1×IN2＝OUT），其含义为当加法（乘法）允许信号 EN＝1 时，被加数（被乘数）IN1 与加数（乘数）IN2 相加（乘）送到 OUT 中。

② 语句表表示：IN1＋OUT＝OUT（IN1×OUT＝OUT），其含义为先将加数（乘数）送到 OUT 中，然后把 OUT 中的数据和 IN1 中的数据进行相加（乘），并将其结果传送到 OUT 中。

a. 指令格式。加法运算指令格式，如表 3-30 所示；乘法运算指令格式，如表 3-31 所示。

表 3-30　加法运算指令格式

指令名称	编程语言		操作数类型及操作范围
	梯形图	语句表	
整数加法指令	ADD_I EN ENO IN1 OUT IN2	+I IN1,OUT	IN1/IN2:IW、QW、VW、MW、SW、SMW、LW、AC、T、C、AIW、常数; OUT:IW、QW、VW、MW、SW、SMW、LW、AC、T、C; IN/OUT 数据类型:整数
双整数加法指令	ADD_DI EN ENO IN1 OUT IN2	+D IN1,OUT	IN1/IN2:ID、QD、VD、MD、SD、SMD、LD、AC、HC、常数; OUT:ID、QD、VD、MD、SD、SMD、LD、AC; IN/OUT 数据类型:双整数
实数加法指令	ADD_R EN ENO IN1 OUT IN2	+R IN1,OUT	IN1/IN2:ID、QD、VD、MD、SD、SMD、LD、AC、常数; OUT:ID、QD、VD、MD、SD、SMD、LD、AC; IN/OUT 数据类型:实数

表 3-31　乘法运算指令格式

指令名称	编程语言		操作数类型及操作范围
	梯形图	语句表	
整数乘法指令	MUL_I EN ENO IN1 OUT IN2	* I IN1,OUT	IN1/IN2:IW、QW、VW、MW、SW、SMW、LW、AC、T、C、AIW、常数; OUT:IW、QW、VW、MW、SW、SMW、LW、AC、T、C; IN/OUT 数据类型:整数
双整数乘法指令	MUL_DI EN ENO IN1 OUT IN2	* D IN1,OUT	IN1/IN2:ID、QD、VD、MD、SD、SMD、LD、AC、HC、常数; OUT:ID、QD、VD、MD、SD、SMD、LD、AC; IN/OUT 数据类型:双整数
实数乘法指令	MUL_R EN ENO IN1 OUT IN2	* R IN1,OUT	IN1/IN2:ID、QD、VD、MD、SD、SMD、LD、AC、常数; OUT:ID、QD、VD、MD、SD、SMD、LD、AC; IN/OUT 数据类型:实数

b. 应用举例。按下启动按钮，小灯 Q0.0 会点亮吗？加法/乘法指令应用举例如图 3-76 所示。

(2) 减法/除法运算

整数、双整数、实数的减法/除法运算时将源操作数运算后产生的结果，存储在目标操作数 OUT 中，整数、双整数除法不保留小数。而常规除法两个 16 位整数相除，产生一个 32 的结果，其中高 16 位存储余数，低 16 位存储商。

① 梯形图表示：IN1-IN2=OUT (IN1/IN2=OUT)，其含义为当减法（除法）允许信号 EN=1 时，被减数（被除数）IN1 与减数（除数）IN2 相减（除）送到 OUT 中。

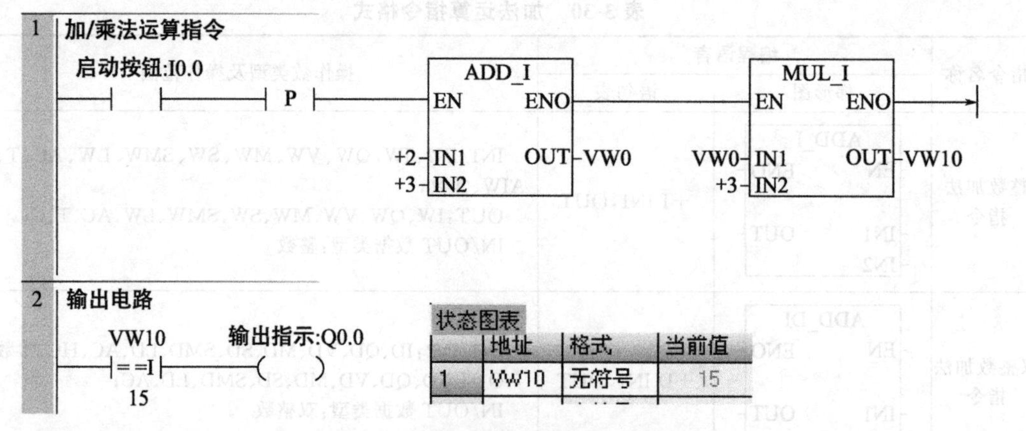

图 3-76　加法/乘法指令应用举例

按下启动按钮 I0.0，2 和 3 相加得到的结果再与 3 相乘，得到的结果存入 VW10 中，此时运算结果为 15，比较指令条件成立，故 Q0.0 点亮。

② 语句表表示：IN1-OUT＝OUT（IN1/OUT＝OUT），其含义为先将减数（除数）送到 OUT 中，然后把 OUT 中的数据和 IN1 中的数据进行相减（除），并将其结果传送到 OUT 中。

a. 指令格式。减法运算指令格式，如表 3-32 所示；除法运算指令格式，如表 3-33 所示。

表 3-32　减法运算指令格式

指令名称	编程语言		操作数类型及操作范围
	梯形图	语句表	
整数减法指令	SUB_I EN　ENO IN1　OUT IN2	-I IN1,OUT	IN1/IN2：IW、QW、VW、MW、SW、SMW、LW、AC、T、C、AIW、常数； OUT：IW、QW、VW、MW、SW、SMW、LW、AC、T、C； IN/OUT 数据类型：整数
双整数减法指令	SUB_DI EN　ENO IN1　OUT IN2	-D IN1,OUT	IN1/IN2：ID、QD、VD、MD、SD、SMD、LD、AC、HC、常数； OUT：ID、QD、VD、MD、SD、SMD、LD、AC； IN/OUT 数据类型：双整数
实数减法指令	SUB_R EN　ENO IN1　OUT IN2	-R IN1,OUT	IN1/IN2：ID、QD、VD、MD、SD、SMD、LD、AC、常数； OUT：ID、QD、VD、MD、SD、SMD、LD、AC； IN/OUT 数据类型：实数

表 3-33　除法运算指令指令格式

指令名称	编程语言		操作数类型及操作范围
	梯形图	语句表	
整数除法指令	DIV_I EN ENO IN1 OUT IN2	/I IN1,OUT	IN1/IN2:IW、QW、VW、MW、SW、SMW、LW、AC、T、C、AIW、常数; OUT:IW、QW、VW、MW、SW、SMW、LW、AC、T、C; IN/OUT 数据类型:整数
双整数除法指令	DIV_DI EN ENO IN1 OUT IN2	/D IN1,OUT	IN1/IN2:ID、QD、VD、MD、SD、SMD、LD、AC、HC、常数; OUT:ID、QD、VD、MD、SD、SMD、LD、AC; IN/OUT 数据类型:双整数
实数除法指令	DIV_R EN ENO IN1 OUT IN2	/R IN1,OUT	IN1/IN2:ID、QD、VD、MD、SD、SMD、LD、AC、常数; OUT:ID、QD、VD、MD、SD、SMD、LD、AC; IN/OUT 数据类型:实数

b. 应用举例。按下启动按钮，小灯 Q0.0 会点亮吗？减法/除法指令应用举例如图 3-77 所示。

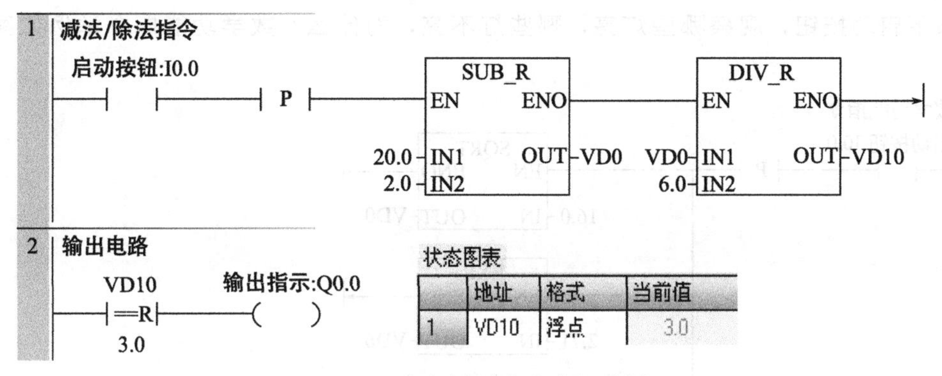

图 3-77　减法/除法指令应用举例

按下启动按钮 I0.0，20.0 和 2.0 相减得到的结果再与 6.0 相除，得到的结果存入 VD10 中，此时运算结果为 3.0，比较指令条件成立，故 Q0.0 点亮。

3.10.2　数学功能指令

S7-200 SMART PLC 的数学函数指令有平方根指令、自然对数指令、指数指令、正弦指令、余弦指令和正切指令。平方根指令将一个双字长（32 位）的实数 IN 开平方，得到 32 位的实数结果送到 OUT；自然对数指令将一个双字长（32 位）的实数 IN 取自然对数，得到 32 位的实数结果送到 OUT；指数指令将一个双字长（32 位）的实数 IN 取以 e 为底的指数，得到32位的实数结果送到OUT；正弦、余弦和正切指令将一个弧度值IN分别求正弦、余弦和正切，得到32位的实数结果送到OUT；以上运算输入输出数据都为实数，结果大于32位二进制数表示的范围时产生溢出。

（1）指令格式

数学功能指令格式，如表3-34所示。

表3-34　数学功能指令格式

指令名称		平方根指令	自然对数指令	指数指令	正弦指令	余弦指令	正切指令
编程语言	梯形图	SQRT EN ENO IN OUT	EXP EN ENO IN OUT	LN EN ENO IN OUT	SIN EN ENO IN OUT	COS EN ENO IN OUT	TAN EN ENO IN OUT
	语句表	SQRT IN，OUT	EXP IN，OUT	LN IN，OUT	SIN IN，OUT	COS IN，OUT	TN IN，OUT
操作数类型及操作范围		IN：ID、QD、VD、MD、SD、SMD、LD、AC、常数； OUT：ID、QD、VD、MD、SD、SMD、LD、AC； IN/OUT数据类型：实数					

（2）应用举例

按下启动按钮，观察哪些灯亮，哪些灯不亮，为什么？数学功能指令举例如图3-78所示。

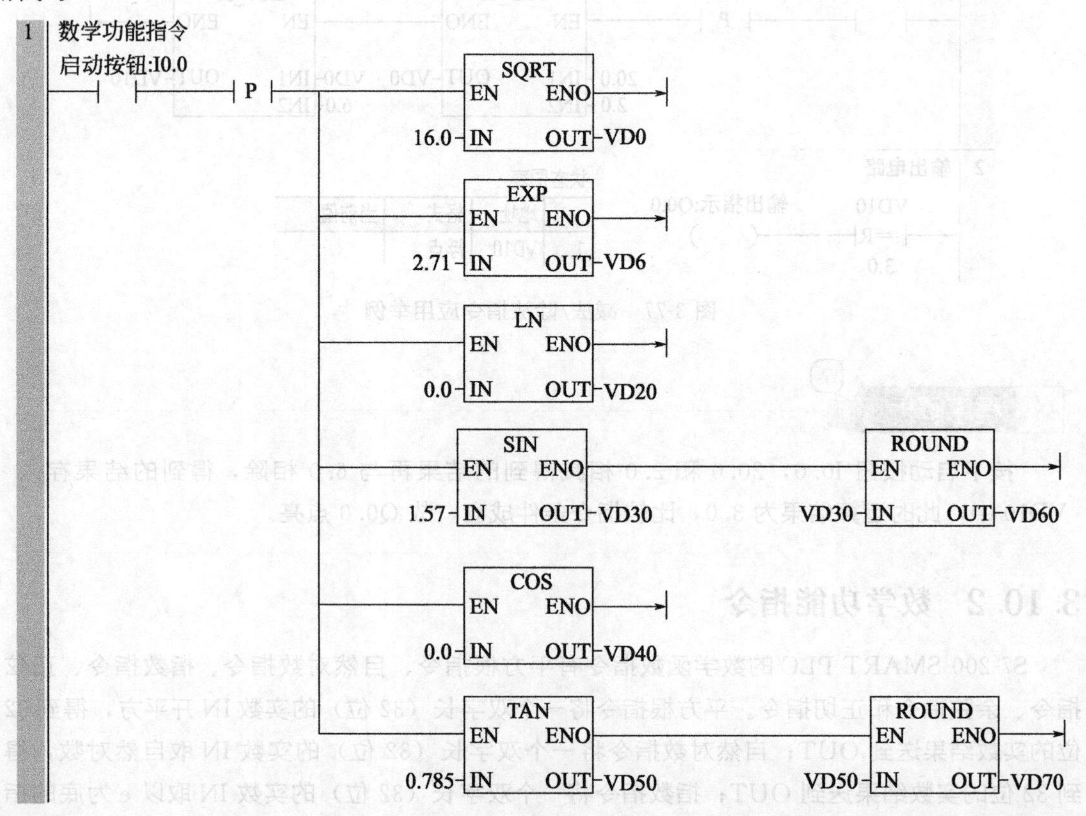

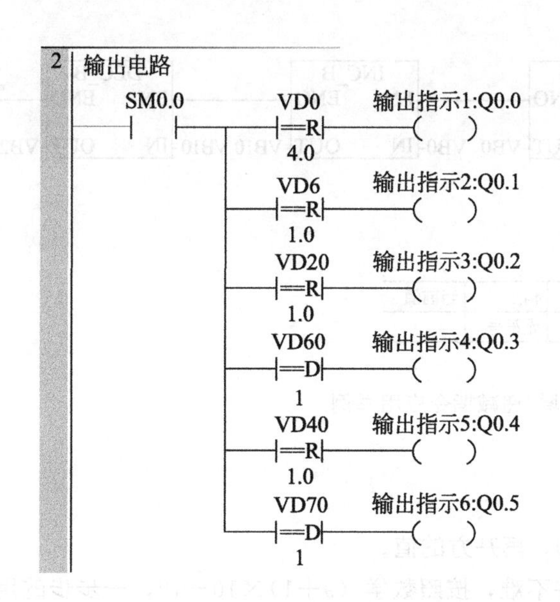

状态图表

	地址	格式	当前值
1	VD0	浮点	4.0
2	VD6	浮点	15.02928
3	VD20	浮点	0.0
4	VD30	浮点	0.9999997
5	VD40	浮点	1.0
6	VD70	无符号	1
7	VD60	无符号	1
8	VD50	浮点	0.999204

图 3-78　数学功能指令举例

3.10.3　递增、递减指令

(1) 指令格式

字节、字、双字的递增/递减指令是源操作数加 1 或减 1，并将结果存放到 OUT 中，其中字节增减是无符号的，字和双字增减是有符号的数。

① 梯形图表示：IN＋1＝OUT，IN-1＝OUT；

② 语句表表示：OUT＋1＝OUT，OUT-1＝OUT；

值得说明的是，IN 和 OUT 使用相同的存储单元。递增、递减指令格式，如表 3-35 所示。

表 3-35　递增、递减指令格式

指令名称		字节递增指令	字节递减指令	字递增指令	字递减指令	双字递增指令	双字递减指令
编程语言	梯形图	INC_B EN ENO IN OUT	DEC_B EN ENO IN OUT	INC_W EN ENO IN OUT	DEC_W EN ENO IN OUT	INC_DW EN ENO IN OUT	DEC_DW EN ENO IN OUT
	语句表	INCB OUT	DECB OUT	INCW OUT	DECW OUT	INCD OUT	DECD OUT
操作数范围		IN：IB、QB、VB、MB、SB、SMB、LB、AC、常数；OUT：IB、QB、VB、MB、SB、SMB、LB、AC		IN：IW、QW、VW、MW、SW、SMW、LW、AC、T、C、AIW、常数；OUT：IW、QW、VW、MW、SW、SMW、LW、AC、T、C		IN1/IN2：ID、QD、VD、MD、SD、SMD、LD、AC、HC、常数；OUT：ID、QD、VD、MD、SD、SMD、LD、AC	

(2) 应用举例

按下启动按钮，观察 Q0.0 灯是否会点亮？递增/递减指令应用举例如图 3-79 所示。

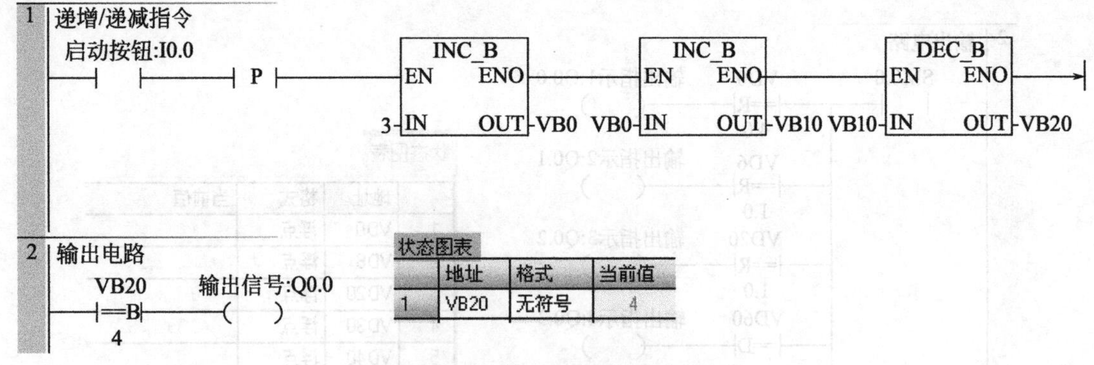

	地址	格式	当前值
1	VB20	无符号	4

图 3-79　递增/递减指令应用举例

3.10.4　综合应用举例

例 1：试用编程计算（9+1）×10－19，再开方的值。

具体程序如图 3-80 所示。程序编制并不难，按照数学（9+1）×10－19，一步步的用数学运算指令表达出来即可。这里考虑到 SQRT 指令输入输出操作数均为实数，故加、减和乘指令也都选择了实数型。如果结果等于 9，Q0.0 灯会亮。

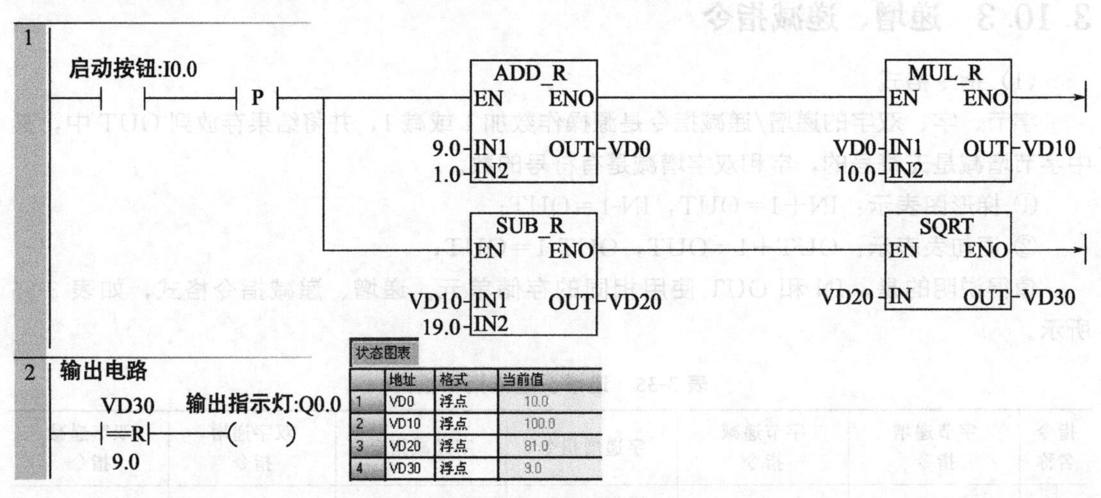

	地址	格式	当前值
1	VD0	浮点	10.0
2	VD10	浮点	100.0
3	VD20	浮点	81.0
4	VD30	浮点	9.0

图 3-80　例 1 程序

例 2：控制 1 台 3 相异步电动机，要求电动机按正转 30s→停止 30s→反转 30s→停止 30s 的顺序并自动循环运行，直到按下停止按钮，电动机方停止。

具体程序如图 3-81 所示。需要注意的是递增指令前面习惯上加一个脉冲 P，否则，每个扫描周期都会加 1。

1 设置启保停电路，控制下面程序
启动按钮:I0.0　P　停止按钮:I0.1　/　M1.0
M1.0

2 清零程序

停止按钮:I0.1 —— P —— M0.0 (R) 8

C0

3 设置定时电路，为递增指令提供脉冲，实现30s切换

M1.0 —— T37 / —— T37 IN TON

300 - PT 100ms

P —— INC_B EN ENO

MB0 - IN OUT - MB0

4 计数到达预设值4，将MB0清零，方便实现正停反停的循环

T37 —— C0 CU CTU

停止按钮:I0.1 —— P —— R

C0 —— 4 - PV

5 输出电路

M1.0 —— M0.1 / —— M0.0 —— 正转:Q0.0 ( )

M0.1 —— M0.0 —— 反转:Q0.1 ( )

图 3-81　例 2 程序

重点提示:

① 数学运算类指令是实现模拟量等复杂运算的基础，读者需要予以重视。

② 递增/递减指令习惯上用脉冲形式，如使能端一直为 ON，则每个扫描周期都会加 1 或减 1，这样有些程序就无法实现了。

3.11　逻辑操作指令及案例

逻辑操作指令对逻辑数（无符号数）对应位间的逻辑操作，它包括逻辑与、逻辑或、逻辑异或和取反指令。

3.11.1　逻辑与指令

在梯形图中，当逻辑与条件满足时，IN1 和 IN2 按位与，其结果传送到 OUT 中；在语句表中，IN1 和 OUT 按位与，结果传送到 OUT 中，IN2 和 OUT 使用同一存储单元。

（1）指令格式

逻辑与指令格式如表 3-36 所示。

表 3-36　逻辑与指令格式

指令名称	编程语言		操作数类型及操作范围
	梯形图	语句表	
字节与指令	WAND_B EN　ENO IN1　OUT IN2	ANDB IN1，OUT	IN：IB、QB、VB、MB、SB、SMB、LB、AC、常数； OUT：IB、QB、VB、MB、SB、SMB、LB、AC； IN/OUT 数据类型：字节
字与指令	WAND_W EN　ENO IN1　OUT IN2	ANDW IN1，OUT	IN：IW、QW、VW、MW、SW、SMW、LW、AC、T、C、AIW、常数； OUT：IW、QW、VW、MW、SW、SMW、LW、AC、T、C、AQW； IN/OUT 数据类型：字
双字与指令	WAND_DW EN　ENO IN1　OUT IN2	ANDD IN，OUT	IN：ID、QD、VD、MD、SD、SMD、LD、AC、HC、常数； OUT：ID、QD、VD、MD、SD、SMD、LD、AC； IN/OUT 数据类型：双字

（2）应用举例

按下启动按钮，观察灯 Q0.0 是否会点亮，为什么？与指令应用举例如图 3-82 所示。

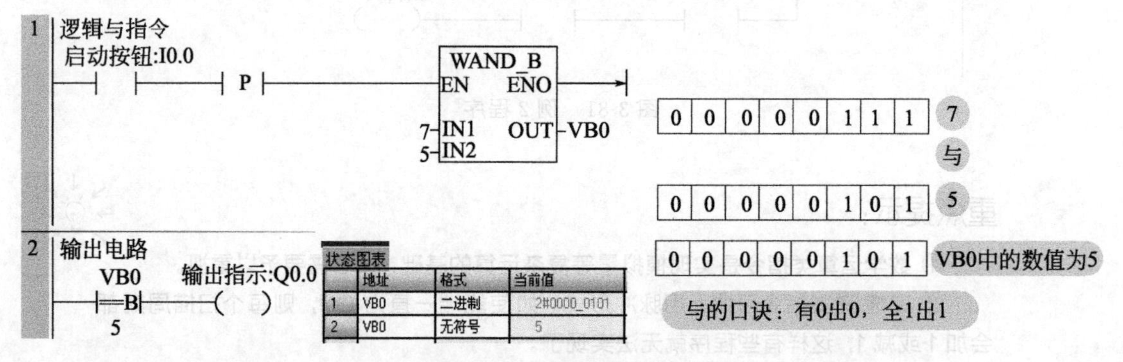

图 3-82　与指令应用举例

按下启动按钮 I0.0，7（即 2＃111）与 5（2＃101）逐位进行与，根据有 0 出 0，全 1 出 1 的原则，得到的结果恰好为 5（即 2＃101），故比较指令成立，因此 Q0.0 为 1。

3.11.2　逻辑或指令

在梯形图中，当逻辑或条件满足时，IN1 和 IN2 按位或，其结果传送到 OUT 中；在语句表中，IN1 和 OUT 按位或，结果传送到 OUT 中，IN2 和 OUT 使用同一存储单元。

（1）指令格式

逻辑或指令格式，如表 3-37 所示。

表 3-37　逻辑或指令格式

指令名称	编程语言		操作数类型及操作范围
	梯形图	语句表	
字节或指令	WOR_B（EN、ENO、IN1、OUT、IN2）	ORB IN1,OUT	IN:IB、QB、VB、MB、SB、SMB、LB、AC、常数； OUT:IB、QB、VB、MB、SB、SMB、LB、AC； IN/OUT 数据类型:字节
字或指令	WOR_W（EN、ENO、IN1、OUT、IN2）	ORW IN1,OUT	IN:IW、QW、VW、MW、SW、SMW、LW、AC、T、C、AIW、常数； OUT:IW、QW、VW、MW、SW、SMW、LW、AC、T、C、AQW； IN/OUT 数据类型:字
双字或指令	WOR_DW（EN、ENO、IN1、OUT、IN2）	ORD IN,OUT	IN:ID、QD、VD、MD、SD、SMD、LD、AC、HC、常数； OUT:ID、QD、VD、MD、SD、SMD、LD、AC； IN/OUT 数据类型:双字

（2）应用举例

按下启动按钮，观察灯 Q0.0 是否会点亮，为什么？或指令应用举例如图 3-83 所示。

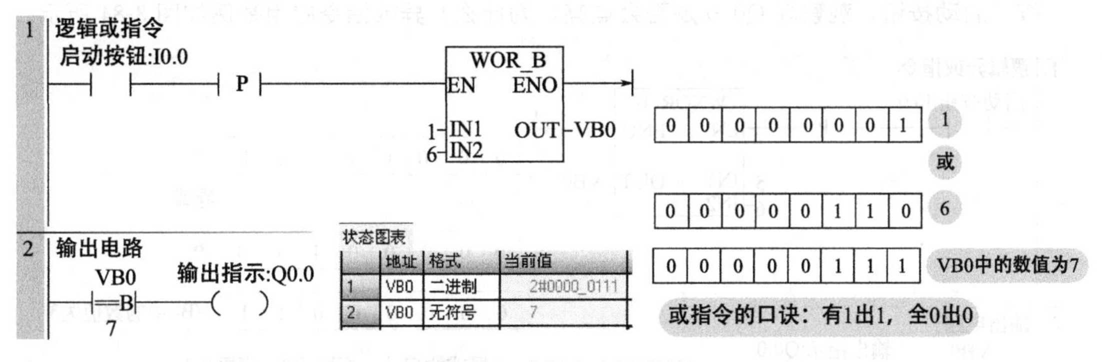

图 3-83　或指令应用举例

按下启动按钮 I0.0，1（即 2＃001）与 6（2＃110）逐位进行或，根据有 1 出 1，全 0 出 0 的原则，得到的结果恰好为 7（即 2＃111），故比较指令成立，因此 Q0.0 为 1。

3.11.3 逻辑异或指令

在梯形图中，当逻辑异或条件满足时，IN1 和 IN2 按位异或，其结果传送到 OUT 中；在语句表中，IN1 和 OUT 按位异或，结果传送到 OUT 中，IN2 和 OUT 使用同一存储单元。

（1）指令格式

逻辑异或指令格式，如表 3-38 所示。

表 3-38 逻辑异或指令格式

指令名称	编程语言		操作数类型及操作范围
	梯形图	语句表	
字节或指令	WXOR_B EN ENO IN1 OUT IN2	XORB IN1，OUT	IN：IB、QB、VB、MB、SB、SMB、LB、AC、常数； OUT：IB、QB、VB、MB、SB、SMB、LB、AC； IN/OUT 数据类型：字节
字或指令	WXOR_W EN ENO IN1 OUT IN2	XORW IN1，OUT	IN：IW、QW、VW、MW、SW、SMW、LW、AC、T、C、AIW、常数； OUT：IW、QW、VW、MW、SW、SMW、LW、AC、T、C、AQW； IN/OUT 数据类型：字
双字或指令	WXOR_DW EN ENO IN1 OUT IN2	XORD IN，OUI	IN：ID、QD、VD、MD、SD、SMD、LD、AC、HC、常数； OUT：ID、QD、VD、MD、SD、SMD、LD、AC； IN/OUT 数据类型：双字

（2）应用举例

按下启动按钮，观察灯 Q0.0 是否会点亮，为什么？异或指令应用举例如图 3-84 所示。

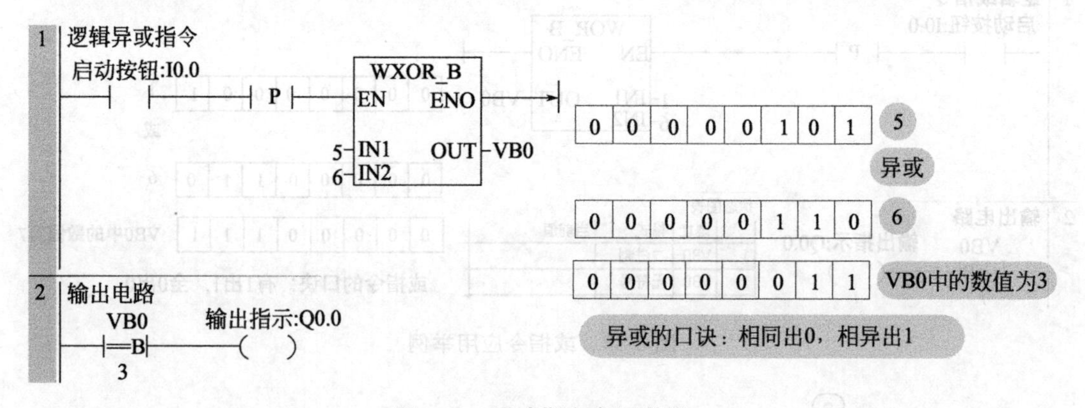

图 3-84 异或指令应用举例

按下启动按钮 I0.0，5（即 2＃101）与 6（2＃110）逐位进行异或，根据相同出 0，相异出 1 的原则，得到的结果恰好为 3（即 2＃011），故比较指令成立，因此 Q0.0 为 1。

重点提示：

按照运算口诀，掌握相应的指令是不难的；

逻辑与：有 0 为 0，全 1 出 1；逻辑或：有 1 为 1，全 0 出 0；逻辑异或：相同为 0，相异出 1。

3.11.4 取反指令

在梯形图中，当逻辑与条件满足时，IN 按位取反，其结果传送到 OUT 中；在语句表中，OUT 按位取反，结果传送到 OUT 中，IN 和 OUT 使用同一存储单元。

（1）指令格式

取反指令格式，如表 3-39 所示。

表 3-39 取反指令

指令名称	编程语言		操作数类型及操作范围
	梯形图	语句表	
字节取反指令	INV_B EN ENO IN OUT	INVB OUT	IN：IB、QB、VB、MB、SB、SMB、LB、AC、常数； OUT：IB、QB、VB、MB、SB、SMB、LB、AC； IN/OUT 数据类型：字节
字取反指令	INV_W EN ENO IN OUT	INVW OUT	IN：IW、QW、VW、MW、SW、SMW、LW、AC、T、C、AIW、常数； OUT：IW、QW、VW、MW、SW、SMW、LW、AC、T、C、AQW； IN/OUT 数据类型：字
双字取反指令	INV_DW EN ENO IN OUT	INVD OUT	IN：ID、QD、VD、MD、SD、SMD、LD、AC、HC、常数； OUT：ID、QD、VD、MD、SD、SMD、LD、AC； IN/OUT 数据类型：双字

（2）应用举例

按下启动按钮，观察灯哪些点亮，哪些灯不亮，为什么？取反指令应用举例如图 3-85 所示。

3.11.5 综合应用举例——抢答器控制

（1）控制要求

某节目有两位评委和若干选手，评委需对每位选手做出评价，看是过关还是淘汰。

当主持人按下给出评价按钮，当两位评委均按 1 键，表示选手过关；否则选手被淘汰；过关绿灯亮，淘汰红灯亮；试设计程序。

（2）程序设计

① 抢答器控制 I/O 分配，如表 3-40 所示。

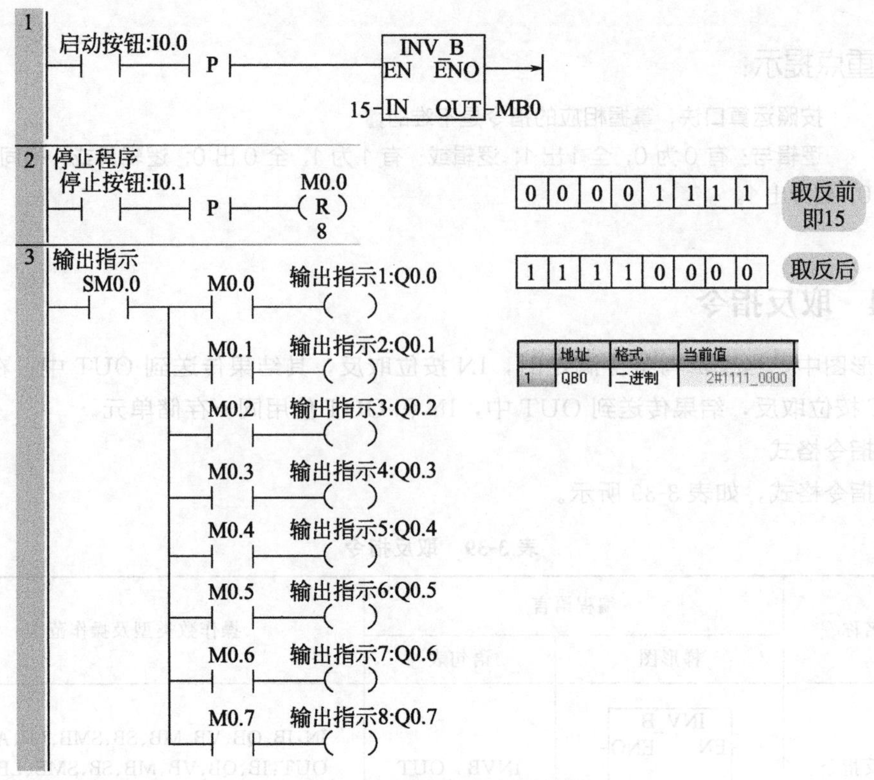

图 3-85 取反指令应用举例

按下启动按钮 I0.0，15（即 2＃00001111），逐项取反，得到的结果为 2＃11110000，故 Q0.0～Q0.3 不亮，Q0.4～Q0.7 亮。

表 3-40 抢答器控制 I/O 分配

输入量		输出量	
A 评委 1 键	I0.0	过关绿灯	Q0.0
A 评委 0 键	I0.1	淘汰红灯	Q0.1
B 评委 1 键	I0.2		
B 评委 0 键	I0.3		
主持人键	I0.4		
主持人清零按钮	I0.5		

② 抢答器控制程序如图 3-86 所示。

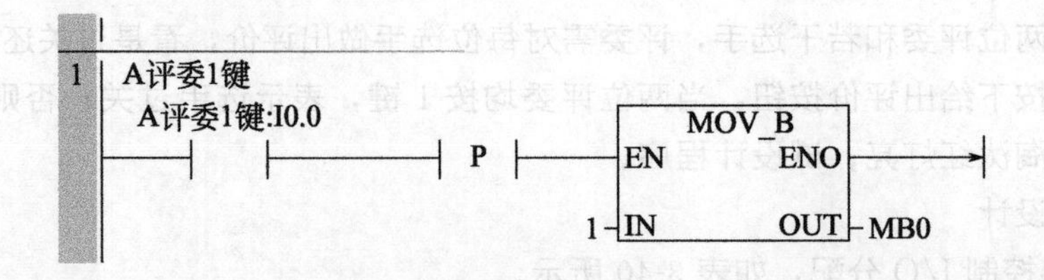

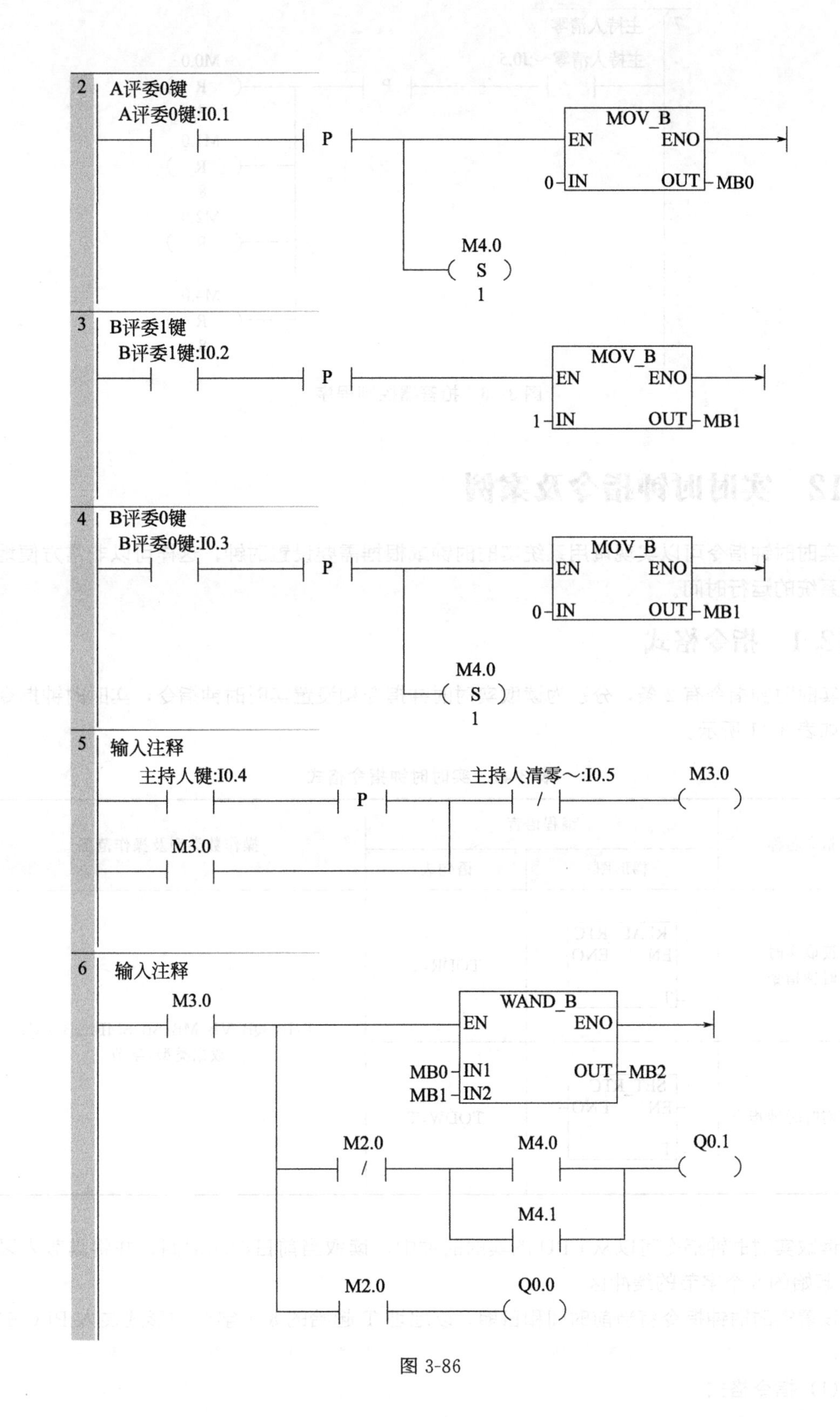

2
A评委0键
A评委0键:I0.1
P
MOV_B
EN
ENO
0
IN
OUT
MB0
M4.0
S
1
3
B评委1键
B评委1键:I0.2
P
MOV_B
EN
ENO
1
IN
OUT
MB1
4
B评委0键
B评委0键:I0.3
P
MOV_B
EN
ENO
0
IN
OUT
MB1
M4.0
S
1
5
输入注释
主持人键:I0.4
P
主持人清零~:I0.5
M3.0
M3.0
6
输入注释
M3.0
WAND_B
EN
ENO
MB0
IN1
OUT
MB2
MB1
IN2
M2.0
M4.0
Q0.1
M4.1
M2.0
Q0.0

图 3-86

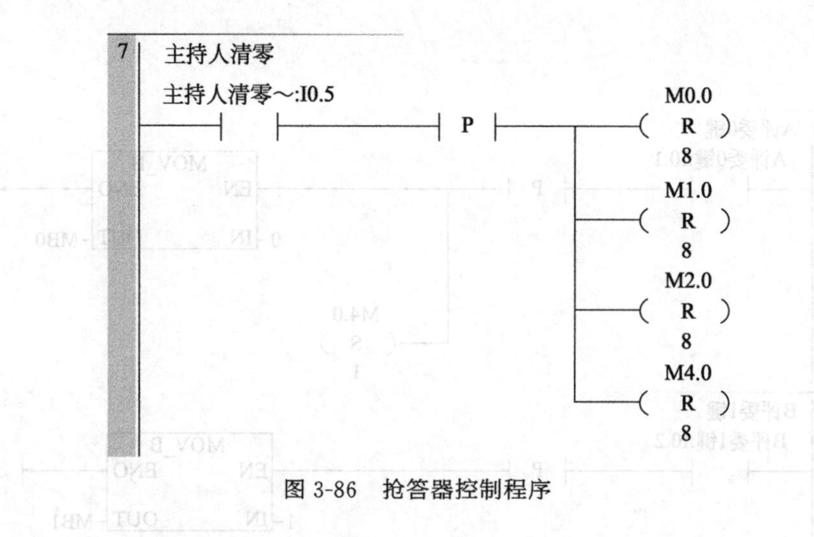

图 3-86　抢答器控制程序

3.12　实时时钟指令及案例

实时时钟指令可以实现调用系统实时时钟或根据需要设置时钟，这样可以非常方便地记录下系统的运行时间。

3.12.1　指令格式

实时时钟指令有 2 条，分别为读取实时时钟指令和设置实时时钟指令，实时时钟指令格式，如表 3-41 所示。

表 3-41　实时时钟指令格式

指令名称	编程语言		操作数类型及操作范围
	梯形图	语句表	
读取实时时钟指令	READ_RTC EN　ENO T	TODR,T	T:IB、QB、VB、MB、SB、SMB、LB、AC; 数据类型:字节
设置实时时钟指令	SET_RTC EN　ENO T	TODW,T	

读取实时时钟指令可以从 CPU 的实时时钟中，读取当前日期和时间，并将其载入以地址 T 起始的 8 个字节的缓冲区。

设置实时时钟指令将当前时间和日期，以地址 T 起始的 8 个字节的形式装入 PLC 的时钟中。

(1) 指令格式

（2）使用说明

缓冲区的 8 个字节，依次存放为年的低两位(16＃16 表示 2016 年)、月、日、时、分、秒、0 和星期的代码；其中对于星期来说，1 表示星期日；2 表示星期 1，7 表示星期 6；0 表示禁用星期。时间、日期数据格式为字节型 BCD 码，用 16 进制显示格式输入和显示 BCD 码。缓冲区的存储格式，如表 3-42 所示。

表 3-42　缓冲区的存储格式

地址	T	T+1	T+2	T+3	T+4	T+5	T+6	T+7
含义	年	月	日	小时	分	秒	0	星期
范围	00～99	01～12	01～31	00～23	00～59	00～59		0～7

3.12.2　应用举例

（1）应用举例

读取时钟中的日，并显示出来，实时时钟指令应用举例如图 3-87 所示。

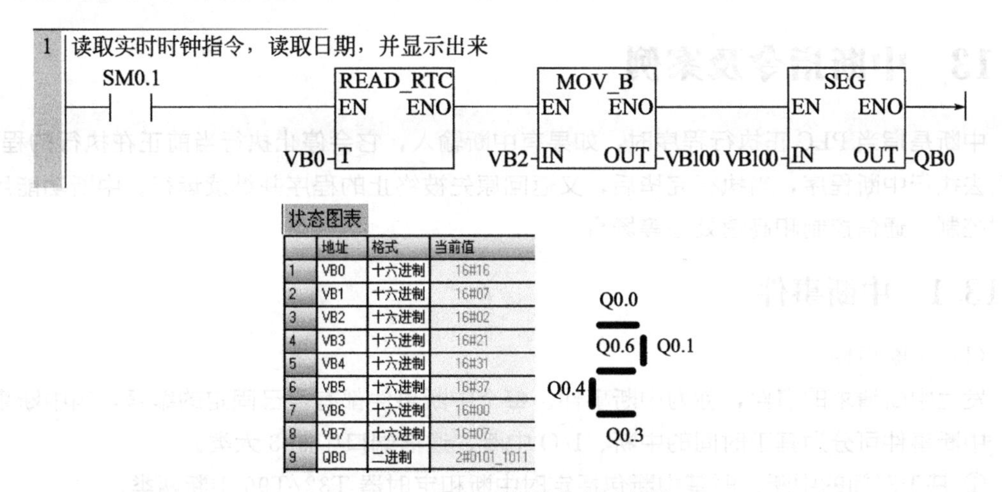

	地址	格式	当前值
1	VB0	十六进制	16#16
2	VB1	十六进制	16#07
3	VB2	十六进制	16#02
4	VB3	十六进制	16#21
5	VB4	十六进制	16#31
6	VB5	十六进制	16#37
7	VB6	十六进制	16#00
8	VB7	十六进制	16#07
9	QB0	二进制	2#0101_1011

图 3-87　实时时钟指令应用举例

初始化脉冲 SM0.1 激活实时时钟指令（READ _ RTC），实时时钟指令读取当前的时间和日期，由于本例中要求读日，根据表 3-42，应为 VB2（即 T＋2），使用传送指令（MOV），将 VB2 中的“日” 传送给 VB100，之后用段译码指令（SEG）将其显示出来，日应为“2”，结果参考状态图表。

注意：

时间、日期数据格式为字节型 BCD 码，用 16 进制格式输入和显示，故 SEG 可以显示出来。

（2）用软件读取和设置实时时钟的日期和时间

装有 STEP 7- Micro/WIN SMART 软件的计算机与 PLC 通信后，单击“PLC” 菜单功能区中的“设置时钟” 按钮 设置时钟，会打开“CPU 时钟操作” 对话框，这时可以看到和设置 CPU 钟的时间和日期，用软件读取和设置实时时钟的日期和时间，如图 3-88 所示。

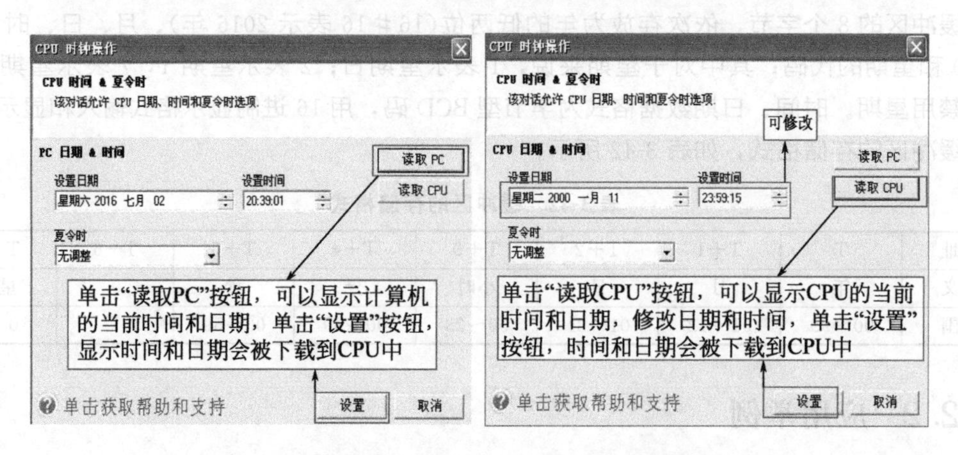

图 3-88　用软件读取和设置实时时钟的日期和时间

3.13　中断指令及案例

中断是指当 PLC 正执行程序时，如果有中断输入，它会停止执行当前正在执行的程序，转而去执行中断程序，当执行完毕后，又返回原先被终止的程序并继续运行。中断功能用于实时控制、通信控制和高速处理等场合。

3.13.1　中断事件

（1）中断事件

发生中断请求的事件，称为中断事件。每个中断事件都有自己固定的编号，叫中断事件号。中断事件可分为基于时间的中断、I/O 中断、通信端口中断 3 大类。

① 基于时间的中断：时基中断包括定时中断和定时器 T32/T96 中断两类。

a. 定时中断：定时中断支持周期性活动，周期时间为 1～255ms，时基为 1ms。使用定时中断 0 或 1，必须在 SMB34 或 SMB35 中写入周期时间。将中断程序连在定时中断事件上，如定时中断允许，则开始定时，没到达定时时间，都会执行中断程序。此项可用于 PID 控制和模拟量定时采样。

b. 定时器 T32/T96 中断：这类中断只能用时基为 1ms 的定时器 T32 和 T96 构成。中断启动时后，当当前值等于预设值时，在执行 1ms 定时器更新过程中，执行连接中断程序。

② I/O 中断：它包括输入上升/下降沿中断、高速计数器中断。

a. 输入上升/下降沿中断用于捕捉立即处理的事件。

b. 高速计数器中断是指对高速计数器运行时产生的事件实时响应，这些事件包括计数方向改变产生的中断，当前值等于预设值产生的中断等。

③ 通信端口中断：在自由口通信模式下，用户可通过编程来设置波特率和通信协议等。

（2）中断优先级、中断事件编号及意义

中断优先级、中断事件编号及其意义，如表 3-43 所示。其中优先级是指中断同时执行时，有先后顺序。

表 3-43　中断优先级、中断事件编号及其意义

1	优先级分组	优先级	中断事件号	备注
2	定时中断	最低	10	定时中断 0，使用 SMB34
3			11	定时中断 1，使用 SMB35
4			21	定时器 T32 CT＝PT 中断
5			22	定时器 T96 CT＝PT 中断
6	通信中断	最高	8	通信口 0：接收字符
7			9	通信口 0：发送完成
8			23	通信口 0：接收信息完成
9			24	通信口 1：接收信息完成
10			25	通信口 1：接收字符
11			26	通信口 1：发送完成
12			0	I0.0 上升沿中断
13			2	I0.1 上升沿中断
14			4	I0.2 上升沿中断
15			6	I0.3 上升沿中断
16			1	I0.0 下降沿中断
17			3	I0.1 下降沿中断
18			5	I0.2 下降沿中断
19			7	I0.3 下降沿中断
20			12	HSC0 当前值＝预设值中断
21			27	HSC0 计数方向改变中断
22			28	HSC0 外部复位中断
23			13	HSC1 当前值＝预设值中断
24			16	HSC2 当前值＝预设值中断
25			17	HSC2 计数方向改变中断
26			18	HSC2 外部复位中断
27			32	HSC3 当前值＝预设值中断
28			35	I7.0 上升沿(信号板)
29			37	I7.1 上升沿(信号板)
30			36	I7.0 下降沿(信号板)
31			38	I7.1 下降沿(信号板)

3.13.2　中断指令及中断程序

(1) 中断指令

中断指令有 4 条，分别为开中断指令、关中断指令、中断连接指令和分离中断指令。中断指令格式，如表 3-44 所示。

表 3-44　中断指令格式

指令名称	编程语言		操作数类型及操作范围
	梯形图	语句表	
开中断指令	—(ENI)	ENI	无
关中断指令	—(DISI)	DISI	无
中断连接指令	ATCH EN　ENO INT EVNT	ATCH INT,EVNT	INT:常数 0～127； EVNT:常数，CPU CR40、CR60：0～13、16～18、21～23、27、28 和 32 CPU SR20/ST20、SR30/ST30、SR40/ST40、SR60/ST60：0～13、16～18、21～28、32 和 35～38
分离中断指令	DTCH EN　ENO EVNT	DTCH EVNT	
功能说明	① 开中断指令:全局性允许所有中断事件； ② 关中断指令:全局禁止所有中断； ③ 中断连接指令:将中断事件(EVNT)与中断程序码(INT)相连接,并启动中断事件； ④分离中断指令:取消中断事件(EVNT)与所有程序之间的连接,并禁止该中断事件		

(2) 中断程序

① 简介。中断程序是为了处理中断事件，而由用户事先编制好的程序。它不由用户程序调用，而是由操作系统调用，因此它与用户程序执行的时序无关。

用户程序将中断程序和中断事件连接在一起，当中断条件满足，则执行中断程序。

② 建立中断的方法：插入中断程序的方法，如图 3-89 所示。

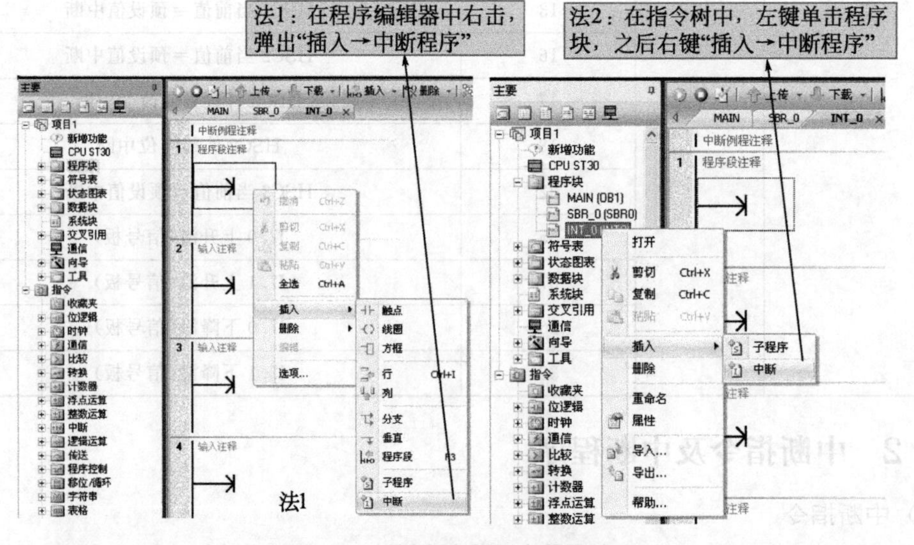

图 3-89　插入中断程序的方法

3.13.3 中断指令应用举例

例：模拟量定时采样

① 控制要求：要求每 3s 采样 1 次。

② 程序设计：每 3ms 采样 1 次，用到了定时中断；首先设置采样周期，接着用中断连接指令连接中断程序和中断事件，最后编写中断程序；中断程序应用举例如图 3-90 所示。

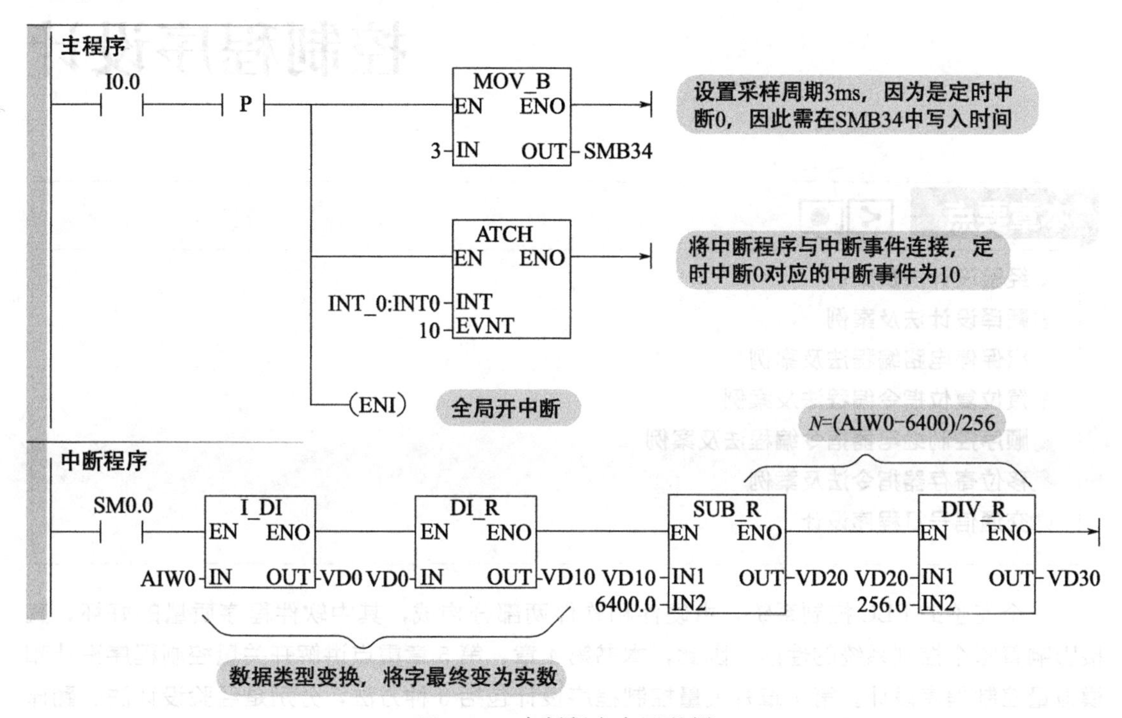

图 3-90 中断程序应用举例

重点提示：

中断程序有一点子程序的意味，但中断程序由操作系统调用，不是由用户程序调用，关键是不受用户程序的执行时序中影响；子程序是由用户程序调用，这是二者的区别。

第4章
S7-200 SMART PLC开关量控制程序设计

本章要点

- 经验设计法及案例
- 翻译设计法及案例
- 启保停电路编程法及案例
- 置位复位指令编程法及案例
- 顺序控制继电器指令编程法及案例
- 移位寄存器指令法及案例
- 交通信号灯程序设计

一个完整的PLC控制系统，由硬件和软件两部分构成，其中软件程序质量的好坏，直接影响着整个控制系统的性能。因此，本书第4章、第5章重点讲解开关量控制程序设计和模拟量控制程序设计。第4章开关量控制程序设计包括3种方法，分别是经验设计法、翻译设计法和顺序控制设计法。

4.1 经验设计法及案例

4.1.1 经验设计法简述

经验设计法顾名思义是一种根据设计者的经验进行设计的方法。该方法需要在一些经典控制程序的基础上，根据被控对象的具体要求，不断地修改和完善梯形图。有时需多次反复调试和修改梯形图，增加一些辅助触点和中间编程元件，最后才能得到一个较为满意的结果。

该方法没有普遍的规律可循，具有很大的试探性和随意性，最后的结果不唯一，设计所用的时间、设计的质量与设计者的经验有很大关系。该方法适用于简单控制方案（如手动程序）的设计。

4.1.2 设计步骤

① 准确了解系统的控制要求，合理确定输入输出端子。

② 根据输入输出关系，表达出程序的关键点；关键点的表达往往通过一些典型的环节，

如启保停电路、互锁电路、延时电路等，这些基本编程环节以前已经介绍过，这里不再重复。但需要强调的是这些典型电路是掌握经验设计法的基础，需读者熟记。

③ 在完成关键点的基础上，针对系统的最终输出进行梯形图程序的编制，即初步绘出草图。

④检查完善梯形图程序；在草图的基础上，按梯形图的编制原则检查梯形图，补充遗漏功能，更改错误、合理优化，从而达到最佳的控制要求。

4.1.3 应用举例

例 1：送料小车的自动控制

(1) 控制要求

送料小车的自动控制系统，如图 4-1 所示。送料小车首先在轨道的最左端，左限位开关 SQ1 压合，小车装料，25s 后小车装料结束并右行；当小车碰到右限位开关 SQ2 后，小车停止右行并停下来卸料，20s 后卸料完毕并左行；当再次碰到左限位开关 SQ1 小车停止左行，并停下来装料。小车总是按“装料→右行→卸料→左行” 模式循环工作，直到按下停止按钮，才停止整个工作过程。

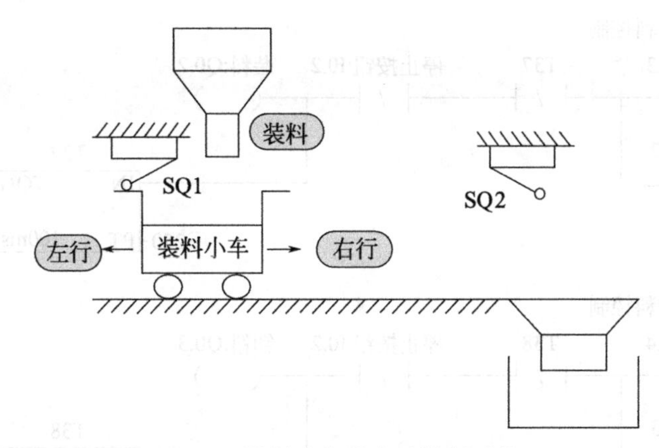

图 4-1 送料小车的自动控制系统

(2) 设计过程

① 明确控制要求后，确定 I/O 端子，如表 4-1 所示。

表 4-1 送料小车的自动控制 I/O 分配

输入量		输出量	
左行启动按钮	I0.0	左行	Q0.0
右行启动按钮	I0.1	右行	Q0.1
停止按钮	I0.2	装料	Q0.2
左限位	I0.3	卸料	Q0.3
右限位	I0.4		

② 关键点确定：由小车运动过程可知，小车左行、右行由电动机的正反转实现，在此基础上增加了装料、卸料环节，所以该控制属于简单控制，因此用启保停电路就可解决。

③ 编制并完善梯形图：如图 4-2 所示。

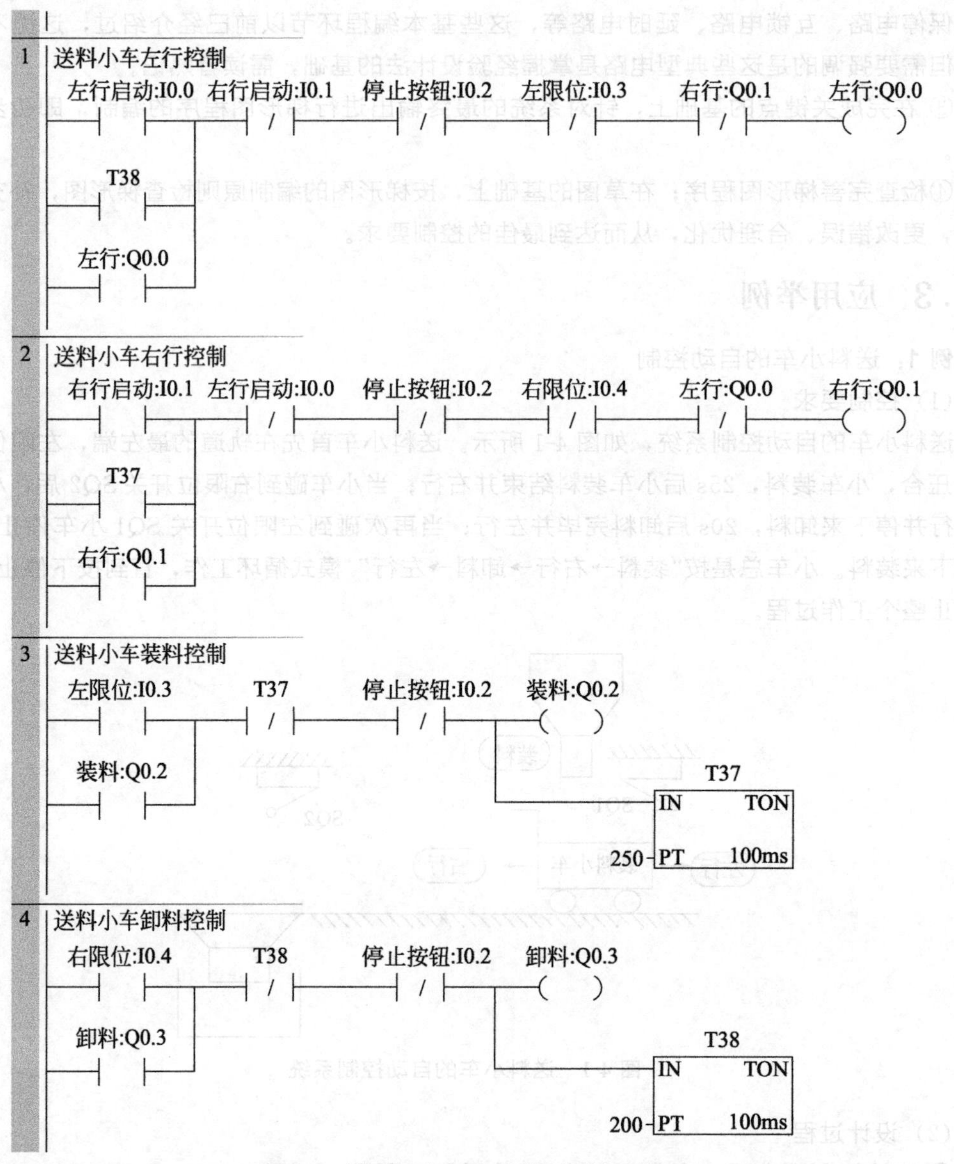

图 4-2 送料小车的自动控制系统程序

a. 梯形图设计思路：ⓐ绘出具有双重互锁的正反转控制梯形图；ⓑ为实现小车自动启动，将控制装料、卸料定时器的常开分别与右行、左行启动按钮常开触点并联；ⓒ为实现小车自动停止，分别在左行、右行电路中串入左、右限位的常闭触点；ⓓ为实现自动装、卸料，在小车左行、右行结束时，用左、右限常开作为装、卸料的启动信号。

b. 小车自动控制梯形图解析，如图 4-3 所示。

例 2：3 只小灯循环点亮控制

（1）控制要求

按下启动按钮 SB1，3 只小灯以“红→绿→黄”的模式每隔 2s 循环点亮；按下停止按钮，3 只小灯全部熄灭。

（2）设计过程

① 明确控制要求，确定 I/O 端子，如表 4-2 所示。

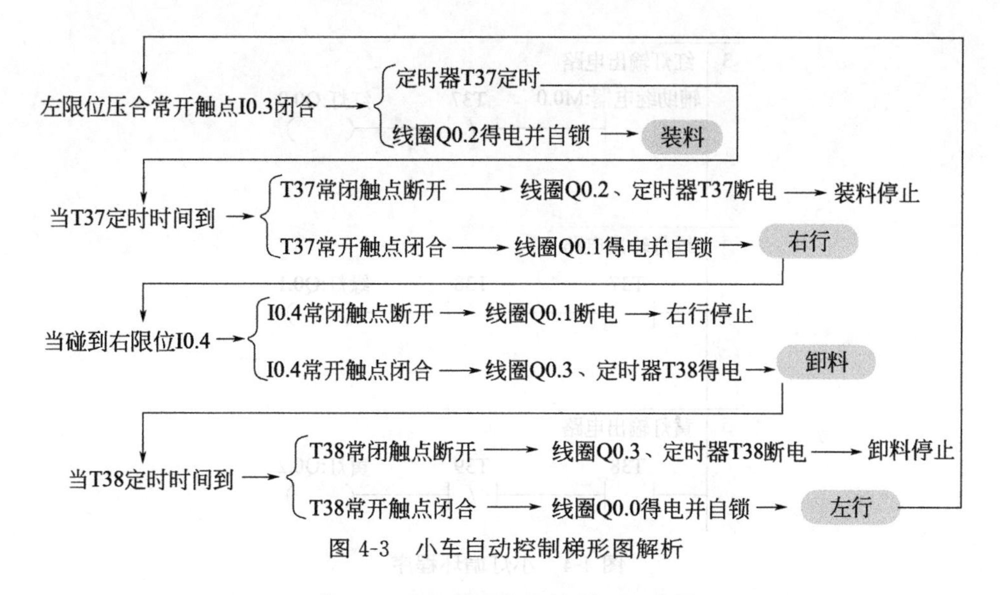

图 4-3 小车自动控制梯形图解析

表 4-2 小灯循环点亮控制 I/O 分配

输入量		输出量	
启动按钮	I0.0	红灯	Q0.0
停止按钮	I0.1	绿灯	Q0.1
		黄灯	Q0.2

② 确定关键点，针对最终输出设计梯形图程序并完善。由小灯的工作过程可知，该控制属于简单控制，因此首先构造启保停电路，又由于 3 盏小灯每隔 2s 循环点亮，因此想到用 3 个定时器控制 3 盏小灯。3 盏小灯循环点亮控制梯形图，如图 4-4 所示。小灯循环点亮控制程序解析，如图 4-5 所示。

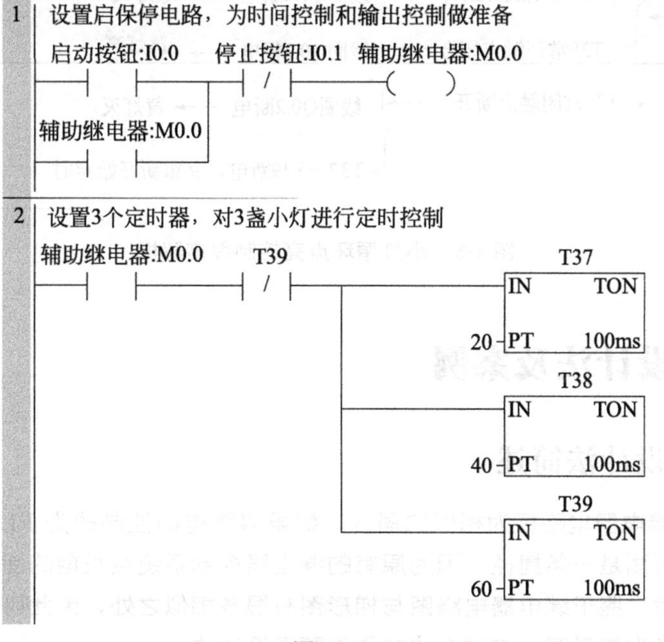

图 4-4

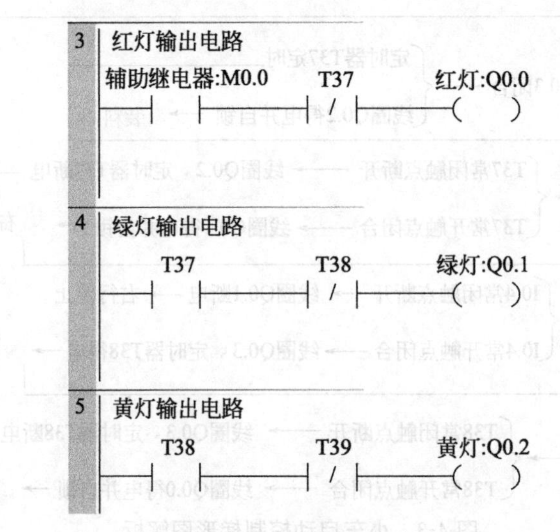

图 4-4　小灯循环程序

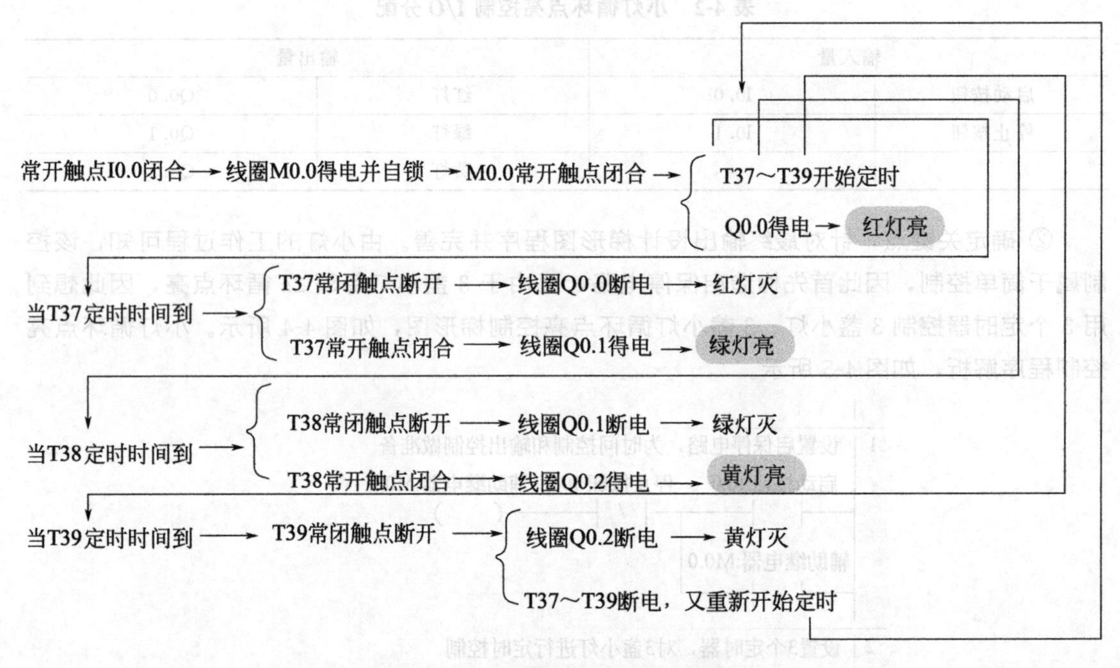

图 4-5　小灯循环点亮控制程序解析

4.2　翻译设计法及案例

4.2.1　翻译设计法简述

PLC 使用与继电器电路极为相似的语言，如果将继电器控制改为 PLC 控制，根据继电器电路图设计梯形图是一条捷径。因为原有的继电器控制系统经长期的使用和考验，已有一套自己的完整方案。鉴于继电器电路图与梯形图有很多相似之处，因此可以将经过验证的继电器电路直接转换为梯形图，这种方法被称为翻译设计法。

继电器控制电路符号与梯形图电路符号的对应情况，如表 4-3 所示。

表 4-3　继电器控制电路符号与梯形图电路符号的对应情况

梯形图电路				继电器电路	
元件		符号	常用地址	元件	符号
常开触点		—| |—	I、Q、M、T、C	按钮、接触器、时间继电器、中间继电器的常开触点	
常闭触点		—| / |—	I、Q、M、T、C	按钮、接触器、时间继电器、中间继电器的常闭触点	
线圈		—(　)	Q、M	接触器、中间继电器线圈	
功能框	定时器	Tn IN TON PT 10ms	T	时间继电器	
	计数器	Cn CU CTU R PV	C	无	无

重点提示：

表 4-3 是翻译设计法的关键，请读者熟记此对应关系。

4.2.2　设计步骤

① 了解原系统的工艺要求，熟悉继电器电路图。

② 确定 PLC 的输入信号和输出负载，以及与它们对应的梯形图中的输入位和输出位的地址，画出 PLC 外部接线图。

③ 将继电器电路图中的时间继电器、中间继电器用 PLC 的辅助继电器、定时器代替，并赋予它们相应的地址；以上两步建立了继电器电路元件与梯形图编程元件的对应关系，继电器电路符号与梯形图电路符号的对应情况，如表 4-3 所示。

④根据上述关系，画出全部梯形图，并予以简化和修改。

4.2.3　使用翻译法的几点注意

（1）应遵守梯形图的语法规则

在继电器电路中触点可以在线圈的左边，也可以在线圈的右边，但在梯形图中，线圈必须在最右边，继电器电路与梯形图书写语法对照，如图 4-6 所示。

（2）设置中间单元

在梯形图中，若多个线圈受某一触点串、并联电路控制，为了简化电路，可设置辅助继电器作为中间编程元件，如图 4-7 所示。

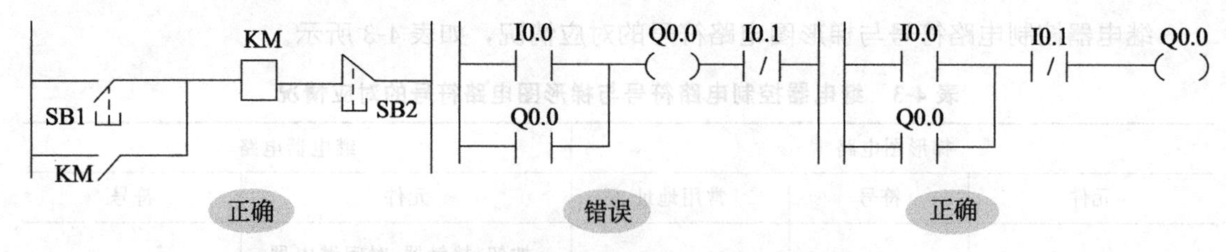

图 4-6　继电器电路与梯形图书写语法对照

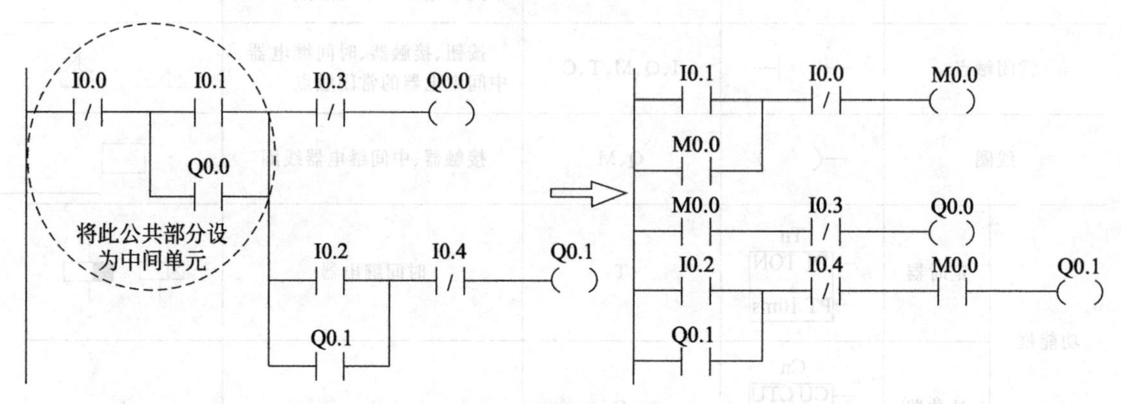

图 4-7　设置中间单元

（3）尽量减少 I/O 点数

PLC 的价格与 I/O 点数有关，减少 I/O 点数可以降低成本，减少 I/O 点数具体措施如下。

① 几个常闭串联或常开并联的触点可合并后与 PLC 相连，只占一个输入点，如图 4-8 所示。

重点提示：

图 4-9 给出了自动手动的一种处理方案，值得读者学习，在工程中经常可见到这种方案。 值得说明的是此方案只适用继电器输出型的 PLC，晶体管输出型的 PLC 采取这种手动自动方案可能会导致晶体管的击穿，进而损坏 PLC。

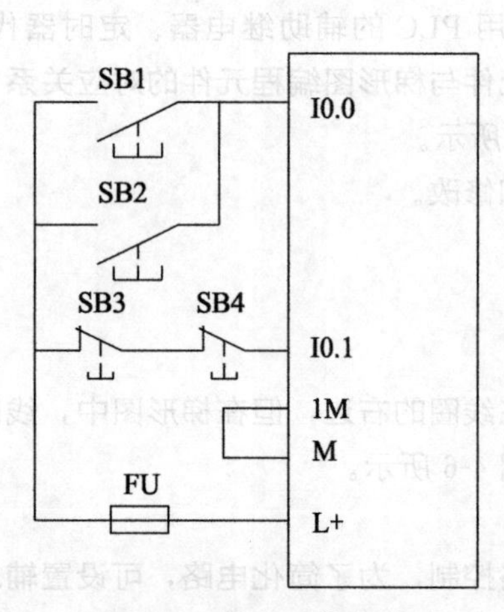

图 4-8　输入元件合并

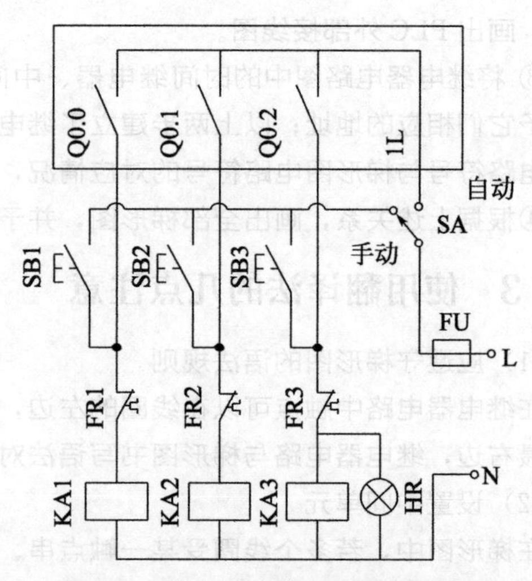

图 4-9　输入元件处理及并行输出

② 利用单按钮启停电路，使启停控制只通过一个按钮来实现，既可节省 PLC 的 I/O 点数，又可减少按钮和接线。

③ 系统某些输入信号功能简单、涉及面窄，没有必要作为 PLC 的输入，可将其设置在 PLC 外部硬件电路中，如热继电器的常闭触点 FR 等，如图 4-9 所示。

④ 通断状态完全相同的两个负载，可将其并联后共用一个输出点，如图 4-9 中的 KA3 和 HR。

（4）设立连锁电路

为了防止接触器相间短路，可以在软件和硬件上设置互锁电路，如正反转控制，硬件与软件互锁，如图 4-10 所示。

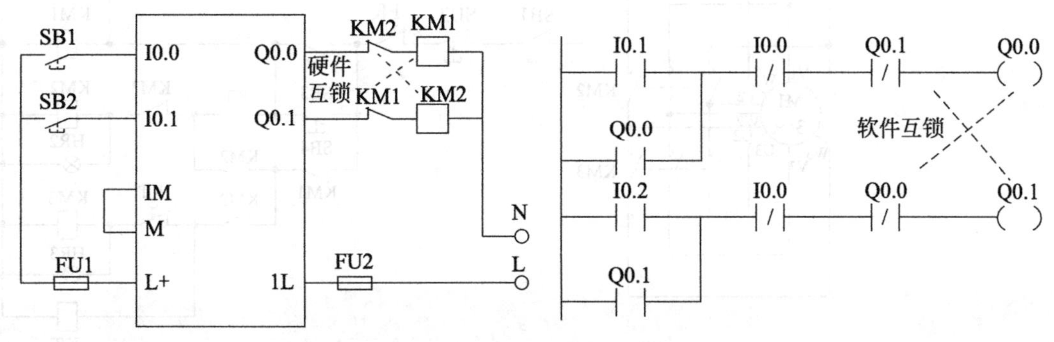

图 4-10　硬件与软件互锁

（5）外部负载额定电压

PLC 的输出模块（如继电器输出模块）只能驱动额定电压最高为 AC220V 的负载，若原系统中的接触器线圈为 AC380V，应将其改成线圈为 AC220V 的接触器或者设置中间继电器。

4.2.4　应用举例

例 1：延边三角形减压启动

设计过程：

① 了解原系统的工艺要求，熟悉继电器电路图；延边三角形启动是一种特殊的减压启动方法，其电动机为 9 个头的感应电动机，控制原理如图 4-11 所示。在图中，合上空气断路器 QF，当按下启动按钮 SB3 或 SB4 时，接触器 KM1、KM3 线圈吸合，其指示灯点亮，电动机为延边三角形减压启动；在 KM1、KM3 吸合的同时，KT 线圈也吸合延时，延时时间到，KT 常闭触点断开，KM3 线圈断电，其指示灯熄灭，KT 常开触点闭合，KM2 线圈得电，其指示灯点亮，电动机角接运行。

② 确定 I/O 点数，并画出外部接线图，I/O 分配如表 4-4 所示，外部接线图，如图 4-12 所示。

表 4-4　延边三角形启动的 I/O 分配

输入量		输出量	
启动按钮 SB3、SB4	I0.2	接触器 KM1	Q0.0
停止按钮 SB1、SB2	I0.1	接触器 KM2	Q0.1
热继电器 FR	I0.0	接触器 KM3	Q0.2

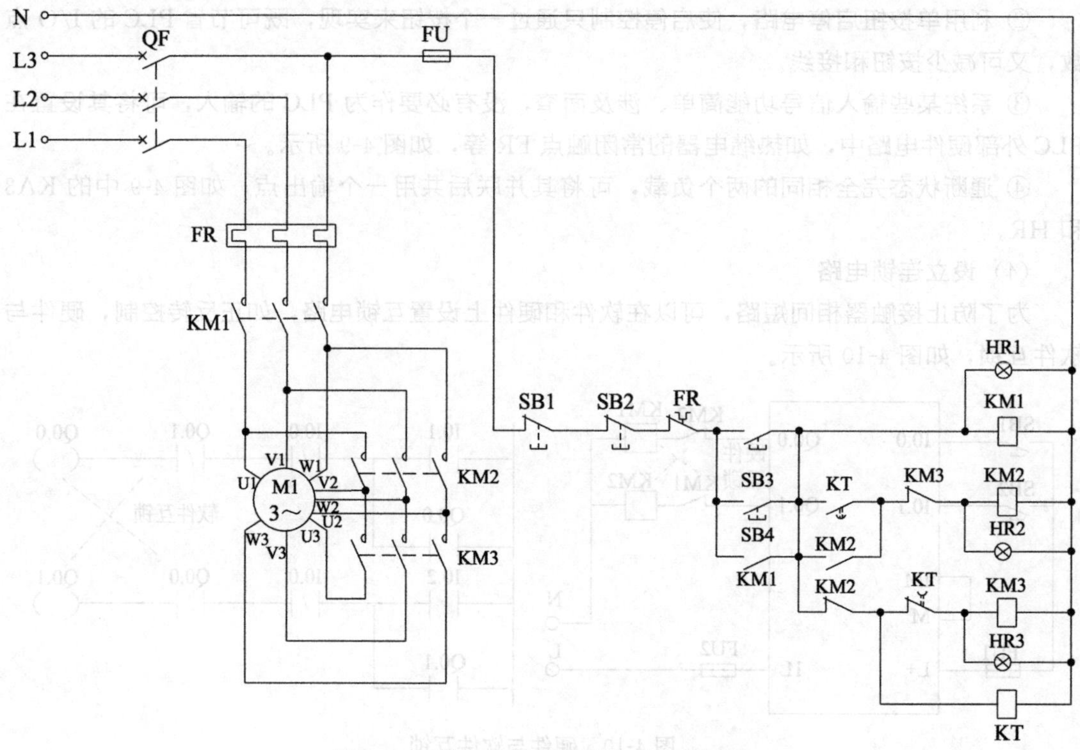

图 4-11　延边三角形减压启动控制原理

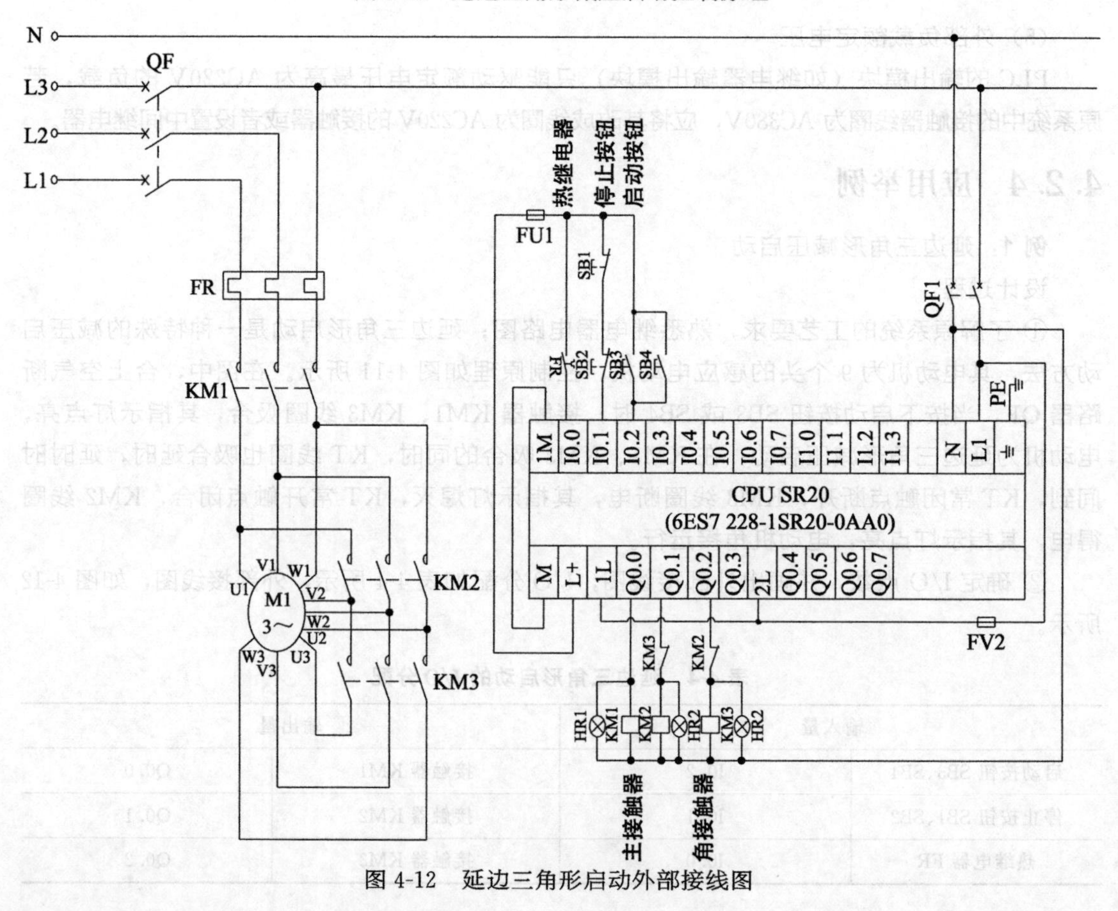

图 4-12　延边三角形启动外部接线图

③ 将继电器电路翻译成梯形图并化简，示意图如图 4-13 所示，最终程序如图 4-14 所示。

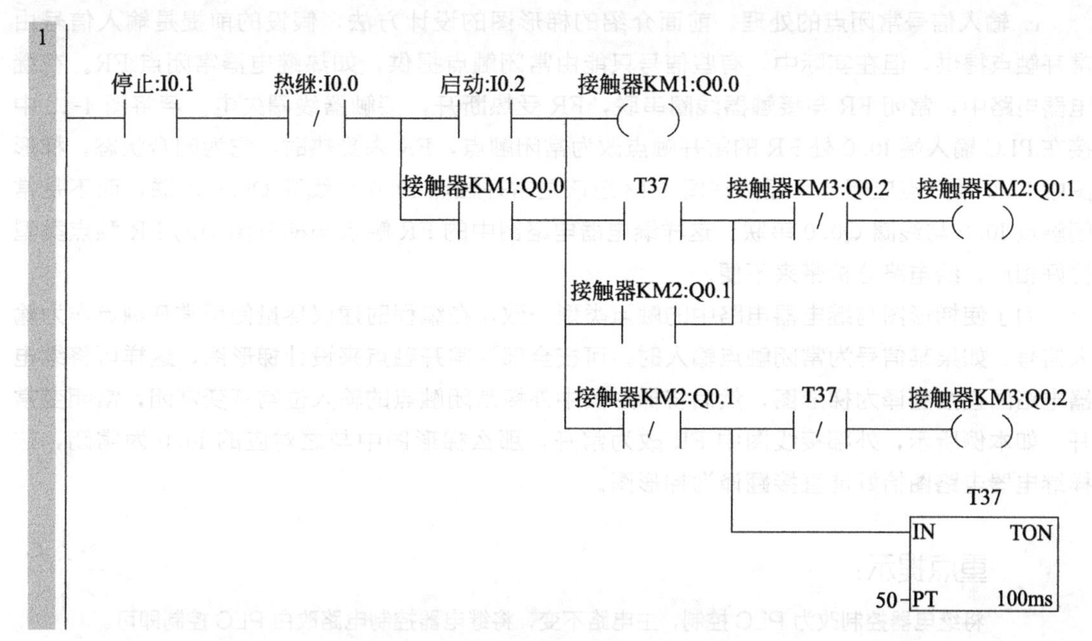

图 4-13　延边三角形启动程序示意图

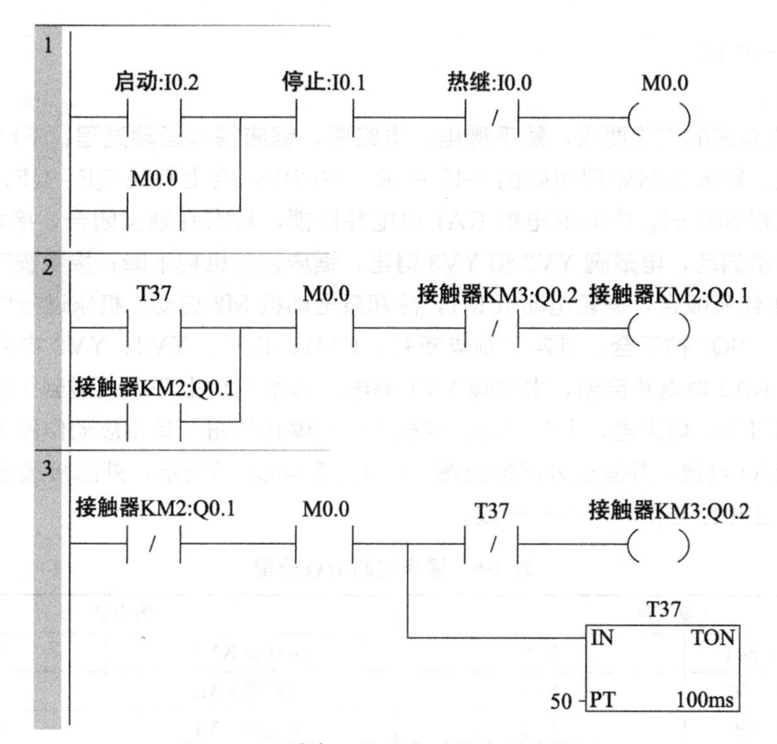

图 4-14　延边三角形启动程序最终结果

④ 案例考察点

a. PLC 输入点的节省。遇到两地控制及其类似问题，可将停止按钮 SB1 与 SB2 串联，将启动 SB3 与 SB4 并联后，与 PLC 相连，各自只占用 1 个输入点。

b. PLC 输出点的节省。指示灯 HR1～HR3 实际上可以单独占 1 个输出点，为了节省输出点分别将指示灯与各自的接触器线圈并联，只占 1 个输出点。

c. 输入信号常闭点的处理。前面介绍的梯形图的设计方法，假设的前提是输入信号由常开触点提供，但在实际中，有些信号只能由常闭触点提供，如热继电器常闭点 FR。在继电器电路中，常闭 FR 与接触器线圈串联，FR 受热断开，接触器线圈失电。若将图 4-12 中接在 PLC 输入端 I0.0 处 FR 的常开触点改为常闭触点，FR 未受热时，它为闭合状态，梯形图中 I0.0 常开点应闭合。显然在图 4-13 应该是常开触点 I0.0 与线圈 Q0.0 串联，而不是常闭触点 I0.0 与线圈 Q0.0 串联。这样继电器电路图中的 FR 触点与梯形图中的 FR 触点类型恰好相反，给电路分析带来不便。

为了使梯形图与继电器电路中的触点类型一致，在编程时建议尽量使用常开触点作为输入信号。如果某信号为常闭触点输入时，可按全部为常开触点来设计梯形图，这样可将继电器电路图直接翻译为梯形图，然后将梯形图中外接常闭触点的输入位常开变常闭，常闭变常开。如本例所示，外部接线图中 FR 改为常开，那么梯形图中与之对应的 I0.0 为常闭，这样继电器电路图恰好能直接翻译为梯形图。

重点提示：

将继电器控制改为 PLC 控制，主电路不变，将继电器控制电路改由 PLC 控制即可。

例 2：锯床控制

设计过程：

① 了解原系统的工艺要求，熟悉继电器电路图；锯床基本运动过程：下降→切割→上升，如此往复。锯床控制原理图如图 4-15 所示。在图中，合上开关 QF、QF1 和 QF2，按下下降启动按钮 SB4 时，中间继电器 KA1 得电并自锁，其常开触点闭合，接触器 KM2 闭合，液压电动机启动，电磁阀 YV2 和 YV3 得电，锯床切割机构下降；接着按下切割启动按钮 SB2，KM1 线圈吸合，锯轮电动机 M1，冷却泵电动机 M2 启动，机床进行切割工件；当工件切割完毕，SQ1 被压合，其常闭触点断开，KM1、KA1、YV2、YV3 均失电，SQ1 常开触点闭合，KA2 得电并自锁，电磁阀 YV1 得电，切割机构上升，当碰到上限位 SQ4 时，KA2、YV1 和 KM2 均失电，上升停止。当按下相应停止按钮，其相应动作停止。

② 确定 I/O 点数，并画出外部接线图。I/O 分配如表4-5所示，外部接线图，如图 4-16 所示。注意：主电路与图 4-15(a) 一致。

表 4-5　锯床控制 I/O 分配

输入量		输出量	
下降启动按钮 SB4	I0.0	接触器 KM1	Q0.0
上升启动按钮 SB5	I0.1	接触器 KM2	Q0.1
切割启动按钮 SB2	I0.2	电磁阀 YV1	Q0.2
急停	I0.3	电磁阀 YV2	Q0.3
切割停止按钮 SB3	I0.4	电磁阀 YV3	Q0.4
下限位 SQ1	I0.5		
上限位 SQ4	I0.6		

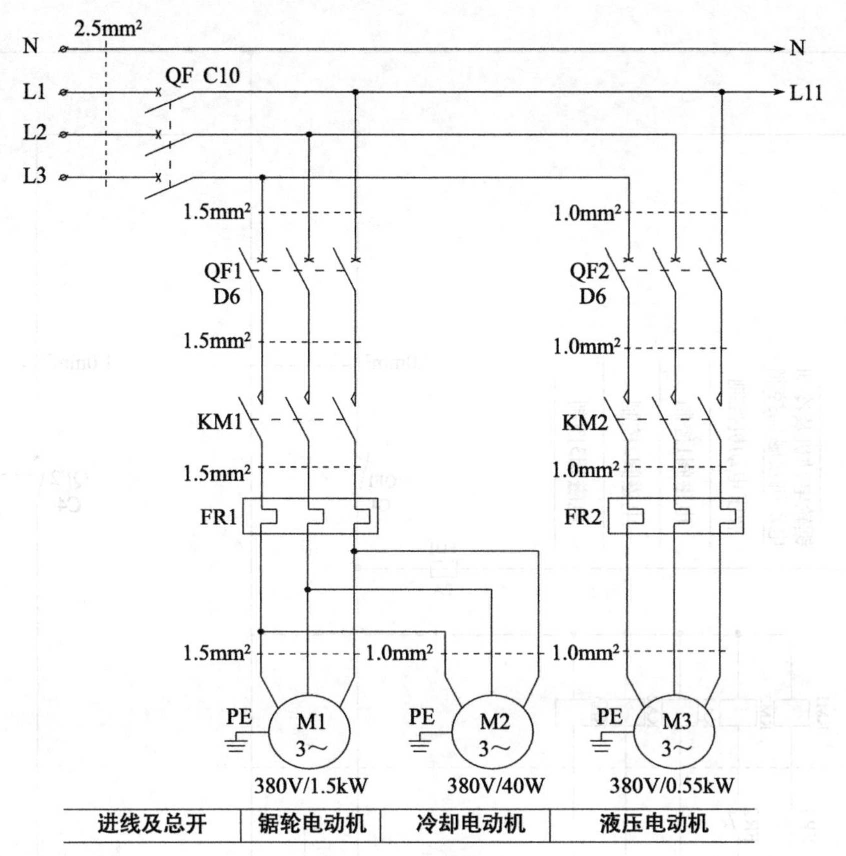

(a) 主电路

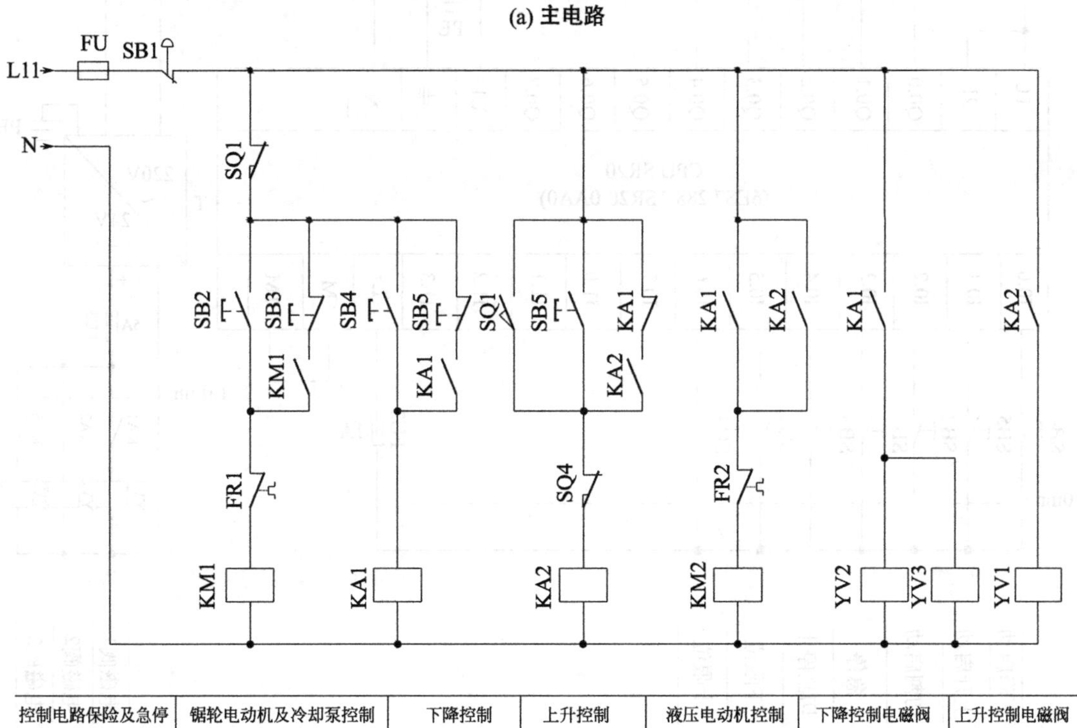

(b) 控制电路

图 4-15　锯床控制原理图

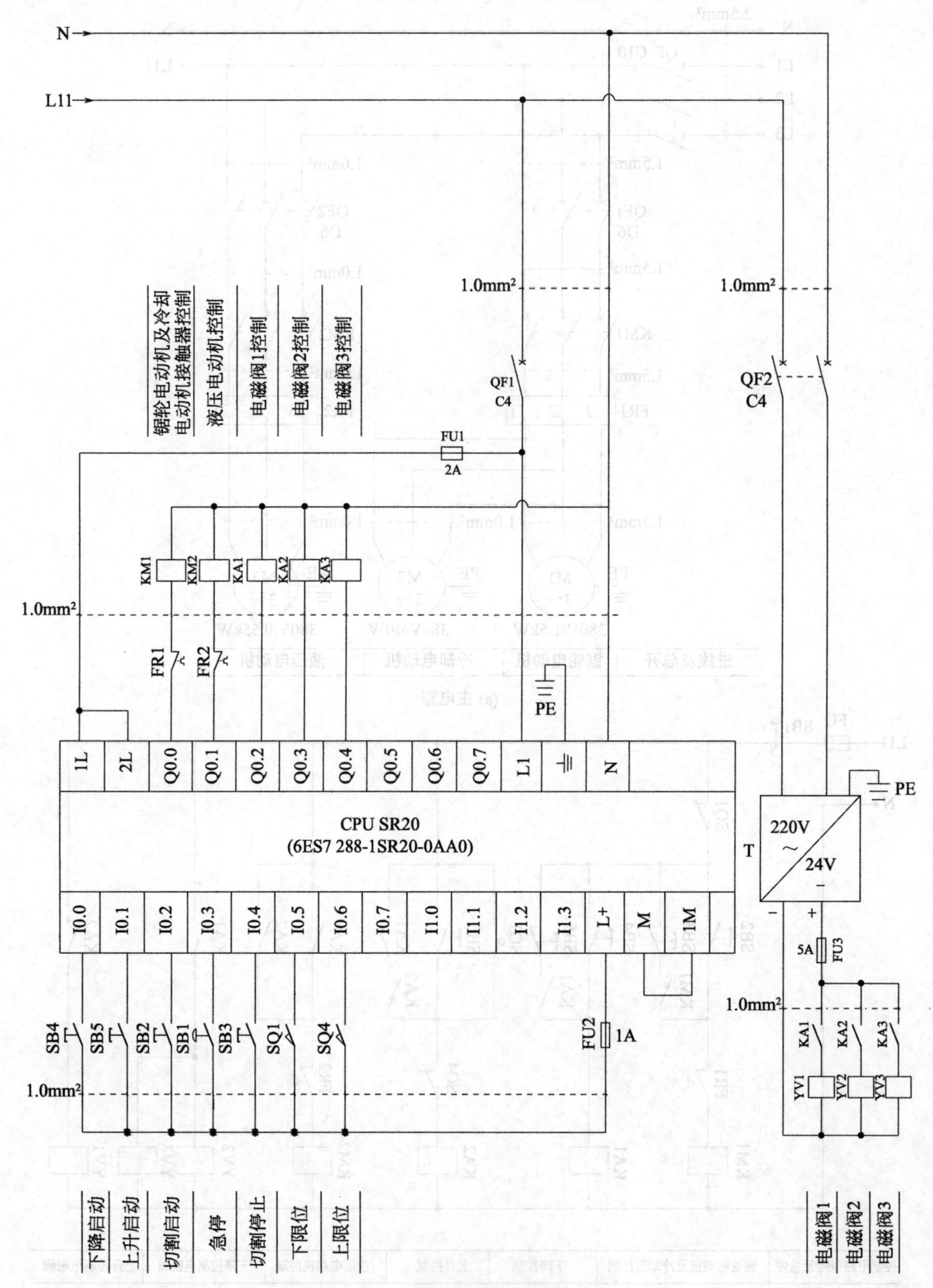

图 4-16 锯床控制外部接线图

③ 将继电器电路翻译成梯形图并化简；锯床控制程序示意图，如图 4-17 所示，锯床控制程序最终结果，如图 4-18 所示。

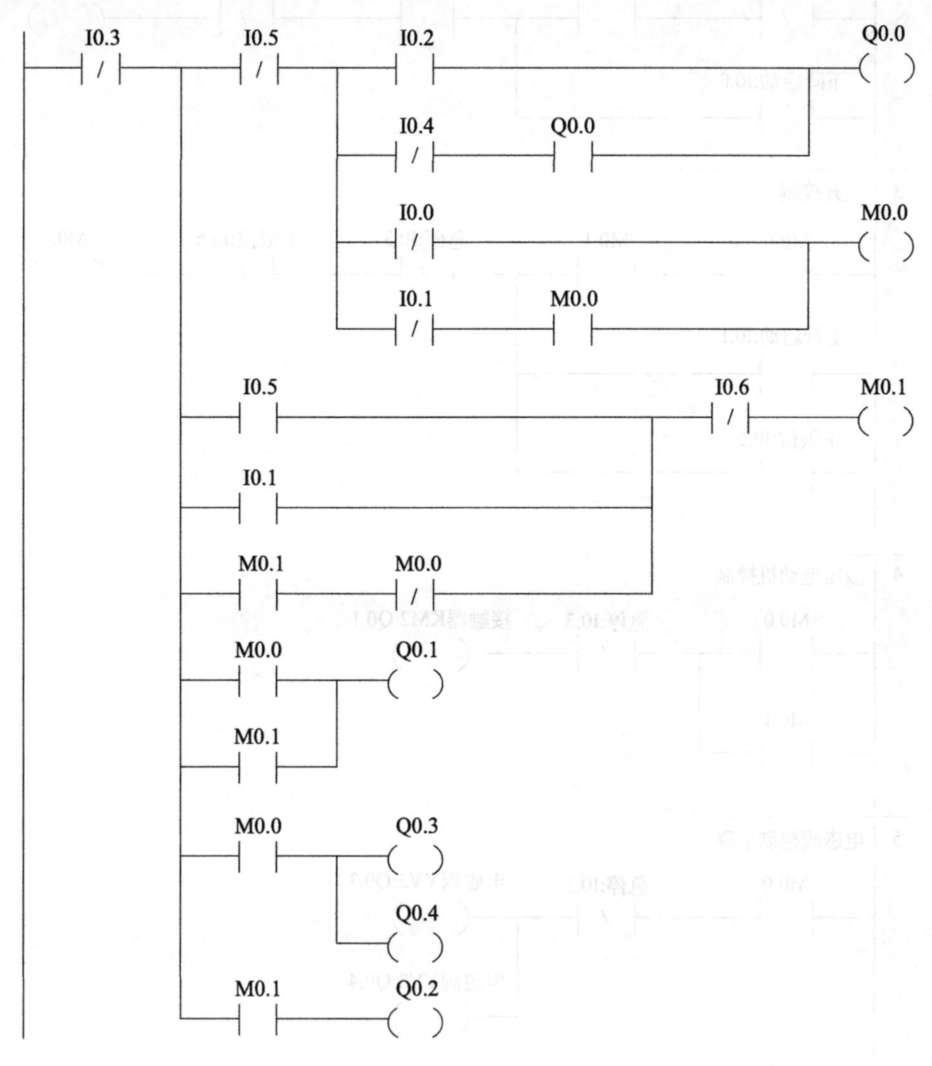

图 4-17　锯床控制程序示意图

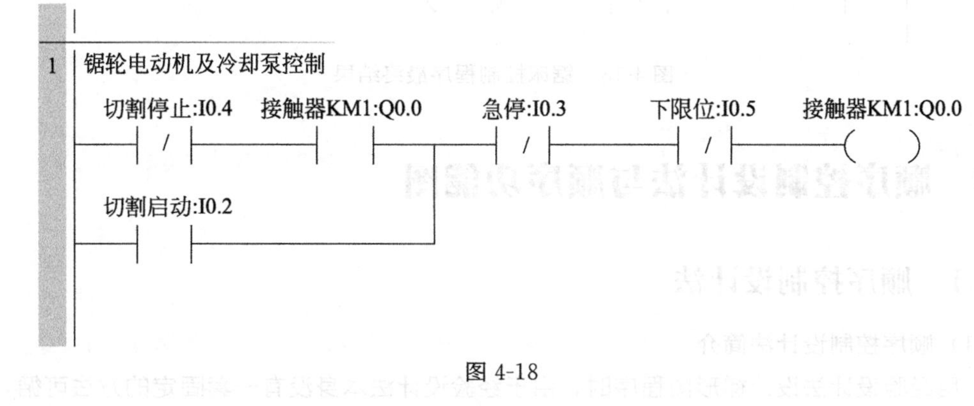

图 4-18

2 下降控制

上升启动:I0.1 M0.0 急停:I0.3 下限位:I0.5 M0.0

下降启动:I0.0

3 上升控制

M0.0 M0.1 急停:I0.3 上限位:I0.6 M0.1

上升启动:I0.1

下限位:I0.5

4 液压电动机控制

M0.0 急停:I0.3 接触器KM2:Q0.1

M0.1

5 电磁阀控制下降

M0.0 急停:I0.3 电磁阀YV2:Q0.3

电磁阀YV3:Q0.4

6 电磁阀控制上升

M0.1 急停:I0.3 电磁阀YV1:Q0.2

图 4-18 锯床控制程序最终结果

4.3 顺序控制设计法与顺序功能图

4.3.1 顺序控制设计法

（1）顺序控制设计法简介

采用经验设计法设计梯形图程序时，由于经验设计法本身没有一套固定的方法可循，且在设计过程中又有较大的试探性和随意性，给一些复杂程序的设计带来了很大的困难。即使勉强设计出来，对于程序的可读性、时间的花费和设计结果来说，也不尽如人意。鉴于此，本章将介绍一种有规律且比较通用的方法——顺序控制设计法。

顺序控制设计法是指按照生产工艺预先规定顺序，在各输入信号作用下，根据内部状态和时间顺序，使生产过程各个执行机构自动有秩序地进行操作的一种方法。该方法是一种比较简单且先进的方法，很容易被初学者接受，对于有经验的工程师来说，也会提高设计效率，对于程序的调试和修改来说也非常方便，可读性很高。

（2）顺序控制设计法基本步骤

使用顺序控制设计法时，基本步骤是先进行 I/O 分配；接着根据控制系统的工艺要求，绘制顺序功能图；最后，根据顺序功能图设计梯形图。其中在顺序功能图的绘制中，往往是根据控制系统的工艺要求，将生产过程的一个周期划分为若干个顺序相连的阶段，每个阶段都对应顺序功能图一步。

（3）顺序控制设计法分类

顺序控制设计法大致可分为启保停电路编程法、置位复位指令编程法、顺序控制继电器指令编程法和移位寄存器指令编程法。本章将根据顺序功能图基本结构的不同，对以上 4 种方法进行详细讲解。

使用顺序控制设计法时，绘制顺序功能图是关键，因此下面要对顺序功能图详细介绍。

重点提示：

顺序控制设计法的基本步骤和方法分类是重点，读者需熟记。

4.3.2 顺序功能图简介

（1）顺序功能图的组成要素

顺序功能图是一种图形语言，用来编制顺序控制程序。在 IEC 的 PLC 编程语言标准（IEC61131-3—1993）中，顺序功能图被确定为 PLC 位居首位的编程语言。在编写程序的时候，往往根据控制系统的工艺过程，先画出顺序功能图，然后再根据顺序功能图写出梯形图。顺序功能图主要由步、有向连线、转换、转换条件和动作（或命令）这 5 大要素组成，如图4-19所示。

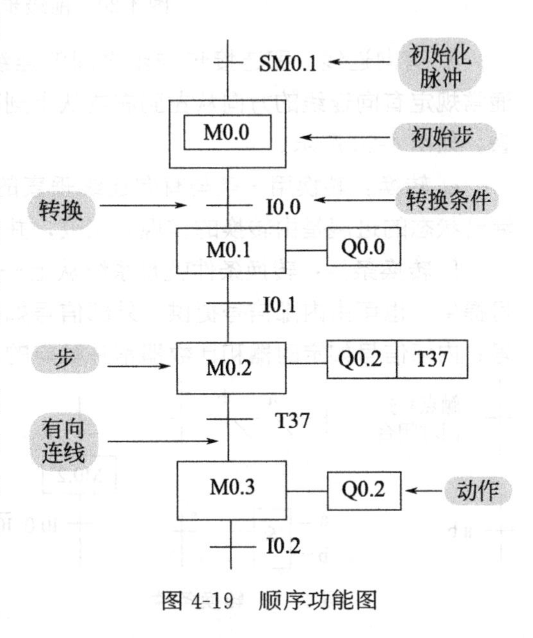

图 4-19 顺序功能图

步就是将系统的一个周期划分为若干个顺序相连的阶段，这些阶段就叫步。步是根据输出量的状态变化来划分的，通常用编程元件代表，编程元件是指辅助继电器 M 和状态继电器 S。步通常涉及以下几个概念。

a. 初始步：一般在顺序功能图的最顶端，

与系统的初始化有关，通常用双方框表示。注意每一个顺序功能图中至少有一个初始步，初始步一般由初始化脉冲 SM0.1 激活。

b. 活动步：系统所处的当前步为活动状态，就称该步为活动步。当步处于活动状态时，相应的动作被执行，步处于不活动状态时，相应的非记忆性动作被停止。

c. 前级步和后续步：前级步和后续步是相对的，如图 4-20 所示。对于 M0.2 步来说，M0.1 是它的前级步，M0.3 步是它的后续步；对于 M0.1 步来说，M0.2 是它的后续步，M0.0 步是它的前级步；需要指出，一个顺序功能图中可能存在多个前级步和多个后续步，如 M0.0 就有两个后续步，分别为 M0.1 和 M0.4；M0.7 也有两个前级步，分别为 M0.3 和 M0.6。

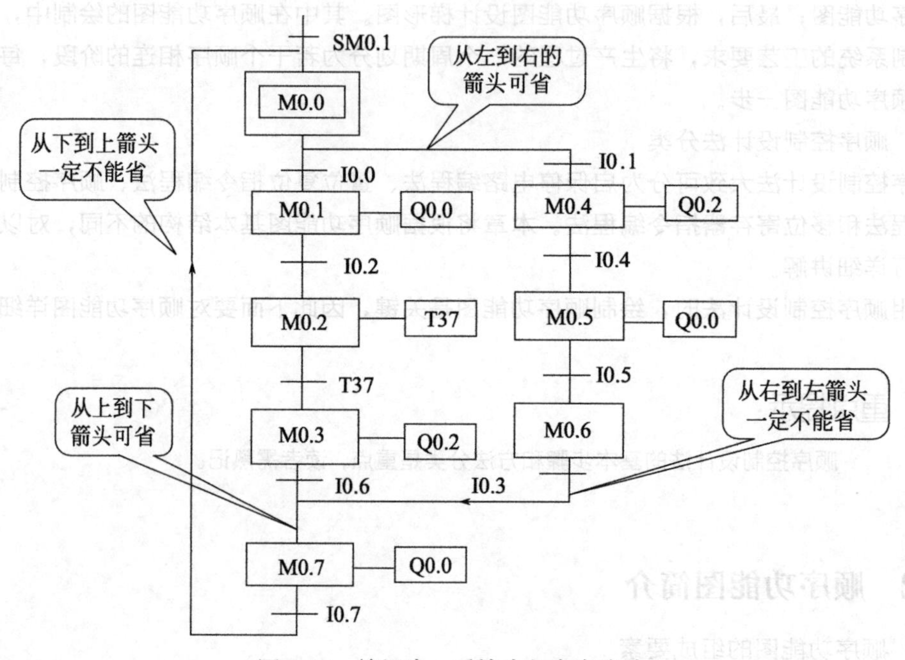

图 4-20　前级步、后续步与有向连线

d. 有向连线：即连接步与步之间的连线，有向连线规定了活动步的进展路径与方向。通常规定有向连线的方向从左到右或从上到下箭头可省，从右到左或从下到上箭头一定不可省，如图 4-20 所示。

e. 转换：转换用一条与有向连线垂直的短画线表示，转换将相邻的两步分隔开。步的活动状态的进展是由转换的实现来完成，并与控制过程的发展相对应。

f. 转换条件：转换条件就是系统从上一步跳到下一步的信号。转换条件可以由外部信号提供，也可由内部信号提供。外部信号如按钮、传感器、接近开关、光电开关等的通断信号；内部信号如定时器和计数器常开触点的通断信号等。转换条件可以用文字语言、布尔代数表达式或图形符号标注在表示转换的短画线旁，使用较多的是布尔代数表达式，如图 4-21 所示。

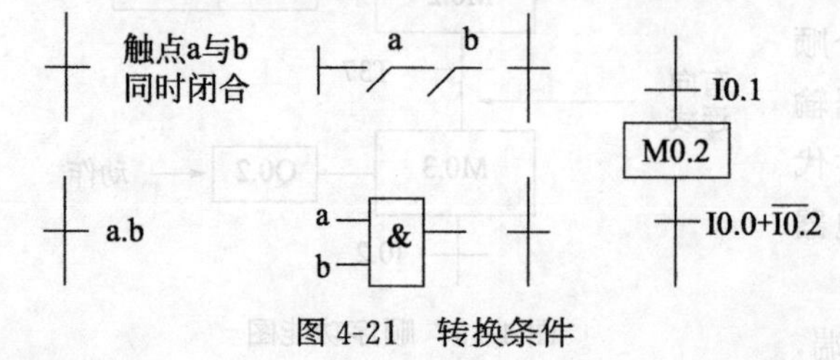

图 4-21　转换条件

g. 动作：被控系统每一个需要执行的任务或者是施控系统每一要发出的命令都叫动作。注意动作是指最终的执行线圈或定时器计数器等，一步中可能有一个动作或几个动作。通常动作用矩形框表示，矩形框内标有文字或符号，矩形框用相应的步符号相连。需要指出，涉及多个动作时，处理方案如图 4-22 所示。

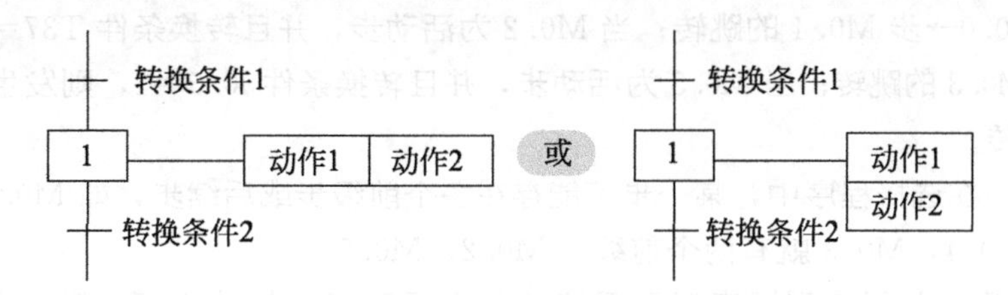

图 4-22　多个动作的处理方案

重点提示：

对顺序功能图组成的五大要素进行梳理：

① 步的划分是以后绘制顺序功能图的关键，划分标准是根据输出量状态的变化。如小车开始右行，当碰到右限位转为左行，由此可见，输出状态有明显变化，因此画顺序功能图时，一定要分为两步，即左行步和右行步。

② 一个顺序功能图到少有一个初始步，初始步在顺序功能图的最顶端，用双方框表示，一般用 SM0.1 激活。

③ 动作是最终的执行线圈 Q、定时器 T 和计数器 C，辅助继电器 M 和顺序控制继电器 S 只是中间变量，不是最终输出，这点一定要注意。

（2）顺序功能图的基本结构

① 单序列：所谓的单序列就是指没有分支和合并，步与步之间只有一个转换，每个转换两端仅有一个步，如图 4-23（a）所示。

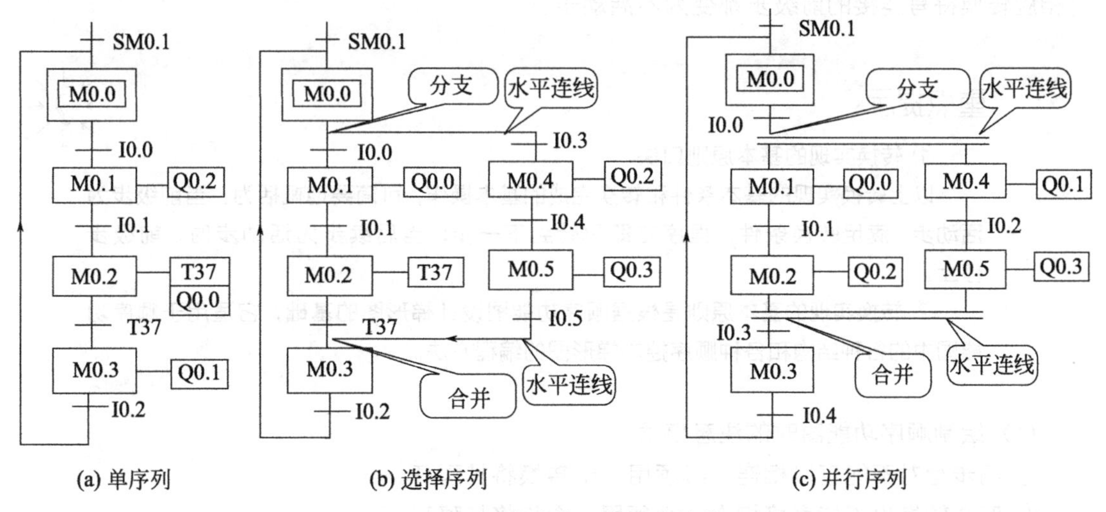

图 4-23　顺序功能图的基本结构

② 选择序列：选择序列既有分支又有合并，选择序列的开始叫分支，选择序列的结束叫合并，如图 4-23（b）所示。在选择序列的开始，转换符号只能标在水平连线之下，如 I0.0、I0.3 对应的转换就标在水平连线之下；选择序列的结束，转换符号只能标在水平连线

之上，如 T37、I0.5 对应的转换就标在水平连线之上；当 M0.0 为活动步，并且转换条件 I0.0=1，则发生由步 M0.0→步 M0.1 的跳转；当 M0.0 为活动步，并且转换条件 I0.3=1，则发生由步 M0.0→步 M0.4 的跳转；当 M0.2 为活动步，并且转换条件 T37=1，则发生由步 M0.2→步 M0.3 的跳转；当 M0.5 为活动步，并且转换条件 I0.5=1，则发生由步 M0.5→步 M0.3 的跳转。

需要指出，在选择程序中，某一步可能存在多个前级步或后续步，如 M0.0 就有两个后续步 M0.1、M0.4，M0.3 就有两个前级步 M0.2、M0.5。

③ 并行序列：并行序列用来表示系统的几个同时工作的独立部分的工作情况，如图 4-23（c)所示。并行序列的开始叫分支，当转换满足的情况下，导致几个序列同时被激活，为了强调转换的同步实现，水平连线用双线表示，且水平双线之上只有一个转换条件，如步 M0.0 为活动步，并且转换条件 I0.0=1 时，步 M0.1、M0.4 同时变为活动步，步 M0.0 变为不活动步，水平双线之上只有转换条件 I0.0；并行序列的结束叫合并，当直接连在双线上的所有前级步 M0.2、M0.5 为活动步，并且转换条件 I0.3=1，才会发生步 M0.2、M0.5→M0.3 的跳转，即 M0.2、M0.5 为不活动步，M0.3 为活动步，在同步双水平线之下只有一个转换条件 I0.3。

（3）梯形图中转换实现的基本原则

① 转换实现的基本条件

在顺序功能图中，步的活动状态的进展是由转换的实现来完成的。转换的实现必须同时满足两个条件：a. 该转换的所有前级步都为活动步；b. 相应的转换条件得到满足。

以上两个条件缺一不可，若转换的前级步或后续步不止一个时，转换的实现称为同时实现，为了强调同时实现，有向连线的水平部分用双线表示。

② 转换实现完成的操作：

a. 所有由有向连线与相应转换符号连接的后续步都变为活动步；b. 使所有由有向连线与相应转换符号连接的前级步都变为不活动步。

重点提示：

① 转换实现的基本原则口诀

以上转换实现的基本条件和转换完成的基本操作，可简要地概括为：当前级步为活动步，满足转换条件，程序立即跳转到下一步；当后续步为活动步时，前级步停止。

② 转换实现的基本原则是根据顺序功能图设计梯形图的基础，它适用于顺序功能图中的各种结构和各种顺序控制梯形图的编程方法。

（4）绘制顺序功能图时的注意事项

① 两步绝对不能直接相连，必须用一个转换将其隔开。

② 两个转换也不能直接相连，必须用一个步将其隔开。

以上两条是判断顺序功能图绘制正确与否的依据。

③ 顺序功能图中初始步必不可少，它一般对应于系统等待启动的初始状态，这一步可能没有什么动作执行，因此很容易被遗忘。若无此步，则无法进入初始状态，系统也无法返回停止状态。

④自动控制系统应能多次重复执行同一工艺过程，因此在顺序功能图中一般应有由步和有向连线组成的闭环，即在完成一次工艺过程的全部操作后，应从最后一步返回到初始步，系统停留在初始步（单周期操作）；在执行连续循环工作方式时，应从最后一步返回下一周期开始运行的第一步。

4.4 启保停电路编程法

启保停电路编程法，其中间编程元件为辅助继电器 M，在梯形图中，为了实现当前级步为活动步且满足转换条件成立时，才进行步的转换，总是将代表前级步的辅助继电器的常开触点与对应的转换条件触点串联，作为激活后续步辅助继电器的启动条件；当后续步被激活，对应的前级步停止，所以用代表后续步的辅助继电器的常闭触点与前级步的电路串联作为停止条件。

4.4.1 单序列编程

（1）单序列顺序功能图与梯形图的对应关系

单序列顺序功能图与梯形图的对应关系，如图 4-24 所示。在图 4-24 中，M_{i-1}，M_i，M_{i+1}是顺序功能图中的连续 3 步。I_i，I_{i+1}为转换条件。对于 M_i 步来说，它的前级步为 M_{i-1}，转换条件为 I_i，因此 M_i 的启动条件为辅助继电器的常开触点 M_{i-1} 与转换条件常开触点 I_i 的串联组合；对于 M_i 步来说，它的后续步为 M_{i+1}，因此 M_i 的停止条件为 M_{i+1} 的常闭触点。

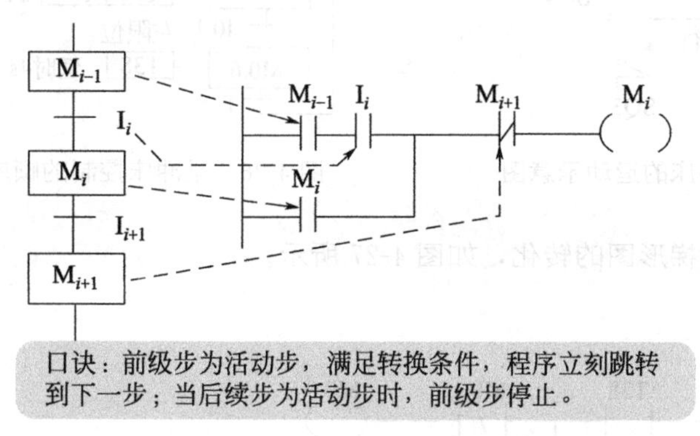

图 4-24 单序列顺序功能图与梯形图的转化

（2）应用举例：冲床运动控制

① 控制要求

如图 4-25 所示为某冲床的运动示意图。初始状态机械手在最左边，左限位 SQ1 压合，机械手处于放松状态（机械手的放松与夹紧受电磁阀控制，松开电磁阀失电，夹紧电磁阀得电），冲头在最上面，上限位 SQ2 压合，；当按下启动按钮 SB 时，机械手夹紧工件并保持，3s 后机械手右行，当碰到右限位 SQ3 后，机械手停止运动，同时冲头下行；当碰到下限位 SQ4 后，冲头上行；冲头碰到上限位 SQ2 后，停止运动，同时机械手左行；当机械手碰到左限位 SQ1 后，机械手放松，延时 4s 后，系统返回到初始状态。

② 程序设计

a. 根据控制要求，进行 I/O 分配，如表 4-6 所示。

表 4-6　冲床运动控制的 I/O 分配

输入量		输出量	
启动按钮 SB	I0.0	机械手电磁阀	Q0.0
左限位 SQ1	I0.1	机械手左行	Q0.1
右限位 SQ3	I0.2	机械手右行	Q0.2
上限位 SQ2	I0.3	冲头上行	Q0.3
下限位 SQ4	I0.4	冲头下行	Q0.4

b. 根据控制要求，绘制顺序功能图，如图 4-26 所示。

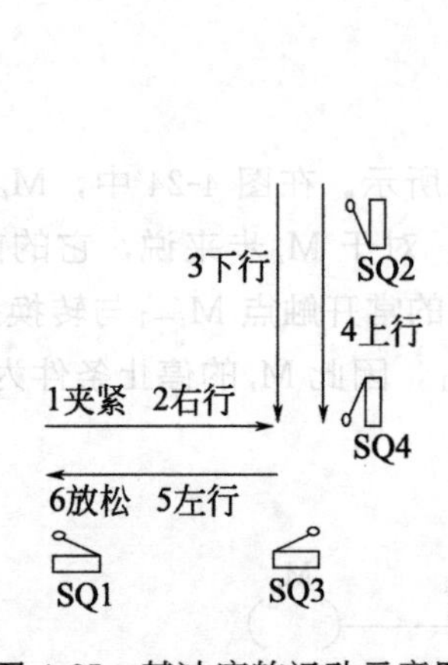

图 4-25　某冲床的运动示意图

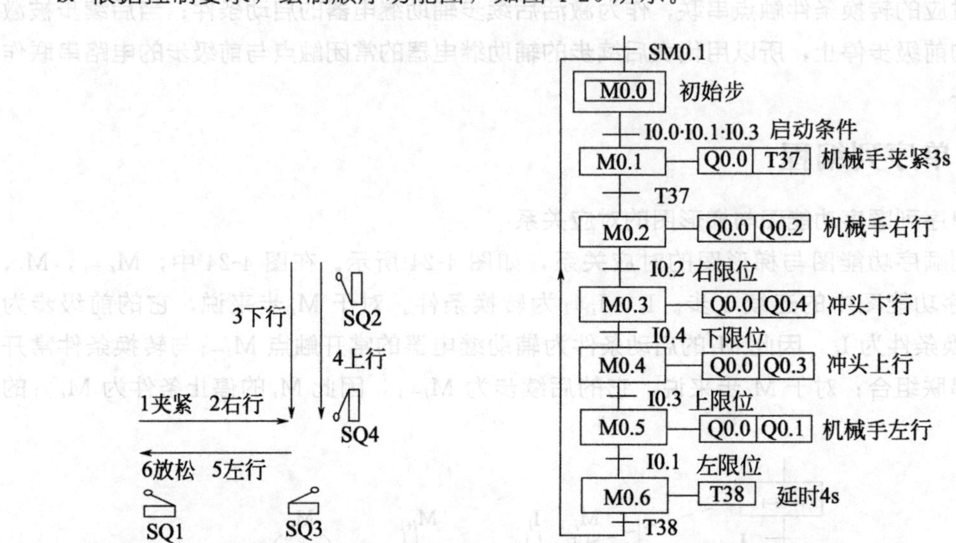

图 4-26　某冲床控制的顺序功能图

c. 顺序功能图与梯形图的转化，如图 4-27 所示。

1　初始步

M0.6　T38　M0.1　M0.0

SM0.1

M0.0

2　机械手夹紧步

M0.0　启动:I0.0　左限位:I0.1　上限位:I0.3　M0.2　M0.1

M0.1　T37

IN　TON

30 - PT　100ms

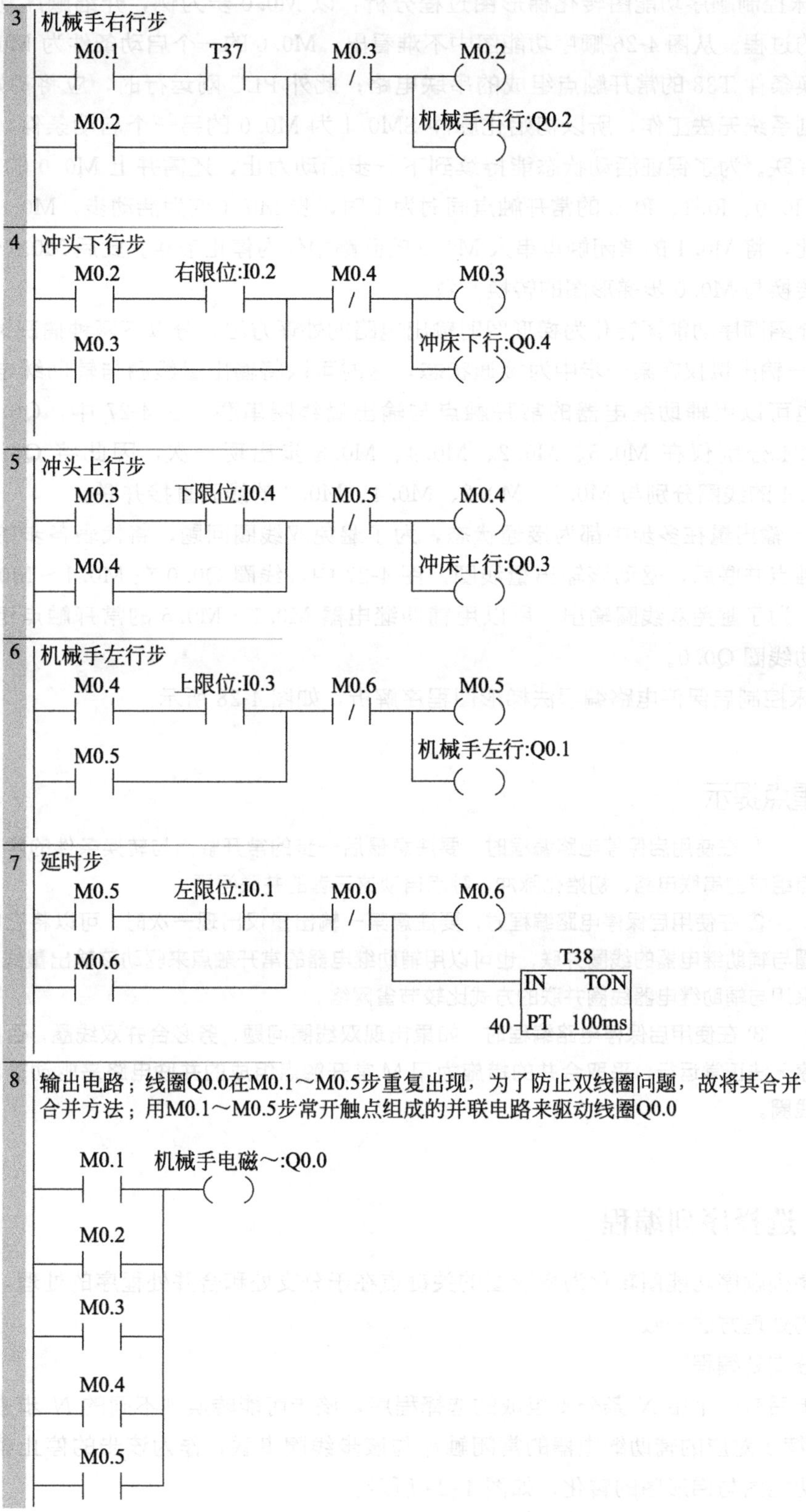

3 机械手右行步

M0.1 T37 M0.3 / M0.2

M0.2 机械手右行:Q0.2

4 冲头下行步

M0.2 右限位:I0.2 M0.4 / M0.3

M0.3 冲床下行:Q0.4

5 冲头上行步

M0.3 下限位:I0.4 M0.5 / M0.4

M0.4 冲床上行:Q0.3

6 机械手左行步

M0.4 上限位:I0.3 M0.6 / M0.5

M0.5 机械手左行:Q0.1

7 延时步

M0.5 左限位:I0.1 M0.0 / M0.6

M0.6 T38 IN TON

40 - PT 100ms

8 输出电路；线圈Q0.0在M0.1～M0.5步重复出现，为了防止双线圈问题，故将其合并
合并方法；用M0.1～M0.5步常开触点组成的并联电路来驱动线圈Q0.0

M0.1 机械手电磁～:Q0.0

M0.2

M0.3

M0.4

M0.5

图 4-27 冲床控制启保停电路编程法梯形图程序

d. 冲床控制顺序功能图转化梯形图过程分析：以 M0.0 步为例，介绍顺序功能图转化为梯形图的过程。从图 4-26 顺序功能图中不难看出，M0.0 的一个启动条件为 M0.6 的常开触点和转换条件 T38 的常开触点组成的串联电路；此外 PLC 刚运行时，应将初始步 M0.0 激活，否则系统无法工作，所以初始化脉冲 SM0.1 为 M0.0 的另一个启动条件，这两个启动条件应并联。为了保证活动状态能持续到下一步活动为止，还需并上 M0.0 的自锁触点。当 M0.0、I0.0、I0.1、I0.3 的常开触点同时为 1 时，步 M0.1 变为活动步，M0.0 变为不活动步，因此，将 M0.1 的常闭触点串入 M0.0 的回路中作为停止条件。此后 M0.1～M0.6 步梯形图的转换与 M0.0 步梯形图的转换一致。

下面介绍顺序功能图转化为梯形图时输出电路的处理方法，分以下两种情况讨论。

ⓐ 某一输出量仅在某一步中为接通状态，这时可以将输出量线圈与辅助继电器线圈直接并联，也可以用辅助继电器的常开触点与输出量线圈串联。图 4-27 中，Q0.1、Q0.2、Q0.3、Q0.4 分别仅在 M0.5、M0.2、M0.4、M0.3 步出现一次，因此将 Q0.1、Q0.2、Q0.3、Q0.4 的线圈分别与 M0.5、M0.2、M0.4、M0.3 的线圈直接并联。

ⓑ 某一输出量在多步中都为接通状态，为了避免双线圈问题，将代表各步的辅助继电器的常开触点并联后，驱动该输出量线圈。图 4-27 中，线圈 Q0.0 在 M0.1～M0.5 这 5 步均接通了，为了避免双线圈输出，所以用辅助继电器 M0.1～M0.5 的常开触点组成的并联电路来驱动线圈 Q0.0。

e. 冲床控制启保停电路编程法梯形图程序解析，如图 4-28 所示。

重点提示：

① 在使用启保停电路编程时，要注意最后一步的常开触点与转换条件的常开触点组成的串联电路、初始化脉冲、触点自锁这三者的并联问题。

② 在使用启保停电路编程时，要注意某一输出量仅出现一次时，可以将它的线圈与辅助继电器的线圈并联，也可以用辅助继电器的常开触点来驱动该输出量线圈，采用与辅助继电器线圈并联的方式比较节省网络。

③ 在使用启保停电路编程时，如果出现双线圈问题，务必合并双线圈，否则程序无法正常运行；采取合并的措施为用 M 常开触点组成的并联电路来驱动输出量线圈。

4.4.2 选择序列编程

选择序列顺序功能图转化为梯形图的关键点在于分支处和合并处程序的处理，其余部分与单序列的处理方法一致。

（1）分支处编程

若某步后有一个由 N 条分支组成的选择程序，该步可能转换到不同的 N 步去，则应将这 N 个后续步对应的辅助继电器的常闭触点与该步线圈串联，作为该步的停止条件。分支序列顺序功能图与梯形图的转化，如图 4-29 所示。

（2）合并处编程

对于选择程序的合并，若某步之前有 N 个转换，即有 N 条分支进入该步，则控制代表

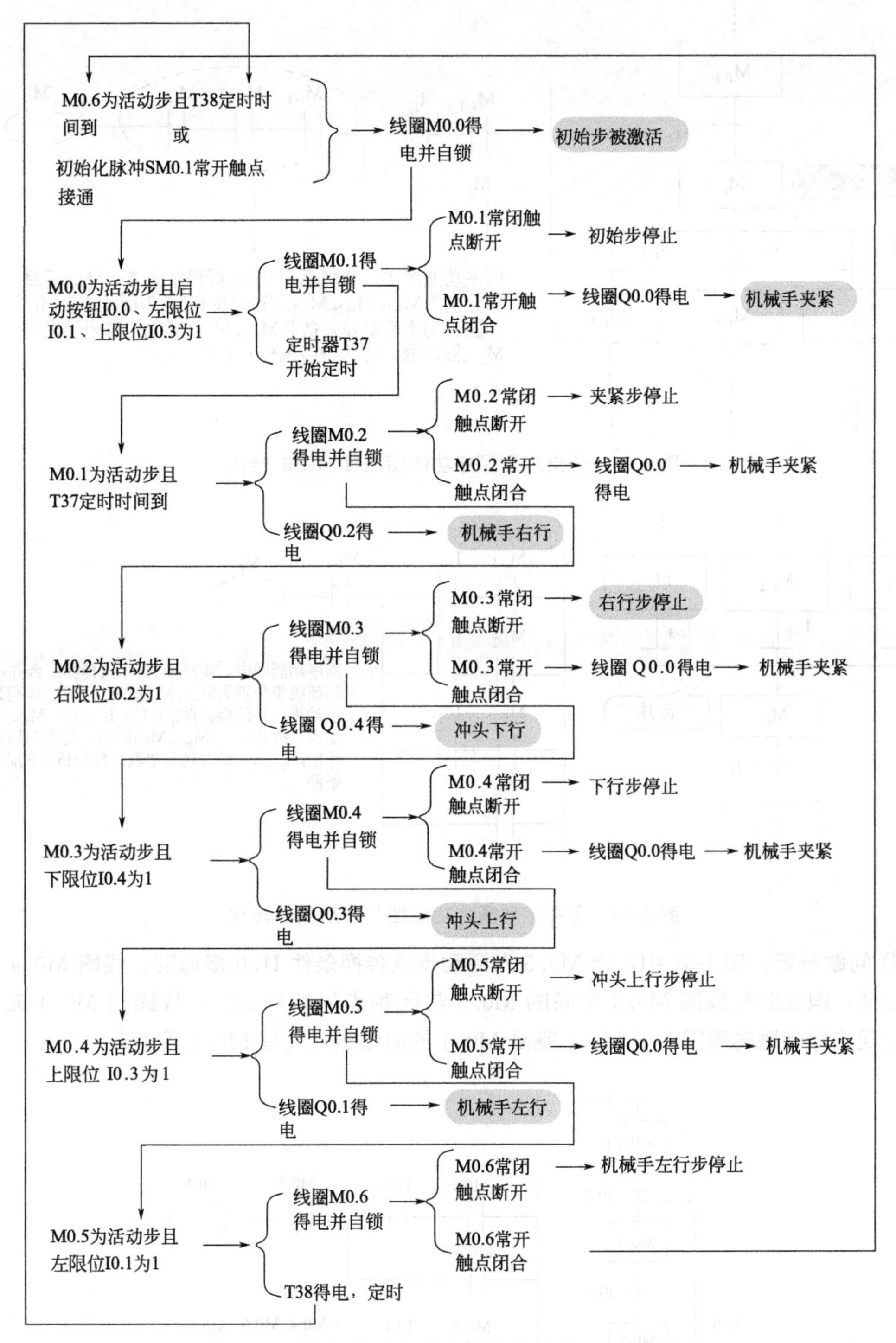

图 4-28　冲床控制启保停电路编程法梯形图程序解析

该步的辅助继电器的启动电路由 N 条支路并联而成，每条支路都由前级步辅助继电器的常开触点与转换条件的触点构成的串联电路组成。合并序列顺序功能图与梯形图的转化，如图 4-30 所示。

特别的，当某顺序功能图中含有仅由两步构成的小闭环时，处理方法如下。

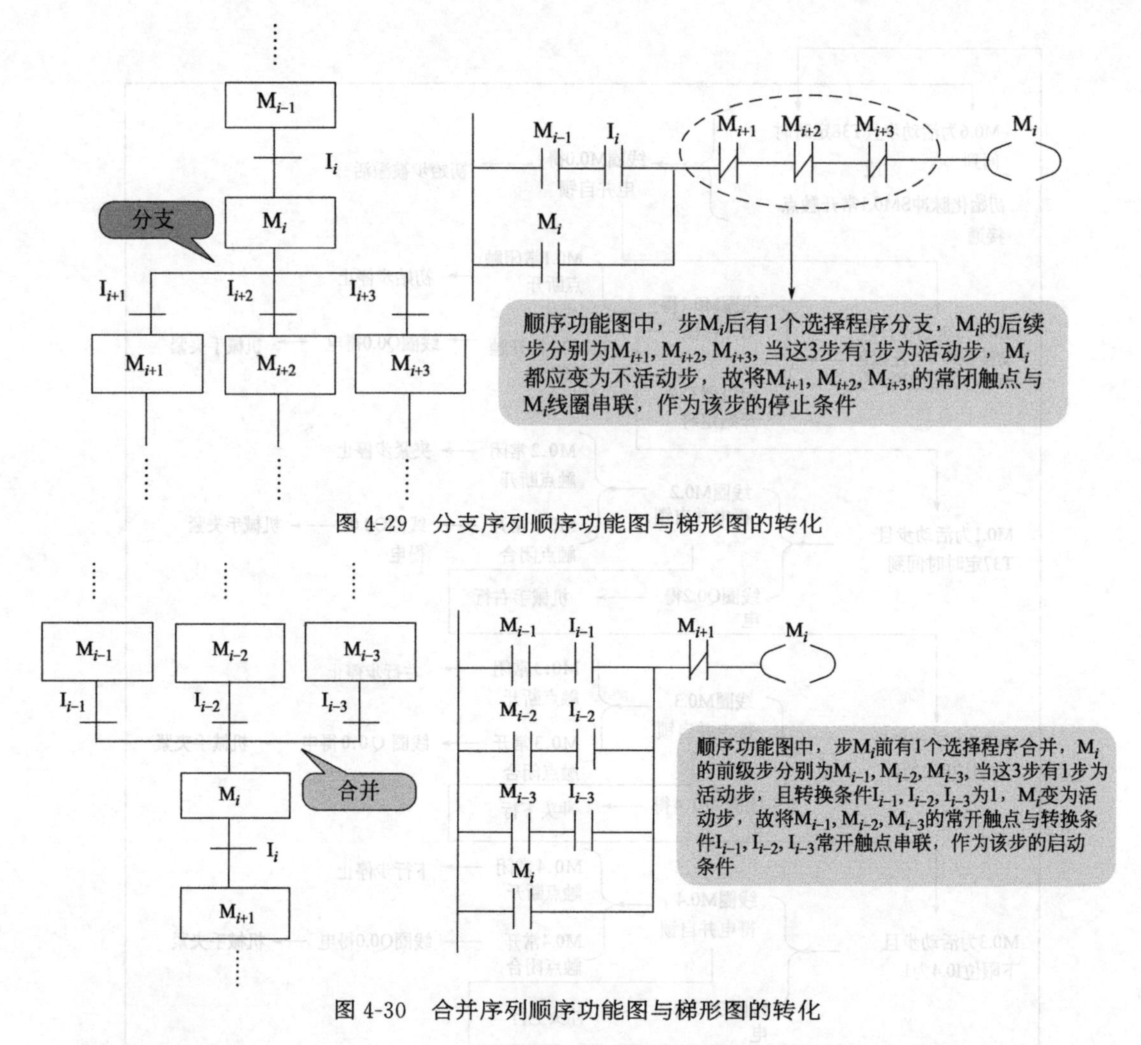

图 4-29　分支序列顺序功能图与梯形图的转化

图 4-30　合并序列顺序功能图与梯形图的转化

① 问题分析：图 4-31 中，当 M0.5 为活动步且转换条件 I1.0 接通时，线圈 M0.4 本来应该接通，但此时与线圈 M0.4 串联的 M0.5 常闭触点为断开状态，故线圈 M0.4 无法接通。出现这样问题的原因在于 M0.5 既是 M0.4 的前级步，又是 M0.4 后续步。

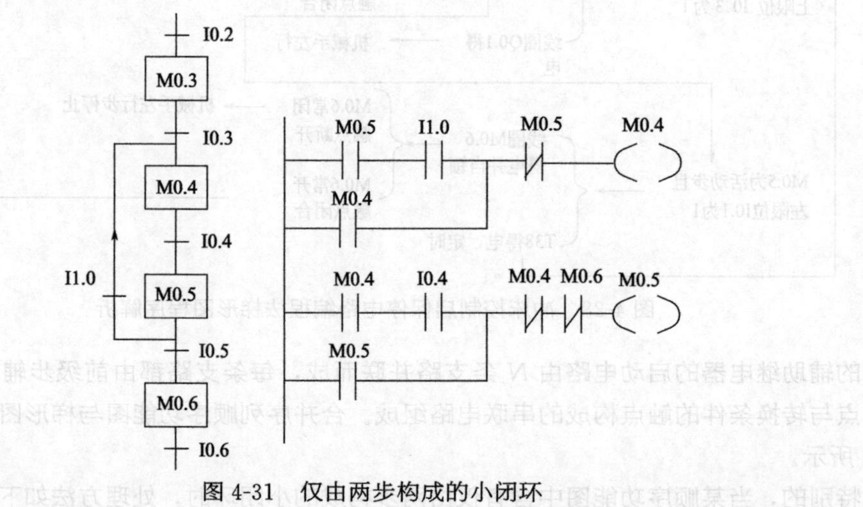

图 4-31　仅由两步构成的小闭环

② 处理方法：在小闭环中增设步 M1.0，如图 4-32 所示。步 M1.0 在这里只起到过渡作用，延时时间很短（一般说来应取延时时间在 0.1s 以下），对系统的运行无任何影响。

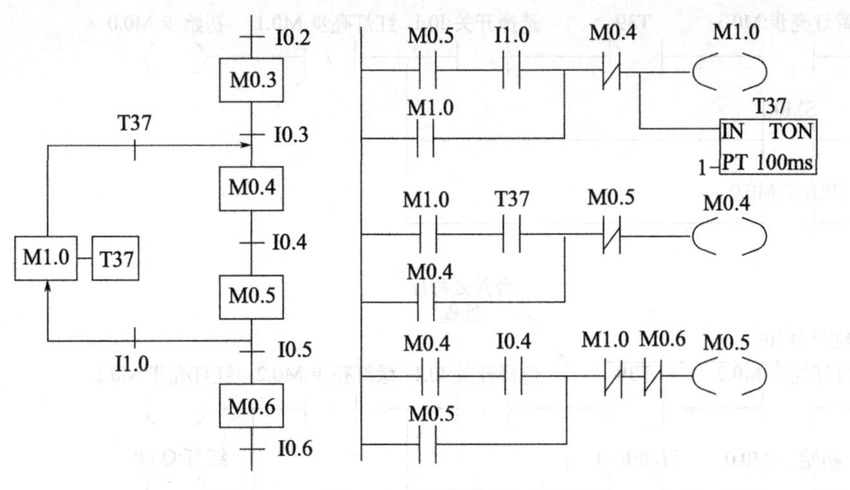

图 4-32 处理方法

（3）应用举例：信号灯控制

① 控制要求：按下启动按钮 SB，红、绿、黄三只小灯每隔 10s 循环点亮，若选择开关在 1 位置，小灯只执行 1 个循环；若选择开关在 0 位置，小灯不停地执行“红→绿→黄”循环。

② 程序设计：

a. 根据控制要求，进行 I/O 分配，如表 4-7 所示。

表 4-7 信号灯控制的 I/O 分配

输入量		输出量	
启动按钮 SB	I0.0	红灯	Q0.0
选择开关	I0.1	绿灯	Q0.1
		黄灯	Q0.2

b. 根据控制要求，绘制顺序功能图，如图 4-33 所示。

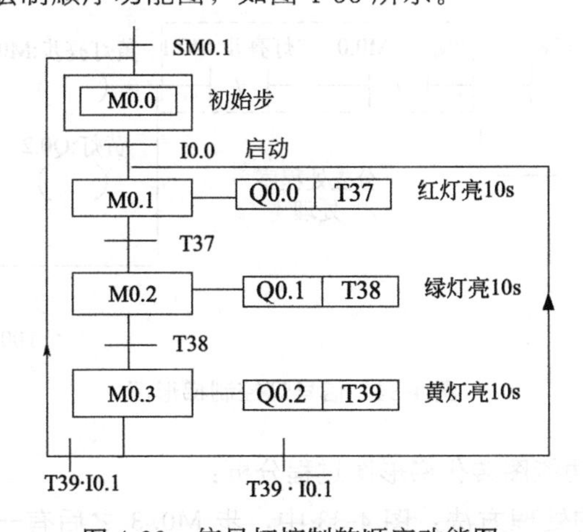

图 4-33 信号灯控制的顺序功能图

c. 将顺序功能图转化为梯形图，如图 4-34 所示。

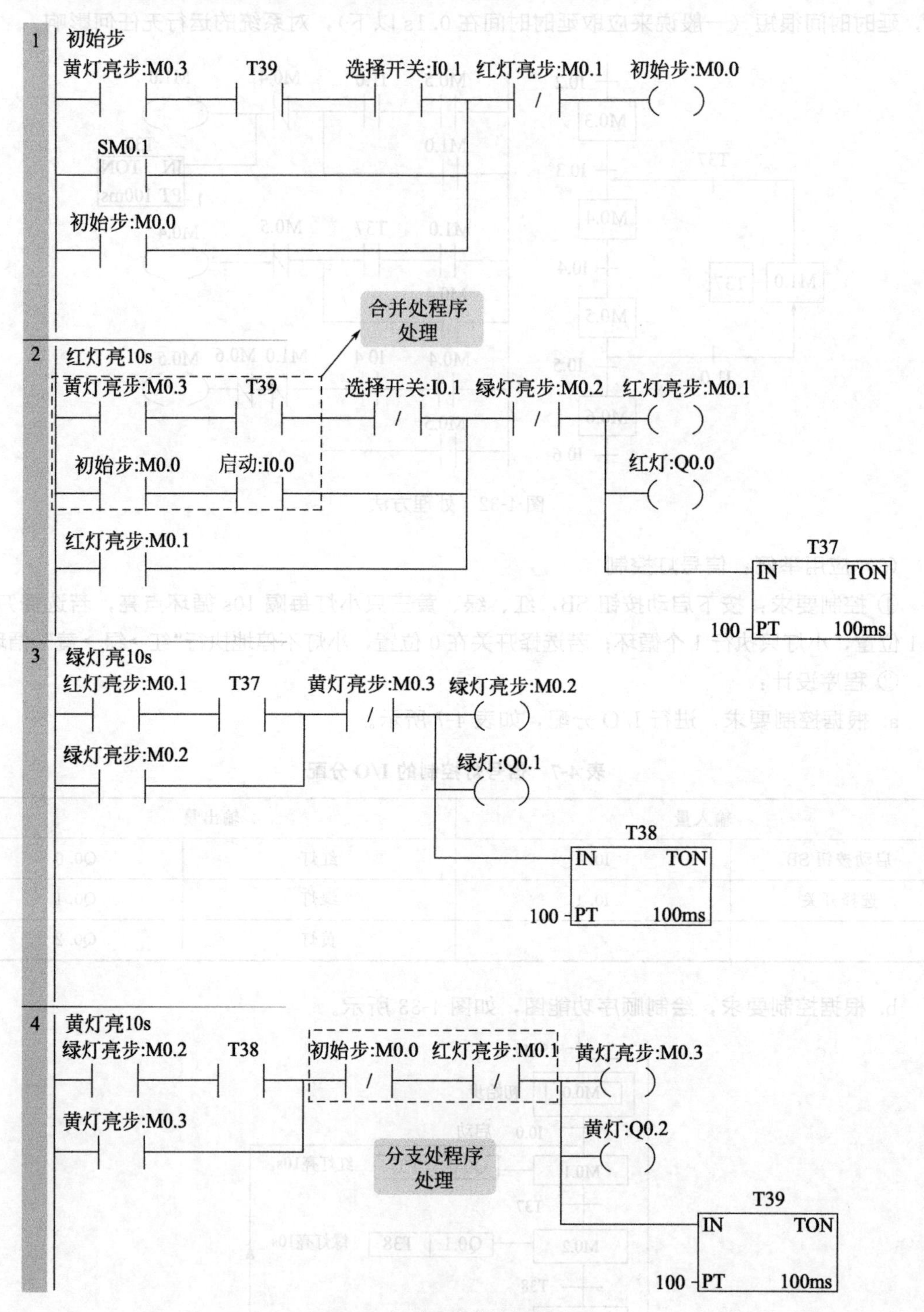

图 4-34 信号灯控制梯形图

d. 信号灯控制顺序功能图转化梯形图过程分析：

ⓐ选择序列分支处的处理方法：图 4-33 中，步 M0.3 之后有一个选择序列的分支，设 M0.3 为活动步，当它的后续步 M0.0 或 M0.1 为活动步时，它应变为不活动步，故图 4-34

梯形图中将 M0.0 和 M0.1 的常闭触点与 M0.3 的线圈串联。

ⓑ选择序列合并处的处理方法：图 4-33 中，步 M0.1 之前有一个选择序列的合并，当步 M0.0 为活动步且转换条件 I0.0 满足或 M0.3 为活动步且转换条件 T39. $\overline{\text{I0.1}}$满足，步 M0.1 应变为活动步，即 M0.1 的启动条件为 M0.0－I0.0＋M.3－T39－$\overline{\text{I0.1}}$，对应的启动电路由两条并联分支组成，并联支路分别由 M0.0、I0.0 和 M0.3、T39 $\overline{\text{I0.1}}$的触点串联组成。

4.4.3 并列序列编程

（1）分支处编程

若并列程序某步后有 N 条并列分支，若转换条件满足，则并列分支的第一步同时被激活。这些并列分支的第一步的启动条件均相同，都是前级步的常开触点与转换条件的常开触点组成的串联电路，不同的是各个并列分支的停止条件。串入各自后续步的常闭触点作为停止条件。并行序列顺序功能图与梯形图的转化，如图 4-35 所示。

（2）合并处编程

对于并行程序的合并，若某步之前有 N 分支，即有 N 条分支进入该步，则并列分支的最后一步同时为 1，且转换条件满足，方能完成合并。因此合并处的启动电路为所有并列分支最后一步的常开触点串联和转换条件的常开触点的组合；停止条件仍为后续步的常闭触点。并行序列顺序功能图与梯形图的转化，如图 4-35 所示。

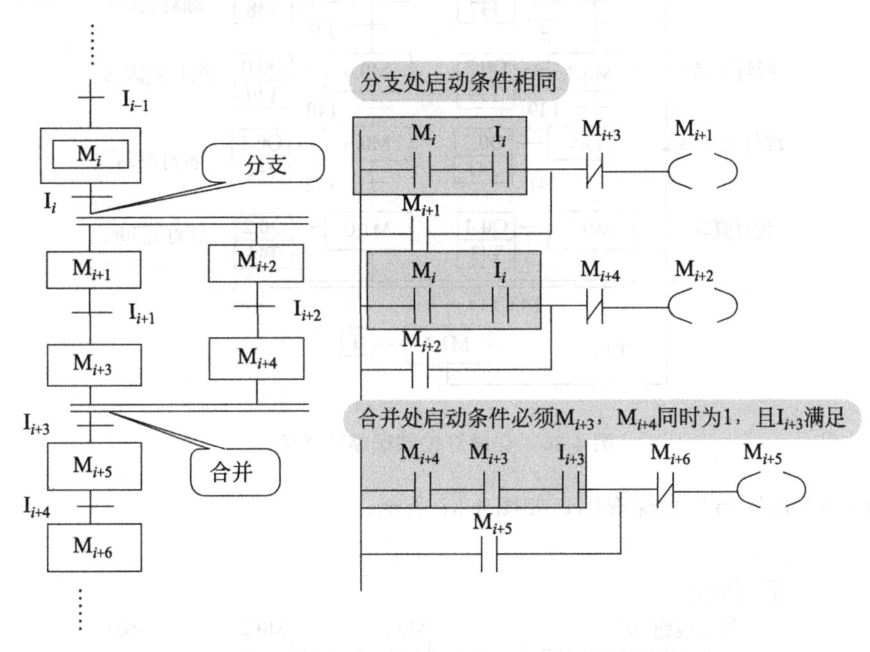

图 4-35　并行序列顺序功能图与梯形图的转化

（3）应用举例：交通信号灯控制

① 控制要求：按下启动按钮，东西绿灯亮 25s 后，闪烁 3s 后熄灭，然后黄灯亮 2s 后熄灭，紧接着红灯亮 30s 后再熄灭，再接着绿灯亮……，如此循环；在东西绿灯亮的同时，南北红灯亮 30s，接着绿灯亮 25s 后闪烁 3s 熄灭，然后黄灯亮 2s 后熄灭，红灯亮……，如此循环，试设计程序。

② 程序设计

a. 根据控制要求，进行 I/O 分配，如表 4-8 所示。

表 4-8　交通信号灯 I/O 分配

输入量		输出量	
启动按钮	I0.0	东西绿灯	Q0.0
停止按钮	I0.1	东西黄灯	Q0.1
		东西红灯	Q0.2
		南北绿灯	Q0.3
		南北黄灯	Q0.4
		南北红灯	Q0.5

b. 根据控制要求，绘制顺序功能图，如图 4-36 所示。

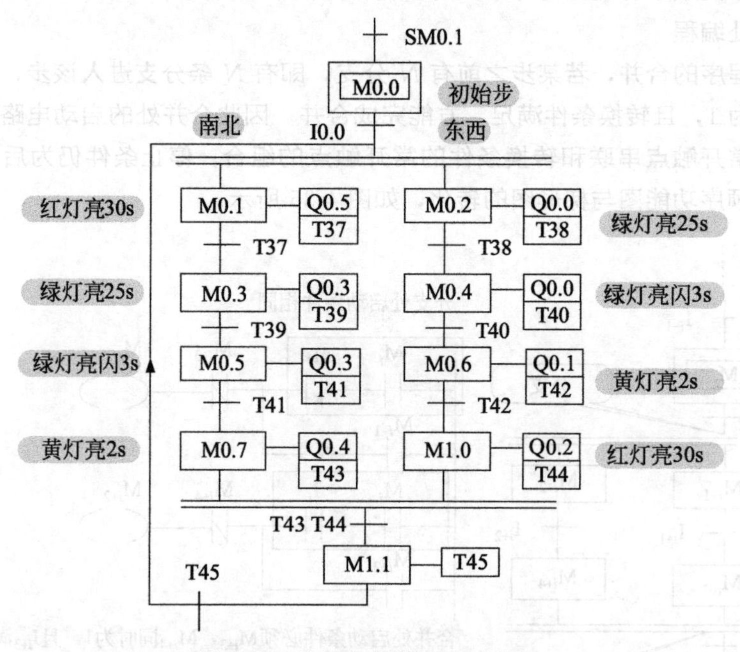

图 4-36　交通灯控制顺序功能图

c. 将顺序功能图转化为梯形图，如图 4-37 所示。

1　初始步

停止按钮:I0.1　P　M0.1 /　M0.2 /　M0.0 ( )

SM0.1

M0.0

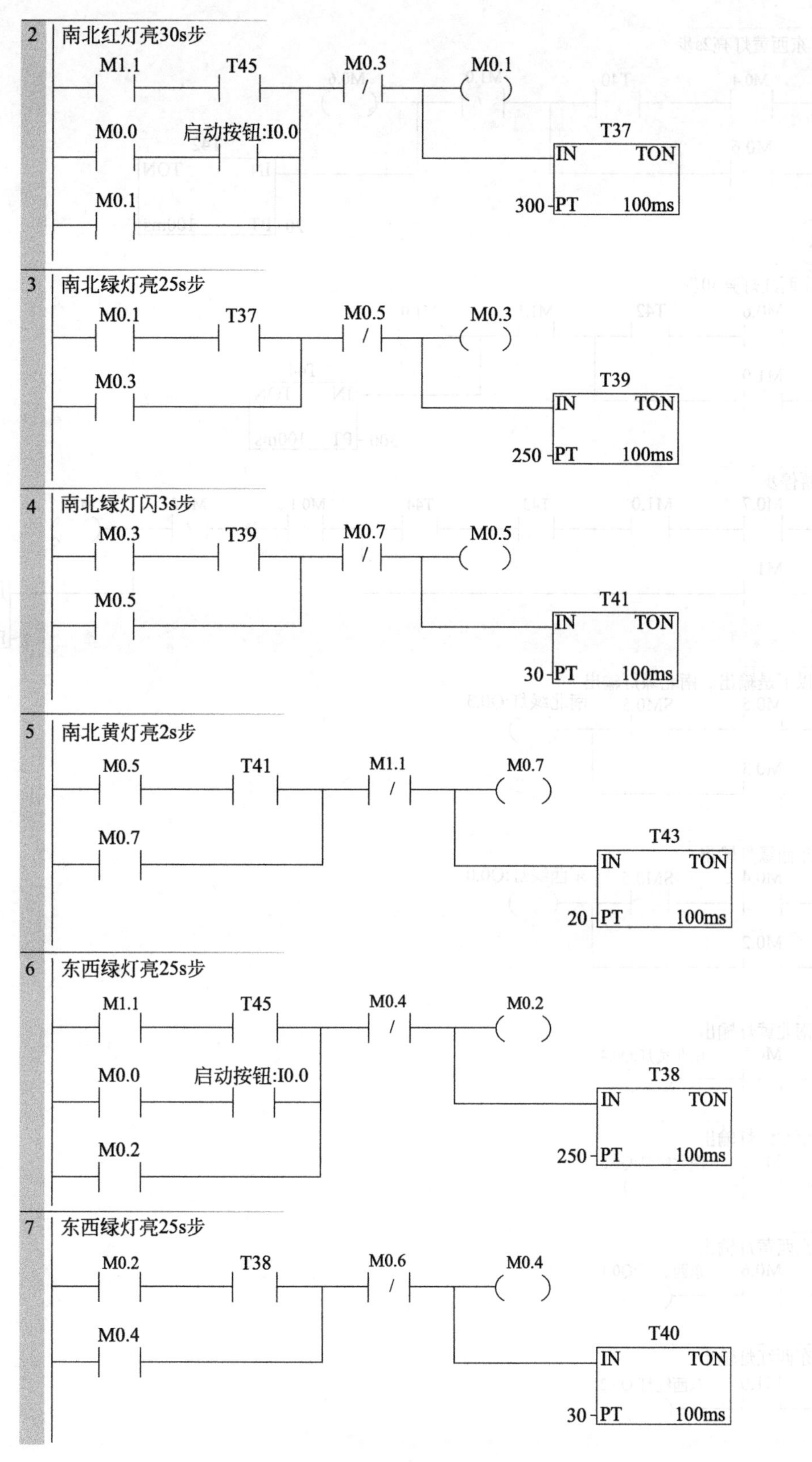

2
南北红灯亮30s步
M1.1
T45
M0.3
M0.1
M0.0
启动按钮:I0.0
T37
IN
TON
M0.1
300
PT
100ms
3
南北绿灯亮25s步
M0.1
T37
M0.5
M0.3
M0.3
T39
IN
TON
250
PT
100ms
4
南北绿灯闪3s步
M0.3
T39
M0.7
M0.5
M0.5
T41
IN
TON
30
PT
100ms
5
南北黄灯亮2s步
M0.5
T41
M1.1
M0.7
M0.7
T43
IN
TON
20
PT
100ms
6
东西绿灯亮25s步
M1.1
T45
M0.4
M0.2
M0.0
启动按钮:I0.0
T38
IN
TON
M0.2
250
PT
100ms
7
东西绿灯亮25s步
M0.2
T38
M0.6
M0.4
M0.4
T40
IN
TON
30
PT
100ms

图 4-37

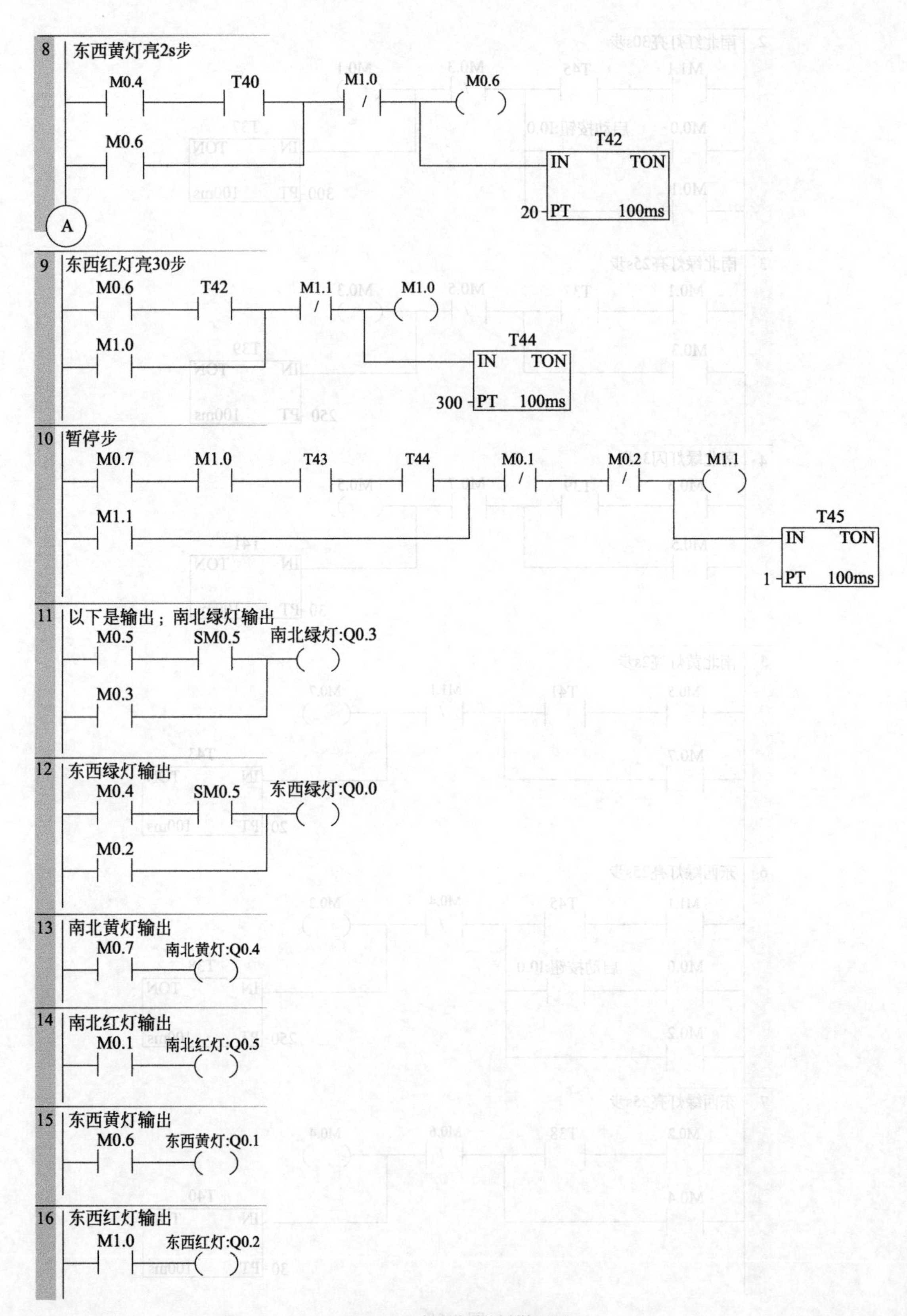

图 4-37　交通灯控制梯形图

d. 交通信号灯控制顺序功能图转化梯形图过程分析

ⓐ并行序列分支处的处理方法：图 4-36 中步 M0.0 之后有一个并列序列的分支，设 M0.0 为活动步且 I0.0 为 1 时，则 M0.1，M0.2 步同时激活，故 M0.1，M0.2 的启动条件相同，都为 M0.0・I0.0；其停止条件不同，M0.1 的停止条件 M0.1 步需串 M0.3 的常闭触点，M0.2 的停止条件 M0.2 步需串 M0.4 的常闭触点。M1.1 后也有 1 个并列分支，道理与 M0.0 步相同，这里不再赘述。

ⓑ并行序列合并处的处理方法：图 4-36 中步 M1.1 之前有 1 个并行序列的合并，当 M0.7、M1.0 同时为活动步且转换条件 T43・T44 满足，M1.1 应变为活动步，即 M1.1 的启动条件为 M0.7・M1.0・T43・T44，停止条件为 M1.1 步中应串入 M0.1 和 M0.2 的常闭触点。这里的 M1.1 比较特殊，它既是并行分支，又是并行合并，故启动和停止条件有些特别。附带指出 M1.1 步本应没有，出于编程方便考虑，设置此步，T45 的时间仅为 0.1s，因此不影响程序的整体。

4.5 置位复位指令编程法

置位复位指令编程法，其中间编程元件仍为辅助继电器 M，当前级步为活动步且满足转换条件的情况下，后续步被置位，同时前级步被复位。

需要说明，置位复位指令也称以转换为中心的编程法，其中有一个转换就对应有一个置位复位电路块，有多少个转换就有多少个这样电路块。

4.5.1 单序列编程

（1）单序列顺序功能图与梯形图的对应关系

单序列顺序功能图与梯形图的对应关系，如图 4-38 所示。在图 4-38 中，当 M_{i-1} 为活动步，且转换条件 I_i 满足，M_i 被置位，同时 M_{i-1} 被复位，因此将 M_{i-1} 和 I_i 的常开触点组成的串联电路作为 M_i 步的启动条件，同时它也作为 M_{i-1} 步的停止条件。这里只有一个转换条件 I_i，故仅有一个置位复位电路块。

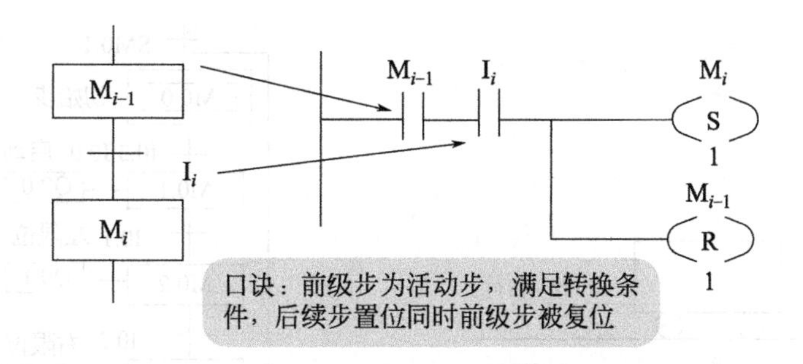

图 4-38 单序列顺序功能图与梯形图的对应关系

需要说明，输出继电器 Q_i 线圈不能与置位、复位指令直接并联，原因在于 M_{i-1} 与 I_i 常开触点组成的串联电路接通时间很短，当转换条件满足后，前级步立即复位，而输出继电器至少应在某步为活动步的全部时间内接通。处理方法：用所需步的常开触点驱动输出线圈 Q_i，如图 4-39 所示。

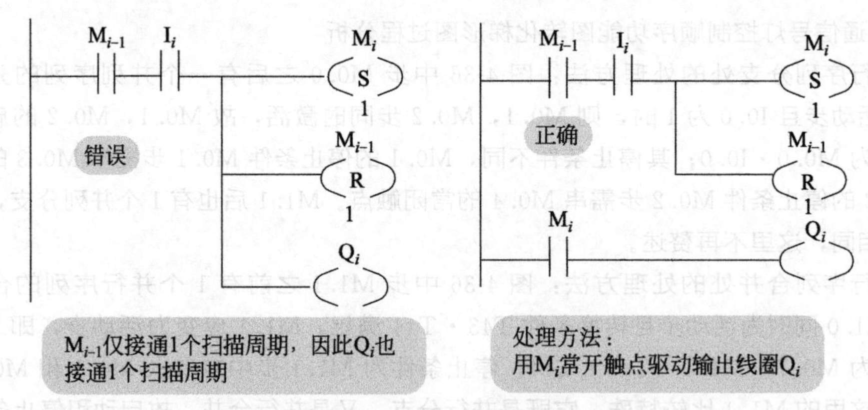

图 4-39　置位复位指令编程方法注意事项

(2) 应用举例：小车自动控制

① 控制要求：如图 4-40 所示，是某小车运动的示意图。设小车初始状态停在轨道的中间位置，中限位开关 SQ1 为 1 状态。按下启动按钮 SB1 后，小车左行，当碰到左限位开关 SQ2 后，开始右行；当碰到右限位开关 SQ3 时，停止在该位置，2s 后开始左行；当碰到左限位开关 SQ2 后，小车右行返回初始位置，当碰到中限位开关 SQ1，小车停止运动。

② 程序设计

a. I/O 分配：根据任务控制要求，对输入/输出量进行 I/O 分配，如表 4-9 所示。

表 4-9　小车自动控制 I/O 分配

输入量		输出量	
中限位 SQ1	I0.0	左行	Q0.0
左限位 SQ2	I0.1	右行	Q0.1
右限位 SQ3	I0.2		
启动按钮 SB1	I0.3		

b. 根据具体的控制要求，绘制小车自动控制顺序功能图，如图 4-41 所示。

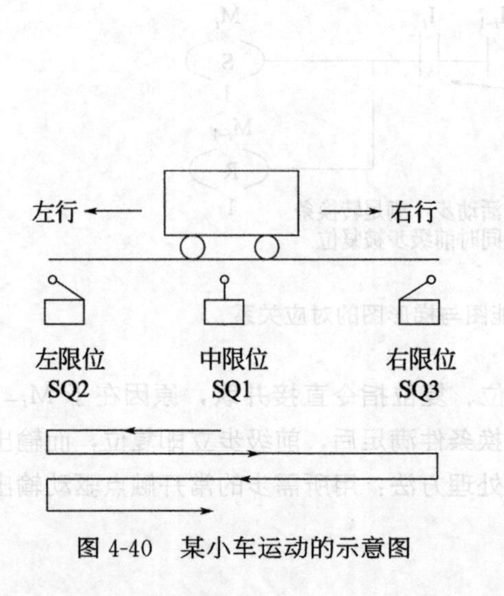

图 4-40　某小车运动的示意图

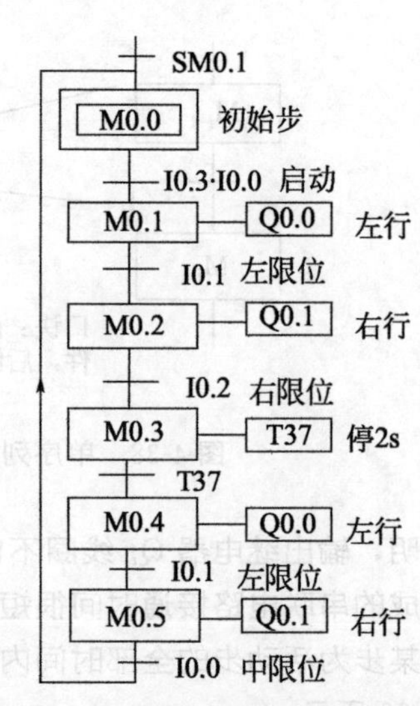

图 4-41　小车自动控制顺序功能图

c. 将顺序功能图转化为梯形图，如图 4-42 所示。

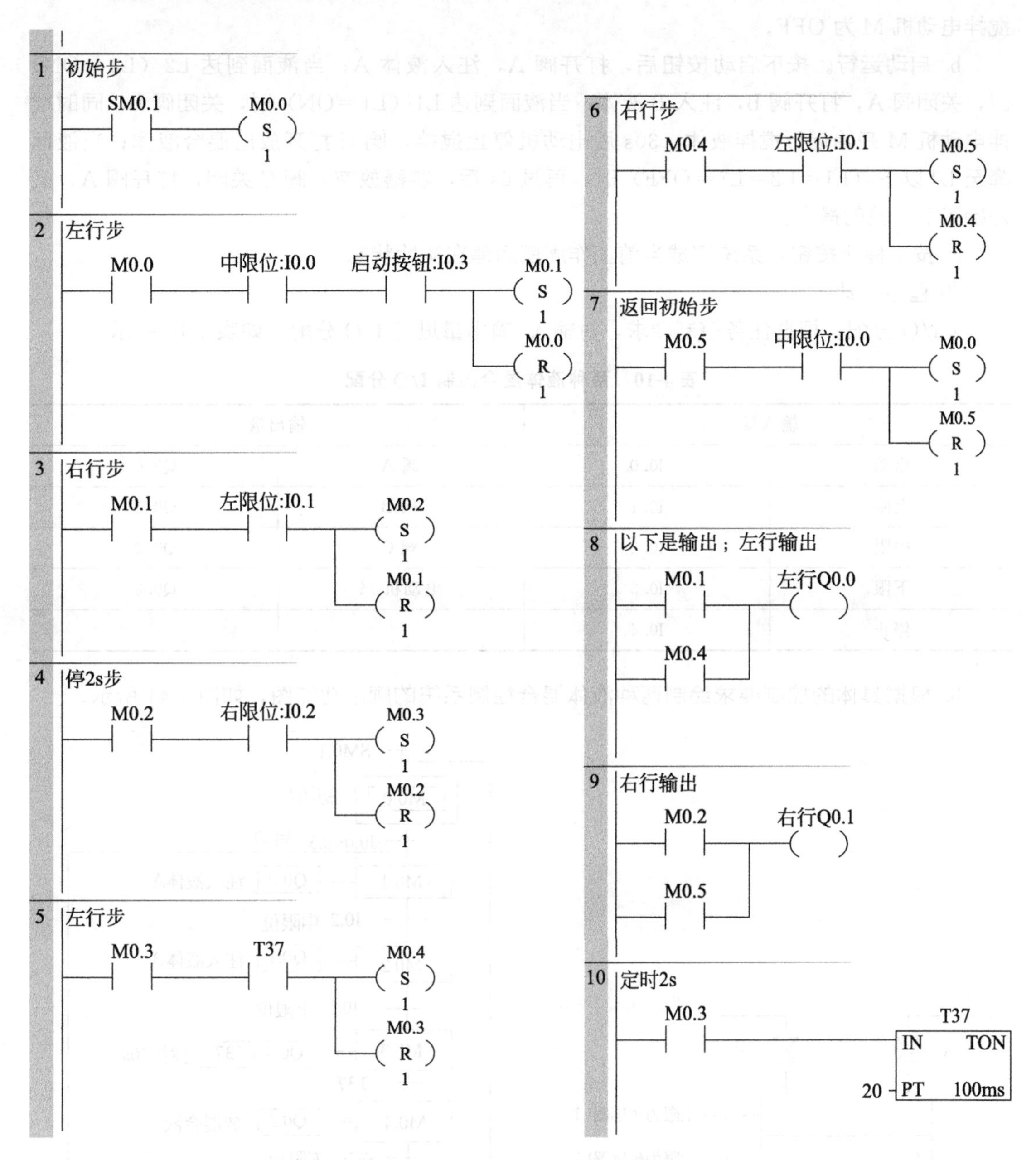

图 4-42 小车自动控制梯形图

4.5.2 选择序列编程

选择序列顺序功能图转化为梯形图的关键点在于分支处和合并处程序的处理，置位复位指令编程法的核心是转换，因此选择序列在处理分支和合并处编程上与单序列的处理方法一致，无需考虑多个前级步和后续步的问题，只考虑转换即可。

这里以两种液体混合控制系统为例，介绍选择序列的编程方法，如图 4-43 所示。

① 系统控制要求

a. 初始状态。容器为空，阀 A～阀 C 均为 OFF，液面传感器 L1、L2、L3 均为 OFF，搅拌电动机 M 为 OFF。

b. 启动运行。按下启动按钮后，打开阀 A，注入液体 A；当液面到达 L2（L2＝ON）时，关闭阀 A，打开阀 B，注入 B 液体；当液面到达 L1（L1＝ON）时，关闭阀 B，同时搅拌电动机 M 开始运行搅拌液体，30s 后电动机停止搅拌，阀 C 打开放出混合液体；当液面降至 L3 以下（L1＝L2＝L3＝OFF）时，再过 6s 后，容器放空，阀 C 关闭，打开阀 A，又开始了下一轮的操作。

c. 按下停止按钮，系统完成当前工作周期后停在初始状态。

② 程序设计

a. I/O 分配。根据任务控制要求，对输入/输出量进行 I/O 分配，如表 4-10 所示。

表 4-10　两种液体混合控制 I/O 分配

输入量		输出量	
启动	I0.0	阀 A	Q0.0
上限	I0.1	阀 B	Q0.1
中限	I0.2	阀 C	Q0.2
下限	I0.3	电动机 M	Q0.3
停止	I0.4		

b. 根据具体的控制要求绘制两种液体混合控制系统的顺序功能图，如图 4-44 所示。

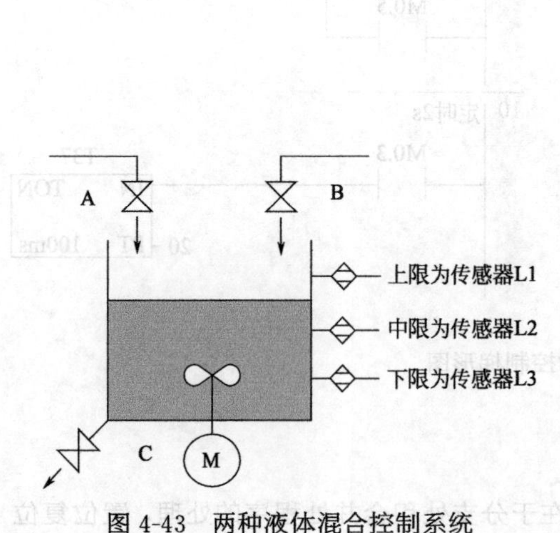

图 4-43　两种液体混合控制系统

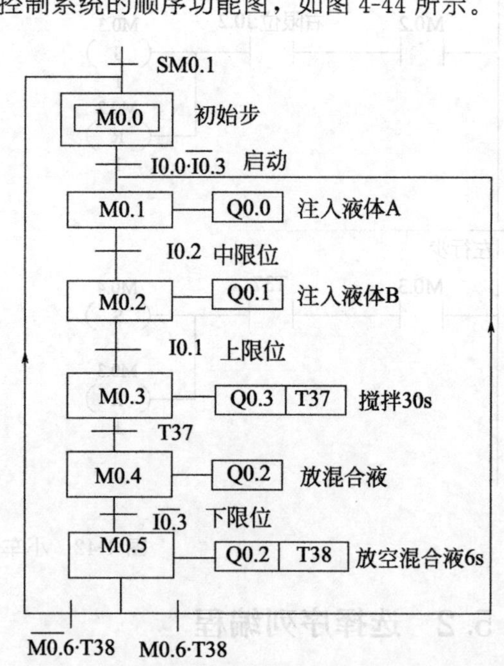

图 4-44　两种液体混合控制系统的顺序功能图

c. 将顺序功能图转换为梯形图，两种液体混合控制梯形图如图 4-45 所示。

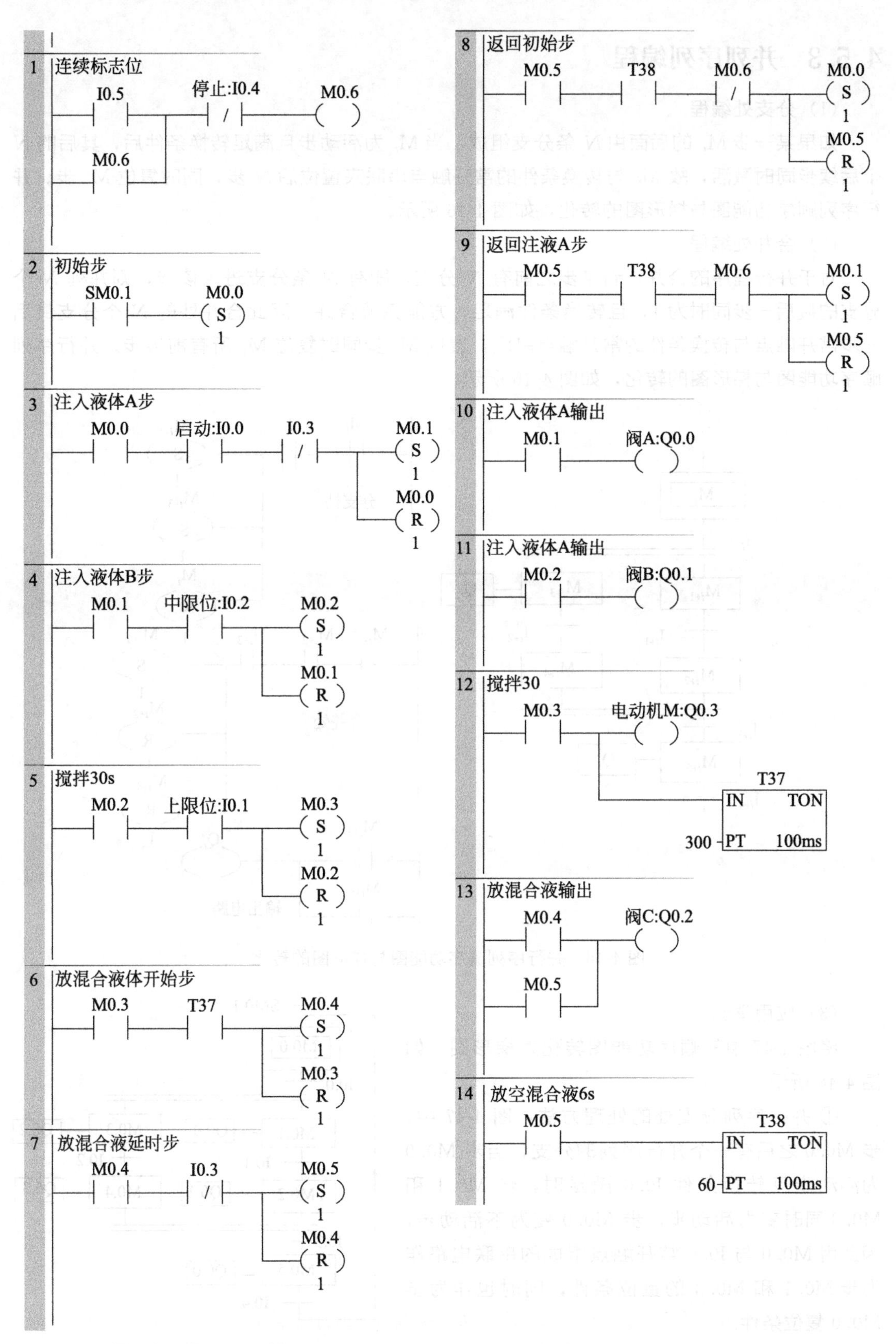

图 4-45　两种液体混合控制梯形图

4.5.3 并列序列编程

（1）分支处编程

如果某一步 M_i 的后面由 N 条分支组成，当 M_i 为活动步且满足转换条件后，其后的 N 个后续步同时激活，故 M_i 与转换条件的常开触点串联来置位后 N 步，同时复位 M_i 步。并行序列顺序功能图与梯形图的转化，如图 4-46 所示。

（2）合并处编程

对于并行程序的合并，若某步之前有 N 分支，即有 N 条分支进入该步，则并列 N 个分支的最后一步同时为 1，且转换条件满足，方能完成合并。因此合并处的 N 个分支最后一步常开触点与转换条件的常开触点串联，置位 M_i 步同时复位 M_i 所有前级步。并行序列顺序功能图与梯形图的转化，如图 4-46 所示。

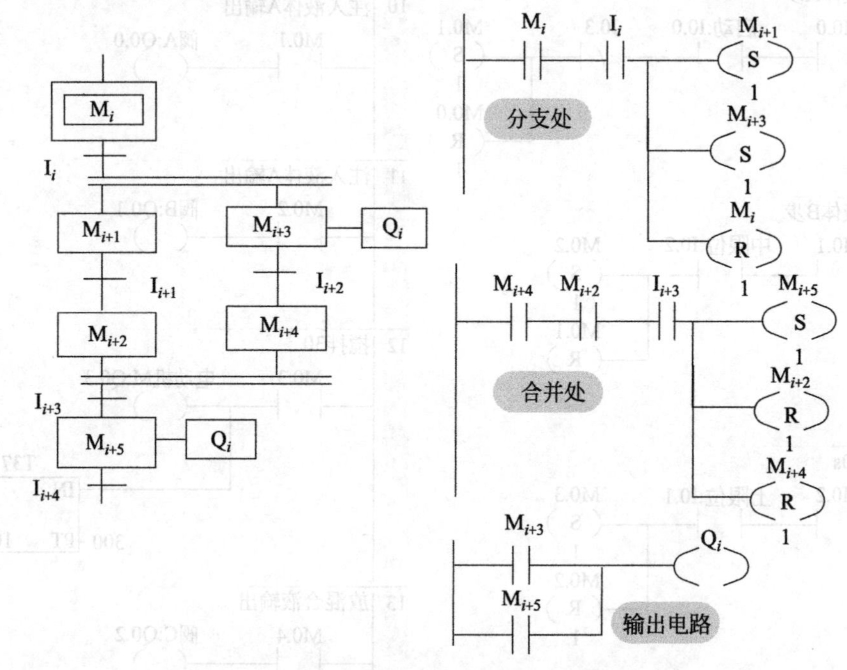

图 4-46 并行序列顺序功能图与梯形图的转化

（3）应用举例

将图 4-47 中的顺序功能图转化为梯形图。如图 4-48 所示。

① 并行序列分支处的处理方法：图 4-47 中，步 M0.0 之后有一个并行序列的分支，当步 M0.0 为活动步且转换条件 I0.0 满足时，步 M0.1 和 M0.3 同时变为活动步，步 M0.0 变为不活动步，因此用 M0.0 与 I0.0 常开触点组成的串联电路作为步 M0.1 和 M0.3 的置位条件，同时也作为步 M0.0 复位条件。

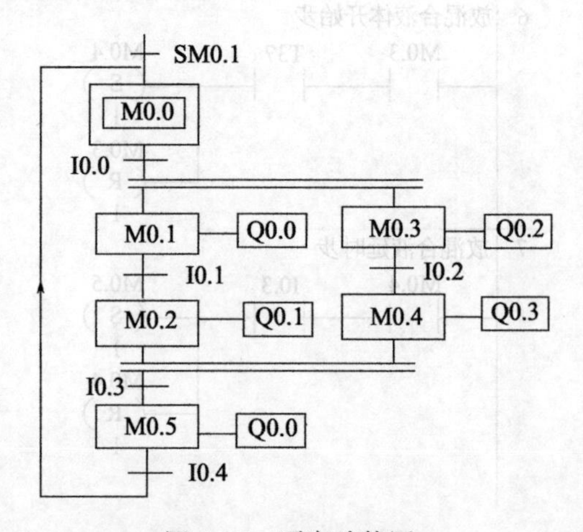

图 4-47 顺序功能图

② 并行序列合并处的处理方法：图 4-47 中，

步 M0.5 之前有一个并行序列的合并，当 M0.2 和 M0.4 同时为活动步且转换条件 I0.3 满足时，M0.5 变为活动步，同时 M0.2、M0.4 变为不活动步，因此用 M0.2、M0.4 和 I0.3 的常开触点组成的串联电路作为步 M0.5 的置位条件和步 M0.2、M0.4 的复位条件。

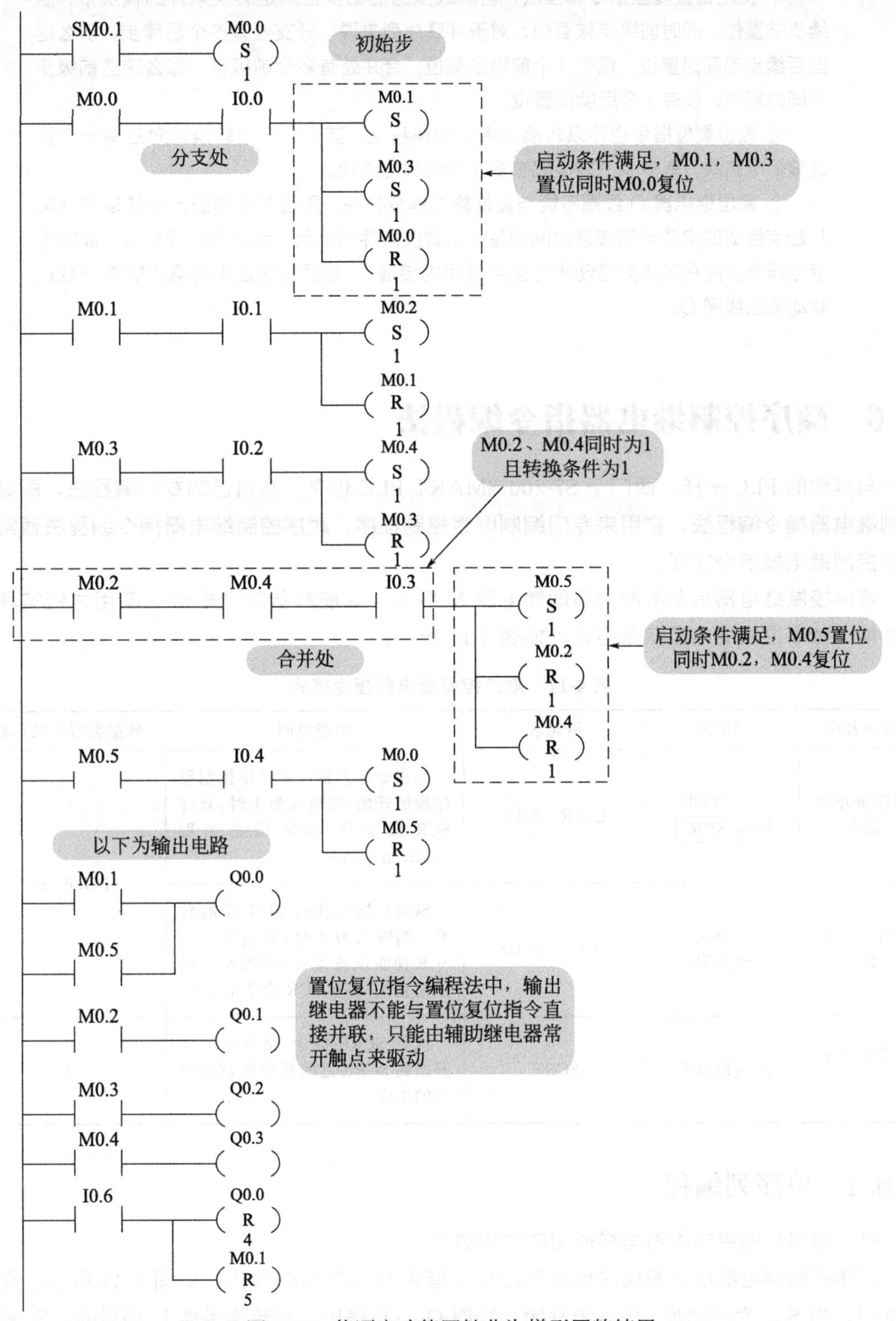

图 4-48　将顺序功能图转化为梯形图的结果

重点提示：

① 使用置位复位指令编程法，当前级步为活动步且满足转换条件的情况下，后续步被置位，同时前级步被复位；对于并联序列来说，分支处有多个后续步，那么这些后续步都同时置位，仅有1个前级步复位；合并处有多个前级步，那么这些前级步都同时复位，仅有1个后续步置位。

② 置位复位指令也称以转换为中心的编程法，其中有一个转换就对应有一个置位复们电路块，有多少个转换就有多少个这样电路块。

③ 输出继电器Q线圈不能与置位复位指令并联，原因在于前级步与转换条件常开触点组成的串联电路接通时间很短，当转换条件满足后，前级步立即复位，而输出继电器至少应在某步为活动步的全部时间内接通。处理方法是用所需步的常开触点驱动输出线圈Q。

4.6 顺序控制继电器指令编程法

与其他的PLC一样，西门子S7-200 SMART PLC也有一套自己的专门编程法，即顺序控制继电器指令编程法，它用来专门编制顺序控制程序。顺序控制继电器指令编程法通常由顺序控制继电器指令实现。

顺序控制继电器指令不能与辅助继电器M联用，只能和状态继电器S联用才能实现顺控功能。顺序控制继电器指令格式，如表4-11所示。

表4-11 顺序控制继电器指令格式

指令名称	梯形图	语句表	功能说明	数据类型及操作数
顺序步开始指令	S bit SCR	LSCR S bit	该指令标志着一个顺序控制程序段的开始，当输入为1时，允许SCR段动作，SCR段必须用SCRE指令结束	BOOL，S
顺序步转换指令	S bit (SCRT)	SCRT S bit	SCRT指令执行SCR段的转换。当输入为1时，对应下一个SCR使能位被置位，同时本使能位被复位，即本SCR段停止工作	
顺序步结束指令	(SCRE)	SCRE	执行SCRE指令，结束由SCR开始到SCRE之间顺序控制程序段的工作	无

4.6.1 单序列编程

（1）单序列顺序功能图与梯形图的对应关系

顺序控制继电器指令编程法单序列顺序功能图与梯形图的转化，如图4-49所示。在图4-49中，当S_{i-1}为活动步，S_{i-1}步开始，线圈Q_{i-1}有输出；当转换条件I_i满足时，S_i被置位，即转换到下一步S_i步，S_{i-1}步停止。对于单序列程序，每步都是这样的结构。

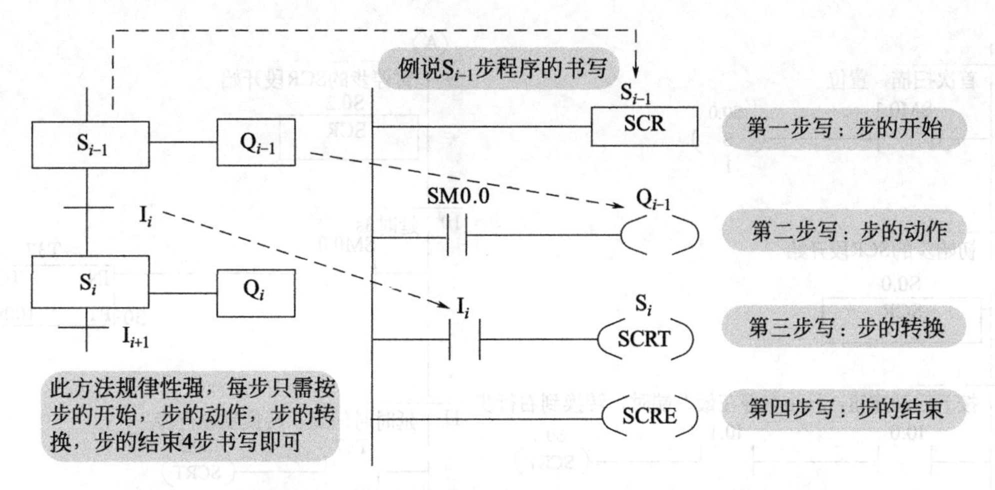

图 4-49　顺序控制继电器指令编程法单序列顺序功能图与梯形图的转化

（2）应用举例：小车控制

① 控制要求

如图 4-50 所示，是某小车运动的示意图。设小车初始状态停在轨道的左边，左限位开关 SQ1 为 1 状态。按下启动按钮 SB 后，小车右行，当碰到右限位开关 SQ2 后，停止 3s 后左行，当碰到左限位开关 SQ1 时，小车停止。

② 程序设计

a. I/O 分配：根据任务控制要求，对输入/输出量进行 I/O 分配，如表 4-12 所示。

表 4-12　对输入/输出量进行 I/O 分配

输入量		输出量	
左限位 SQ1	I0.1	左行	Q0.0
右限位 SQ2	I0.2	右行	Q0.1
启动按钮 SB	I0.0		

b. 根据具体的控制要求，绘制小车控制顺序功能图，如图 4-51 所示。

c. 将顺序功能图转化为梯形图，小车控制梯形图如图 4-52 所示。

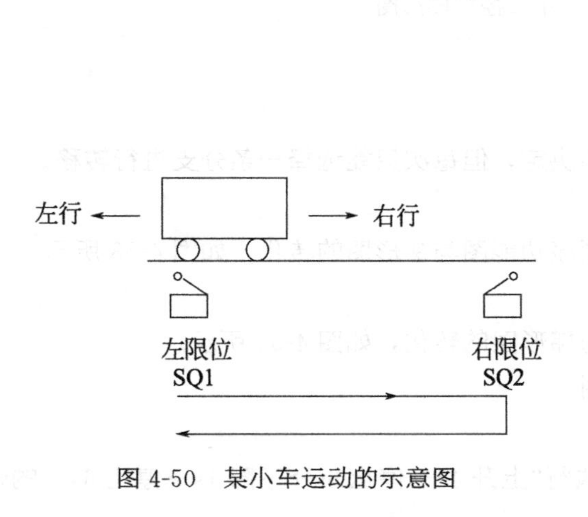

图 4-50　某小车运动的示意图

SM0.1
S0.0　初始步
I0.0·I0.1 启动条件
S0.1　Q0.1　右行
I0.2 右限位
S0.2　T37　3s
T37
S0.3　Q0.0　左行
I0.1 左限位

图 4-51　小车控制顺序功能图

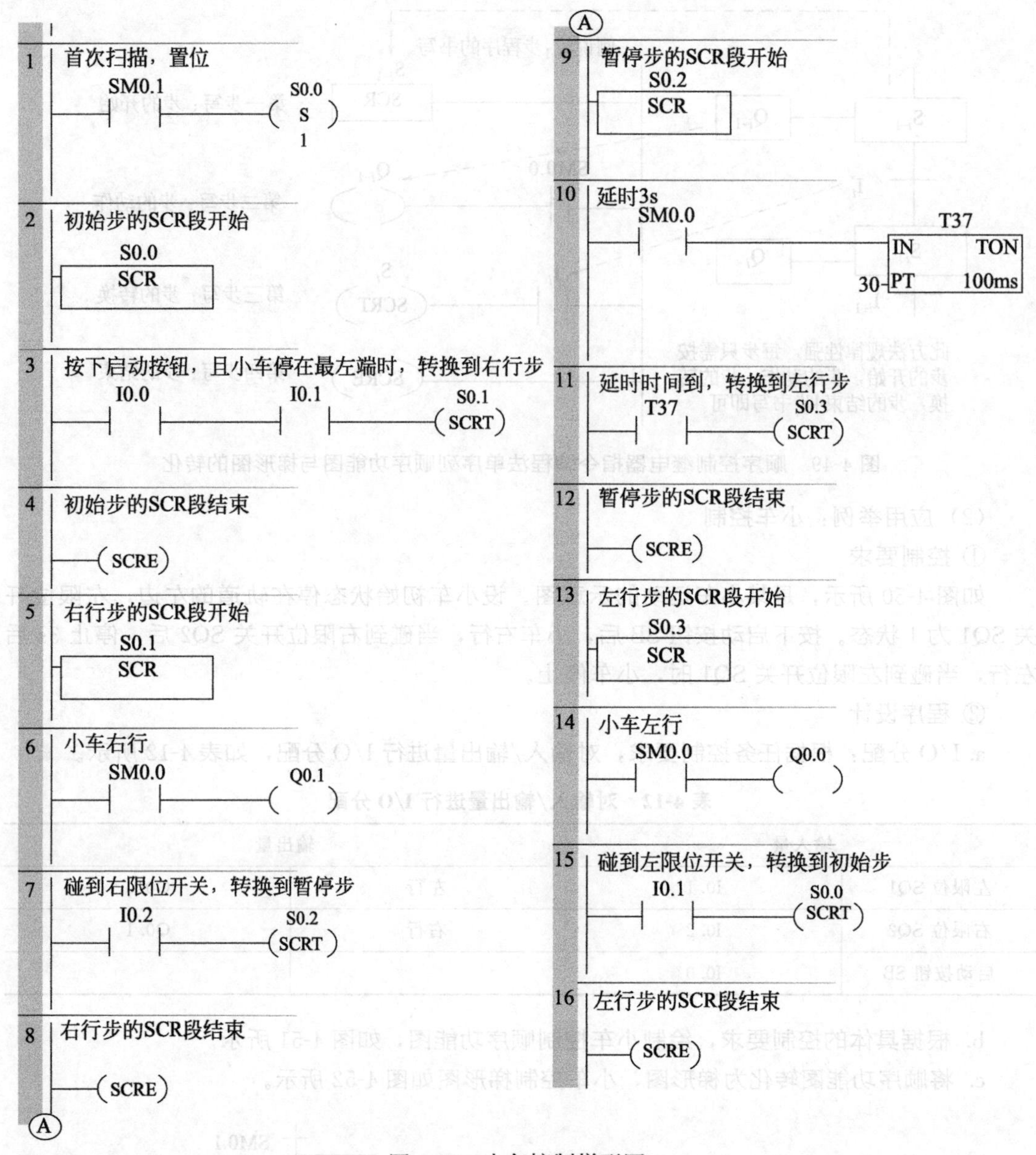

图 4-52　小车控制梯形图

4.6.2　选择序列编程

选择序列每个分支的动作由转换条件决定，但每次只能选择一条分支进行转移。

（1）分支处编程

顺序控制继电器指令编程法分支处顺序功能图与梯形图的转化，如图 4-53 所示。

（2）合并处编程

步进指令编程法合并处顺序功能图与梯形图的转化，如图 4-54 所示。

（3）应用举例：电葫芦升降机构控制

① 控制要求

a. 单周期：按下启动按钮，电葫芦执行“上升 4s→停止 6s→下降 4s→停止 6s”的运行，

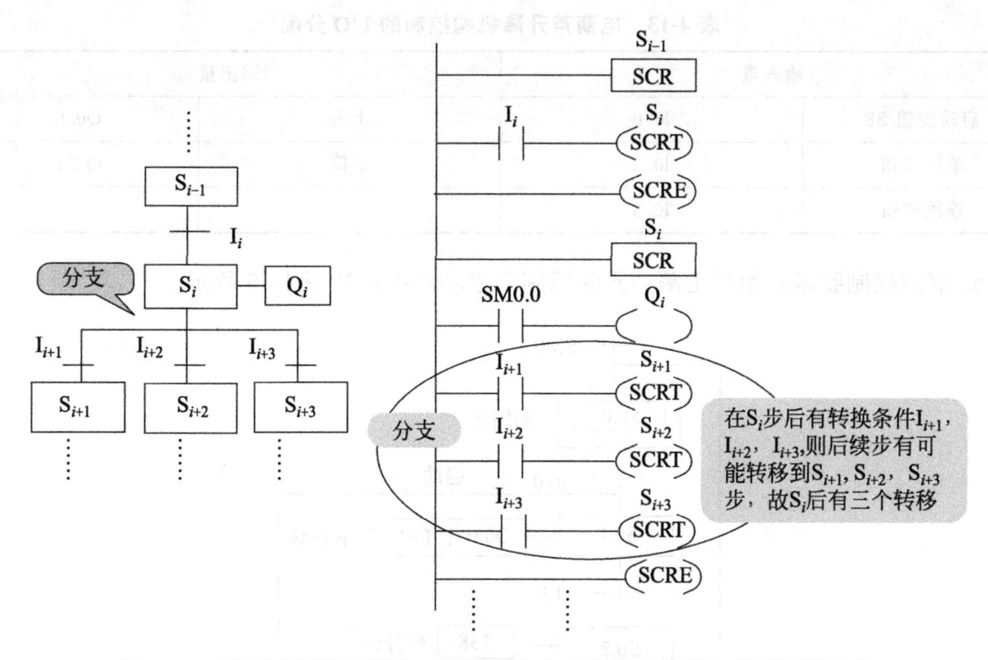

图 4-53　顺序控制继电器指令编程法分支处顺序功能图与梯形图的转化

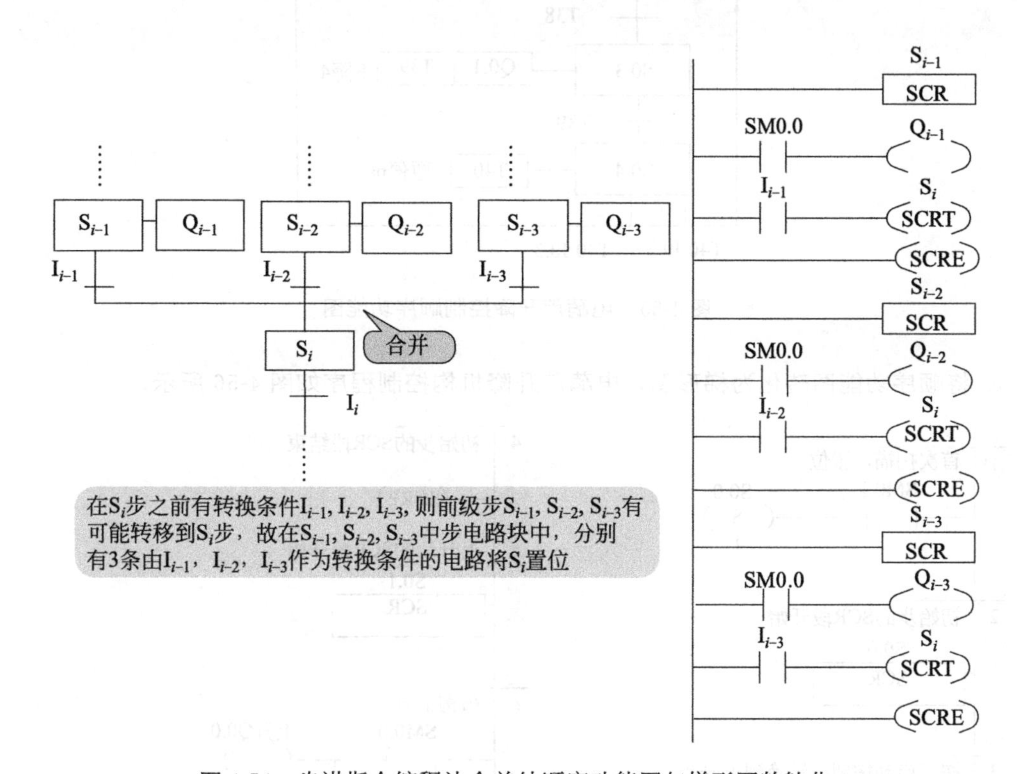

图 4-54　步进指令编程法合并处顺序功能图与梯形图的转化

往复运动一次后，停在初始位置，等待下一次的启动。

b. 连续操作：按下启动按钮，电葫芦自动连续工作。

② 程序设计

a. 根据控制要求，进行 I/O 分配，电葫芦升降机构控制的 I/O 分配，如表 4-13 所示。

表 4-13　电葫芦升降机构控制的 I/O 分配

输入量		输出量	
启动按钮 SB	I0.0	上升	Q0.0
单周按钮	I0.2	下降	Q0.1
连续按钮	I0.3		

b. 根据控制要求，绘制电葫芦升降控制顺序功能图，如图 4-55 所示。

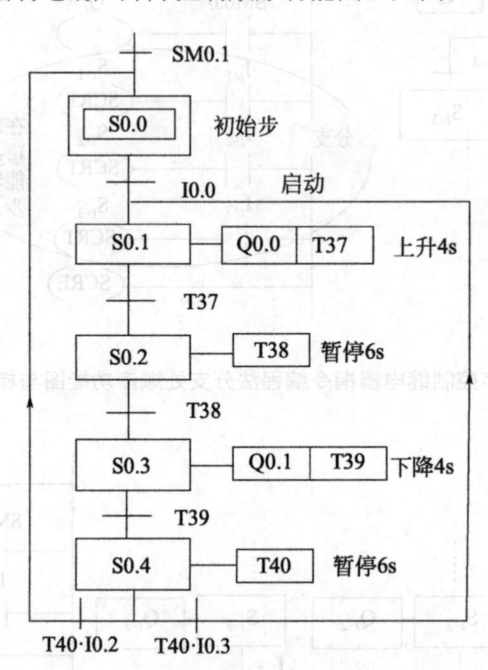

图 4-55　电葫芦升降控制顺序功能图

c. 将顺序功能图转化为梯形图，电葫芦升降机构控制程序如图 4-56 所示。

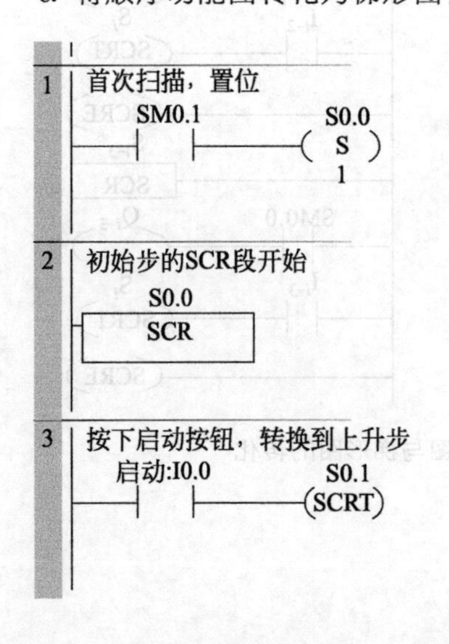

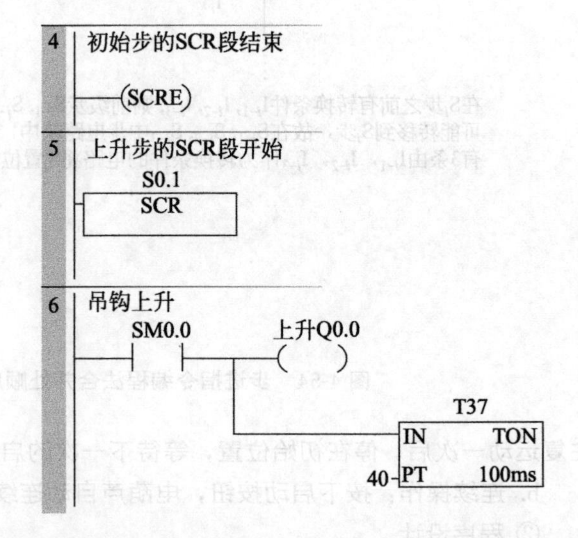

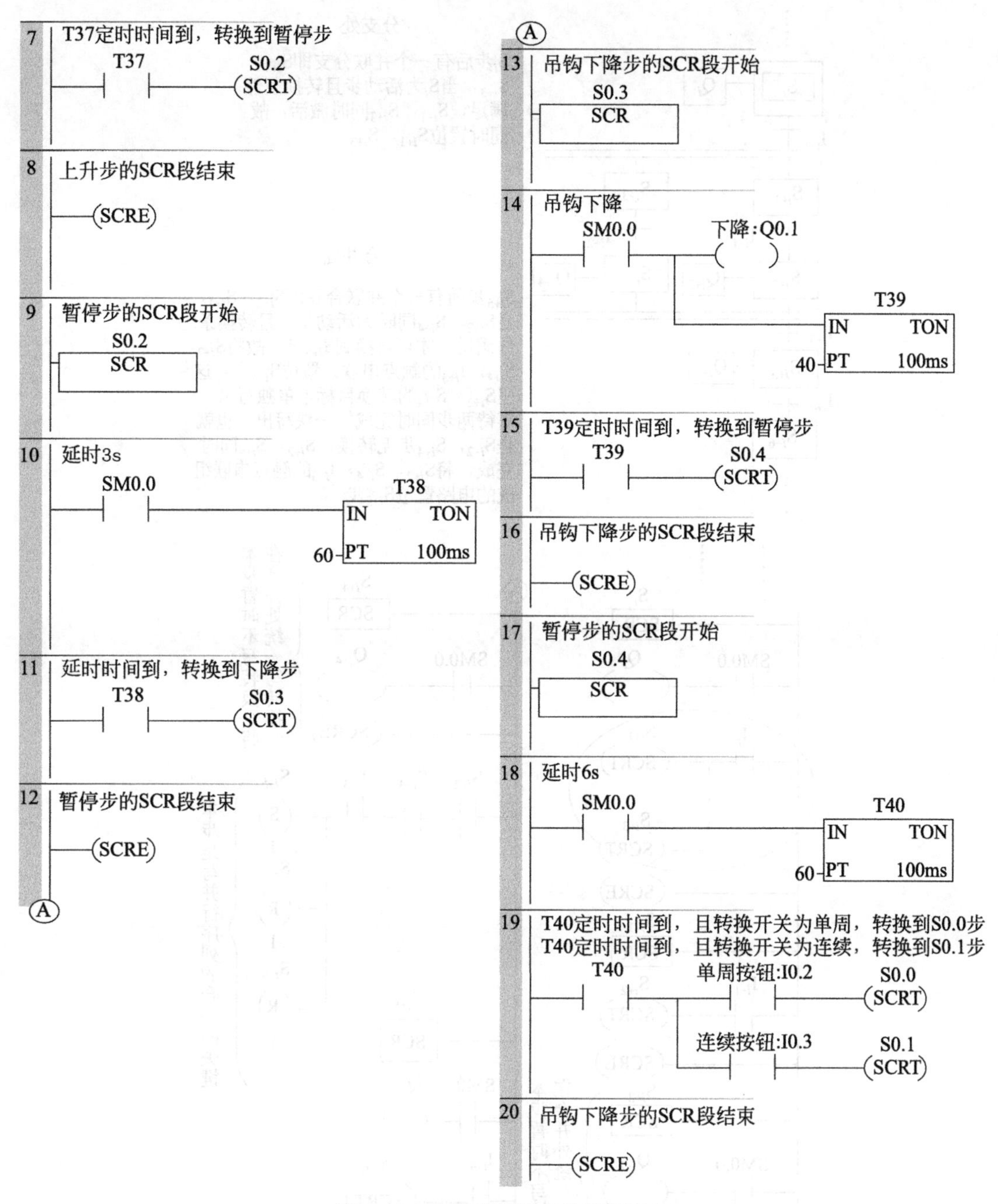

图 4-56 电葫芦升降机构控制程序

4.6.3 并列序列编程

并列序列用于系统有几个相对独立且同时动作的控制。

（1）分支处编程

并行序列分支处顺序功能图与梯形图的转化，如图 4-57 所示。

（2）合并处编程

并行序列合并处顺序功能图与梯形图的转化，如图 4-57 所示。

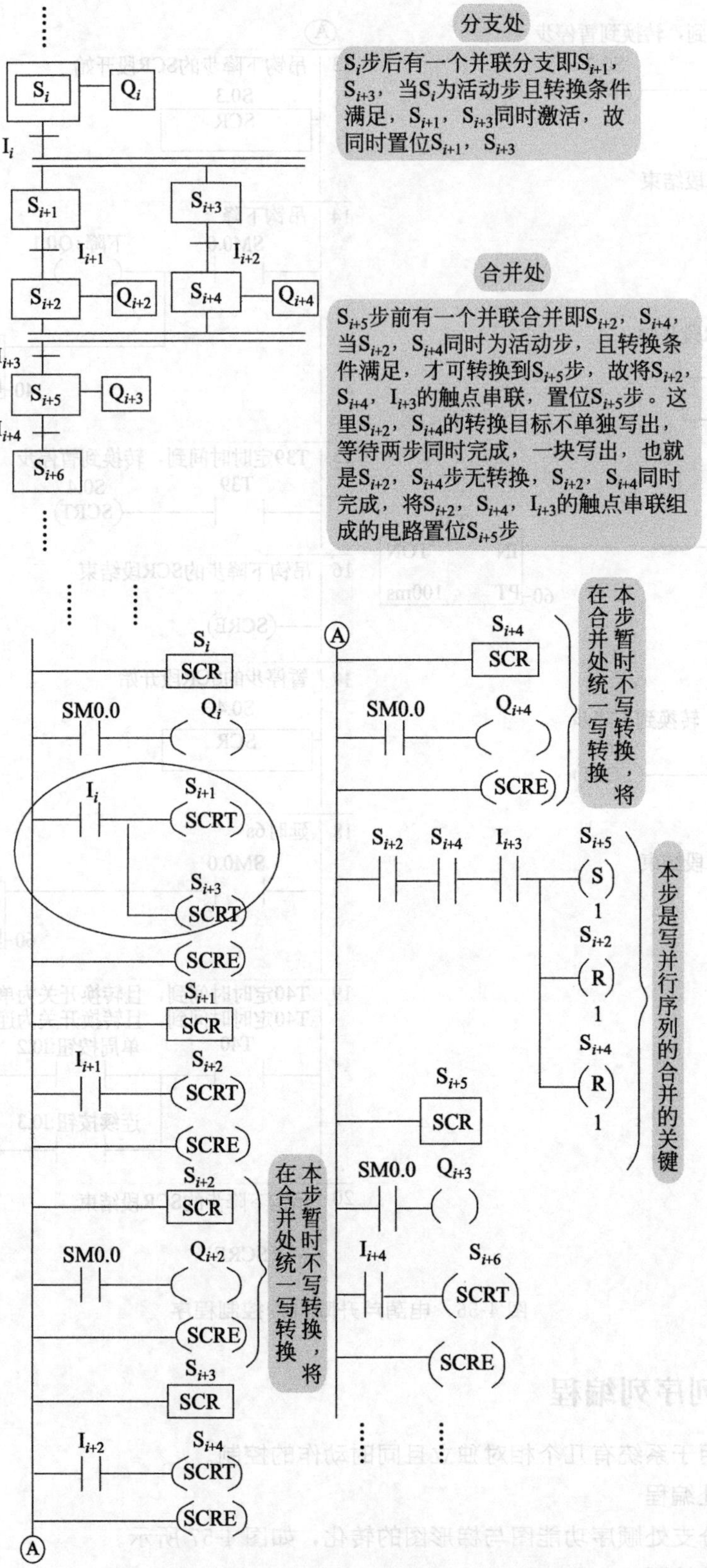

分支处

S_i步后有一个并联分支即S_{i+1}，S_{i+3}，当S_i为活动步且转换条件满足，S_{i+1}，S_{i+3}同时激活，故同时置位S_{i+1}，S_{i+3}

合并处

S_{i+5}步前有一个并联合并即S_{i+2}，S_{i+4}，当S_{i+2}，S_{i+4}同时为活动步，且转换条件满足，才可转换到S_{i+5}步，故将S_{i+2}，S_{i+4}，I_{i+3}的触点串联，置位S_{i+5}步。这里S_{i+2}，S_{i+4}的转换目标不单独写出，等待两步同时完成，一块写出，也就是S_{i+2}，S_{i+4}步无转换，S_{i+2}，S_{i+4}同时完成，将S_{i+2}，S_{i+4}，I_{i+3}的触点串联组成的电路置位S_{i+5}步

本步暂时不写转换，将在合并处统一写转换

本步是写并行序列的合并的关键

本步暂时不写转换，将在合并处统一写转换

图 4-57　并行序列顺序功能图与梯形图的转化

（3）应用举例：将图 4-58 中的并行序列顺序功能图转化为梯形图。

将图 4-58 顺序功能图转换为梯形图的结果，如图 4-59 所示。

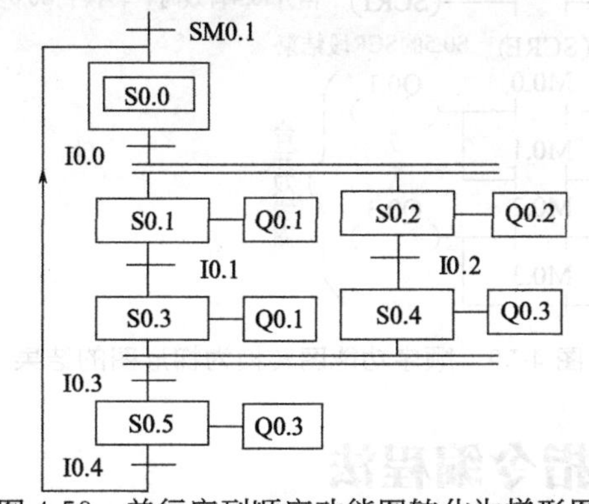

图 4-58　并行序列顺序功能图转化为梯形图

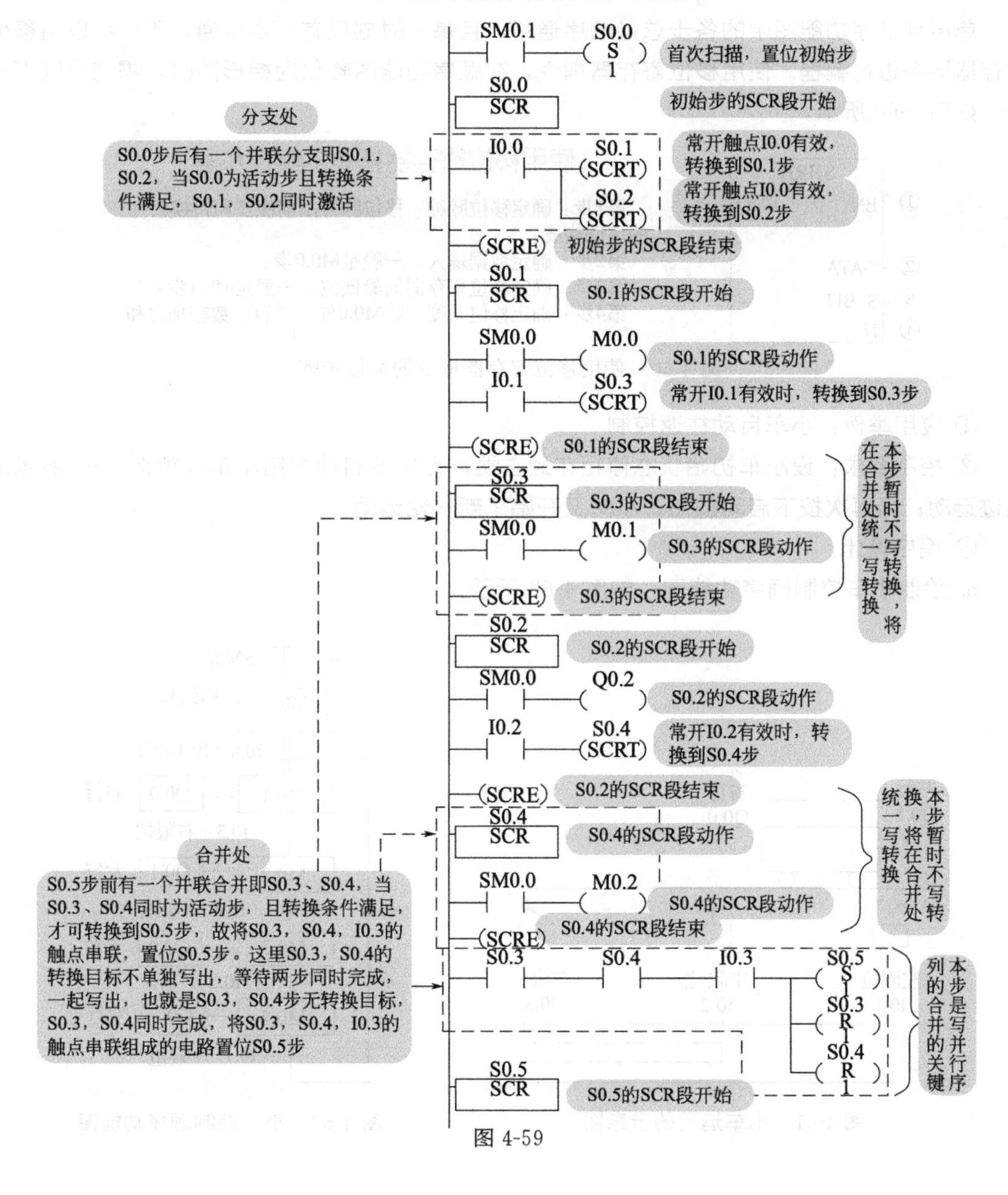

图 4-59

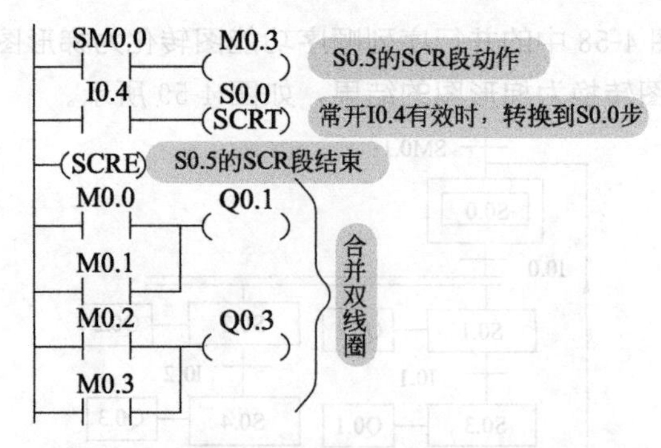

图 4-59　顺序功能图转换为梯形图的结果

4.7　移位寄存器指令编程法

单序列顺序功能图中的各步总是顺序通断，且每一时刻只有一步接通，因此可以用移位寄存器指令进行编程。使用移位寄存器指令，在顺序功能图转化为梯形图时，需完成以下四步，如图 4-60 所示。

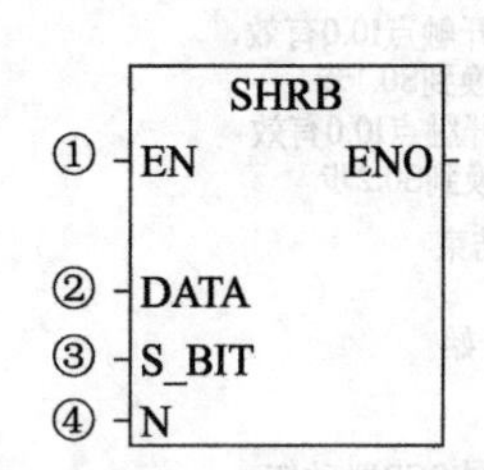

使用移位寄存器指令的编程步骤

第1步：确定移位脉冲；移位脉冲由前级步和转换条件的串联构成；
第2步：确定数据输入，一般是M0.0步；
第3步：确定移位寄存器的最低位；一般是M0.1步；
第4步：确定移位长度；除M0.0外，所有步数相加之和

图 4-60　使用移位寄存器指令的编程步骤

① 应用举例：小车自动往返控制

② 控制要求：设小车初始状态停止在最左端，当按下启动按钮小车按如图 4-61 所示的轨迹运动；当再次按下启动按钮，小车又开始了新一轮运动。

③ 程序设计

a. 绘制小车控制顺序功能图，如图 4-62 所示。

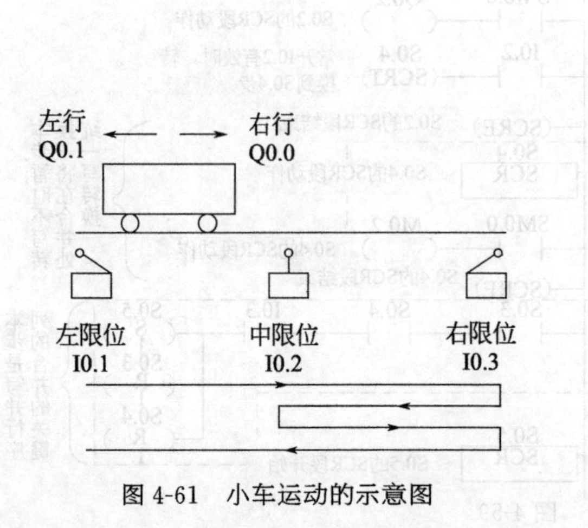

图 4-61　小车运动的示意图

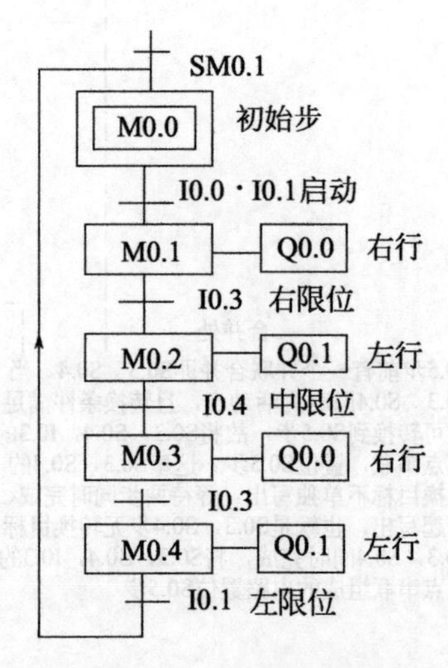

图 4-62　小车控制顺序功能图

b. 将顺序功能图转化为梯形图，小车运动移位寄存器指令编程法梯形图，如图 4-63 所示。

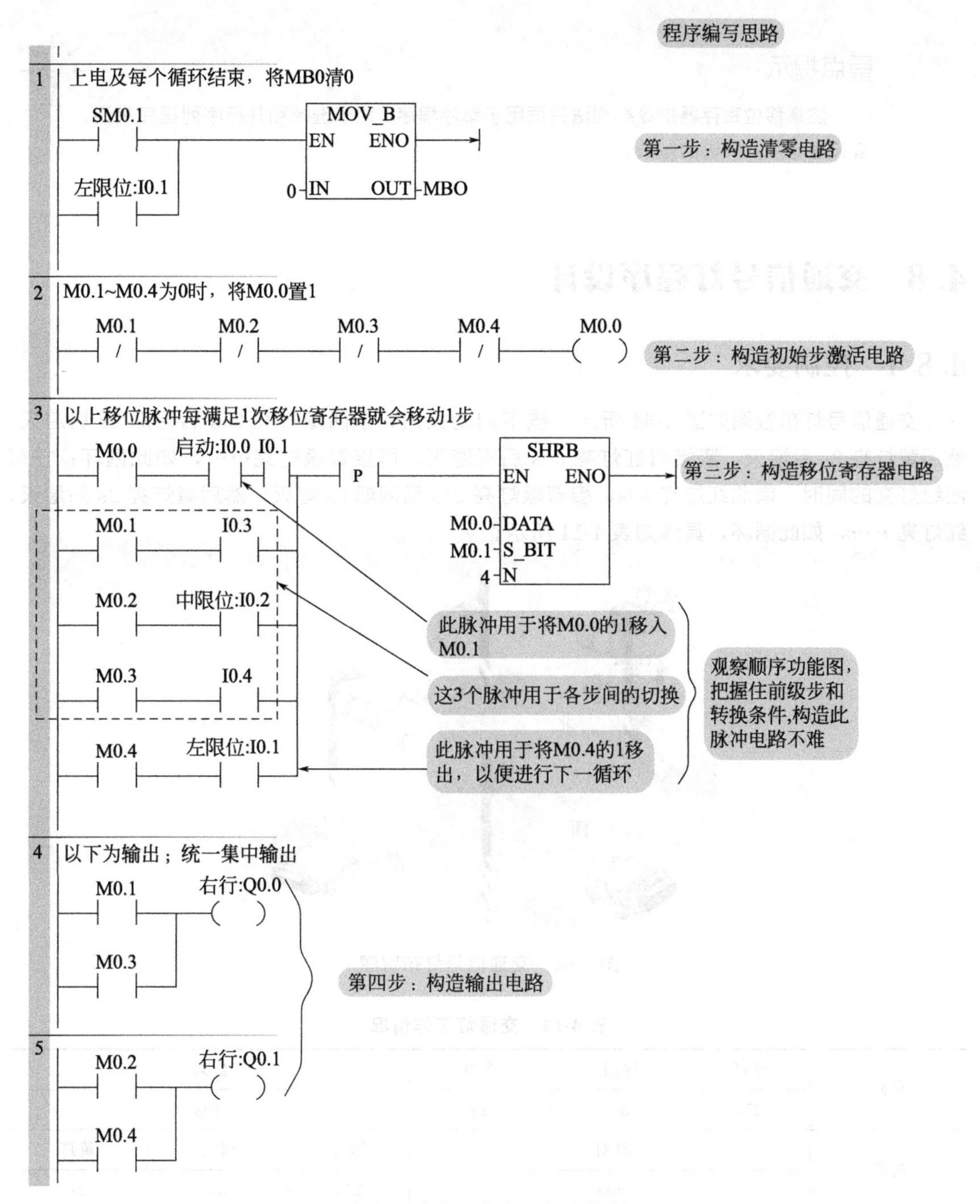

图 4-63 小车运动移位寄存器指令编程法梯形图

④ 程序解析：

图 4-63 梯形图中，用 M0.1～M0.4 这 4 步代表右行、左行、再右行、再左行步。第 1 个网络用于程序的初始化和每个循环的结束将 M0.0～M0.4 清零；第 2 个网络用于激活初始步；第 3 个网络移位寄存器指令的输入端有若干个串联电路的并联分支组成，每条电路分

支接通，移位寄存器指令都会移1步；以后是输出电路，某一动作在多步出现，可将各步的辅助继电器的常开触点并联之后驱动输出继电器线圈。

重点提示：

注意移位寄存器指令编程法只适用于单序程序，对于选择和并行序列程序来说，应该考虑前几节讲的方法。

4.8 交通信号灯程序设计

4.8.1 控制要求

交通信号灯布置图如图4-64所示。按下启动按钮，东西绿灯亮25s后闪烁3s后熄灭，然后黄灯亮2s后熄灭，紧接着红灯亮30s后再熄灭，再接着绿灯亮……，如此循环；在东西绿灯亮的同时，南北红灯亮30s，接着绿灯亮25s后闪烁3s熄灭，然后黄灯亮2s后熄灭，红灯亮……，如此循环，具体如表4-14所示。

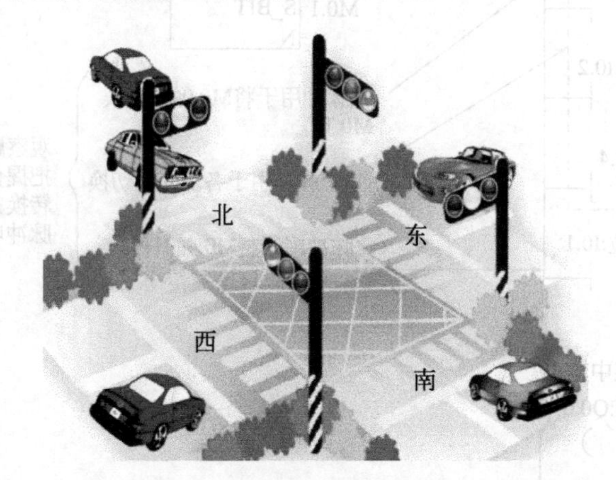

图4-64 交通信号灯布置图

表4-14 交通灯工作情况

东西	绿灯	绿闪	黄灯	红灯			
	25s	3s	2s	30s			
南北	红灯			绿灯	绿闪	黄灯	
	30s			25s	3s	2s	

4.8.2 程序设计

（1）交通信号灯I/O分配，如表4-15所示。

表 4-15　交通信号灯 I/O 分配

输入量		输出量	
启动按钮	I0.0	东西绿灯	Q0.0
停止按钮	I0.1	东西黄灯	Q0.1
		东西红灯	Q0.2
		南北绿灯	Q0.3
		南北黄灯	Q0.4
		南北红灯	Q0.5

解法一：经验设计法

从控制要求上看，此例编程规律不难把握，故采用了经验设计法。由于东西、南北交通灯工作规律完全一致，所以写出东西或南北这半程序，按照前一半的规律，另一半程序对应写出即可。首先构造启保停电路，接下来构造定时电路，最后根据输出情况写输出电路。具体程序如图 4-65 所示。

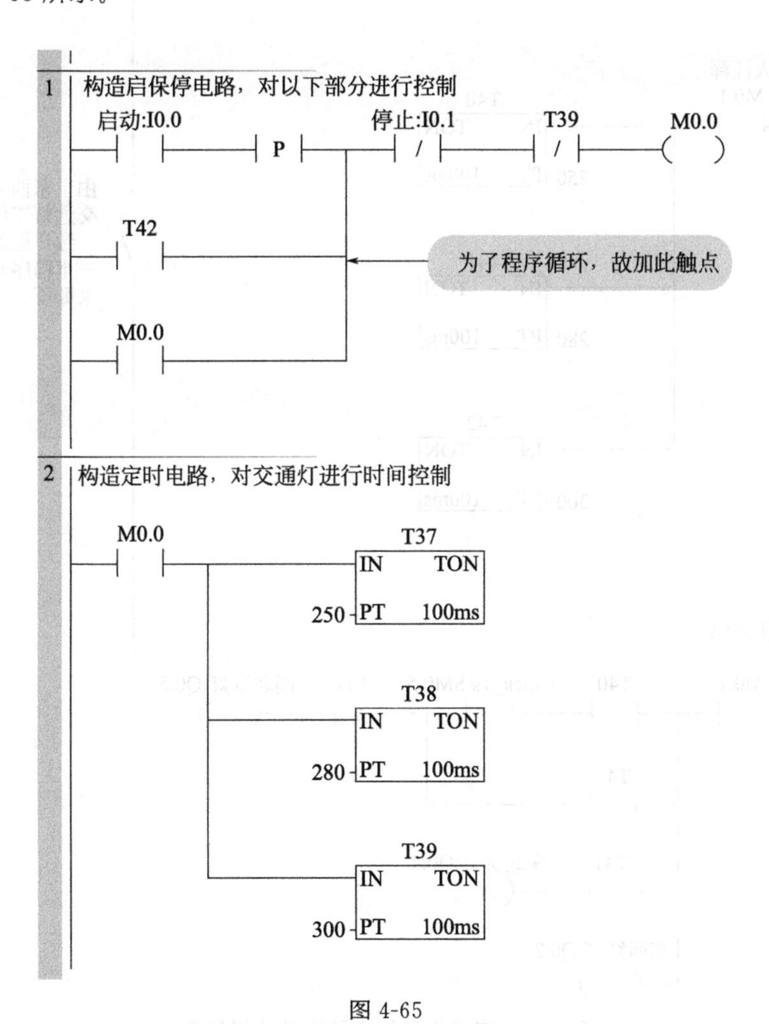

图 4-65

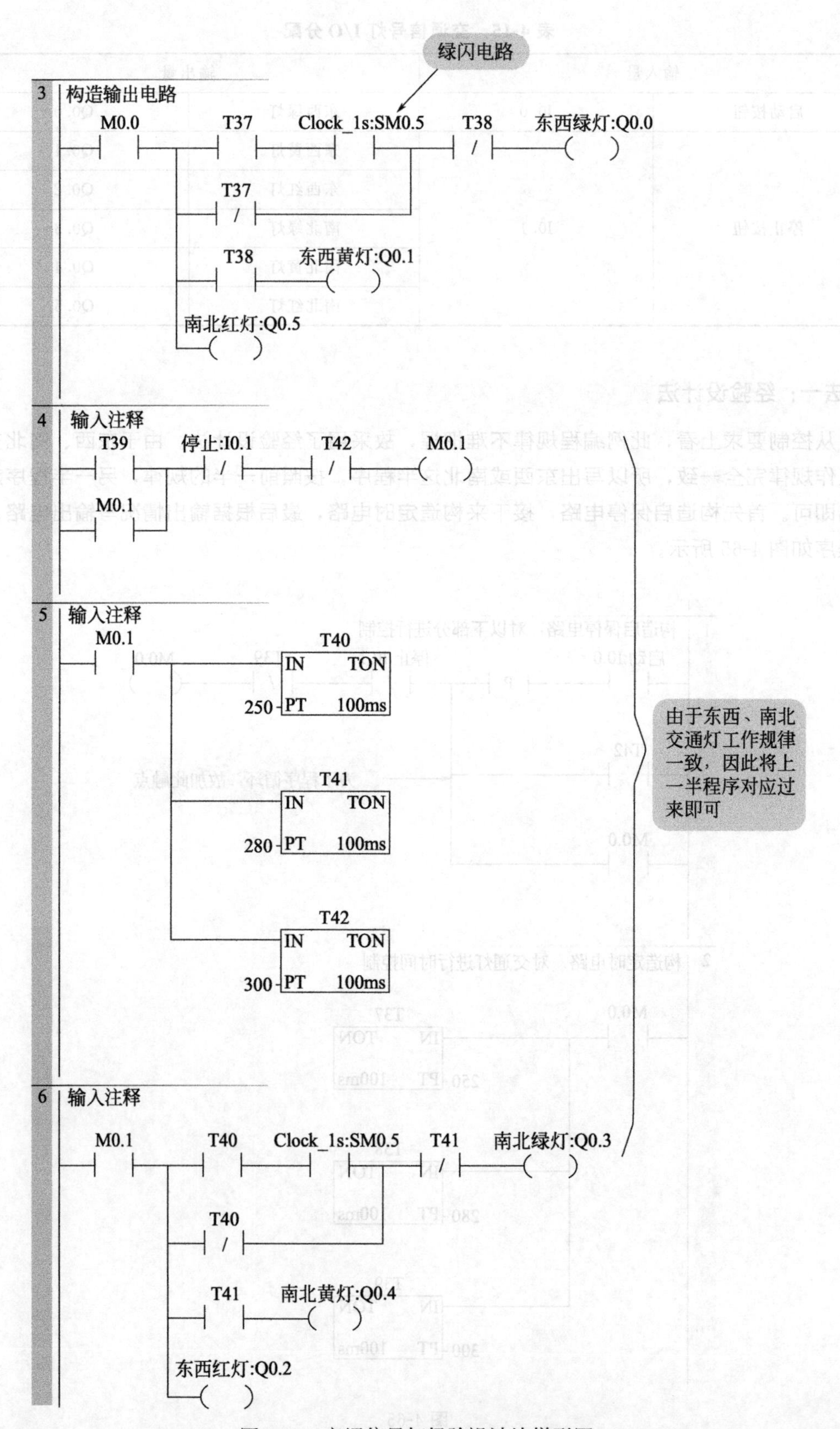

图 4-65　交通信号灯经验设计法梯形图

交通信号灯经验设计法程序解析如图 4-66 所示。

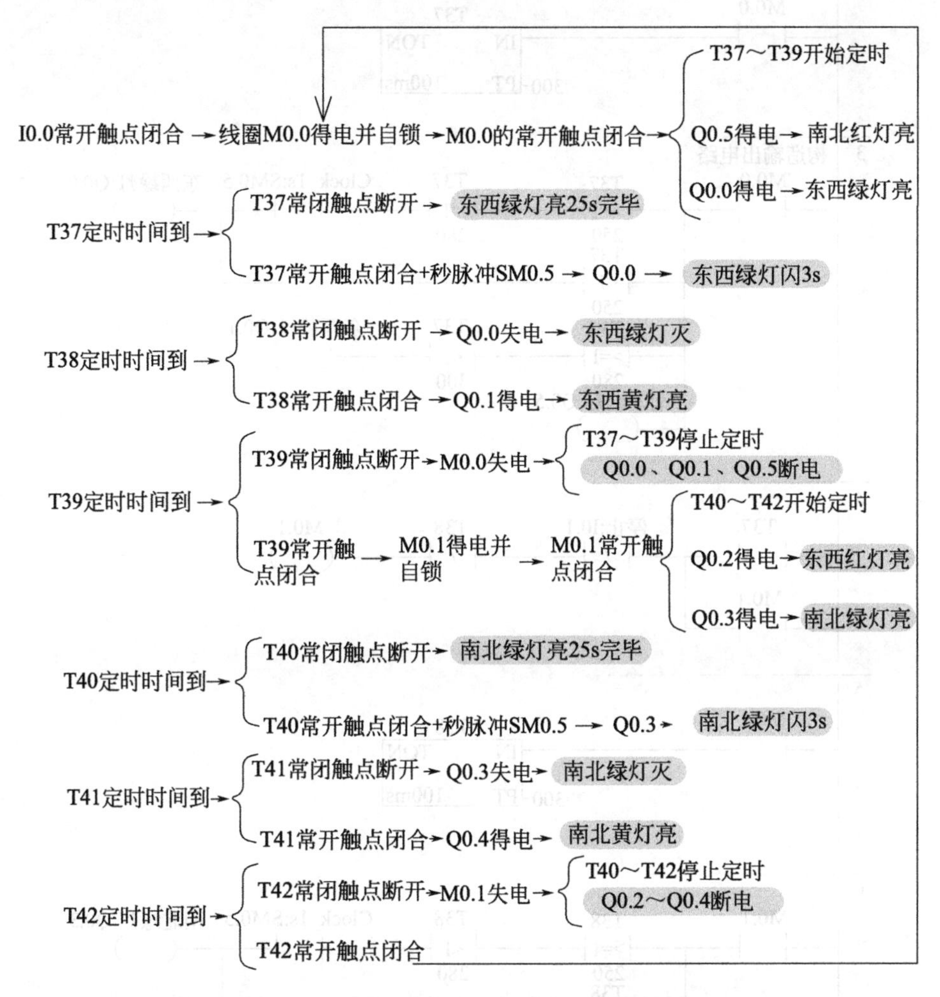

图 4-66 交通信号灯经验设计法程序解析

解法二：比较指令编程法

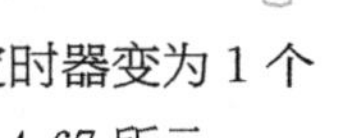

比较指令编程法和上边的经验设计法比较相似，不同点在于定时电路由 3 个定时器变为 1 个定时器，节省了定时器的个数；此外输出电路用比较指令分段讨论。具体程序如图 4-67 所示。

1 构造启保停电路，对以下部分进行控制

启动:I0.0 P 停止:I0.1 T37 M0.0

T38

M0.0

图 4-67

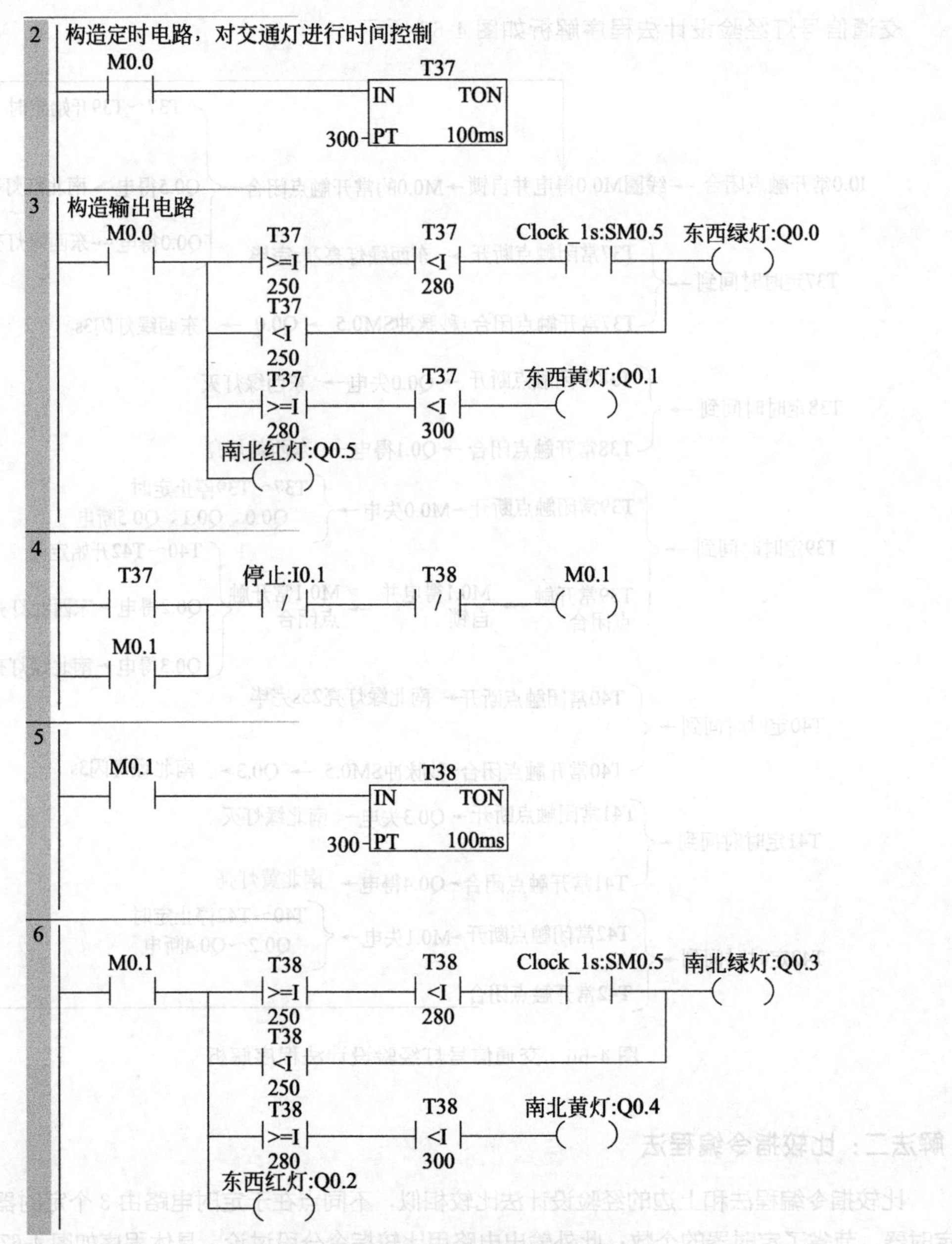

图 4-67 交通信号灯比较指令编程法

交通信号灯比较指令编程法程序解析如图 4-68 所示。

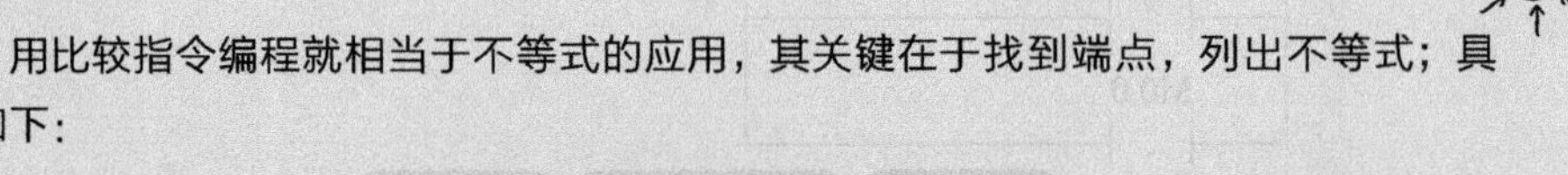

用比较指令编程就相当于不等式的应用，其关键在于找到端点，列出不等式；具体如下：

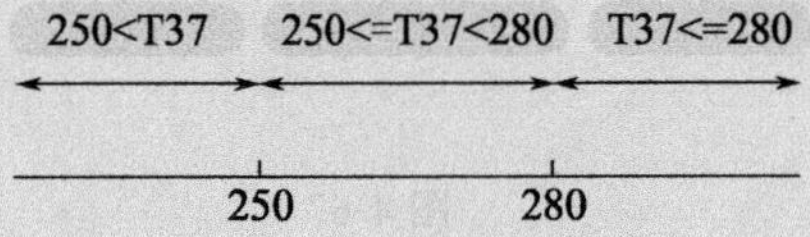

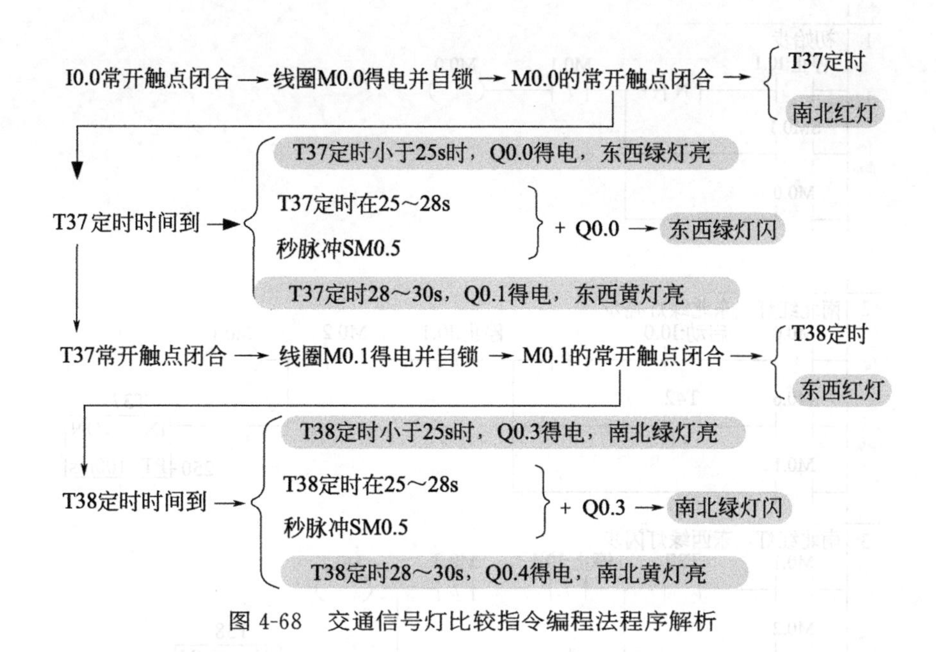

图 4-68　交通信号灯比较指令编程法程序解析

解法三：启保停电路编程法

启保停电路编程法顺序功能图如图 4-69 所示，启保停电路编程法梯形图如图 4-70 所示。启保停电路编程法程序解析如图 4-71 所示。

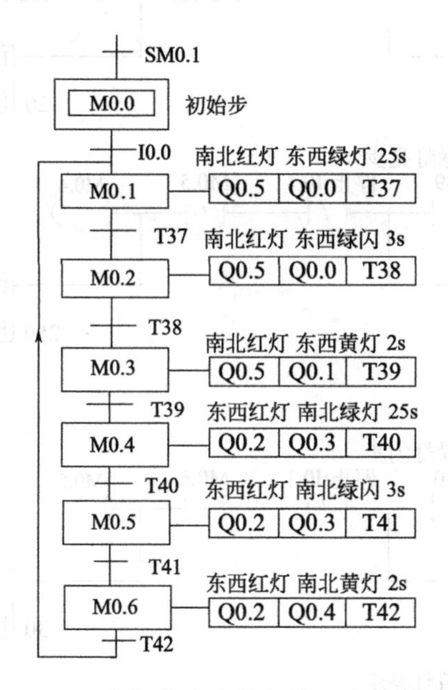

图 4-69　启保停电路编程法顺序功能图

解法四：置位复位指令编程法

置位复位指令编程法顺序功能图如图 4-69 所示，交通灯控制置位复位指令编程法梯形图如图 4-72 所示。置位复位指令编程法程序解析如图 4-73 所示。

1 初始步

停止:I0.1 N M0.1 / M0.0 ( )

SM0.1

M0.0

2 南北红灯，东北绿灯亮步

M0.0 启动:I0.0 P 停止:I0.1 / M0.2 / M0.1 ( )

M0.6 T42

M0.1

T37 IN TON 250 PT 100ms

3 南北红灯，东西绿灯闪步

M0.1 T37 停止:I0.1 / M0.3 / M0.2 ( )

M0.2

T38 IN TON 30 PT 100ms

4 南北红灯，东西黄灯亮步

M0.2 T38 停止:I0.1 / M0.4 / M0.3 ( )

M0.3

T39 IN TON 20 PT 100ms

5 东北红灯，南北绿灯亮步

M0.3 T39 停止:I0.1 / M0.5 / M0.4 ( )

M0.4

T40 IN TON 250 PT 100ms

6 东北红灯，南北绿灯闪步

M0.4 T40 停止:I0.1 / M0.6 / M0.5 ( )

M0.5

T41 IN TON 30 PT 100ms

7 东北红灯，南北黄灯亮步

M0.5 T41 停止:I0.1 / M0.1 / M0.6 ( )

M0.6

T42 IN TON 20 PT 100ms

A

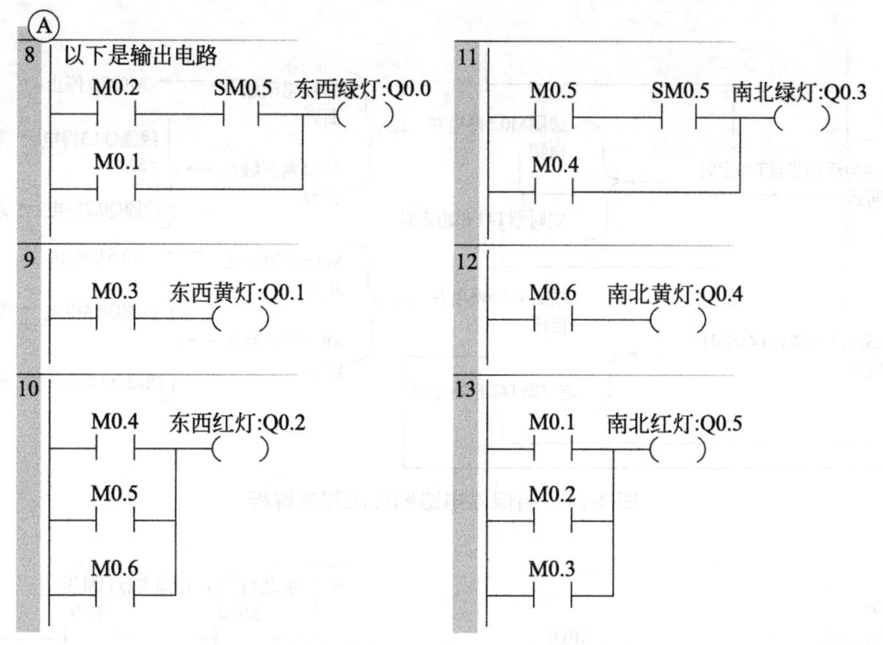

图 4-70 交通灯控制启保停电路编程法梯形图

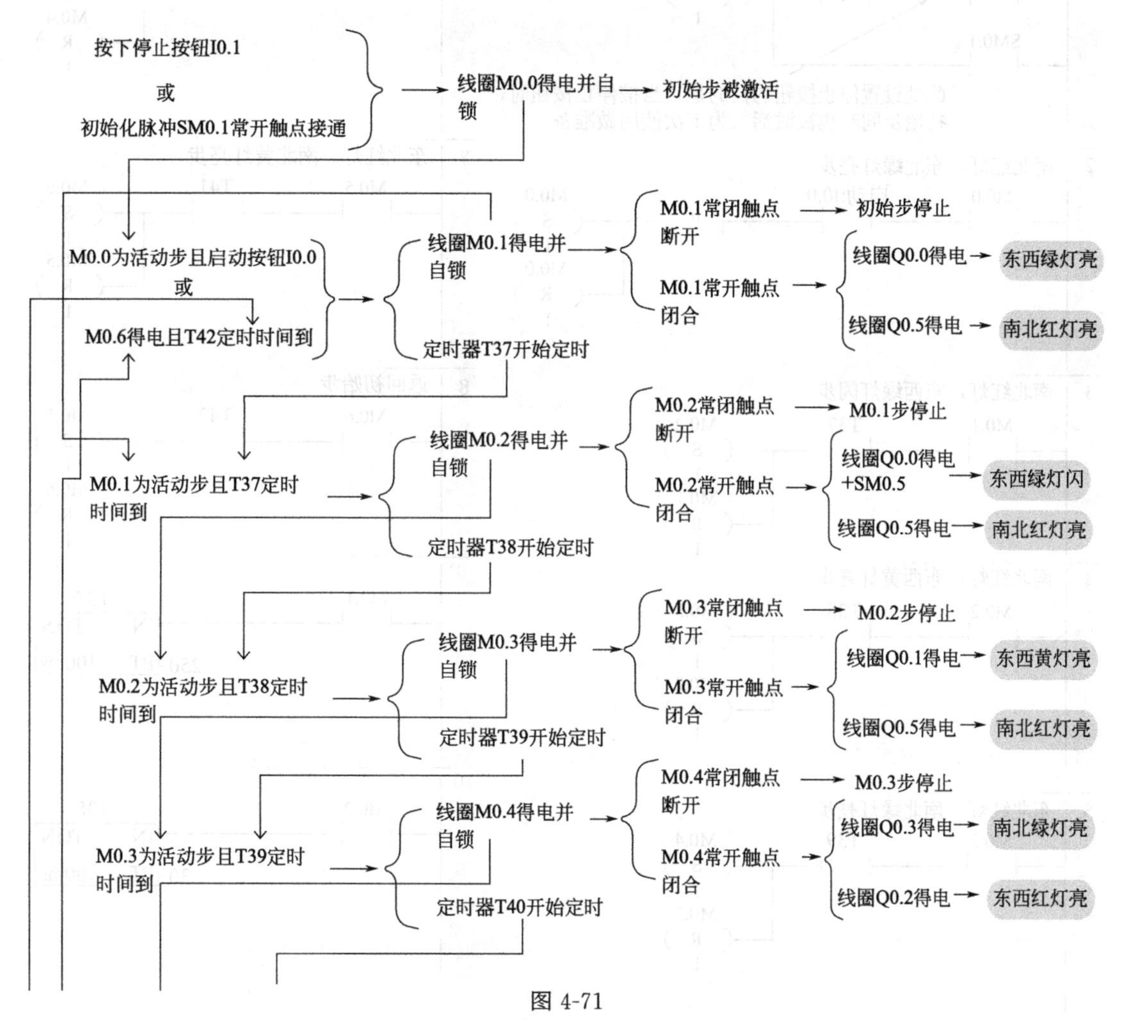

图 4-71

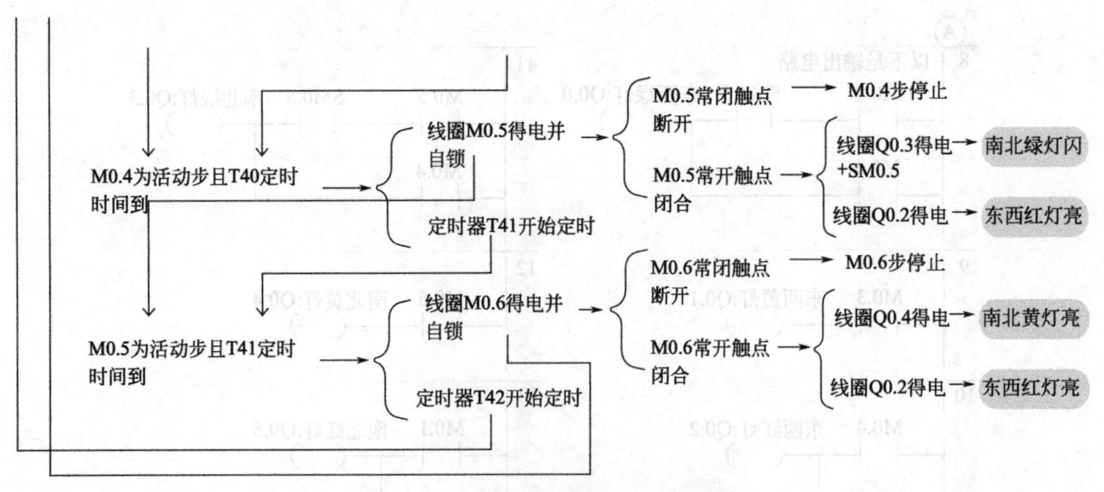

图 4-71 启保停电路编程法程序解析

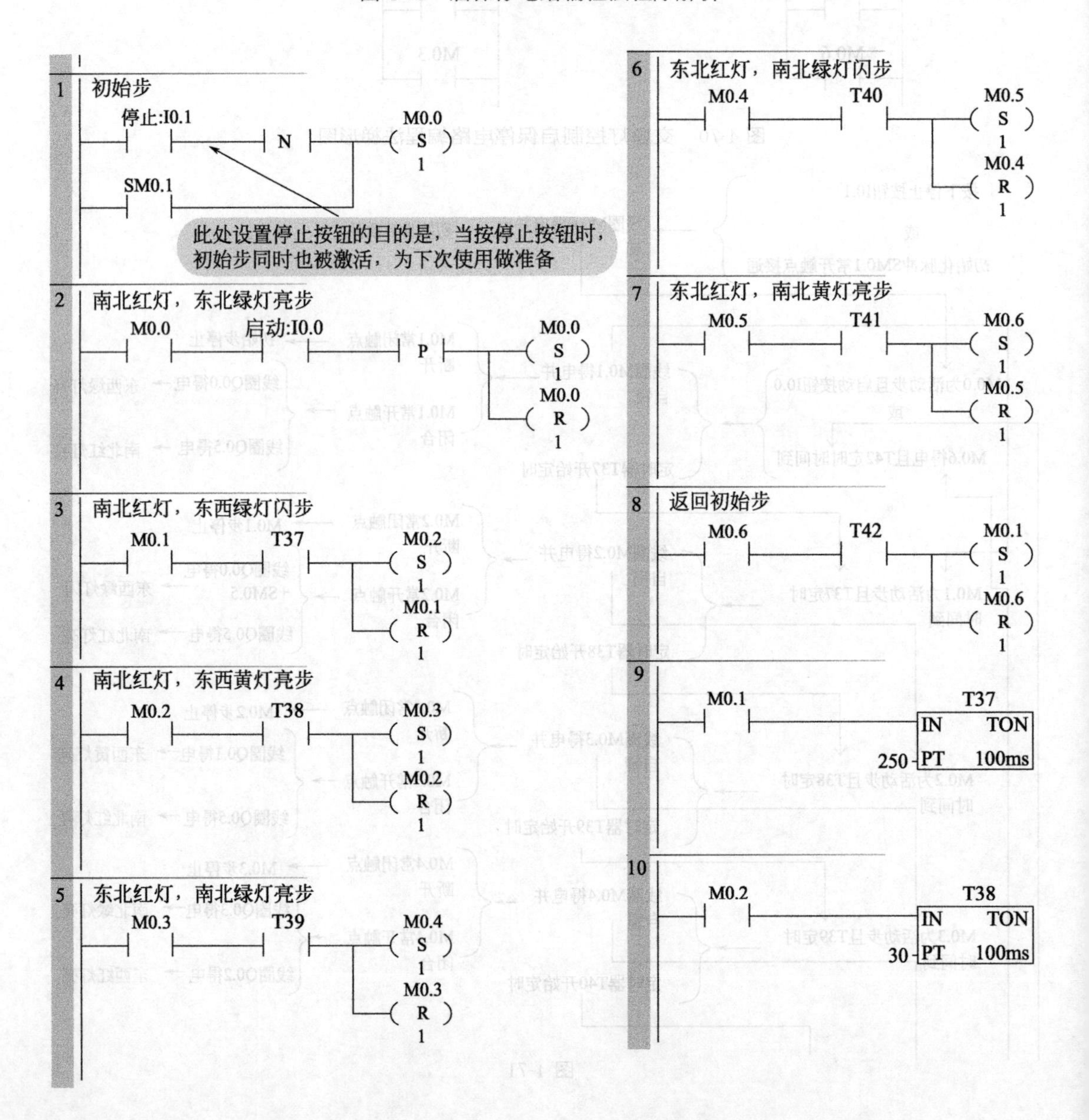

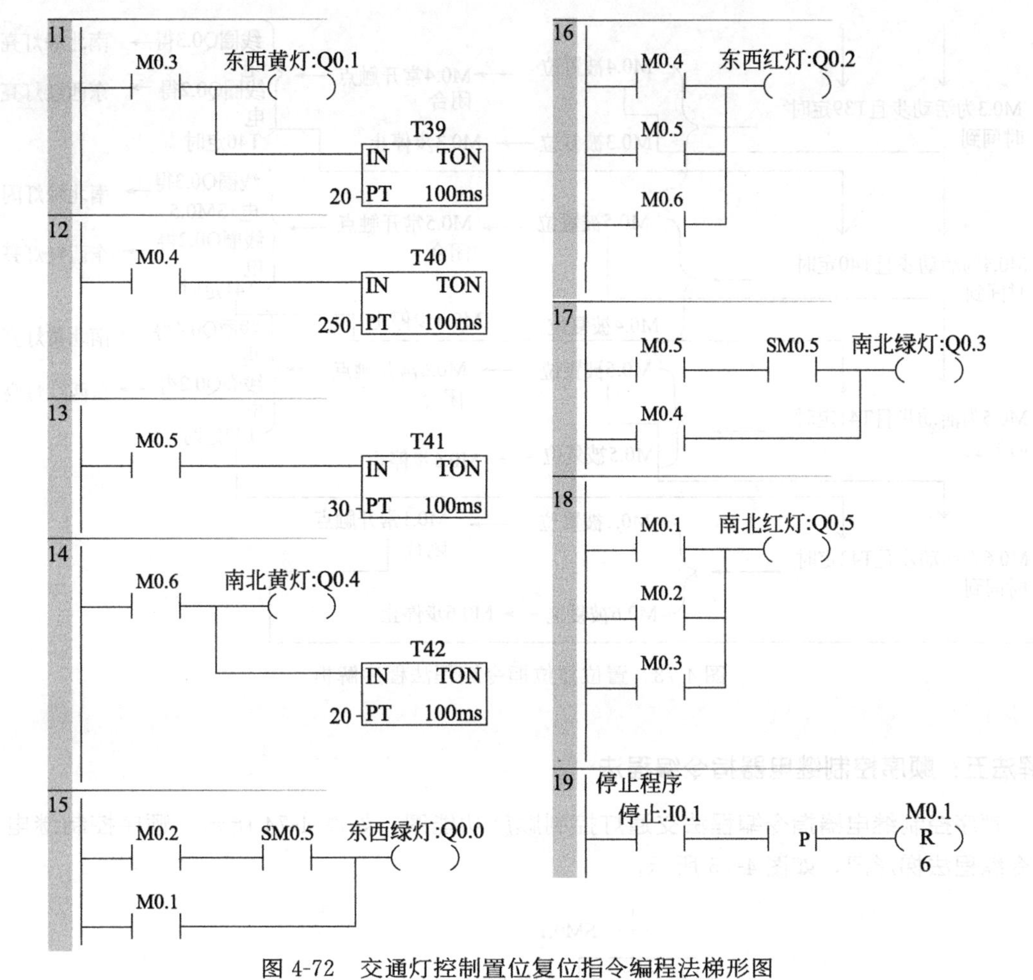

图 4-72　交通灯控制置位复位指令编程法梯形图

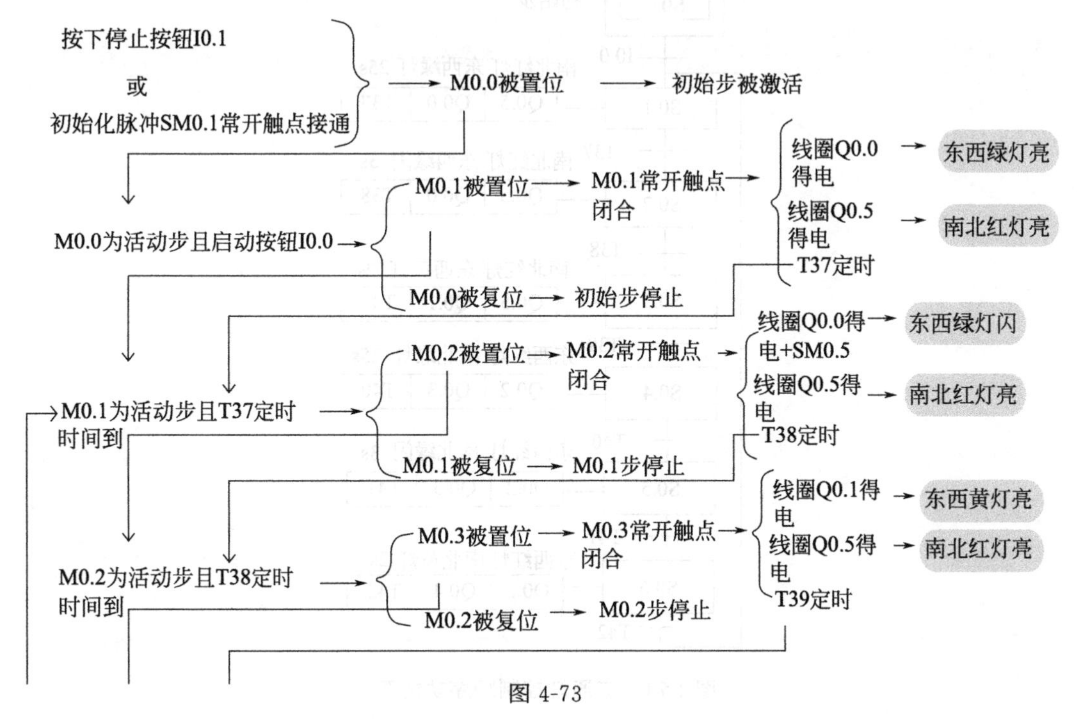

图 4-73

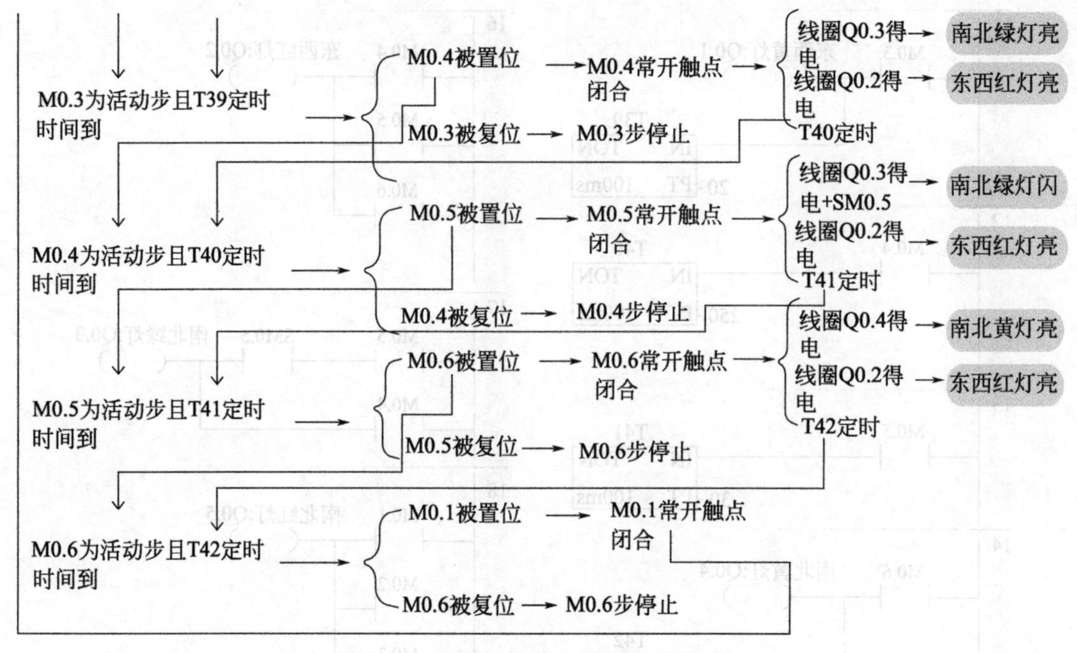

图 4-73　置位复位指令编程法程序解析

解法五：顺序控制继电器指令编程法

顺序控制继电器指令编程法交通灯控制顺序功能图，如图 4-74 所示，顺序控制继电器指令编程法梯形图，如图 4-75 所示。

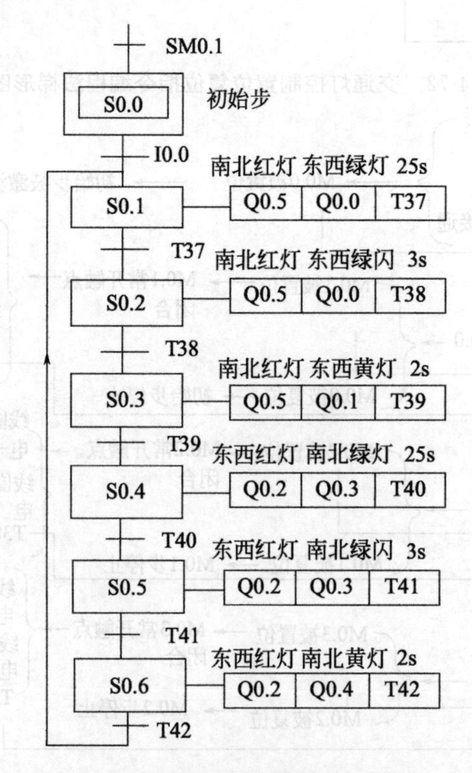

图 4-74　交通灯控制顺序功能图

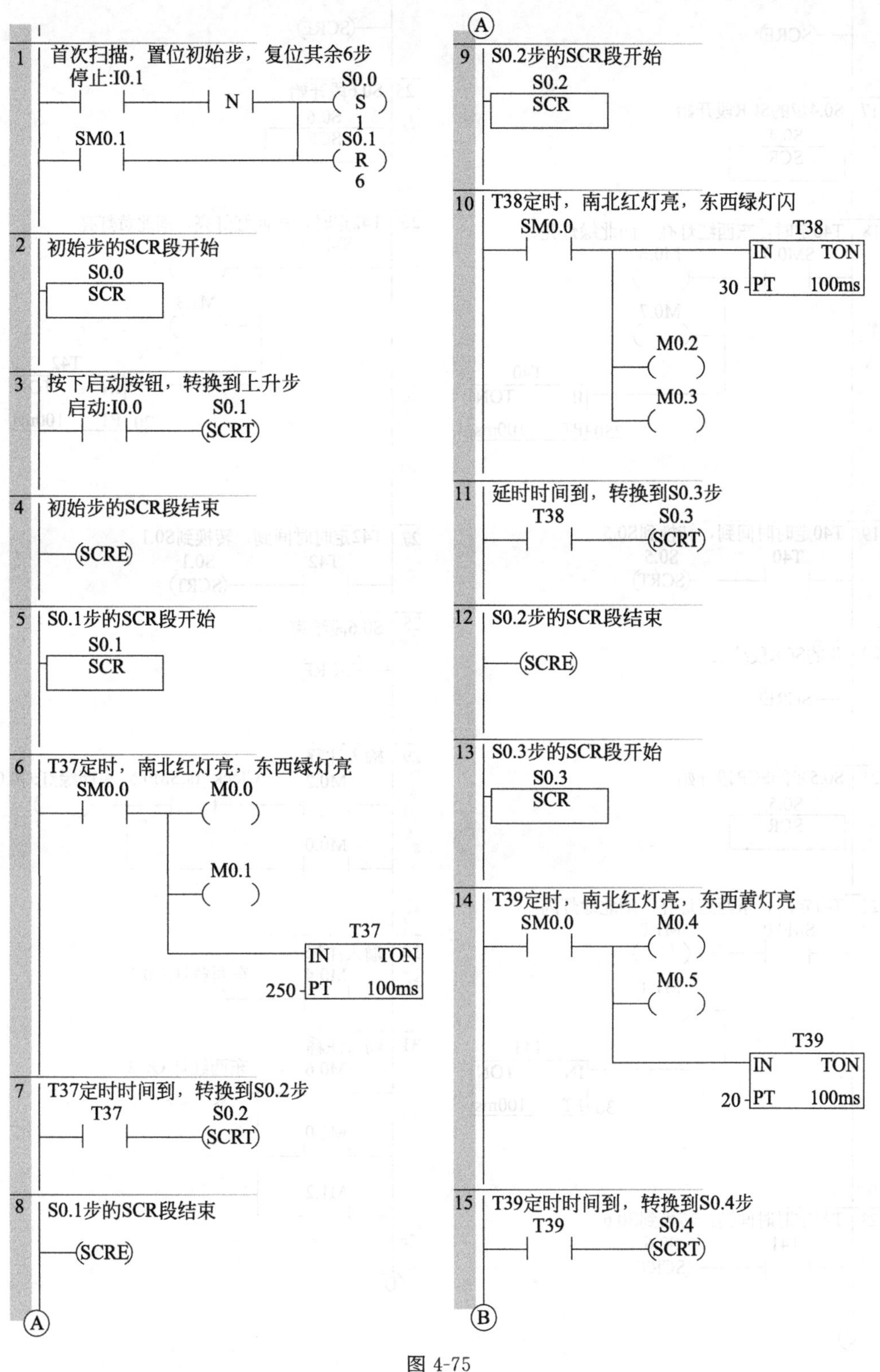

1 首次扫描，置位初始步，复位其余6步
停止:I0.1
N
S0.0
S
1
SM0.1
S0.1
R
6
2 初始步的SCR段开始
S0.0
SCR
3 按下启动按钮，转换到上升步
启动:I0.0
S0.1
SCRT
4 初始步的SCR段结束
SCRE
5 S0.1步的SCR段开始
S0.1
SCR
6 T37定时，南北红灯亮，东西绿灯亮
SM0.0
M0.0
M0.1
T37
IN TON
250 PT 100ms
7 T37定时时间到，转换到S0.2步
T37
S0.2
SCRT
8 S0.1步的SCR段结束
SCRE
A
9 S0.2步的SCR段开始
S0.2
SCR
10 T38定时，南北红灯亮，东西绿灯闪
SM0.0
T38
IN TON
30 PT 100ms
M0.2
M0.3
11 延时时间到，转换到S0.3步
T38
S0.3
SCRT
12 S0.2步的SCR段结束
SCRE
13 S0.3步的SCR段开始
S0.3
SCR
14 T39定时，南北红灯亮，东西黄灯亮
SM0.0
M0.4
M0.5
T39
IN TON
20 PT 100ms
15 T39定时时间到，转换到S0.4步
T39
S0.4
SCRT
B

图 4-75

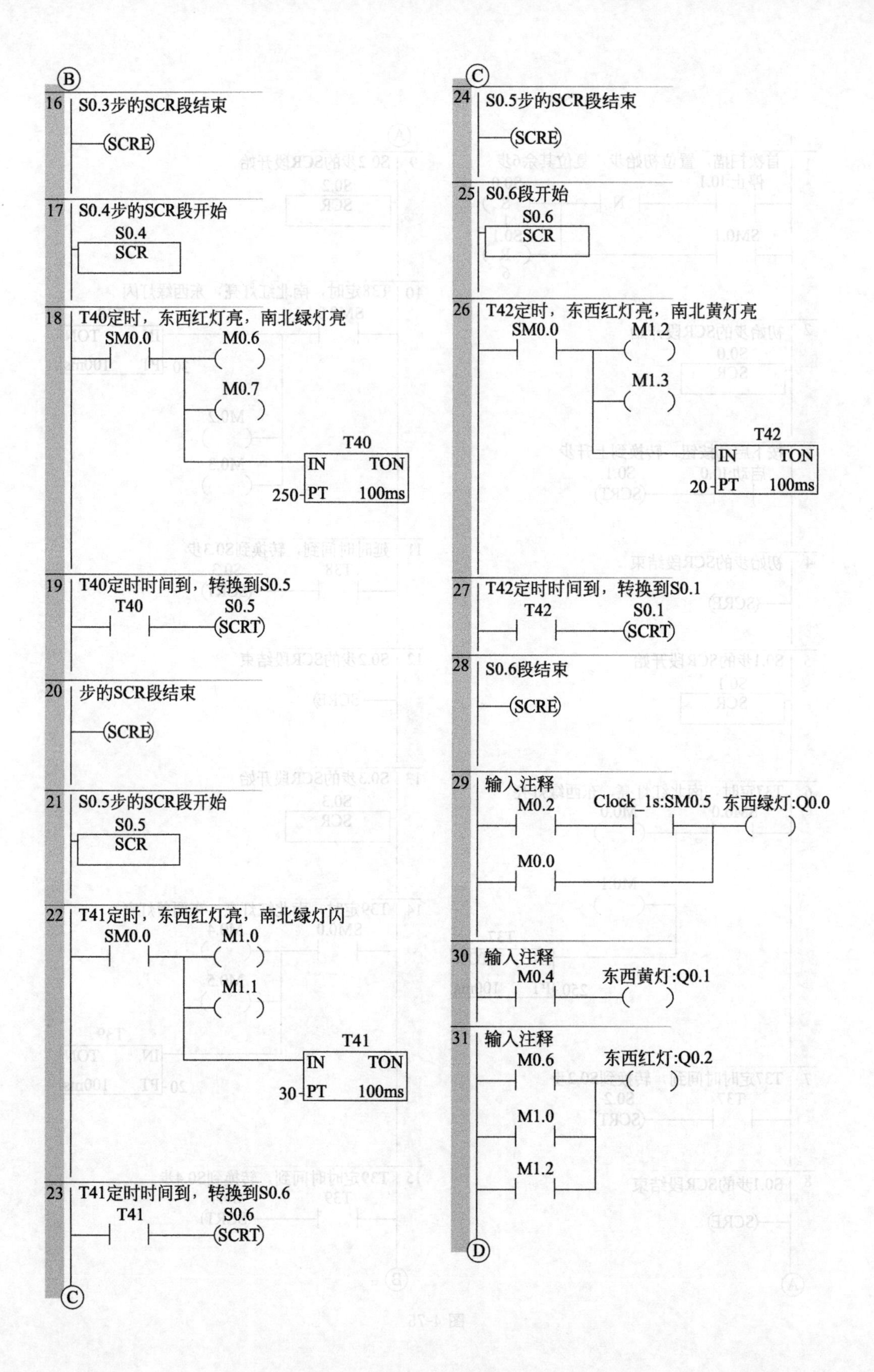

B
16 S0.3步的SCR段结束
SCRE
17 S0.4步的SCR段开始
S0.4
SCR
18 T40定时，东西红灯亮，南北绿灯亮
SM0.0
M0.6
M0.7
T40
IN TON
250-PT 100ms
19 T40定时时间到，转换到S0.5
T40
S0.5
SCRT
20 步的SCR段结束
SCRE
21 S0.5步的SCR段开始
S0.5
SCR
22 T41定时，东西红灯亮，南北绿灯闪
SM0.0
M1.0
M1.1
T41
IN TON
30-PT 100ms
23 T41定时时间到，转换到S0.6
T41
S0.6
SCRT
C
24 S0.5步的SCR段结束
SCRE
25 S0.6段开始
S0.6
SCR
26 T42定时，东西红灯亮，南北黄灯亮
SM0.0
M1.2
M1.3
T42
IN TON
20-PT 100ms
27 T42定时时间到，转换到S0.1
T42
S0.1
SCRT
28 S0.6段结束
SCRE
29 输入注释
M0.2
Clock_1s:SM0.5
东西绿灯:Q0.0
M0.0
30 输入注释
M0.4
东西黄灯:Q0.1
31 输入注释
M0.6
东西红灯:Q0.2
M1.0
M1.2
D

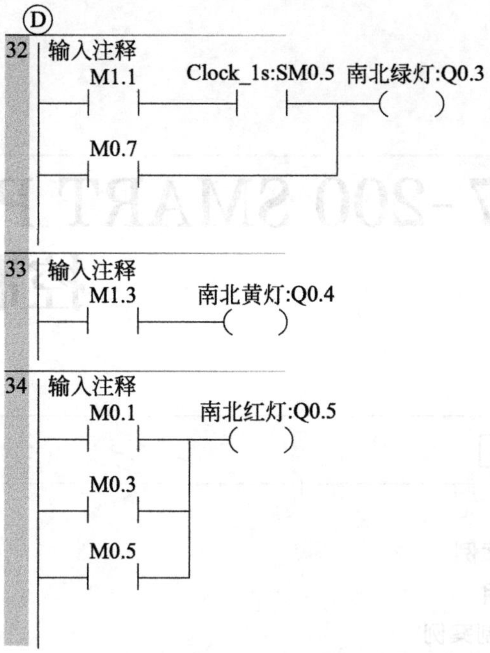

Ⓓ

32 输入注释

M1.1 Clock_1s:SM0.5 南北绿灯:Q0.3

M0.7

33 输入注释

M1.3 南北黄灯:Q0.4

34 输入注释

M0.1 南北红灯:Q0.5

M0.3

M0.5

图 4-75　交通灯控制顺序控制继电器指令编程法梯形图

第5章

S7-200 SMART PLC模拟量控制程序设计

本章要点

- 模拟量控制概述
- 模拟量扩展模块及案例
- 空气压缩机改造项目
- PID 控制与恒压控制案例
- 模拟量信号发生与接收案例

5.1 模拟量控制概述

5.1.1 模拟量控制简介

(1) 模拟量控制简介

在工业控制中，某些输入量(温度、压力、液位和流量等) 是连续变化的模拟量信号，某些被控对象也需模拟信号控制，因此要求 PLC 有处理模拟信号的能力。

PLC 内部执行的均为数字量，因此模拟量处理需要完成有两方面任务：一是将模拟量转换成数字量(A/D 转换)；二是将数字量转换为模拟量(D/A 转换)。

(2) 模拟量处理过程

模拟量处理过程如图 5-1 所示。这个过程分为以下几个阶段。

① 模拟量信号的采集，由传感器来完成。传感器将非电信号（如温度、压力、液位和流量等）转化为电信号。注意此时的电信号为非标准信号。

② 非标准电信号转化为标准电信号，此项任务由变送器来完成。传感器输出的非标准电信号输送给变送器，经变送器将非标准电信号转化为标准电信号。根据国际标准，标准信号分为电压型和电流型两种类型。电压型的标准信号为 DC 1～5V；电流型的标准信号为 DC 4～20mA。

③ A/D 转换和 D/A 转换。变送器将其输出的标准信号传送给模拟量输入扩展模块后，模拟量输入扩展模块将模拟量信号转化为数字量信号，PLC 经过运算，其输出结果或直接驱动输出继电器，从而驱动开关量负载；或经模拟量输出模块实现 D/A 转换后，输出模拟量信号控制模拟量负载。

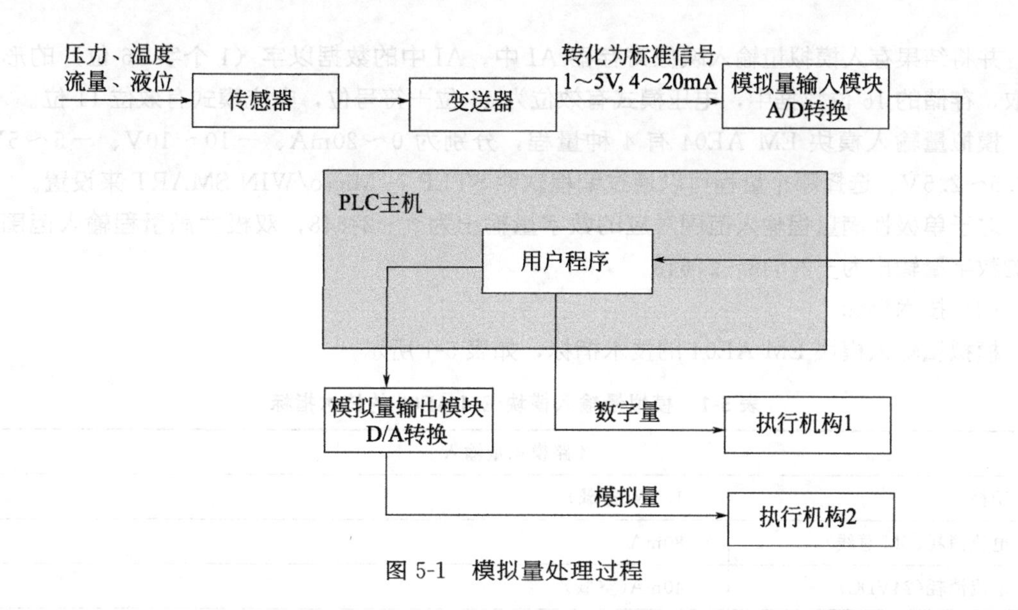

图 5-1 模拟量处理过程

5.1.2 模块扩展连接

S7-200 SMART PLC 本机有一定数量的 I/O 点，其地址分配也是固定的。当 I/O 点数不够时，通过连接 I/O 扩展模块或安装信号板，可以实现 I/O 点数的扩展。扩展模块一般安装在本机的右端，最多可以扩展 6 个扩展模块；扩展模块可以分为数字量输入模块、数字量输出模块、数字量输入输出模块、模拟量输入模块、模拟量输出模块、模拟量输入输出模块、热电阻输入模块和热电偶输入模块。

扩展模块的地址分配由 I/O 模块的类型和模块在 I/O 链中的位置决定。数字量 I/O 模块的地址以字节为单位，某些 CPU 和信号板的数字量 I/O 点数如不是 8 的整数倍，最后一个字节中未用的位不会分配给 I/O 链中的后续模块。

CPU、信号板和各扩展模块的连接及起始地址分配，如图 5-2 所示。用系统块组态硬件时，编程软件 STEP 7- Micro/WIN SMART 会自动分配各模块和信号板的地址，本书在 2.2.2 节硬件组态中有详细阐述，这里不再赘述。

地址	CPU	信号板	信号模块0	信号模块1	信号模块2	信号模块3
起始地址	I0.0 Q0.0	I7.0	I8.0	I12.0	I16.0	I20.0
		Q7.0	Q8.0	Q12.0	Q16.0	Q20.0
		无AI信号板	AIW16	AIW32	AIW48	AIW64
		AQW12	AQW16	AQW32	AQW48	AQW64

图 5-2 CPU、信号板和各扩展模块的连接及起始地址分配

5.2 模拟量模块及内码与实际物理量转换案例

5.2.1 模拟量输入模块 EM AE04

(1) 概述

模拟量输入模块 EM AE04 有 4 路模拟量输入，其功能将输入的模拟量信号转化为数字

量，并将结果存入模拟量输入映像寄存器 AI 中。AI 中的数据以字（1 个字 16 位）的形式存取，存储的 16 位数据中，电压模式有效位为 11 位＋符号位，电流模式有效位 11 位。

模拟量输入模块 EM AE04 有 4 种量程，分别为 0～20mA、－10～10V、－5～5V、－2.5～2.5V。选择哪个量程可以通过编程软件 STEP 7- Micro/WIN SMART 来设置。

对于单极性满量程输入范围对应的数字量输出为 0～27648；双极性满量程输入范围对应的数字量输出为－27648～27648。

（2）技术指标

模拟量输入模块 EM AE04 的技术指标，如表 5-1 所示。

表 5-1　模拟量输入模块 EM AE04 的技术指标

4 路模拟量输入	
功耗	1.5W(空载)
电流消耗(SM 总线)	80mA
电流消耗(24VDC)	40mA(空载)
满量程范围	－27648～27648
输入阻抗	≥9MΩ 电压输入 250Ω 电流输入
最大耐压/耐流	±35V DC/±40mA
输入范围	－5～5V、－10～10V、－2.5～2.5V、或 0～20mA
分辨率	电压模式：11 位＋符号位 电流模式：11 位
隔离	无
精度(25℃/0～55℃)	电压模式：满程的±0.1%/±0.2% 电流模式：满程的±0.2%/±0.3%
电缆长度(最大值)	100m，屏蔽双绞线

（3）模拟量输入模块 EM AE04 的端子与接线

模拟量输入模块 EM AE04 的接线图，如图 5-3 所示。

模拟量输入模块 EM AE04 需要 DC 24V 电源供电，可以外接开关电源，也可由来自 PLC 的传感器电源（L＋，M 之间 24V DC）提供；在扩展模块及外围元件较多的情况下，不建议使用 PLC 的传感器电源供电，具体电源需要量计算，请查阅第一章的内容。模拟量输入模块安装时，将其连接器插入 CPU 模块或其他扩展模块的插槽里，不再是 S7-200PLC 那种采用扁平电缆的连接方式。

模拟量输入模块支持电压信号和电流信号输入，对于模拟量电压信号、电流信号的类型及量程的选择由编程软件 STEP 7- Micro/WIN SMART 设置来完成，不再是 S7-200PLC 那种 DIP 开关设置了，这样更加便捷。

（4）模拟量输入模块 EM AE04 组态模拟量输入

在编程软件中，先选中模拟量输入模块，再选中要设置的通道，模拟量的类型有电压和电流两种，电压范围有－2.5～2.5V、－5～5V、－10～10V 3 种；电流范围只有 0～20mA 1 种。

值得注意的是，通道 0 和通道 1 的类型相同；通道 2 和通道 3 的类型相同；具体设置如图 5-4 所示。

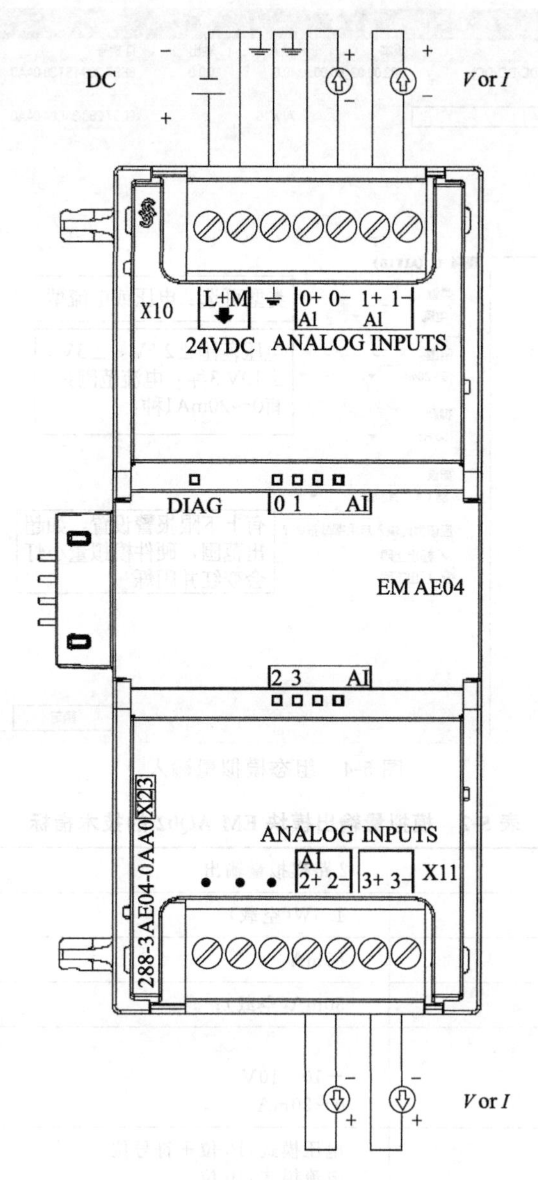

图 5-3　模拟量输入模块 EM AE04 的接线图

5.2.2　模拟量输出模块 EM AQ02

（1）概述

模拟量输出模块 EM AQ02 有 2 路模拟量输出，其功能将模拟量输出映像寄存器 AQ 中的数字量转换为可用于驱动执行元件的模拟量。此模块有两种量程，分别为±10V 和 0～20mA，对应的数字量为－27648～＋27648 和 0～27648。

AQ 中的数据以字（1 个字 16 位）的形式存取，电压模式的有效位为 10 位＋符号位；电流模式的有效位为 10 位。

（2）技术指标

模拟量输出模块 EM AQ02 的技术指标，如表 5-2 所示。

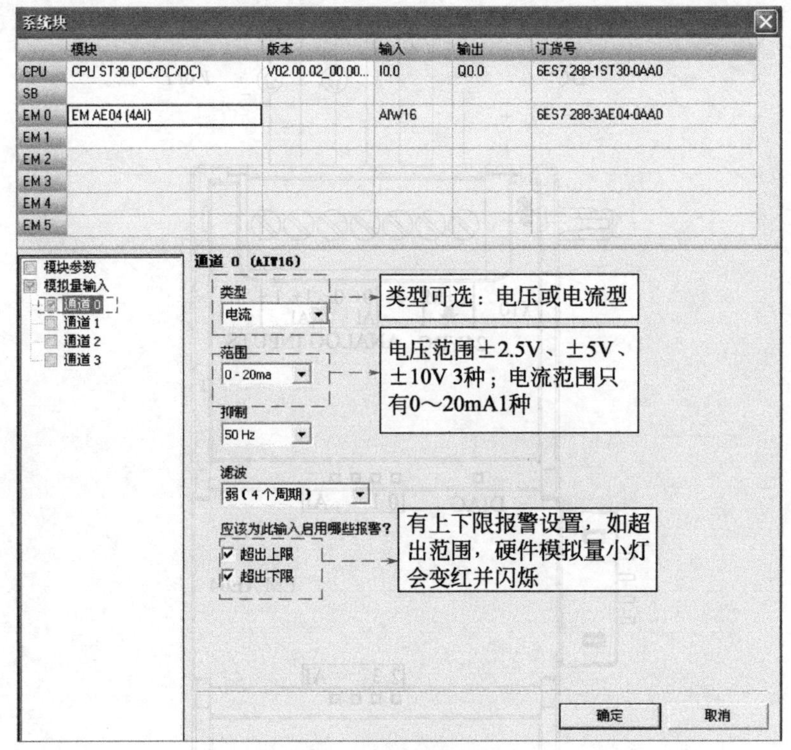

图 5-4　组态模拟量输入

表 5-2　模拟量输出模块 EM AQ02 的技术指标

	2 路模拟量输出
功耗	1.5W(空载)
电流消耗(SM 总线)	80mA
电流消耗(24VDC)	50mA(空载);
信号范围 电压输出 电流输出	 −10～10V 0～20mA
分辨率	电压模式:10 位＋符号位 电流模式:10 位
满量程范围	电压:−27648～27648 电流:0～27648
精度(25℃/0～55℃)	满程的±0.5%/±1.0%
负载阻抗	电压:≥1000Ω;电流:≤500Ω
电缆长度(最大值)	100m,屏蔽双绞线

(3) 模拟量输出模块 EM AQ02 端子与接线

模拟量输出模块 EM AQ02 的接线，如图 5-5 所示。

模拟量输出模块需要 DC 24V 电源供电，可以外接开关电源，也可由来自 PLC 的传感器电源（L＋，M 之间 24V DC）提供。在扩展模块及外围元件较多的情况下，不建议使用 PLC 的传感器电源供电。模拟量输出模块安装时，将其连接器插入 CPU 模块或其他扩展模块的插槽里。

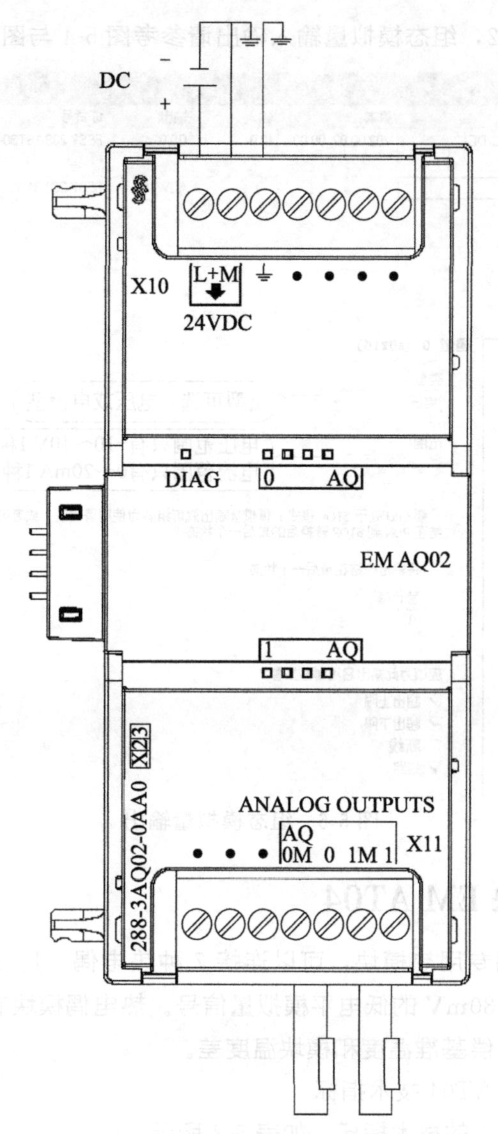

图 5-5 模拟量输出模块 EM AQ02 的接线

（4）模拟量输出模块 EM AQ02 组态模拟量输出

先选中模拟量输出模块，再选中要设置的通道，模拟量的类型有电压和电流两种，电压范围只有－10～10V 1 种；电流范围只有 0～20mA 1 种；具体设置，如图 5-6 所示。

5.2.3 模拟量输入输出混合模块 EM AM06

（1）模拟量输入输出混合模块 EM AM06

模拟量输入输出混合模块 EM AM06 有 4 路模拟量输入和 2 路模拟量输出。

（2）模拟量输入输出混合模块 EM AM06 端子与接线

模拟量输入输出混合模块 EM AM06 的接线图，如图 5-7 所示。

模拟量输入输出混合模块 EM AM06 需要 DC 24V 电源供电，4 路模拟量输入，2 路模拟量输出。

此模块实际上是模拟量输入模块 EM AE04 和模拟量输出模块 EM AQ02 的组合，故技术指标请参考表 5-1 和 5-2，组态模拟量输入输出请参考图 5-4 与图 5-6，这里不再赘述。

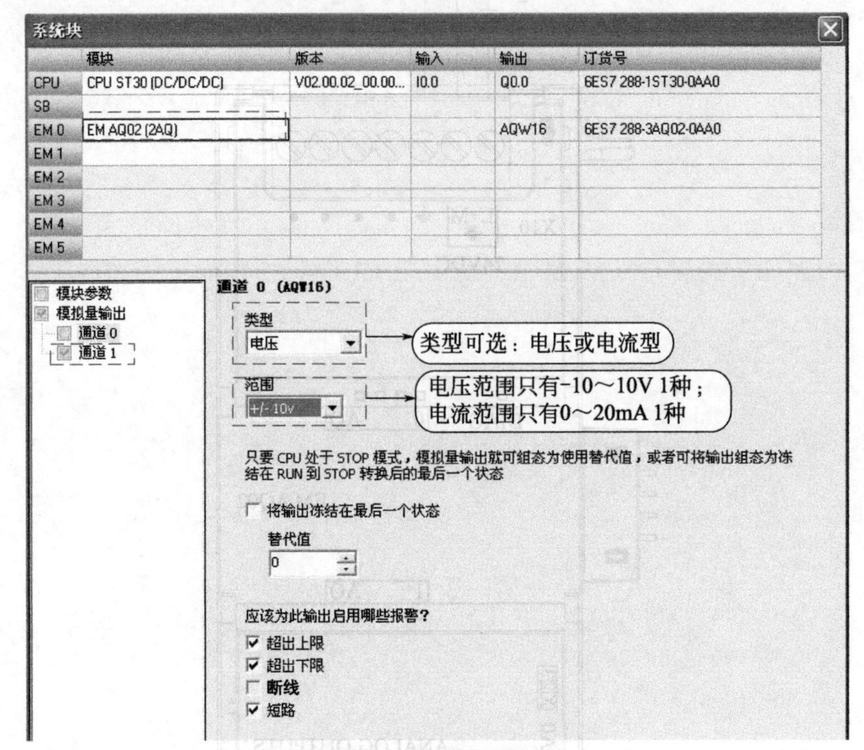

图 5-6　组态模拟量输出

5.2.4　热电偶模块 EM AT04

热电偶模块是热电偶专用热模块，可以连接 7 种热电偶（J、K、E、N、S、T 和 R），还可以测量范围为－80～80mV 的低电平模拟量信号。热电偶模块有冷端补偿电路，可以对测量数据进行修正，以补偿基准温度和模块温度差。

(1) 热电偶模块 EM AT04 技术指标

热电偶模块 EM AT04 的技术指标，如表 5-3 所示。

表 5-3　热电偶模块 EM AT04 的技术指标

热电偶模块	
输入范围	热电偶类型：S、T、R、E、N、K、J；电压范围：－80～80mV；
分辨率 温度 电阻	 0.1℃/0.1℉ 15 位＋符号位
导线长度	到传感器最长为 100m
电缆电阻	最大 100Ω
数据字格式	电压值测量：－27648～27648
阻抗	≥10MΩ
最大耐压	－35～35V DC
重复性	±0.05％FS

续表

热电偶模块	
冷端误差	−1.5～1.5℃
24V DC 电压范围	20.4～28.8V DC(开关电源，或来自 PLC 的传感器电源)

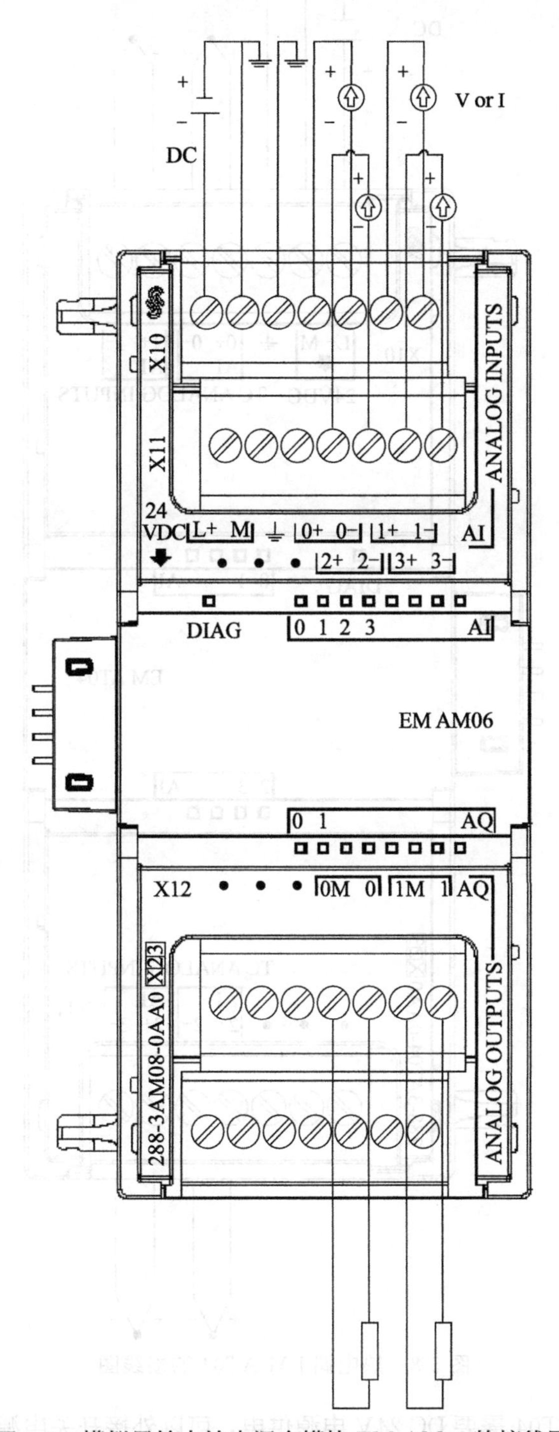

图 5-7　模拟量输入输出混合模块 EM AM06 的接线图

(2) 热电偶 EM AT04 端子与接线

热电偶 EM AT04 的接线图，如图 5-8 所示。

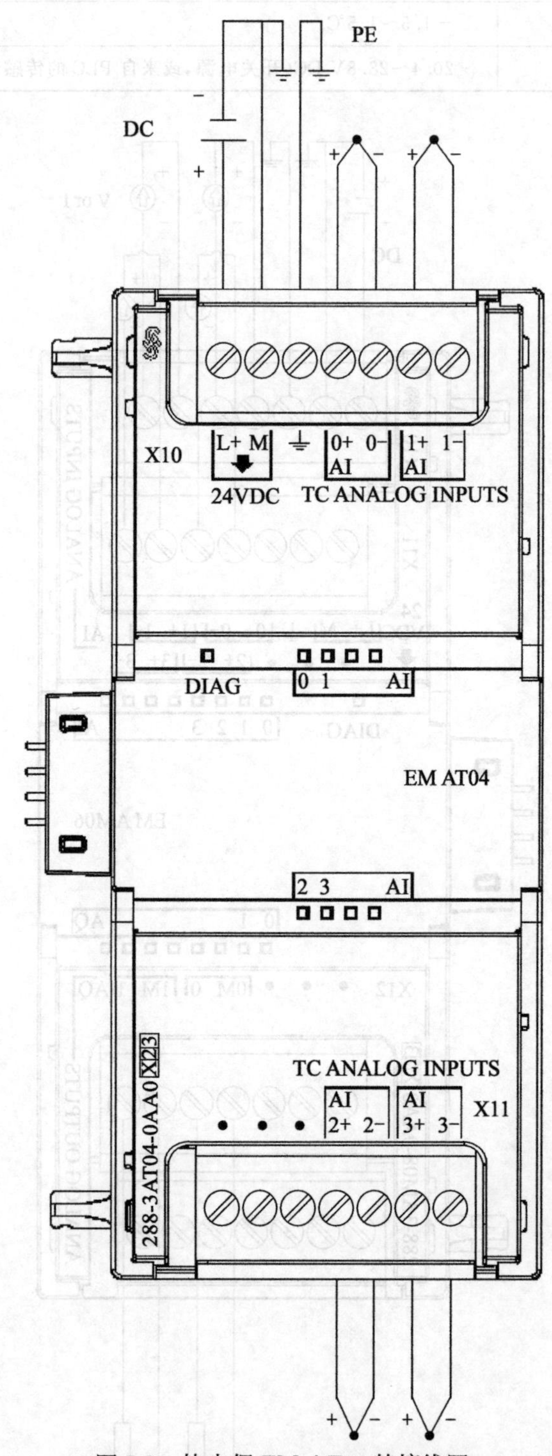

图 5-8　热电偶 EM AT04 的接线图

热电偶模块 EM AT04 需要 DC 24V 电源供电，可以外接开关电源，也可由来自 PLC 的传感器电源（L+，M 之间 24V DC）提供；热电偶模块通过连接器与 CPU 模块或其他模块连接。热电偶接到相应的通道上即可。

(3) 热电偶 EM AT04 组态

热电偶模块组态，如图 5-9 所示。

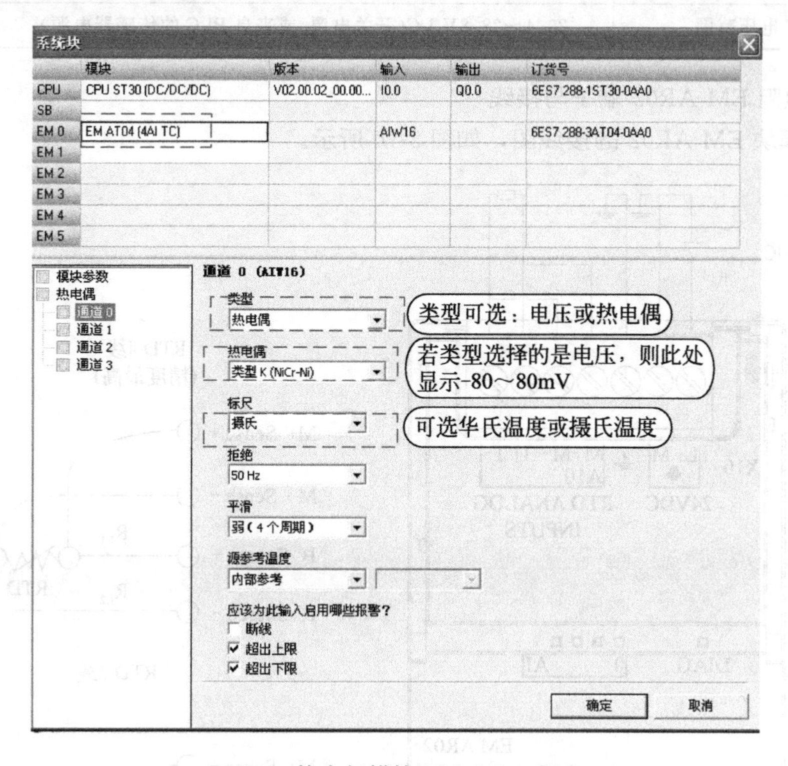

图 5-9 热电偶模块 EM AT04 组态

5.2.5 热电阻模块 EM AR02

热电偶模块 EM AR02 是热电阻专用热模块，可以连接 Pt、Cu、Ni 等热电阻，热电阻用于采集温度信号，热电偶模块 EM AR02 则将采集来的温度信号转化为数字量。该模块为两路输入型，其温度测量分辨率为 0.1℃/0.1℉，电阻测量精度为 15 位＋符号位。

(1) 热电阻模块 EM AR02 的技术指标

热电偶模块 EM AR02 的技术指标，如表 5-4 所示。

表 5-4 热电阻模块 EM AR02 的技术指标

输入范围	热电阻类型：Pt、Cu、Ni
分辨率 温度 电阻	 0.1℃/0.1℉ 15 位＋符号位
导线长度	到传感器最长为 100m
电缆电阻	最大 20Ω，对于 Cu10，最大为 2.7Ω
数据字格式	电阻值测量：0～27648
阻抗	≥10MΩ

最大耐压	−35～35V DC
重复性	±0.05％FS
24V DC 电压范围	20.4～28.8V DC(开关电源，或来自 PLC 的传感器电源)

(2) 热电阻 EM AR02 端子与接线

热电阻模块 EM AR02 的接线图，如图 5-10 所示。

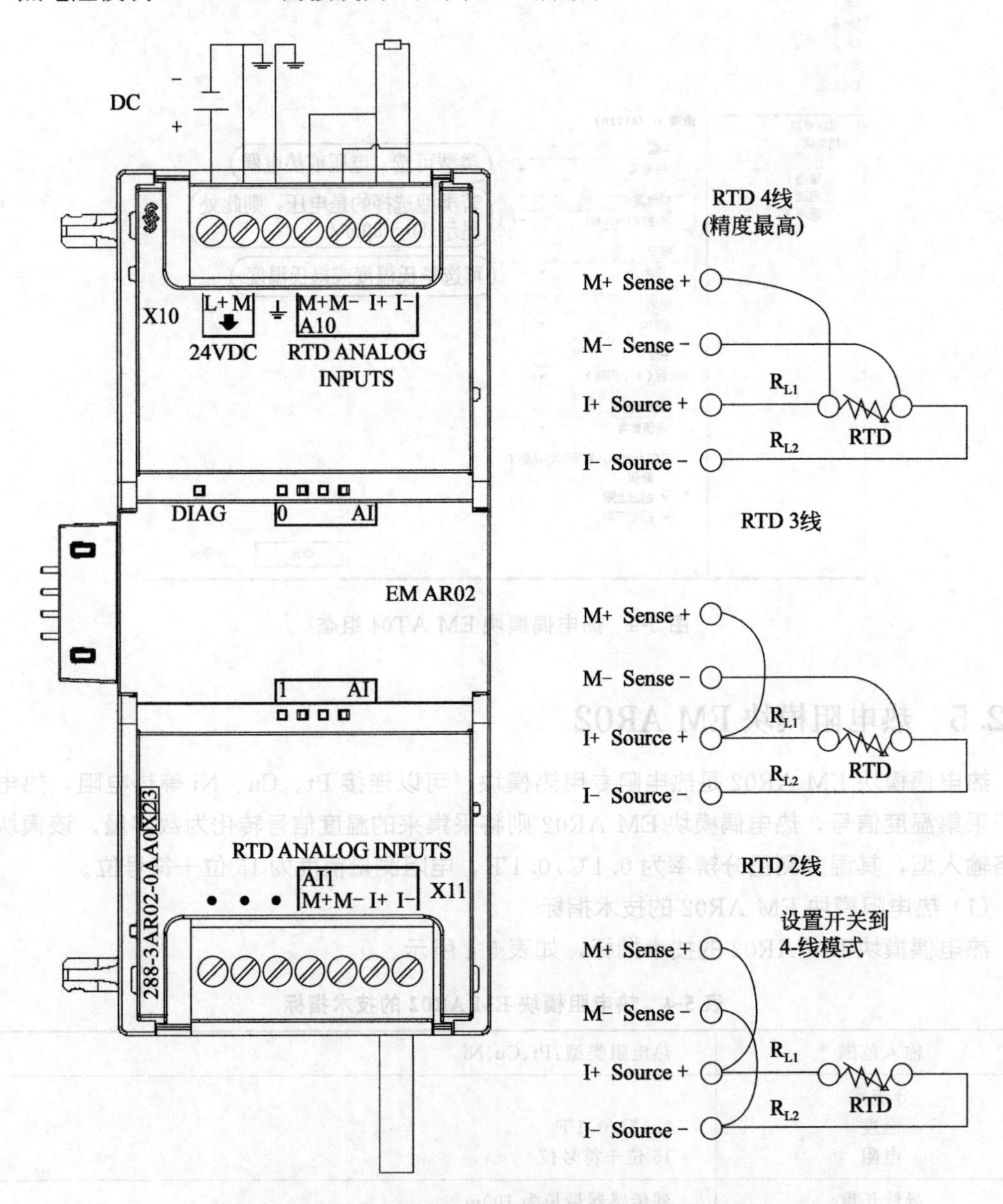

图 5-10 热电阻模块 EM AR02 的接线图

热电阻模块 EM AR02 需要 DC 24V 电源供电，可以外接开关电源，也可由来自 PLC 的传感器电源（L＋，M 之间 24V DC）提供。热电阻模块通过连接器与 CPU 模块或其他模块连接。热电阻因有 2、3 和 4 线制，故接法略有差异，其中以 4 线制接法精度最高。

（3）热电阻 EM AR02 组态

热电阻模块 EM AR02 组态，如图 5-11 所示。

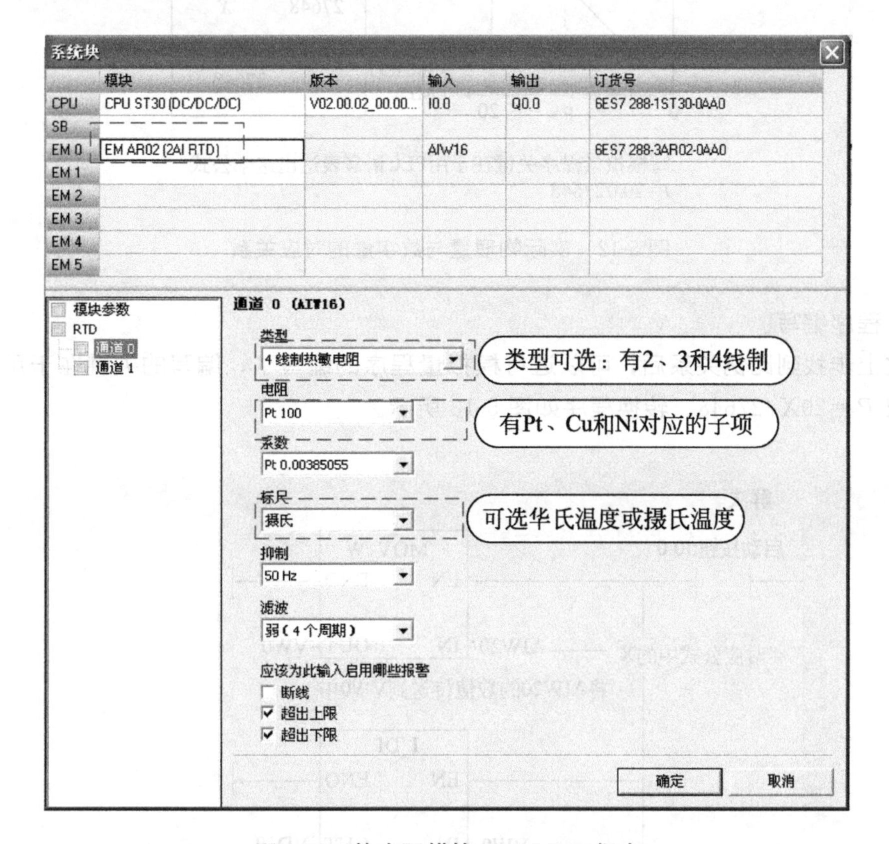

图 5-11　热电阻模块 EM AR02 组态

5.2.6　内码与实际物理量的转换及案例

内码与实际物理量的转换问题属于实际物理量与模拟量模块内部数字量对应关系问题，转换时，应考虑变送器输出量程和模拟量输入模块的量程，找出被测量与 A/D 转换后的数字量之间的比例关系。

例 1：某压力变送器量程为 0～20MPa，输出信号为 0～10V，模拟量输入模块 EM AE04 量程为－10～10V，转换后数字量范围为 0～27648，设转换后的数字量为 X，试编程求压力值。

（1）程序设计

找到实际物理量与模拟量输入模块内部数字量比例关系，此例中，压力变送器的输出信号的量程 0～10V 恰好和模拟量输入模块 EM AE04 的量程一半 0～10V 一一对应，因此对应关系为正比例，实际物理量 0MPa 对应模拟量模块内部数字量为 0，实际物理量 20MPa 对应模拟量模块内部数字量为 27648。具体如图 5-12 所示。

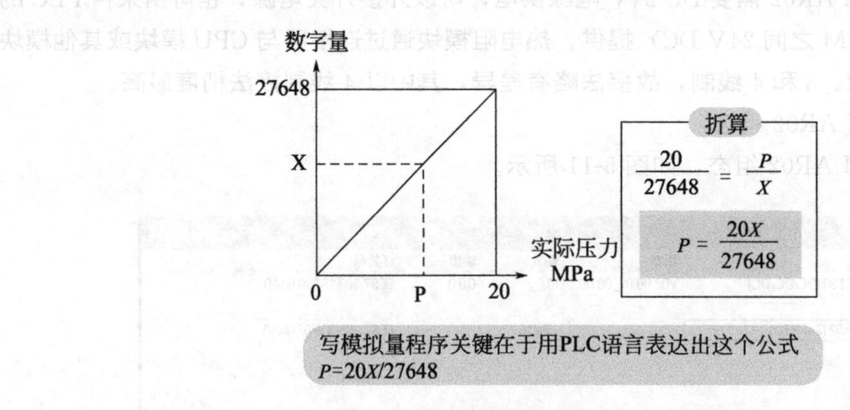

图 5-12　实际物理量与数字量的对应关系

（2）程序编写

通过上步找到比例关系后，可以进行模拟量程序的编写了，编写的关键在于用 PLC 语言表达出 $P=20X/27648$。转换程序如图 5-13 所示。

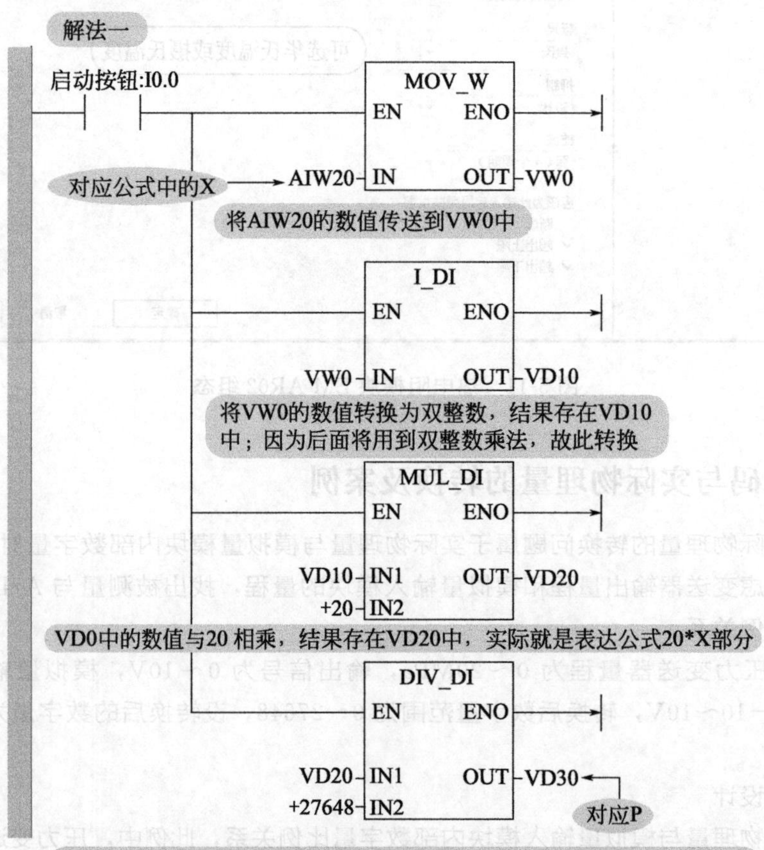

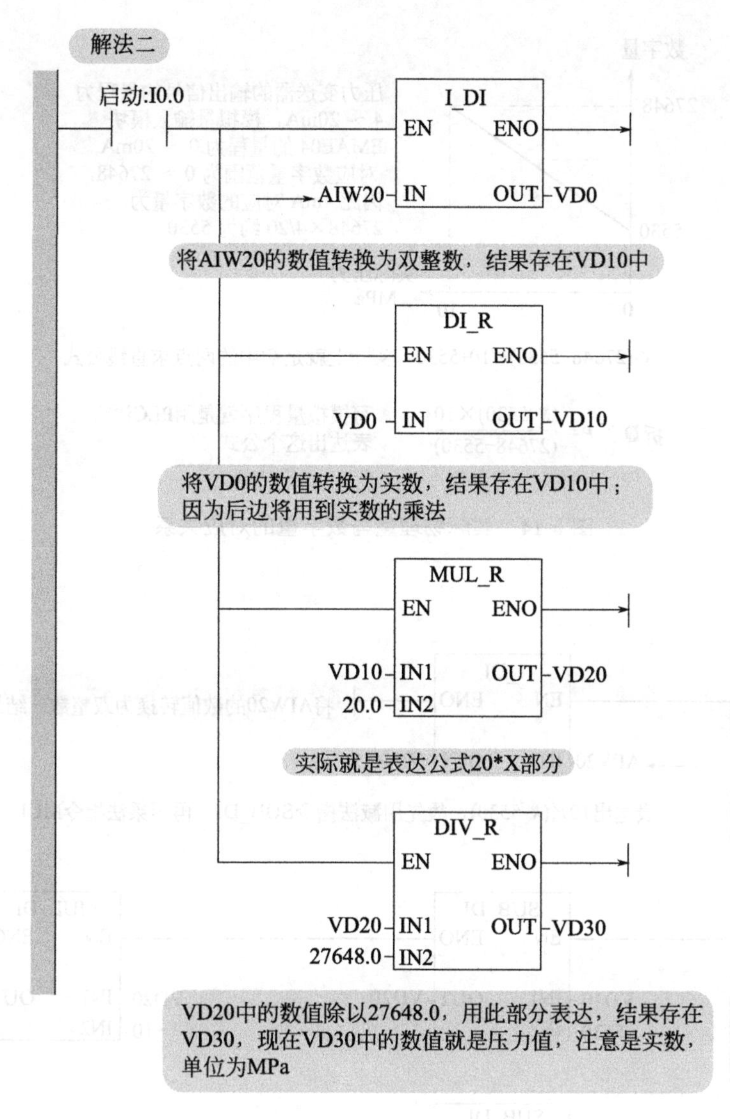

图 5-13　转换程序

例 2：某压力变送器量程为 0～10MPa，输出信号为 4～20mA，模拟量输入模块 EM AE04 量程为 0～20mA，转换后数字量为 0～27648，设转换后的数字量为 X，试编程求压力值。

（1）程序设计

找到实际物理量与模拟量输入模块内部数字量比例关系。此例中，压力变送器的输出信号的量程为 4～20mA，模拟量输入模块 EM AE04 的量程为 0～20mA，二者不完全对应，因此实际物理量 0MPa 对应模拟量模块内部数字量为 5530，实际物理量 10MPa 对应模拟量模块内部数字量为 27648。具体如图 5-14 所示。

（2）程序编写

通过上步找到比例关系后，可以进行模拟量程序的编写了，编写的关键在于用 PLC 语言表达出 $P=10(X-5530)/(27648-5530)$。转换程序如图 5-15 所示。

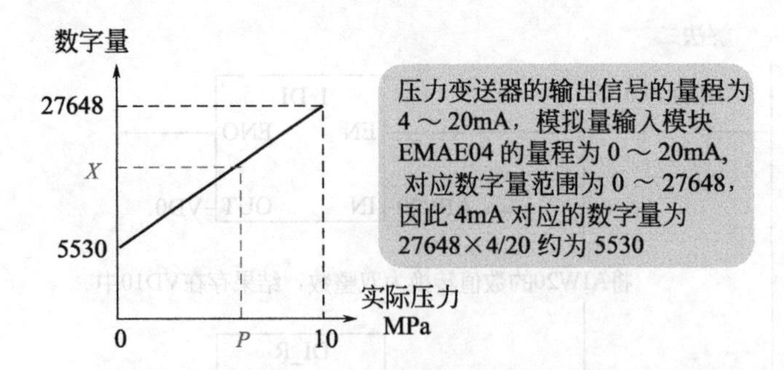

X=(27648−5530)P/10+5530，实际上就是初中的两点求直线公式

图 5-14 实际物理量与数字量的对应关系

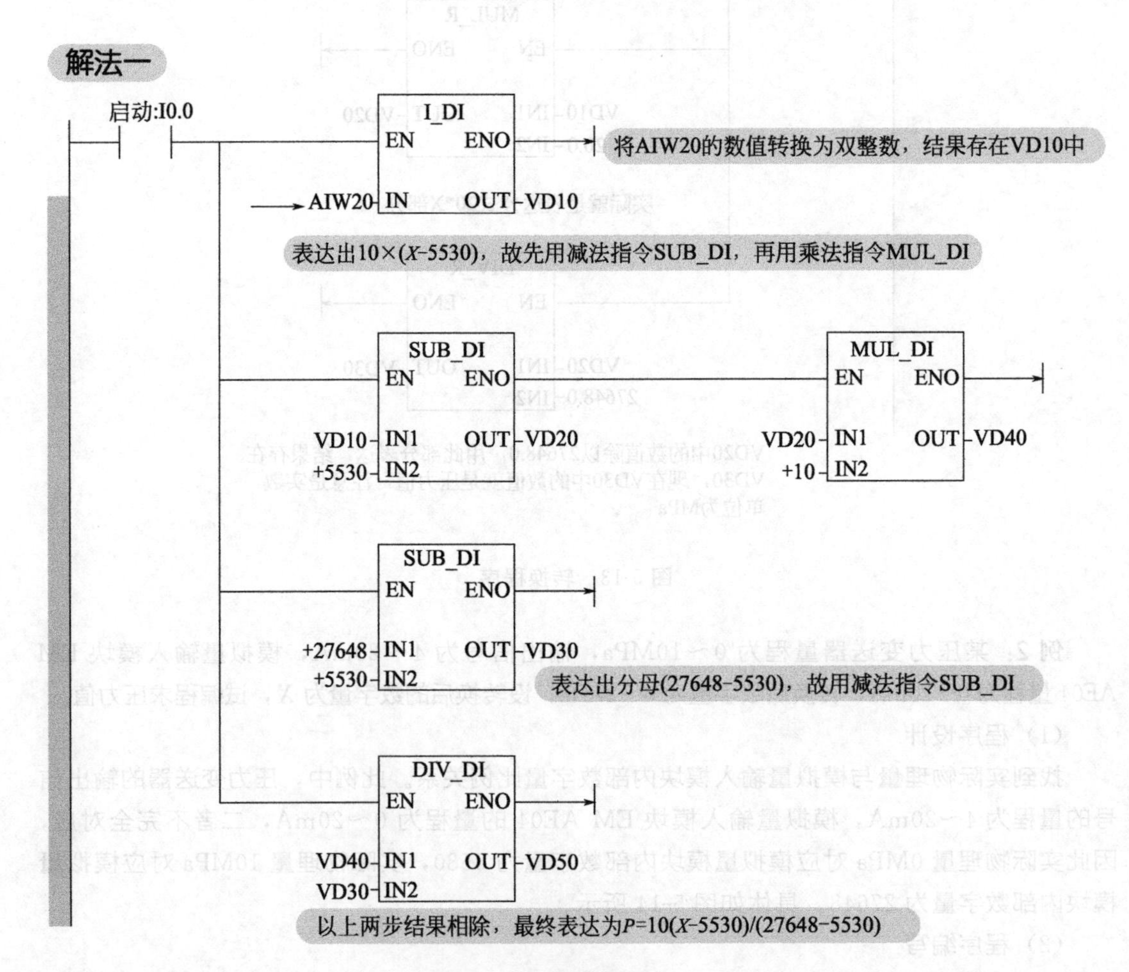

图 5-15 转换程序（一）

解法二

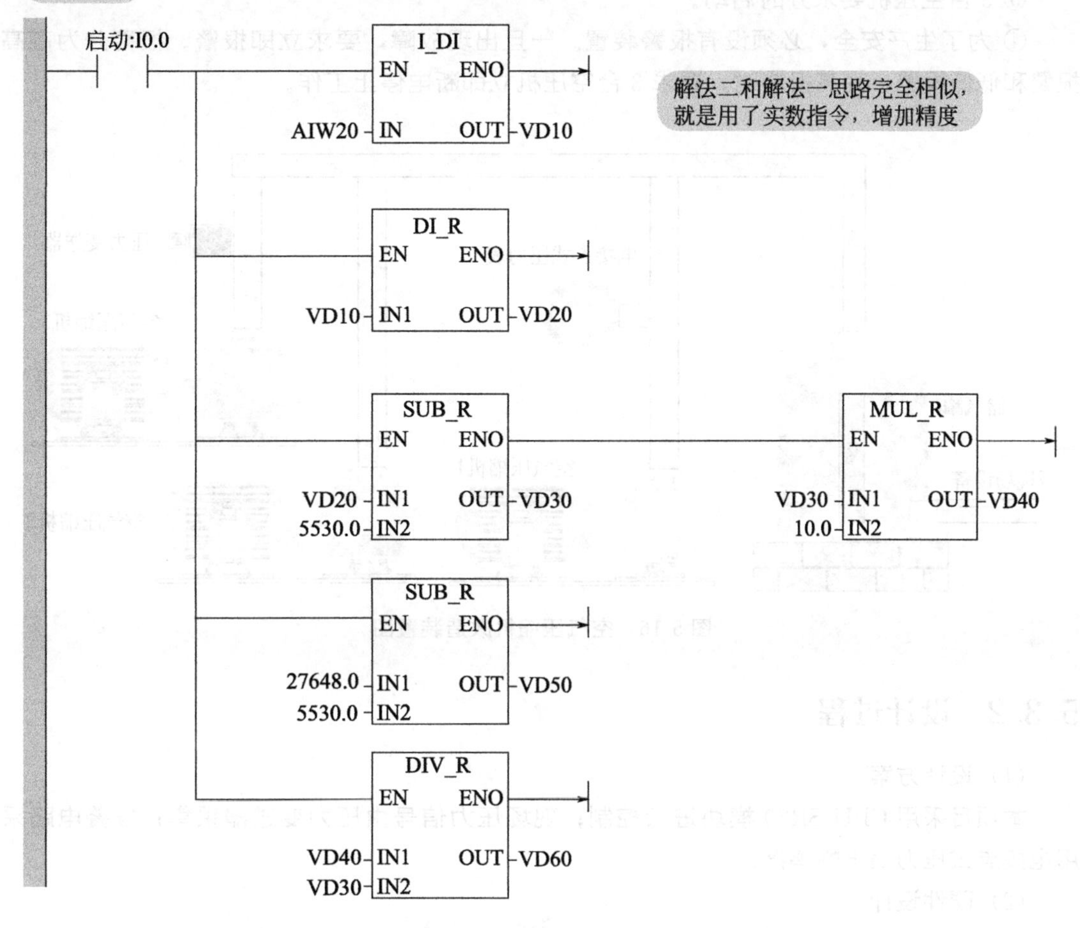

图 5-15　转换程序(二)

重点提示:

读者应细细品味以上两个例子的异同点，真正理解内码与实际物理量的对应关系，才是掌握模拟量编程的关键；一些初学者不会模拟量编程，原因就在此。

5.3　空气压缩机改造项目

5.3.1　控制要求

某工厂有 3 台空气压缩机，为了增加压缩空气的储存量，现增加一个大的储气罐，因此需对原有 3 台独立空气压缩机进行改造，空气压缩机改造装置图，如图 5-16 所示。具体控制要求如下。

① 气压低于 0.4MP，3 台空气压缩机工作。

② 气压高于 0.8MP，3 台空气压缩机停止工作。

③ 3 台空压机要求分时启动。

④ 为了生产安全，必须设有报警装置。一旦出现故障，要求立即报警。报警分为高高报警和低低报警，高高报警时，要求 3 台空压机立即断电停止工作。

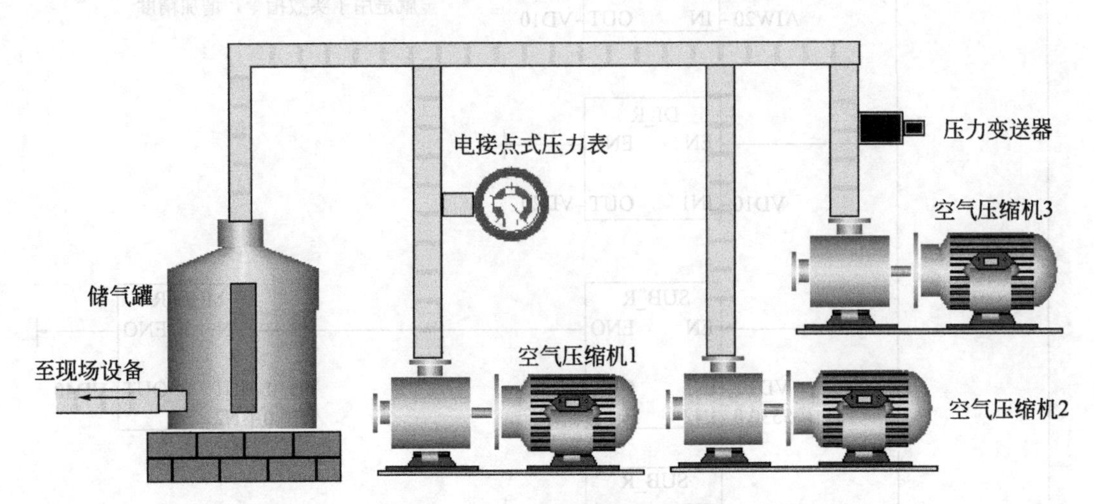

图 5-16　空气压缩机改造装置图

5.3.2　设计过程

（1）设计方案

本项目采用 CPU SR20 模块进行控制；现场压力信号由压力变送器采集；报警电路采用电接点式压力表＋蜂鸣器。

（2）硬件设计

本项目硬件设计包括以下几部分。

① 3 台空气压缩机主电路设计。

② PLC 供电及控制设计。

③ 模拟量信号采集、空气压缩机状态指示及报警电路设计。

以上各部分的相应图纸如图 5-17（a）～(c)所示。

（3）程序设计

① 明确控制要求后，确定 I/O 端子，如表 5-5 所示。

表 5-5　空气压缩机改造 I/O 分配

输入量		输出量	
启动按钮	I0.0	空气压缩机 1	Q0.1
停止按钮	I0.1	空气压缩机 2	Q0.1
		空气压缩机 3	Q0.2

② 空气压缩机硬件组态，如图 5-18 所示。

③ 空气压缩机梯形图程序，如图 5-19 所示。

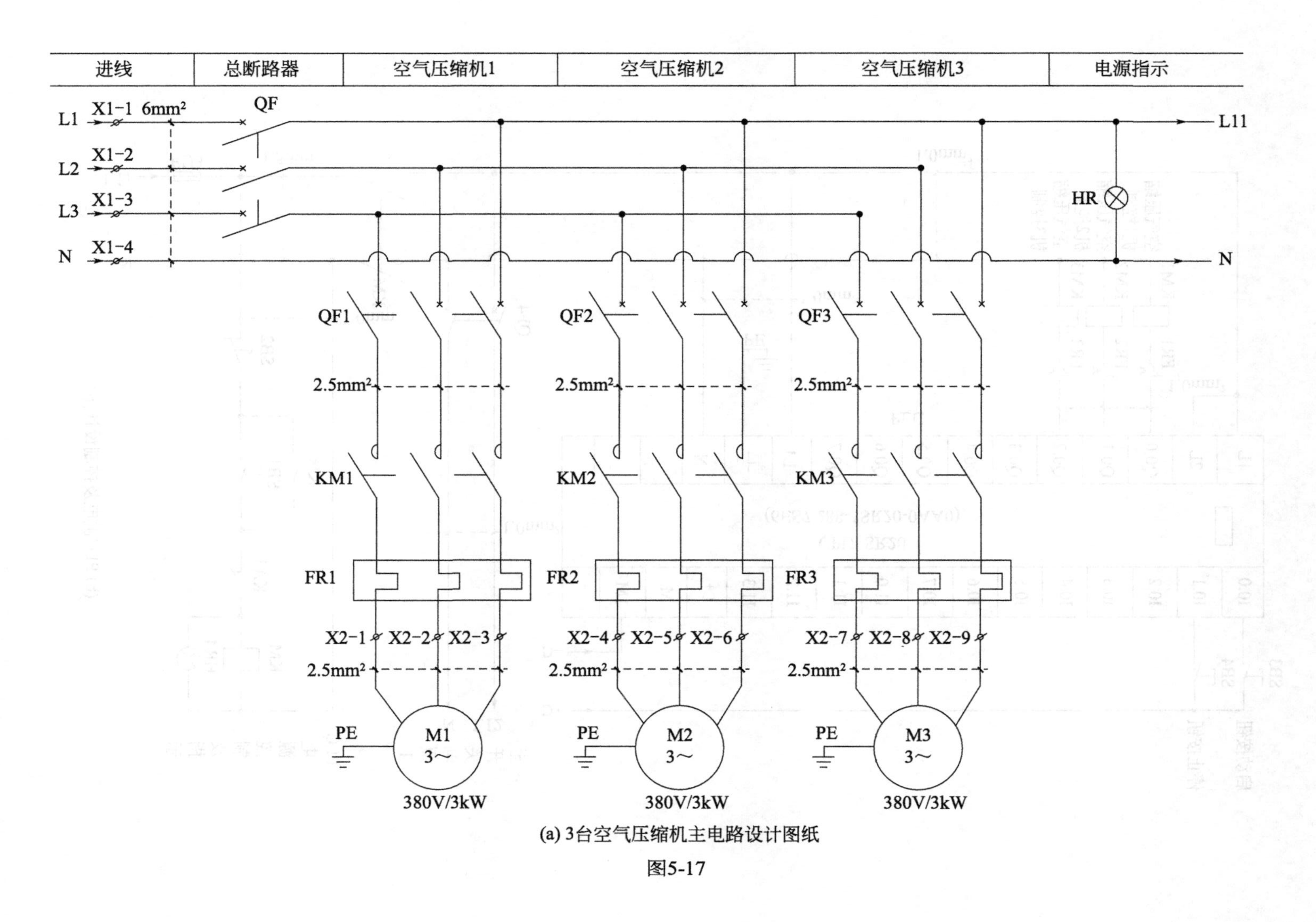

(a) 3台空气压缩机主电路设计图纸

图5-17

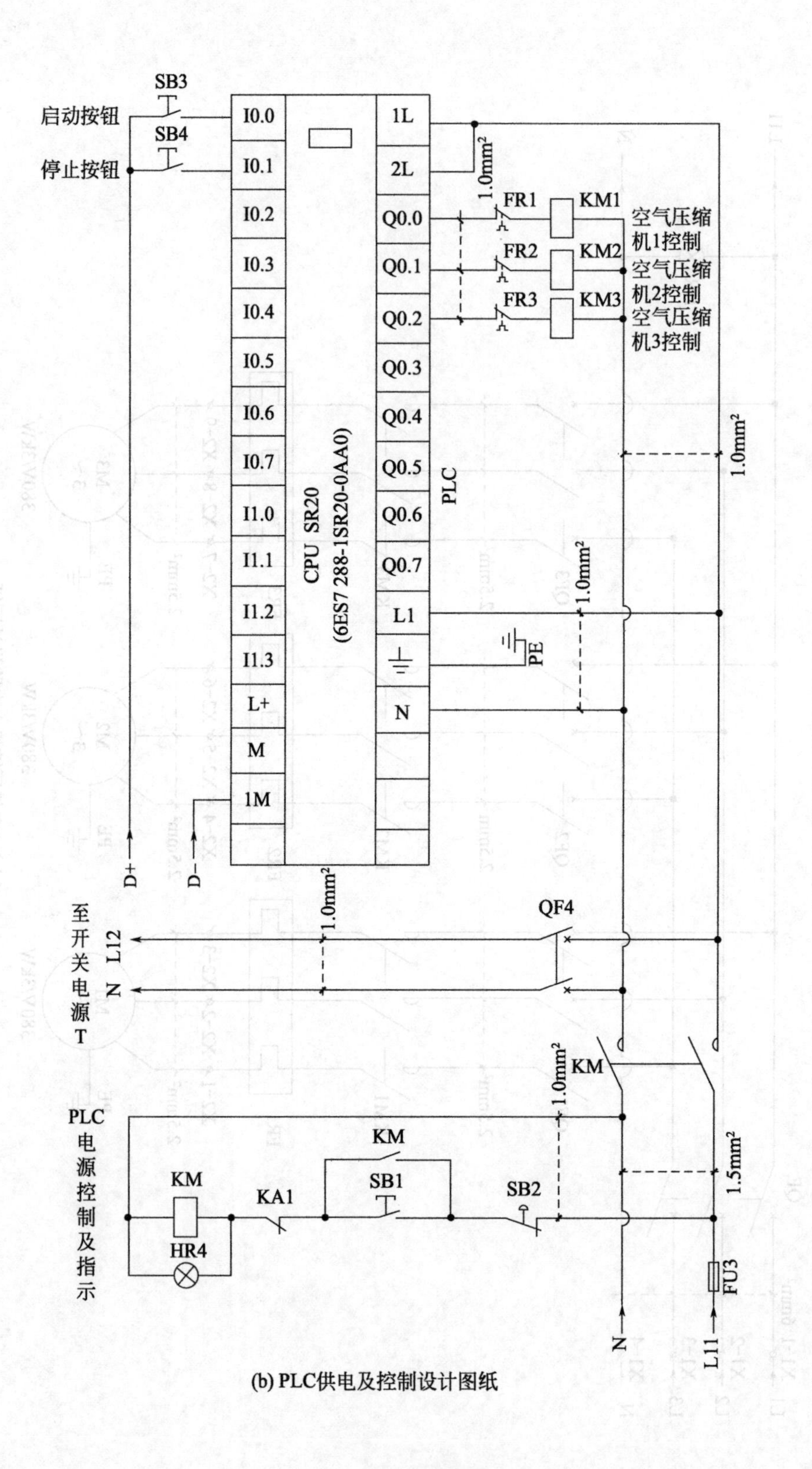

(b) PLC供电及控制设计图纸

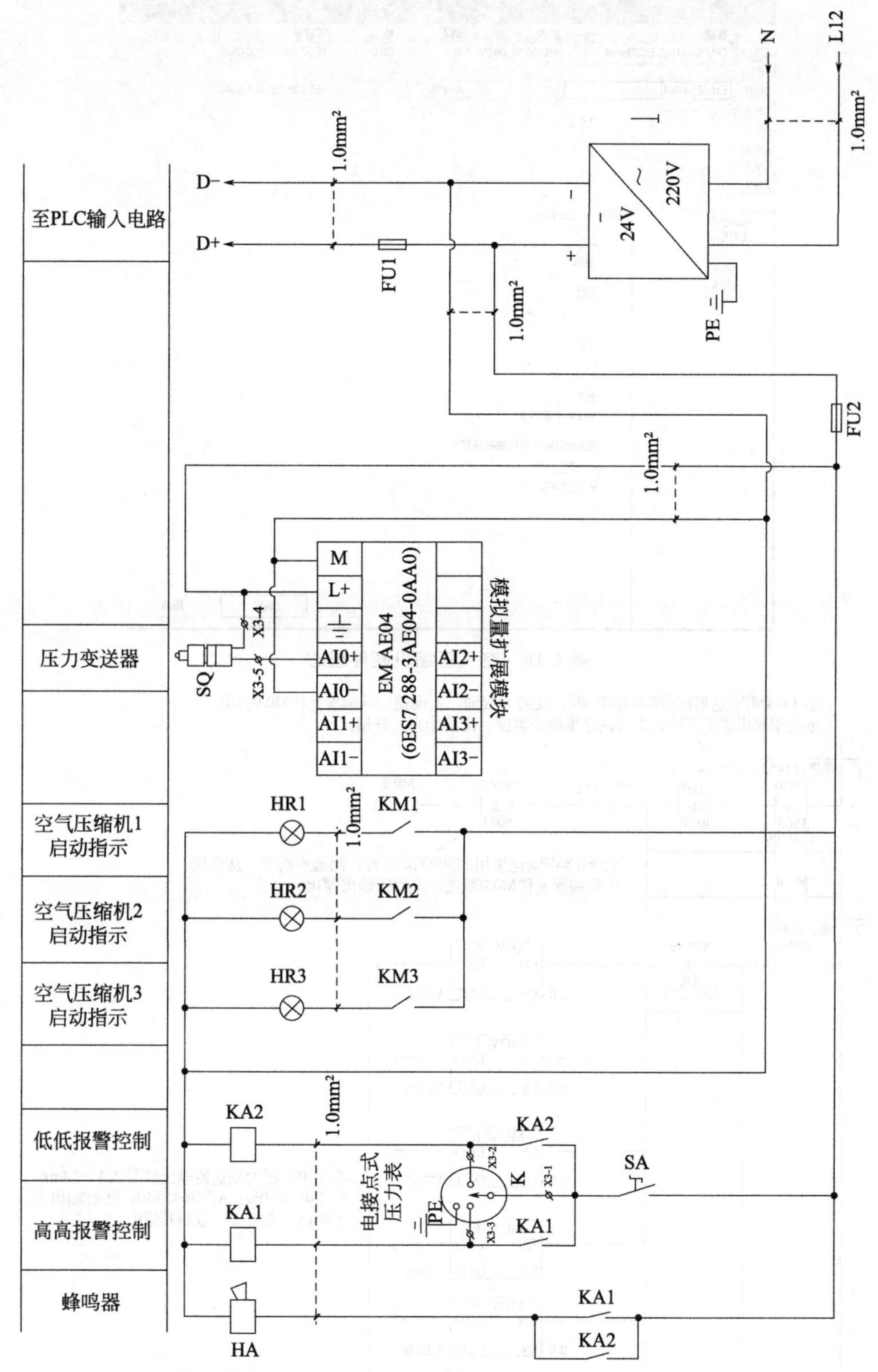

(c) 模拟量信号采集、空气压缩机状态指示及报警电路设计图纸

图 5-17 空气压缩机梯形图程序

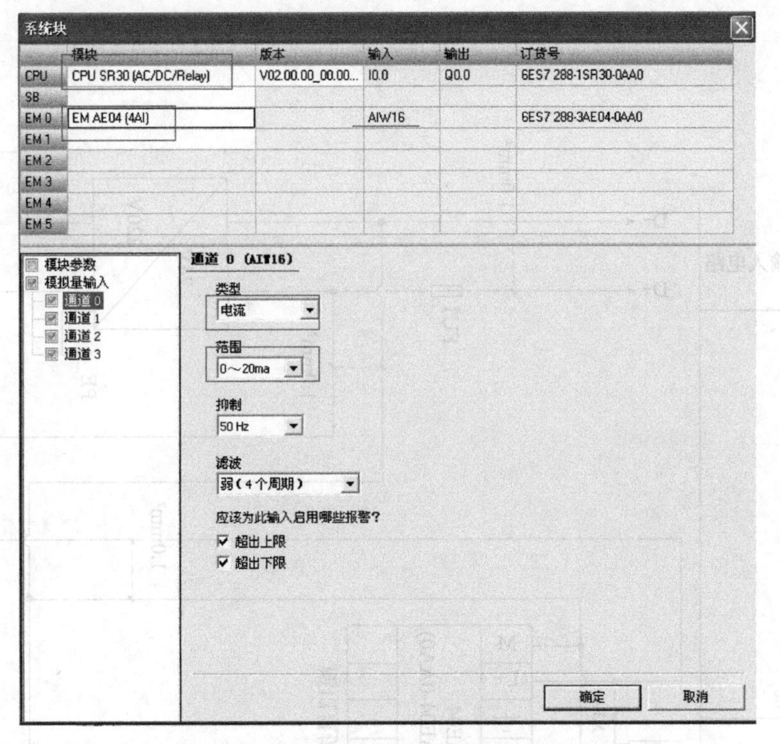

图 5-18　空气压缩机硬件组态

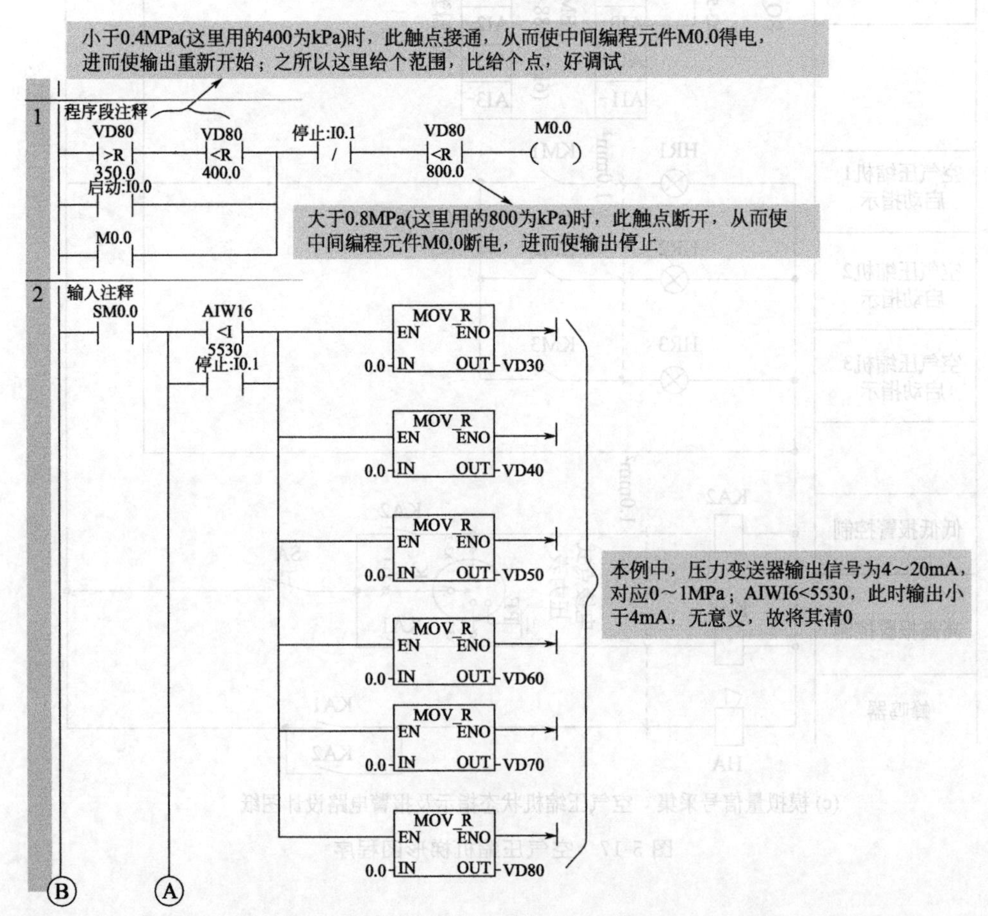

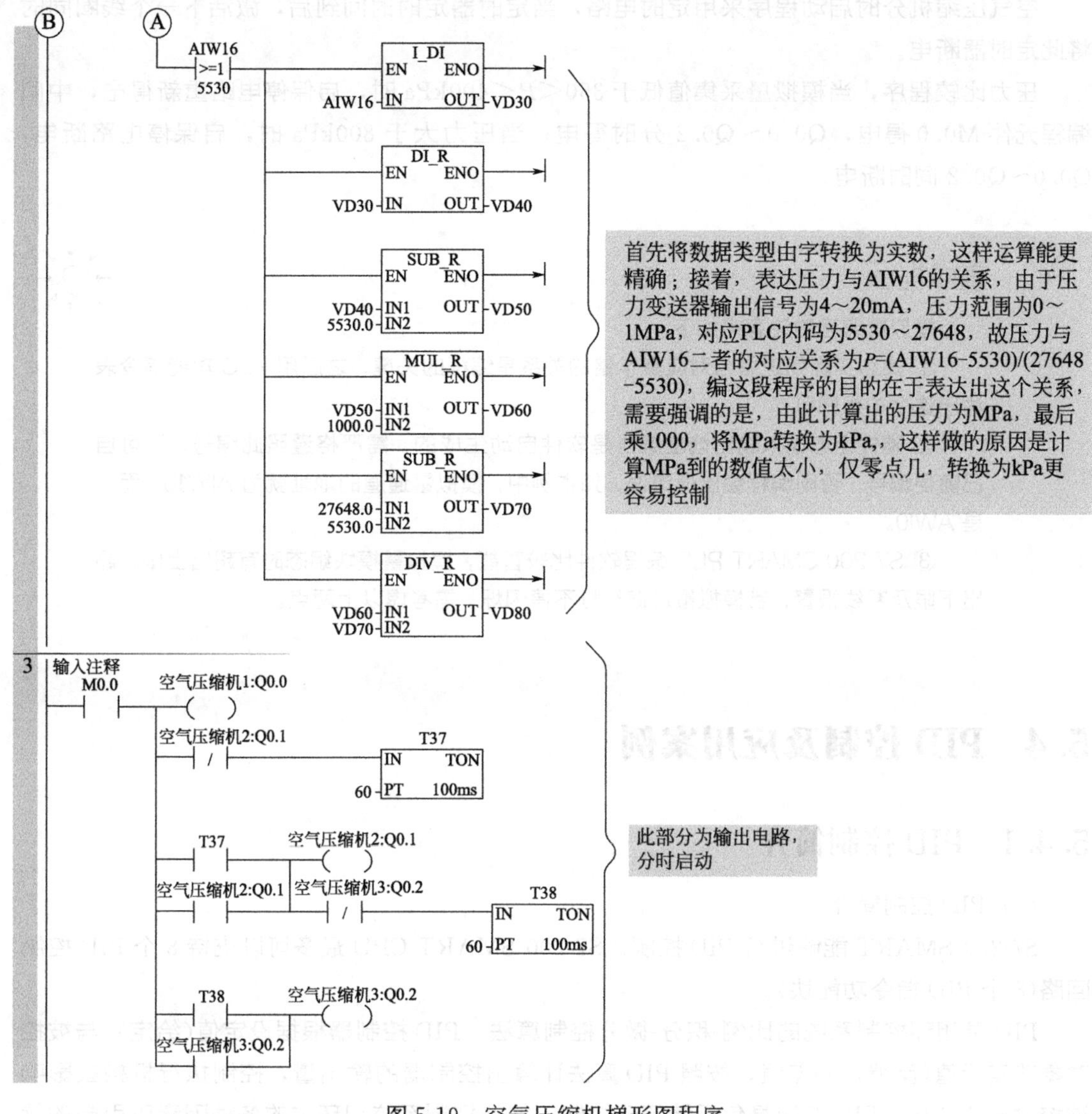

图 5-19 空气压缩机梯形图程序

④ 空气压缩机编程思路及程序解析：本程序主要分为模拟量信号采集程序，空压机分时启动程序和压力比较程序 3 大部分。

本例中，压力变送器输出信号为 4～20mA，对应压力为 0～1MPa；当 AIW16＜5530，此时信号输出小于 4mA，采集结果无意义，故有模拟量采集清零程序。

当 AIW16＞5530，采集结果有意义。模拟量信号采集程序的编写先将数据类型由字转换为实数，这样得到的结果更精确；接下来，找到实际压力与数字量转换之间的比例关系，是编写模拟量程序的关键，其比例关系为 P＝(AIW16－5530) / (27648－5530)，压力的单位这里取 MPa。用 PLC 指令表达出压力 P 与 AIW16（现在的 AIW16 中的数值以实数形式存在 VD40 中）之间的关系，即 P＝(VD40－5530) / (27648－5530)，因此模拟量信号采集程序用 SUB-R 指令表达出（VD40－5530.0）作表达式的分子，用 SUB-R 指令表达出（27648.0－5530.0）作表达式的分母，此时得到的结果为 MPa，再将 MPa 转换为 kPa，故用 MUL-R 指令表达出 VD50×1000.0，这样得到的结果更精确，便于调试。

空气压缩机分时启动程序采用定时电路，当定时器定时时间到后，激活下一个线圈同时将此定时器断电。

压力比较程序，当模拟量采集值低于 $350 < P < 400$kPa 时，启保停电路重新得电，中间编程元件 M0.0 得电，Q0.0～Q0.2 分时得电；当压力大于 800kPa 时，启保停电路断电，Q0.0～Q0.2 同时断电。

重点提示：

模拟量编程的注意点如下。

① 找到实际物理量与对应数字量的关系是编程的关键，之后用 PLC 功能指令表达出这个关系即可。

② 硬件组态输入输出地址编号是软件自动生成的，需严格遵照此编号，不可自己随便编号，否则编程会出现错误，如本例中，模拟量通道的地址就为 AIW16，而不是 AWI0。

③ S7-200 SMART PLC 编程软件比较智能，模拟量模块组态时有超出上限、超出下限及断线报警，若模拟量通道红灯不停闪烁，需考虑以上两点。

5.4 PID 控制及应用案例

5.4.1 PID 控制简介

(1) PID 控制简介

S7-200 SMART 能够进行 PID 控制。S7-200 SMART CPU 最多可以支持 8 个 PID 控制回路(8 个 PID 指令功能块)。

PID 是闭环控制系统的比例-积分-微分控制算法。PID 控制器根据设定值(给定) 与被控对象的实际值(反馈) 的差值，按照 PID 算法计算出控制器的输出量，控制执行机构去影响被控对象的变化。PID 控制是负反馈闭环控制，能够抑制系统闭环内的各种因素所引起的扰动，使反馈跟随给定变化。

根据具体项目的控制要求，在实际应用中有可能用到其中的一部分，比如常用的是 PI (比例-积分) 控制，这时没有微分控制部分。

(2) PID 算法

典型的 PID 算法包括比例项、积分项和微分项 3 部分，即输出＝比例项＋积分项＋微分项。下面以离散系统的 PID 控制为例，对 PID 算法进行说明。离散系统的 PID 算法如下。

$$M_n = K_c \times (SP_n - PV_n) + K_c(T_s/T_i) \times (SP_n - PV_n) + M_x + K_c \times (T_d/T_s) \times (PV_{n-1} - PV_n),$$

式中 M_n——在采样时刻 n 计算出来的回路控制输出值；

K_c——回路增益；

SP_n——在采样时刻 n 的给定值；

PV_n——在采样时刻 n 的过程变量值；

PV_{n-1}——在采样时刻 $n-1$ 的过程变量值；

T_s——采样时间；

T_i——积分时间常数；

T_d——微分时间常数；

M_x——在采样时刻 $n-1$ 的积分项。

比例项 $K_c \times (SP_n - PV_n)$：将偏差信号按比例放大，提高控制灵敏度；积分项 $K_c(T_s/T_i) \times (SP_n - PV_n) + M_x$：积分控制对偏差信号进行积分处理，缓解比例放大量过大，引起的超调和振荡；微分项 $(T_d/T_s) \times (PV_{n-1} - PV_n)$ 对偏差信号进行微分处理，提高控制的迅速性。

(3) PID 算法在 S7-200 SMART 中的实现

PID 控制最初在模拟量控制系统中实现，随着离散控制理论的发展，PID 也在计算机化控制系统中实现。

为便于实现，S7-200 SMART 中的 PID 控制采用了迭代算法。计算机化的 PID 控制算法有几个关键的参数 K_c(Gain，增益)，T_i(积分时间常数)，T_d(微分时间常数)，T_s(采样时间)。

在 S7-200 SMART 中 PID 功能是通过 PID 指令功能块实现。通过定时(按照采样时间)执行 PID 功能块，按照 PID 运算规律，根据当时的给定、反馈、比例-积分-微分数据，计算出控制量。

PID 功能块通过一个 PID 回路表交换数据，这个表是在 V 数据存储区中的开辟，长度为 36 个字节。因此每个 PID 功能块在调用时需要指定 PID 控制回路号和控制回路表的起始地址(以 VB 表示) 两个要素。

由于 PID 可以控制温度、压力等许多对象，它们分别由工程量表示，因此有一种通用的数据表示方法才能被 PID 功能块识别。S7-200 SMART 中的 PID 功能使用占调节范围的百分比的方法抽象地表示被控对象的数值大小。在实际工程中，这个调节范围往往被认为与被控对象(反馈) 的测量范围(量程) 一致。

PID 功能块只接受 0.0～1.0 的实数(实际上就是百分比) 作为反馈、给定与控制输出的有效数值，如果是直接使用 PID 功能块编程，必须保证数据在这个范围之内，否则会出错。其他如增益、采样时间、积分时间、微分时间都是实数。

因此，必须把外围实际的物理量与 PID 功能块需要的(或者输出的) 数据之间进行转换。这就是所谓输入/输出的转换与标准化处理。

S7-200 SMART 的编程软件 Micro/WIN SMART 提供了 PID 指令向导，以方便地完成这些转换/标准化处理。除此之外，PID 指令也同时会被自动调用。

(4) PID 控制举例

炉温控制采用 PID 控制方式，炉温控制系统的示意图，如图 5-20 所示。在炉温控制系统中，热电偶为温度检测元件，其信号传至变送器转换为标准电压或电流信号，标准信号再送至 A/D 模块，经 A/D 转换后的数字量与 CPU 设定值比较，二者的差值进行 PID 运算，将运算结果送给 D/A 模块，D/A 模块输出相应的电压或电流信号对电动阀进行控制，从而实现了温度的闭环控制。

图中 $SV(n)$ 为给定量；$PV(n)$ 为反馈量，此反馈量 A/D 已经转换为数字量了；$mV(t)$ 为控制输出量；令 $\Delta X = SV(n) - PV(n)$，如果 $\Delta X > 0$，表明反馈量小于给定量，则控制

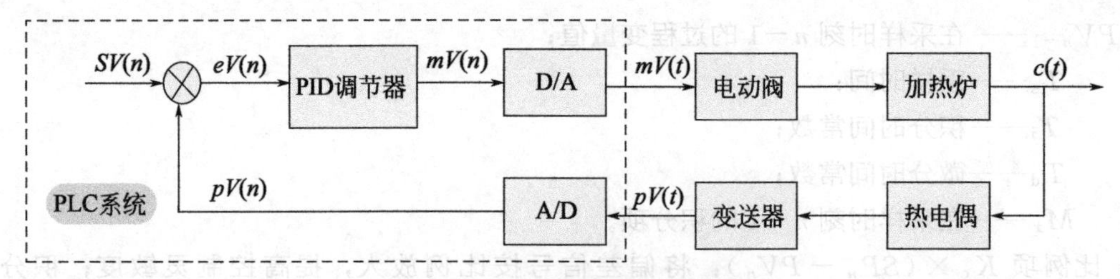

图 5-20　炉温控制系统的示意图

器输出量 $mV(t)$ 将增大，使电动阀开度变大，进入加热炉的天然气流量增大，进而炉温上升；如果 $\Delta X<0$，表明反馈量大于给定量，则控制器输出量 $mV(t)$ 将减小，使电动阀开度变小，进入加热炉的天然气流量变小，进而炉温降低；如果 $\Delta X=0$，表明反馈量等于给定量，则控制器输出量 $mV(t)$ 不变，电动阀开度不变，进入加热炉的天然气流量不变，进而炉温不变。

5.4.2　PID 指令

PID 指令格式，如图 5-21 所示。

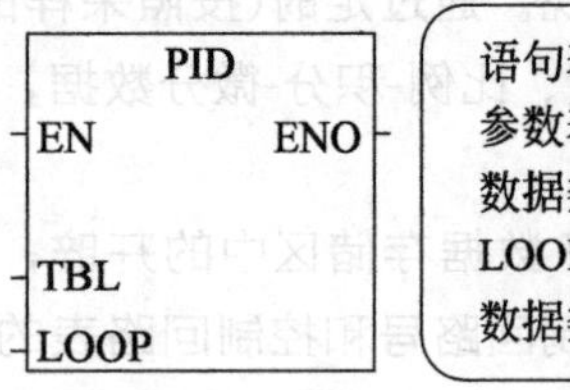

语句表：PID TBL，LOOP TBL：参数表起始地址；数据类型：字节；
LOOP：回路号，常数(0～7)；数据类型：字节；

指令功能解析

当使能端有效时，根据回路参数表(TAL)中的输入测量值、控制设定值及PID参数进行计算

图 5-21　PID 指令格式

说明：

① 运行 PID 指令前，需要对 PID 控制回路参数进行设定，参数共 9 个，均为 32 位实数，共占 36 个字节，具体如表 5-6 所示。

② 程序中可使用 8 条 PID 指令，分别编号 0～7，不能重复使用。

③ 使 ENO=0 的错误条件：0006（间接地址），SM1.1（溢出，参数表起始地址或指令中指定的 PID 回路指令号码操作数超出范围）。

表 5-6　PID 控制回路参数

地址(VD)	参数	数据格式	参数类型	说明
0	过程变量当前值 PV_n	实数	输入	取值范围：0.0～1.0
4	给定值 SP_n	实数	输入	取值范围：0.0～1.0
8	输出值 M_n	实数	输入/输出	范围在 0.0～1.0
12	增益 K_c	实数	输入	比例常数，可为正数或负数
16	采用时间 T_s	实数	输入	单位为秒，必须为正数
20	积分时间 T_i	实数	输入	单位为分钟，必须为正数
24	微分时间 T_d	实数	输入	单位为分钟，必须为正数
28	上次积分值 M_x	实数	输入/输出	范围在 0.0～1.0
32	上次过程变量 PV_{n-1}	实数	输入/输出	最近一次 PID 运算值

5.4.3 PID控制编程思路

（1）PID初始化参数设定

运行PID指令前，必须根据对PID控制回路参数表对初始化参数进行设定，一般需要给增益(K_c)、采样时间(T_s)、积分时间(T_i) 和微分时间(T_d) 这4个参数赋以相应的数值，数值以满足控制要求为目的。特别当不需要比例项时，将增益(K_c) 设置为0；当不需要积分项时，将积分参数(T_i) 设置为无限大，即9999.99；当不需要微分项时，将微分参数(T_d) 设置为0。

需要指出，能设置出合适的初始化参数，并不是一件简单的事，需要工程技术人员对控制系统极其熟悉。往往是多次调试，最后找到合适的初始化参数。第一次试运行参数时，一般将增益设置得小一点，积分时间不要太小，以保证不会出现较大的超调量。微分一般都设置为0。

重点提示：

一些工程技术人员总结出的经验口诀，供读者参考。

参数整定找最佳，从小到大顺序查；先是比例后积分，最后再把微分加；曲线振荡很频繁，比例度盘要放大；曲线漂浮绕大弯，比例度盘往小扳；曲线偏离回复慢，积分时间往下降；曲线波动周期长，积分时间再加长；曲线振荡频率快，先把微分降下来；动差大来波动慢。微分时间应加长；理想曲线两个波，前高后低4比1；一看二调多分析，调节质量不会低。

（2）输入量的转换和标准化

每个回路的给定值和过程变量都是实际的工程量，其大小、范围和单位不尽相同，在进行PID之前，必须将其转换成标准格式。

第一步，将16位整数转换为工程实数；可以参考，5.2节内码与实际物理量的转换参考程序，这里不再赘述。

第二步，在第一步的基础上，将工程实数值转换为0.0～1.0的标准数值；往往是第一步得到的实际工程数值（如VD30等）比上其最大量程。

（3）编写PID指令

（4）将PID回路输出转换成比例的整数

程序执行后，要将PID回路输出0.0～1.0的标准化实数值转换为16位整数值，方能驱动模拟量输出。转换方法：将PID回路输出0.0～1.0的标准化实数值乘以27648.0或55296.0；若单极型乘以27648.0，若双极型乘以55296.0。

5.4.4 PID控制工程实例——恒压控制

（1）控制要求

某实验需在恒压环境下进行，压力应维持在50Pa。按下启动按钮轴流风机M1、M2同时全速运行，当室内压力达到60Pa时，轴流风机M1停止，改由轴流风机M2进行PID调节，将压力维持在50Pa；若有人开门出入，系统压力会骤降，当压力低于10Pa时，两台轴流风机将全速运转，直到压力再次达到60Pa，轴流风机M1停止，又回到了改由轴流风机

M2 进行 PID 调节状态。

（2）设计方案确定

① 室内压力取样由压力变送器完成，考虑压力最大不超过 60Pa，因此选择量程为 0～500Pa，输出信号为 4～20mA 的压力变送器。注意：小量程的压力变送器市面上不容易找到。

② 轴流风机 M1 通断由接触器来控制，轴流风机 M2 由变频器来控制。

③ 轴流风机的动作，压力采集后的处理，变频器的控制均由 S7-200 SMART PLC 来完成。

（3）硬件图纸设计

本项目硬件图纸的设计包括以下几部分。

① 两台轴流风机主电路设计。

② 西门子 CPU SR30 模块供电和控制设计。

以上各部分的相应图纸如图 5-22（a）～(b)所示。

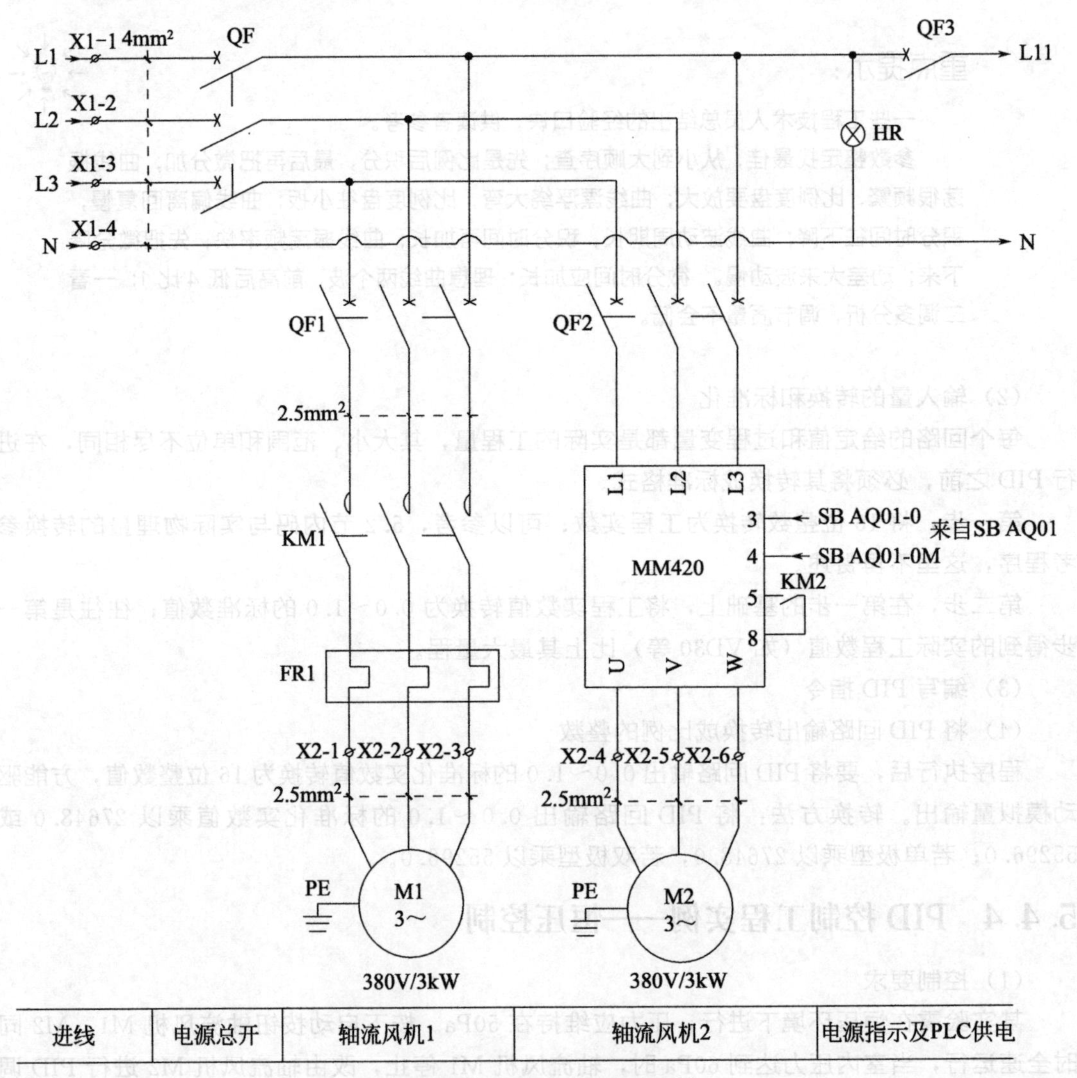

进线	电源总开	轴流风机1	轴流风机2	电源指示及PLC供电

(a) 两台轴流风机主电路设计图纸

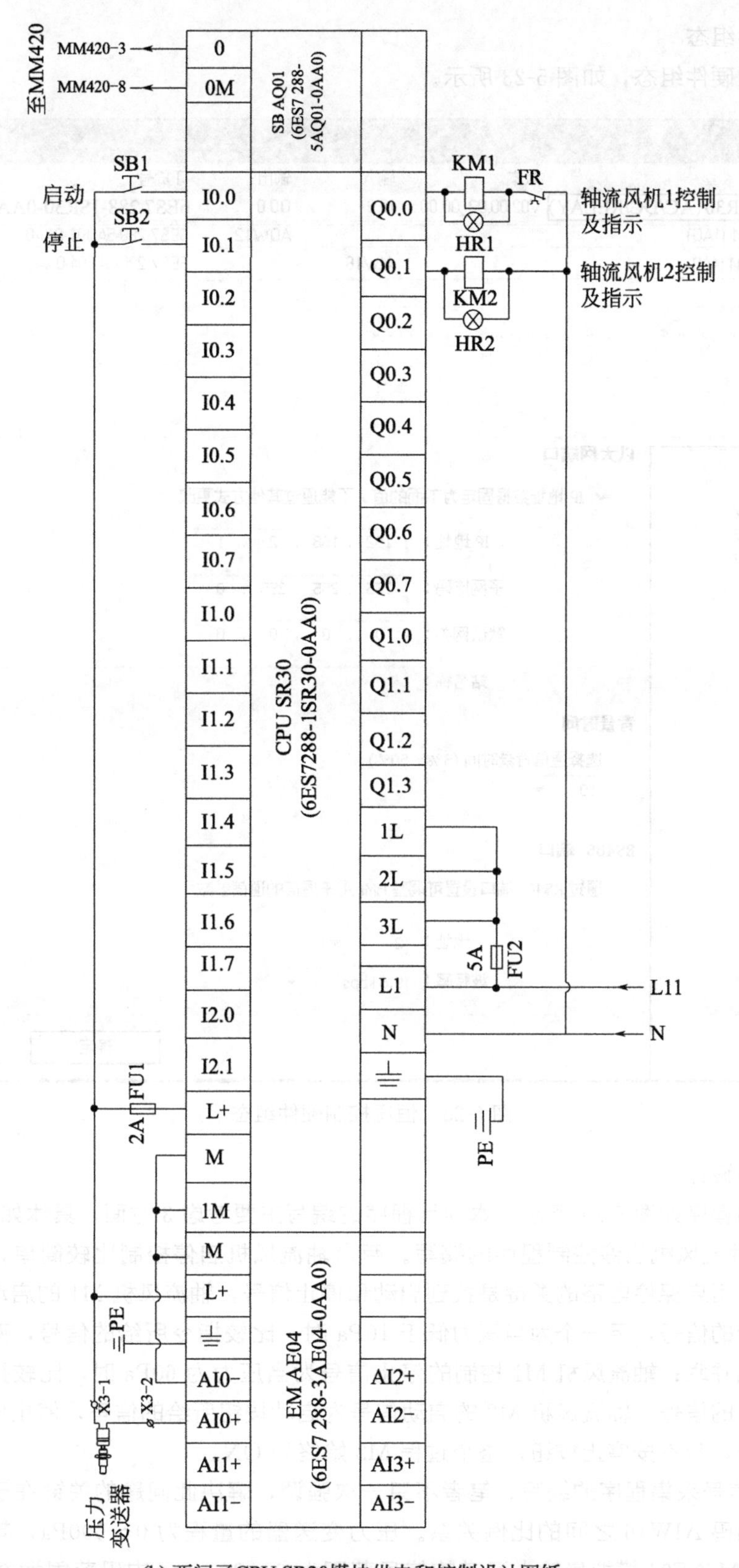

(b) 西门子CPU SR30模块供电和控制设计图纸

图 5-22　两台轴流风机主电路设计与西门子 CPU SR30 模块供电和控制设计图纸

（4）硬件组态

恒压控制硬件组态，如图 5-23 所示。

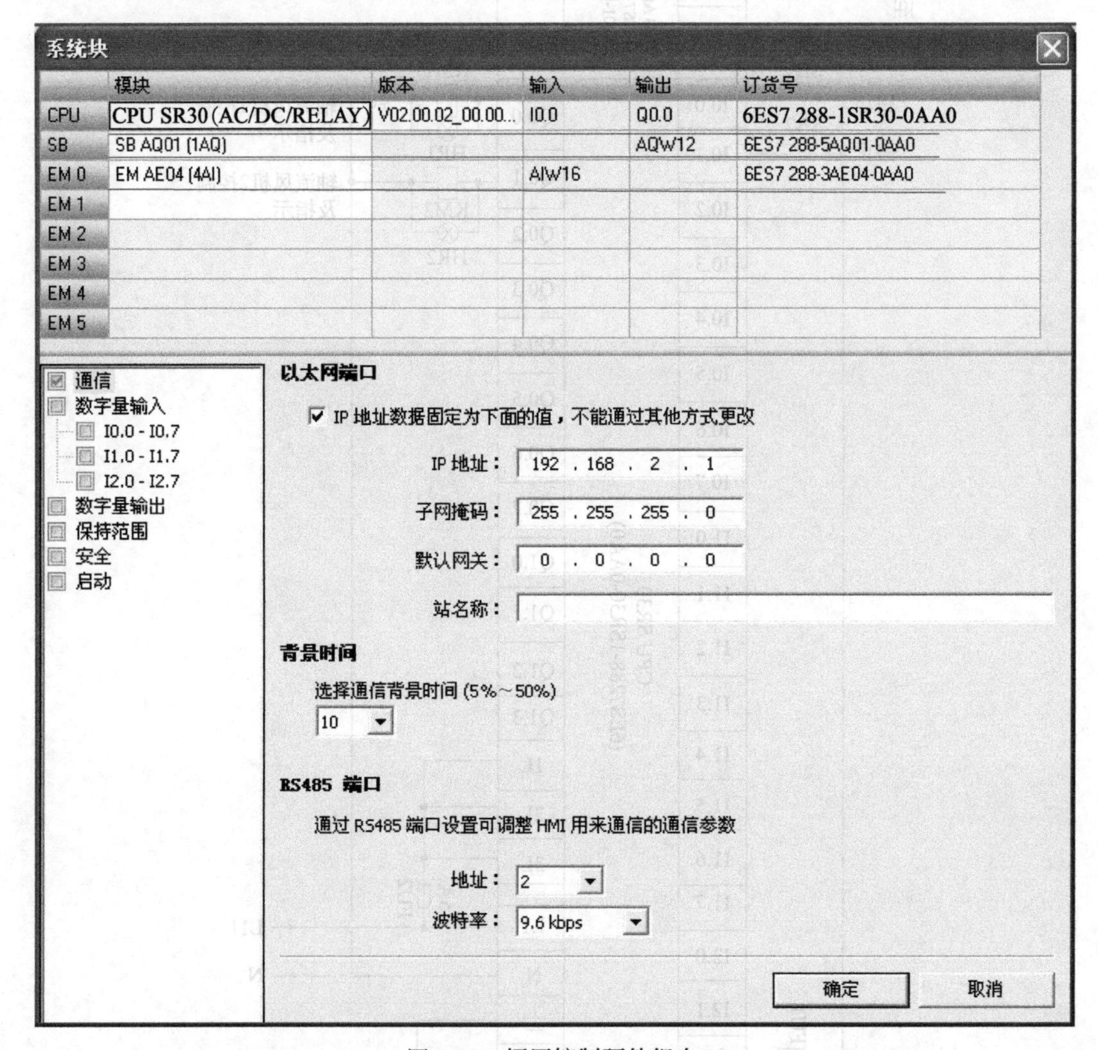

图 5-23 恒压控制硬件组态

（5）程序设计

恒压控制程序如图 5-24 所示。本项目程序的编写主要考虑 3 方面，具体如下。

① 两台轴流风机启停控制程序的编写。两台轴流风机启停控制比较简单，采用启保停电路即可。使用启保停电路的关键是找到启动和停止信号，轴流风机 M1 的启动信号一个是启动按钮所给的信号，另一个为当压力低于 10Pa 时，比较指令所给的信号，两个信号是或的关系，因此并联；轴流风机 M1 控制的停止信号为当压力为 60Pa 时，比较指令通过中间编程元件所给的信号。轴流风机 M2 的启动信号为启动按钮所给的信号，停止信号为停止按钮所给的信号，若不按停止按钮，整个过程 M2 始终为 ON。

② 压力信号采集程序的编写。笔者不只一次强调，解决此问题的关键在于找到实际物理量压力与内码 AIW16 之间的比例关系。压力变送器的量程为 0～500Pa，其输出信号为 4～20mA，EM AE04 模拟量输入通道的信号范围为 0～20mA，内码范围为 0～27648，故不难找出压力与内码的对应关系，对应关系为 P＝5（AIW16－5530）/222，其中 P 为压力。

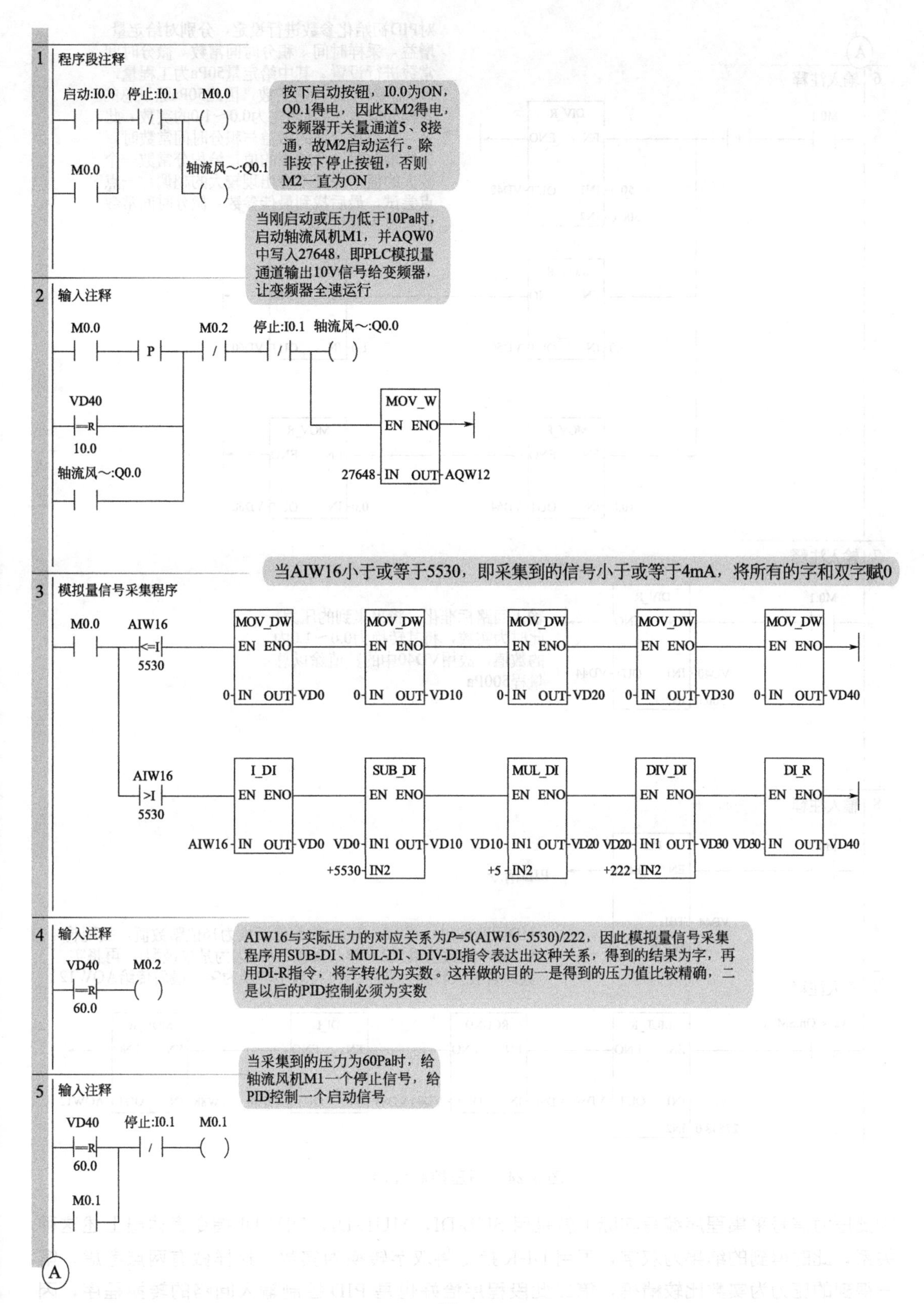

1 程序段注释
启动:I0.0
停止:I0.1
M0.0
M0.0
轴流风～:Q0.1
按下启动按钮，I0.0为ON，Q0.1得电，因此KM2得电，变频器开关量通道5、8接通，故M2启动运行。除非按下停止按钮，否则M2一直为ON
当刚启动或压力低于10Pa时，启动轴流风机M1，并AQW0中写入27648，即PLC模拟量通道输出10V信号给变频器，让变频器全速运行
2 输入注释
M0.0
M0.2
停止:I0.1
轴流风～:Q0.0
VD40
10.0
轴流风～:Q0.0
MOV_W
EN ENO
27648 IN OUT AQW12
当AIW16小于或等于5530，即采集到的信号小于或等于4mA，将所有的字和双字赋0
3 模拟量信号采集程序
M0.0
AIW16
5530
MOV_DW
0 IN OUT VD0
0 IN OUT VD10
0 IN OUT VD20
0 IN OUT VD30
0 IN OUT VD40
AIW16
5530
I_DI
SUB_DI
MUL_DI
DIV_DI
DI_R
AIW16 IN OUT VD0
VD0 IN1 OUT VD10
+5530 IN2
VD10 IN1 OUT VD20
+5 IN2
VD20 IN1 OUT VD30
+222 IN2
VD30 IN OUT VD40
4 输入注释
AIW16与实际压力的对应关系为P=5(AIW16-5530)/222，因此模拟量信号采集程序用SUB-DI、MUL-DI、DIV-DI指令表达出这种关系，得到的结果为字，再用DI-R指令，将字转化为实数。这样做的目的一是得到的压力值比较精确，二是以后的PID控制必须为实数
VD40
M0.2
60.0
当采集到的压力为60Pa时，给轴流风机M1一个停止信号，给PID控制一个启动信号
5 输入注释
VD40
停止:I0.1
M0.1
60.0
M0.1
A

图 5-24

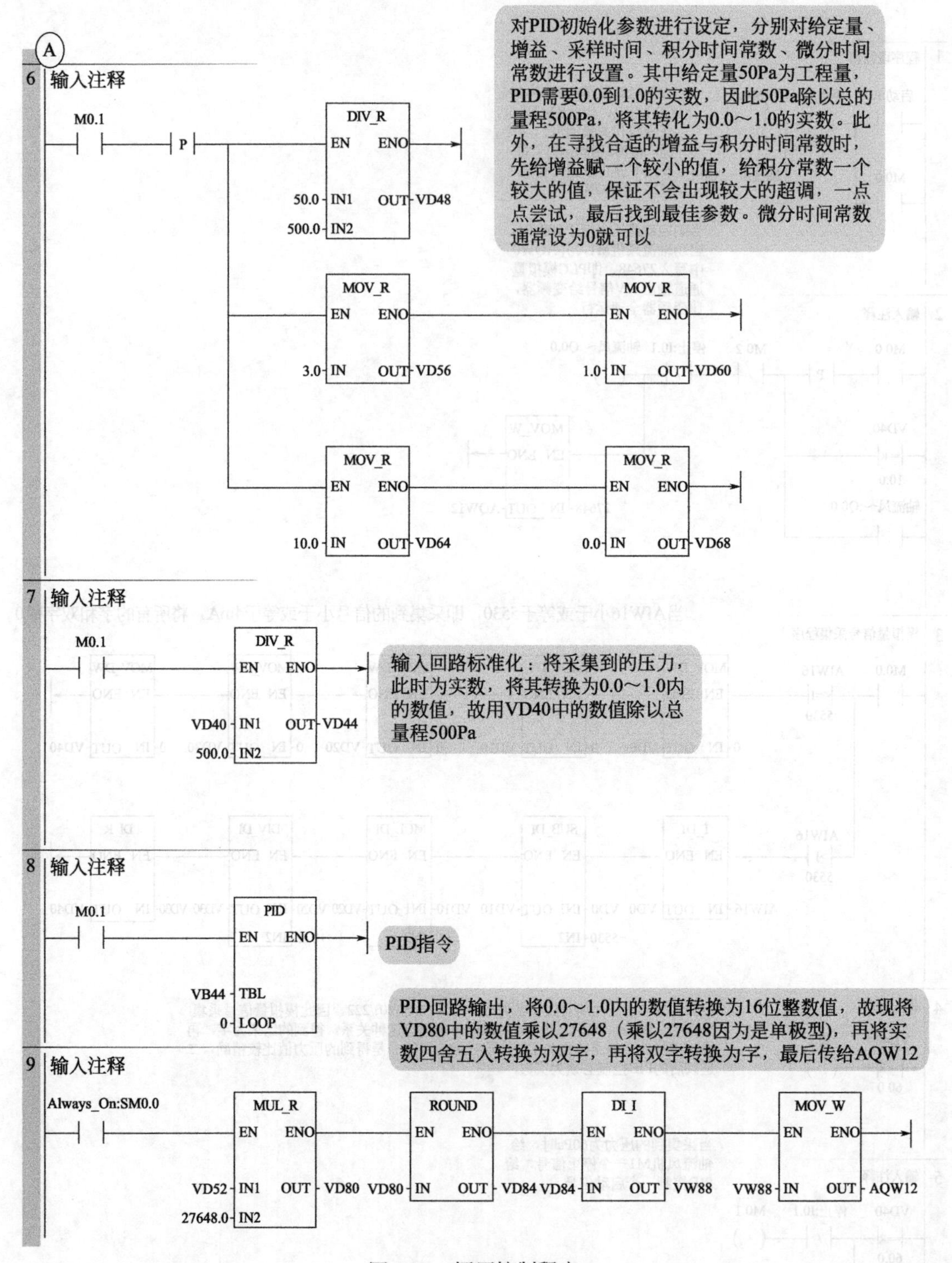

图 5-24 恒压控制程序

因此压力信号采集程序编写实际上就是用 SUB-DI，MUL-DI，DIV-DI 指令表达出上述这种关系，此时得到的结果为双字，再用 DI-R 指令将双字转换为实数，这样做有两点考虑，第一得到的压力为实数比较精确，第二此段程序恰好也是 PID 控制输入回路的转换程序，因此必须转换为实数。

③ PID 控制程序的编写。PID 控制程序的编写主要考虑 4 个方面。

a. PID 初始化参数设定。主要涉及给定值、增益、采样时间、积分时间常数和微分时间常数这 5 个参数的设定。给定值为 0.0～1.0 的数，其中压力恒为 50Pa，50Pa 为工程量，需将工程量转换为 0.0～1.0 的数，故将实际压力 50Pa 比上量程 500Pa，即 DIV-R 50.0，500.0。寻找合适的增益值和积分时间常数时，需将增益赋 1 个较小的数值，将积分时间常数赋 1 个较大的值，其目的为系统不会出现较大的超调量，多次试验，最后得出合理的结果，微分时间常数通常设置为 0。

b. 输入量的转换及标准化。输入量的转换程序即压力信号采集程序，输入量的转换程序最后得到的结果为实数，需将此实数转换为 0.0～1.0 的标准数值，故将 VD40 中的实数比上量程 500Pa。

c. 编写 PID 指令

d. 将 PID 回路输出转换为成比例的整数；故 VD52 中的数先除以 27648.0（为单极型），接下来将实数四舍五入转化为双字，再将双字转化为字送至 AQW12 中，从而完成了 PID 控制。

5.5 PID 向导及应用案例

STEP7-Micro/WIN SMART 提供了 PID 指令向导，可以帮助用户方便地生成一个闭环控制过程的 PID 算法。此向导可以完成绝大多数 PID 运算的自动编程，用户只需在主程序中调用 PID 向导生成的子程序，就可以完成 PID 控制任务。

PID 向导既可以生成模拟量输出 PID 控制算法，也支持开关量输出；既支持连续自动调节，也支持手动参与控制。建议用户使用此向导对 PID 编程，以避免不必要的错误。

5.5.1 PID 向导编程步骤

（1）打开 PID 向导

方法 1：在 STEP 7-Micro/WIN SMART 编程软件的“工具” 菜单中选择 PID 向导 PID。

方法 2：打开 STEP 7-Micro/WIN SMART 编程软件，在项目树中打开“向导” 文件夹，然后双击 PID。

（2）定义需要配置的 PID 回路号

在图 5-25 中，选择要组态的回路，单击“下一页”，最多可组态 8 个回路。

（3）为回路组态命名

可为回路组态自定义名称。此部分的默认名称是“回路 x”，其中“x” 等于回路编号，如图 5-26 所示。

（4）设定 PID 回路参数

PID 回路参数设置，如图 5-27 所示。PID 回路参数设置分为 4 个部分，分别为增益设置、采样时间设置、积分时间设置和微分时间设置。注意这些参数的数值均为实数。

① 增益：即比例常数，默认值＝1.00。

② 积分时间：如果不想要积分作用，默认值＝10.00。

③ 微分时间：如果不想要微分回路，可以把微分时间设为 0 ，默认值＝0.00。

④ 采样时间：是 PID 控制回路对反馈采样和重新计算输出值的时间间隔，默认值＝

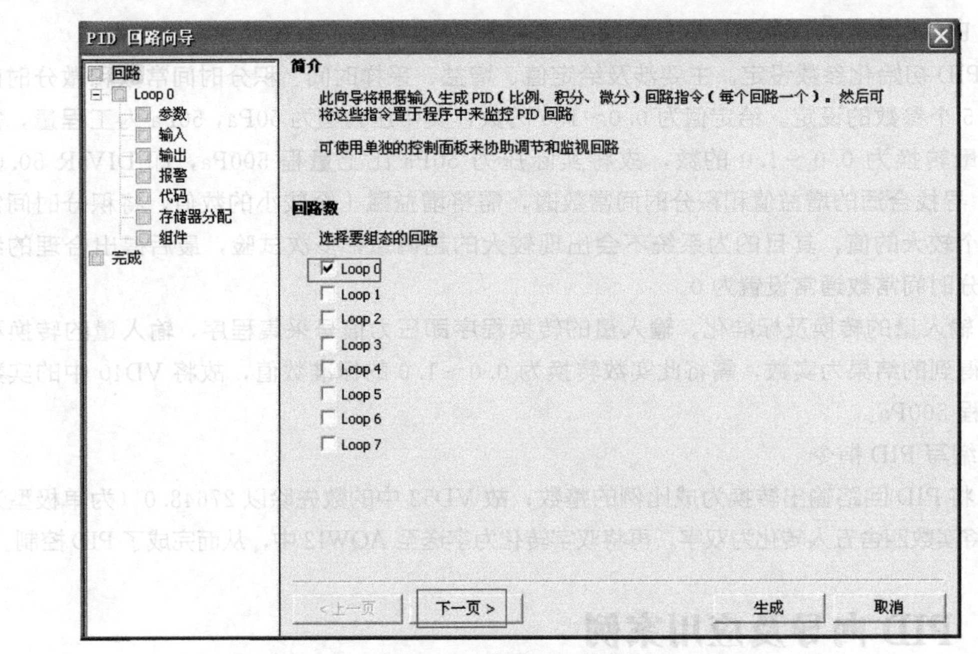

图 5-25　配置 PID 回路号

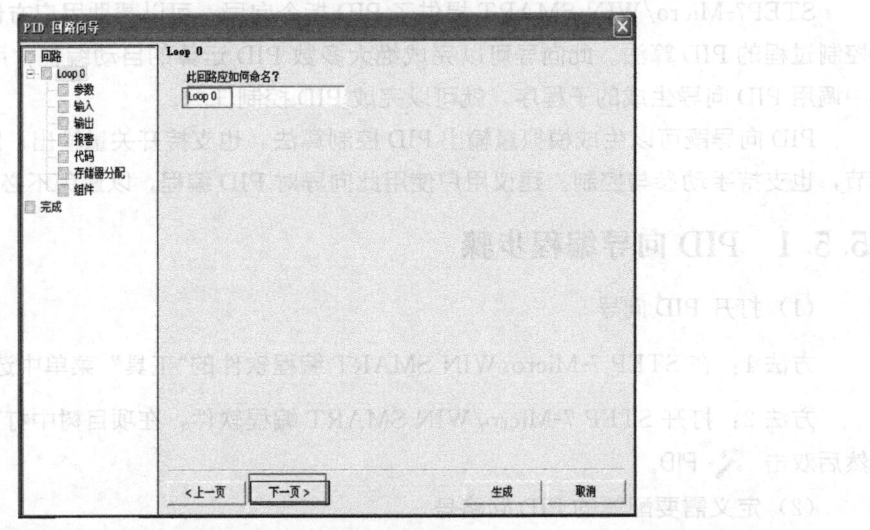

图 5-26　为回路组态命名

1.00。在向导完成后，若想要修改此数，则必须返回向导中修改，不可在程序中或状态表中修改。

（5）设定输入回路过程变量

设定输入回路过程变量，如图 5-28 所示。

① 指定回路过程变量（PV）如何标定。可以从以下选项中选择：

单极性：即输入的信号为正，如 0～10V 或 0～20mA 等 。

双极性：输入信号在从负到正的范围内变化。如输入信号为－10～10V、－5～5V 等时选用 。

选用 20％偏移：如果输入为 4～20mA 则选单极性及此项，4mA 是 0～20mA 信号的 20％，所以选 20％ 偏移，即 4mA 对应 5530，20mA 对应 27648。

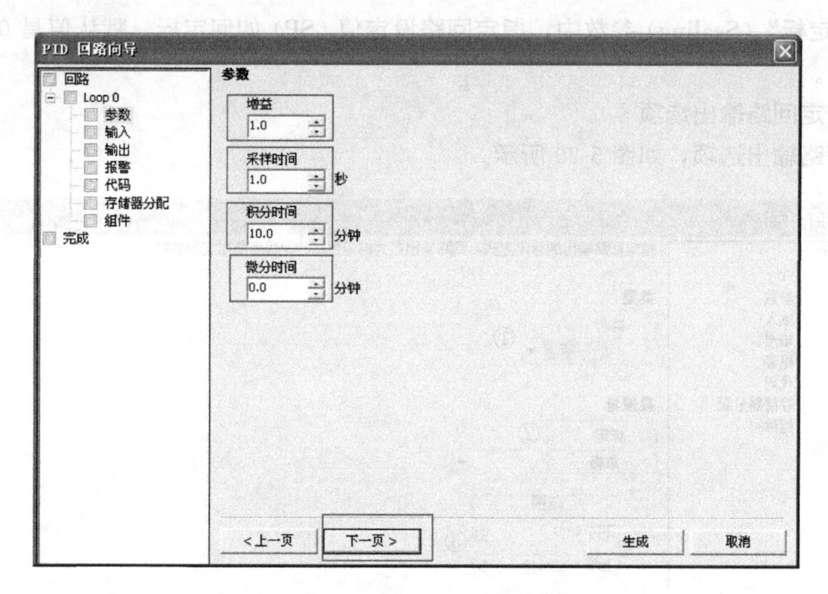

图 5-27　PID 回路参数设置

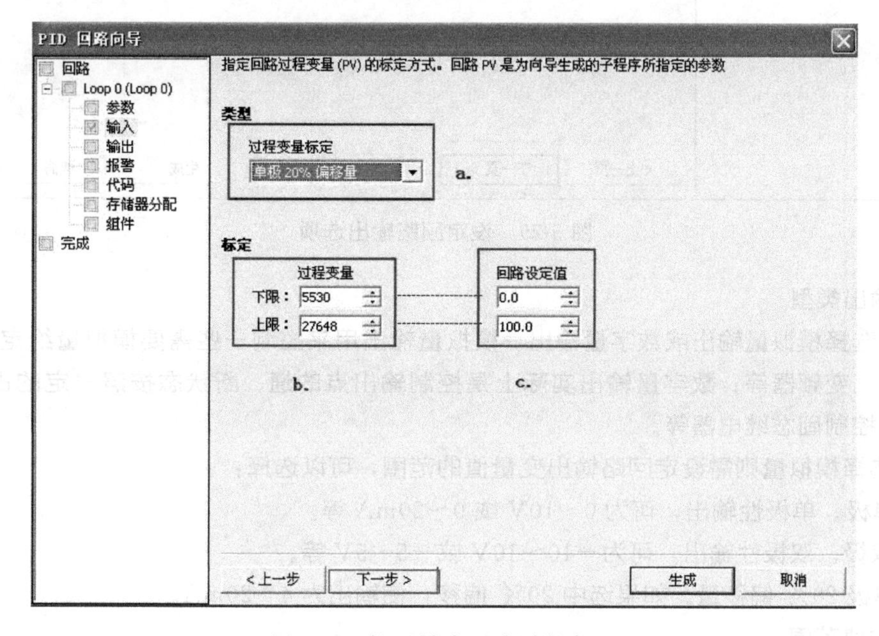

图 5-28　设置输入回路过程变量

温度×10℃。

温度×10℉。

② 反馈输入取值范围

在图 5-28 中，a. 设置为单极时，缺省值为 0～27648，对应输入量程范围 0～10V 或 0～20mA 等，输入信号为正。

在图 5-28 中，a. 设置为双极时，缺省的取值为－27648～27648，对应的输入范围根据量程不同可以是－10～10V、－5～5V 等。

在图 5-28 中，a. 选中 20% 偏移量时，取值范围为 5530～27648，不可改变。

c. 在“定标”（Scaling）参数中，指定回路设定值（SP）如何定标。默认值是 0.0～100.0 的一个实数。

(6) 设定回路输出选项

设定回路输出选项，如图 5-29 所示。

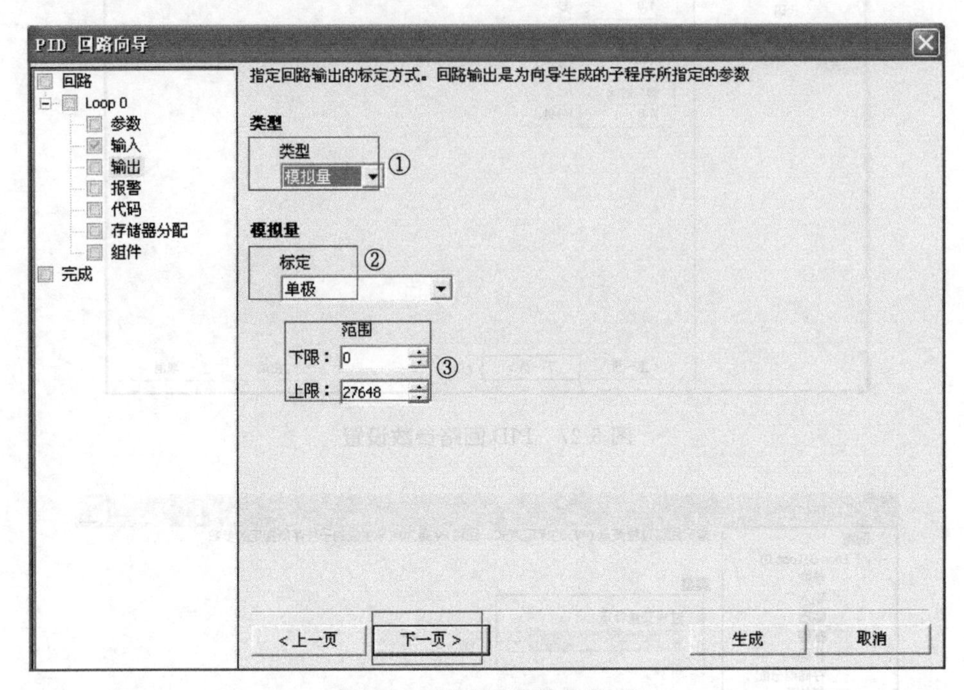

图 5-29　设定回路输出选项

① 输出类型

可以选择模拟量输出或数字量输出。模拟量输出用来控制一些需要模拟量给定的设备，如比例阀、变频器等；数字量输出实际上是控制输出点的通、断状态按照一定的占空比变化，可以控制固态继电器等。

② 选择模拟量则需设定回路输出变量值的范围，可以选择：

a. 单极。单极性输出，可为 0～10V 或 0～20mA 等。

b. 双极。双极性输出，可为－10～10V 或－5～5V 等。

c. 单极 20% 偏移量。如果选中 20% 偏移，使输出为 4～20mA。

③ 取值范围

a. 为单极时，缺省值为 0～27648。

b. 为双极时，取值－27648～27648。

c. 为 20%偏移量时，取值 5530～27648 ，不可改变。

如果选择了开关量输出，需要设定此循环周期，如图 5-30 所示。

(7) 设定回路报警选项

设定回路报警选项，如图 5-31 所示。

向导提供了三个输出来反映过程值（PV）的低值报警、高值报警及过程值模拟量模块错误状态。当报警条件满足时，输出置位为 1。这些功能在选中了相应的选择框之后起作用。

使能低值报警并设定过程值（PV）报警的低值，此值为过程值的百分数，缺省值为

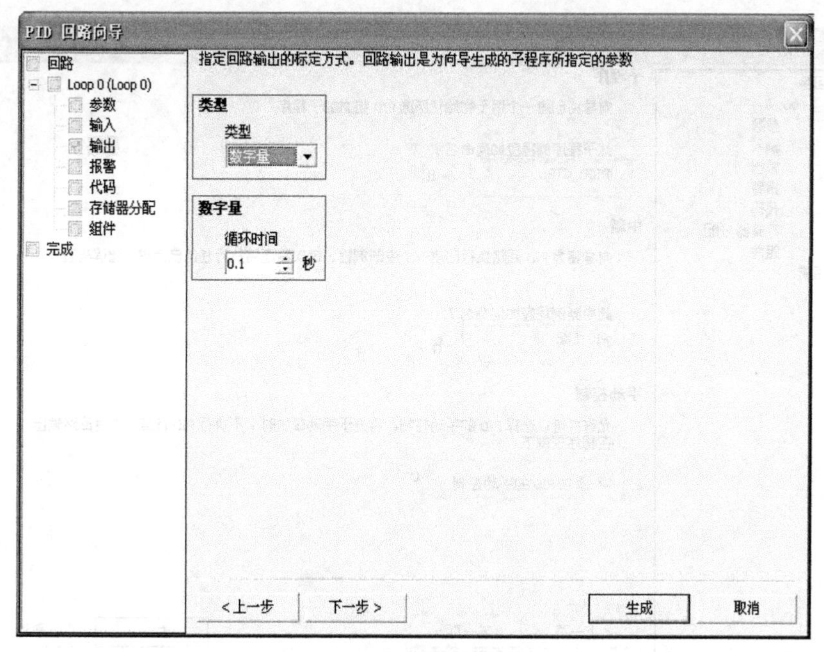

图 5-30　开关量循环周期设置

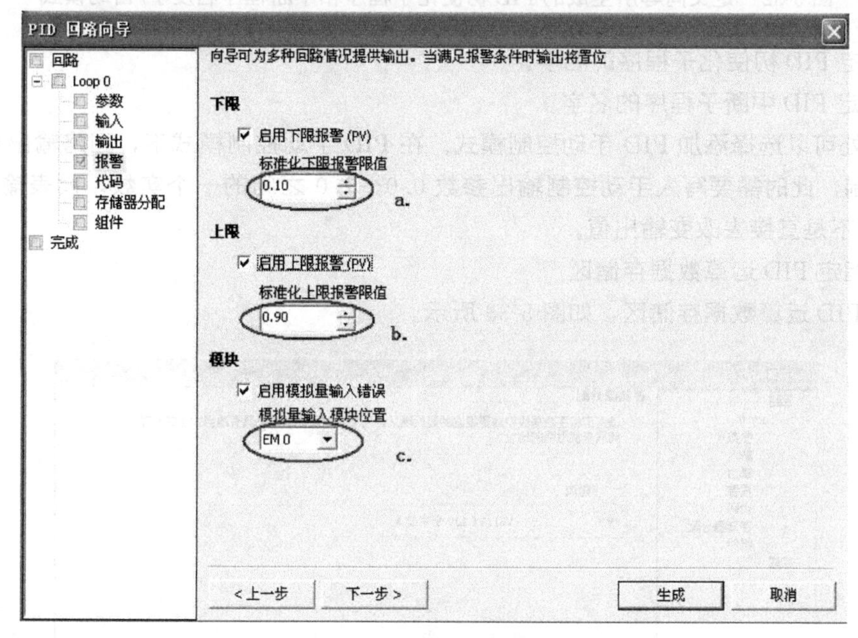

图 5-31　设定回路报警选项

0.10，即报警的低值为过程值的10%。此值最低可设为0.01，即满量程的1%。

使能高值报警并设定过程值（PV）报警的高值，此值为过程值的百分数，缺省值为0.90，即报警的高值为过程值的90%。此值最高可设为1.00，即满量程的100%。

使能过程值（PV）模拟量模块错误报警并设定模块于CPU连接时所处的模块位置。“EM0”就是第一个扩展模块的位置。

（8）定义向导所生成的PID初使化子程序和中断程序名及手/自动模式

定义向导所生成的PID初使化子程序和中断程序名及手/自动模式，如图5-32所示。

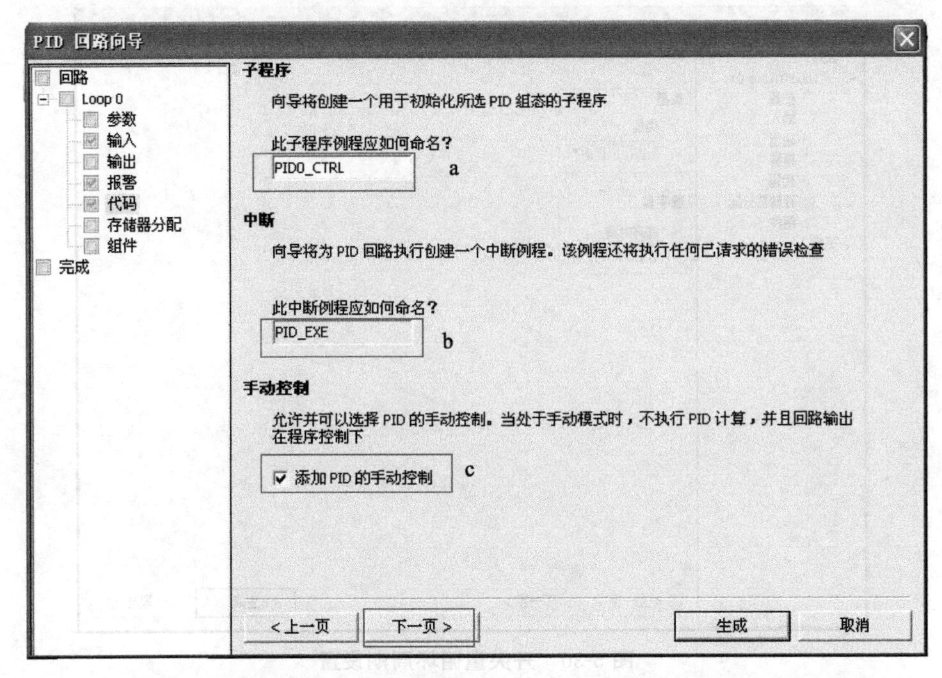

图 5-32　定义向导所生成的 PID 初使化子程序和中断程序名及手/自动模式

a. 指定 PID 初使化子程序的名字。

b. 指定 PID 中断子程序的名字。

c. 此处可以选择添加 PID 手动控制模式。在 PID 手动控制模式下，回路输出由手动输出设定控制，此时需要写入手动控制输出参数 0.0～1.0 之间的一个实数，代表输出的 0～100%，而不是直接去改变输出值。

（9）指定 PID 运算数据存储区

指定 PID 运算数据存储区，如图 5-33 所示。

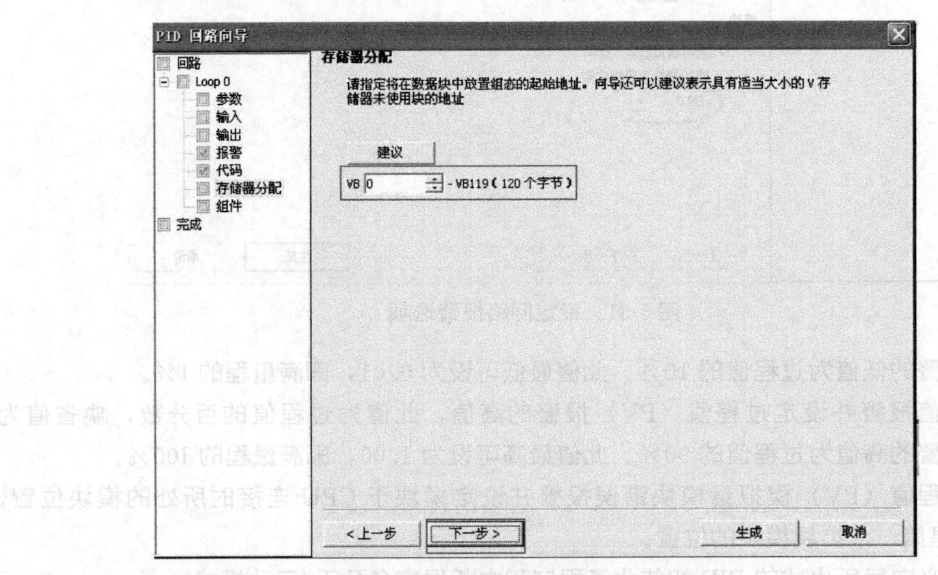

图 5-33　指定 PID 运算数据存储区

PID 指令使用了一个 120 个字节的 V 区参数表来进行控制回路的运算工作；除此之外，PID 向导生成的输入/输出量的标准化程序也需要运算数据存储区。需要为它们定义一个起始地址，要保证该地址起始的若干字节在程序的其他地方没有被重复使用。如果点击“建议”，则向导将自动设定当前程序中没有用过的 V 区地址。

(10) 生成 PID 子程序、中断程序及符号表

生成 PID 子程序、中断程序及符号表，如图 5-34 所示。

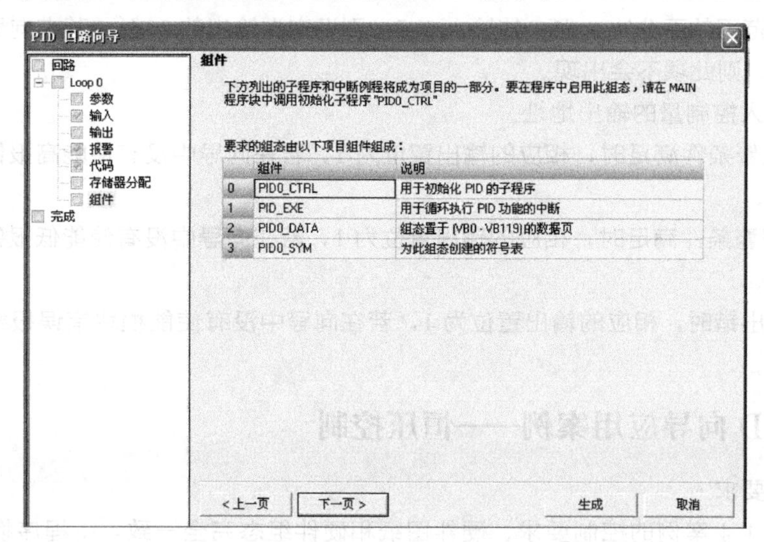

图 5-34 生成 PID 子程序、中断程序及符号表

一旦点击完成按钮，将在项目中生成上述 PID 子程序、中断程序及符号表等。

(11) 配置完 PID 向导，需要在程序中调用向导生成的 PID 子程序

在用户程序中调用 PID 子程序时，可在指令树的程序块中用鼠标双击由向导生成的 PID 子程序，如图 5-35 所示。

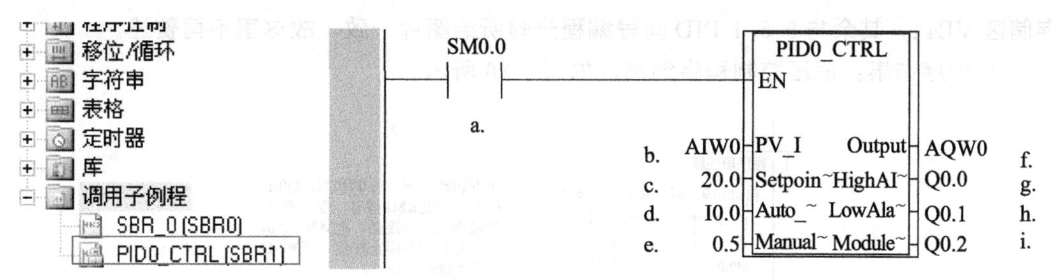

图 5-35 调用 PID 子程序

a. 必须用 SM0.0 来使能 PIDx _ CTRL 子程序，SM0.0 后不能串联任何其他条件，而且也不能有越过它的跳转；如果在子程序中调用 PIDx _ CTRL 子程序，则调用它的子程序也必须仅使用 SM0.0 调用，以保证它的正常运行。

b. 此处输入过程值(反馈) 的模拟量输入地址。

c. 此处输入设定值变量地址(VDxx)，或者直接输入设定值常数，根据向导中设定的 0.0～100.0，此处应输入一个 0.0～100.0 的实数，例：若输入 20，即为过程值的 20%，假设过程值 AIW0 是量程为 0～200℃的温度值，则此处的设定值 20 代表 40℃(即 200℃的 20%)；如果在向导中设定给定范围为 0.0～100.0，则此处的 20 相当于 20℃。

d. 此处用 I0.0 控制 PID 的手/自动方式，当 I0.0 为 1 时，为自动，经过 PID 运算从 AQW0 输出；当I0.0 为 0 时，PID 将停止计算，AQW0 输出为 Manual Output(VD4) 中的设定值，此时不要另外编程或直接给 AQW0 赋值。若在向导中没有选择 PID 手动功能，则此项不会出现。

e. 定义 PID 手动状态下的输出，从 AQW0 输出一个满值范围内对应此值的输出量。此处可输入手动设定值的变量地址(VDxx)，或直接输入数。数值范围为 0.0～1.0 的一个实数，代表输出范围的百分比。例：如输入 0.5，则设定为输出的 50%。若在向导中没有选择 PID 手动功能，则此项不会出现。

f. 此处键入控制量的输出地址。

g. 当高报警条件满足时，相应的输出置位为 1，若在向导中没有使能高报警功能，则此项将不会出现。

h. 当低报警条件满足时，相应的输出置位为 1，若在向导中没有使能低报警功能，则此项将不会出现。

i. 当模块出错时，相应的输出置位为 1，若在向导中没有使能模块错误报警功能，则此项将不会出现。

5.5.2 PID 向导应用案例——恒压控制

(1) 控制要求

本例与 5.4.4 案例的控制要求、硬件图纸和硬件组态完全一致，将程序换由 PID 向导来编写。

(2) 程序设计

① PID 向导生成：本例的PID 向导编程请参考 5.5.1PID 向导编程步骤，其中第 4 步设置回路参数增益改成 3.0，第 7 步设置回路报警全不勾选，第 8 步定义向导所生成的 PID 初使化子程序和中断程序名及手/自动模式中手动控制不勾选，第 9 步指定编程 PID 运算数据存储区 VB44，其余与 5.5.1 PID 向导编程步骤所给图片一致，故这里不再赘述。

② 程序结果：恒压控制程序结果，如图 5-36 所示。

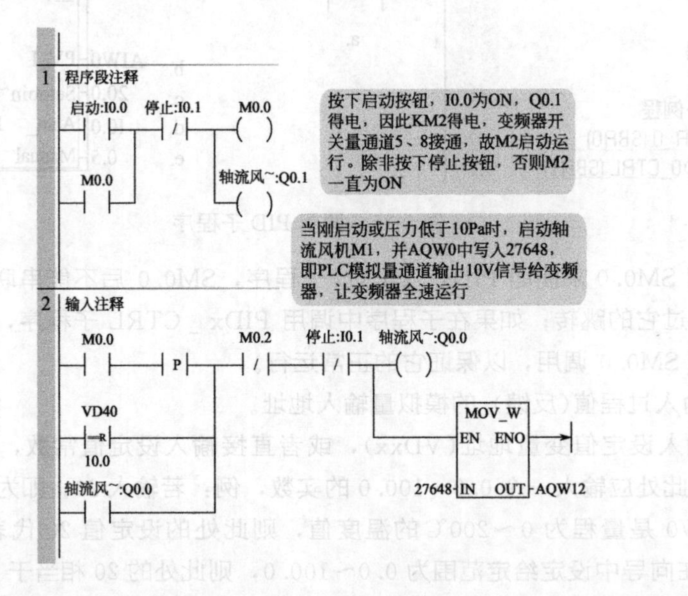

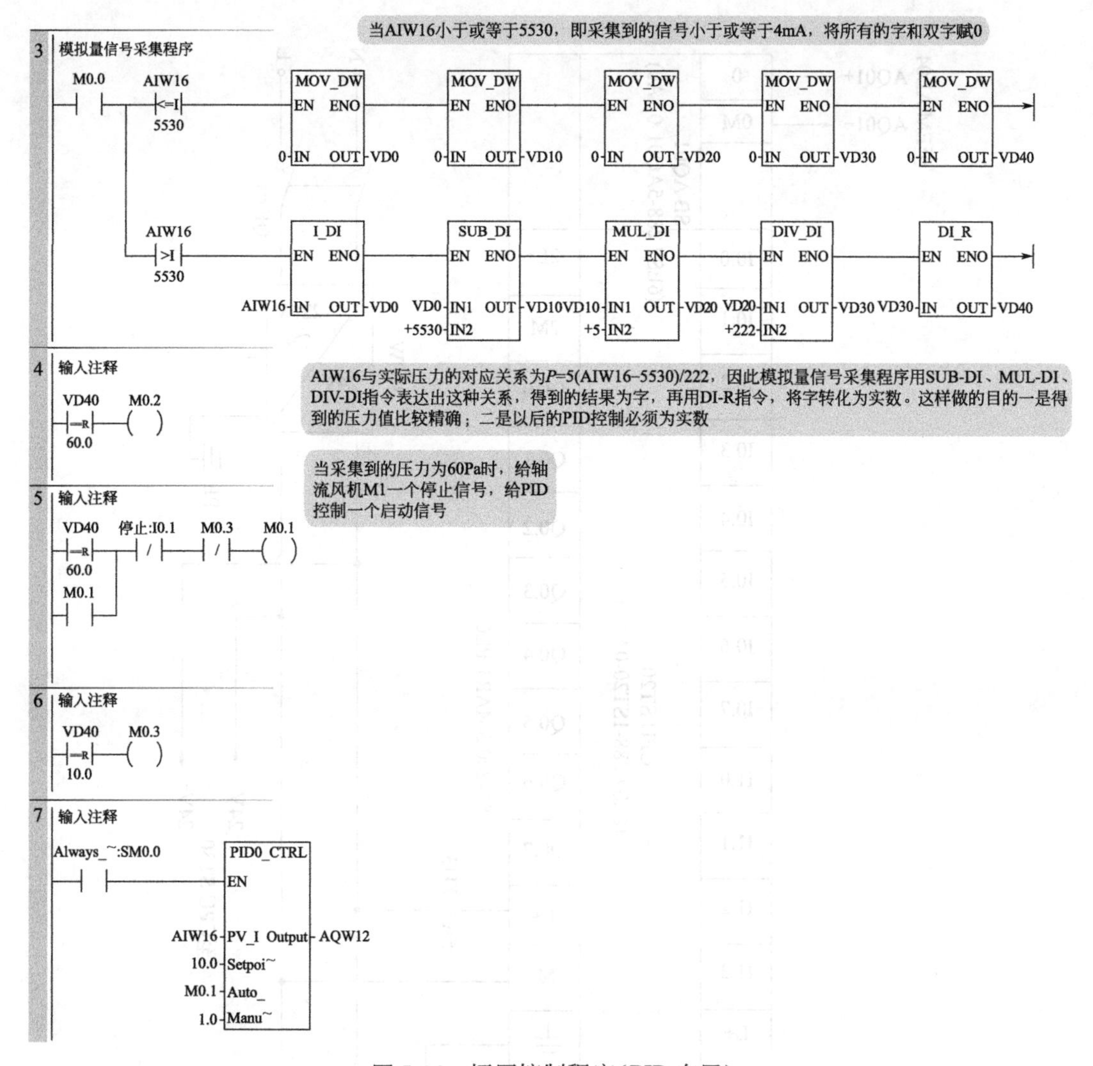

图 5-36　恒压控制程序(PID 向导)

5.6　模拟量信号发生与接收应用案例

5.6.1　控制要求

某压力变送器量程为 0～10MPa，输出信号为 4～20mA，鉴于在实验室环境不可能组装完整的控制系统，故这里用 S7-200 SMART PLC CPU ST 模块＋SB AQ01 信号板＋触摸屏通过编程模拟 4～20mA 信号；用 S7-200 SMART PLC CPU ST 模块＋ EM AE04 模拟量输入模块作为信号接收，当压力大于 6MPa，蜂鸣器报警，试编程。

5.6.2　硬件设计

模拟量信号模拟和接收项目的硬件图纸，如图 5-37 所示。

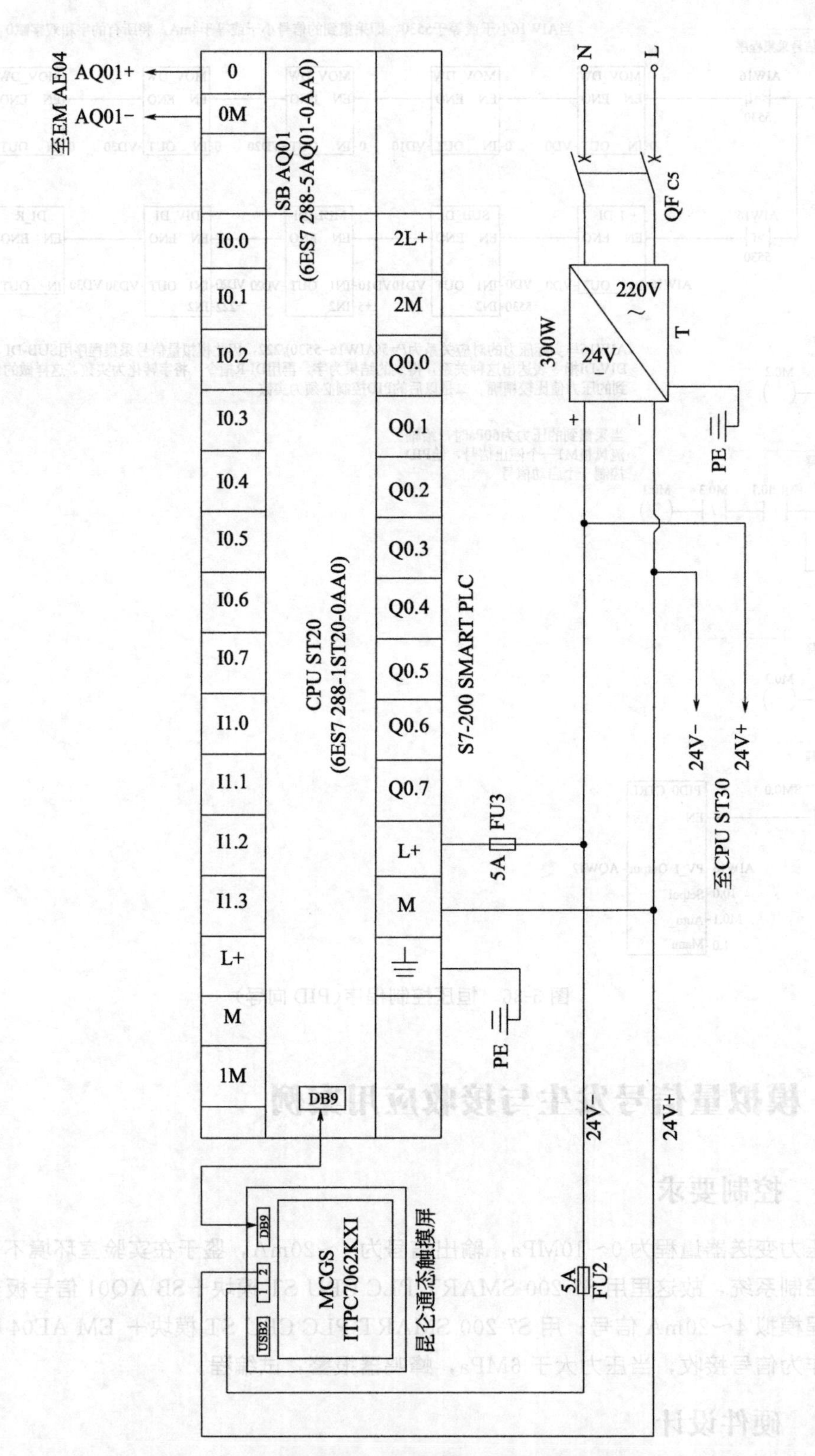

(a) 模拟量信号模拟和接收项目的硬件图纸(一)

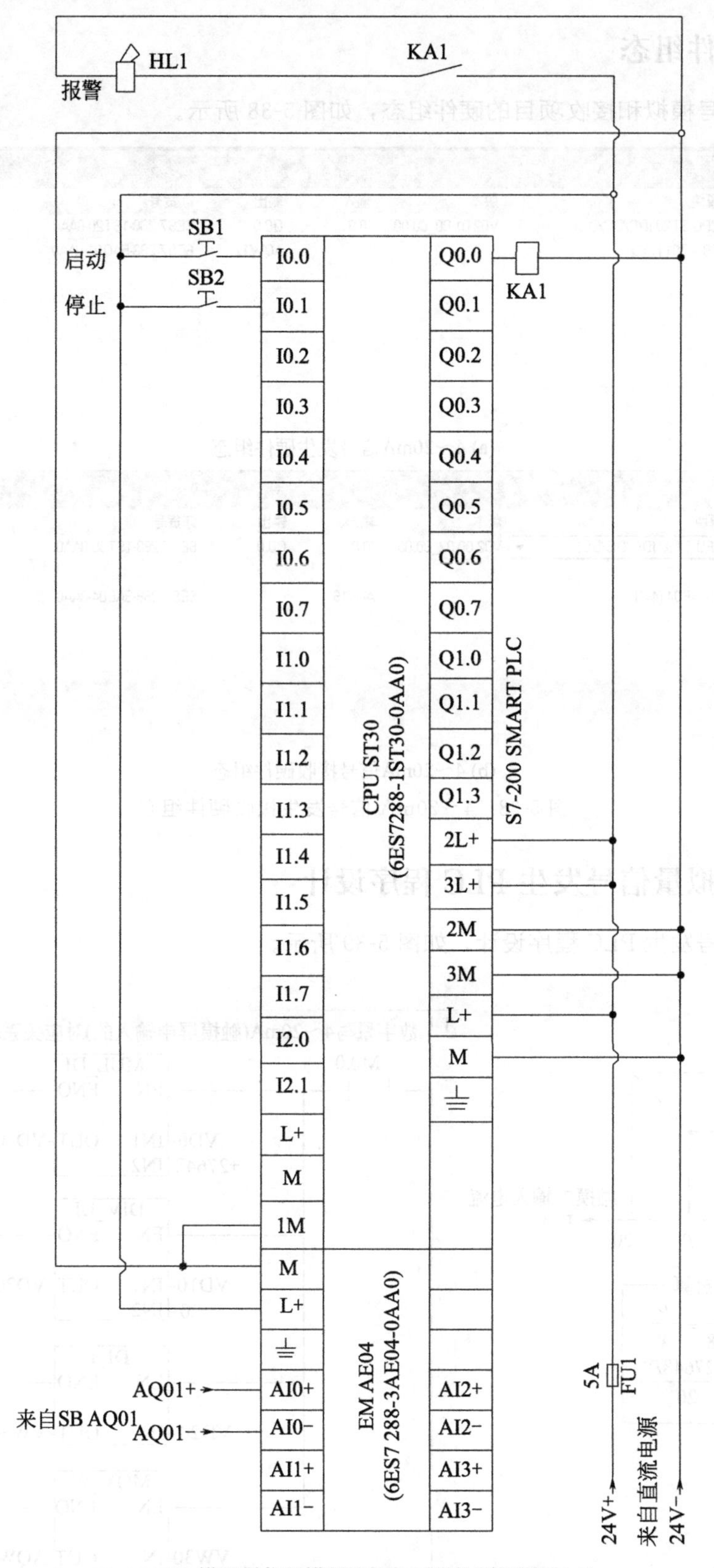

(b) 模拟量信号模拟和接收项目的硬件图纸(二)

图 5-37　模拟量信号模拟和接收项目的硬件图纸

5.6.3 硬件组态

模拟量信号模拟和接收项目的硬件组态，如图 5-38 所示。

系统块

	模块	版本	输入	输出	订货号
CPU	CPU ST20 (DC/DC/DC)	V02.01.00_00.00...	I0.0	Q0.0	6ES7 288-1ST20-0AA0
SB	SB AQ01 (1AQ)			AQW12	6ES7 288-5AQ01-0AA0
EM 0					
EM 1					
EM 2					
EM 3					
EM 4					
EM 5					

(a) 4～20mA信号发生硬件组态

系统块

	模块	版本	输入	输出	订货号
CPU	CPU ST30 (DC/DC/DC)	V02.00.02_00.00...	I0.0	Q0.0	6ES7 288-1ST30-0AA0
SB					
EM 0	EM AE04 (4AI)		AIW16		6ES7 288-3AE04-0AA0
EM 1					
EM 2					
EM 3					
EM 4					
EM 5					

(b) 4～20mA信号接收硬件组态

图 5-38　4～20mA 信号发生接收硬件组态

5.6.4 模拟量信号发生 PLC 程序设计

模拟量信号发生 PLC 程序设计，如图 5-39 所示。

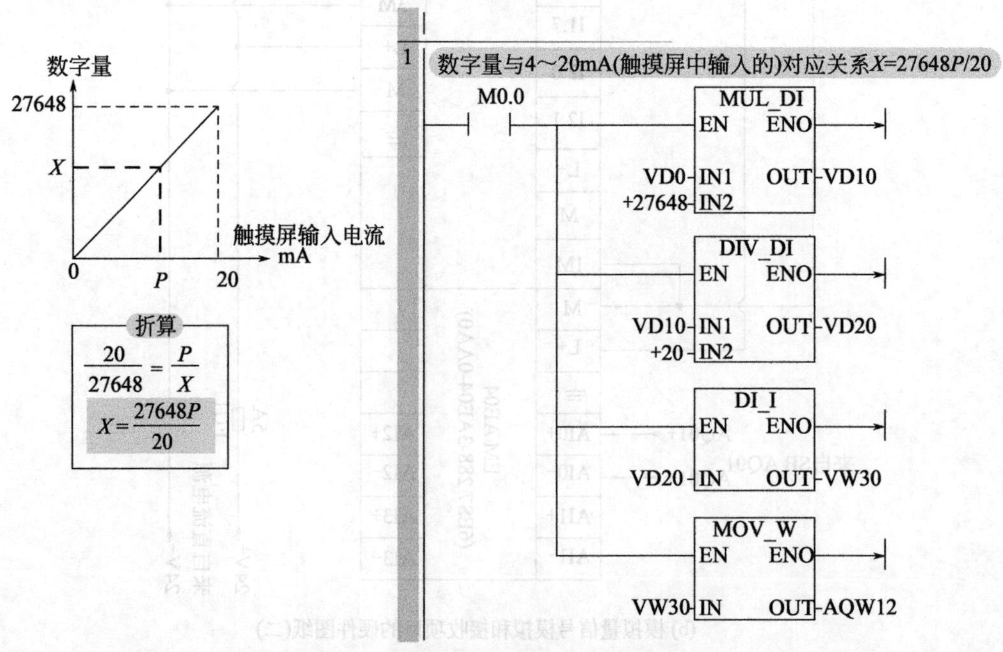

图 5-39　模拟量信号发生 PLC 程序设计

5.6.5 模拟量信号发生触摸屏程序设计

（1）新建

双击桌面 MCGS 组态软件图标，进入如组态环境。单击菜单栏中的“文件→新建”，会出现“新建工程设置”对话框，如图 5-40 所示。在“类型”中可以选择你所需要的触摸屏的系列，这里我们选择“TPC7062KX”系列；在“背景色”中，可以选择你所需要的背景颜色；这里有一点需要注意，就是分辨率 800×480，有时候背景以图片形式出现的时候，所用图片的分辨率也必须为 800×480，否则触摸屏显示出来会失真。设置完后，单击“确定”，会出现图 5-41 的画面。

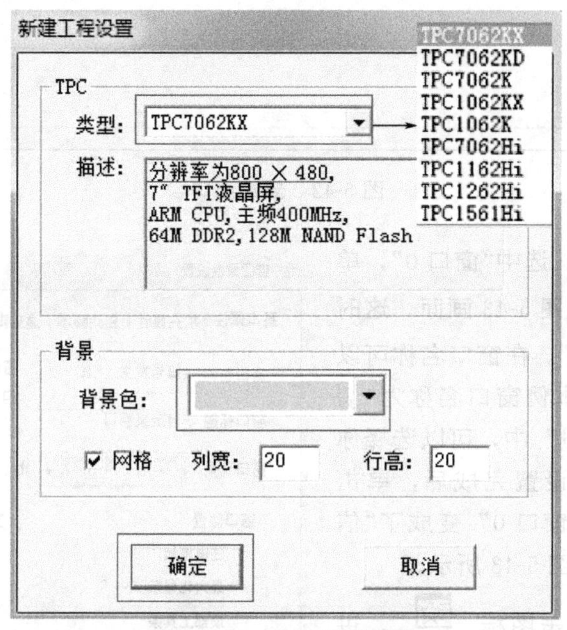

图 5-40 新建工程设置

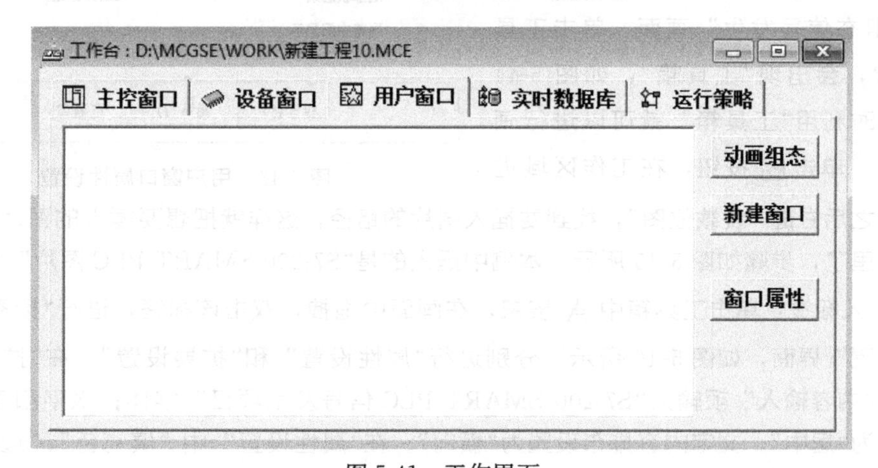

图 5-41 工作界面

（2）画面制作

① 新建窗口：在图 5-41 中，点击 用户窗口，进入用户窗口，这是可以制作画面了。单

击 **新建窗口** 按钮，会出现 窗口0，步骤如图 5-42 所示。

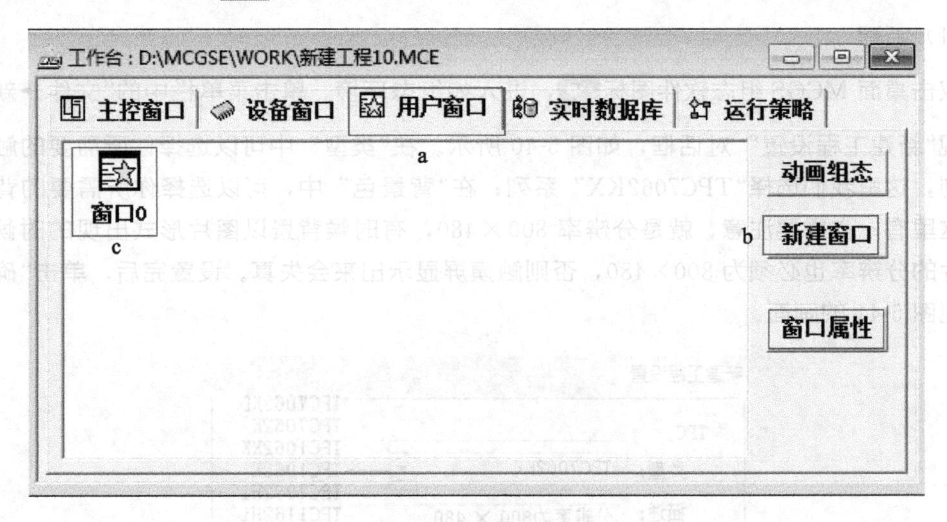

图 5-42　新建窗口

② 窗口属性设置：选中“窗口 0”，单击 **窗口属性** 按钮，出现图 5-43 画面。这时可以改变“窗口的属性”。在窗口名称可以输入你想要的名称，本例窗口名称为“信号发生”。在“窗口背景”中，可以选择你所需要的背景颜色；设置完成后，单击“确定”，窗口名称由“窗口 0”变成了“信号发生”，设置步骤如图 5-43 所示。

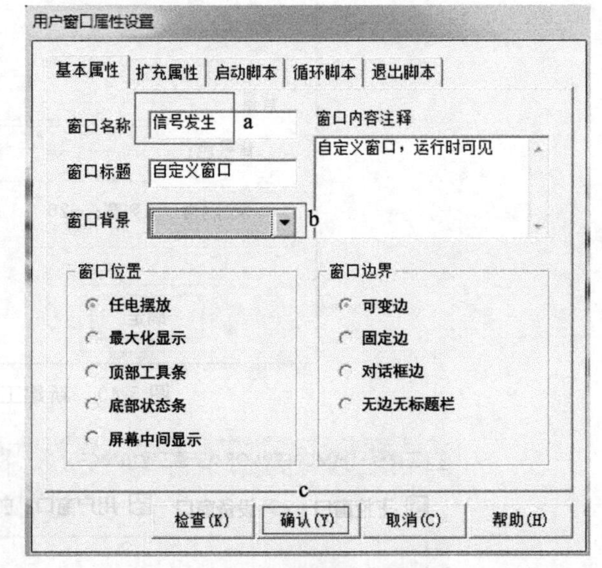

图 5-43　用户窗口属性设置

③ 插入位图：双击图标 信号发生，进入“动态组态信号发生”画面。单击工具栏中的，会出现“工具箱”，如图 5-44 所示，这时利用“工具箱”就可以进行画面制作了。单击按钮，在工作区域进行拖拽，之后右键“装载位图”，找到要插入图片的路径，这样就把想要插入的图片插到“信号发生”里了，步骤如图 5-45 所示。本例中插入的是“S7-200 SMART PLC 图片”。

④ 插入标签：单击工具箱中 **A** 按钮，在画面中拖拽，双击该标签，进行“标签动画组态属性设置”界面，如图 5-46 所示。分别进行“属性设置”和“扩展设置”，在“扩展设置”中的“文本内容输入”项输入“S7-200 SMART PLC 信号发生项目”字样；水平和垂直对齐分别设置为“居中”，文字内容排布设置为“横向”。在“属性设置”中“填充色”、“边框颜色”项选择“没有填充”和“没有边线”；“字符颜色”项“颜色”设置为黑色；单击按钮，会出现“字体”对话框，如图 5-47 所示。

其余 4 个标签制作方法与上述方法相似，故不再赘述。

图 5-44　工具箱

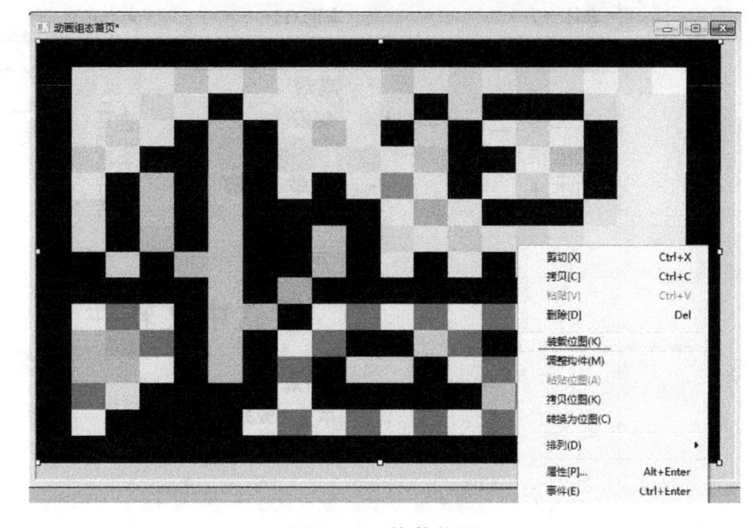

图 5-45　装载位图

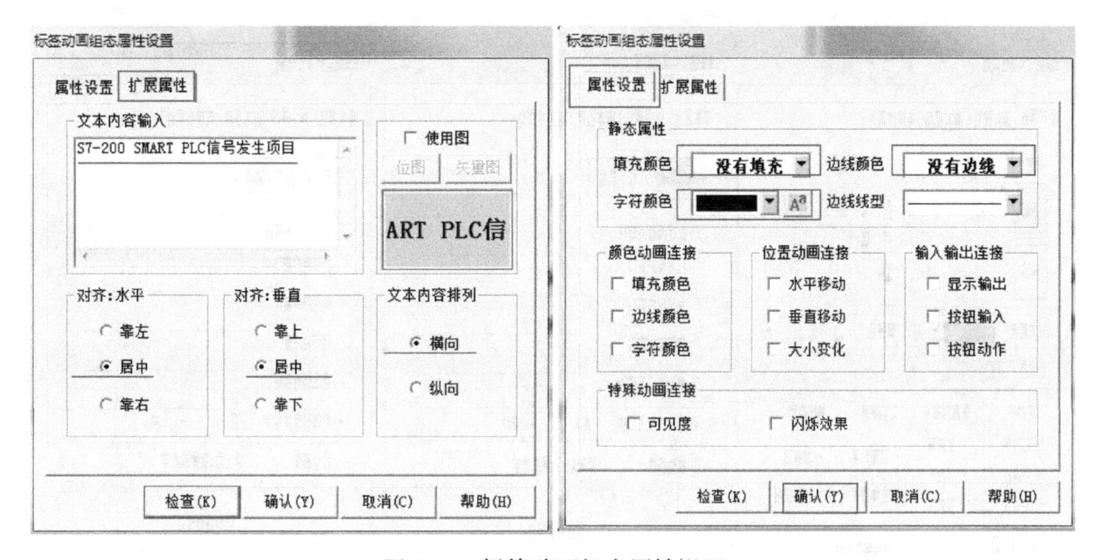

图 5-46　标签动画组态属性设置

⑤ 插入按钮：单击工具箱中按钮，在画面中拖拽合适大小，双击该按钮，进行“标准按钮构建属性设置”界面，如图 5-48 所示。分别进行“基本属性”和“操作属性”设置。在“基本属性”中的“文本”项输入“启动”字样，水平和垂直对齐分别设置为“居中”，“文本颜色”项设置为黑色，单击按钮，会出现“字体”对话框，与标签中的设置方法相似，不再赘述，“背景色”设为蓝色，“边颜色”为蓝色。在“操作属性”中，按下“抬起功能”按钮，在“数据对象值操作”项打钩，击倒三角，选择“清 0”；单击 ? ，选择变量“启动”。(备注：此变量应提前在 实时数据库 中定义)。在“操作属性”中，按下“按下功能”按钮，在“数据对象值操作”项打钩，击倒三角，选择“置 1”；单击 ? ，选择变量“启动”。

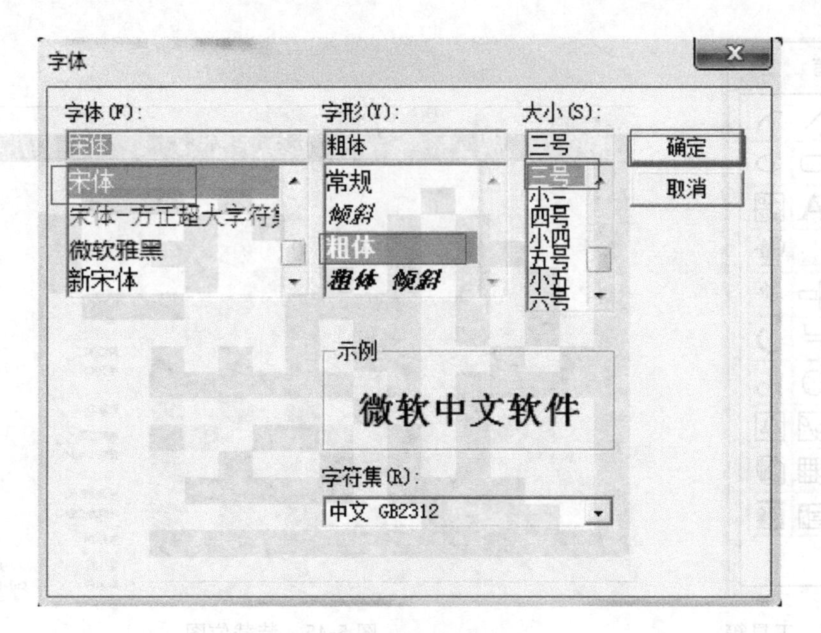

图 5-47　字体

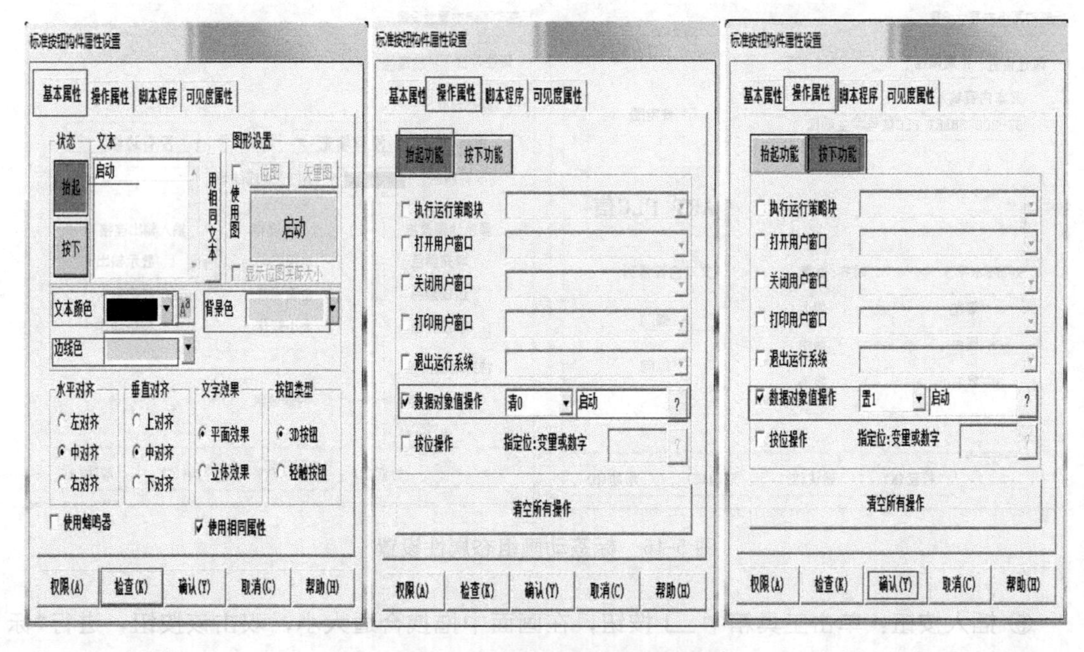

图 5-48　标准按钮构建属性设置

⑥ 插入输入框：单击工具箱中 ab| 按钮，在画面中拖拽合适大小，双击该按钮，进行“输入框构件属性设置”界面，如图 5-49 所示。分别进行“基本属性”和“操作属性”设置。在“基本属性”中的“水平对齐”和“垂直对齐”项分别设置为“居中”，“背景色”设为蓝色。“字符颜色”项设置为黑色；单击 A^a 按钮，会出现“字体”对话框，本例选择的是宋体、常规、小四号字。在“操作属性”中的“对应数据对象的名称”项，单击 ?，选择变量“VD0”。（备注：此变量应提前在 实时数据库 中定义）。在“最小值”中输入 4，在“最大值”中输入

20，也就意味着该输入框只接受 4～20mA 的数据。

⑦ 最终画面：最终画面如图 5-50 所示。

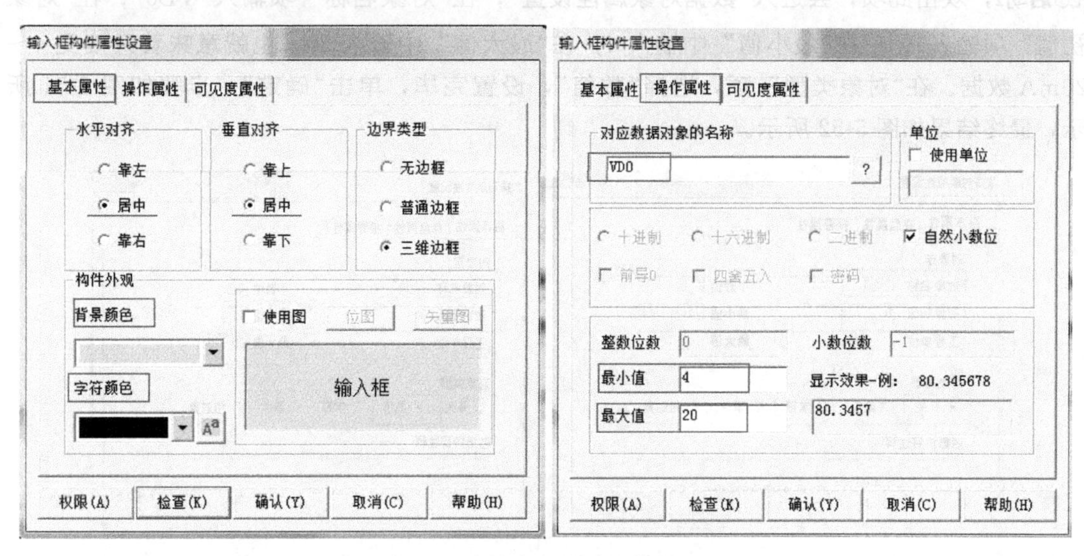

图 5-49　输入框构件属性设置

图 5-50　最终画面

(3) 变量定义

点击 实时数据库 ，进入实时数据库界面。点击 新增对象 ，会出现 InputETime1，双击此项，会进入“数据对象属性设置”，在“对象名称” 项输入“启动”；在“对象初值” 项输入

"0"；在"对象类型"项，选择"开关"，设置完毕，单击"确定"，再次点击 新增对象 ，会出现 启动1，双击此项，会进入"数据对象属性设置"，在"对象名称"项输入"VD0"；在"对象初值"项输入"0"；在"最小值"中输入 4，在"最大值"中输入 20，也就意味着只接受 4～20mA 数据。在"对象类型"项，选择"数值"，设置完毕，单击"确定"，步骤如图 5-51 所示，最终结果如图 5-52 所示。

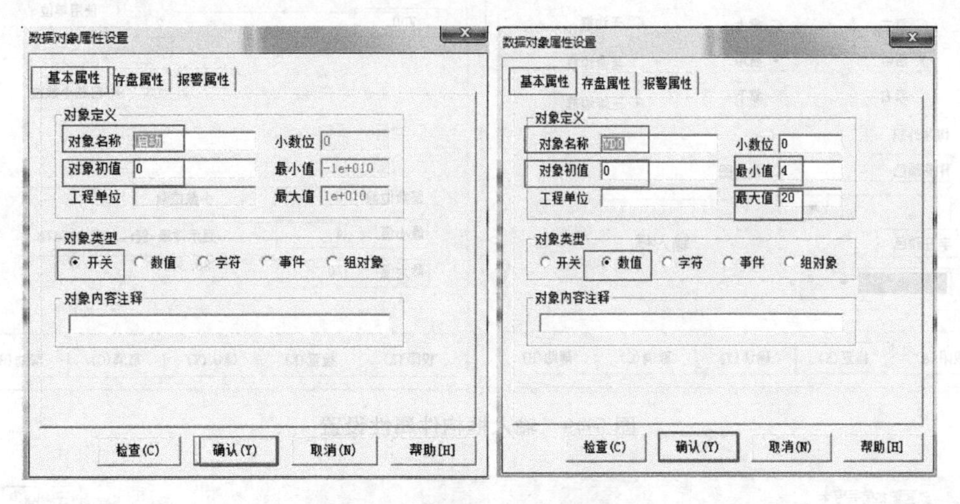

图 5-51　数据对象属性设置

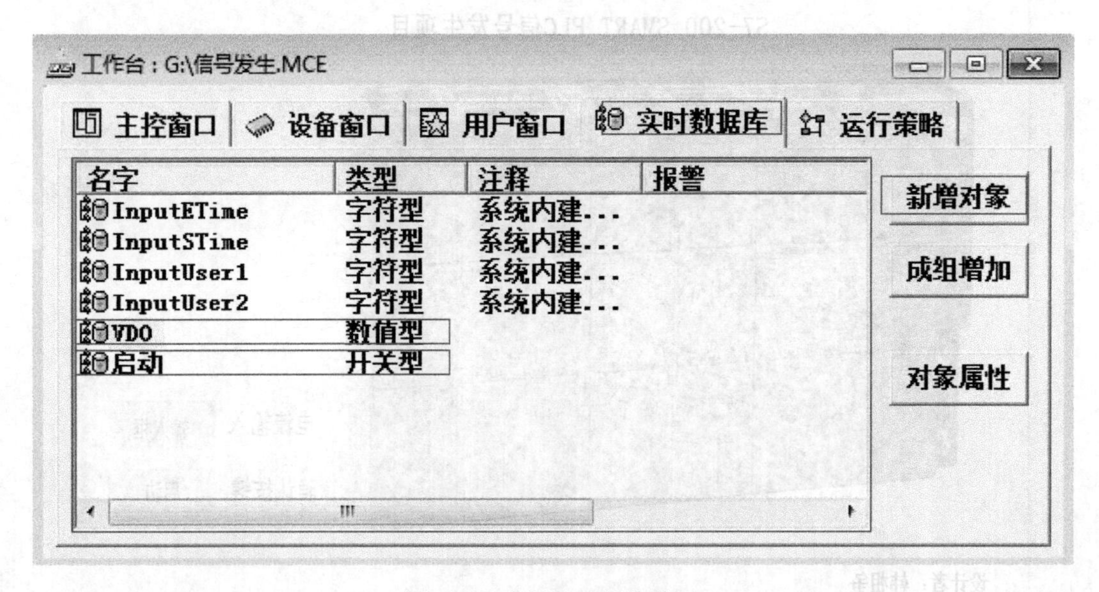

图 5-52　变量生成最终结果

（4）设备连接

点击 设备窗口 ，进入设备窗口界面。点击 设备组态 ，会出现设备组态窗口画面，单击工具栏中的 按钮，会出现"设备工具箱"，点击设备工具箱中的"设备管理"按钮，会出现图 5-53(b) 的画面，先选中 通用串口父设备，再选中 西门子_S7200PPI，以上选中的两项就会出现在"设备工具箱"中，如图 5-53（c）所示。在"设备工具箱"中，先双击通用串口父设备，在“设备组态窗口”中会出现 通用串口父设备0--[通用串口父设备]，之后在“设备工具箱”中再双击 西门子_S7200PPI，会出现如图 5-54 所示画面，问 是否使用 "西门子_S7200PPI" 驱动的默认通信参数设置串口父设备参数?，点击“是”。在“设备组态”窗口会出现 设备0--[西门子_S7200PPI]，最终画面如图 5-55 所示。在“设备组态”窗口，双击 西门子_S7200PPI，会出现如图 5-56 所示画面。在图 5-56“设备编辑窗口”中，点击 增加设备通道，会出现如图 5-57 所示画面。在“通道类型”中找到 M寄存器；在“通道地址”中输入“0”；在“读写方式”中选“读写”；在图 5-56“设备编辑窗口”中，再次点击 增加设备通道，会出现图 5-58 画面。在“通道类型”中找到 V寄存器；在“通道地址”中输入“0”；在“数据类型”中选中 32位 无符号二进制，在“读写方式”中选“只写”；最终结果见图 5-59。

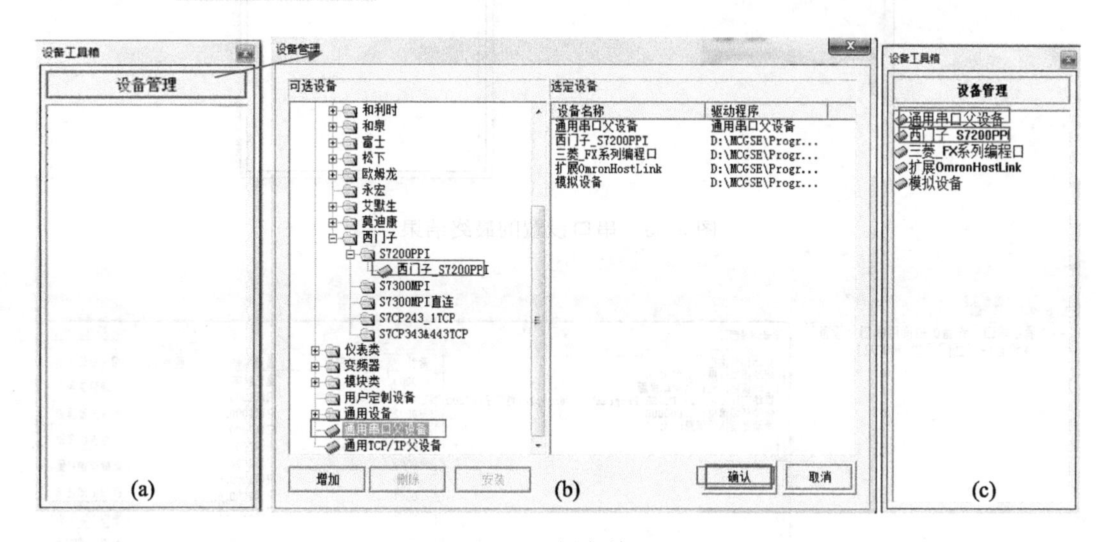

图 5-53　设备管理

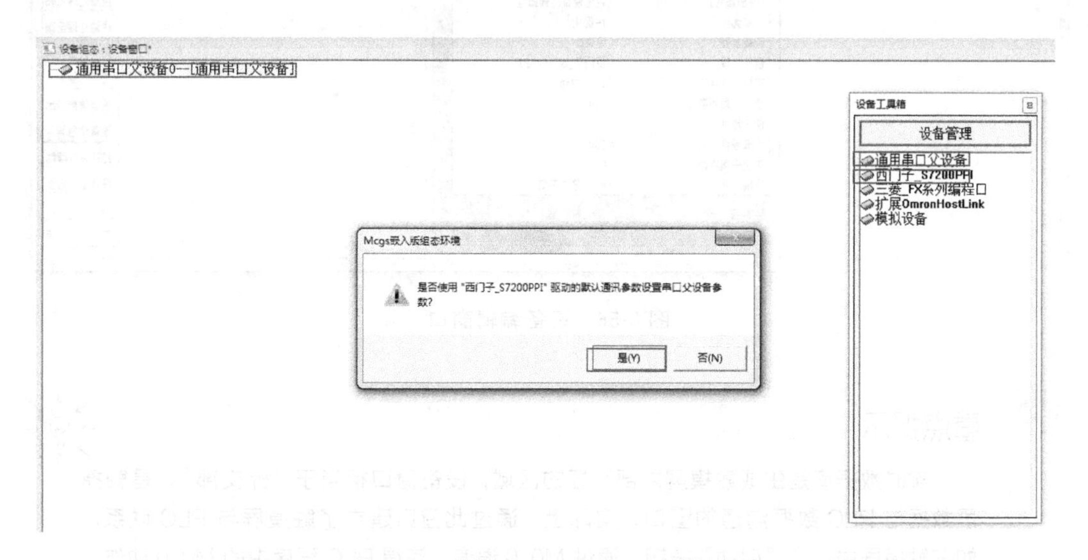

图 5-54　西门子 S7-200PPI 通信设置

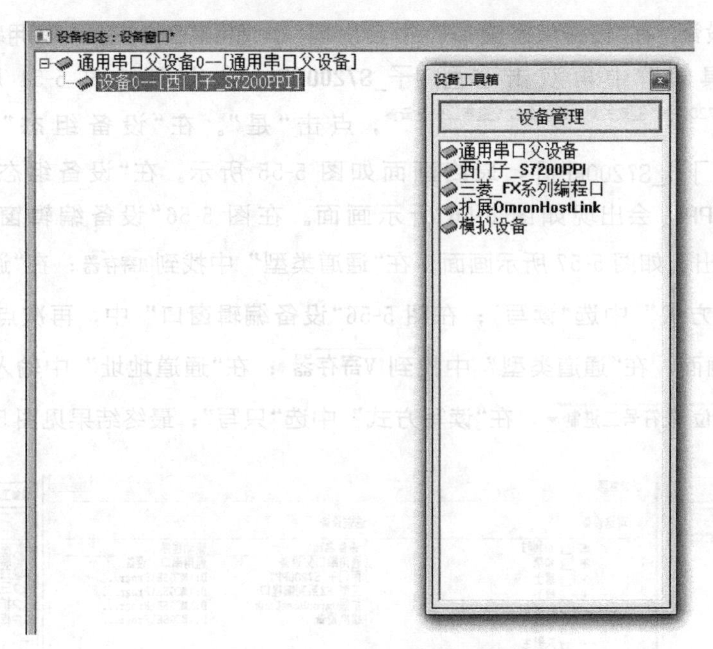

图 5-55　串口设置的最终结果

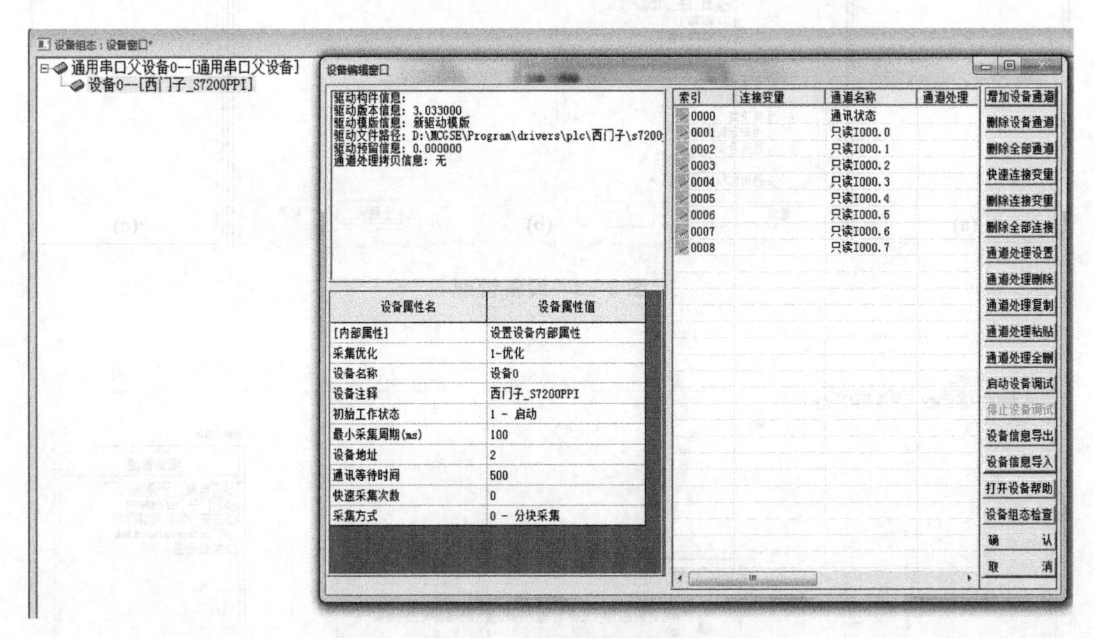

图 5-56　设备编辑窗口

重点提示：

实时数据库是生成触摸屏内部数据的区域，设备窗口相当于“外交部”，是触摸屏数据与 PLC 数据沟通的窗口，实际上，通过此窗口建立了触摸屏与 PLC 联系。如在触摸屏中点击“启动”按钮，通过 M0.0 通道，使得 PLC 程序中的 M0.0 动作，进而程序得到了运行。

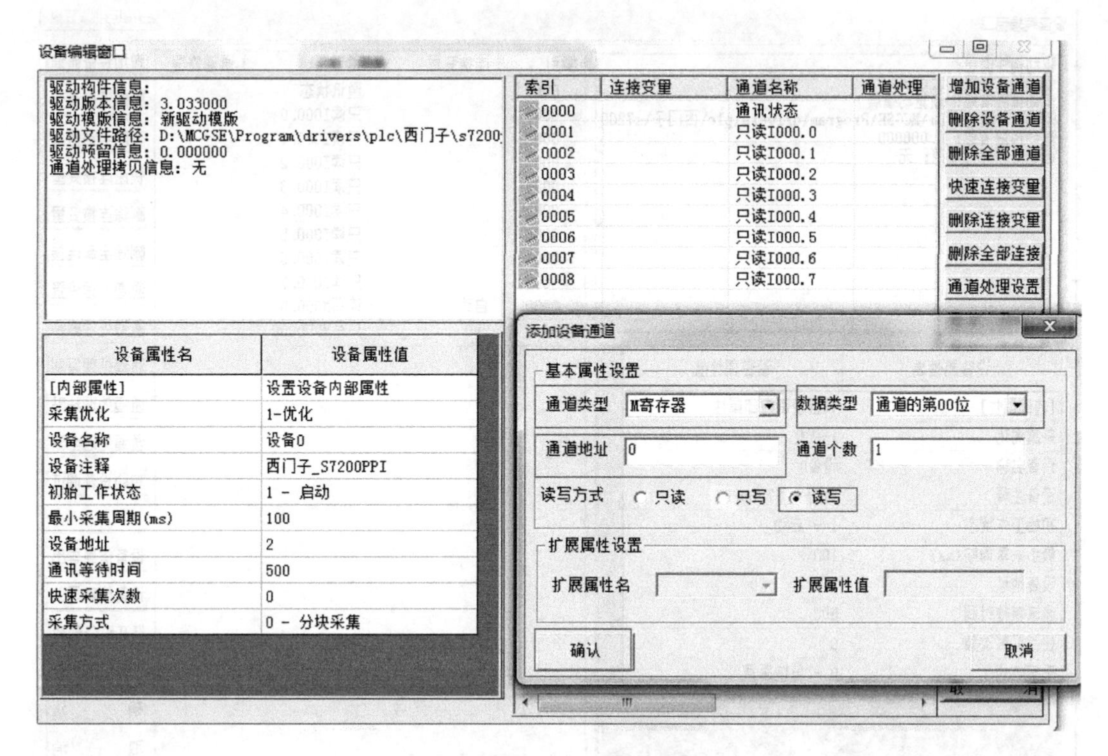

图 5-57　添加设备通道(类型 1)

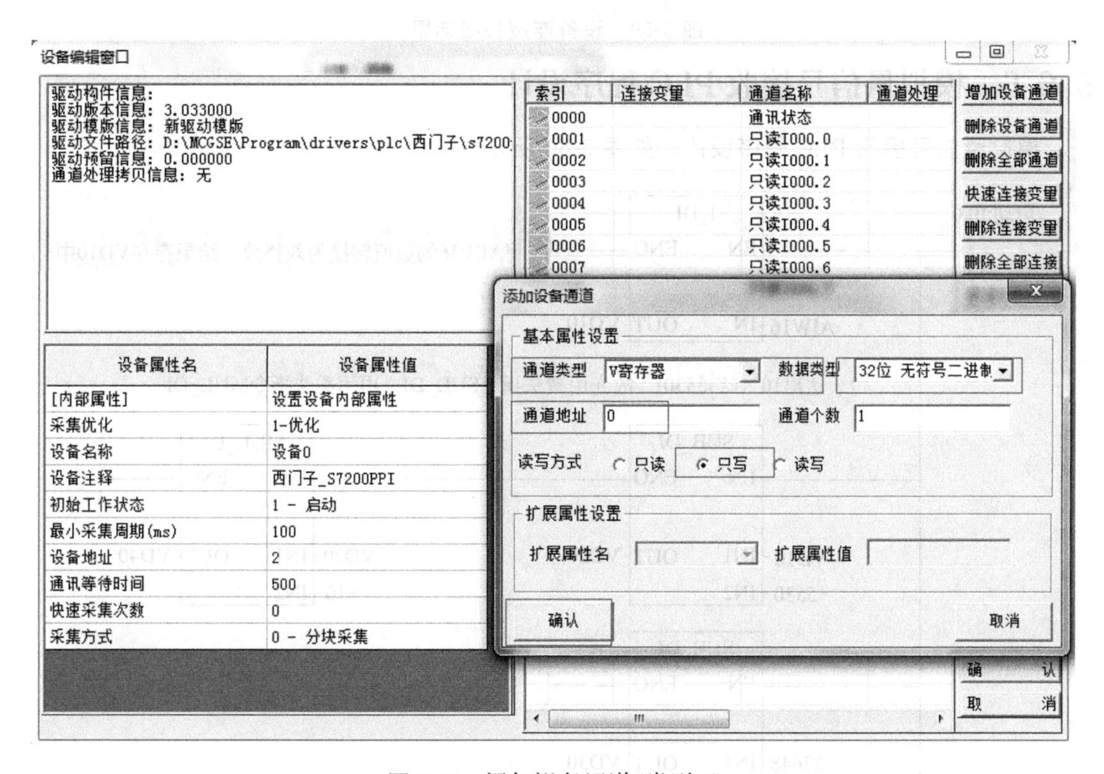

图 5-58　添加设备通道(类型 2)

设备属性名	设备属性值
[内部属性]	设置设备内部属性
采集优化	1-优化
设备名称	设备0
设备注释	西门子_S7200PPI
初始工作状态	1 - 启动
最小采集周期(ms)	100
设备地址	2
通讯等待时间	500
快速采集次数	0
采集方式	0 - 分块采集

图 5-59 设备连接最终结果

5.6.6 模拟量信号接收 PLC 程序设计

模拟量信号接收 PLC 程序设计，如图 5-60 所示。

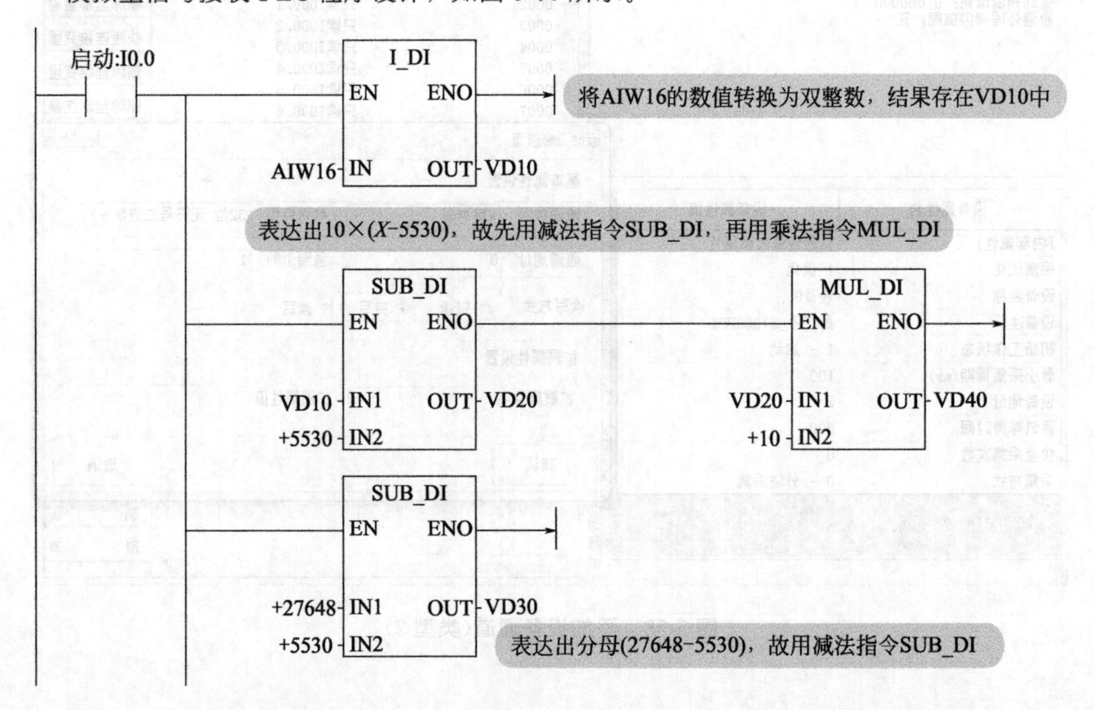

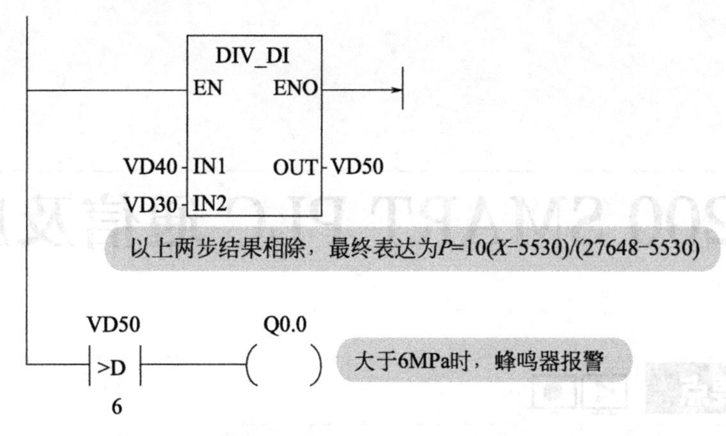

图 5-60　模拟量信号发生 PLC 程序设计

编者心语：

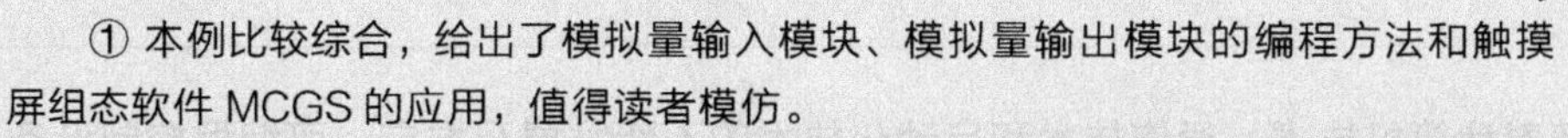

① 本例比较综合，给出了模拟量输入模块、模拟量输出模块的编程方法和触摸屏组态软件 MCGS 的应用，值得读者模仿。

② 本例给出了 4～20mA 的信号发生方法，读者不必连接传感器就可验证程序的对错，实际上 0～5V、0～10V 等模拟量信号也完全都可以用以上方法实现，这里不再赘述，本书还给出 4～20mA 信号发生方法的另一种手段，将在后面详细阐述。

第 6 章

S7-200 SMART PLC 通信及应用案例

本章要点

- PLC 通信基础
- S7-200 SMART PLC 自由通信
- S7-200 SMART PLC Modbus 通信
- S7-200 SMART PLC 与触摸屏之间的通信

随着计算机技术、通信技术和自动化技术的不断发展及推广，可编程控制设备已在各个企业大量使用。将不同的可编程控制设备进行相互通信、集中管理，是企业不能不考虑的问题。因此本章根据实际的需要，对 PLC 通信知识进行介绍。

6.1 通信基础知识

6.1.1 通信方式

（1）串行通信与并行通信

① 串行通信。通信中构成 1 个字或字节的多位二进制数据是 1 位 1 位的被传送。串行通信的特点是传输速度慢，传输线数量少（最少需 2 根双绞线），传输距离远。PLC 的 RS-232 或 RS-485 通信就是串行通信的典型例子。

② 并行通信。通信中同时传送构成 1 个字或字节的多位二进制数。并行通信的特点是传送速度快，传输线数量多（除了 8 根或 16 根数据线和 1 根公共线外，还需通信双方联络的控制线），传输距离近。PLC 的基本单元和特殊模块之间的数据传送就是典型的并行通信。

（2）异步通信和同步通信

① 异步通信。在异步通信中，字符作为比特串编码，由起始位(start bit)、数据位(data bit)、奇偶校验位(party) 和停止位(stop bit) 组成。这种用起始位开始，停止位结束所构成的一串信息称为帧(frame)。异步通信中数据是一帧一帧传送的。异步通信的字符信息格式为 1 个起始位、7～8 个数据位、1 个奇偶校验位和停止位组成。

在传送时，通信双方需对采用的信息格式和数据的传输速度作相同约定，接受方检测到停止位和起始位之间的下降沿后，将它作为接收的起始点，在每位中点接收信息。这样传送不至于出现由于错位而带来的收发不一致的现象。PLC 一般采用异步通信。

② 同步通信。同步通信将许多字符组成一个信息组进行传输，但是需要在每组信息开

始处加上1个同步字符。同步字符用来通知接收方来接收数据，它是必须有的。同步通信收发双方必须完全同步。

（3）单工通信、全双工通信和半双工通信

① 单工通信。指信息只能保持同一方向传输，不能反向传输。如图6-1（a）所示。

② 全双工通信。指信息可以沿两个方向传输，A、B两方都可以同时一方面发送数据，另一方面接收数据。如图6-1（b）所示。

③ 半双工通信。指信息可以沿两个方向传输，但同一时刻只限于一个方向传输，即同一时刻A方发送B方接收或B方发送A方接收。

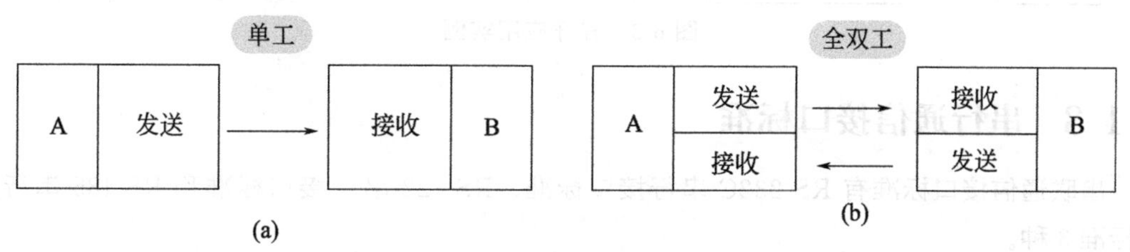

图6-1　单工与全双工

6.1.2　通信传输介质

通信传输介质一般有3种，分别为双绞线、同轴电缆和光纤，如图6-2所示。

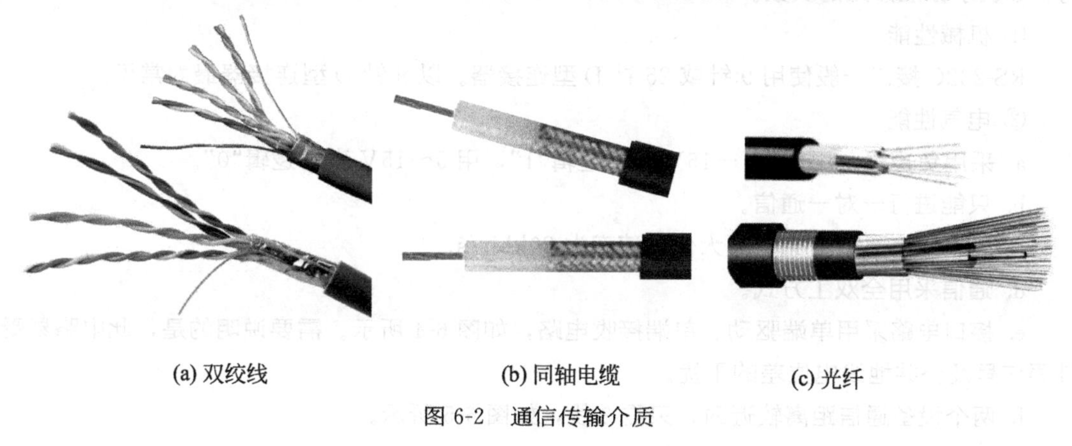

图6-2　通信传输介质

（1）双绞线

是由一对相互绝缘的导线按照一定的规律互相缠绕在一起而制成的一种传输介质。两根线扭绞在一起的目的是为了减小电磁干扰。实际使用时，多对双绞线一起包在一个绝缘电缆套管里，典型的双绞线有一对的，有四对的。

双绞线按有无屏蔽层可分为非屏蔽双绞线和屏蔽双绞线，屏蔽层可以减小电磁干扰。双绞线具有成本低，重量轻，易弯曲，易安装等特点。RS-232和RS-485多采用双绞线进行通信。

（2）同轴电缆

同轴电缆有4层，由外向内依次是护套、外导体（屏蔽层）、绝缘介质和内导体。同轴电缆从用途上可分为基带同轴电缆和宽带同轴电缆。基带同轴电缆特性阻抗为50Ω，适用于计算机网络连接。宽带同轴电缆特性阻抗为75Ω，常用于有线电视传输介质。

（3）光纤

光纤是由石英玻璃经特殊工艺拉制而成。按工艺的不同可将光纤分为单模光纤和多模光纤。单模光纤直径为 8～9μm，多模光纤 62.5μm。单模光纤光信号没反射，衰减小，传输距离远。多模光纤光信号多次反射，衰减大，传输距离近。

实际工程中，光纤传输需配光纤收发设备，光纤应用实例如图 6-3 所示。

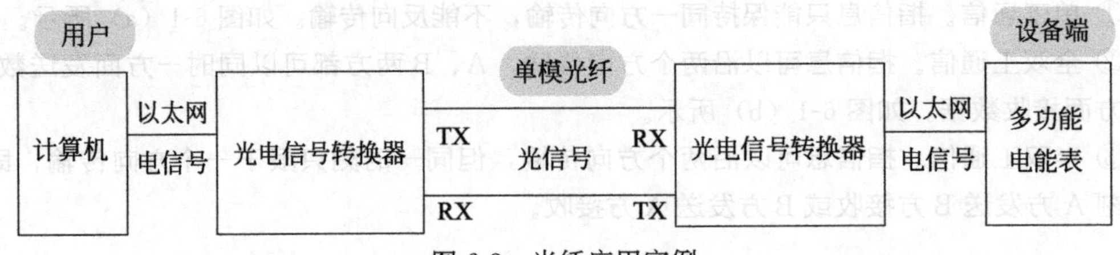

图 6-3　光纤应用实例

6.1.3 串行通信接口标准

串联通信接口标准有 RS-232C 串行接口标准、RS-422 串行接口标准和 RS-485 串行接口标准 3 种。

(1) RS-232C 串行接口标准

1969 年，美国电子工业协会 EIA(electronic industries association) 推荐了一种串行接口标准，即 RS-232C 串行接口标准。其中的 RS 是英文中的“推荐标准”缩写，232 为标识号，C 表示标准修改的次数。

① 机械性能

RS-232C 接口一般使用 9 针或 25 针 D 型连接器。以 9 针 D 型连接器最为常见。

② 电气性能

a. 采用负逻辑，用－5～－15V 表示逻辑“1”，用 5～15V 表示逻辑“0”。

b. 只能进行一对一通信。

c. 最大通信距离 15m，最大传输速率为 20kbit/s。

d. 通信采用全双工方式。

e. 接口电路采用单端驱动、单端接收电路，如图 6-4 所示。需要说明的是，此电路易受外界信号及公共地线电位差的干扰。

f. 两个设备通信距离较近时，只需 3 线，如图 6-5 所示。

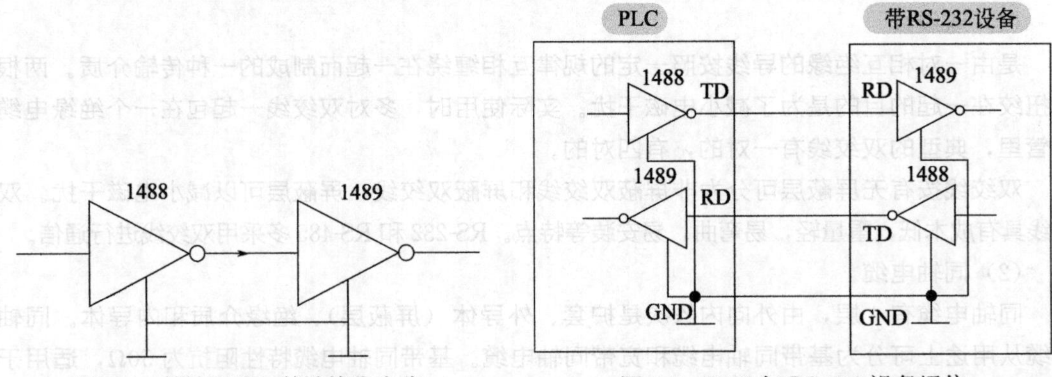

图 6-4　单端驱动、单端接收电路　　图 6-5　PLC 与 RS-232 设备通信

(2) RS-422 串行接口标准

由于 RS-232C 接口传输速率、传输距离和抗干扰能力等限制，美国电子工业协会 EIA

又推出了一种新的串行接口标准，即 RS-422 串行接口标准。

特点如下。

① RS-422 接口采用平衡驱动、差分接收电路，提高抗干扰能力。

② RS-422 接口通信采用全双工方式。

③ 传输速率为 100Kbit/s 时，最大通信距离为 1200m。

④ RS-422 通信接线，如图 6-6 所示。

(3) RS-485 串行接口标准

RS-485 是 RS-422 的变形，其只有一对平衡差分信号线，不能同时发送和接收信号；RS-485 通信采用半双工方式；RS-485 通信接口和双绞线可以组成串行通信网络，构成分布式系统，在一条总线上最多可以接 32 个站，如图 6-7 所示。

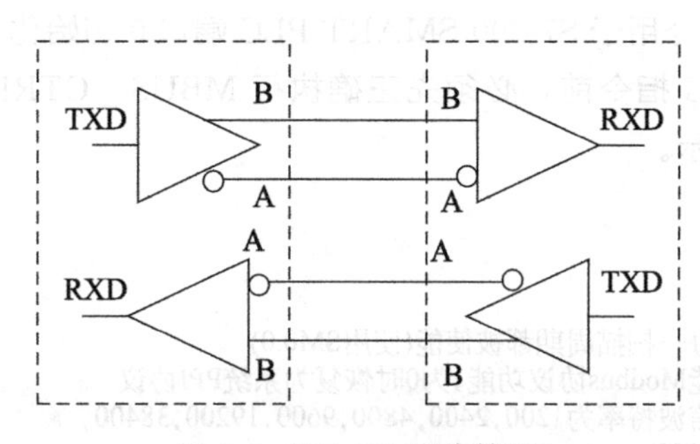

图 6-6 RS-422 通信接线

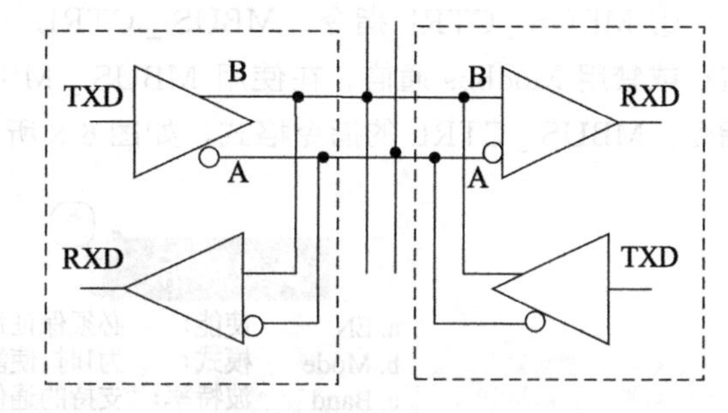

图 6-7 RS-485 通信接线

6.2 S7-200 SMART PLC Modbus 通信及案例

Modbus 通信协议在工业控制中应用广泛，如 PLC、变频器和自动化仪表等工控产品都采用了此协议。Modbus 通信协议已成为一种通用的工业标准。

Modbus 通信协议是一个主-从协议，采用请求-响应方式，主站发出带有从站地址的请求信息，具有该地址的从站接收后，发出响应信息作为应答。主站只有一个，从站可以有 1～247 个。

6.2.1 Modbus 寻址

Modbus 的地址通常有 5 个字符值，其中包含数据类型和偏移量。第一个字符决定数据类型，后四个字符选择数据类型内的正确数值。

(1) Modbus 主站寻址

Modbus 主站指令将地址映射至正确功能，以发送到从站设备。Modbus 主站指令支持下列 Modbus 地址。

① 00001 至 09999 是离散量输出(线圈)。

② 10001 至 19999 是离散量输入(触点)。

③ 30001 至 39999 是输入寄存器(通常是模拟量输入)。

④ 40001 至 49999 是保持寄存器。

所有 Modbus 地址均从 1 开始，也就是说，第一个数据值从地址 1 开始。实际有效地址范围取决于从站设备。不同的从站设备支持不同的数据类型和地址范围。

（2）Modbus 从站寻址

Modbus 主站设备将地址映射至正确的功能。Modbus 从站指令支持下列地址。

① 00001 至 00256 是映射到 Q0.0～Q31.7 的离散量输出。

② 10001 至 10256 是映射到 I0.0～I31.7 的离散量输入。

③ 30001 至 30056 是映射到 AIW0～AIW110 的模拟量输入寄存器。

④ 40001 至 49999 和 400001 至 465535 是映射到 V 存储器的保持寄存器。

6.2.2 主站指令与从站指令

（1）主站指令

主站指令有 MBUS_CTRL 指令和 MBUS_MSG 指令 2 条。

① MBUS_CTRL 指令。MBUS_CTRL 指令用于 S7-200 SMART PLC 端口 0 初始化、监视或禁用 Modbus 通信。在使用 MBUS_MSG 指令前，必须先正确执行 MBUS_CTRL 指令。MBUS_CTRL 的指令格式，如图 6-8 所示。

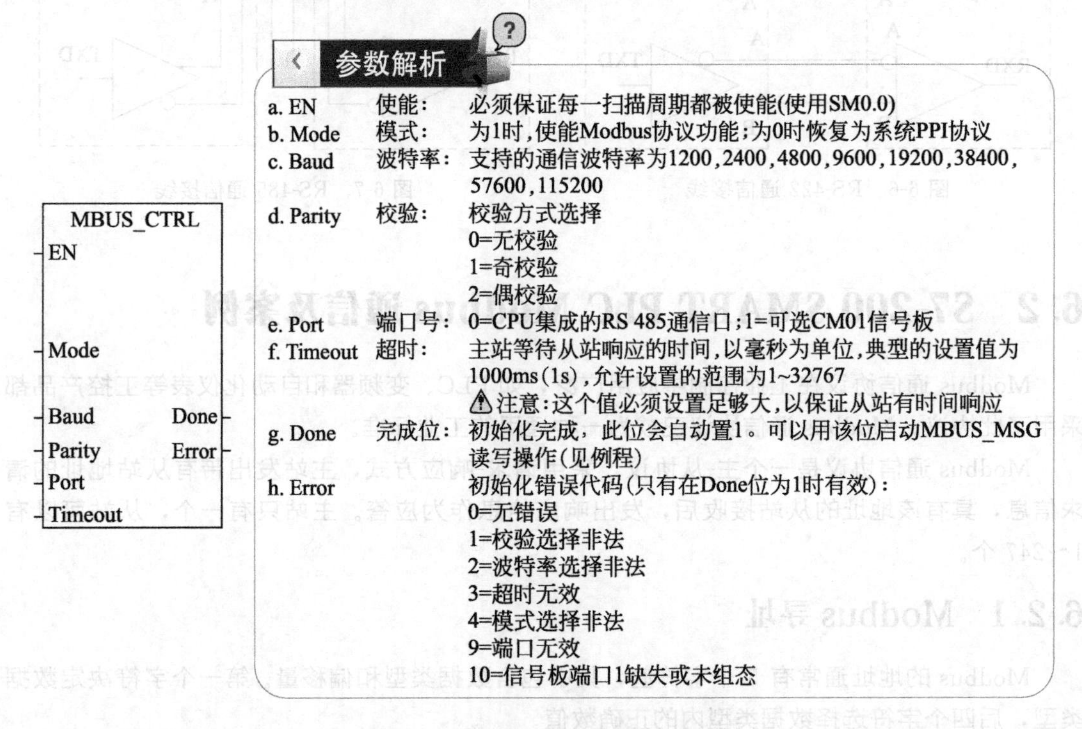

图 6-8 MBUS_CTRL 指令格式

② MBUS_MSG 指令。MBUS_MSG 指令用于启动对 Modbus 从站的请求，并处理应答。MBUS_MSG 指令格式，如图 6-9 所示。

（2）从站指令

从站指令有 MBUS_INIT 指令和 MBUS_SLAVE 指令 2 条。

① MBUS_INIT 指令。MBUS_INIT 指令用于启动、初始化或禁止 Modbus 通信。在使用 MBUS_SLAVE 指令之前，必须正确执行 MBUS_INIT。MBUS_INIT 指令格式，如图 6-10 所示。

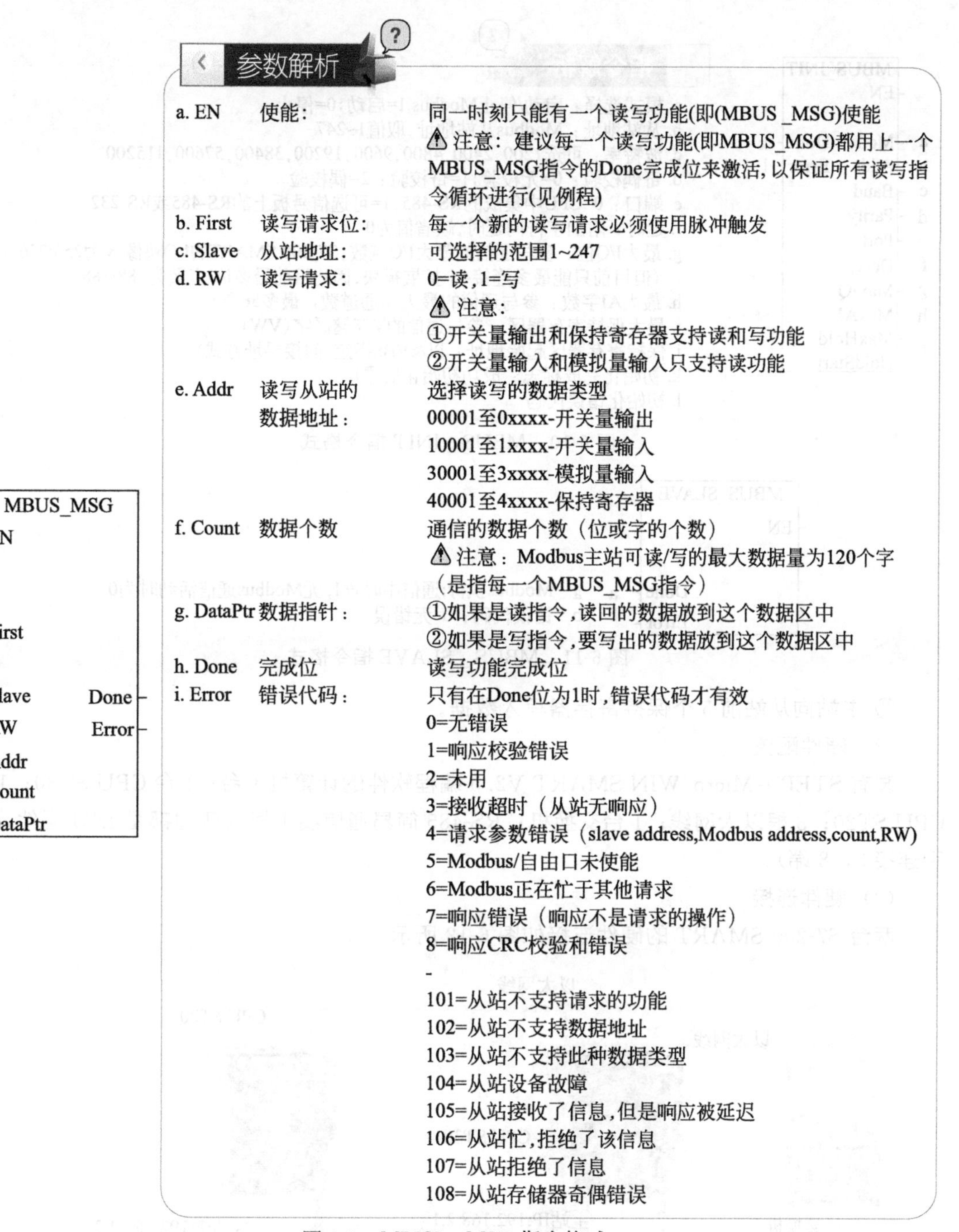

图 6-9 MBUS _ MSG 指令格式

② MBUS _ SLAVE 指令。MBUS _ SLAVE 指令用于 Modbus 主设备发出的请求服务，并且必须在每次扫描时执行，以便允许该指令检查和回答 Modbus 请求。MBUS _ SLAVE 指令格式，如图 6-11 所示。

6.2.3 应用案例

（1）控制要求

① 主站读取从站 DI 通道 I0.0 开始的 16 位的值。

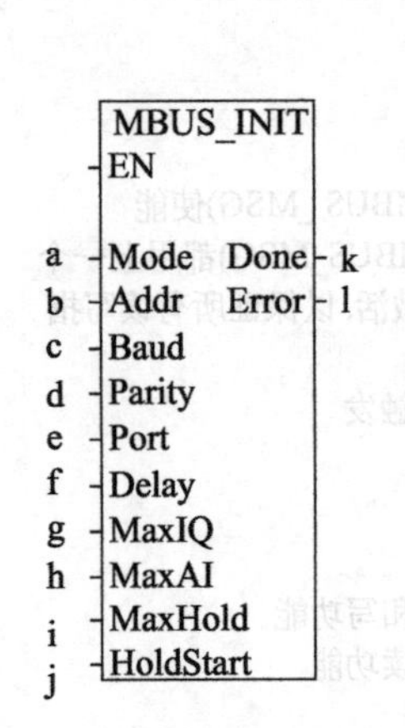

指令解析

a. 模式选择：启动/停止Modbus,1=启动；0=停止
b. 从站地址：Modbus从站地址，取值1~247
c. 波特率：可选1200，2400，4800，9600，19200，38400，57600，115200
d. 奇偶校验：0=无校验；1=奇校验；2=偶校验
e. 端口：0=CPU中集成的RS-485，1=可选信号板上的RS-485或RS-232
f. 延时：附加字符间延时，缺省值为0
g. 最大I/Q位：参与通信的最大I/O点数，S7-200 SMART的I/O映像区为256/256
(但目前只能最多连接4个扩展模块，因此目前最多I/O点数为188/188)
h. 最大AI字数：参与通信的最大AI通道数，最多56个
i. 最大保持寄存器区：参与通信的V存储区字(VW)
j. 保持寄存器区起始地址：以&VBx指定(间接寻址方式)
k. 初始化完成标志：成功初始化后置1
l. 初始化错误代码

图 6-10 MBUS_INIT 指令格式

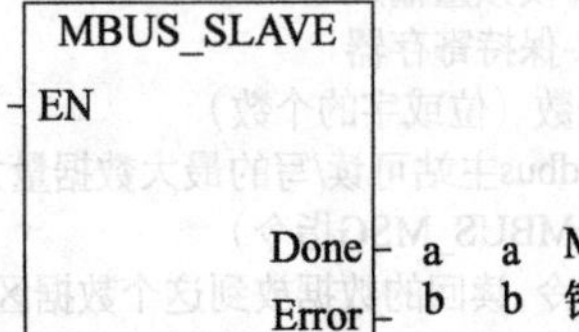

a Modbus执行:通信中时置1，无Modbus通信活动时为0
b 错误代码：0=无错误

图 6-11 MBUS_SLAVE 指令格式

② 主站向从站前 5 个保持寄存器写入数据。

(2) 硬件配置

装有 STEP 7-Micro/WIN SMART V2.0 编程软件的计算机 1 台；1 台 CPU ST30；1 台 CPU ST20；3 根以太网线；1 台交换机；RS-485 简易通信线 1 根（两边都是 DB9 插件，分别连接 3，8 端）。

(3) 硬件连接

两台 S7-200 SMART 的硬件连接如图 6-12 所示。

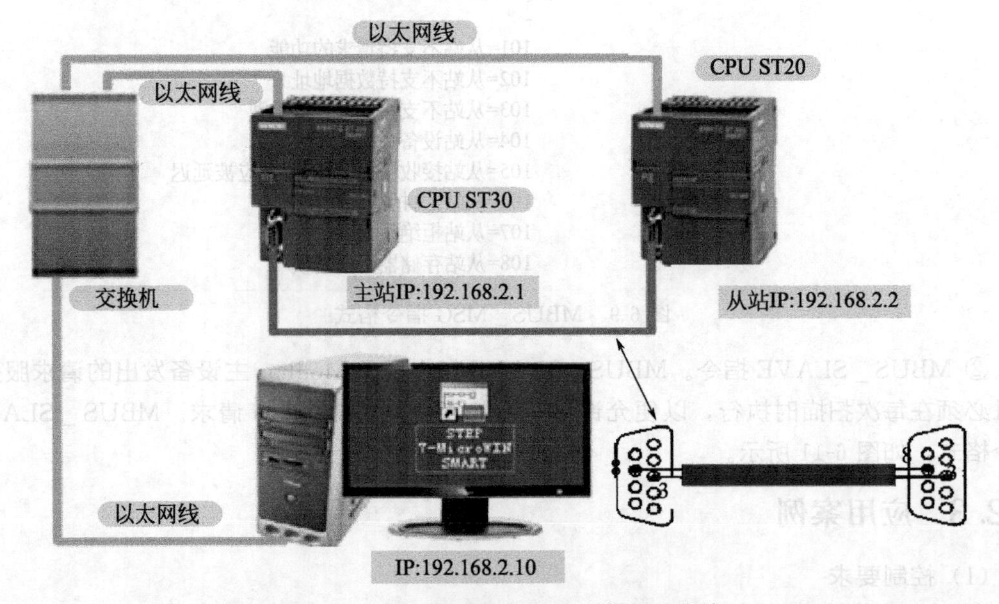

图 6-12 两台 S7-200 SMART 的硬件连接

（4）主站编程

主站程序如图 6-13 所示。

注：主站符号表中的注释如图 6-14 所示。Modbus 主站指令库查找方法和库存储器分配，如图 6-15 所示。

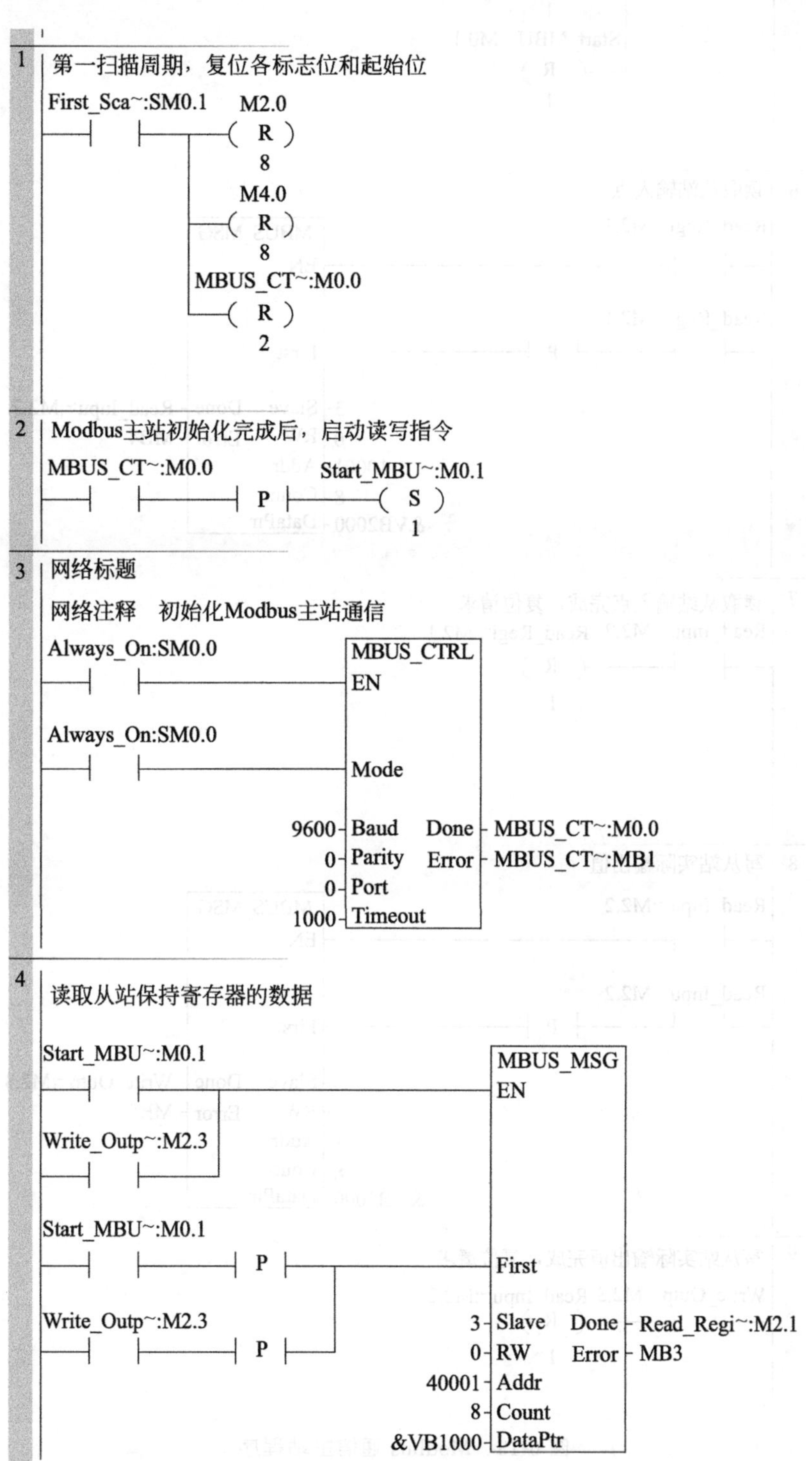

图 6-13

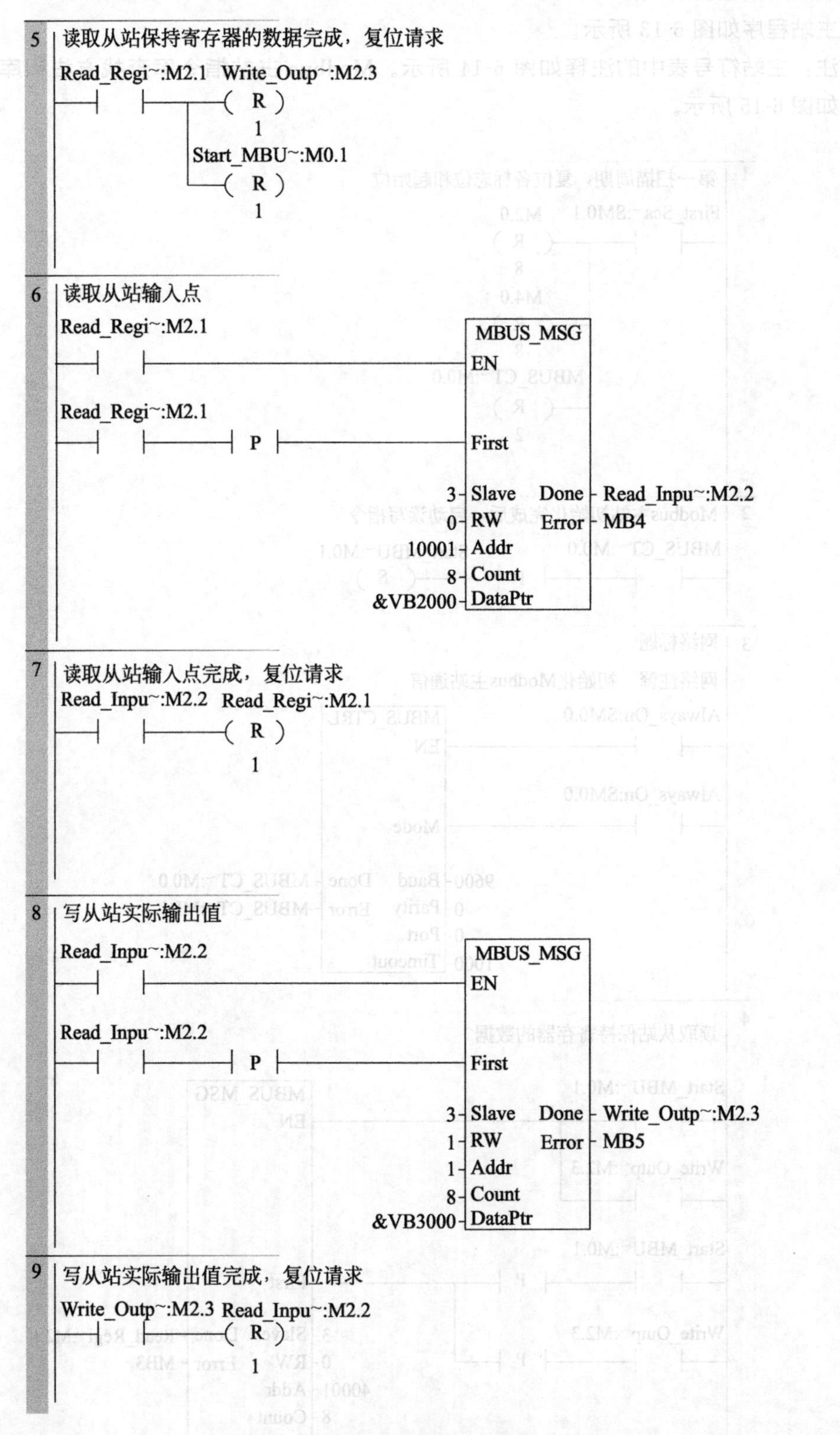

图 6-13　Modbus 通信主站程序

	符号	地址	注释
1	Write_Output_Done	M2.3	写从站实际输出值完成位
2	Read_Inputs_Done	M2.2	读取从站输入点完成位
3	Read_Register_Done	M2.1	读保存寄存器完成位
4	Start_MBUS_MSG	M0.1	初始化完成，启动读/写功能
5	MBUS_CTRL_Error	MB1	Modbus主站初始化错误代码
6	MBUS_CTRL_Done	M0.0	Modbus主站初始化完成位

图 6-14　主站符号表中的注释

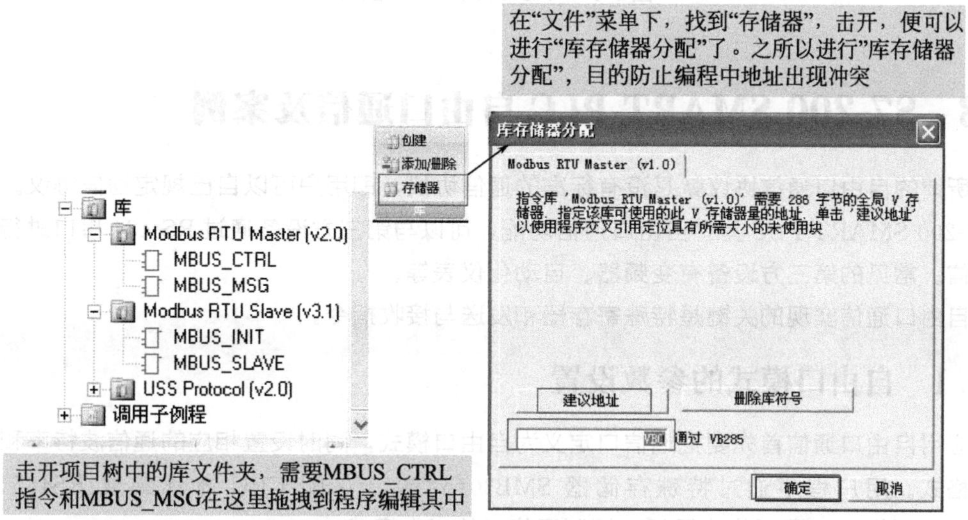

在“文件”菜单下，找到“存储器”，击开，便可以进行“库存储器分配”了。之所以进行”库存储器分配”，目的防止编程中地址出现冲突
创建
添加/删除
存储器
库存储器分配
Modbus RTU Master (v1.0)
指令库 'Modbus RTU Master (v1.0)' 需要 286 字节的全局 V 存储器。指定该库可使用的此 V 存储器量的地址。单击 '建议地址' 以使用程序交叉引用定位具有所需大小的未使用块
建议地址
删除库符号
VB0
通过 VB285
确定
取消
库
Modbus RTU Master (v2.0)
MBUS_CTRL
MBUS_MSG
Modbus RTU Slave (v3.1)
MBUS_INIT
MBUS_SLAVE
USS Protocol (v2.0)
调用子例程
击开项目树中的库文件夹，需要MBUS_CTRL指令和MBUS_MSG在这里拖拽到程序编辑其中

图 6-15　主站指令库查找方法和库存储器分配

（5）从站编程

从站程序如图 6-16 所示。

1
在第一个循环周期内初始化Modbus从站协议
First_Sca~:SM0.1
MBUS_INIT
EN
1 Mode
3 Addr
9600 Baud
0 Parity
0 Port
0 Delay
256 MaxIQ
56 MaxAI
1000 MaxH~
&VB1000 HoldSt~
Done M10.1
Error MB11

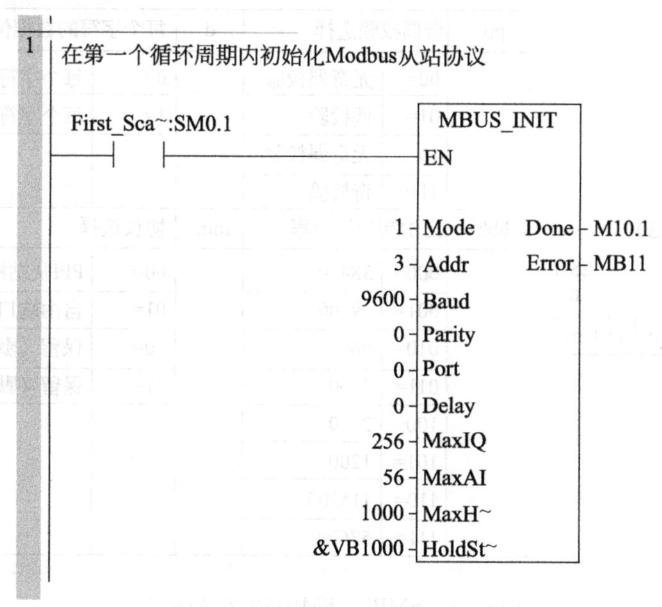

图 6-16

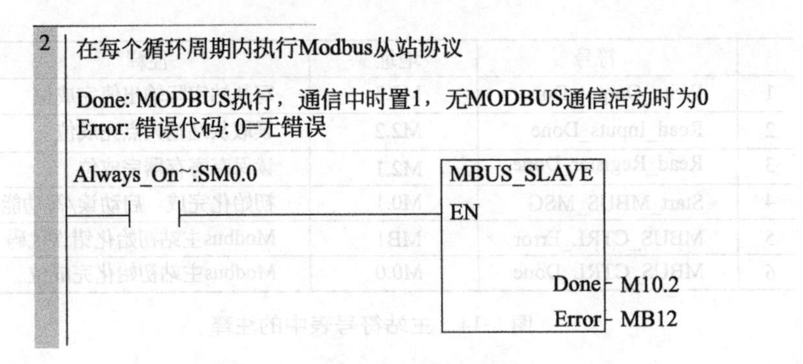

图 6-16　Modbus 通信从站程序

6.3　S7-200 SMART PLC 自由口通信及案例

所谓的自由口通信协议就是没有标准的通信协议，即用户可以自己规定通信协议。西门子 S7-200 SMART PLC 具有自由口通信功能，可以与第三方设备通过 RS-484 串口进行自由口通信。常见的第三方设备有变频器、自动化仪表等。

自由口通信实现的关键是特殊寄存器和发送与接收指令。

6.3.1　自由口模式的参数设置

应用自由口通信首先要把通信口定义为自由口模式，同时设置相应的通信波特率和上述通信格式。用户程序通过特殊存储器 SMB30（对端口 0 即 CPU 本体集成 RS485 口）、SMB130（对端口 1 即通信信号板）控制通信口的工作模式。

SBM30/SMB130 字节格式，如图 6-17 所示。

参数解析

SMB30/SMB130

MSB 7 … LSB 0

p	p	d	b	b	b	m	m

pp	奇偶校验选择		d	每个字符的数据位数	
	00=	无奇偶校验		0=	每个字符8位
	01=	偶校验		1=	每个字符7位
	10=	无奇偶校验			
	11=	奇校验			
bbb	自由端口波特率		mm	协议选择	
	000=	38400		00=	PPI从站模式
	001=	19200		01=	自由端口模式
	010=	9600		10=	保留（默认为PPI从站模式）
	011=	4800		11=	保留（默认为PPI从站模式）
	100=	2400			
	101=	1200			
	110=	115200			
	111=	57600			

图 6-17　SMB30/SMB130 字节格式

6.3.2 发送与接收指令

(1) 发送指令 XMT

发送指令格式，如图 6-18 所示。用于在自由口模式下，通过参数 PORT 指定通信口，将参数 TBL 指定的缓冲区中的报文发送出去。

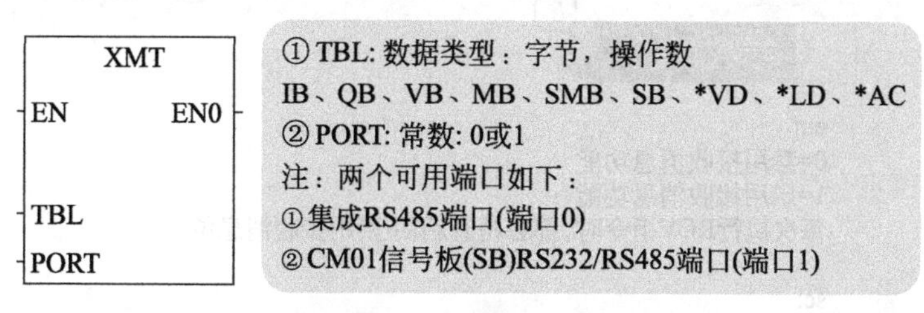

图 6-18 发送指令格式

发送指令 1 次最多可以发送 255 个字符，若有中断程序连接到发送结束事件上，在发送完成后，对于 CPU 模块本身集成的 PORT0 口会产生中断事件 9，通信板 PORT1 会产生中断事件 26。也可不通过中断，通过监控 SM4.5 或 SM4.6 的状态来判断发送是否完成，若完成，状态为 1。

(2) 接收指令 RCV

接收指令格式，如图 6-19 所示。用于启动或终止报文服务。通过用 PORT 指定通信口，将接收到的报文存储在参数 TBL 指定的缓冲区中。

图 6-19 接收指令格式

接收指令 1 次最多可以发送 255 个字符，若有中断程序连接到接收结束事件上，在接收完成后，对于 CPU 模块本身集成的 PORT0 口会产生中断事件 23，通信板 PORT1 会产生中断事件 24。也可不通过中断，通过监控 SMB86 或 SMB186 的状态来判断发送是否完成。

(3) SMB86/SMB186 的含义

SMB86/SMB186 的含义，如图 6-20 所示。

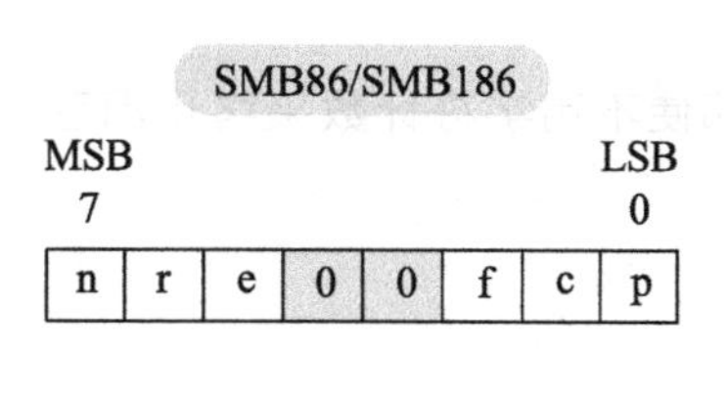

参数解析

n: 1=接收消息功能终止;用户发出禁用命令
r: 1=接收消息功能终止;输入参数错误或缺少开始或结束条件
e: 1=收到结束字符
t: 1=接收消息功能终止;定时器时间到
c: 1=接收消息功能终止;达到最大字符计数
p: 1=接收消息功能终止;奇偶校验错误

图 6-20 SMB86/SMB186 的含义

（4）SMB87/SMB187 的含义

SMB87/SMB187 的含义，如图 6-21 所示。

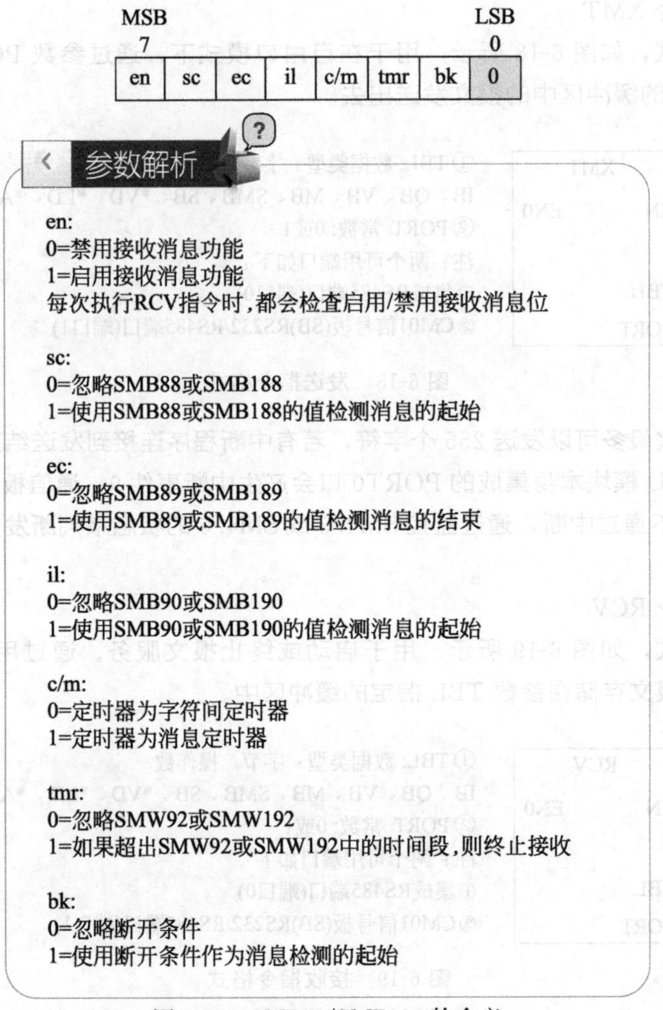

图 6-21　SMB87/SMB187 的含义

（5）其他几个重要的特殊存储器

① SMB88/SMB188：消息的起始字符。

② SMB89/SMB189：消息的结束字符。

③ SMW90/ SMW190：以 ms 为单位的空闲线时间间隔，空闲线时间结束后接收的第一个字符是新消息的开始。

④ SMW92/ SMW192：以 ms 为单位的字符间/消息间定时器超时值，如果超出该时间段，停止接收消息。

⑤ SMW94/ SMW194：接收的最大字符数（1～255B）。即使不用字符计数来终止消息，这个值也应按希望的最大缓冲区来设置。

6.3.3　应用案例

（1）控制要求

有两台 PLC（ST30 模块和 ST20 模块），ST30 模块控制电动机 1，ST20 模块控制电动机 2，两台 PLC 通过自由口通信实现 ST30 模块同时控制电动机 1 和 2 的启停。

(2) 硬件配置

装有 STEP 7-Micro/WIN SMART V2.0 编程软件的计算机 1 台；1 台 CPU ST30；1 台 CPU ST20；3 根以太网线；1 台交换机；RS-485 简易通信线 1 根（两边都是 DB9 插件，分别连接 3、8 端）。

(3) 硬件连接

硬件连接如图 6-12 所示。

(4) ST30 模块程序设计

ST30 自由口通信主程序，如图 6-22 所示。ST30 自由口通信中断程序，如图 6-23 所示。

(5) ST20 模块编程

主程序，如图 6-24 所示。中断程序，如图 6-25 所示。

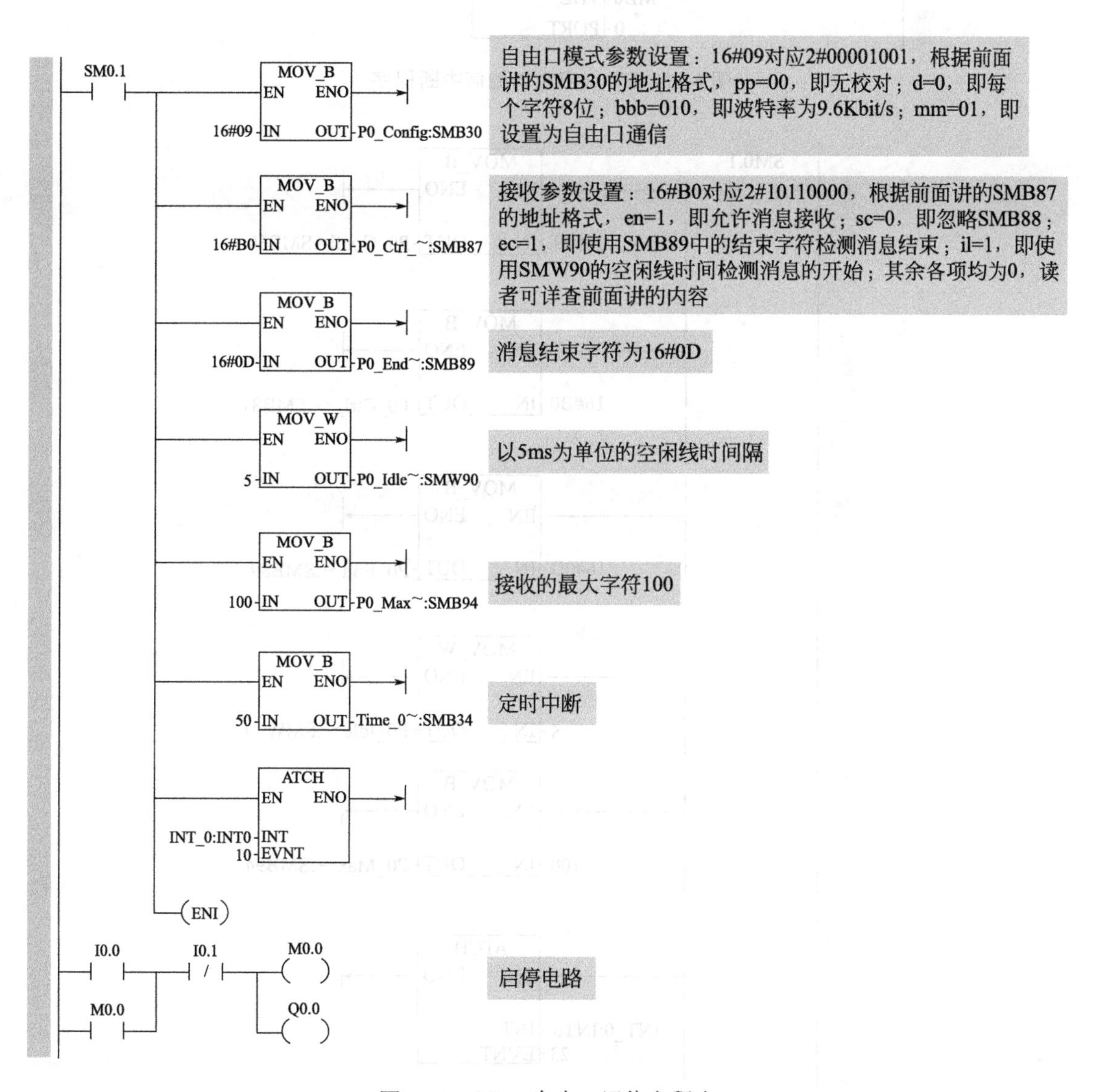

图 6-22　ST30 自由口通信主程序

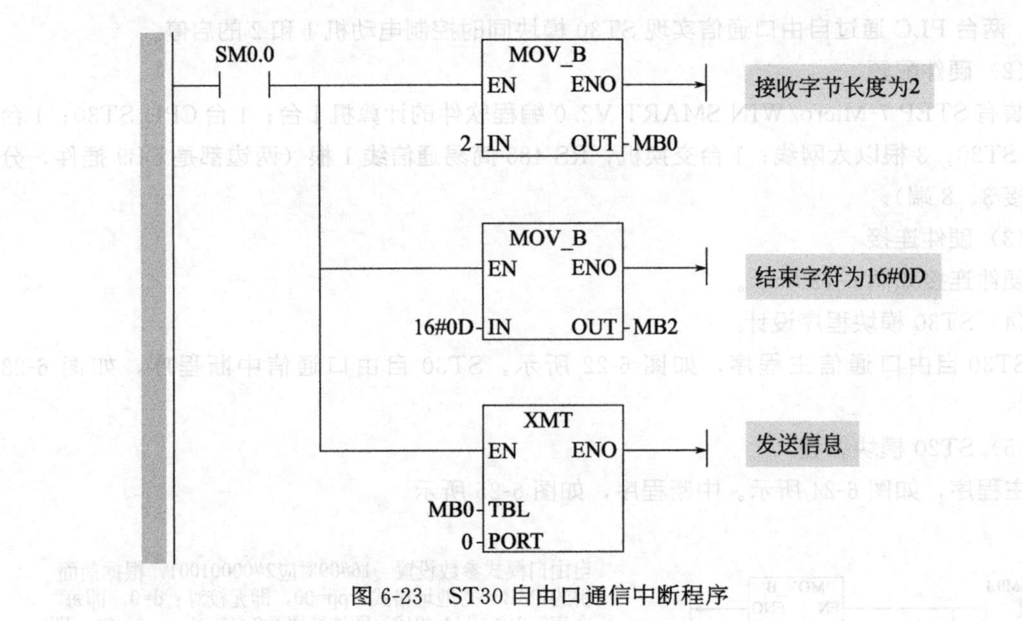

图 6-23　ST30 自由口通信中断程序

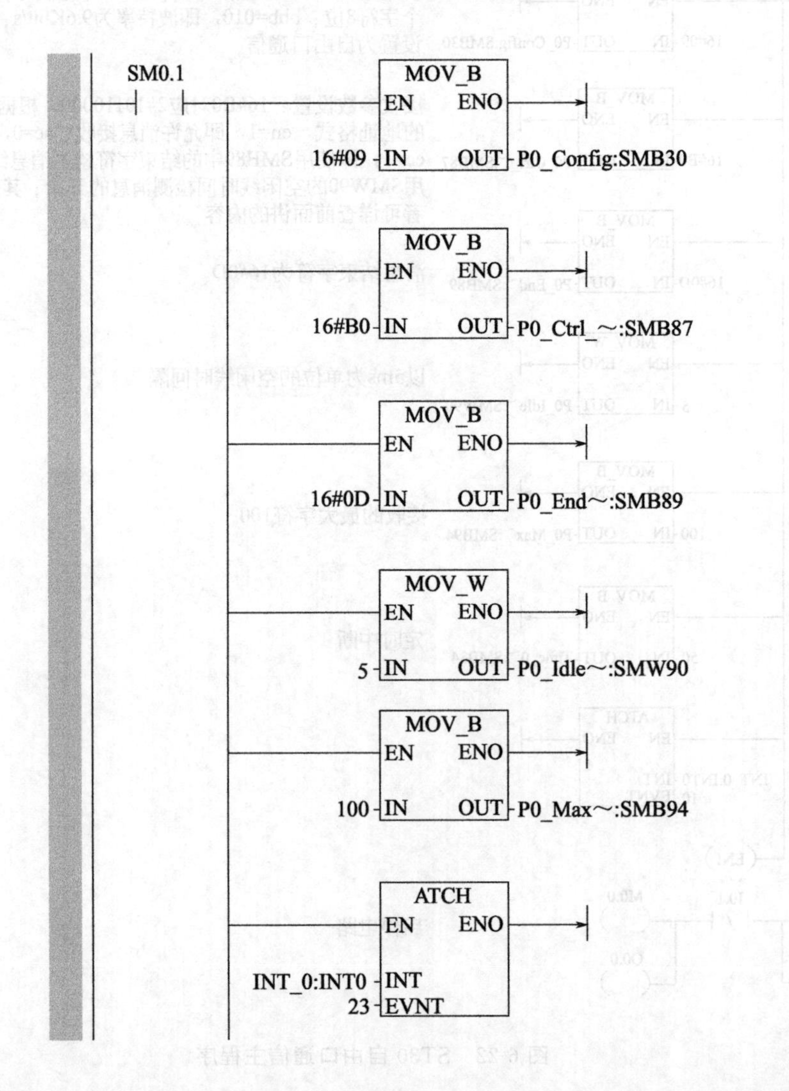

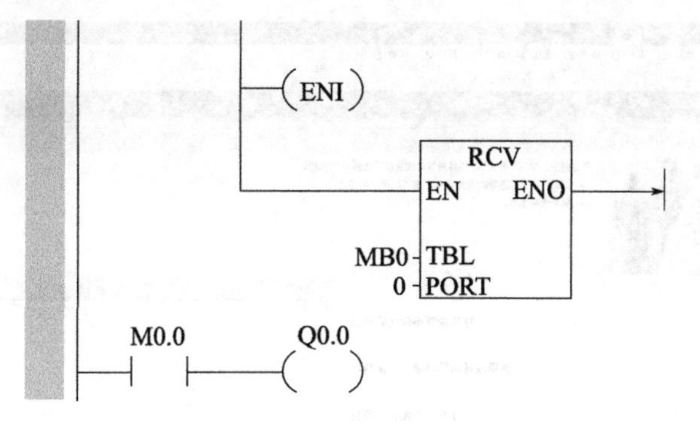

图 6-24　ST20 自由口通信主程序

SM0.0
RCV
EN ENO
MB0 TBL
0 PORT

图 6-25　ST20 自由口通信中断程序

6.4　S7-200 SMART PLC 与 SMART LINE 触摸屏的以太网通信

6.4.1　简介

西门子 SMART LINE 系列触摸屏是一款专门为西门子 S7-200 SMART PLC 配套的触摸屏。有 7 寸宽屏和 10 寸宽屏两个系列，其中 7 寸宽屏系列中的 SMART 700 IE 和 10 寸宽屏系列中的 SMART 1000 IE 带有以太网口，西门子 S7-200 SMART PLC 本身也带有以太网口，因此这两款触摸屏可以与西门子 S7-200 SMART PLC 进行以太网通信。

6.4.2　应用案例

西门子 CPU ST20 模块与 SMART 700 IE 触摸屏各 1 台，二者实现以太网通信。用 SMART 700 IE 触摸屏控制西门子 CPU ST20 模块，触摸屏中有启动、停止按钮和指示灯各 1 个，按下启动按钮，西门子 CPU ST20 模块 1 路指示灯亮；按下停止按钮，西门子 CPU ST20 模块 1 路指示灯灭；试设计程序。

6.4.1.1　SMART LINE 触摸屏程序设计

（1）创建一个项目

安装完 WinCC flexible 触摸屏软件后，双击桌面上的图标，打开 WinCC flexible 项目向导，单击“创建一个空项目”，如图 6-26 所示。

（2）设备选择

选择触摸屏的型号，这里我们选择“SMART 700 IE”，选择完成后，单击“确定”，选择画面，如图 6-27 所示。点击确定后，出现 WinCC flexible 界面，如图 6-28 所示。

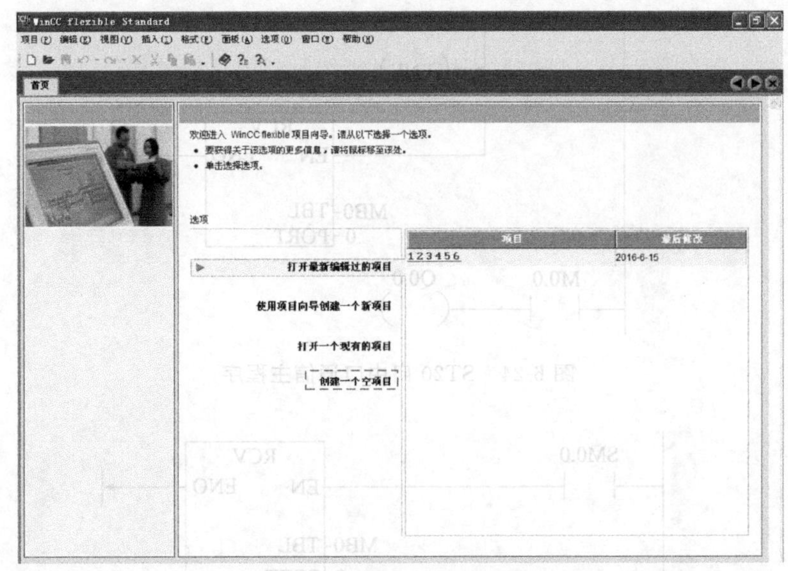

图 6-26　创建一个空项目

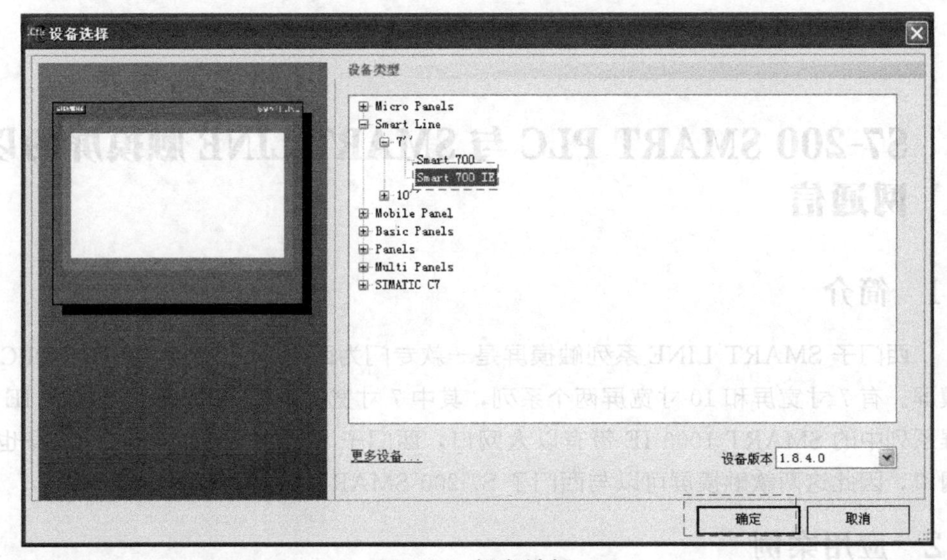

图 6-27　设备选择

（3）新建连接

新建连接即建立触摸屏与 PLC 的连接。点开项目树中的“通讯”文件夹，双击“连接”，会出现“连接列表”。在“名称”中双击，会出现“连接 1”；“通讯驱动程序”项选择 SIMATIC S7 200 Smart ，“在线”项选择“开”；触摸屏地址输入“192.168.2.2”，PLC 地址输入“192.168.2.1”。需要说明，两种设备能实现以太网通信的关键是，地址的前三段数字一致，第四段一定不一致。例如本例中，前三段地址为“192.168.2”，两个设备都一致，最后一段地址，触摸屏是“2”，PLC 是“1”，第四段不一致。以上新建连接的所有步骤，如图 6-29 所示。

（4）新建变量

将触摸屏的变量和 PLC 中的变量建立联系。点开项目树中的“通讯”文件夹，双击“变量”，会出现“变量列表”。在“名称”中双击，输入“启动按钮”；在“连接”中选择“连接 1”；“数据类型”选择为“BOOL”；地址选择“M0.0”。停止按钮和指示灯的变量创建方法与启动

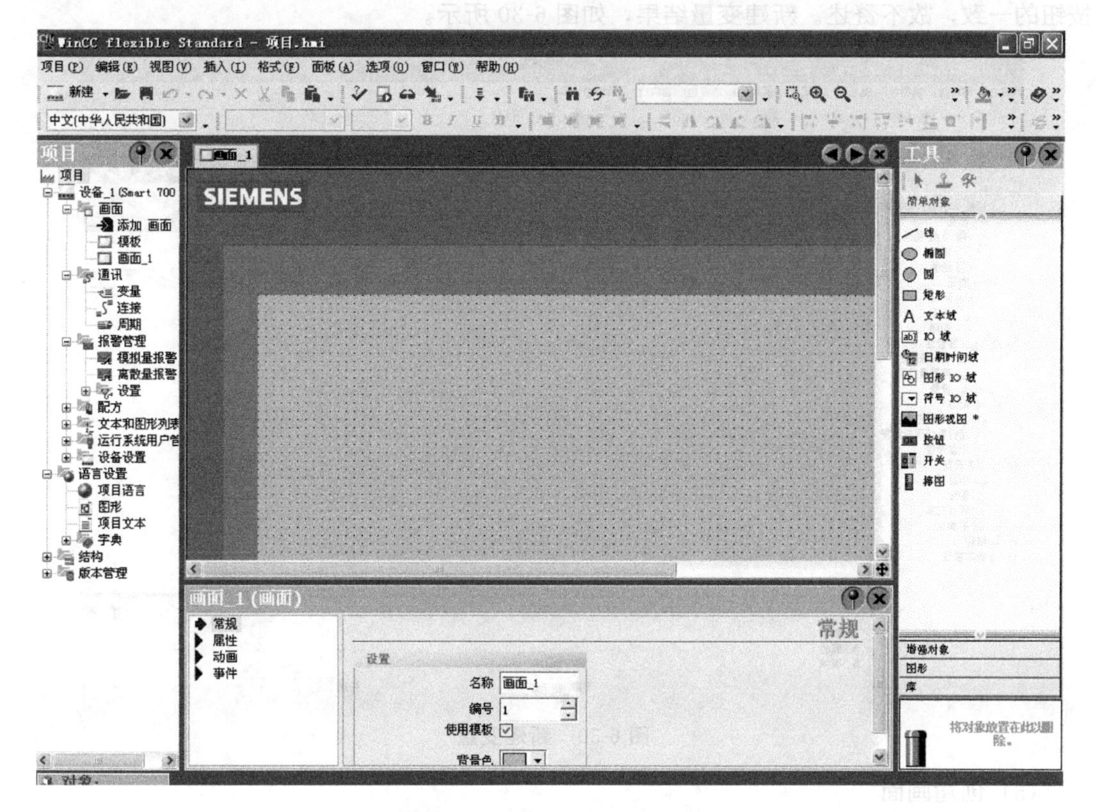

图 6-28　WinCC flexible 界面

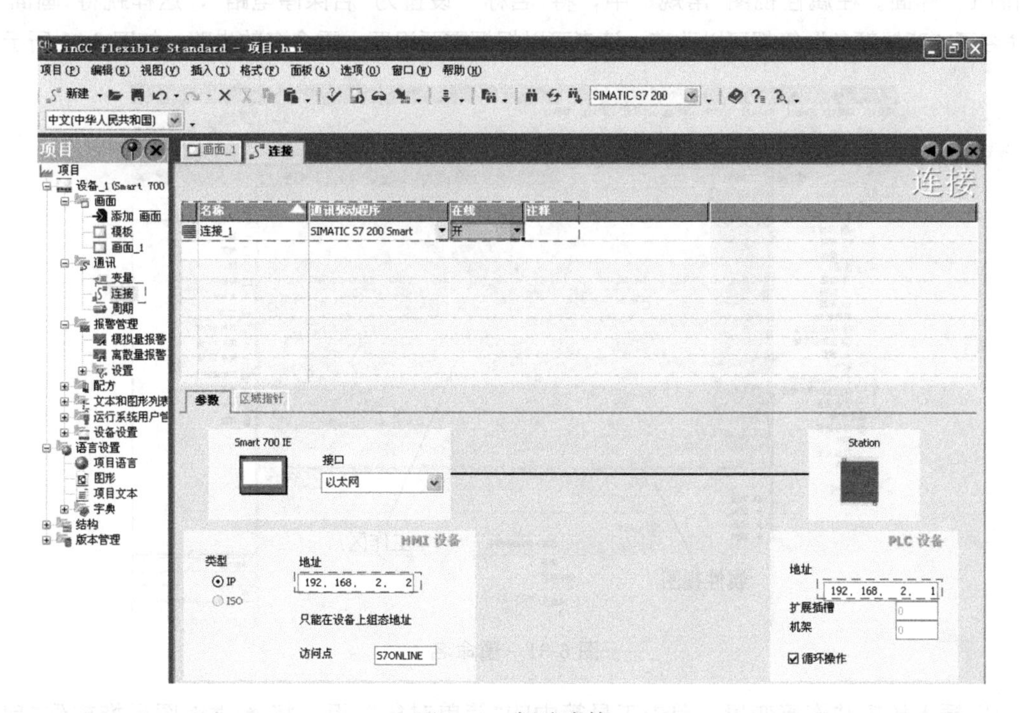

图 6-29　新建连接

按钮的一致，故不赘述。新建变量结果，如图 6-30 所示。

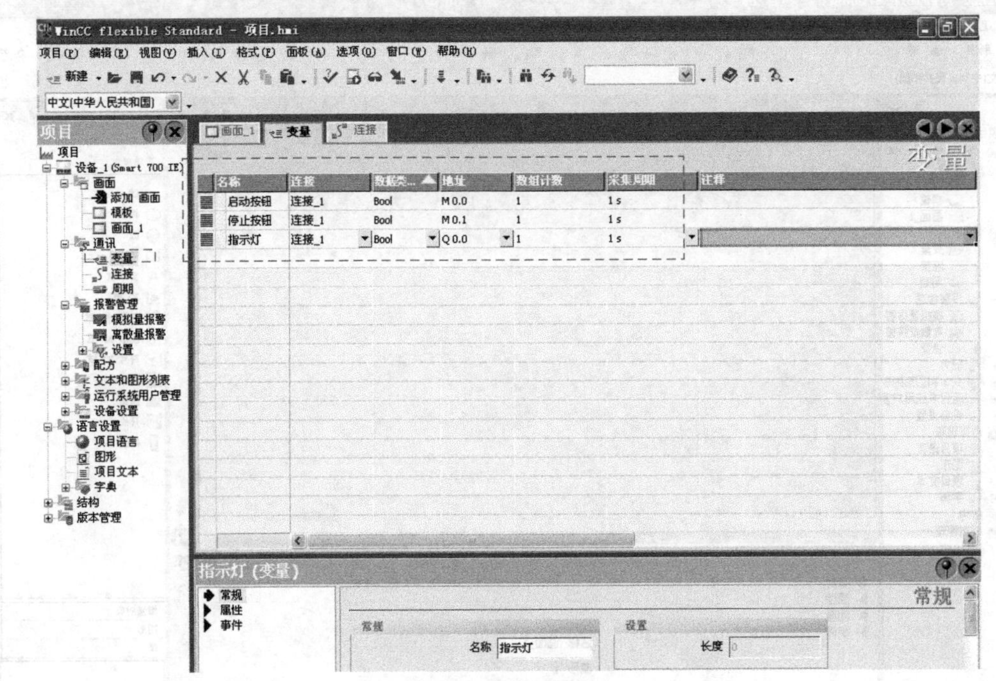

图 6-30　新建变量

（5）创建画面

创建画面需在工作区中完成。点开项目树中的“画面”文件夹，双击“画面 1”，会进入“画面 1”界面。在属性视图“常规”中，将“名称”设置为“启保停电路”，这样就将“画面 1”重命名了。“背景颜色”等都可以改变，读者可以根据需要设置。重命名的步骤，如图 6-31 所示。

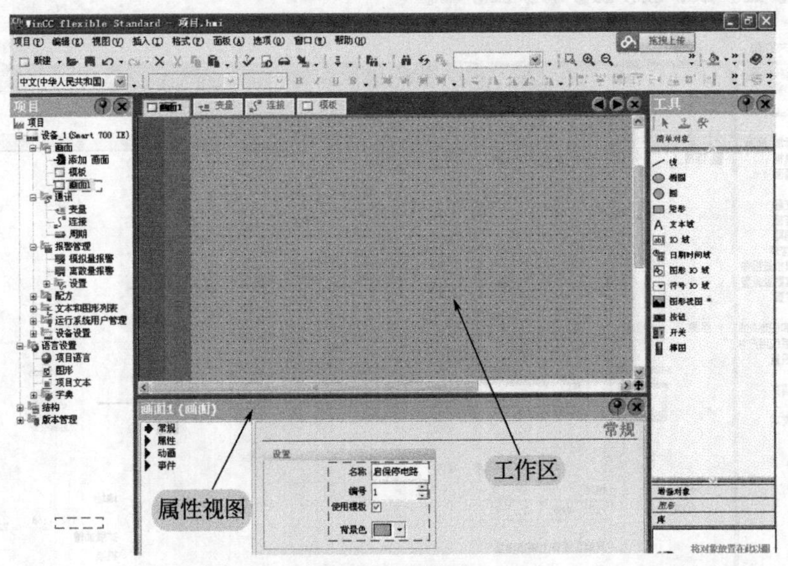

图 6-31　重命名

① 插入按钮并连接变量：单击工具箱中的“简单对象”组，将 OK 按钮 图标拖放到“启保停电路”画面中。再拖 1 次，在“启保停电路”画面中就会出现两个按钮。点击 Text ，对其

进行属性设置。常规属性设置：将其名称写为“启动按钮”；外观属性设置：将“前景色”改为“橙黄”；“背景色”改为“蓝色”。常规和外观设置，如图 6-32 所示。事件设置：按下时，setbit，M0.0；释放时，resetbit，M0.0；事件设置，如图 6-33 所示。

停止按钮与启动按钮设置同理，不再赘述。只不过变量为“M0.1”，名称为“停止按钮”而已。

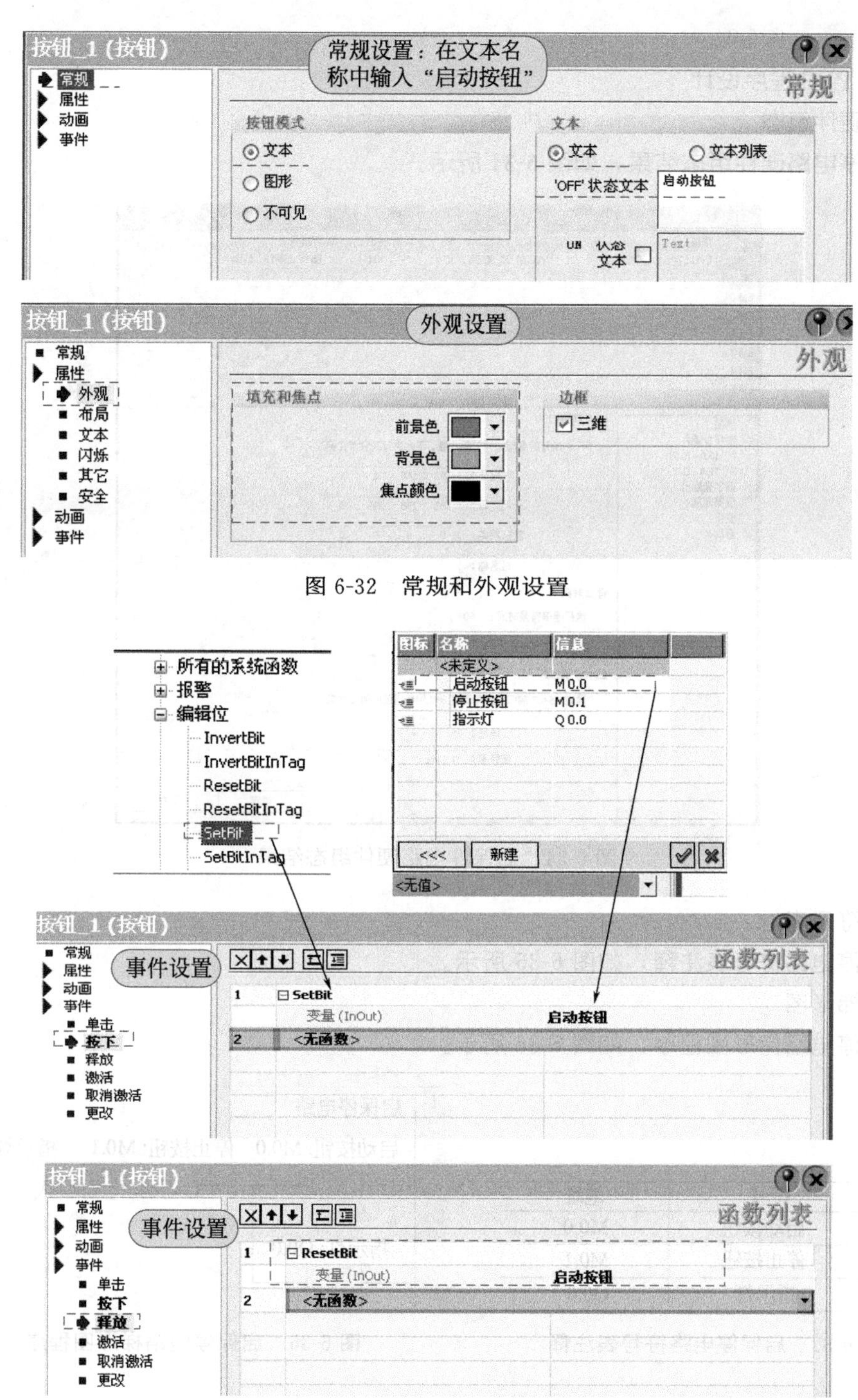

图 6-32 常规和外观设置

图 6-33 事件设置

② 插入指示灯并连接变量：单击工具箱中的“库”组，右键执行“库→打开”，打开路径：C:\Program Files\SIEMENS\SIMATIC WinCC flexible\WinCC flexible Support\Libraries\System-Libraries，双击 Button_and_switches.wlf，在库文件夹下，会出现 Indicator_switches，选中 PilotLight-1(en-US)，拖到“启保停电路”画面。在指示灯视图属性中，将连接变量选择为 指示灯 Q0.0。

6.4.1.2 PLC 程序设计

(1) 硬件组态

启保停电路硬件组态结果，如图 6-34 所示。

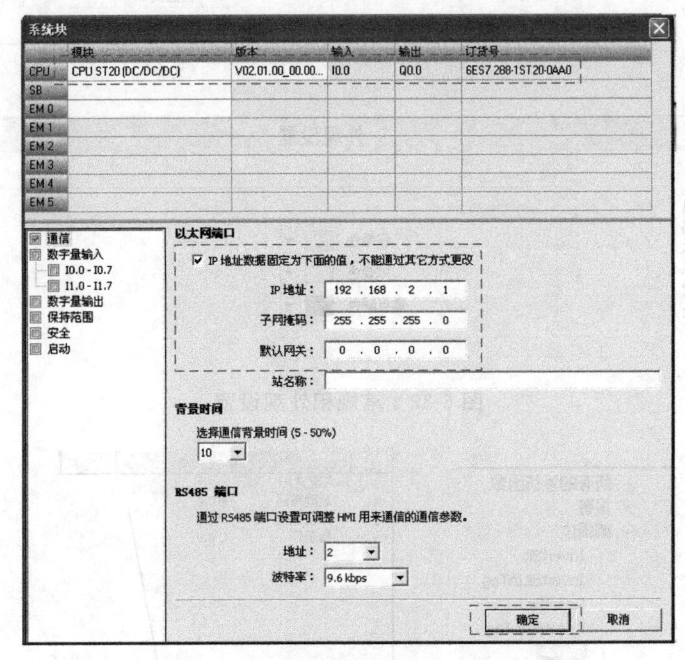

图 6-34 启保停电路硬件组态结果

(2) 符号表

启保停电路符号表注释，如图 6-35 所示。

(3) 梯形图

启保停电路梯形图程序，如图 6-36 所示。

序号	符号	地址
1	启动按钮	M0.0
2	停止按钮	M0.1
3	指示灯	Q0.0

图 6-35 启保停电路符号表注释

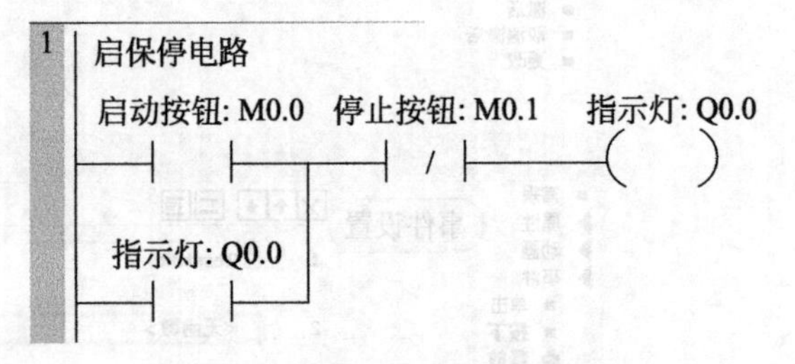

图 6-36 启保停电路梯形图程序

第7章

PLC 控制系统的设计

本章要点

◎ PLC 控制系统设计基本原则与步骤
◎组合机床 PLC 控制系统的设计
◎机械手 PLC 控制系统的设计
◎两种液体混合 PLC 控制系统的设计
◎含触摸屏交通灯 PLC 控制系统的设计
◎清扫设备 PLC 控制系统的设计

以 PLC 为核心组成的自动控制系统，称为 PLC 控制系统。PLC 控制系统的设计与其他形式控制系统的设计不尽相同，在实际工程中，它围绕着 PLC 本身的特点，以满足生产工艺的控制要求为目的开展工作的。一般包括硬件系统的设计、软件系统的设计和施工设计等。

7.1 PLC 控制系统设计基本原则与步骤

在掌握 PLC 的工作原理、编程语言、内部编程元件、硬件配置以及编程方法后，具有一定系统控制设计基础的电气工程技术人员就可以进行 PLC 控制系统的设计。

7.1.1 PLC 控制系统设计的应用环境

由于 PLC 是一种计算机化了的高科技产品，相对继电器来说价格较高，因此在 PLC 控制系统设计之前，就要考虑是否有必要使用 PLC。

通常在以下情况可以考虑使用 PLC。

① 控制系统的数字量 I/O 点数较多，控制要求复杂。若使用继电器控制，则需要大量的中间继电器、时间继电器等器件。

② 对控制系统的可靠性要求较高，继电器控制系统难以满足控制要求。

③ 由于生产工艺流程或产品的变化，需要经常改变控制系统的控制关系或控制参数。

④ 可以用一台 PLC 控制多个生产设备。

附带说明对于控制系统简单、I/O 点数少，控制要求并不复杂的情况，则无需使用 PLC 控制，完全可以使用继电器控制。

7.1.2 PLC 控制系统设计的基本原则

在实际生产过程中，任何一种控制都是以满足生产工艺的控制要求，提高生产质量和效率为目的，因此在 PLC 控制系统的设计时，应遵循以下基本原则。

① 最大限度地满足生产工艺的控制要求。充分发挥 PLC 强大的控制功能，最大限度地满足生产工艺的控制要求，是 PLC 控制系统设计的首要前提。这就需要设计人员深入现场进行调查研究，收集资料，同时要注意与操作员和工程管理人员密切的配合，共同讨论，解决设计中出现的问题。

② 确保控制系统的工作安全可靠。确保控制系统的工作安全可靠，是设计的重要原则。这就要求设计者在设计时，应全面地考虑控制系统的硬件和软件。

③ 力求使系统简单、经济、使用和维修方便。在满足生产工艺的控制要求前提下，要注意降低工程成本，提高工程效益，符合用户的操作习惯和方便维修。

④ 应考虑生产的发展和改进，在设计时应适当留有裕量。

7.1.3 PLC 控制系统设计的一般步骤

PLC 控制系统设计的流程图，如图 7-1 所示。

7.1.3.1 深入了解被控系统的工艺过程和控制要求

深入了解被控系统的工艺过程和控制要求，是系统设计的关键，这一步的好坏直接影响系统设计和施工质量。首先应该详细分析被控对象的工艺过程及工作特点，了解被控对象机、电、液之间的关系，提出被控对象对 PLC 控制系统的要求。控制要求包括以下几方面。

① 控制的基本方式：行程控制、时间控制、速度控制、电流和电压控制等。

② 需要完成的动作：动作及其顺序、动作条件。

③ 操作方式：手动（点动、回原点）、自动（单步、单周、自动运行）以及必要的保护、报警、连锁和互锁。

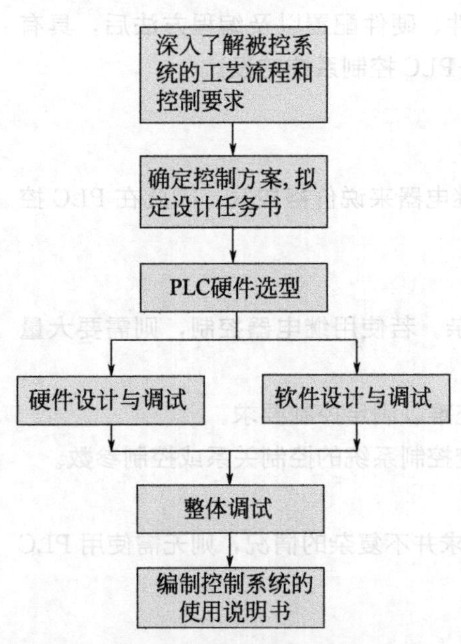

图 7-1 PLC 控制系统设计的流程图

④ 确定软硬件分工：根据控制工艺的复杂程度，确定软硬件分工，可从技术方案、经济型、可靠性等方面做好软硬件的分工。

7.1.3.2 确定控制方案，拟定设计说明书

在分析完被控对象的控制要求基础上，可以确定控制方案。通常有以下几种方案供参考。

（1）单控制器系统

单控制器系统指采用一台 PLC 控制一台被控设备或多台被控设备的控制系统，如图 7-2 所示。

（2）多控制器系统

多控制器系统即分布式控制系统，该系统中每个控制对象都是由一台 PLC 控制器来控制的，各台 PLC 控制器之间可以通过信号传递进行内部连锁，或由上位机通过总线进行通信控制，如图 7-3 所示。

（3）远程 I/O 控制系统

远程 I/O 系统是 I/O 模块不与控制器放在一起，

而是远距离地放在被控设备附近，如图 7-4 所示。

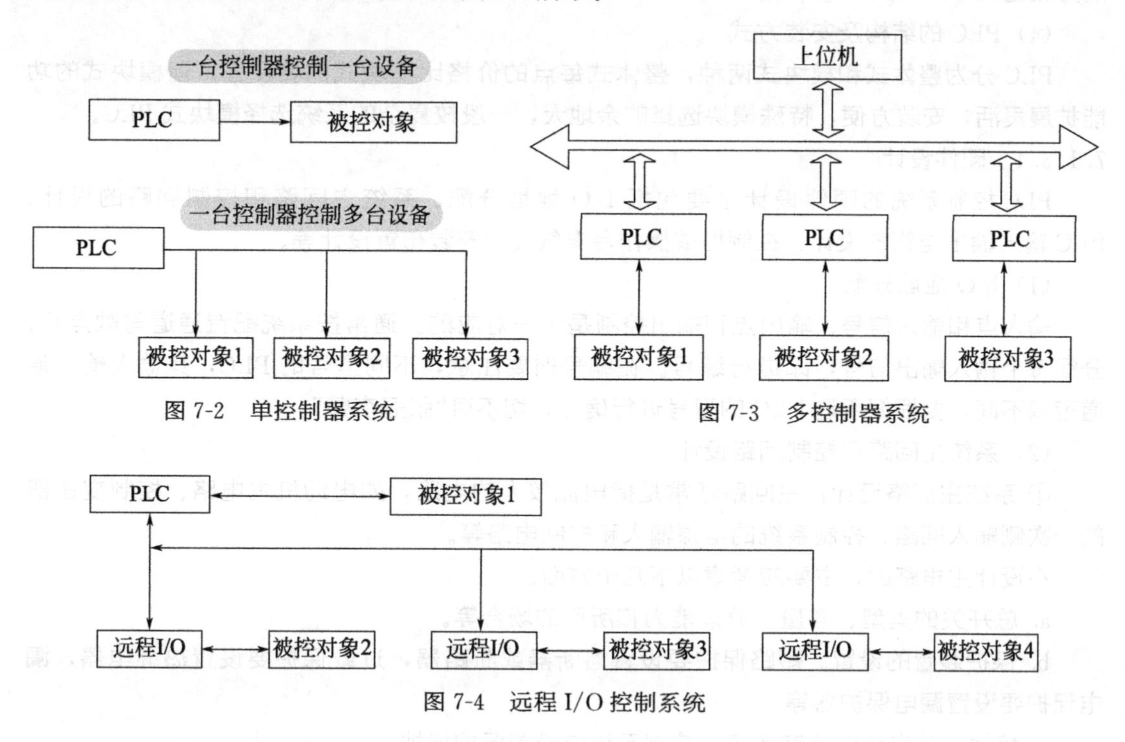

图 7-2 单控制器系统

图 7-3 多控制器系统

图 7-4 远程 I/O 控制系统

7.1.3.3 PLC 硬件选型

PLC 硬件选型的基本原则：在功能满足的条件下，保证系统安全可靠运行，尽量兼顾价格。具体应考虑以下几个方面。

（1）PLC 的硬件功能

对于开关量控制系统，主要考虑 PLC 的最大 I/O 点数是否满足要求。如有特殊要求，如通信控制、模拟量控制等，则应考虑是否有相应的特殊功能模块。

此外，还要考虑扩展能力、程序存储器与数据存储器的容量等。

（2）确定输入输出点数

再确定输入输出点数前，应确定哪些信号需要输入给 PLC，哪些负载需要 PLC 来驱动，还要确定哪些是数字量，哪些是模拟量，哪些是直流量，哪些是交流量，以及电压等级和是否有特殊要求。在确定时，应考虑今后系统改进和扩充的需求，应留有一定的裕量。

（3）PLC 供电电源类型、输入和输出模块的类型

PLC 供电电源类型一般有交流型和直流型 2 种。交流型供电通常为 220V，直流型供电通常为 24V。

数字量输入模块的输入电压一般在 DC 24V。直流输入电路的延迟时间较短，可直接与光电开关、接近开关等电子输入设备直接相连。

如有模拟量还需考虑变送器、执行机构的量程与模拟量输入输出模块的量程是否匹配等。

继电器型输出模块的工作电压范围广，触点导通电压降小，承受瞬间过电压和瞬间过电流能力强，但触点寿命有限制，动作速度较慢。若系统的输出信号变化不是很频繁，建议优先选择继电器输出型模块。继电器型输出模块可用于交直流负载。

晶体管输出型用于直流负载，它们具有可靠性高，执行速度快，寿命长等优点，但过载

能力较差。

（4）PLC的结构及安装方式

PLC分为整体式和模块式两种，整体式每点的价格比模块式的要便宜。但模块式的功能扩展灵活，安装方便，特殊模块选择的余地大，一般较复杂的系统选择模块式PLC。

7.1.3.4　硬件设计

PLC控制系统的硬件设计主要包括I/O地址分配、系统主回路和控制回路的设计、PLC输入输出电路的设计、控制柜或操作台电气元件安装布置设计等。

（1）I/O地址分配

输入点和输入信号、输出点和输出控制是一一对应的。通常按系统配置通道与触点号，分配每个输入输出信号，即进行编号。在编号时要注意，不同型号的PLC，其输入输出通道范围不同，要根据所选PLC的型号进行确定，切不可“张冠李戴”。

（2）系统主回路和控制回路设计

① 系统主回路设计：主回路通常是指电流较大的电路，如电动机主电路、控制变压器的一次侧输入回路、控制系统的电源输入和控制电路等。

在设计主电路时，主要应考虑以下几个方面。

a. 总开关的类型、容量、分段能力和所用的场合等。

b. 保护装置的设置。短路保护要设置熔断器或断路器，过载保护要设置热继电器，漏电保护要设置漏电保护器等。

c. 接地。从安全的角度考虑，控制系统应设置保护接地。

② 系统控制回路设计：控制回路通常是指电流较小的电路。控制回路设计一般包括保护电路、安全电路、信号电路和控制电路设计等。

（3）PLC输入输出电路的设计

设计输入输出电路通常应考虑以下问题。

① 输入电路可由PLC内部提供DC 24V电源，也可外接电源；输出点需根据输出模块类型选择电源。

② 为了防止负载短路损坏PLC，输入输出电路公共端需加熔断器保护。

③ 为了防止接触器相间短路，通常要设置互锁电路。例如正反转电路。

④ 输出电路有感性负载，为了保证输出点的安全和防止干扰，直流电路需在感性负载两端并联续流二极管；交流电路需在感性负载两端并联阻容电路，输出电路感性负载的处理，如图7-5所示。

⑤ 应减少输入输出点数，具体方法可参考4.2节。

（4）控制柜或操作台电气元件安装布置设计

设计的目的是用于指导、规范现场生产和施工，并提高可靠性和标准化程度。

（5）软件设计

在软件设计之前，S7-200 SMART PLC需先对硬件进行组态，看该系统需要的CPU模块、信号板和扩展模块都是哪些，对应选择相应的型号。硬件组态完后，即可以对软件进行设计。

软件设计包括系统初始化程序、主程序、子程序、中断程序等，小型数字量控制系统往往只有主程序。

软件设计主要包括以下几步。

① 首先应根据总体要求和控制系统的具体情况，确定程序的基本结构。

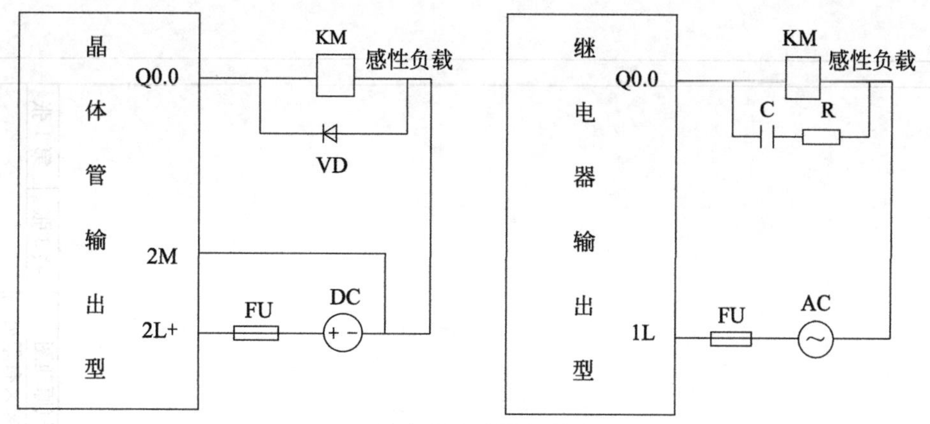

图 7-5　输出电路感性负载的处理

② 绘制控制流程图或顺序功能图。

③ 根据控制流程图或顺序功能图，设计梯形图；简单系统可用经验设计法，复杂系统可用顺序控制设计法。

(6) 软、硬件调试

调试分为模拟调试和联机调试。

在软件设计完成后一般作模拟调试。模拟调试可以通过仿真软件来代替 PLC 硬件在计算机上调试程序。若有 PLC 硬件，可以用小开关和按钮模拟 PLC 的实际输入信号，在通过输出模块上各输出位对应的指示灯，观察输出信号是否满足设计要求。若需要模拟信号 I/O 时，可用电位器和万用表配合进行。

硬件模拟调试主要是对控制柜或操作台的接线进行测试，可在操作台的接线端子上模拟 PLC 外部数字输入信号，或者操作按钮指令开关，观察对应 PLC 输入点的状态。

在联机调试时，把编制好的程序下载到现场的 PLC 中。调试时主电路一定要断电，只对控制电路进行调试。通过现场联机调试，还会发现新的问题或需要对某些控制功能进行改进。

如软硬件调试均没问题，即可以整体调试。

(7) 编制控制系统的使用说明书

系统交付使用后，应根据调试的最终结果整理出完整的技术文件，单位存档，部分资料提供给用户，以利于系统的维修和改进。

编制的文件有 PLC 的硬件接线图和其他的电气样图，PLC 编程元件表和带有文字说明的梯形图。此外若使用的是顺序控制法，顺序功能图也需要加以整理。

7.2　组合机床 PLC 控制系统设计

传统的生产机械大多数由继电器系统来控制，PLC 的广泛应用打破了这种状况，好多的大型机床都进行了相应的改造。本节将以单工位液压传动组合机床为例，对传统的大型机床改造问题给予讲解。

7.2.1　双面单工位液压组合机床的继电器控制

(1) 双面单工位液压组合机床简介

图 7-6(a) ～ (c) 为双面单工位液压组合机床的继电器控制系统电路图。从图中不难看

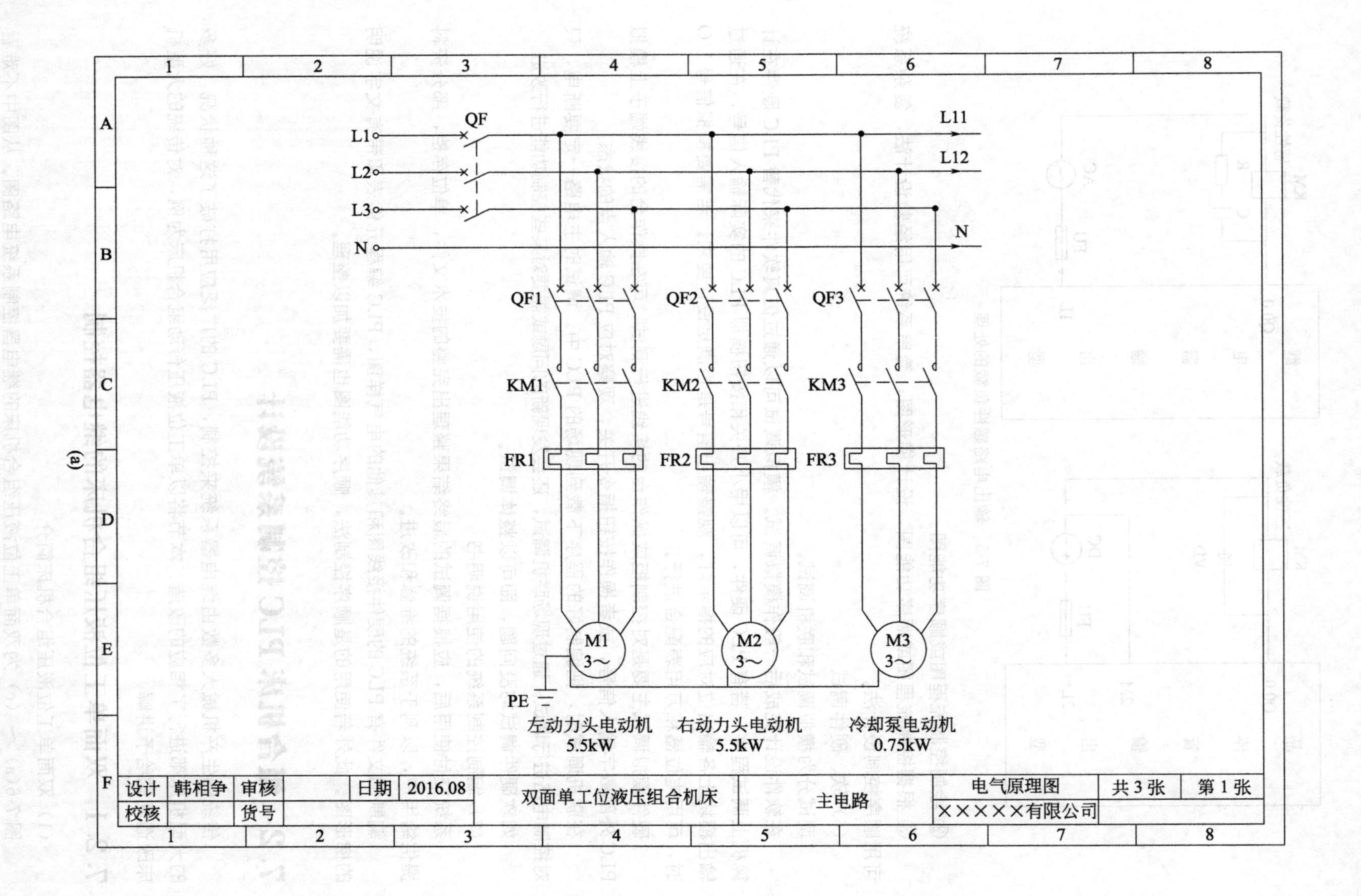

1
2
3
4
5
6
7
8
A
B
C
D
E
F
L1
L2
L3
N
QF
L11
L12
N
QF1
QF2
QF3
KM1
KM2
KM3
FR1
FR2
FR3
M1
3~
M2
3~
M3
3~
PE
左动力头电动机
5.5kW
右动力头电动机
5.5kW
冷却泵电动机
0.75kW
设计
韩相争
审核
校核
货号
日期
2016.08
双面单工位液压组合机床
主电路
电气原理图
×××××有限公司
共3张
第1张

(a)

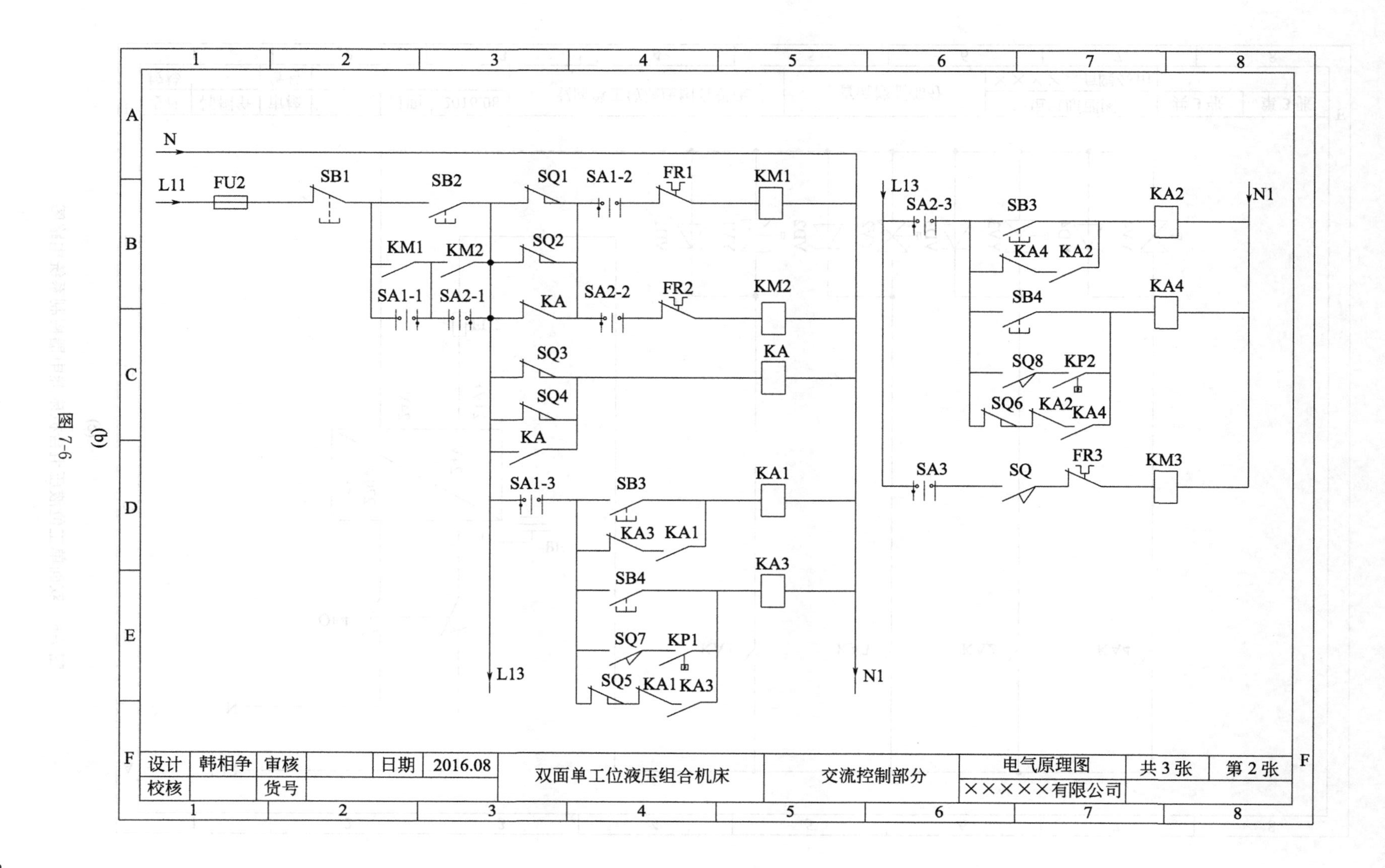
N
L11
FU2
SB1
SB2
SQ1
SA1-2
FR1
KM1
KM1
KM2
SQ2
SA1-1
SA2-1
KA
SA2-2
FR2
KM2
SQ3
KA
SQ4
KA
SA1-3
SB3
KA1
KA3
KA1
SB4
KA3
SQ7
KP1
SQ5
KA1
KA3
L13
N1
L13
SA2-3
SB3
KA2
N1
KA4
KA2
SB4
KA4
SQ8
KP2
SQ6
KA2
KA4
SA3
SQ
FR3
KM3
设计
韩相争
审核
日期
2016.08
双面单工位液压组合机床
交流控制部分
电气原理图
共3张
第2张
校核
货号
×××××有限公司

(b)

图 7-6

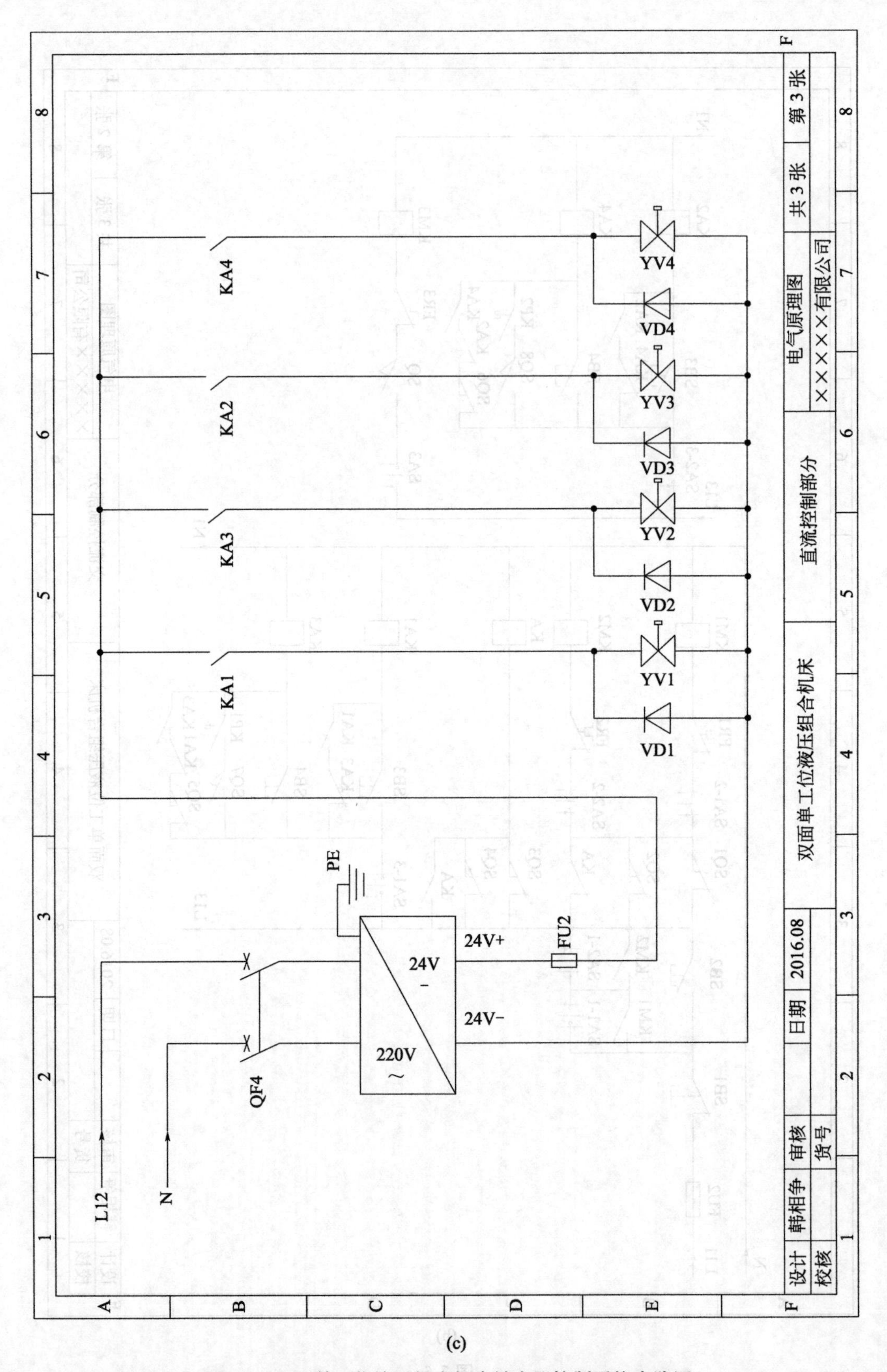

(c)

图 7-6　双面单工位液压组合机床继电器控制系统电路图

出该机床由 3 台电动机进行拖动，其中 M1、M2 为左右动力头电动机，M3 为冷却泵电动机；SA1、SA2 分别为左右动力头单独调整开关，通过它们对左右动力头进行调整；SA3 为冷却泵电动机工作选择开关。

双面单工位液压传动组合机床左右动力头的循环工作示意图，如图 7-7 所示。每个动力头均有快进、工进和快退 3 种运动状态，且三种状态的切换由行程开关发出信号。组合机床液压状态如表 7-1 所示，其中 KP 为压力继电器、YV 为电磁阀。

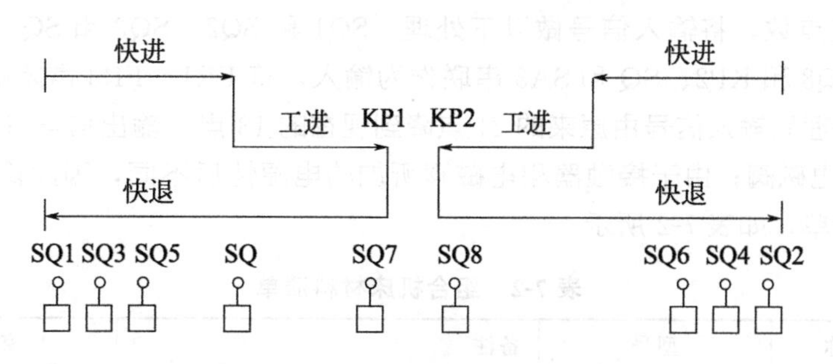

图 7-7　左右动力头的循环工作示意图

表 7-1　组合机床液压状态

工步	YV1	YV2	YV3	YV4	KP1	KP2
原位停止	−	−	−	−	−	−
快进	+	−	+	−	−	−
工进	+	−	+	−	−	−
死挡铁停留	+	−	+	−	+	+
快退	−	+	−	+	−	−

(2) 双面单工位液压组合机床工作原理

SA1、SA2 处于自动循环位置，按下启动按钮 SB2，接触器 KM1、KM2 线圈得电并自锁，左右动力头电动机同时启动旋转；按下前进启动按钮 SB3，中间继电器 KA1、KA2 得电并自锁，电磁阀 YV1、YV3 得电，左右动力头快进并离开原位，行程开关 SQ1、SQ2、SQ5、SQ6 先复位，行程开关 SQ3、SQ4 后复位，并使 KA 得电自锁。在动力头进给过程中，由各自行程阀自动将快进变为工进，同时压下行程开关 SQ，接触器 KM3 线圈通电，冷却泵 M3 工作，供给冷却液。左右动力头加工完毕后压下 SQ7 并顶在死挡铁上，使其油路油压升高，压力继电器 KP1 动作，使 KA3 得电并自锁。右动力头加工完毕后压下 SQ8 并使 KP2 动作，KA4 将接通并自锁，同时 KA1、KA2、YV1、YV3 将失电，而 YV2、YV4 通电，使左右动力头快退。当左动力头使 SQ 复位后，KM3 将失电，冷却泵电动机将停转。左右动力头快退至原位时，先压下 SQ3、SQ4，再压下 SQ1、SQ2、SQ5、SQ6，使 KM1、KM2 线圈断电，动力头电动机 M1、M2 断电停转，同时 KA、KA3、KA4 线圈断电，YV2、YV4 断电，动力头停止动作，机床循环结束。加工过程中，如果按下 SB4，可随时使左右动力头快退至原位停止。

7.2.2 双面单工位液压组合机床的PLC控制

(1) PLC及相关元件选型

本系统采用西门子S7-200 SMART PLC，CPU SR30模块，AC电源，DC输入，继电器输出型。PLC的输入信号应有21个，且为开关量，其中有4个按钮，9个行程开关，3个热继电器常闭触点，2个压力继电器触点，3个转换开关。但在实际应用中，为了节省PLC的输入输出点数，将输入信号做以下处理：SQ1和SQ2、SQ3和SQ4并联作为输入，SQ7和KP1、SQ8和KP2、SQ和SA3串联作为输入，将FR1～FR3常闭触点分配到输出电路中，这样处理后输入信号由原来的21点降到现在的13点；输出信号有7个，其中有3个接触器，4个电磁阀；由于接触器和电磁阀所加的电源性质不同，因此输出有两路通道。组合机床材料清单，如表7-2所示。

表7-2 组合机床材料清单

序号	材料名称	型号	备注	厂家	单位	数量
1	微型断路器	iC65N,D40/3P	380V,40A,三极	施耐德	个	1
2	微型断路器	iC65N,D16/3P	380V,16A,三极	施耐德	个	2
3	微型断路器	iC65N,D4/3P	380V,4A,三极	施耐德	个	1
4	微型断路器	iC65N,C6/2P	380V,6A,二极	施耐德	个	2
5	接触器	LC1D12M	380V,12A,线圈220V	施耐德	个	2
6	接触器	LC1D09M	380V,9A,线圈220V	施耐德	个	1
7	中间继电器插头	MY2N-J,24VDC	线圈24V	欧姆龙	个	4
8	中间继电器插座	PYF08A-C		欧姆龙	个	4
9	热继电器	LRD16C	380V,整定范围:9～13A	施耐德	个	2
10	热继电器	LRD07C	380V,整定范围:1.6～2.5A	施耐德	个	1
11	停止按钮底座	ZB5AZ101C		施耐德	个	1
12	停止按钮按钮头	ZB5AA4C	红色	施耐德	个	1
13	启动按钮	XB5AA31C	绿色	施耐德	个	3
14	选择开关	XB5AD21C	黑色,2位1开	施耐德	个	3
15	熔体	RT28N-32/6A	6A	正泰	个	1
16	熔断器底座	RT28N-32/1P	一极	正泰	个	1
17	电源指示灯	XB7EVM1LC	220V,白色	施耐德	个	1
18	电动机指示灯	XB7EVM3LC	220V,绿色	施耐德	个	3
19	电磁阀指示灯	XB7EV33LC	24V,绿色	施耐德	个	4
20	直流电源	CP M SNT	180W,24V,7.5A	魏德米勒	个	1
21	PLC	CPU SR30	AC电源,DC输入,继电器输出	西门子	台	1
22	端子	UK10N	可夹0.5～10mm² 导线	菲尼克斯	个	4
23	端子	UK3N	可夹0.5～2.5mm² 导线	菲尼克斯	个	9
24	端子	UKN1.5N	可夹0.5～1.5mm² 导线	菲尼克斯	个	16

续表

序号	材料名称	型号	备注	厂家	单位	数量
25	端板	D-UK4/10	UK10N,UK3N 端子端板	菲尼克斯	个	2
26	端板	D-UK2.5	UK1.5N 端子端板	菲尼克斯	个	2
27	固定件	E/UK	固定端子,放在端子两端	菲尼克斯	个	8
28	标记号	ZB10	标号(1-5),UK10N 端子标记条	菲尼克斯	条	1
29	标记号	ZB5	标号(1-10),UK3N 端子标记条	菲尼克斯	条	1
30	标记号	ZB4	标号(1-30),UK1.5N 端子标记条	菲尼克斯	条	1
31	汇线槽	HVDR5050F	宽×高=50×50	上海日成	m	5
32	导线	H07V-K,10mm^2	蓝色	慷博电缆	m	3
33	导线	H07V-K,10mm^2	黑色	慷博电缆	m	5
34	导线	H07V-K,4mm^2	黑色	慷博电缆	m	8
35	导线	H07V-K,2.5mm^2	黑色	慷博电缆	m	10
36	导线	H07V-K,2.5mm^2	蓝色	慷博电缆	m	5
37	导线	H07V-K,1.5mm^2	蓝色	慷博电缆	m	5
38	导线	H07V-K,1.5mm^2	黑色	慷博电缆	m	5
39	导线	H05V-K,1.0mm^2	黑色	慷博电缆	m	20
40	导线	H07V-K,2,5mm^2	黄绿色	慷博电缆	m	5
41	导线	H07V-K,10mm^2	黄绿色	慷博电缆	m	5
42	铜排	15×3		辽宁铜业	m	0.5
43	绝缘子	SM-27×25(M6)	红色	海坦华源电气	个	2
44	操作台	宽×高×深=600×960×400		自制	个	1
设计编制	韩相争	总工审核	XXX			

(2) 硬件设计

双面单工位液压组合机床 I/O 分配，如表 7-3 所示，硬件设计的主回路、控制回路、PLC 输入输出回路、操作台图纸，如图 7-8 所示。

表 7-3 双面单工位液压组合机床 I/O 分配

输入量				输出量	
启动按钮 SB2	I0.0	行程开关 SQ6	I0.7	接触器 KM1	Q0.0
停止按钮 SB1	I0.1	行程开关 SQ1/SQ2	I1.0	接触器 KM2	Q0.1
快进按钮 SB3	I0.2	行程开关 SQ3/SQ4	I1.1	接触器 KM3	Q0.2
快退按钮 SB4	I0.3	行程开关 SQ7/KP1	I1.2	电磁阀 YV1	Q0.4
调整开关 SA1	I0.4	行程开关 SQ8/KP2	I1.3	电磁阀 YV2	Q0.5
调整开关 SA2	I0.5	行程开关 SQ/SA3	I1.4	电磁阀 YV3	Q0.6
行程开关 SQ5	I0.6			电磁阀 YV4	Q0.7

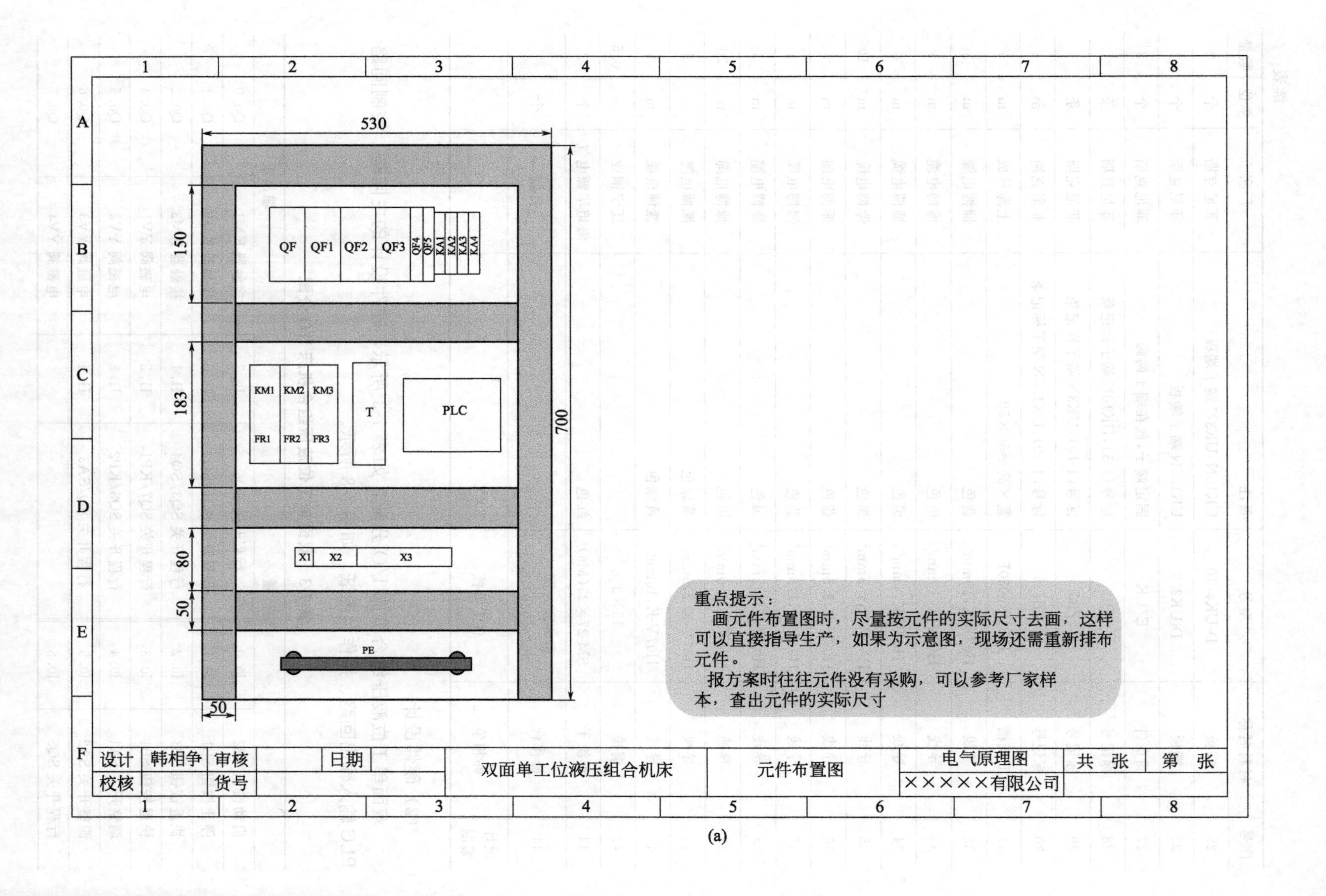
530
700
150
183
80
50
50
QF
QF1
QF2
QF3
QF4
QF5
KA1
KA2
KA3
KA4
KM1
KM2
KM3
FR1
FR2
FR3
T
PLC
X1
X2
X3
PE
重点提示：
画元件布置图时，尽量按元件的实际尺寸去画，这样可以直接指导生产，如果为示意图，现场还需重新排布元件。
报方案时往往元件没有采购，可以参考厂家样本，查出元件的实际尺寸
设计
韩相争
审核
日期
校核
货号
双面单工位液压组合机床
元件布置图
电气原理图
×××××有限公司
共　张
第　张

(a)

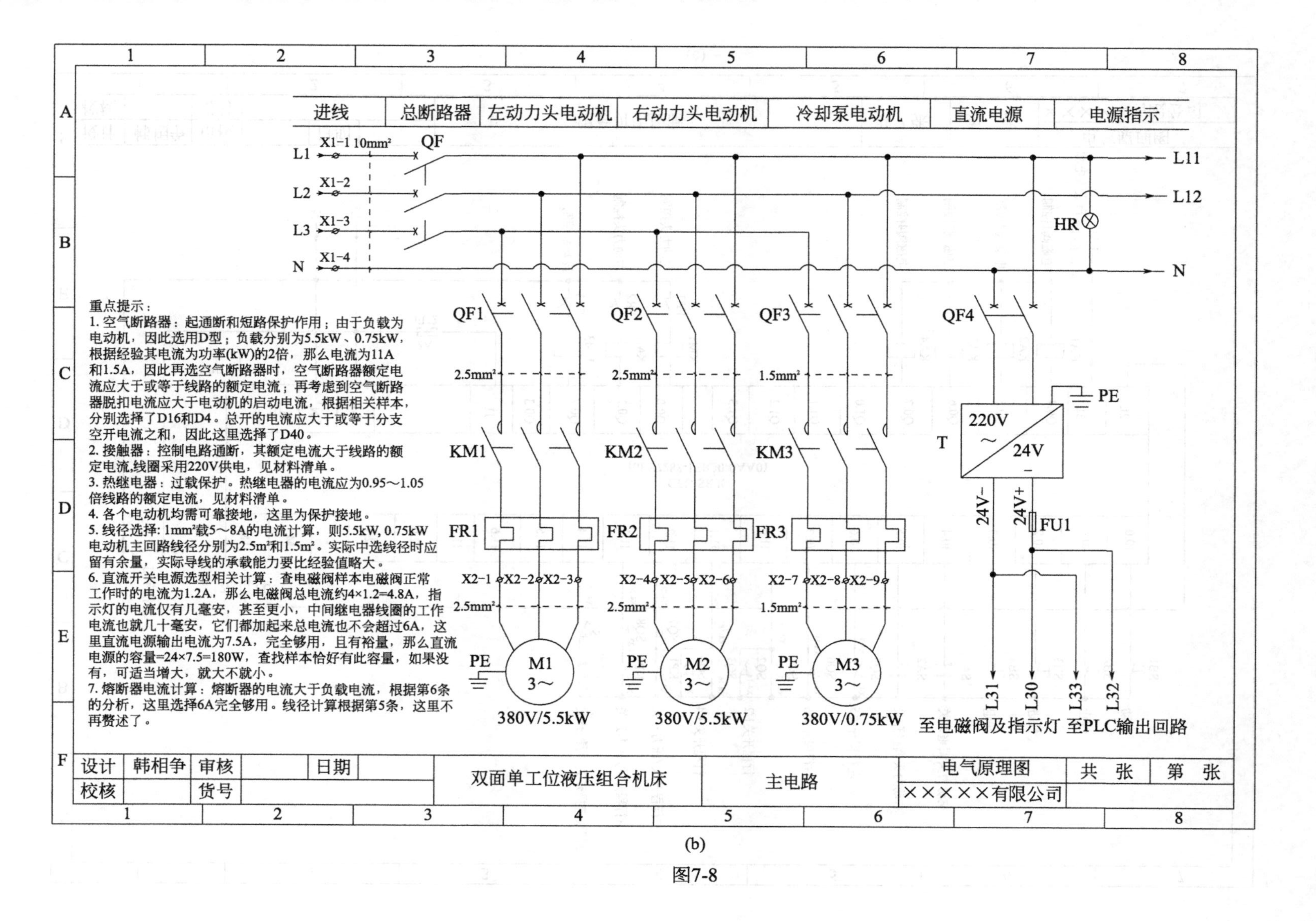

进线
总断路器
左动力头电动机
右动力头电动机
冷却泵电动机
直流电源
电源指示
L1
L2
L3
N
X1-1 10mm²
X1-2
X1-3
X1-4
QF
L11
L12
HR
N
QF1
QF2
QF3
QF4
2.5mm²
2.5mm²
1.5mm²
KM1
KM2
KM3
FR1
FR2
FR3
T
220V
~
24V
PE
24V-
24V+
FU1
X2-1 X2-2 X2-3
X2-4 X2-5 X2-6
X2-7 X2-8 X2-9
M1 3~
M2 3~
M3 3~
380V/5.5kW
380V/5.5kW
380V/0.75kW
L31
L30
L33
L32
至电磁阀及指示灯
至PLC输出回路
重点提示：
1. 空气断路器：起通断和短路保护作用；由于负载为电动机，因此选用D型；负载分别为5.5kW、0.75kW，根据经验其电流为功率(kW)的2倍，那么电流为11A和1.5A，因此再选空气断路器时，空气断路器额定电流应大于或等于线路的额定电流；再考虑到空气断路器脱扣电流应大于电动机的启动电流，根据相关样本，分别选择了D16和D4。总开的电流应大于或等于分支空开电流之和，因此这里选择了D40。
2. 接触器：控制电路通断，其额定电流大于线路的额定电流,线圈采用220V供电，见材料清单。
3. 热继电器：过载保护。热继电器的电流应为0.95～1.05倍线路的额定电流，见材料清单。
4. 各个电动机均需可靠接地，这里为保护接地。
5. 线径选择：1mm²载5～8A的电流计算，则5.5kW, 0.75kW电动机主回路线径分别为2.5m²和1.5m²。实际中选线径时应留有余量，实际导线的承载能力要比经验值略大。
6. 直流开关电源选型相关计算：查电磁阀样本电磁阀正常工作时的电流为1.2A，那么电磁阀总电流约4×1.2=4.8A，指示灯的电流仅有几毫安，甚至更小，中间继电器线圈的工作电流也就几十毫安，它们都加起来总电流也不会超过6A，这里直流电源输出电流为7.5A，完全够用，且有裕量，那么直流电源的容量=24×7.5=180W，查找样本恰好有此容量，如果没有，可适当增大，就大不就小。
7. 熔断器电流计算：熔断器的电流大于负载电流，根据第6条的分析，这里选择6A完全够用。线径计算根据第5条，这里不再赘述了。
设计
韩相争
审核
日期
校核
货号
双面单工位液压组合机床
主电路
电气原理图
××××× 有限公司
共 张
第 张

(b)

图7-8

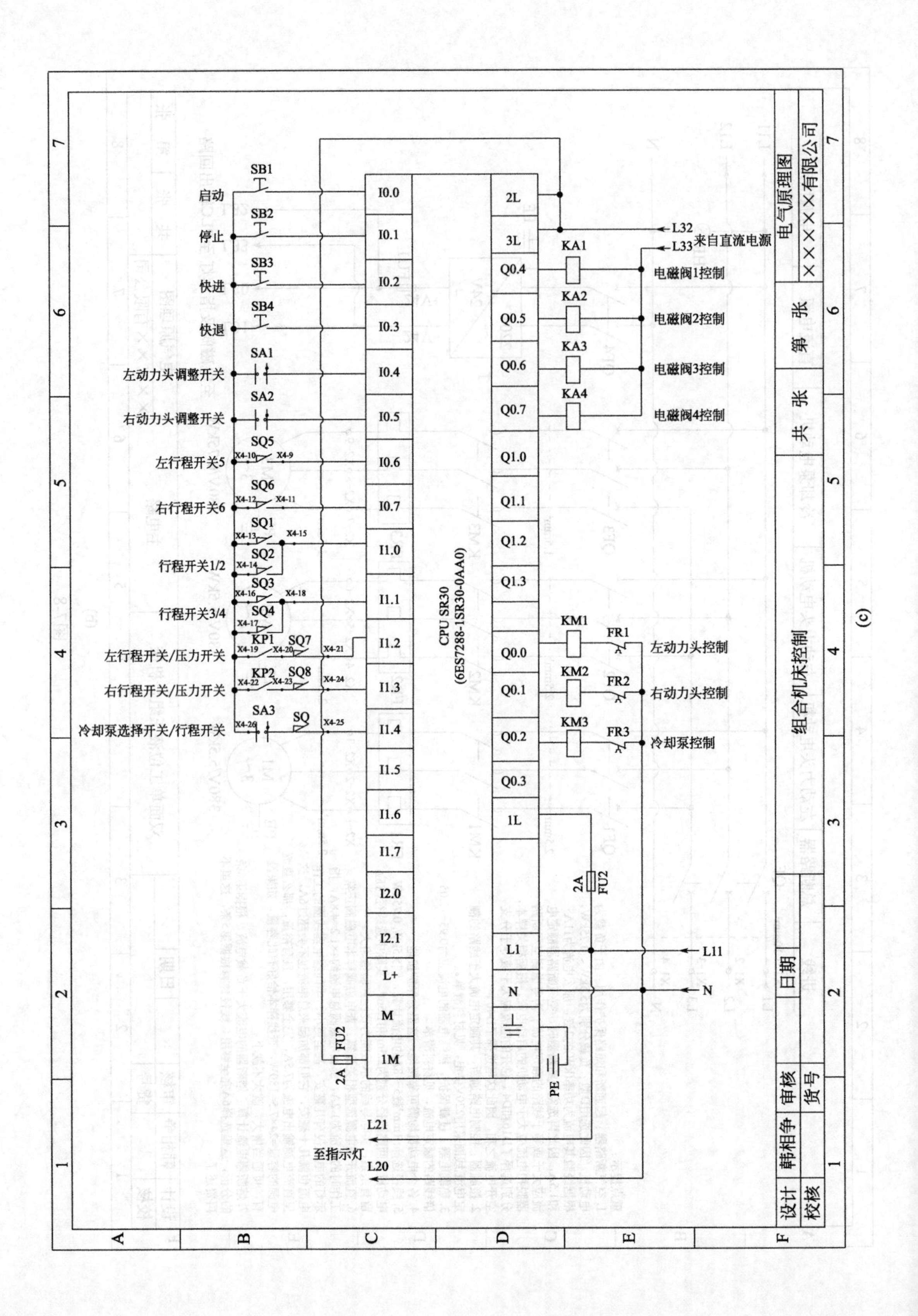

SB1
启动
SB2
停止
SB3
快进
SB4
快退
SA1
左动力头调整开关
SA2
右动力头调整开关
SQ5
左行程开关5
SQ6
右行程开关6
SQ1
SQ2
行程开关1/2
SQ3
SQ4
行程开关3/4
KP1
SQ7
左行程开关/压力开关
KP2
SQ8
右行程开关/压力开关
SA3
SQ
冷却泵选择开关/行程开关
I0.0
I0.1
I0.2
I0.3
I0.4
I0.5
I0.6
I0.7
I1.0
I1.1
I1.2
I1.3
I1.4
I1.5
I1.6
I1.7
I2.0
I2.1
L+
M
1M
CPU SR30
(6ES7288-1SR30-0AA0)
2L
3L
Q0.4
Q0.5
Q0.6
Q0.7
Q1.0
Q1.1
Q1.2
Q1.3
Q0.0
Q0.1
Q0.2
Q0.3
1L
L1
N
PE
KA1
KA2
KA3
KA4
L32
L33
来自直流电源
电磁阀1控制
电磁阀2控制
电磁阀3控制
电磁阀4控制
KM1
KM2
KM3
FR1
FR2
FR3
左动力头控制
右动力头控制
冷却泵控制
2A
FU2
L11
L21
至指示灯
L20
电气原理图
××××有限公司
组合机床控制
共 张
第 张
设计
韩相争
审核
日期
校核
货号
(c)

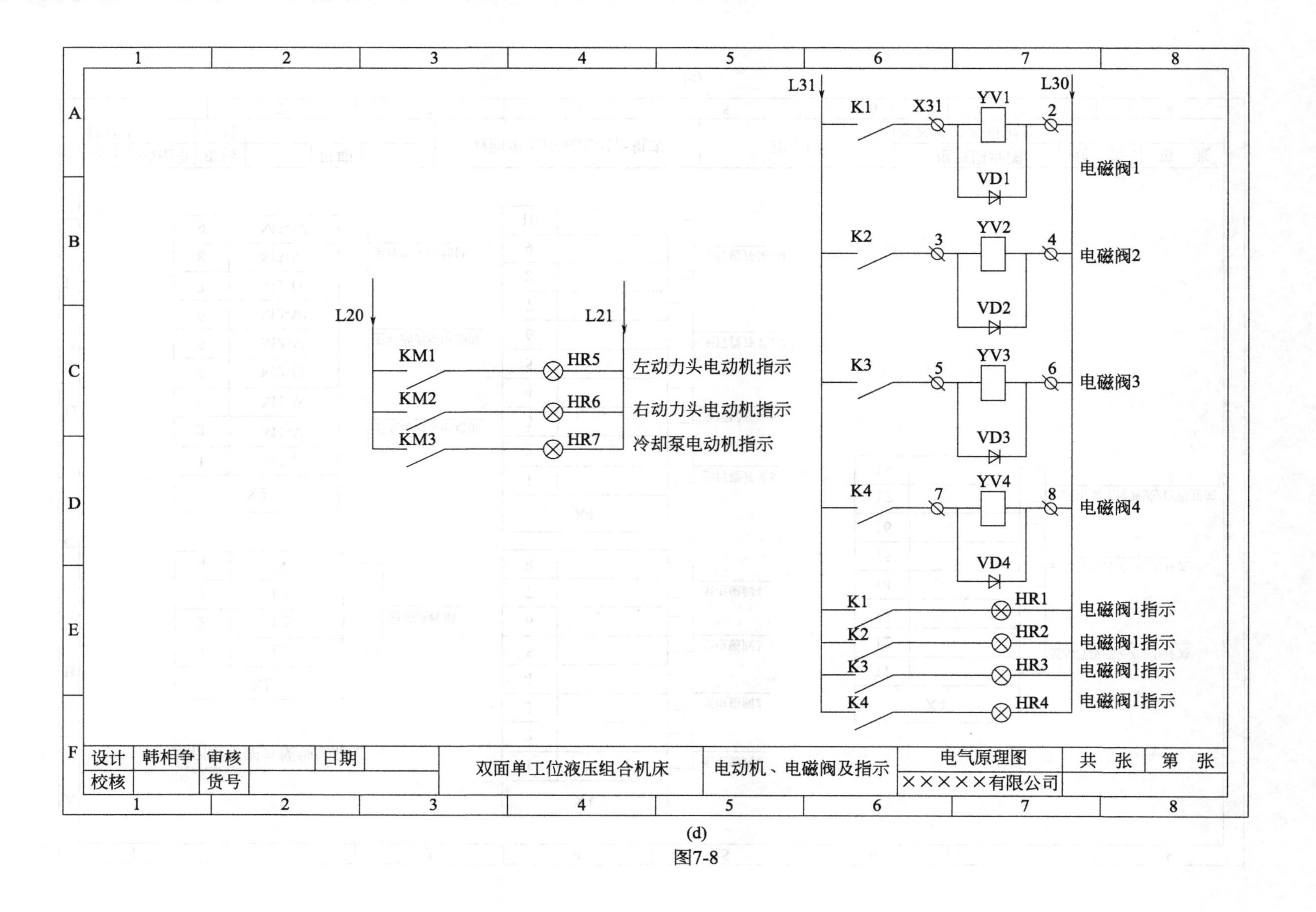
L31
L30
K1
X31
YV1
2
VD1
电磁阀1
K2
3
YV2
4
VD2
电磁阀2
K3
5
YV3
6
VD3
电磁阀3
K4
7
YV4
8
VD4
电磁阀4
HR1
电磁阀1指示
HR2
电磁阀1指示
HR3
电磁阀1指示
HR4
电磁阀1指示
L20
L21
KM1
HR5
左动力头电动机指示
KM2
HR6
右动力头电动机指示
KM3
HR7
冷却泵电动机指示
设计
韩相争
审核
日期
校核
货号
双面单工位液压组合机床
电动机、电磁阀及指示
电气原理图
×××××有限公司
共 张
第 张

(d)

图7-8

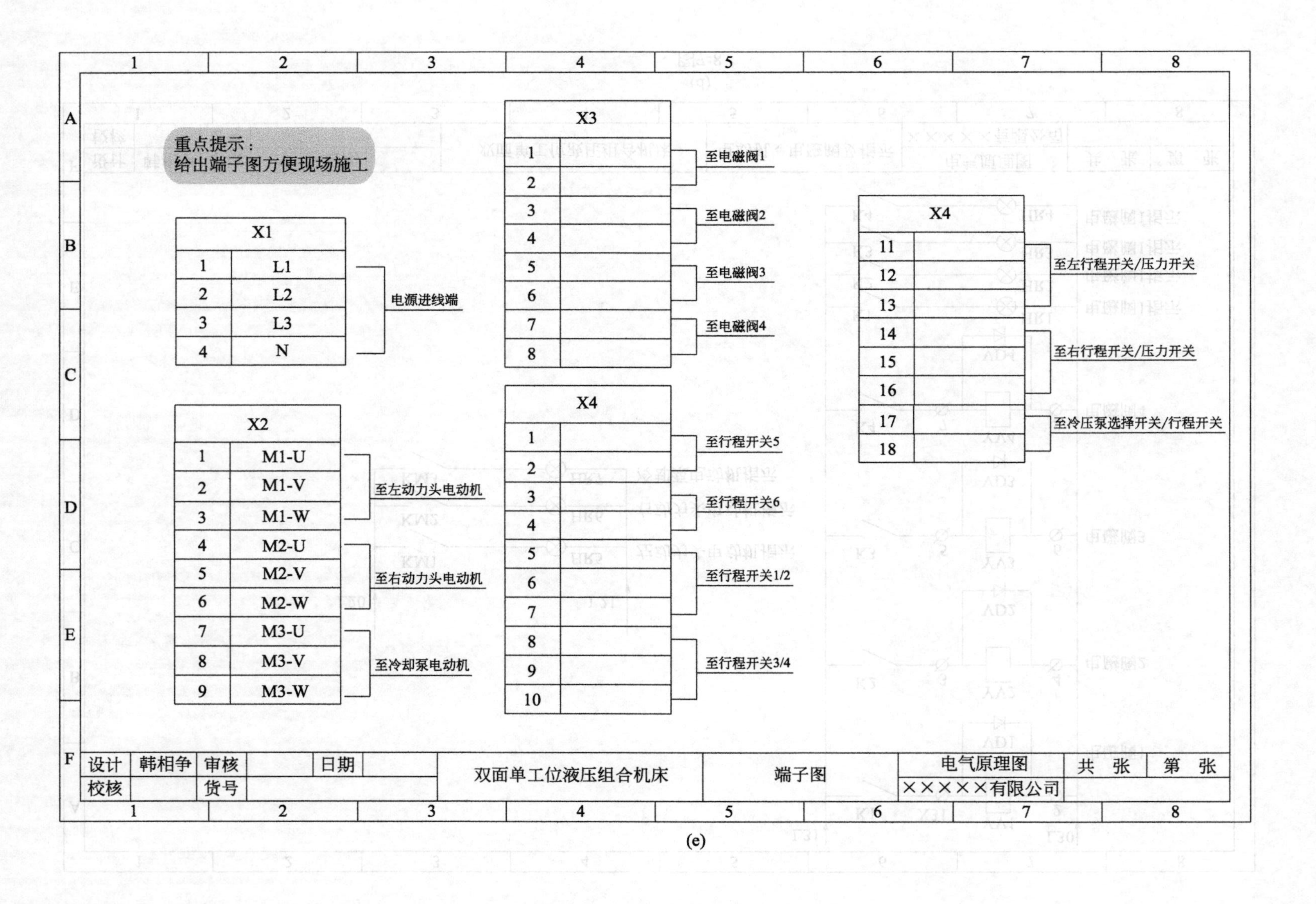

重点提示：
给出端子图方便现场施工
X1
1 L1
2 L2
3 L3
4 N
电源进线端
X2
1 M1-U
2 M1-V
3 M1-W
4 M2-U
5 M2-V
6 M2-W
7 M3-U
8 M3-V
9 M3-W
至左动力头电动机
至右动力头电动机
至冷却泵电动机
X3
1 2 3 4 5 6 7 8
至电磁阀1
至电磁阀2
至电磁阀3
至电磁阀4
X4
1 2 3 4 5 6 7 8 9 10
至行程开关5
至行程开关6
至行程开关1/2
至行程开关3/4
X4
11 12 13 14 15 16 17 18
至左行程开关/压力开关
至右行程开关/压力开关
至冷压泵选择开关/行程开关
设计 韩相争 审核 日期
校核 货号
双面单工位液压组合机床
端子图
电气原理图
×××××有限公司
共 张 第 张

(e)

元件明细		
1	QF、QF1~QF5	微型断路器
2	KM1~KM3	接触器
3	FR1~FR3	热继电器
4	T	直流电源
5	KA1~KA4	中间继电器
6	FU1、FU2	熔断器
7	SB1~SB4	按钮
8	SA1~SA3	选择开关
9	SQ、SQ1~SQ8	行程开关
10	KP1~KP2	压力开关
11	HR1~HR7	指示灯
12	YV1~YV4	电磁阀
13	VD1~VD4	二极管

(f)

图7-8

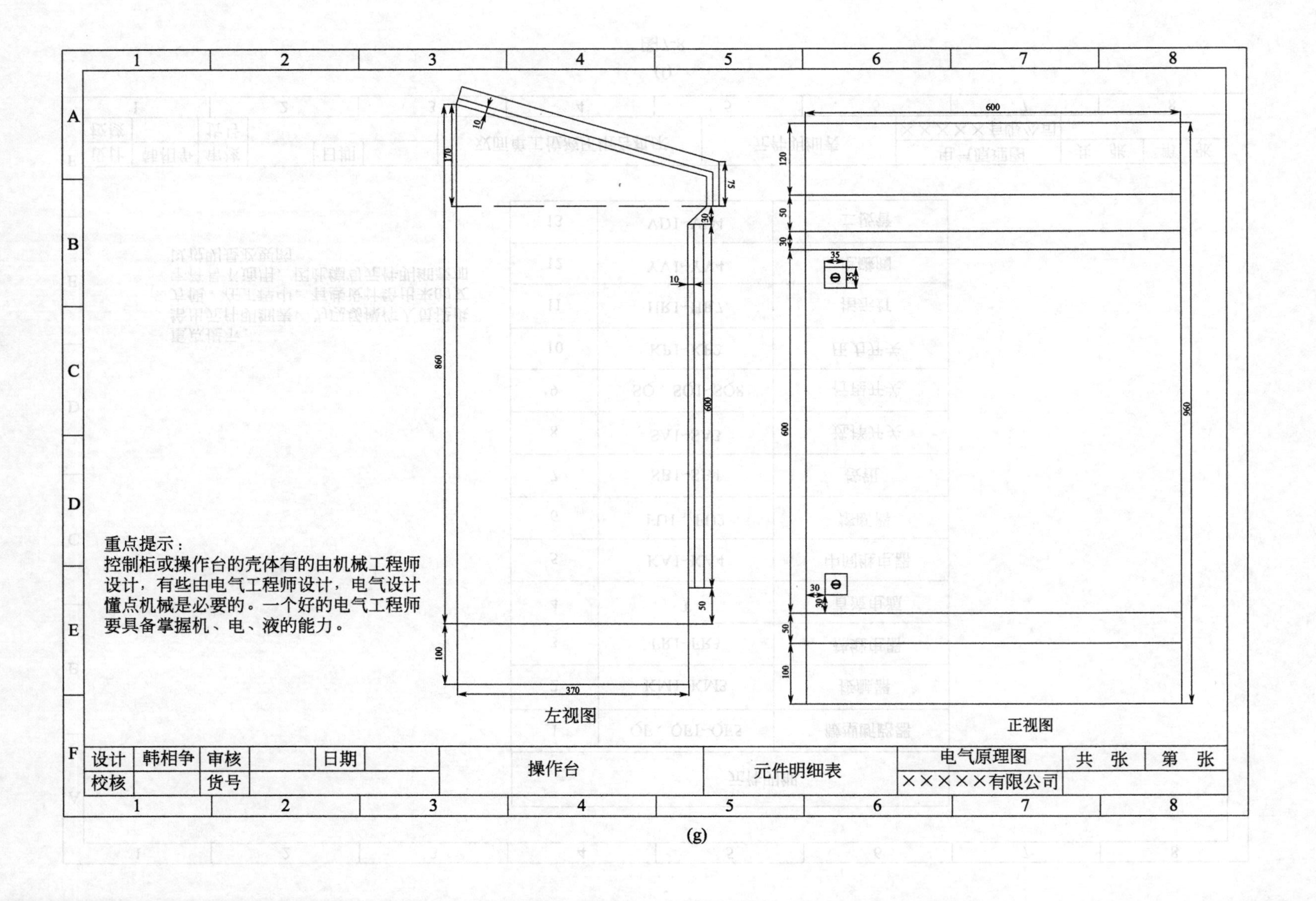
1
2
3
4
5
6
7
8
A
B
C
D
E
F
10
170
75
30
10
600
860
50
100
370
左视图
600
120
50
30
35
35
600
30
30
50
100
960
正视图
重点提示：
控制柜或操作台的壳体有的由机械工程师设计，有些由电气工程师设计，电气设计懂点机械是必要的。一个好的电气工程师要具备掌握机、电、液的能力。
设计
韩相争
审核
日期
校核
货号
操作台
元件明细表
电气原理图
×××××有限公司
共　张
第　张

(g)

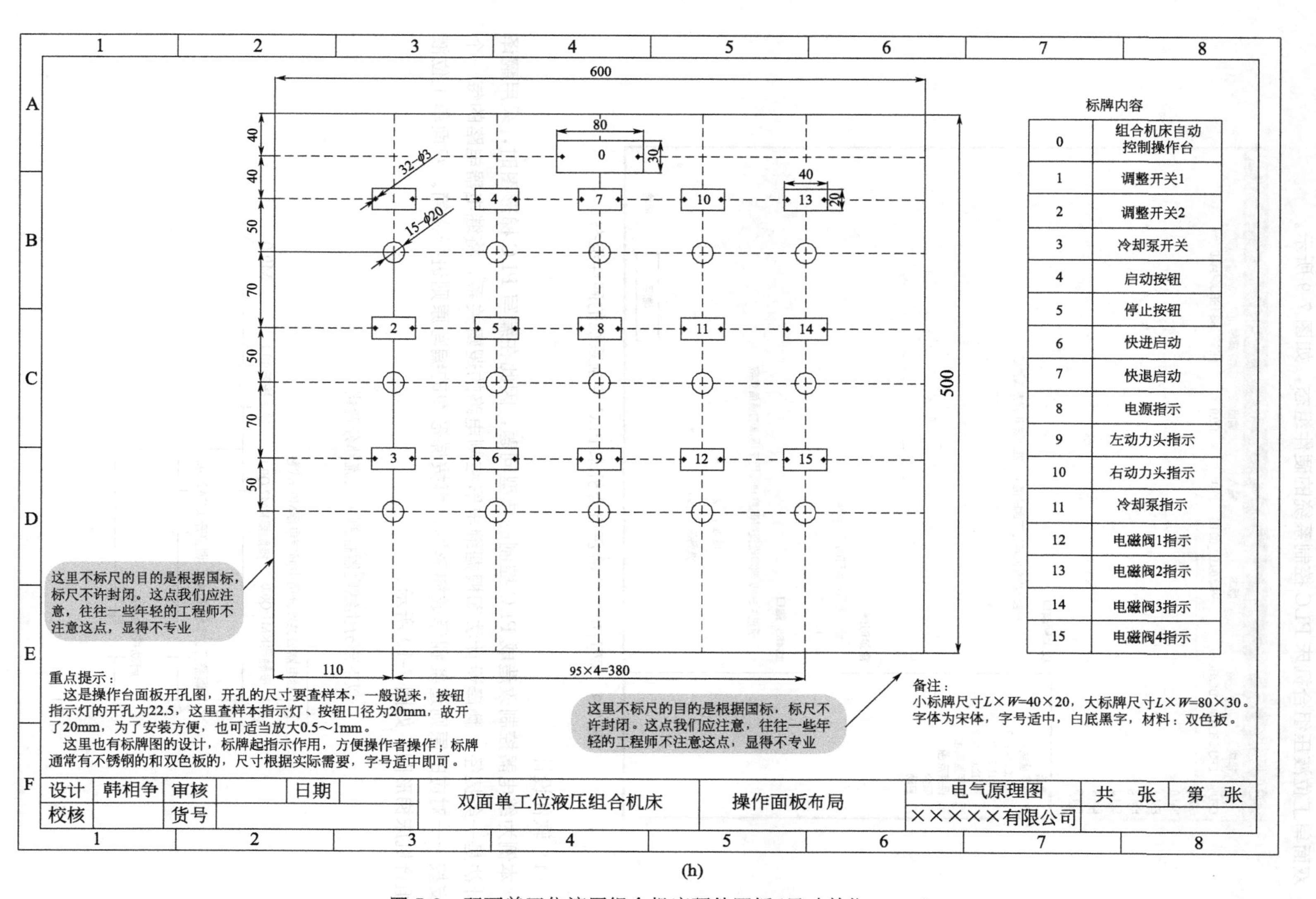

标牌内容

0	组合机床自动控制操作台
1	调整开关1
2	调整开关2
3	冷却泵开关
4	启动按钮
5	停止按钮
6	快进启动
7	快退启动
8	电源指示
9	左动力头指示
10	右动力头指示
11	冷却泵指示
12	电磁阀1指示
13	电磁阀2指示
14	电磁阀3指示
15	电磁阀4指示

(h)

图 7-8　双面单工位液压组合机床硬件图纸(尺寸单位：mm)

（3）硬件组态

双面单工位液压组合机床 PLC 控制系统的硬件组态，如图 7-9 所示。

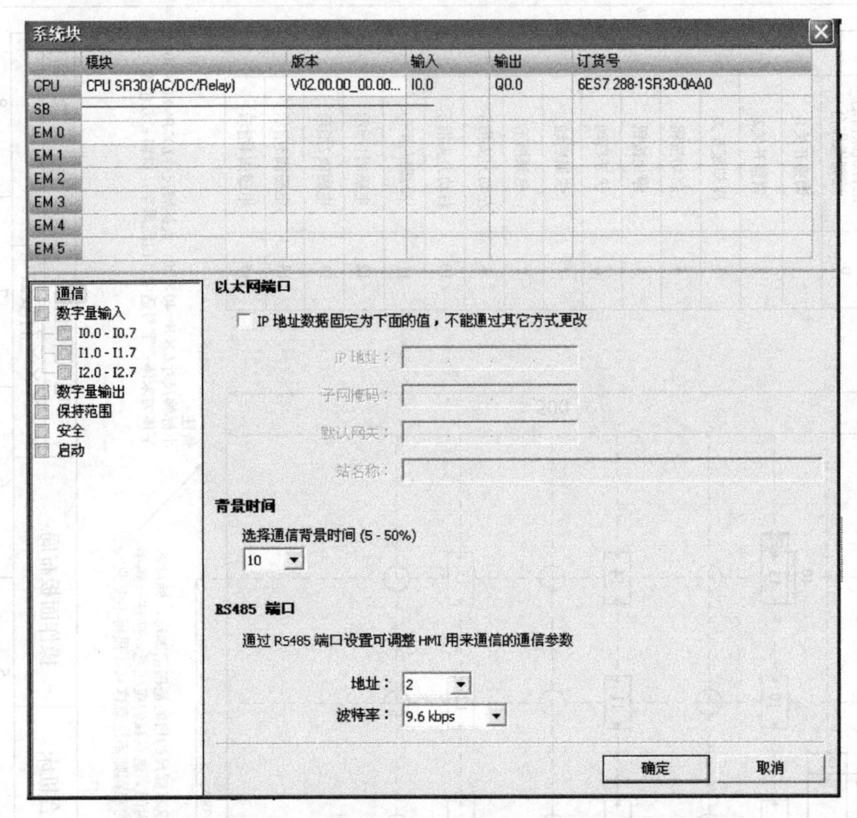

图 7-9 双面单工位液压组合机床 PLC 控制系统的硬件组态

（4）软件设计

本例为继电器控制改造成 PLC 控制的典型问题，因此在编写 PLC 梯形图时，采用翻译设计法是一条捷径。翻译设计法即根据继电器控制电路的逻辑关系，将继电器电路的每一个分支按一一对应的原则逐条翻译成梯形图，再按梯形图的编写原则进行化简。双面单工位液压组合机床梯形图，如图 7-10 所示。

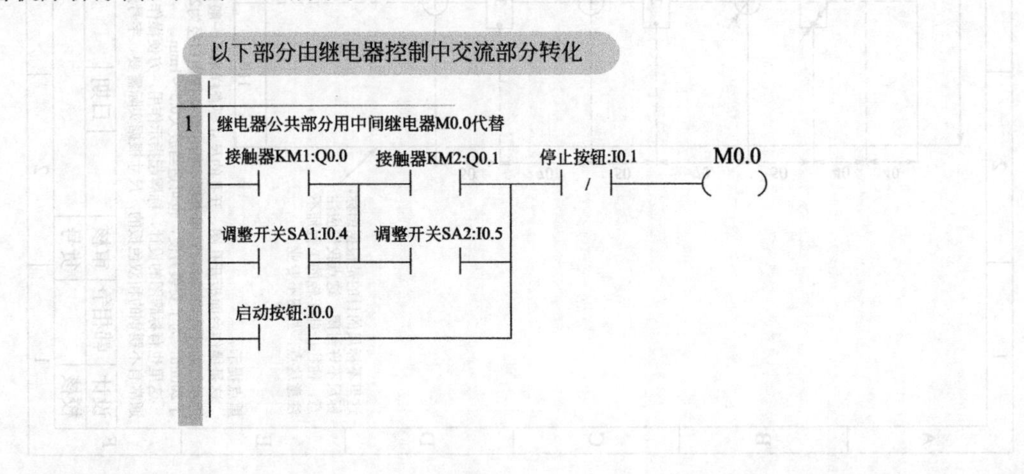

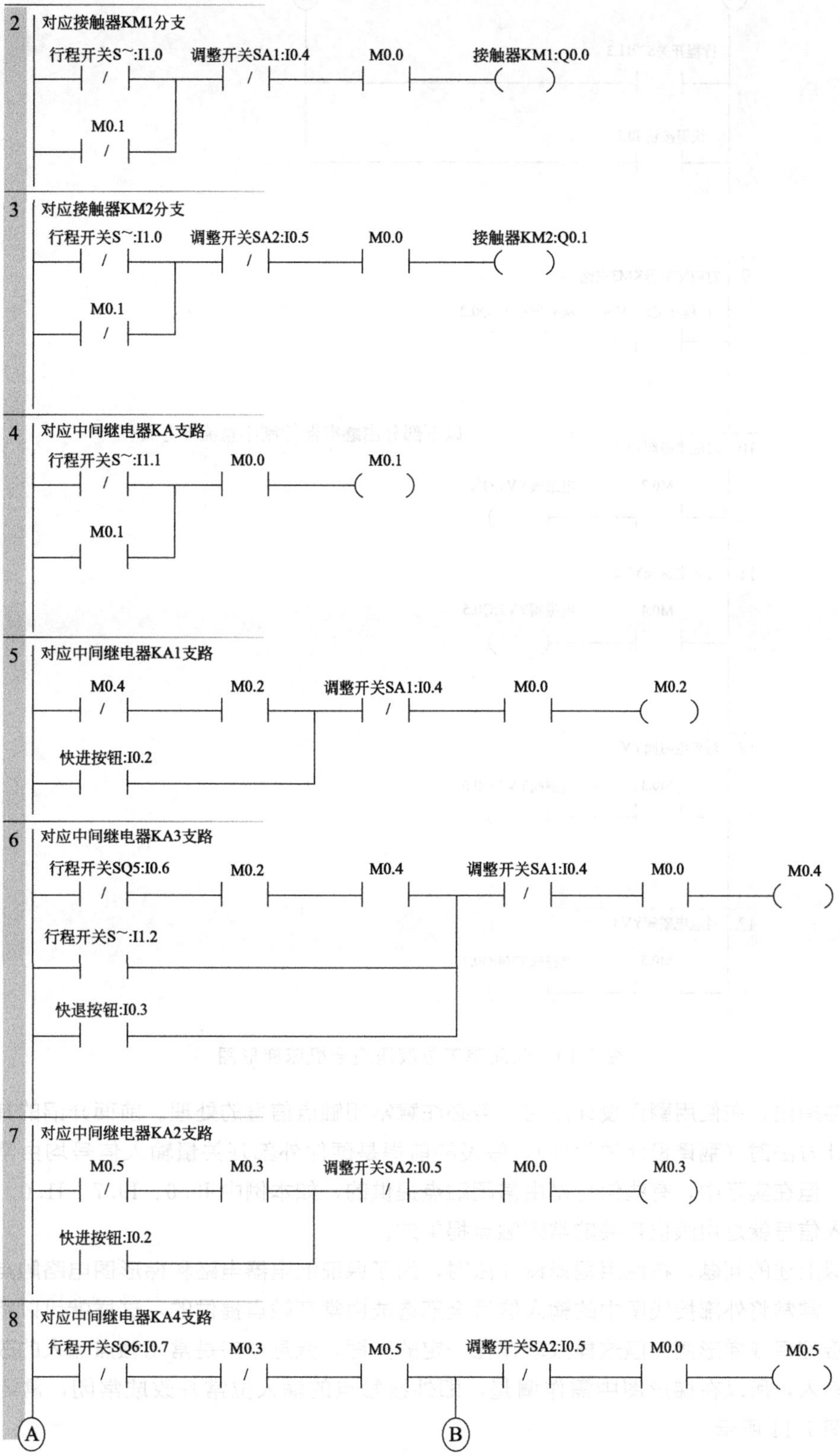

2 对应接触器KM1分支

行程开关S~:I1.0 调整开关SA1:I0.4 M0.0 接触器KM1:Q0.0

M0.1

3 对应接触器KM2分支

行程开关S~:I1.0 调整开关SA2:I0.5 M0.0 接触器KM2:Q0.1

M0.1

4 对应中间继电器KA支路

行程开关S~:I1.1 M0.0 M0.1

M0.1

5 对应中间继电器KA1支路

M0.4 M0.2 调整开关SA1:I0.4 M0.0 M0.2

快进按钮:I0.2

6 对应中间继电器KA3支路

行程开关SQ5:I0.6 M0.2 M0.4 调整开关SA1:I0.4 M0.0 M0.4

行程开关S~:I1.2

快退按钮:I0.3

7 对应中间继电器KA2支路

M0.5 M0.3 调整开关SA2:I0.5 M0.0 M0.3

快进按钮:I0.2

8 对应中间继电器KA4支路

行程开关SQ6:I0.7 M0.3 M0.5 调整开关SA2:I0.5 M0.0 M0.5

A B

图 7-10

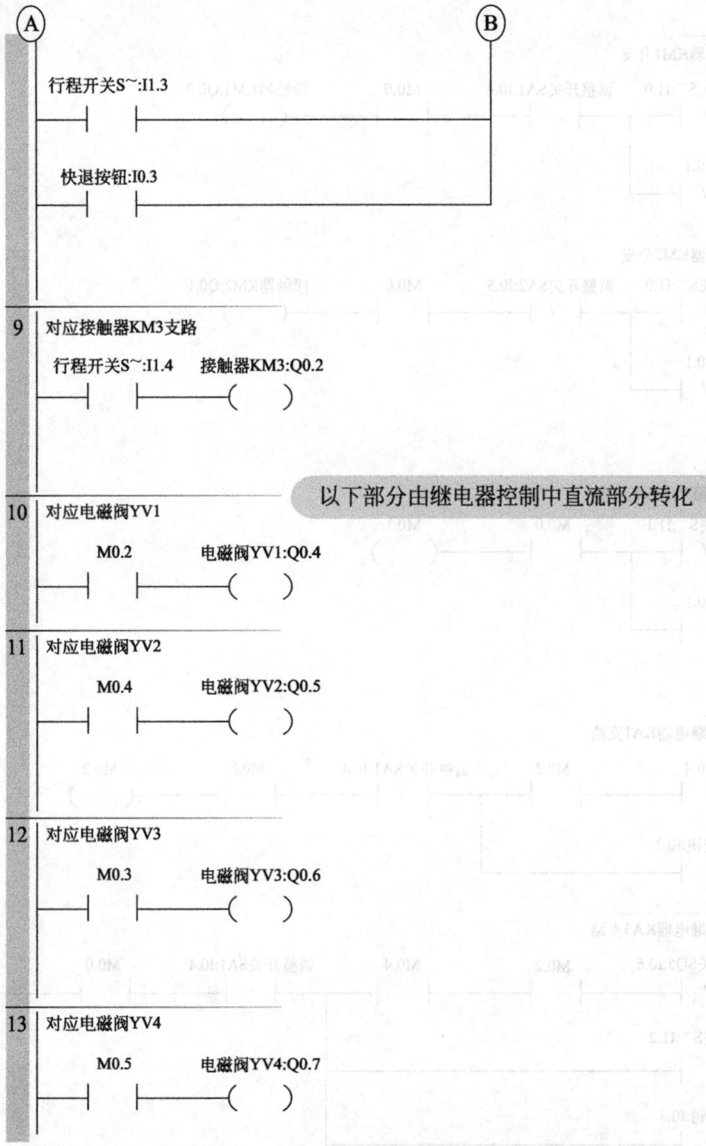

图 7-10　双面单工位液压组合机床梯形图

需要指出，在使用翻译设计法时，务必注意常闭触点信号的处理。前面介绍的其他梯形图的设计方法时（翻译设计法除外），假设的前提是硬件外部开关量输入信号均由常开触点提供的，但在实际中，有些信号是由常闭触点提供的，如本例中 I0.6、I0.7、I1.0、I1.1 的外部输入信号就是由限位开关的常闭触点提供的。

类似上述的问题，在使用翻译设计法时，为了保证继电器电路和梯形图电路触点类型的一致性，常常将外部接线图中的输入信号全部选成由常开触点提供的，这样就可以将继电器电路直接翻译成梯形图。但这样改动存在一定的问题，就是原来是常闭触点输入的改成了常开触点输入，所以在梯形图中需作调整，即外接触点的输入位常开改成常闭，常闭改成常开，如图 7-11 所示。

（5）组合机床自动控制调试

① 编程软件：采用 STEP 7- Micro/WIN SMART V2.0。

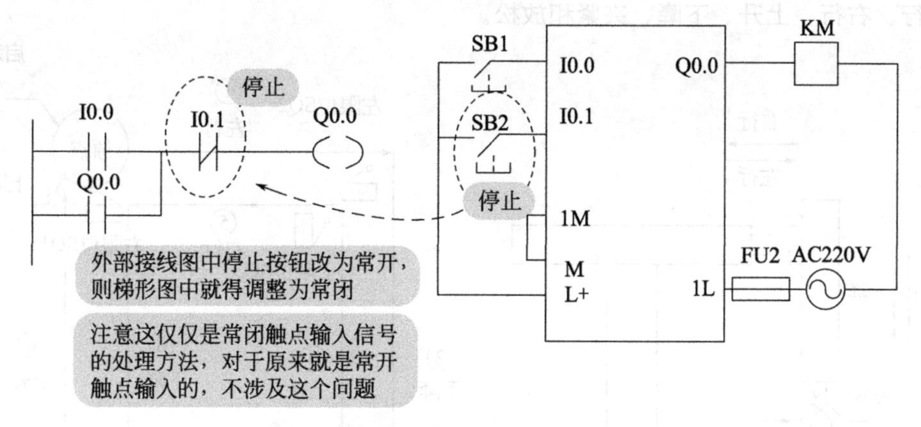

图 7-11　翻译法中常闭输入信号的处理方法

② 系统调试：将各个输入/输出端子和实际控制系统的按钮、所需控制设备正确连接，完成硬件的安装并检查无误后，就可以将事先编写的梯形图程序传送到 PLC 中进行调试。

调试中，按照组合机床的工作原理逐一校对，检查功能是否能实现。如不能实现，找出是程序的原因，还是硬件接线的原因。经过反复试验，最终调试出正确的结果。

(6) 编制使用说明

根据调试的最终结果整理出完整的技术文件，单位存档，部分资料提供给用户，以利于系统的维修和改进。

编制的文件有硬件接线图，PLC 编程元件表和带有文字说明的梯形图和顺序功能图。

提供给用户的图纸为硬件接线图。处于技术保密考虑，一般不提供梯形图。

7.3　机械手 PLC 控制系统的设计

在自动化流水线中，机械手的应用比较广泛，它是集多种工作方式于一身的典型案例。本节将以机械手自动控制为例，重点讲解含多种工作方式的 PLC 控制系统的设计。

7.3.1　机械手的控制要求及功能简介

某工件搬运机械手工作示意图，如图 7-12 所示。该机械手的任务是将工件从 A 传送带搬运到 B 传送带上来（A、B 传送带不用 PLC 控制）。机械手的初始状态为原点位置，此时机械手在最上面和最右面，且夹紧装置处于放松状态。

搬运机械手工作流程图，如图 7-13 所示。按下启动按钮后，从原点位置开始，机械手将执行“左行→下降→夹紧→上升→右行→下降→放松→上升”的工作流程一个周期。这些动作均由电磁阀来控制，特别的，夹紧和放松动作仅由一个电磁阀来控制，该电磁阀状态为 1 表示夹紧，否则为放松状态。左行、右行、上升、下降这些动作由限位开关来切换，夹紧、放松动作由定时器来切换，且定时时间为 1s。

为了满足实际生产的需求，将机械手设有手动和自动 2 种工作模式，其中自动工作模式又包括单步、单周、连续和自动回原点 4 种方式。操作面板布置，如图 7-14 所示。

(1) 手动工作方式

利用按钮对机械手每个动作进行单独控制。在该工作方式中，设有 6 个手动按钮，分别控制左行、右行、上升、下降、夹紧和放松。

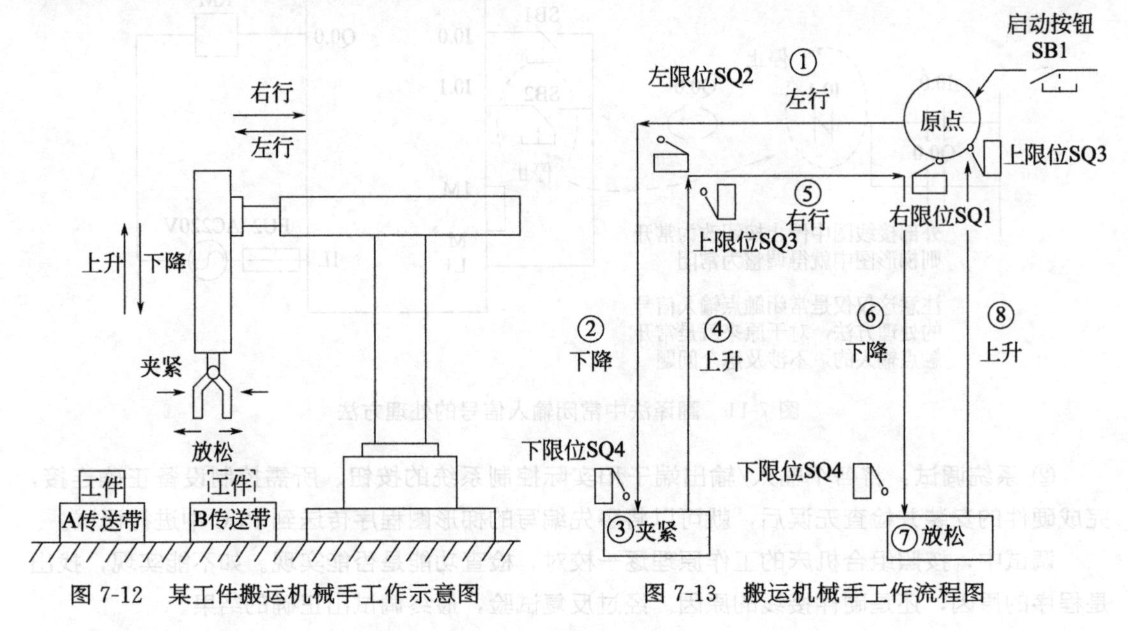

图 7-12　某工件搬运机械手工作示意图　　　　图 7-13　搬运机械手工作流程图

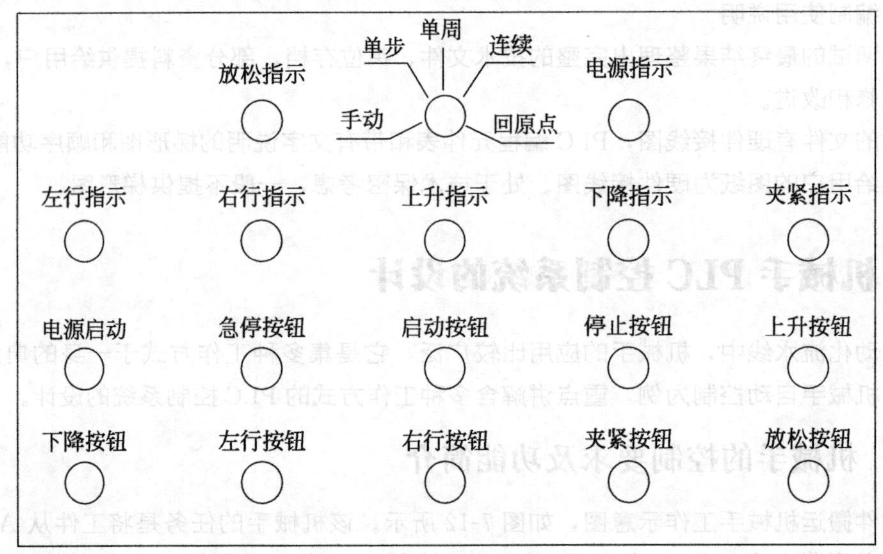

图 7-14　操作面板布置图

（2）单步工作方式

从原点位置开始，每按一下启动按钮，系统跳转一步，完成该步任务后自动停止在该步，再按一下启动按钮，才开始执行下一步动作。单步工作方式常常用于系统的调试和维修。

（3）单周工作方式

按下启动按钮，机械手从原点开始，按图 7-13 工作流程完成一个周期后，返回原点并停留在原点位置。

（4）连续工作方式

机械手在原点位置时，按下启动按钮，机械手从原点位置开始，将按图 7-13 工作流程周期性循环动作。按下停止按钮，机械手并不马上停止工作，待完成最后一个周期工作后，系统才返回并停留在原点位置。

（5）自动回原点工作方式

机械手有时可能会停止在非原点位置，这时机械手无法进行自动工作方式，所以需对机械手的位置进行调整，当按下启动按钮时，机械手会按其回原点程序由其他位置回到原点位置。

7.3.2 PLC及相关元件选型

机械手自动控制系统采用西门子S7-200 SMART PLC，CPU ST30模块，DC供电，DC输入，晶体管输出型。

PLC控制系统的输入信号有17个，均为开关量。其中操作按钮开关有8个，限位开关有4个，选择开关有1个（占5个输入点）；PLC控制系统输出信号有5个，各个动作由直流24V电磁阀控制；本控制系统采用S7-200 SMART PLC完全可以，且有一定裕量。元件材料清单，如表7-4所示。

表7-4 机械手控制的元件材料清单

序号	材料名称	型号	备注	厂家	单位	数量
1	微型断路器	iC65N,C10/2P	220V,10A二极	施耐德	个	1
2	微型断路器	iC65N,C6/1P	220V,6A二极	施耐德	个	1
3	接触器	LC1D18MBDC	18A,线圈DC24V	施耐德	个	1
4	中间继电器底座	PYF14A-C		欧姆龙	个	5
5	中间继电器插头	MY4N-J,24VDC	线圈DC24V	欧姆龙	个	5
6	停止按钮底座	ZB5AZ101C		施耐德	个	2
7	停止按钮按钮头	ZB5AA4C	红色	施耐德	个	2
8	启动按钮	XB5AA31C	绿色	施耐德	个	8
9	选择开关	XB5AD21C		施耐德	个	1
10	熔体	RT28N-32/8A		正泰	个	2
11	熔断器底座	RT28N-32/1P	1极	正泰	个	5
12	熔体	RT28N-32/2A		正泰	个	3
13	电源指示灯	XB2BVB1LC	DC24V,白色	施耐德	个	1
14	电磁阀指示灯	XB2BVB3LC	DC24V,绿色	施耐德	个	5
15	直流电源	CP M SNT	500W,24V,20A	魏德米勒	个	1
16	PLC	CPU ST30	DC电源,DC输入,晶体管输出	西门子	台	1
17	端子	UK6N	可夹0.5～10mm² 导线	菲尼克斯	个	4
18	端子	UKN1.5N	可夹0.5～1.5mm² 导线	菲尼克斯	个	18
19	端板	D-UK4/10	UK6N端子端板	菲尼克斯	个	1
20	端板	D-UK2.5	UK1.5N端子端板	菲尼克斯	个	1
21	固定件	E/UK	固定端子,放在端子两端	菲尼克斯	个	8

续表

序号	材料名称	型号	备注	厂家	单位	数量
22	标记号	ZB8	标号(1-5),UK6N端子标记条	菲尼克斯	条	1
23	标记号	ZB4	标号(1-20),UK1.5N端子标记条	菲尼克斯	条	1
24	汇线槽	HVDR5050F	宽×高=50×50	上海日成	m	5
25	导线	H07V-K,4mm²	黑色	慷博电缆	m	3
26	导线	H07V-K,2.5mm²	蓝色	慷博电缆	m	3
27	导线	H07V-K,1.5mm²	红色	慷博电缆	m	5
28	导线	H07V-K,1.5mm²	白色	慷博电缆	m	5
29	导线	H05V-K,1.0mm²	黑色	慷博电缆	m	20
30	导线	H07V-K,4mm²	黄绿色	慷博电缆	m	5
31	导线	H07V-K,2.5mm²	黄绿色	慷博电缆	m	5
设计编制	韩相争	总工审核	XXX			

7.3.3 硬件设计

机械手控制的I/O分配，如表7-5所示。硬件设计的主回路、控制回路、PLC输入输出回路、操作台开孔图纸，如图7-15所示。操作台壳体可参考组合机床系统壳体图，这里省略。

表7-5 机械手控制的I/O分配

输入量				输出量	
启动按钮	I0.0	右行按钮	I1.1	左行电磁阀	Q0.0
停止按钮	I0.1	夹紧按钮	I1.2	右行电磁阀	Q0.1
左限位	I0.2	放松按钮	I1.3	上升电磁阀	Q0.2
右限位	I0.3	手动	I1.4	下降电磁阀	Q0.3
上限位	I0.4	单步	I1.5	夹紧/放松电磁阀	Q0.4
下限位	I0.5	单周	I1.6		
上升按钮	I0.6	连续	I1.7		
下降按钮	I0.7	回原点	I2.0		
左行按钮	I1.0				

7.3.4 程序设计

机械手控制主程序如图7-16所示，当对应条件满足时，系统将执行相应的子程序。子程序主要包括公共程序、手动程序、自动程序和回原点程序4大部分。

(1) 公共程序

机械手控制公共程序如图7-17所示。公共程序用于处理各种工作方式都需要执行的任务，以及不同工作方式之间互相切换的处理。公共程序的编写通常要考虑原点条件、初始状态、复位非初始步、复位回原点步和复位连续标志位5个部分。

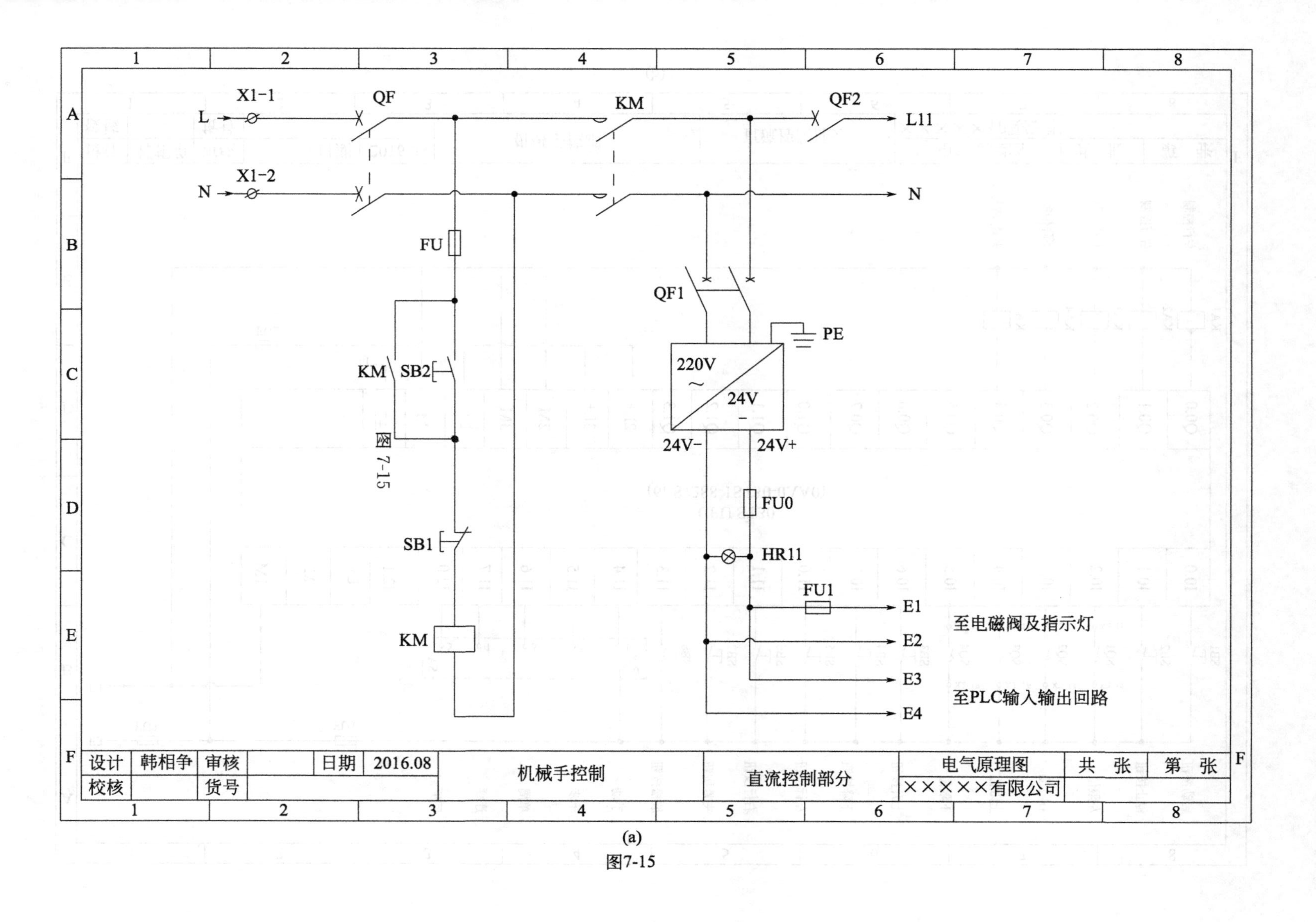
1
2
3
4
5
6
7
8
A
B
C
D
E
F
L
X1-1
N
X1-2
QF
KM
QF2
L11
N
FU
QF1
PE
220V
~
24V
24V-
24V+
KM
SB2
图 7-15
FU0
SB1
HR11
FU1
E1
至电磁阀及指示灯
KM
E2
E3
至PLC输入输出回路
E4
设计
韩相争
审核
日期
2016.08
机械手控制
直流控制部分
电气原理图
共 张
第 张
校核
货号
×××××有限公司
(a)

图7-15

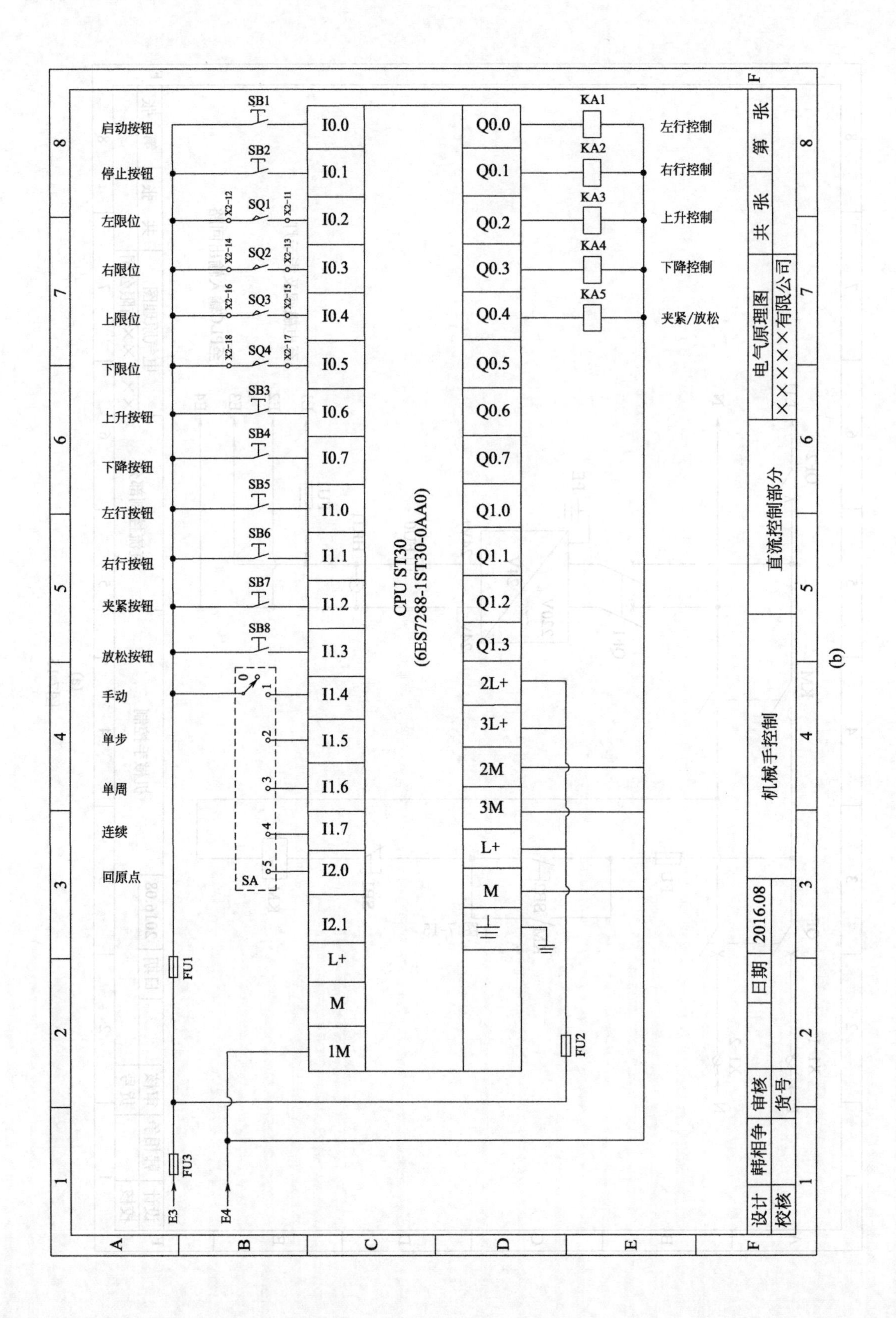
启动按钮
停止按钮
左限位
右限位
上限位
下限位
上升按钮
下降按钮
左行按钮
右行按钮
夹紧按钮
放松按钮
手动
单步
单周
连续
回原点
SB1
SB2
SQ1
SQ2
SQ3
SQ4
SB3
SB4
SB5
SB6
SB7
SB8
SA
FU1
FU2
FU3
E3
E4
I0.0
I0.1
I0.2
I0.3
I0.4
I0.5
I0.6
I0.7
I1.0
I1.1
I1.2
I1.3
I1.4
I1.5
I1.6
I1.7
I2.0
I2.1
L+
M
1M
CPU ST30
(6ES7288-1ST30-0AA0)
Q0.0
Q0.1
Q0.2
Q0.3
Q0.4
Q0.5
Q0.6
Q0.7
Q1.0
Q1.1
Q1.2
Q1.3
2L+
3L+
2M
3M
KA1
KA2
KA3
KA4
KA5
左行控制
右行控制
上升控制
下降控制
夹紧/放松
直流控制部分
机械手控制
电气原理图
×××××有限公司
共 张
第 张
设计 韩相争
审核
日期 2016.08
校核
货号
(b)

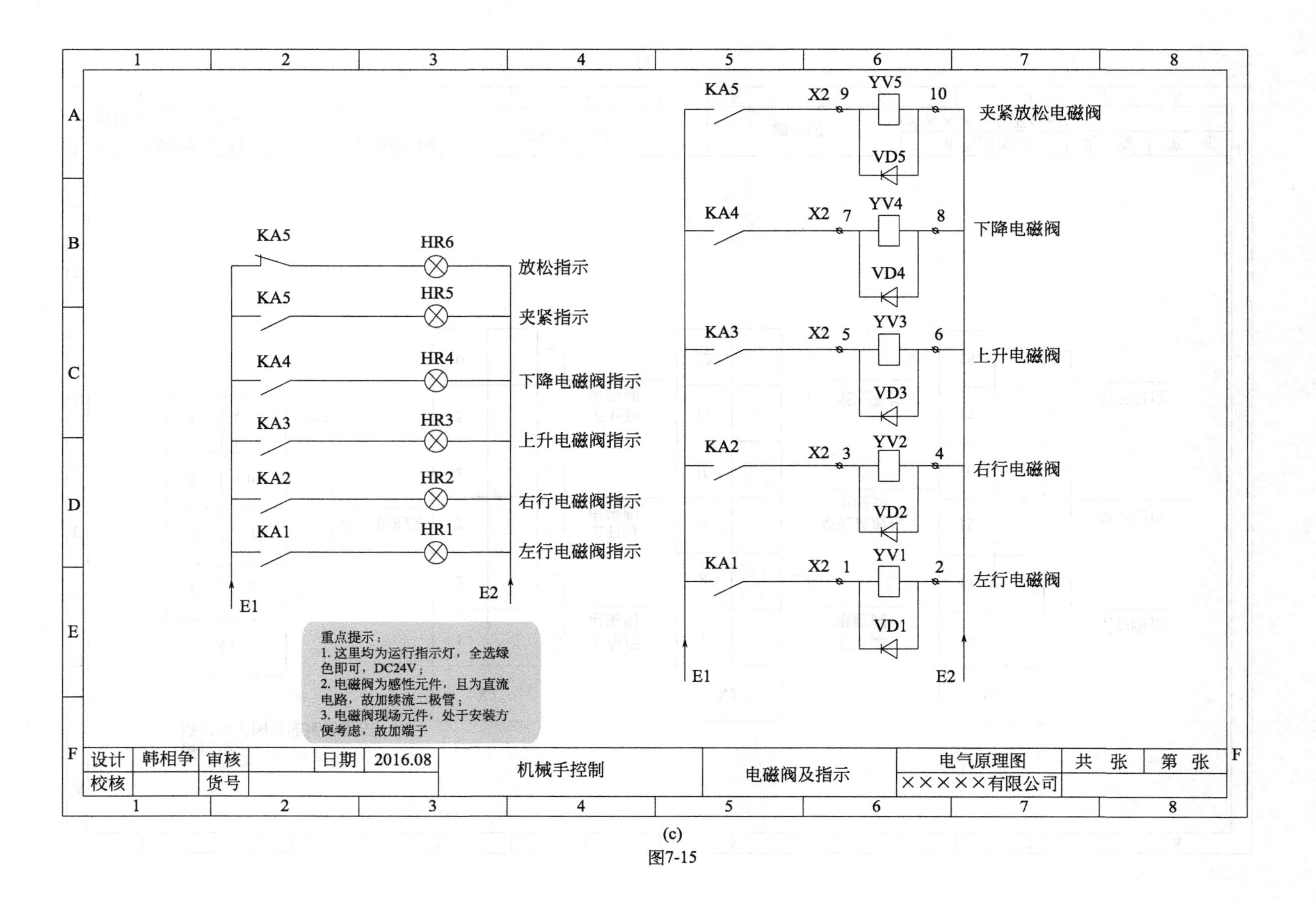
KA5
HR6
放松指示
KA5
HR5
夹紧指示
KA4
HR4
下降电磁阀指示
KA3
HR3
上升电磁阀指示
KA2
HR2
右行电磁阀指示
KA1
HR1
左行电磁阀指示
E1
E2
KA5
X2 9
YV5
10
夹紧放松电磁阀
VD5
KA4
X2 7
YV4
8
下降电磁阀
VD4
KA3
X2 5
YV3
6
上升电磁阀
VD3
KA2
X2 3
YV2
4
右行电磁阀
VD2
KA1
X2 1
YV1
2
左行电磁阀
VD1
E1
E2
重点提示：
1. 这里均为运行指示灯，全选绿色即可，DC24V；
2. 电磁阀为感性元件，且为直流电路，故加续流二极管；
3. 电磁阀现场元件，处于安装方便考虑，故加端子
设计 韩相争 审核 日期 2016.08
校核 货号
机械手控制
电磁阀及指示
电气原理图
×××××有限公司
共 张 第 张

(c)

图7-15

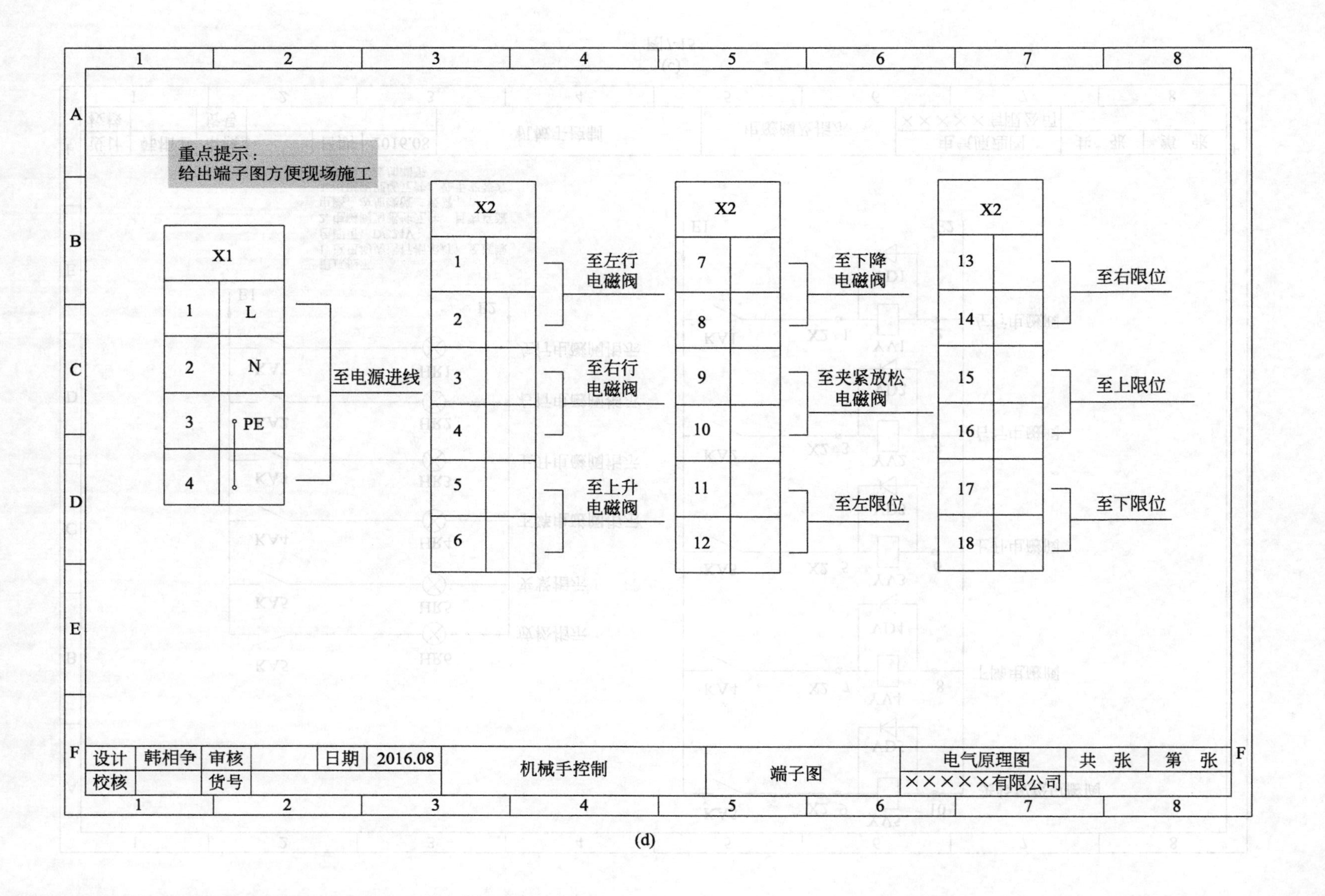

重点提示：
给出端子图方便现场施工
X1
1 L
2 N
3 PE
4
至电源进线
X2
1
2
3
4
5
6
至左行
电磁阀
至右行
电磁阀
至上升
电磁阀
X2
7
8
9
10
11
12
至下降
电磁阀
至夹紧放松
电磁阀
至左限位
X2
13
14
15
16
17
18
至右限位
至上限位
至下限位
设计
韩相争
审核
日期
2016.08
校核
货号
机械手控制
端子图
电气原理图
共 张
第 张
×××××有限公司

(d)

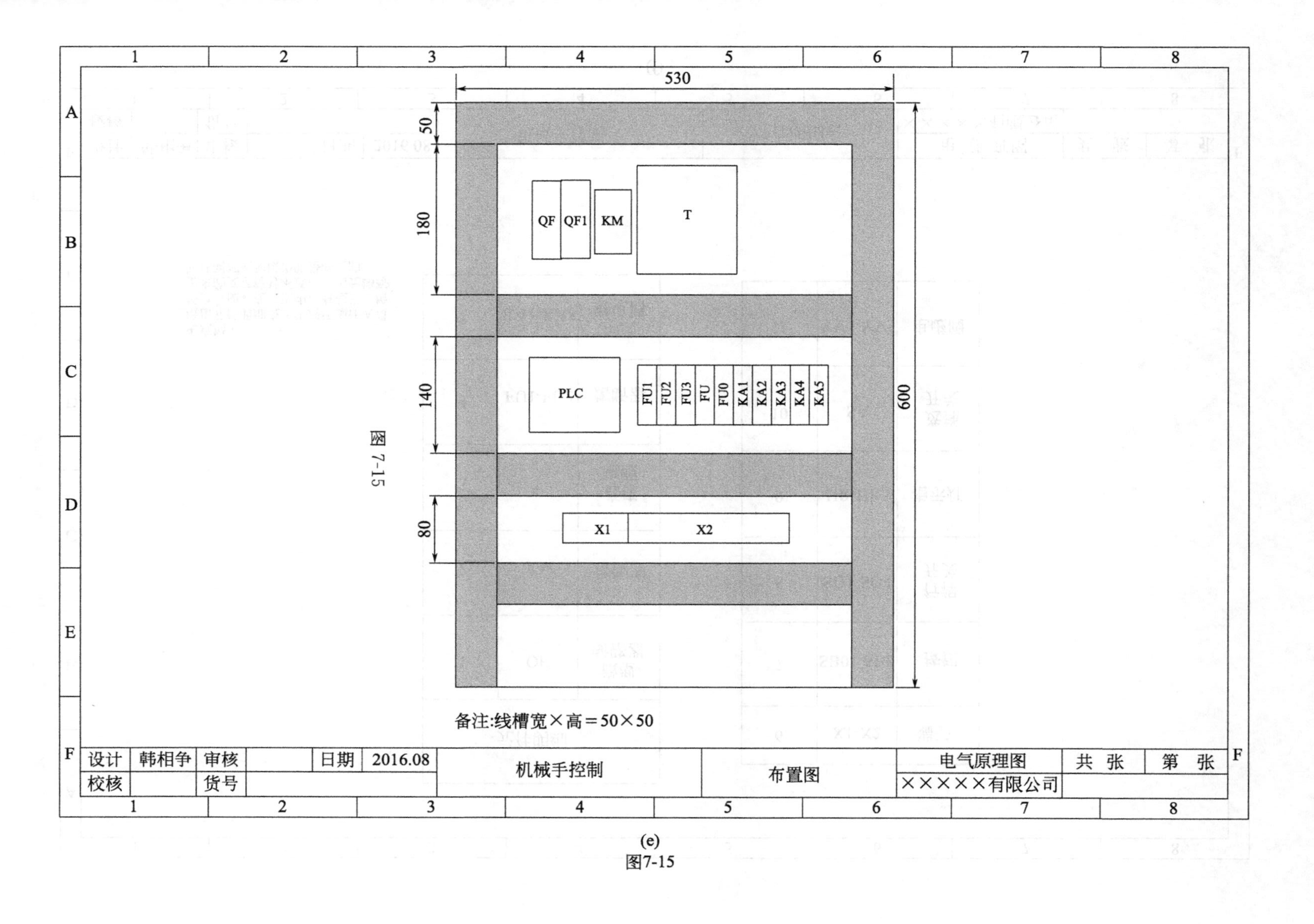
530
600
50
180
140
80
QF
QF1
KM
T
PLC
FU1
FU2
FU3
FU
FU0
KA1
KA2
KA3
KA4
KA5
X1
X2
备注:线槽宽×高=50×50
设计
韩相争
审核
日期
2016.08
校核
货号
机械手控制
布置图
电气原理图
×××××有限公司
共　张
第　张

(e)
图7-15

图 7-15

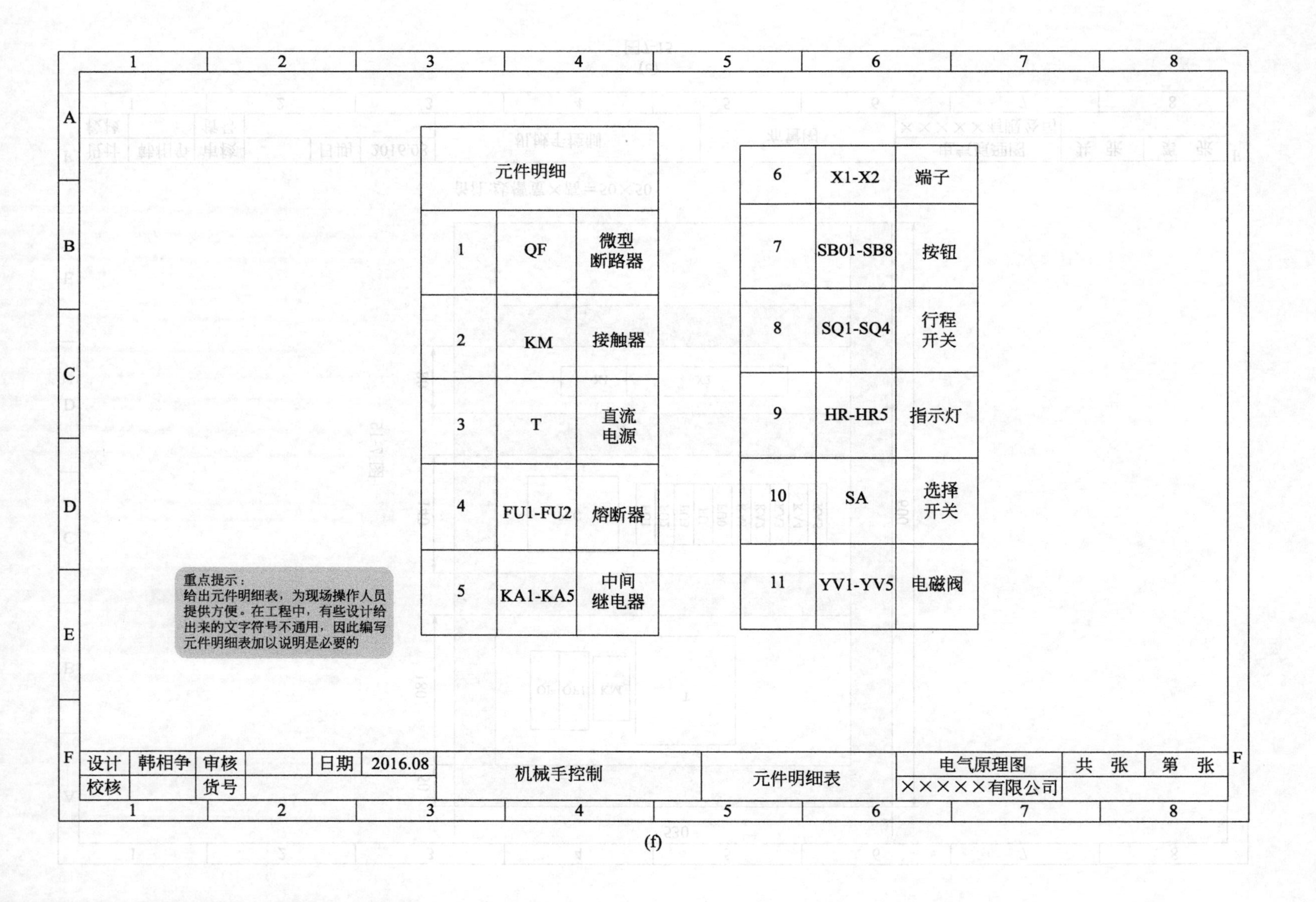
1
2
3
4
5
6
7
8
A
B
C
D
E
F
元件明细
1
QF
微型
断路器
2
KM
接触器
3
T
直流
电源
4
FU1-FU2
熔断器
5
KA1-KA5
中间
继电器
6
X1-X2
端子
7
SB01-SB8
按钮
8
SQ1-SQ4
行程
开关
9
HR-HR5
指示灯
10
SA
选择
开关
11
YV1-YV5
电磁阀
重点提示：
给出元件明细表，为现场操作人员提供方便。在工程中，有些设计给出来的文字符号不通用，因此编写元件明细表加以说明是必要的
设计
韩相争
审核
日期
2016.08
校核
货号
机械手控制
元件明细表
电气原理图
××××× 有限公司
共　张
第　张

(f)

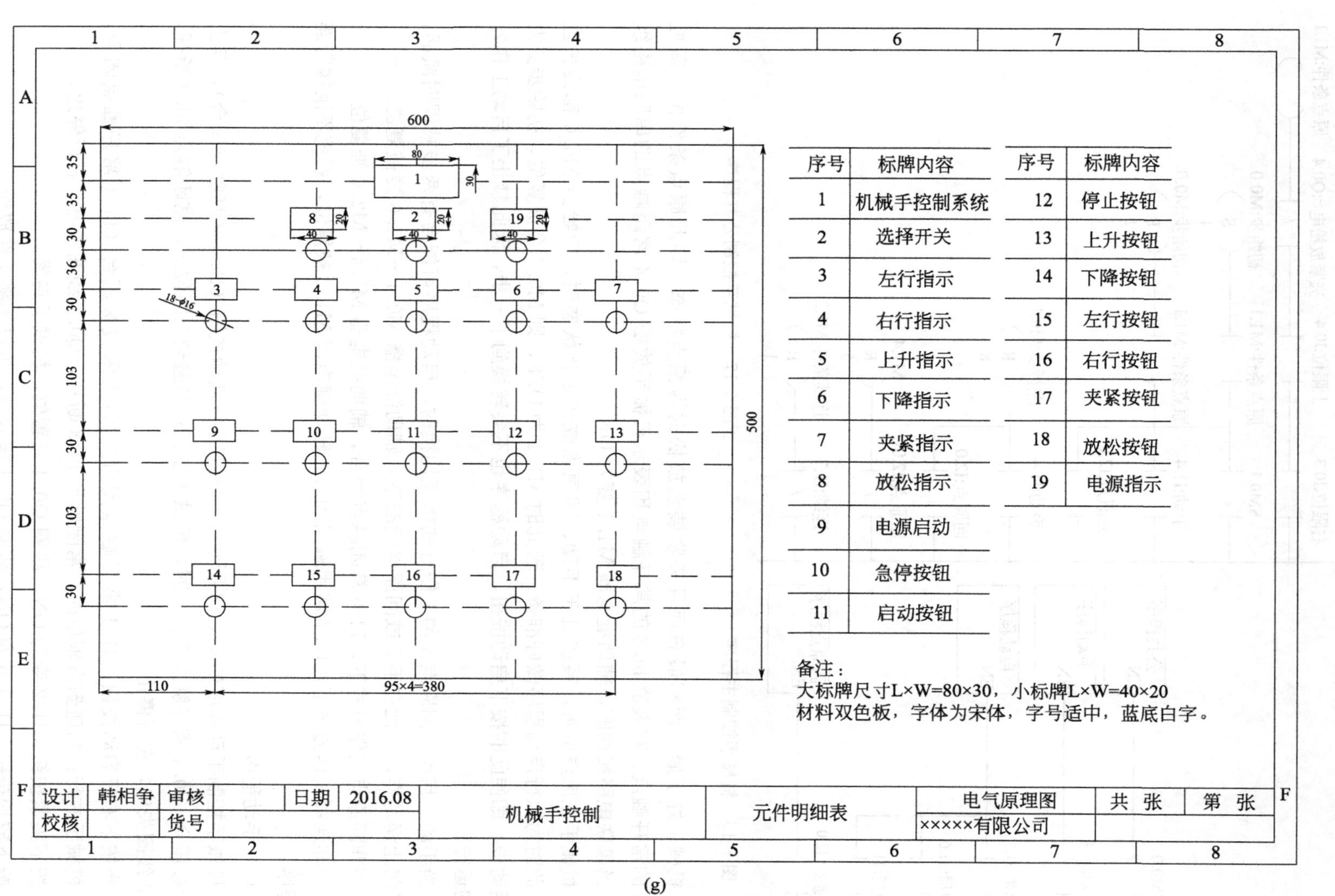

(g)

图 7-15 机械手控制硬件图纸与元件布置图(尺寸单位：mm)

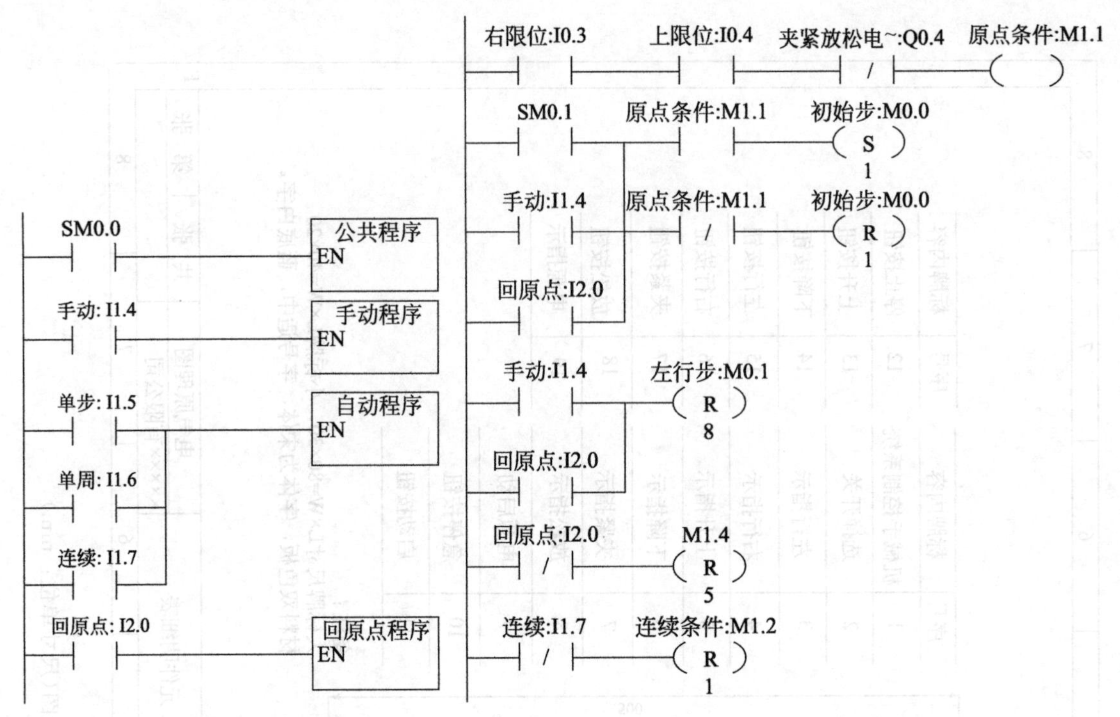

图 7-16　机械手控制主程序　　　　图 7-17　机械手控制公共程序

机械手处于最上面和最右面且夹紧装置放松时为原点状态，因此原点条件由上限位 I0.4 的常开触点、右限位 I0.3 的常开触点和表示机械手放松 Q0.4 常闭触点的串联电路组成，当串联电路接通时，辅助继电器 M1.1 变为 ON。

机械手在原点位置，系统处于手动、回原点或初始化状态时，初始步 M0.0 都会被置位，此时为执行自动程序做好准备；若此时 M1.1 为 OFF，则 M0.0 会被复位，初始步变为不活动步，即使此时按下启动按钮，自动程序也不会转换到下一步，因此禁止了自动工作方式的运行。

当手动、自动、回原点 3 种工作方式相互切换时，自动程序可能会有两步被同时激活，为了防止误动作，因此在手动或回原点状态下，辅助继电器 M0.1～M1.0 要被复位。

在非回原点工作方式下，I2.0 常闭触点闭合，辅助继电器 M1.4～M2.0 被复位。

在非连续工作方式下，I1.7 常闭触点闭合，辅助继电器 M1.2 被复位，系统不能执行连续程序。

(2) 手动程序

机械手控制手动程序如图 7-18 所示。当按下左行启动按钮（I1.0 常开触点闭合），且上限位被压合（I0.4 常开触点闭合）时，机械手左行；当碰到左限位时，常闭触点 I0.2 断开，Q0.0 线圈失电，左行停止。

当按下右行启动按钮（I1.1 常开触点闭合），且上限位被压合（I0.4 常开触点闭合）时，机械手右行；当碰到右限位时，常闭触点 I0.3 断开，Q0.1 线圈失电，右行停止。

按下夹紧按钮，I1.2 变为 ON，线圈 Q0.4 被置位，机械手夹紧。

按下放松按钮，I1.3 变为 ON，线圈 Q0.4 被复位，机械手将工件放松。

当按下上升启动按钮（I0.6 常开触点闭合），且左限位或右限位被压合（I0.2 或 I0.3 常

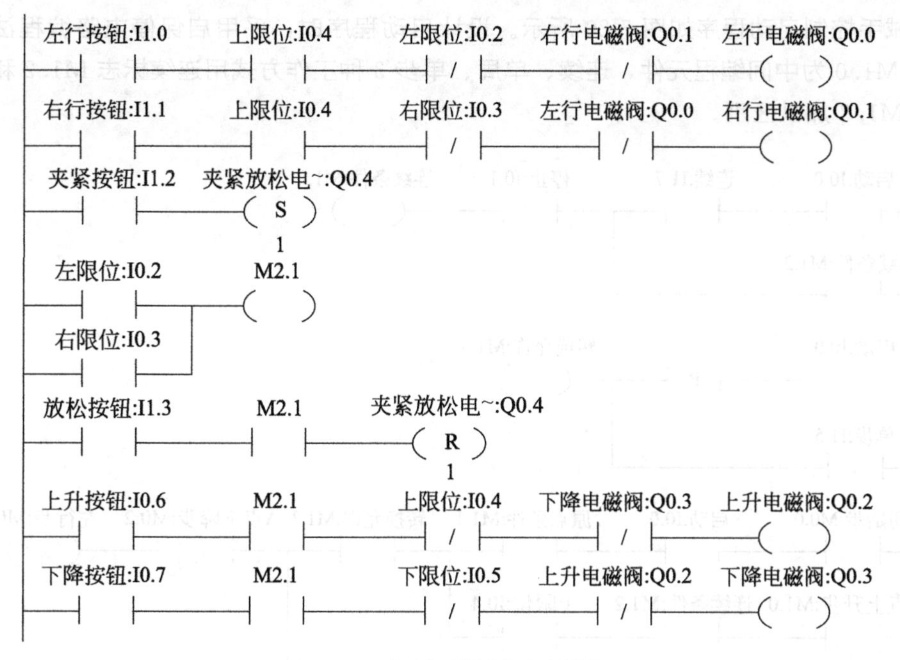

图 7-18　机械手控制手动程序

开触点闭合）时，机械手上升；当碰到上限位时，常闭触点 I0.4 断开，Q0.2 线圈失电，上升停止。

当按下下降启动按钮（I0.7 常开触点闭合），且左限位或右限位被压合（I0.2 或 I0.3 常开触点闭合）时，机械手下降；当碰到下限位时，常闭触点 I0.5 断开，Q0.3 线圈失电，下降停止。

在手动程序编写时，需要注意以下几个方面。

① 为了防止方向相反的两个动作同时被执行，手动程序设置了必要的互锁。

② 为了防止机械手在最低位置与其他物体碰撞，在左右行电路中串联上限位常开触点加以限制。

③ 只有在最左端或最右端机械手才允许上升、下降和放松，因此设置了中间环节加以限制。

（3）自动程序

机械手控制自动程序顺序功能图如图 7-19 所示，根据工作流程的要求，显然 1 个工作周期有“左行→下降→夹紧→上升→右行→下降→放松→上升” 这 8 步，再加上初始步，因此共 9 步（从 M0.0～M1.0）；在 M1.0 后应设置分支，考虑到单周和连续的工作方式，以一条分支转换到初始步，另一分支转换到 M0.1 步。需要说明的是，在画分支的有向连线时一定要画在原转换之下，即要标在 M1.1（SM0.1＋I1.4＋I2.0）的转换和 I0.0 • M1.1 的转换之下，这是绘制顺序功能图时要注意的。

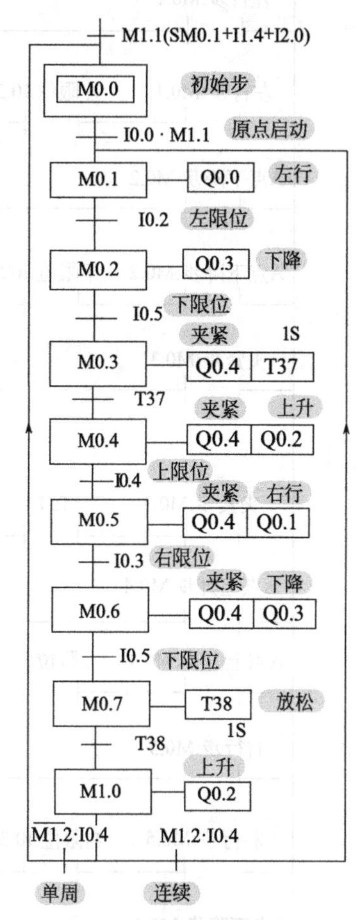

图 7-19　机械手控制自动程序顺序功能图

机械手控制自动程序如图 7-20 所示。设计自动程序时，采用启保停电路编程法，其中 M0.0～M1.0 为中间编程元件，连续、单周、单步 3 种工作方式用连续标志 M1.2 和转换允许标志 M1.3 加以区别。

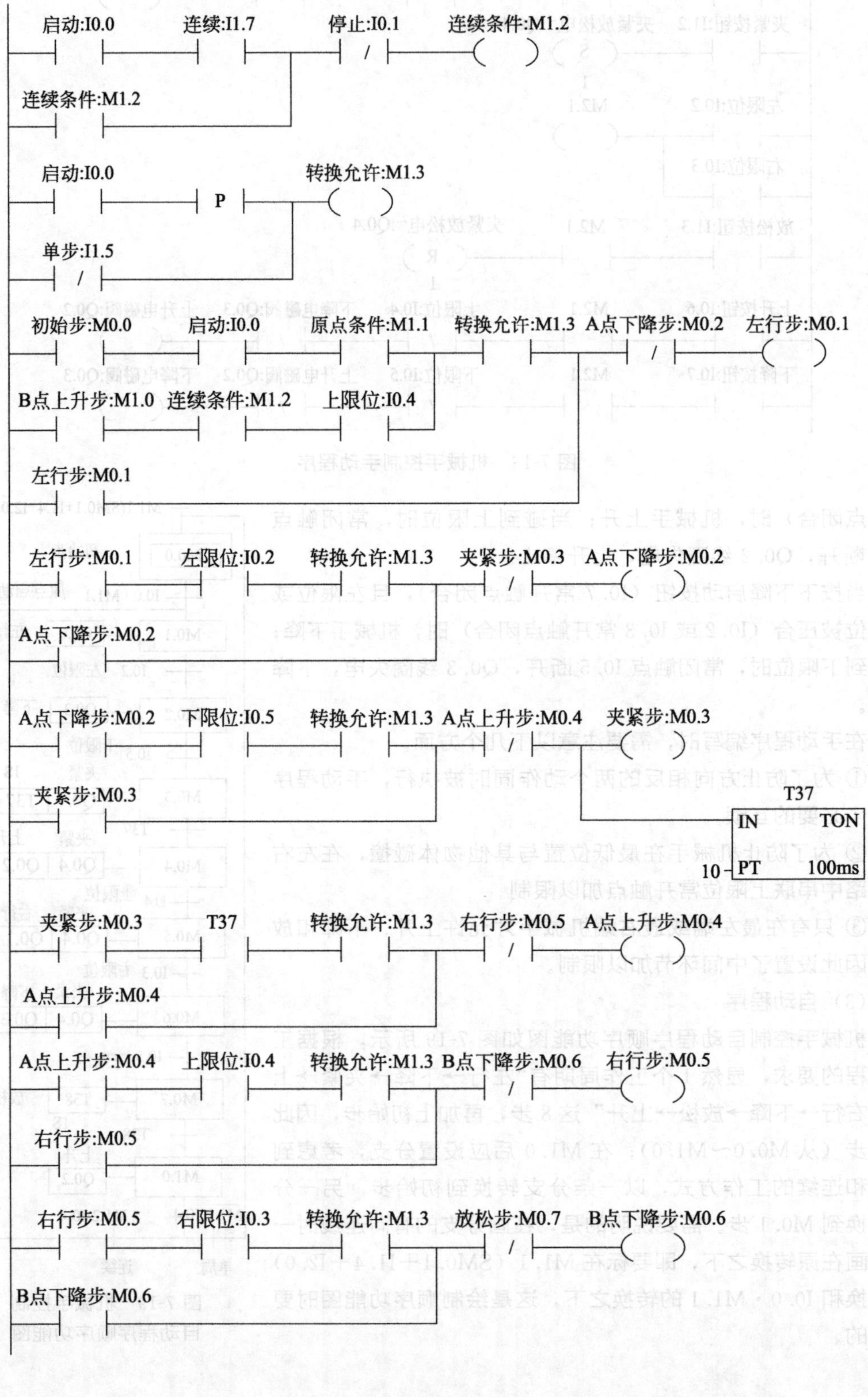

启动:I0.0　连续:I1.7　停止:I0.1　连续条件:M1.2
连续条件:M1.2

启动:I0.0　P　转换允许:M1.3
单步:I1.5

初始步:M0.0　启动:I0.0　原点条件:M1.1　转换允许:M1.3　A点下降步:M0.2　左行步:M0.1
B点上升步:M1.0　连续条件:M1.2　上限位:I0.4
左行步:M0.1

左行步:M0.1　左限位:I0.2　转换允许:M1.3　夹紧步:M0.3　A点下降步:M0.2
A点下降步:M0.2

A点下降步:M0.2　下限位:I0.5　转换允许:M1.3　A点上升步:M0.4　夹紧步:M0.3
夹紧步:M0.3　T37　IN　TON　10　PT　100ms

夹紧步:M0.3　T37　转换允许:M1.3　右行步:M0.5　A点上升步:M0.4
A点上升步:M0.4

A点上升步:M0.4　上限位:I0.4　转换允许:M1.3　B点下降步:M0.6　右行步:M0.5
右行步:M0.5

右行步:M0.5　右限位:I0.3　转换允许:M1.3　放松步:M0.7　B点下降步:M0.6
B点下降步:M0.6

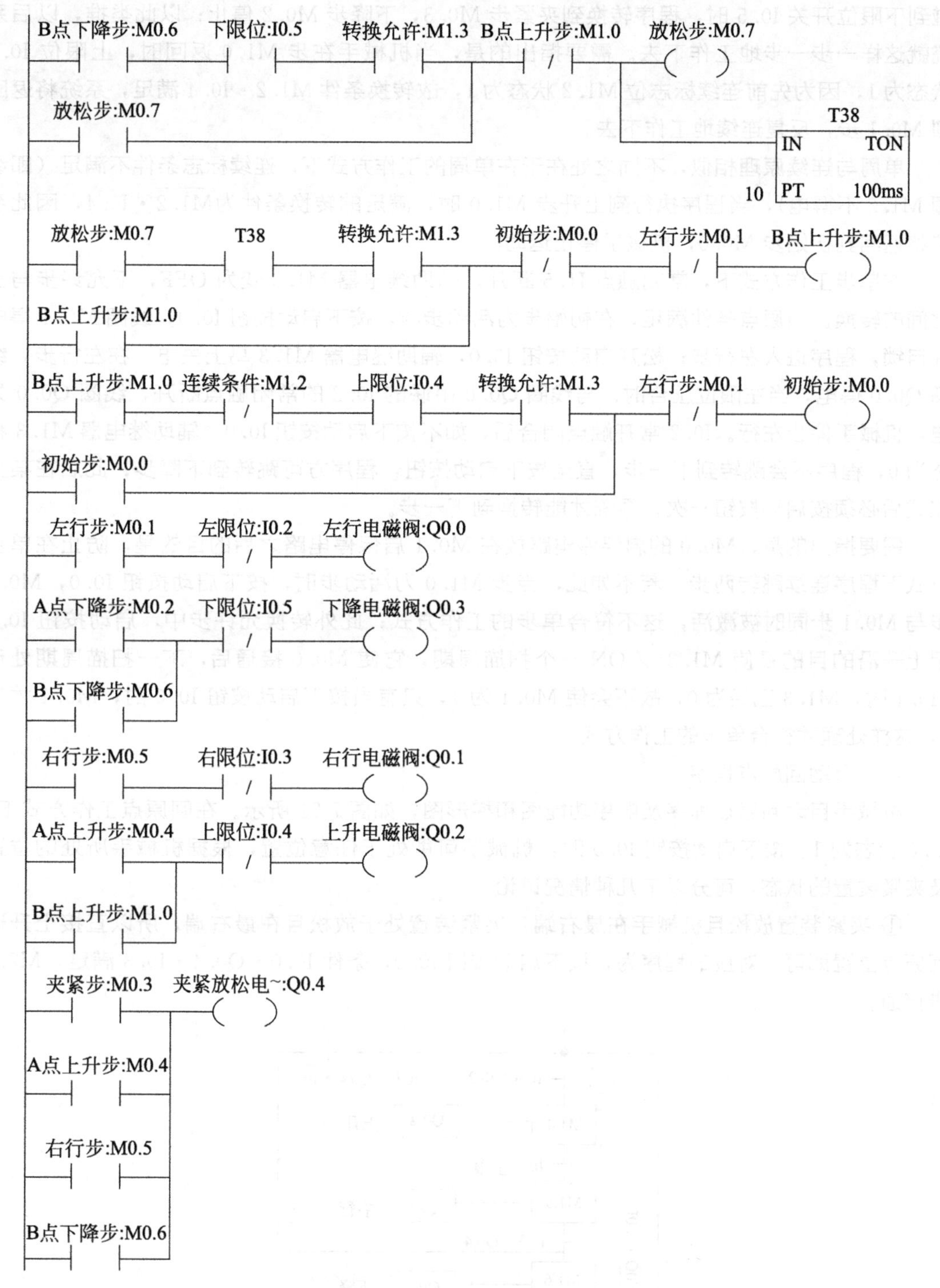

图 7-20　机械手控制自动程序

在连续工作方式下，常开触点 I1.7 闭合，此时处于非单步状态，常闭触点 I1.5 为 ON，线圈 M1.3 接通，允许转换；若原点条件满足，在初始步为活动步时，按下启动按钮 I0.0，线圈 M0.1 得电并自锁，程序进入左行步，线圈 Q0.0 接通，机械手左行；当碰到左限位开关 I0.2 时，程序转换下降步 M0.2，左行步 M0.1 停止，线圈 Q0.3 接通，机械手下降；当碰到下限位开关 I0.5 时，程序转换到夹紧步 M0.3，下降步 M0.2 停止；以此类推，以后系统就这样一步一步地工作下去。需要指出的是，当机械手在步 M1.0 返回时，上限位 I0.4 状态为 1，因为先前连续标志位 M1.2 状态为 1，故转换条件 M1.2·I0.4 满足，系统将返回到 M0.1 步，反复连续地工作下去。

单周与连续原理相似，不同之处在于在单周的工作方式下，连续标志条件不满足（即线圈 M1.2 不得电），当程序执行到上升步 M1.0 时，满足的转换条件为$\overline{\text{M1.2}}$·I0.4，因此系统将返回到初始步 M0.0，机械手停止运动。

在单步工作方式下，常闭触点 I1.5 断开，辅助继电器 M1.3 变为 OFF，不允许步与步之间的转换。当原点条件满足，在初始步为活动步时，按下启动按钮 I0.0，线圈 M0.1 得电并自锁，程序进入左行步；松开启动按钮 I0.0，辅助继电器 M1.3 马上失电。在左行步，线圈 Q0.0 得电，当左限位压合时，与线圈 Q0.0 串联的 I0.2 的常闭触点断开，线圈 Q0.0 失电，机械手停止左行。I0.2 常开触点闭合后，如不按下启动按钮 I0.0，辅助继电器 M1.3 状态为 0，程序不会跳转到下一步，直至按下启动按钮，程序方可跳转到下降步；此后在某步完成后必须按启动按钮一次，系统才能转换到下一步。

需要指出的是，M0.0 的启保停电路放在 M0.1 启保停电路之后的目的是，防止在单步方式下程序连续跳转两步。若不如此，当步 M1.0 为活动步时，按下启动按钮 I0.0，M0.0 步与 M0.1 步同时被激活，这不符合单步的工作方式；此外转换允许步中，启动按钮 I0.0 用上升沿的目的是使 M1.3 仅 ON 一个扫描周期，它使 M0.0 接通后，下一扫描周期处理 M0.1 时，M1.3 已经为 0，故不会使 M0.1 为 1，只有当按下启动按钮 I0.0 时，M0.1 才为 1，这样处理才符合单步的工作方式。

（4）自动回原点程序

机械手自动回原点程序及顺序功能图和梯形图，如图 7-21 所示。在回原点工作方式下，I2.0 状态为 1。按下启动按钮 I0.0 时，机械手可能处于任意位置，根据机械手所处的位置及夹紧装置的状态，可分以下几种情况讨论。

① 夹紧装置放松且机械手在最右端：夹紧装置处于放松且在最右端，所以直接上升返回原点位置即可。对应的程序为，按下启动按钮 I0.0，条件 I0.0·$\overline{\text{Q0.4}}$·I0.3 满足，M2.0 步接通。

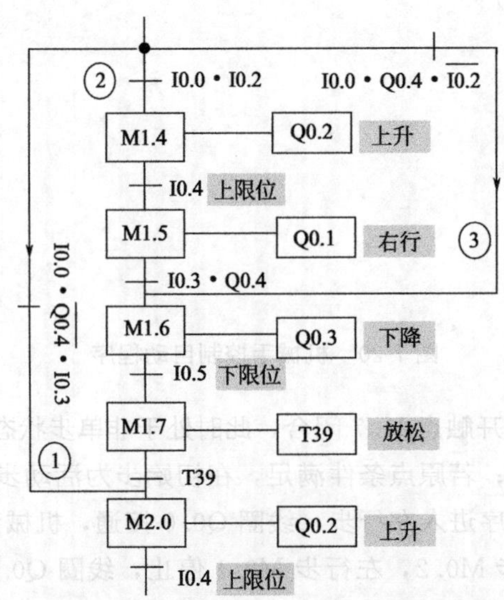

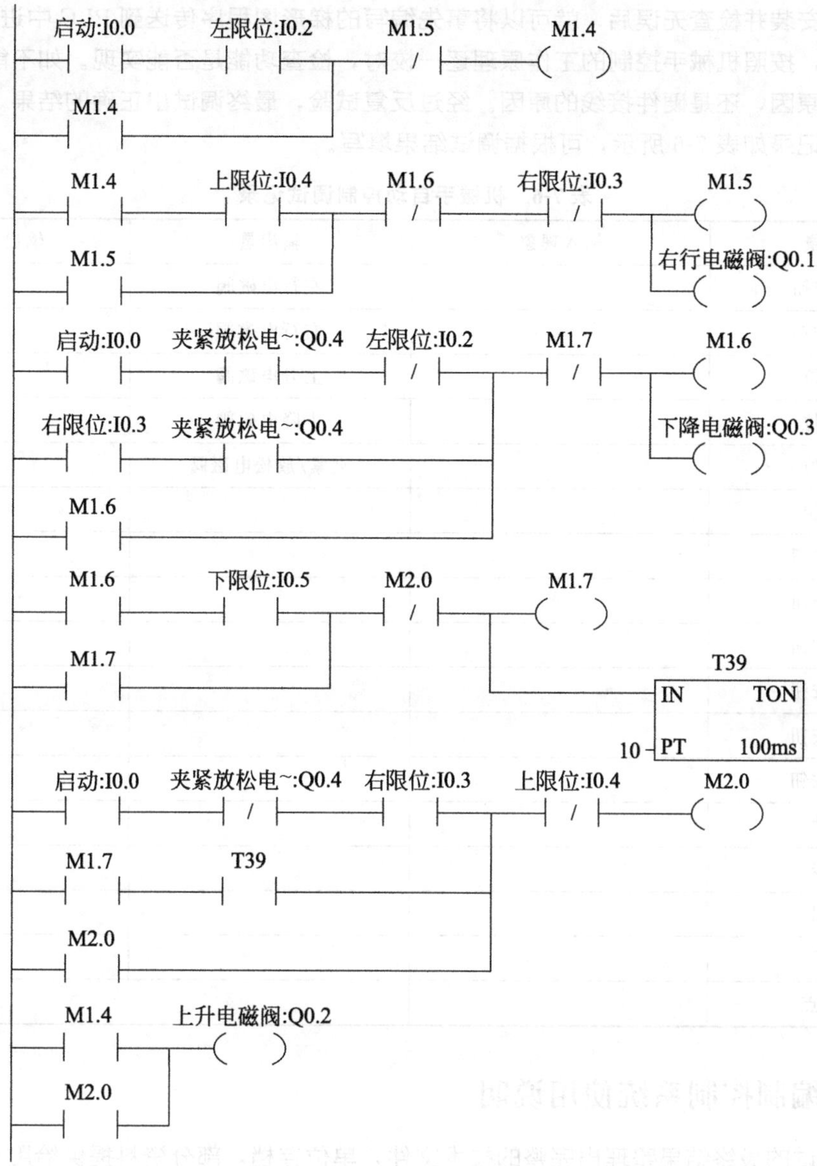

图 7-21　机械手自动回原点程序及顺序功能图和梯形图

② 机械手在最左端：机械手在最左端夹紧装置可能处于放松状态，也可能处于夹紧状态。若处于夹紧状态时，按下启动按钮 I0.0，条件 I0.0·I0.2 满足，因此依次执行 M1.4～M2.0 步程序，直至返回原点；若处于放松状态，按下启动按钮 I0.0，只执行 M1.4～M1.5 步程序，下降步 M1.6 以后不会执行，原因在于下降步 M1.6 的激活条件 I0.3·Q0.4 不满足，并且当机械手碰到右限位 I0.3 时，M1.5 步停止。

③ 夹紧装置夹紧且不在最左端：按下启动按钮 I0.0，条件 I0.0·Q0.4·$\overline{\text{I0.2}}$满足，因此依次执行 M1.6～M2.0 步程序，直至回到原点。

7.3.5　机械手自动控制调试

① 编程软件：编程软件采用 STEP 7- Micro/WIN SMART V2.0。

② 系统调试：将各个输入/输出端子和实际控制系统的按钮、所需控制设备正确连接，

完成硬件的安装并检查无误后，就可以将事先编写的梯形图程序传送到PLC中进行调试。

调试中，按照机械手控制的工作原理逐一校对，检查功能是否能实现。如不能实现，找出是程序的原因，还是硬件接线的原因。经过反复试验，最终调试出正确的结果。机械手自动控制调试记录如表7-6所示，可根据调试结果填写。

表7-6 机械手自动控制调试记录

输入量	输入现象	输出量	输出现象
启动按钮		左行电磁阀	
停止按钮		右行电磁阀	
左限位		上升电磁阀	
右限位		下降电磁阀	
上限位		夹紧/放松电磁阀	
下限位			
上升按钮			
上升按钮			
左行按钮			
右行按钮			
夹紧按钮			
放松按钮			
手动			
单步			
单周			
连续			
回原点			

7.3.6 编制控制系统使用说明

根据调试的最终结果整理出完整的技术文件，单位存档，部分资料提供给用户，以利于系统的维修和改进。

编制的文件有硬件接线图，PLC编程元件表和带有文字说明的梯形图和顺序功能图。

提供给用户的图纸为硬件接线图。处于技术保密考虑，一般不提供梯形图。

7.4 两种液体混合PLC控制系统的设计

实际工程中，不单纯是一种量的控制（这里的量指的是开关量、模拟量等），很多时候是多种量的相互配合。两种液体混合控制就是开关量和模拟量配合控制的典型案例。本节将以两种液体混合控制为例，重点讲解含有多个量控制的PLC控制系统的设计。

7.4.1 两种液体混合控制系统的控制要求

两种液体混合控制系统示意图，如图7-22所示。具体控制要求如下。

(1) 初始状态

容器为空，阀 A～阀 C 均为 OFF，液位开关 L1～L3 均为 OFF，搅拌电动机 M 为 OFF，加热管不加热。

(2) 启动运行

按下启动按钮后，打开阀 A，注入液体 A；当液面到达 L2（L2＝ON）时，关闭阀 A，打开阀 B，注入 B 液体；当液面到达 L1（L1＝ON）时，关闭阀 B，同时搅拌电动机 M 开始运行搅拌液体，30s 后电动机停止搅拌；接下来，2 个加热管开始加热，当温度传感器检测到液体的温度为 75℃时，加热管停止加热；阀 C 打开放出混合液体；当液面降至 L3 以下（L1＝L2＝L3＝OFF）时，再过 10s 后，容器放空，阀 C 关闭。

(3) 停止运行

按下停止按钮，系统完成当前工作周期后停在初始状态。

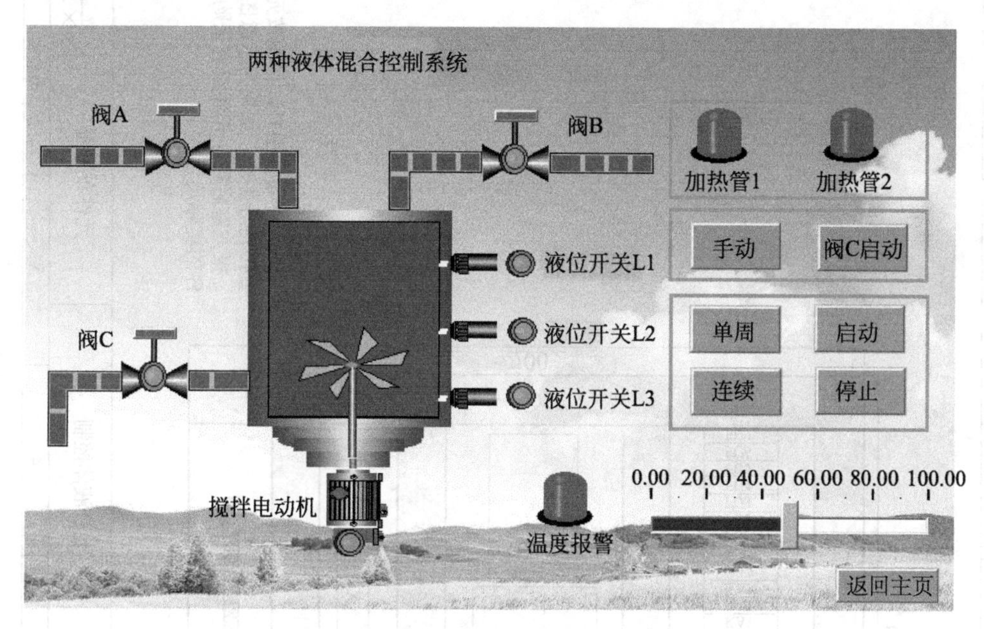

图 7-22 两种液体混合控制系统示意图

7.4.2 PLC 及相关元件选型

两种液体混合控制系统采用西门子 S7-200 SMART PLC，CPU SR20 模块＋EM AE04 模拟量输入模块。

输入信号有 11 个，9 个为开关量，其中 2 个为模拟量。9 开关量输入，3 个由操作按钮提供，3 个由液位开关提供，最后 3 个由选择开关提供；模拟量输入有 2 路；输出信号有 6 个；本控制系统采用西门子 CPU SR20 模块＋EM AE04 模拟量输入模块完全可以，输入、输出点都有裕量。

由于各个元器件由用户提供，因此这里只给选型参数，不给具体料单。

7.4.3 硬件设计

两种液体混合控制的 I/O 分配，如表 7-7 所示，硬件设计的主回路、控制回路、PLC 输入输出回路及开孔图纸，如图 7-23 所示。

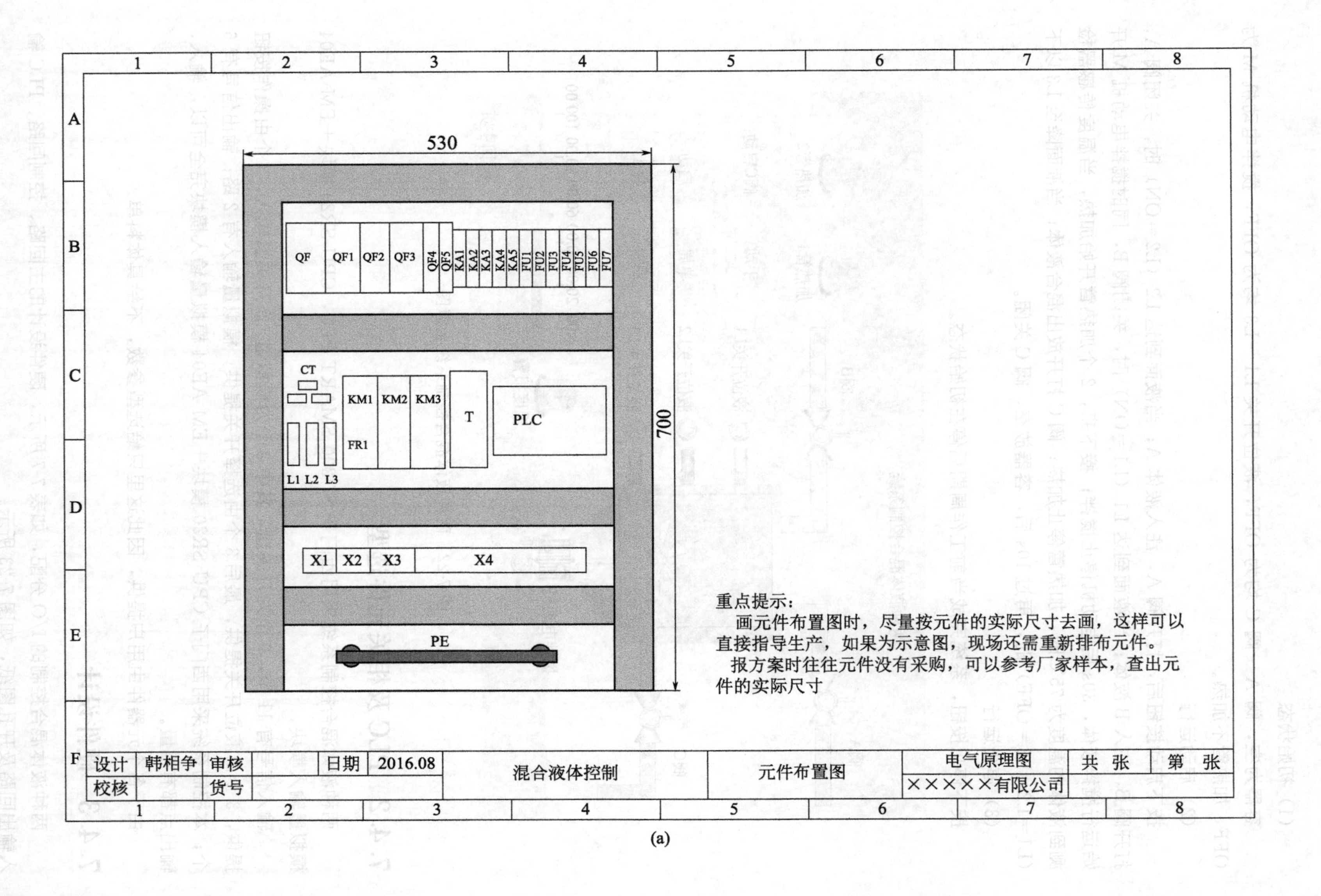
530
700
QF
QF1
QF2
QF3
QF4
QF5
KA1
KA2
KA3
KA4
KA5
FU1
FU2
FU3
FU4
FU5
FU6
FU7
CT
KM1
KM2
KM3
FR1
T
PLC
L1 L2 L3
X1
X2
X3
X4
PE
重点提示：
画元件布置图时，尽量按元件的实际尺寸去画，这样可以直接指导生产，如果为示意图，现场还需重新排布元件。
报方案时往往元件没有采购，可以参考厂家样本，查出元件的实际尺寸
设计
韩相争
审核
日期
2016.08
校核
货号
混合液体控制
元件布置图
电气原理图
×××××有限公司
共 张
第 张
1
2
3
4
5
6
7
8
A
B
C
D
E
F
(a)

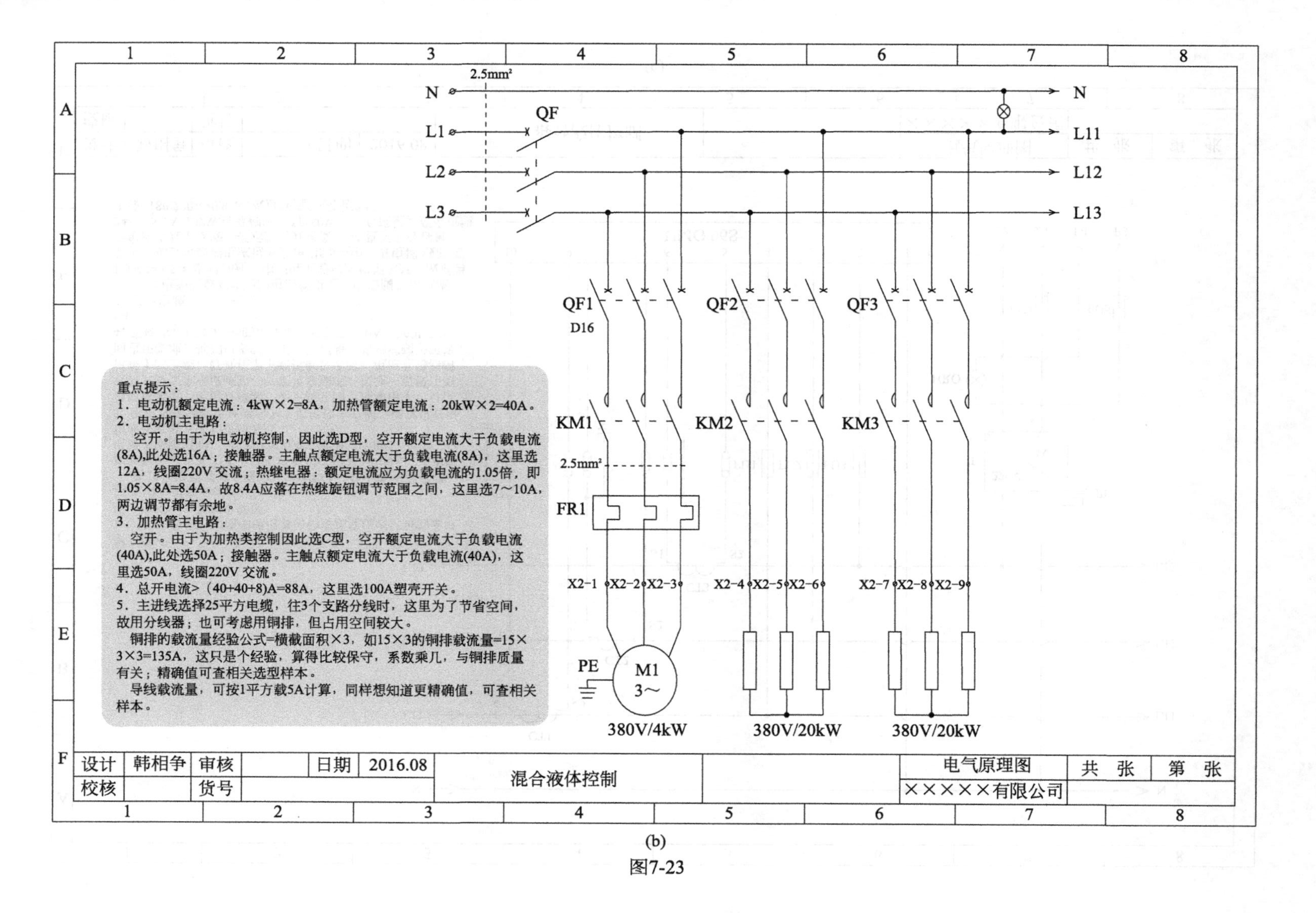
1
2
3
4
5
6
7
8
A
B
C
D
E
F
2.5mm²
N
L1
L2
L3
QF
N
L11
L12
L13
QF1
D16
QF2
QF3
KM1
KM2
KM3
2.5mm²
FR1
X2-1
X2-2
X2-3
X2-4
X2-5
X2-6
X2-7
X2-8
X2-9
PE
M1
3～
380V/4kW
380V/20kW
380V/20kW
重点提示：
1．电动机额定电流：4kW×2=8A，加热管额定电流：20kW×2=40A。
2．电动机主电路：
空开。由于为电动机控制，因此选D型，空开额定电流大于负载电流(8A),此处选16A；接触器。主触点额定电流大于负载电流(8A)，这里选12A，线圈220V 交流；热继电器：额定电流应为负载电流的1.05倍，即1.05×8A=8.4A，故8.4A应落在热继旋钮调节范围之间，这里选7～10A，两边调节都有余地。
3．加热管主电路：
空开。由于为加热类控制因此选C型，空开额定电流大于负载电流(40A),此处选50A；接触器。主触点额定电流大于负载电流(40A)，这里选50A，线圈220V 交流。
4．总开电流>（40+40+8)A=88A，这里选100A塑壳开关。
5．主进线选择25平方电缆，往3个支路分线时，这里为了节省空间，故用分线器；也可考虑用铜排，但占用空间较大。
铜排的载流量经验公式=横截面积×3，如15×3的铜排载流量=15×3×3=135A，这只是个经验，算得比较保守，系数乘几，与铜排质量有关；精确值可查相关选型样本。
导线载流量，可按1平方载5A计算，同样想知道更精确值，可查相关样本。
设计
韩相争
审核
日期
2016.08
混合液体控制
电气原理图
共 张
第 张
校核
货号
×××××有限公司
(b)

图7-23

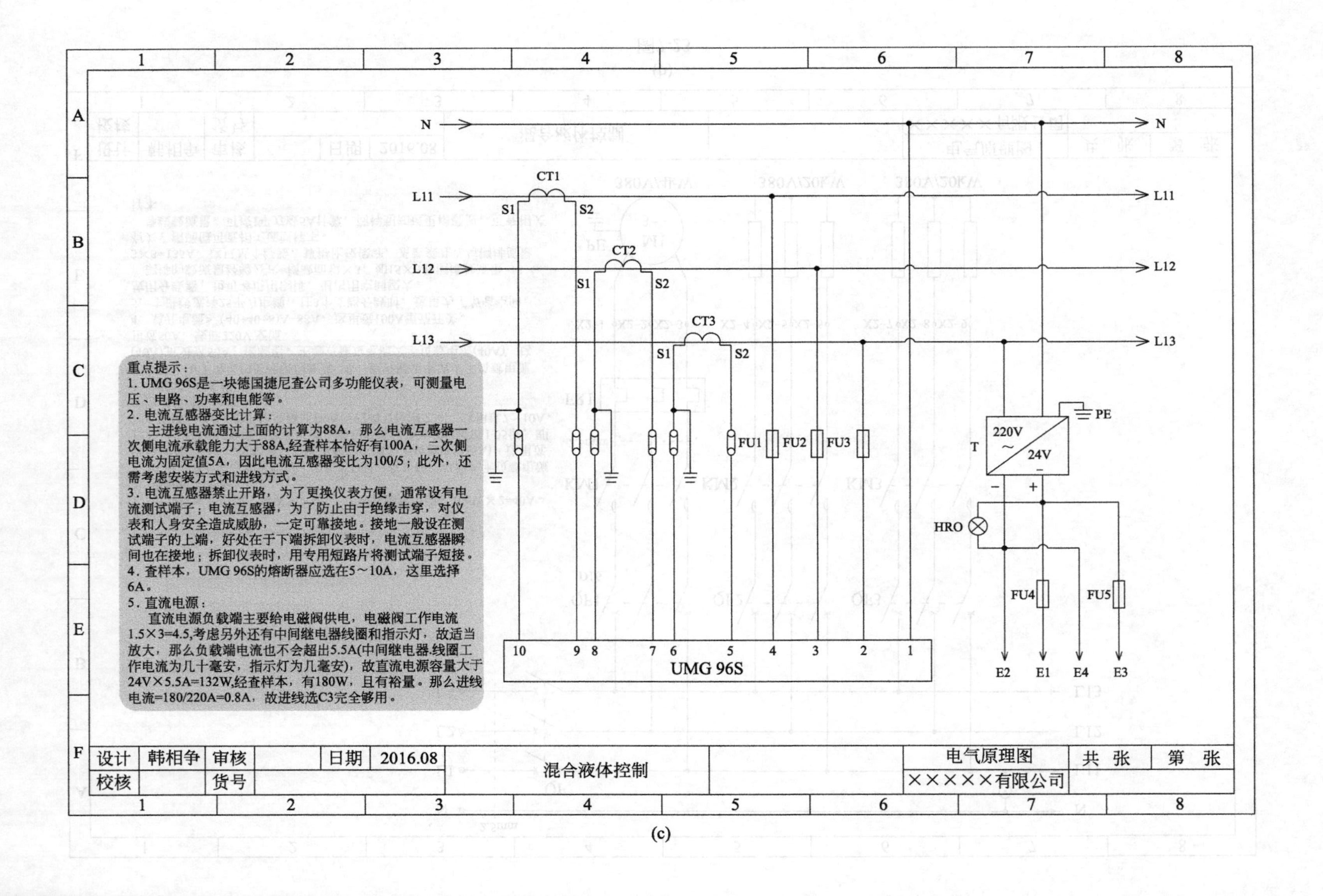

1 2 3 4 5 6 7 8
A B C D E F
N
L11
L12
L13
CT1
CT2
CT3
S1
S2
FU1
FU2
FU3
FU4
FU5
PE
T
220V
~
24V
HRO
E2 E1 E4 E3
10 9 8 7 6 5 4 3 2 1
UMG 96S
重点提示：
1. UMG 96S是一块德国捷尼查公司多功能仪表，可测量电压、电路、功率和电能等。
2. 电流互感器变比计算：
主进线电流通过上面的计算为88A，那么电流互感器一次侧电流承载能力大于88A,经查样本恰好有100A，二次侧电流为固定值5A，因此电流互感器变比为100/5；此外，还需考虑安装方式和进线方式。
3. 电流互感器禁止开路，为了更换仪表方便，通常设有电流测试端子；电流互感器，为了防止由于绝缘击穿，对仪表和人身安全造成威胁，一定可靠接地。接地一般设在测试端子的上端，好处在于下端拆卸仪表时，电流互感器瞬间也在接地；拆卸仪表时，用专用短路片将测试端子短接。
4. 查样本，UMG 96S的熔断器应选在5～10A，这里选择6A。
5. 直流电源：
直流电源负载端主要给电磁阀供电，电磁阀工作电流1.5×3=4.5,考虑另外还有中间继电器线圈和指示灯，故适当放大，那么负载端电流也不会超出5.5A(中间继电器线圈工作电流为几十毫安，指示灯为几毫安)，故直流电源容量大于24V×5.5A=132W,经查样本，有180W，且有裕量。那么进线电流=180/220A=0.8A，故进线选C3完全够用。
设计 韩相争 审核 日期 2016.08
校核 货号
混合液体控制
电气原理图
×××××有限公司
共 张 第 张

(c)

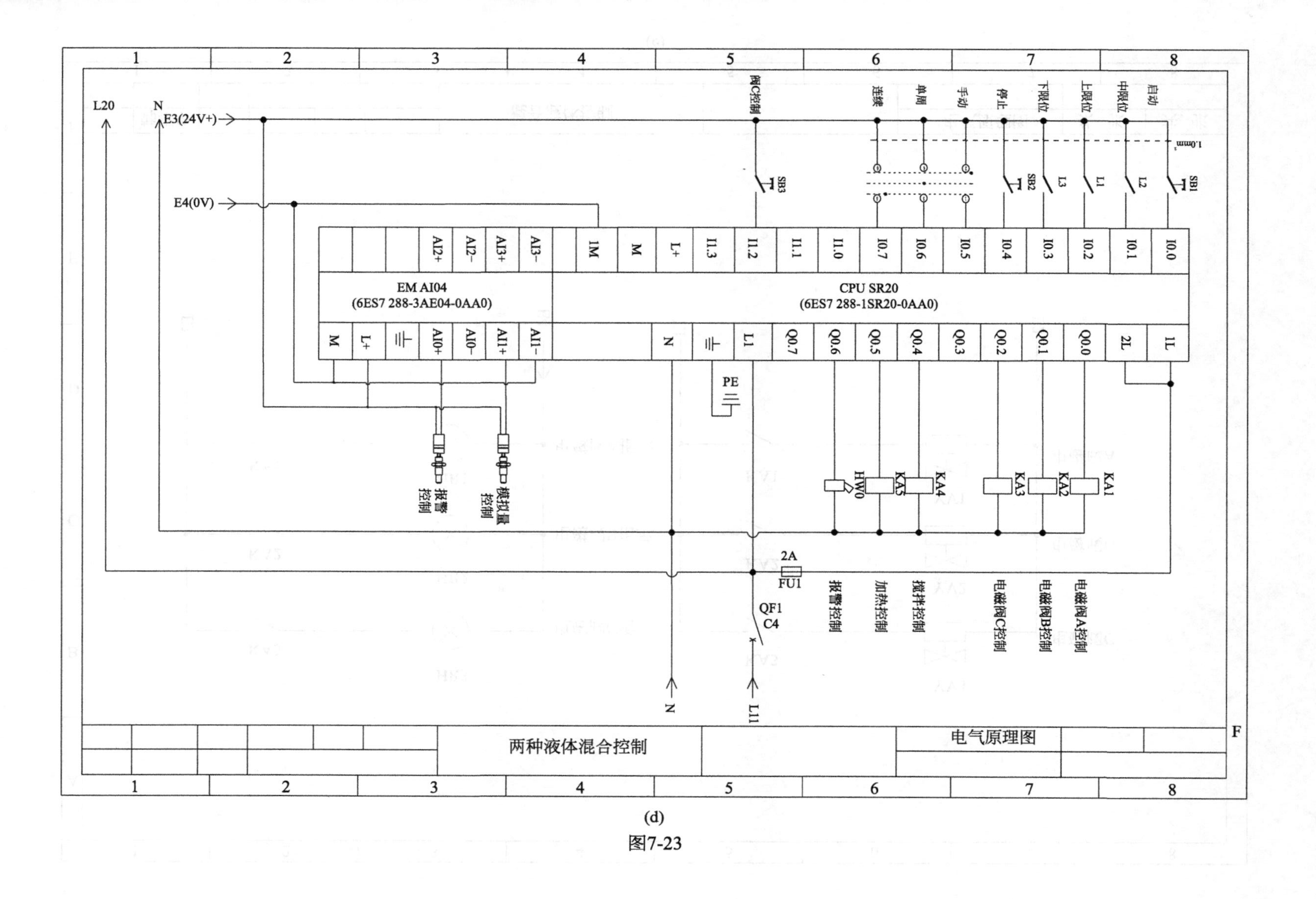

L20
N
E3(24V+)
E4(0V)
阀C控制
连续
单周
手动
停止
下限位
上限位
中限位
启动
1.0mm²
SB3
SB2
L3
L1
L2
SB1
AI2+
AI2−
AI3+
AI3−
1M
M
L+
I1.3
I1.2
I1.1
I1.0
I0.7
I0.6
I0.5
I0.4
I0.3
I0.2
I0.1
I0.0
EM AI04
(6ES7 288-3AE04-0AA0)
CPU SR20
(6ES7 288-1SR20-0AA0)
M
L+
AI0+
AI0−
AI1+
AI1−
N
L1
Q0.7
Q0.6
Q0.5
Q0.4
Q0.3
Q0.2
Q0.1
Q0.0
2L
1L
PE
报警
控制
模拟量
控制
HW0
KA5
KA4
KA3
KA2
KA1
2A
FU1
QF1
C4
报警控制
加热控制
搅拌控制
电磁阀C控制
电磁阀B控制
电磁阀A控制
N
L11
两种液体混合控制
电气原理图

(d)
图7-23

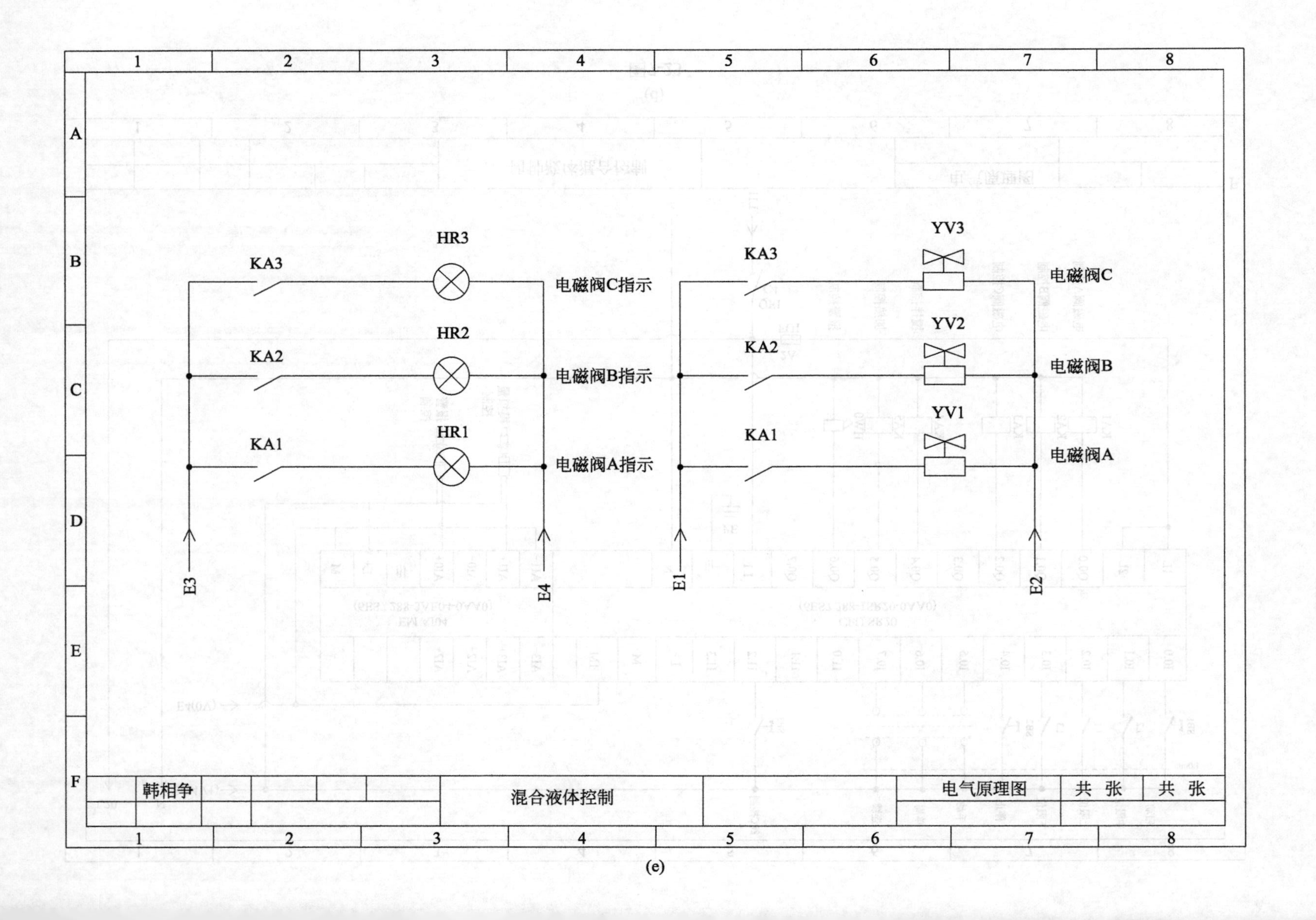
1
2
3
4
5
6
7
8
A
B
C
D
E
F
HR3
HR2
HR1
KA3
KA2
KA1
电磁阀C指示
电磁阀B指示
电磁阀A指示
YV3
YV2
YV1
电磁阀C
电磁阀B
电磁阀A
E3
E4
E1
E2
韩相争
混合液体控制
电气原理图
共 张
共 张

(e)

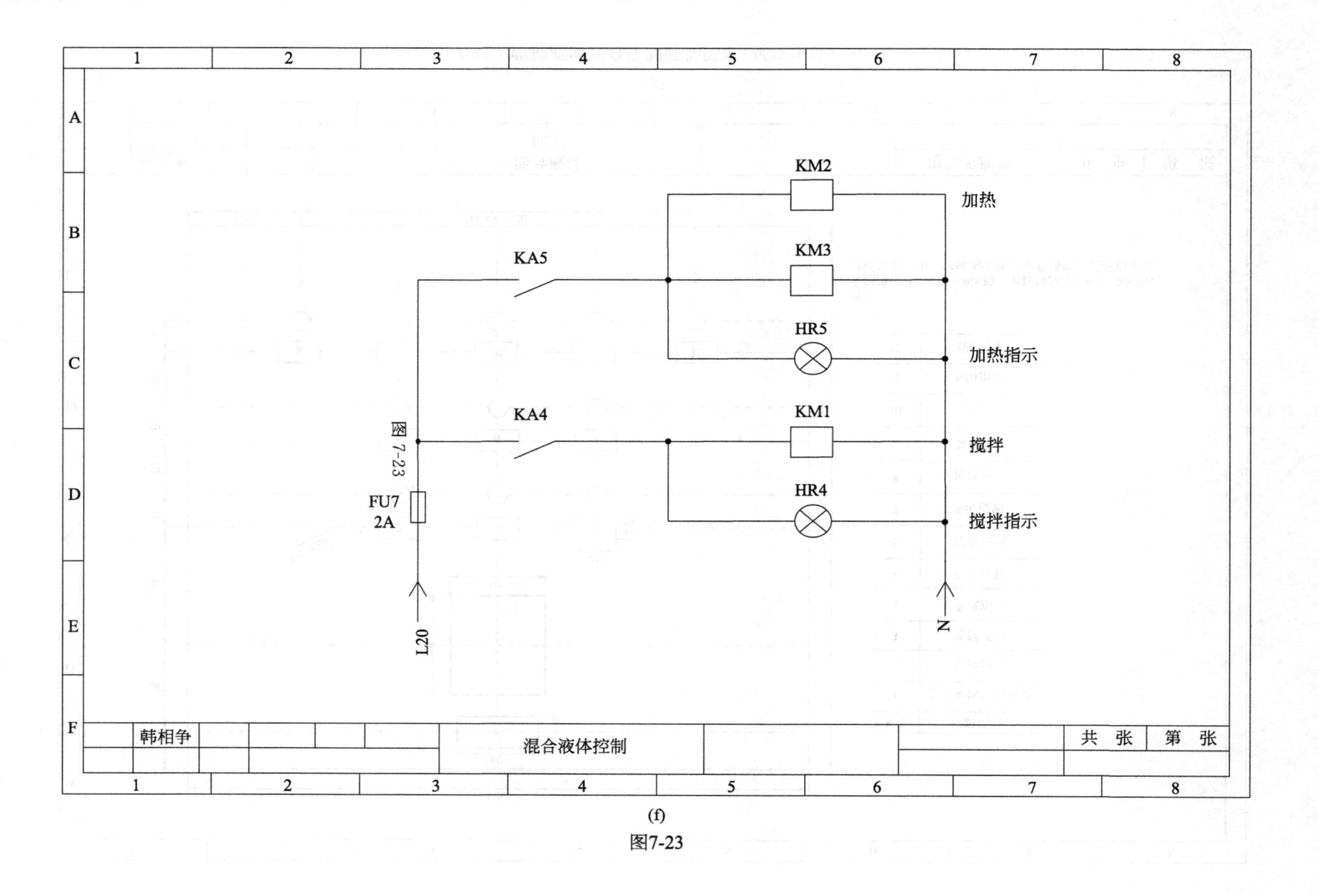
KM2
加热
KA5
KM3
HR5
加热指示
KA4
KM1
搅拌
图 7-23
HR4
搅拌指示
FU7
2A
L20
N
韩相争
混合液体控制
共 张
第 张

(f)
图7-23

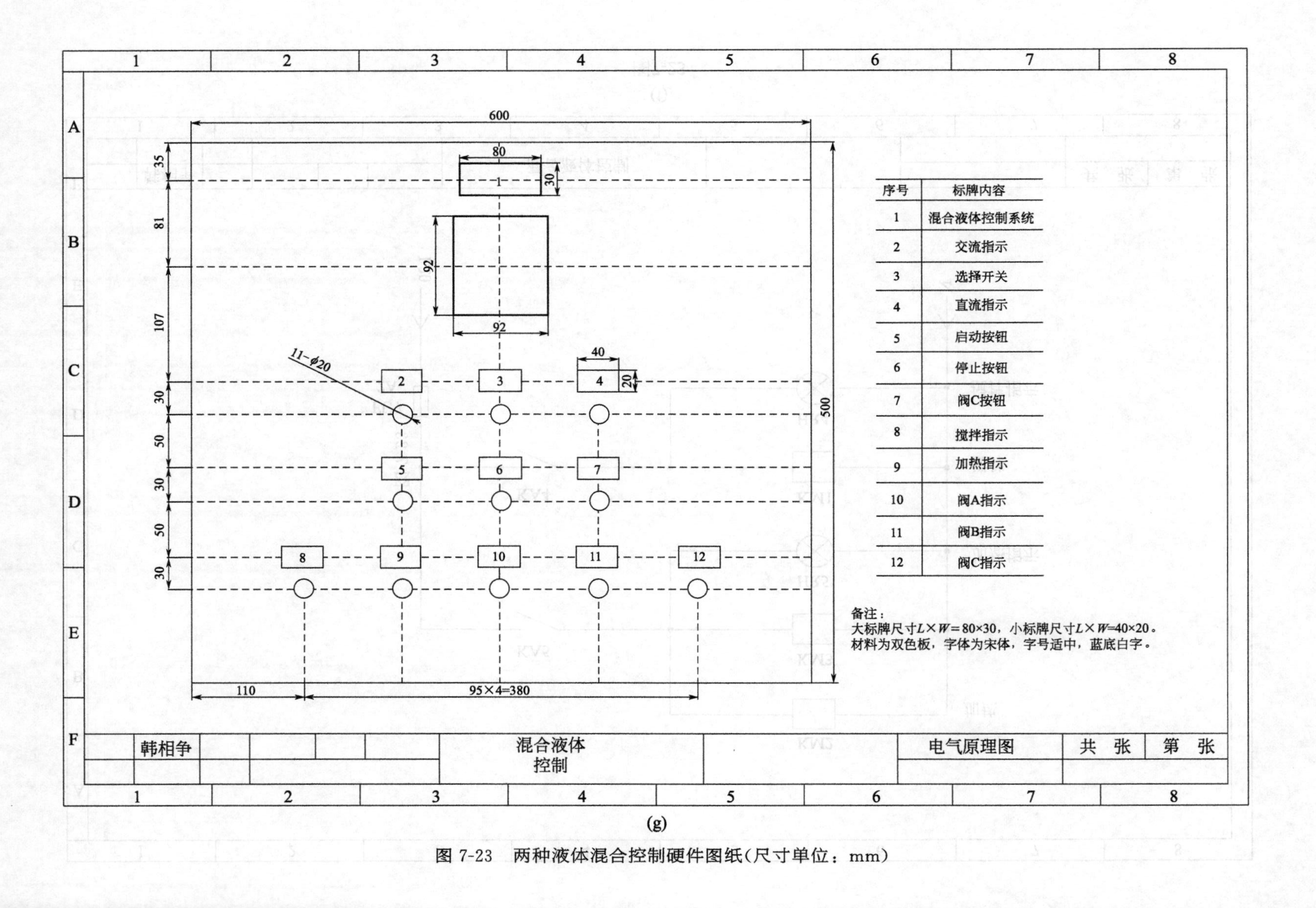

(g)

图 7-23 两种液体混合控制硬件图纸(尺寸单位：mm)

表 7-7　两种液体混合控制的 I/O 分配

输入量		输出量	
启动按钮	I0.0	电磁阀 A 控制	Q0.0
上限位 L1	I0.1	电磁阀 B 控制	Q0.1
中限位 L2	I0.2	电磁阀 C 控制	Q0.2
下限位 L3	I0.3	搅拌控制	Q0.4
停止按钮	I0.4	加热控制	Q0.5
手动选择	I0.5	加热报警	Q0.6
单周选择	I0.6		
连续选择	I0.7		
阀 C 按钮	I1.2		

7.4.4　硬件组态

两种液体混合控制硬件组态，如图 7-24 所示。

	模块	版本	输入	输出	订货号
CPU	CPU SR20 (AC/DC/RELAY)	V02.01.00_00.00...	I0.0	Q0.0	6ES7 288-1SR20-0AA0
SB					
EM 0	EM AE04 (4AI)		AIW16		6ES7 288-3AE04-0AA0
EM 1					

图 7-24　两种液体混合控制硬件组态

7.4.5　程序设计

两种液体混合控制主程序如图 7-25 所示，当对应条件满足时，系统将执行相应的子程序。子程序主要包括公共程序、手动程序、自动程序和模拟量程序 4 大部分。

(1) 公共程序

两种液体混合控制公共程序如图 7-26 所示。系统初始状态容器为空，阀 A～阀 C 均为 OFF，液位开关 L1～L3 均为 OFF，搅拌电动机 M 为 OFF，加热管不加热；故将这些量的常闭点串联作为 M1.1 为 ON 的条件，即原点条件。其中有一个量不满足，那么 M1.1 都不会为 ON。

系统在原点位置，当处于手动或初始化状态时，初始步 M0.0 都会被置位，此时为执行自动程序做好准备；若此时 M1.1 为 OFF，则 M0.0 会被复位，初始步变为不活动步，即使此时按下启动按钮，自动程序也不会转换到下一步，因此禁止了自动工作方式的运行。

当手动、自动 2 种工作方式相互切换时，自动程序可能会有两步被同时激活，为了防止误动作，因此在手动状态下，辅助继电器 M0.1～M0.6 要被复位。

在非连续工作方式下，I0.7 常闭触点闭合，辅助继电器 M1.2 被复位，系统不能执行连续程序。

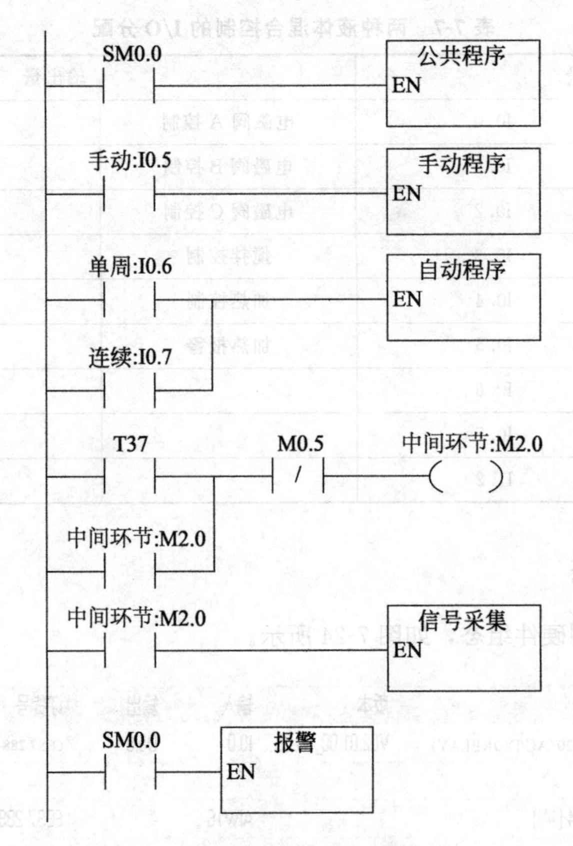

图 7-25　两种液体混合控制主程序

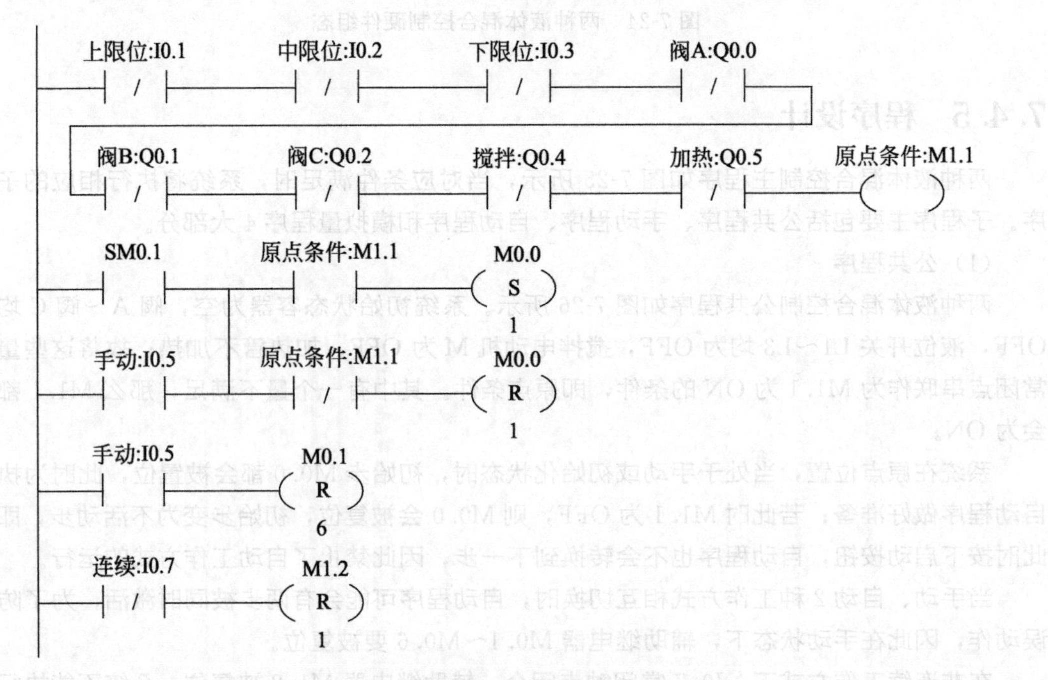

图 7-26　两种液体混合控制公用程序

(2) 手动程序

两种液体混合控制手动程序如图 7-27 所示。此处设置阀 C 手动，意在当系统有故障时，可以顺利将混合液放出。

阀C按钮:I1.2 阀A:Q0.0 阀B:Q0.1 搅拌:Q0.4 加热:Q0.5 T39 阀C:Q0.2

阀C:Q0.2

下限位:I0.3 T39

IN TON

100 PT 100ms

图 7-27 两种液体混合控制手动程序

(3) 自动程序

两种液体混合控制系统的顺序功能图，如图 7-28 所示，根据工作流程的要求，显然 1 个工作周期有“阀 A 开→阀 B 开→搅拌→加热→阀 C 开→等待 10s” 这 6 步，再加上初始步，因此共 7 步（从 M0. 0～M0. 6）；在 M0. 6 后应设置分支，考虑到单周和连续的工作方式，一条分支转换到初始步，另一分支转换到 M0. 1 步。

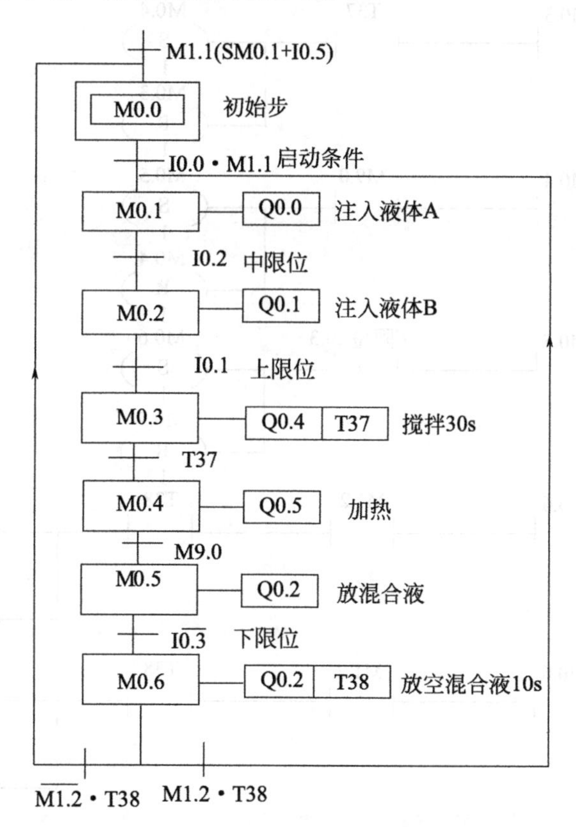

图 7-28 两种液体混合控制系统的顺序功能图

两种液体混合控制系统的自动程序，如图 7-29 所示。设计自动程序时，采用置位复位指令编程法，其中 M0.0～M0.6 为中间编程元件，连续、单周 2 种工作方式用连续标志 M1.2 加以区别。

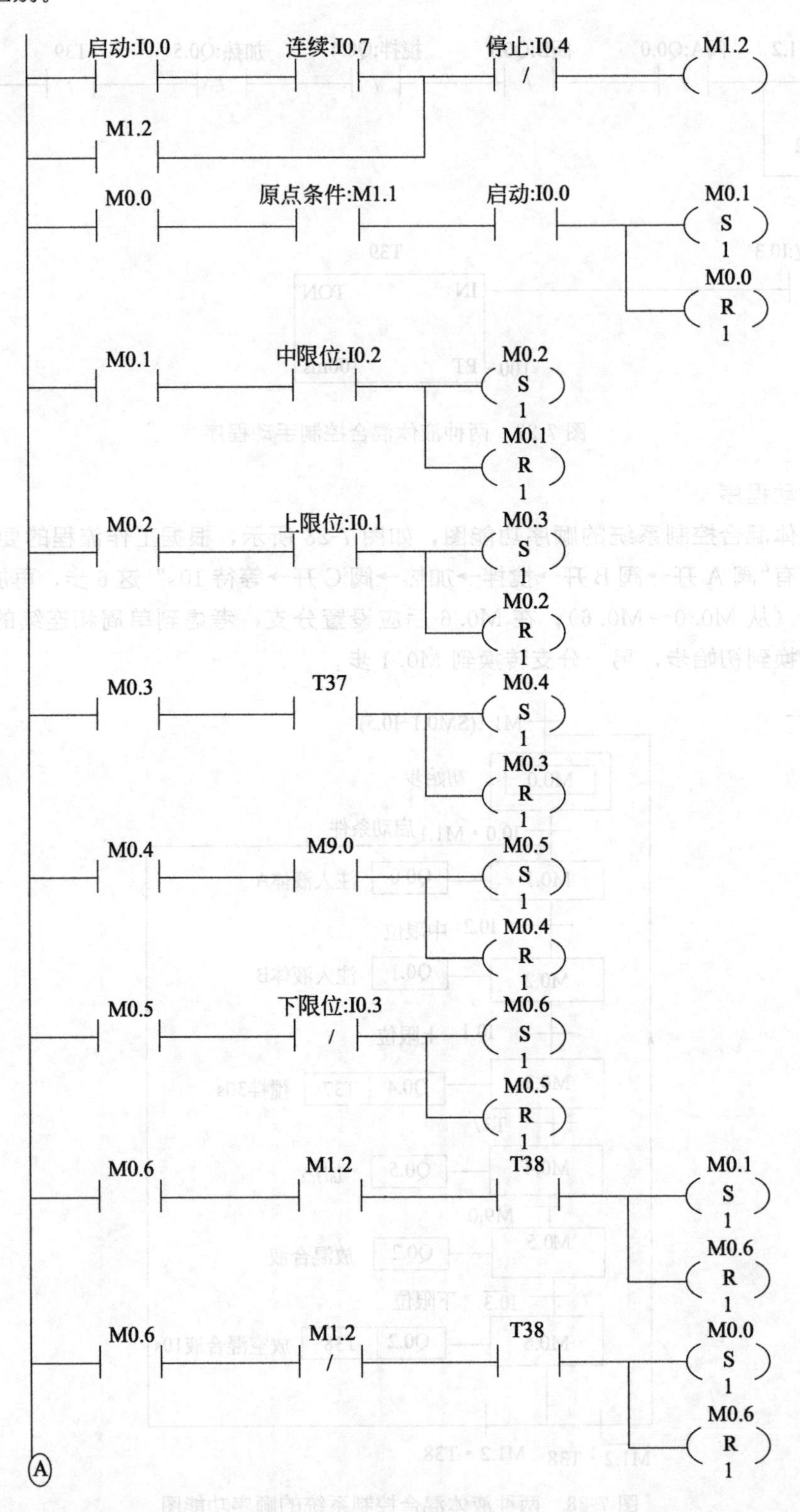

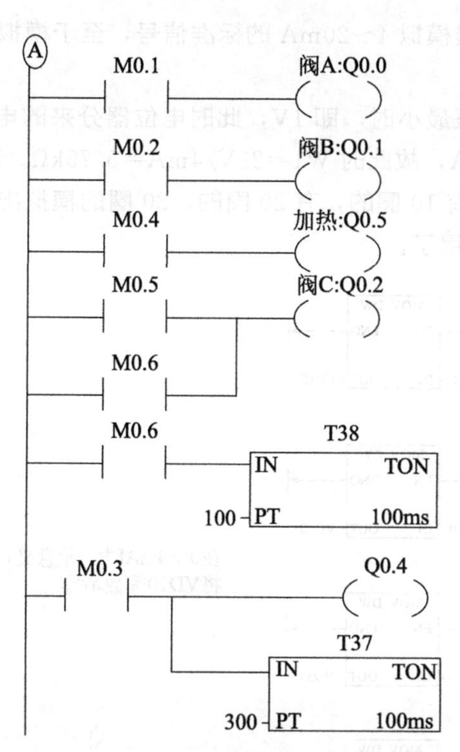

图 7-29　两种液体混合控制系统的自动程序

当常开触点 I0.7 闭合，此时处于连续方式状态；若原点条件满足，在初始步为活动步时，按下启动按钮 I0.0，线圈 M0.1 被置位，同时 M0.0 被复位，程序进入阀 A 控制步，线圈 Q0.0 接通，阀 A 打开注入液体 A；当液体到达中限位时，中限位开关 I0.2 为 ON，程序转换到阀 B 控制步 M0.2，同时阀 A 控制步 M0.1 停止，线圈 Q0.1 接通，阀 B 打开，注入液体 B；以后各步转换以此类推，这里不再重复。

单周与连续原理相似，不同之处在于在单周的工作方式下，连续标志条件不满足（即线圈 M1.2 不得电），当程序执行到 M0.6 步时，满足的转换条件为$\overline{\text{M1.2}}\cdot\text{T38}$，因此系统将返回到初始步 M0.0，系统停止工作。

（4）模拟量程序

两种液体混合控制模拟量程序，如图 7-30 所示。该程序分为两个部分，第 1 部分为模拟量信号采集程序，第 2 部分为报警程序。

模拟量信号采集程序，根据控制要求，当温度传感器检测到液体的温度为 75℃时，加热管停止；阀 C 打开放出混合液体；此问题关键点用 PLC 语言表达出实际物理量与 PLC 内部数字量之间的对应关系，即 $T=100\times(\text{AIW16}-5530)/(27648-5530)$，其中 T 表示温度；之后由比较指令进行比较，如实际温度大于或等于 75℃（取大于或等于，好实现；仅等于，由于误差，可能捕捉不到此点。），则驱动线圈 M9.0 作为下一步的转换条件。

报警程序编写过程和信号采集程序的编写过程类似，这里不再赘述。

（5）用电位器模拟压力变送器 4～20mA 信号

电位器模拟压力变送器信号的等效电路，如图 7-31 所示。在模拟量通道中，S7-200 SMART PLC 模拟量输入模块内部电压往往在 DC 1～5V，当模拟量通道外部没有任何电阻时，此时电流最大即 20mA，此时的电压为 5V，故此时内部电阻 $R=5\text{V}/20\text{mA}=250\Omega$。

电位器可以替代变送器模拟 4～20mA 的标准信号，至于模拟电位器阻值应为多大？计算过程如下。

当模拟量通道内部电压最小时，即 1V，此时电位器分来的电压最大，即(24－1) V＝23V；此时电流最小为 4mA，故此时 W1＝23V/4mA＝5.75kΩ。5.75kΩ 是理论值，市面上有 5.6kΩ 多圈精密电阻，有 10 圈的，有 20 圈的，20 圈的模拟出来的信号精度高些。若无特殊要求，一般 10 圈就够用了。

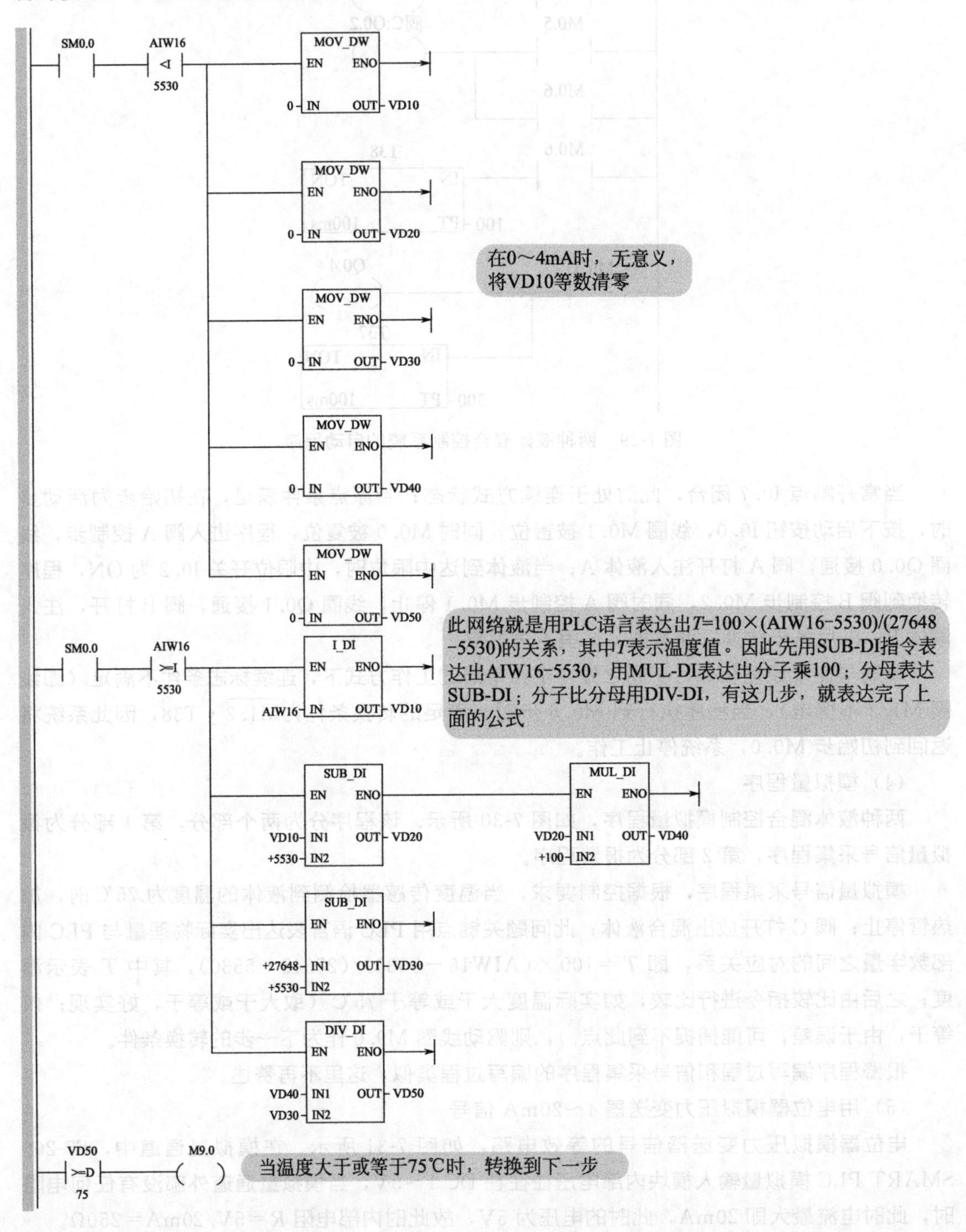

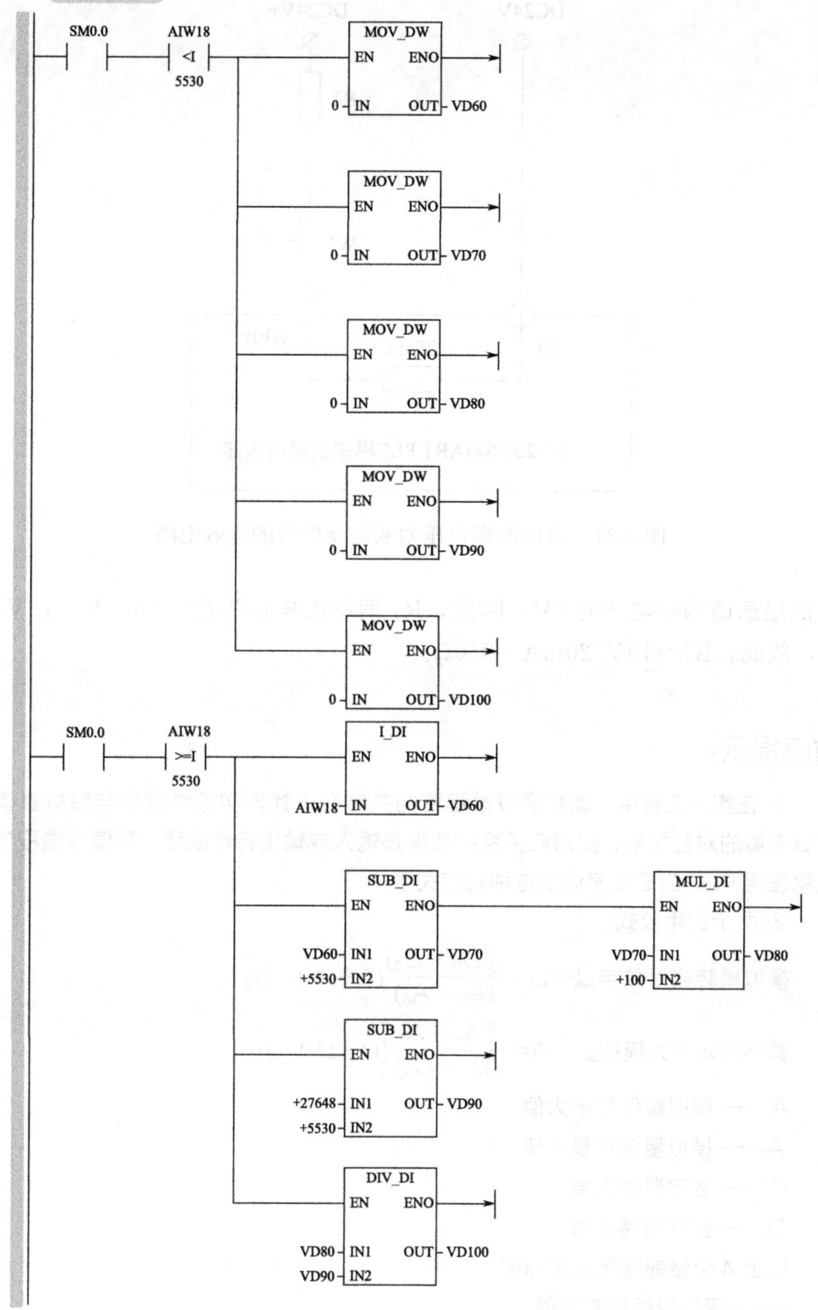

图 7-30　两种液体混合控制模拟量程序

需要指出的是，此电位器不同于普通的电位器，其内部结构为多圈电阻，故可以非常精确地模拟出 4～20mA 的标准信号，这种性能是普通电位器所无法比拟的。

用电位器模拟标准信号，如果将电位器旋至最小电阻处，即 W1=0，此时 DC 24V 电压就完全加在了模拟量通道内部电阻 R 上，这样超出了内部电路的载流能力，很可能将此路模拟量通道烧毁，故此在电位器的一端需串上 R1 电阻，用于分流。R1 具体为多少？计算如下。

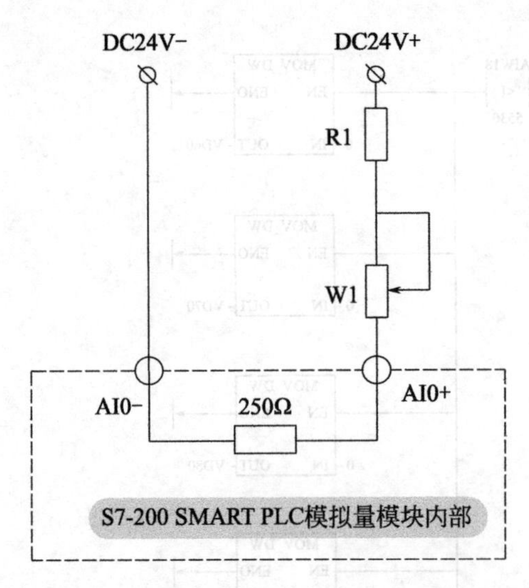

图 7-31　电位器模拟压力变送器信号的等效电路

此时模拟量通道内部电压为 5V，因此，R1 两端的电压为(24－5) V＝19V，此时的电流为 20mA，故此，R1＝19V/20mA＝950Ω。

重点提示：

① 在实际工程中，编写模拟量程序的关键在于找出实际物理量与模拟量模块内部数字量的对应关系，找对应关系的依据是输入或输出特性曲线；写模拟量程序实际上就是用 PLC 的语言表达出这种对应关系。

② 两个实用公式：

模拟量转化为数字量　$D=\dfrac{(D_m-D_0)}{(A_m-A_0)}(A-A_0)+D_0$

数字量转化为模拟量　$A=\dfrac{(A_m-A_0)}{(D_m-D_0)}(D-D_0)+A_0$

A_m——模拟量信号最大值

A_0——模拟量信号最小值

D_m——数字量最大值

D_0——数字量最小值

以上 4 个量都需代入实际值

A——模拟量信号时时值

D——数字量信号时时值

这两个属于未知量

7.4.6　两种液体混合自动控制调试

① 编程软件。编程软件采用 STEP 7- Micro/WIN SMART V2.0。

② 系统调试。将各个输入/输出端子和实际控制系统的按钮、所需控制设备正确连接，完成硬件的安装并检查无误后，可以将事先编写的梯形图程序传送到 PLC 中进行调试。

7.4.7 编制控制系统使用说明

根据调试的最终结果整理出完整的技术文件，单位存档，部分资料提供给用户，以利于系统的维修和改进。

编制的文件有硬件接线图，PLC 编程元件表和带有文字说明的梯形图和顺序功能图。

提供给用户的图纸为硬件接线图。

重点提示：

① 处理开关量程序时，采用顺序控制编程法是最佳途径；大型程序一定要画顺序功能图或流程图，这样思路非常清晰。

② 模拟量编程一定找好实际物理量与模块内部数字量的对应关系，用 PLC 语言表达出这一关系，表达这一关系无非用到加减乘除等指令；尽量画出流程图，这样编程有条不紊。

③ 学会应用程序的经典结构，一类程序设置一个子程序，通过主程序调用子程序，思路清晰明了。程序经典结构如下。

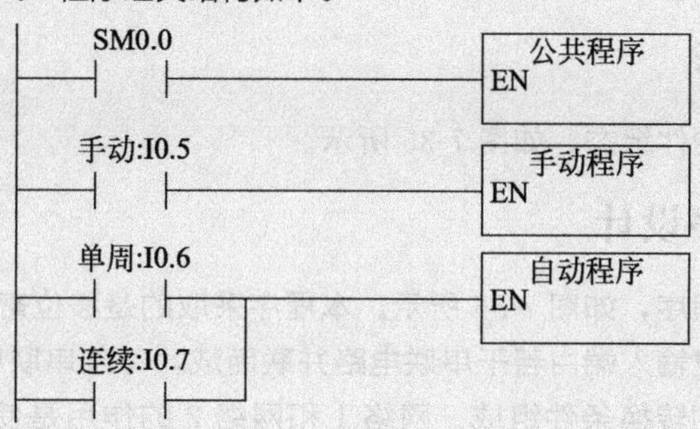

7.5 含有触摸屏交通灯 PLC 控制系统的设计

实际工程中，触摸屏与 PLC 联合应用问题很多。本节以交通灯控制为例，重点讲解含有触摸屏的 PLC 控制系统的设计。

说明：本例用到的触摸屏为昆仑通态触摸屏，触摸屏组态软件为 MCGS。

7.5.1 交通灯的控制要求

交通信号灯布置图，如图 7-32 所示。按下启动按钮，东西绿灯亮 25s 后闪烁 3s 后熄灭，然后黄灯亮 2s 后熄灭，紧接着红灯亮 30s 后再熄灭，再接着绿灯亮……，如此循环；在东西绿灯亮的同时，南北红灯亮 30s，接着绿灯亮 25s 后闪烁 3s 熄灭，然后黄灯亮 2s 后熄灭，红灯亮……，如此循环，具体如表 7-8 所示。

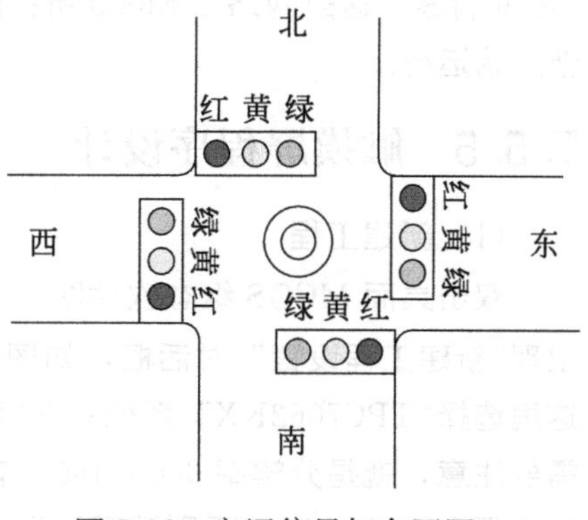

图 7-32 交通信号灯布置图

表 7-8 交通信号灯工作情况

<table>
<tr><td rowspan="2">东西</td><td>绿灯</td><td>绿闪</td><td>黄灯</td><td colspan="3">红灯</td></tr>
<tr><td>25s</td><td>3s</td><td>2s</td><td colspan="3">30s</td></tr>
<tr><td rowspan="2">南北</td><td colspan="3">红灯</td><td>绿灯</td><td>绿闪</td><td>黄灯</td></tr>
<tr><td colspan="3">30s</td><td>25s</td><td>3s</td><td>2s</td></tr>
</table>

7.5.2 硬件设计

交通信号灯符号表，如图 7-33 所示。硬件图纸，如图 7-34 所示。

	符号	地址		符号	地址
1	启动	M1.0	5	南北绿灯	Q0.3
2	停止	M1.1	6	南北黄灯	Q0.4
3	东西绿灯	Q0.0	7	南北红灯	Q0.5
4	东西黄灯	Q0.1	8	东西红灯	Q0.2

图 7-33 交通信号灯符号表

7.5.3 硬件组态

交通灯控制系统硬件组态，如图 7-35 所示。

7.5.4 PLC 程序设计

交通灯控制系统程序，如图 7-36 所示。本程序采取的是移位寄存器指令编程法。

移位寄存器的移位输入端由若干串联电路并联而成，每条串联电路由某一步的辅助继电器的常开触点和对应的转换条件组成。网络 1 和网络 2 的作用是使 M0.1～M0.6 清零，使 M0.0 置 1。M0.0 置 1 使数据输入端 DATA 移入 1。当按下启动按钮 M1.0，移位输入电路第一行接通，使 M0.0 中的 1 移入 M0.1 中，M0.1 被激活，M0.1 的常开触点使输出量 T37、Q0.0、Q0.5 接通，南北红灯亮、东西绿灯亮。同理，各转换条件 T38～T42 接通产生的移位脉冲使 1 状态向下移动，并最终返回 M0.0。在整个过程中，M0.1～M0.6 接通，它们的相应常闭触点断开，使接在移位寄存器数据输入端 DATA 的 M0.0 总是断开的，直到 T42 接通产生移位脉冲使 1 溢出。T42 接通产生移位脉冲，另一个作用是使 M0.1～M0.6 清零，这时网络二 M0.0 所在的电路再次接通，使数据输入端 DATA 移入 1，系统重新开始运行。

7.5.5 触摸屏程序设计

(1) 新建工程

双击桌面 MCGS 组态软件图标，进入组态环境。单击菜单栏中的“文件→新建”，会出现“新建工程设置”对话框，如图 7-37 所示。在“类型”中可以选择需要的触摸屏系列，这里选择“TPC7062KX”系列；在“背景色”中，可以选择所需要的背景颜色；这里有一点需要注意，就是分辨率 800×480，有时候背景以图片形式出现的时候，所用图片的分辨率也必须为 800×480，否则触摸屏显示出来会失真。设置完后，单击“确定”，会出现图 7-38 的画面。

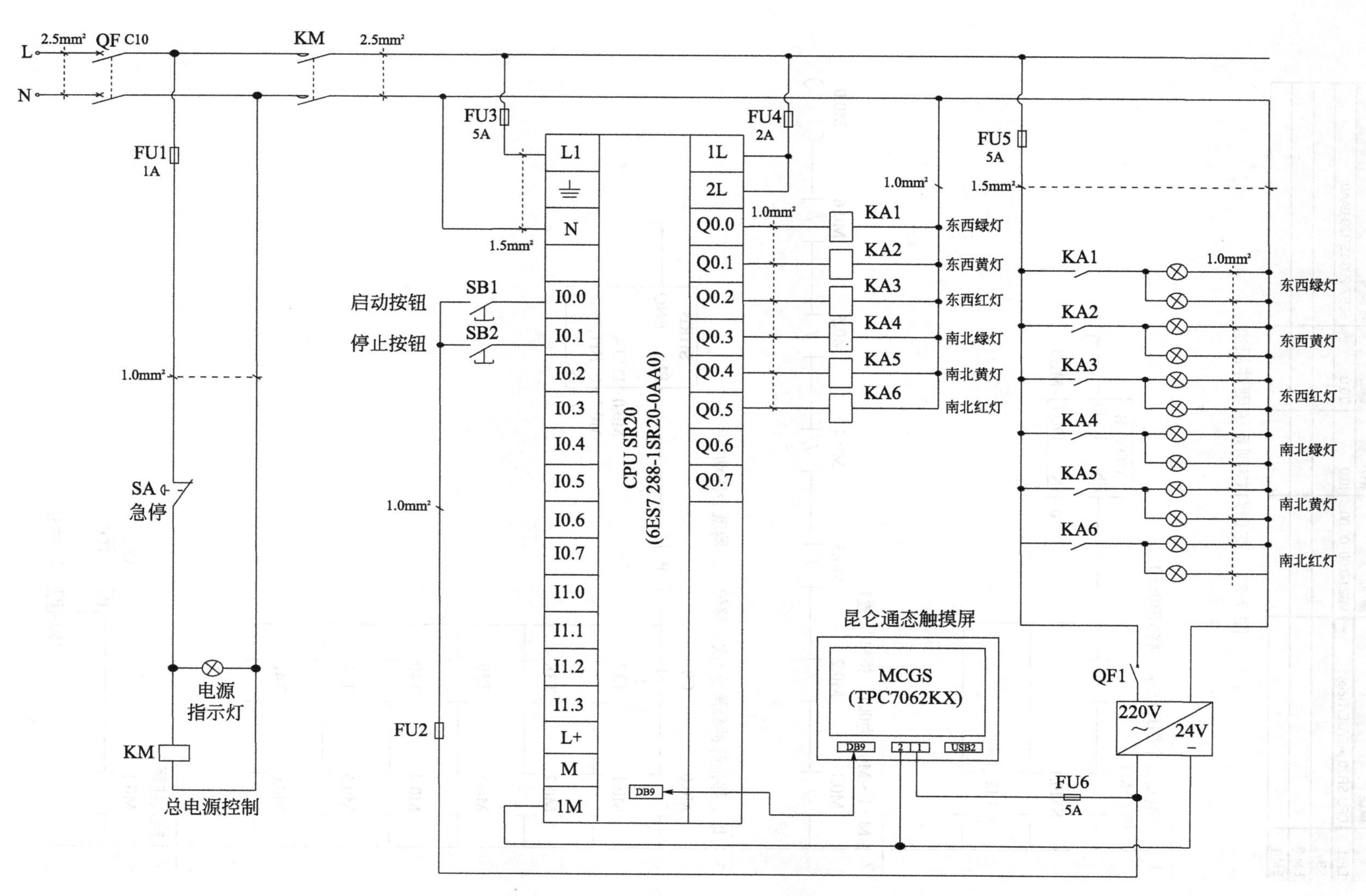

图 7-34 交通信号灯控制系统硬件图纸

	模块	版本	输入	输出	订货号
CPU	CPU SR20 (AC/DC/Relay)	V02.00.00_00.00...	I0.0	Q0.0	6ES7 288-1SR20-0AA0
SB					
EM 0					
EM 1					

图 7-35　交通灯控制系统硬件组态

1 上电及每个循环结束，将MB0清0
停止:M1.1 P MOV_B EN ENO
0-IN OUT-MB0
SM0.1
T42

2 M0.1～M0.6为0时，将M0.0置1
M0.1 M0.2 M0.3 M0.4 M0.5 M0.6 M0.0

3 以上移位脉冲每满足1次，移位寄存器就会移动1步
M0.0 C0 ==1 1 P SHRB EN ENO
M0.1 T37 M0.0-DATA
M0.2 T38 M0.1-S_BIT
M0.3 T39 6-N
M0.4 T40
M0.5 T41
M0.6 T42

4 输入注释
M0.1 T37 IN TON
250-PT 100ms

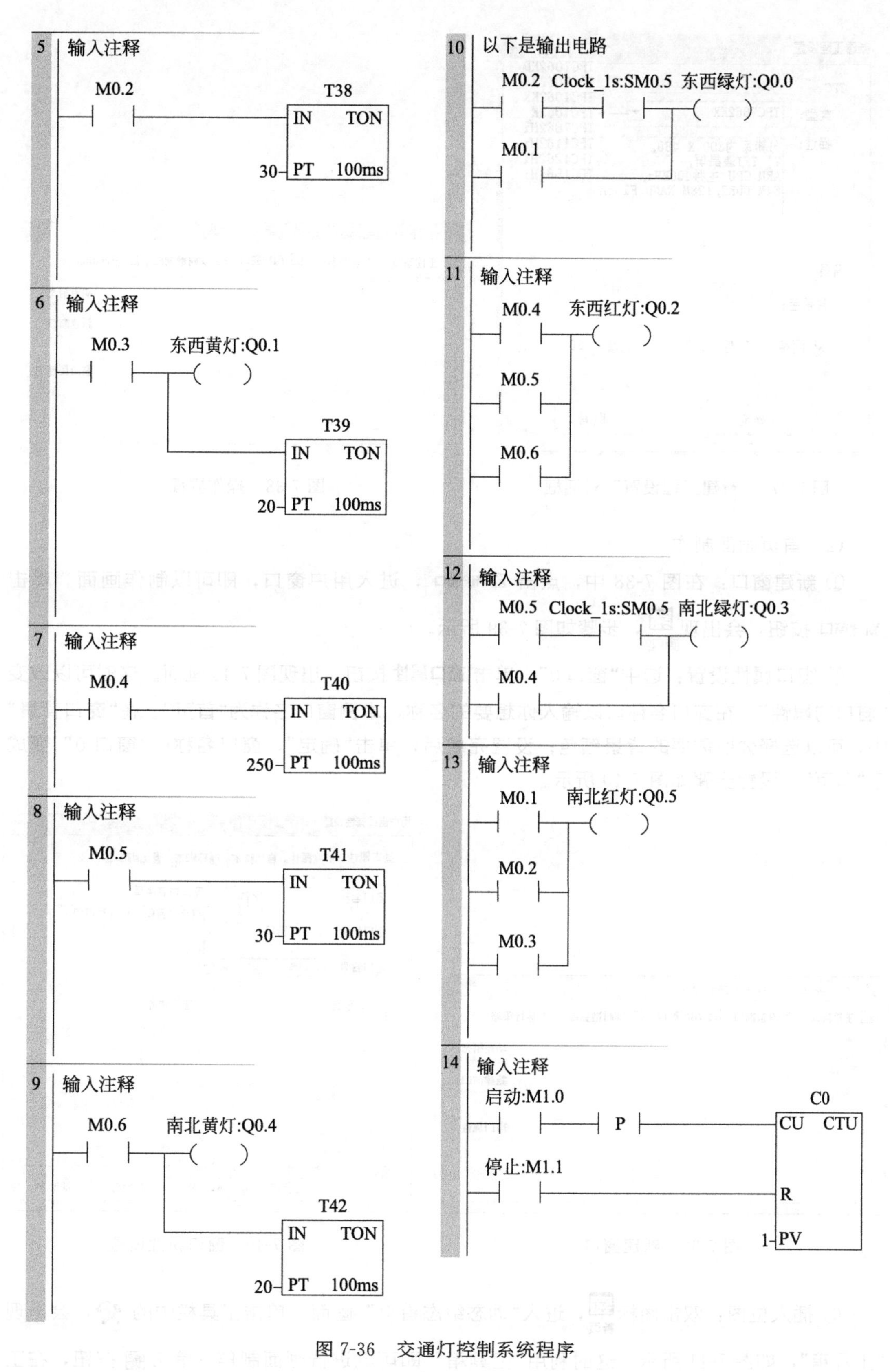

图 7-36　交通灯控制系统程序

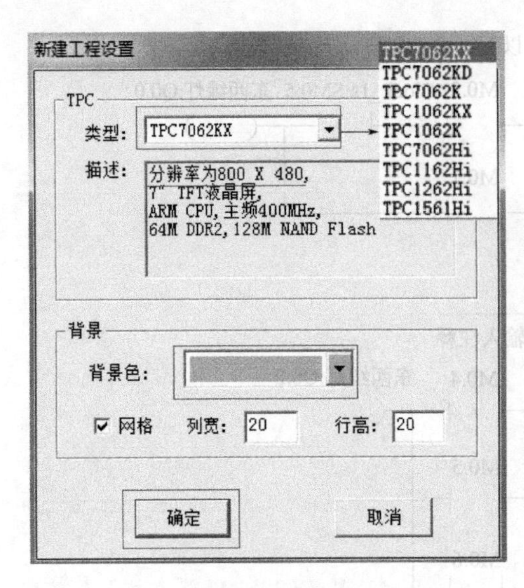

图 7-37 “新建工程设置”对话框

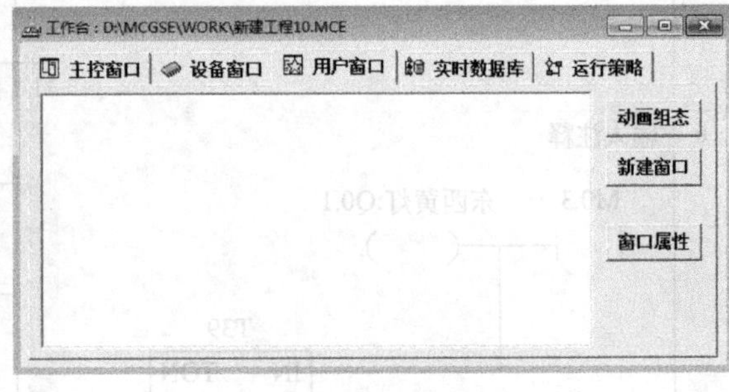

图 7-38 操作界面

(2) 首页画面制作

① 新建窗口：在图 7-38 中，点击 用户窗口，进入用户窗口，即可以制作画面。单击 新建窗口 按钮，会出现 窗口0，步骤如图 7-39 所示。

② 窗口属性设置：选中“窗口 0”，单击 **窗口属性** 按钮，出现图 7-40 画面。这时可以改变“窗口的属性”。在窗口名称可以输入你想要的名称，本例窗口名称为“首页”。在“窗口背景”中，可以选择你所需要的背景颜色；设置完成后，单击“确定”，窗口名称由“窗口 0”变成了“首页”，设置步骤如图 7-40 所示。

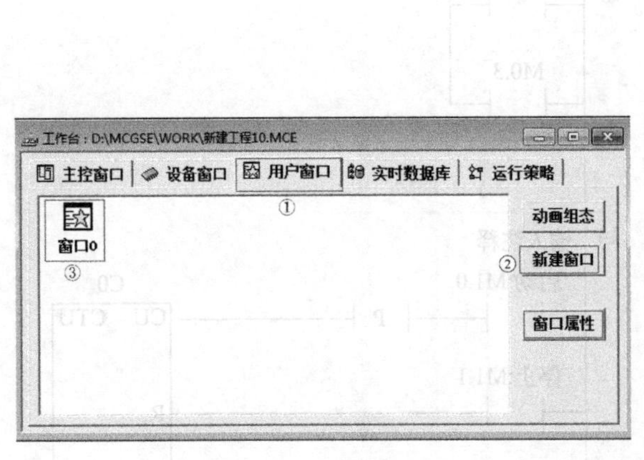

图 7-39 新建窗口

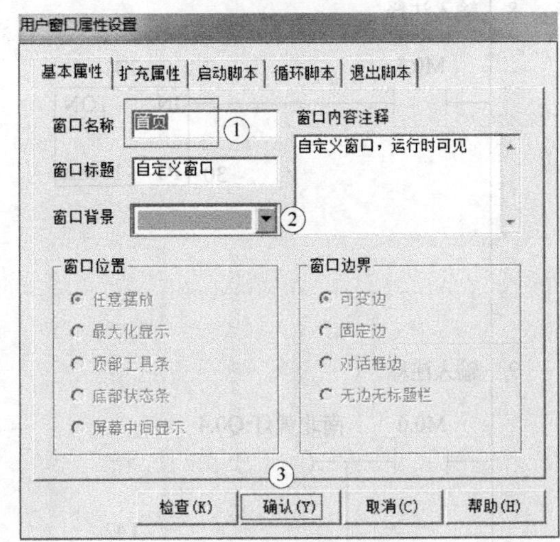

图 7-40 窗口属性设置

③ 插入位图：双击图标 首页，进入“动态组态首页”画面。单击工具栏中的 [工具图标]，会出现“工具箱”，如图 7-41 所示，这时利用“工具箱”即可以进行画面制作。单击 [位图图标] 按钮，在工

作区域进行拖拽，之后右键“装载位图”，找到要插入图片的路径，这样就可以把想要插入的图片插到“首页”里，步骤如图 7-42 所示。本例中插入的是“荷花图片”。

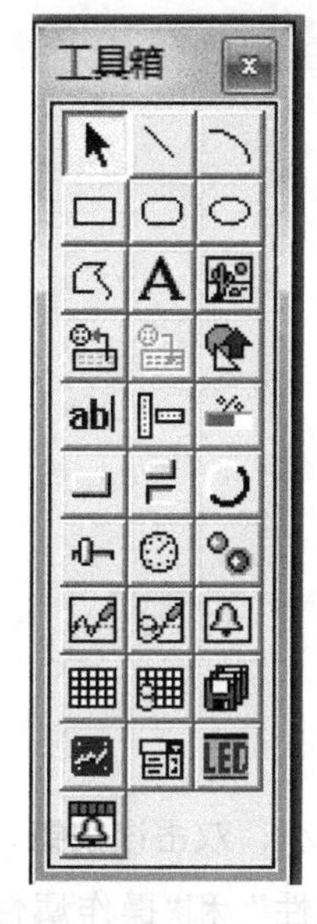

图 7-41　工具箱

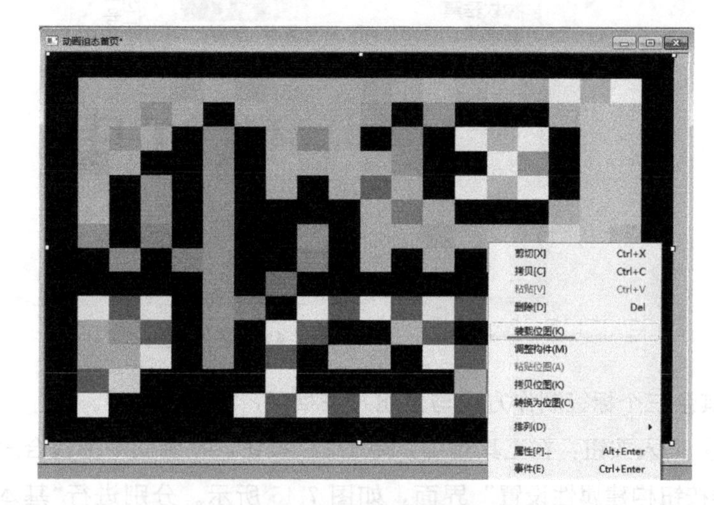

图 7-42　装载位图

④ 插入标签：在工具箱中，单击 A 按钮，在画面中拖拽，双击该标签，进行“标签动画组态属性设置”界面，如图 7-43 所示。分别进行“属性设置”和“扩展设置”，在“扩展设置”中的“文本内容输入”项输入“交通灯控制系统”字样；水平和垂直对齐分别设置为“居中”，文字内容排布设置为“横向”。在“属性设置”中“填充色”、“边框颜色”项选择“没有填充”和“没有边线”；“字符颜色”项“颜色”设置为蓝色；单击 A^a 按钮，会出现“字体”对话框，如图 7-44 所示。

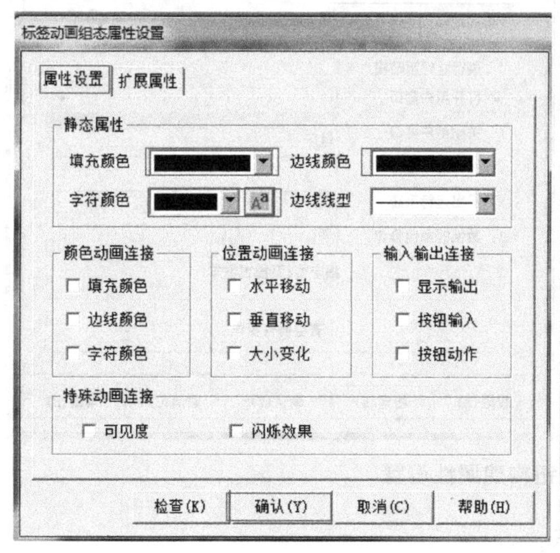

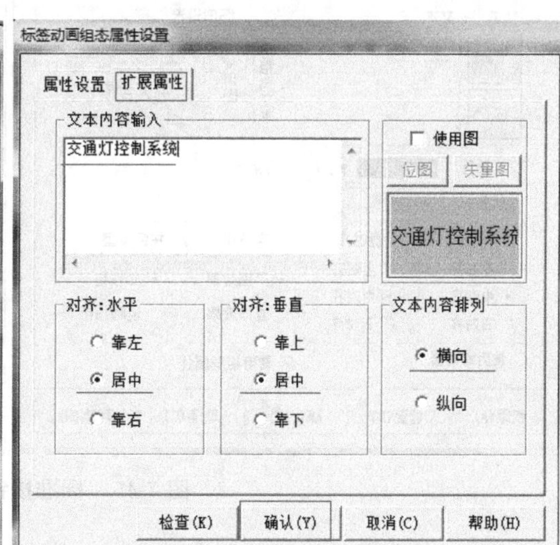

图 7-43　标签动画组态属性设置

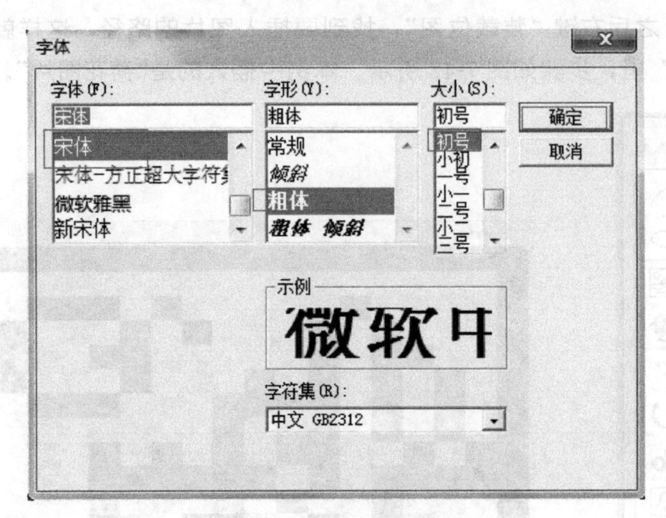

图 7-44　字体设置

其余三个标签制作方法与上述方法相似，故不再赘述。

⑤ 插入按钮：在工具箱中，单击按钮，在画面中拖拽合适大小，双击该按钮，进行“标准按钮构建属性设置”界面，如图 7-45 所示。分别进行“基本属性”和“操作属性”设置。在“基本属性”中的“文本”项输入“进入主页”字样；水平和垂直对齐分别设置为“居中”；“文本颜色”项设置为紫色；单击按钮，会出现“字体”对话框，与标签中的设置方法相似，故不再赘述，背景色设为黄色。在“操作属性”中的“打开用户窗口”项打钩，击倒三角，选择“交通灯控制系统”(备注：交通灯控制系统窗口，要提前新建，步骤与首页新建一致)。

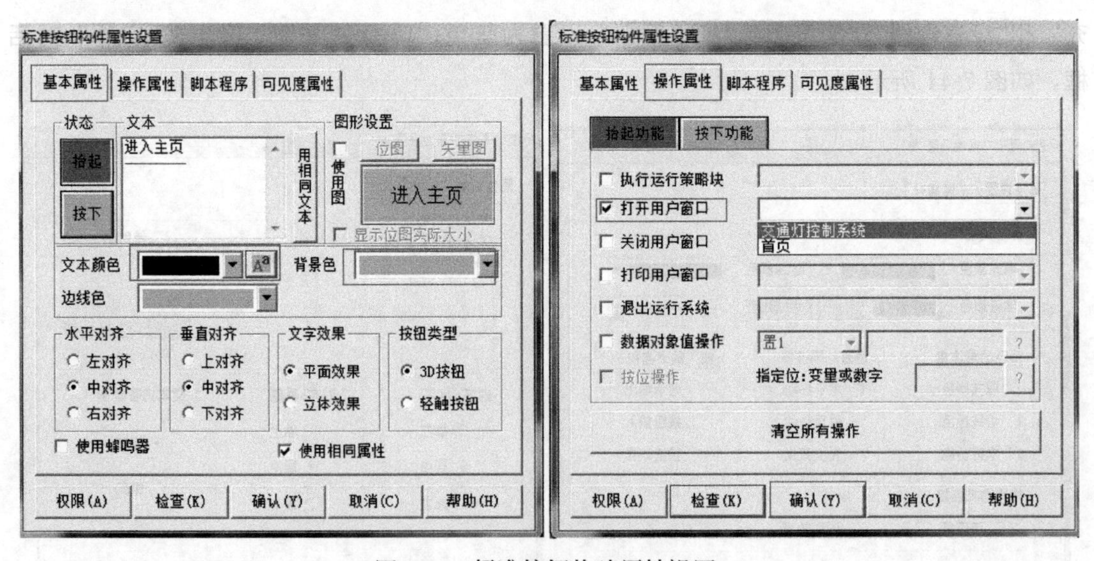

图 7-45　标准按钮构建属性设置

首页画面制作的最终结果，如图 7-46 所示。

(3) 交通灯控制系统画面制作

① 新建窗口：步骤参考“主页”新建，这里不再赘述。

图 7-46　首页画面制作的最终结果

② 窗口属性设置：窗口属性设置如图 7-47 所示。

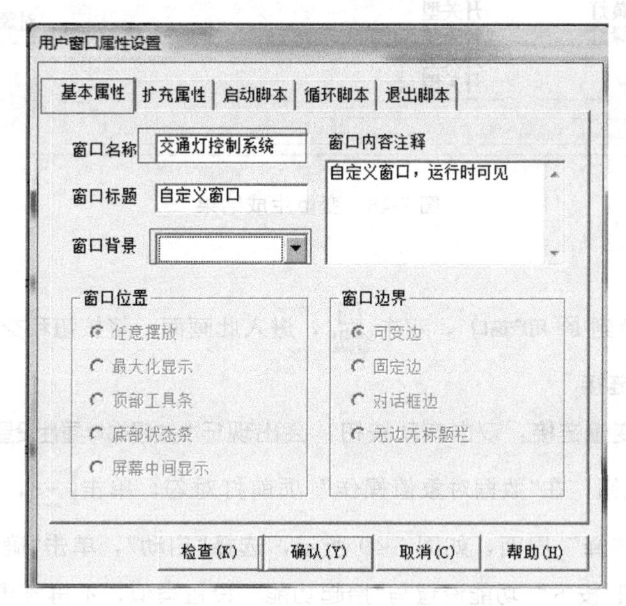

图 7-47　交通灯画面窗口属性设置

③ 插入标签：此画面标签共有 5 个，分别为“交通灯控制系统”、“东”“南”“西” 和“北”；标签制作请参考“首页” 中的标签制作，不再赘述。

④ 车辆和树图标插入：点击工具箱中的图标，在“图形元件库” 中找到“车” 文件夹，点开，找到“拖车 4” 和“集装箱车 2”。在“图形元件库” 中找到“其他” 文件夹，点开，找到“树”。

⑤ 交通灯插入：点击工具箱中的图标，在“图形元件库” 中找到“指示灯” 文件夹，点开，找到“指示灯 19”。需要说明，“指示灯 19” 本例中进行了简单的改造，在“指示灯 19” 图标上右击，执行“排列→分解单元”，去掉灯杆，之后右击执行“排列→合成单元”。

⑥ 按钮插入：按钮插入，请参考“首页” 中的按钮插入，不再赘述。交通灯控制系统页

中有启动、停止和返回 3 个按钮。

⑦ 圆环图标和十字路口图标：点击工具箱中的，在“常用图符”中找到，在工作区域拖拽，即可圆环，注意填充色改成黄色；十字路口是用矩形拼出来的，点击工具箱中的，可得矩形，注意填充色改成蓝色。

(4) 变量生成

变量生成在 实时数据库 中完成，具体步骤参考 5.5，这里不再赘述，变量生成结果，如图 7-48 所示。

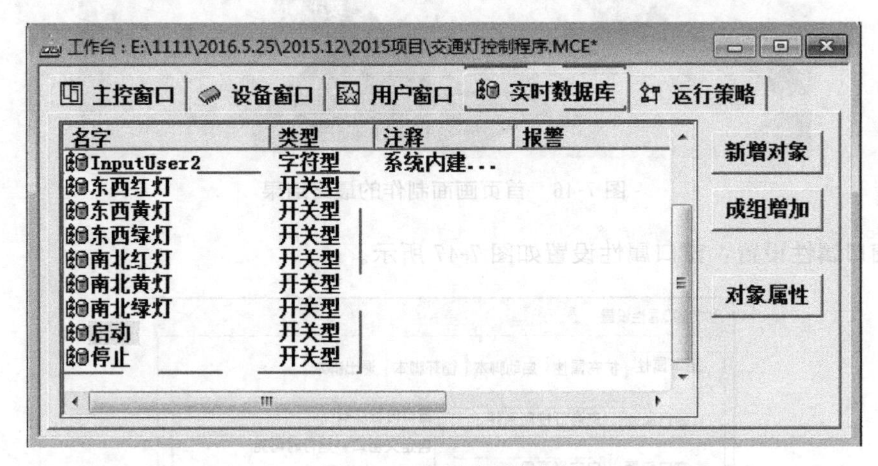

图 7-48　变量生成结果

(5) 变量链接

将工作窗口切换到 用户窗口，双击 交通灯控制系统，进入此画面，将按钮和交通灯与变量链接。

① 按钮与变量链接

a. 启动按钮与变量链接：双击启动按钮，会出现标准按钮构件属性设置界面，在“操作属性”，按下 抬起功能 按钮，在“数据对象值操作”项前打对勾，单击，选择“清零”，单击 ?，会出现“变量选择”界面，如图 7-49 所示，选择“启动”，单击“确定”，按钮“抬起功能”设置完成。按钮“按下”功能设置与“抬起功能”设置类似，不再赘述。启动按钮属性设置如图 7-50 所示。

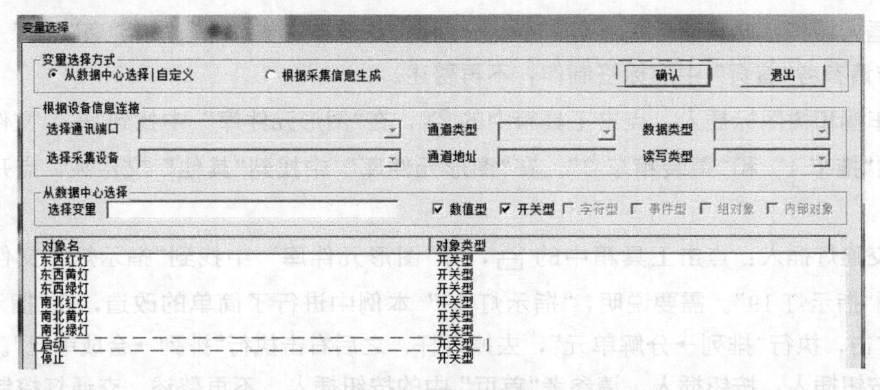

图 7-49　变量选择

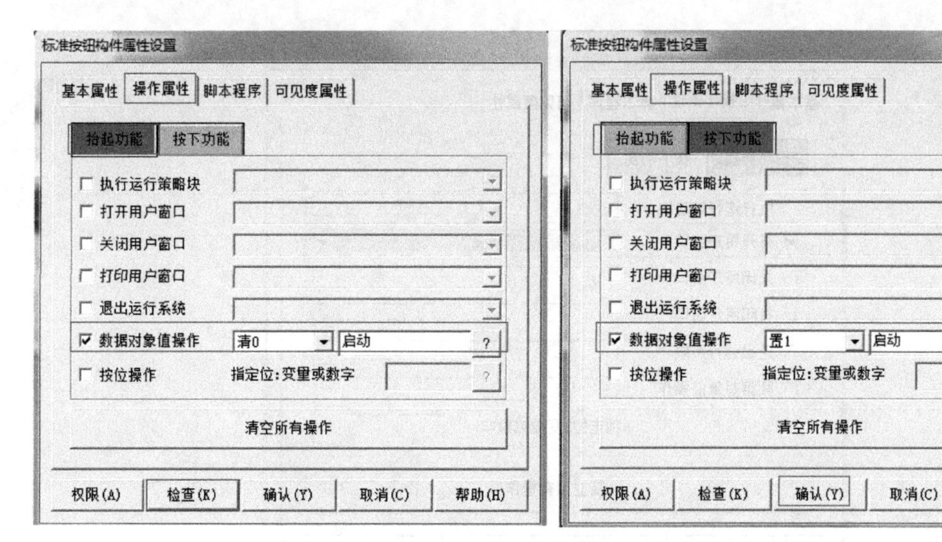

图 7-50 启动按钮属性设置

b. 停止按钮与变量链接：步骤与启动类似，停止按钮属性设置如图 7-51 所示。

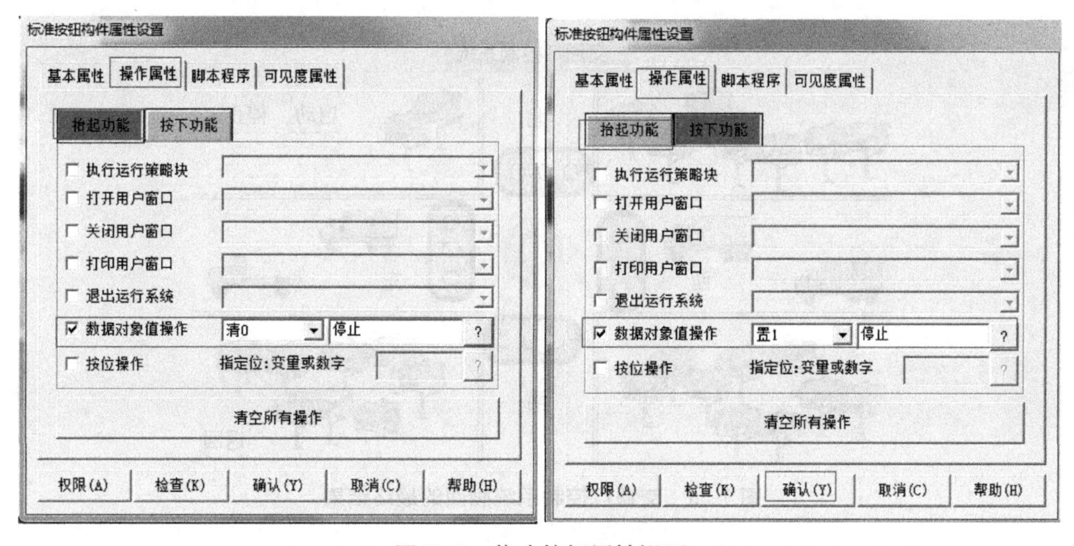

图 7-51 停止按钮属性设置

c. 返回按钮与变量链接：返回按钮属性设置如图 7-52 所示。

交通灯控制系统画面的最终结果，如图 7-53 所示。

② 交通灯与变量链接。现以东侧交通灯为例，进行讲解。双击东侧交通灯，会出现“单元属性设置”界面，单击 动画连接 ，东侧的红、黄、绿交通灯即可以进行变量链接。选中第一个三维圆球，单击 > ，选中东西黄灯；绿灯和红灯道理一致，故不赘述，交通灯单元属性设置如图 7-54 所示，西侧交通灯变量链接和东侧完全一致。南、北两侧交通灯变量链接完全一致，和东侧交通灯链接方法相似，具体步骤不再赘述，交通灯控制系统画面的最终结果如图 7-55 所示。

（6）设备连接

设备连接需在设备窗口下完成，设备窗口是连接触摸屏内部变量和 PLC 变量的桥梁。

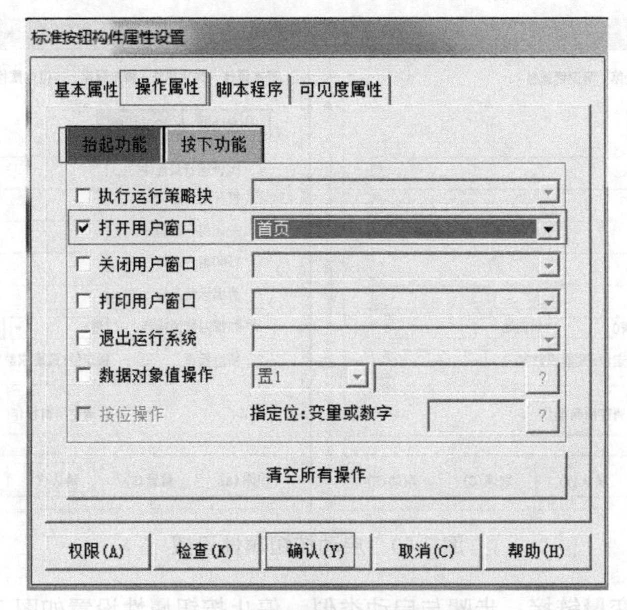

图 7-52　返回按钮属性设置

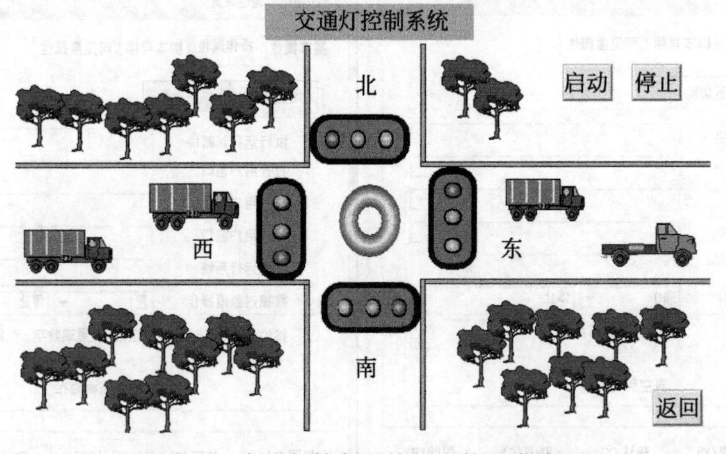

图 7-53　交通灯控制系统画面的最终结果

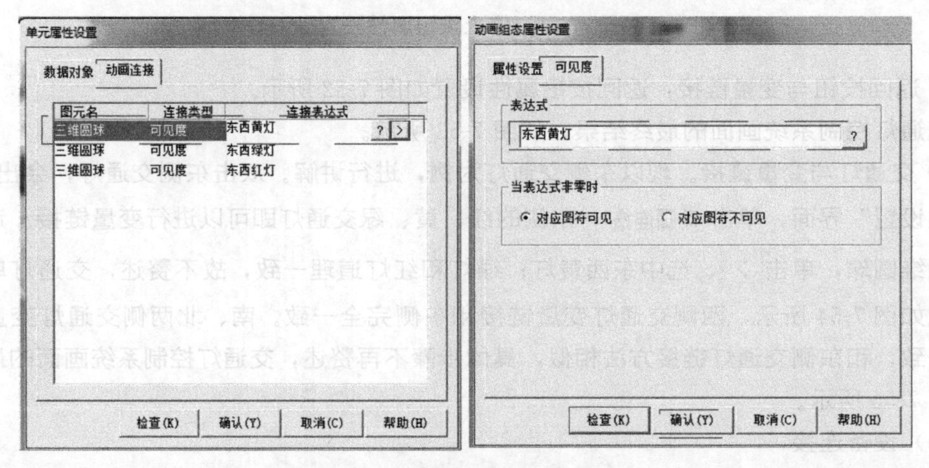

图 7-54　交通灯单元属性设置

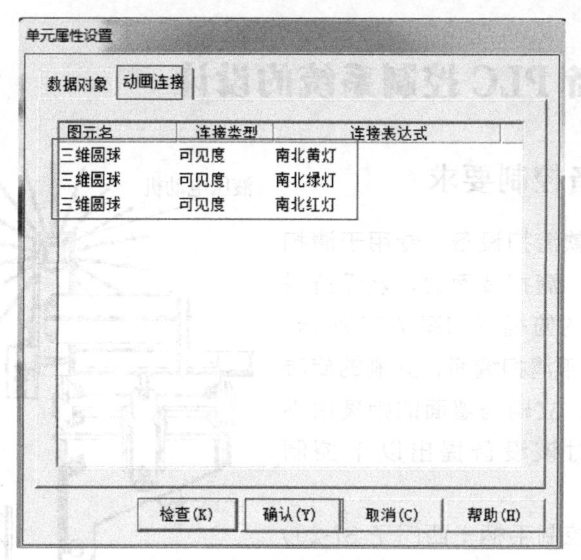

图 7-55　交通灯与变量链接的最终结果

具体步骤可参考 5.5，设备连接结果如图 7-56 所示。

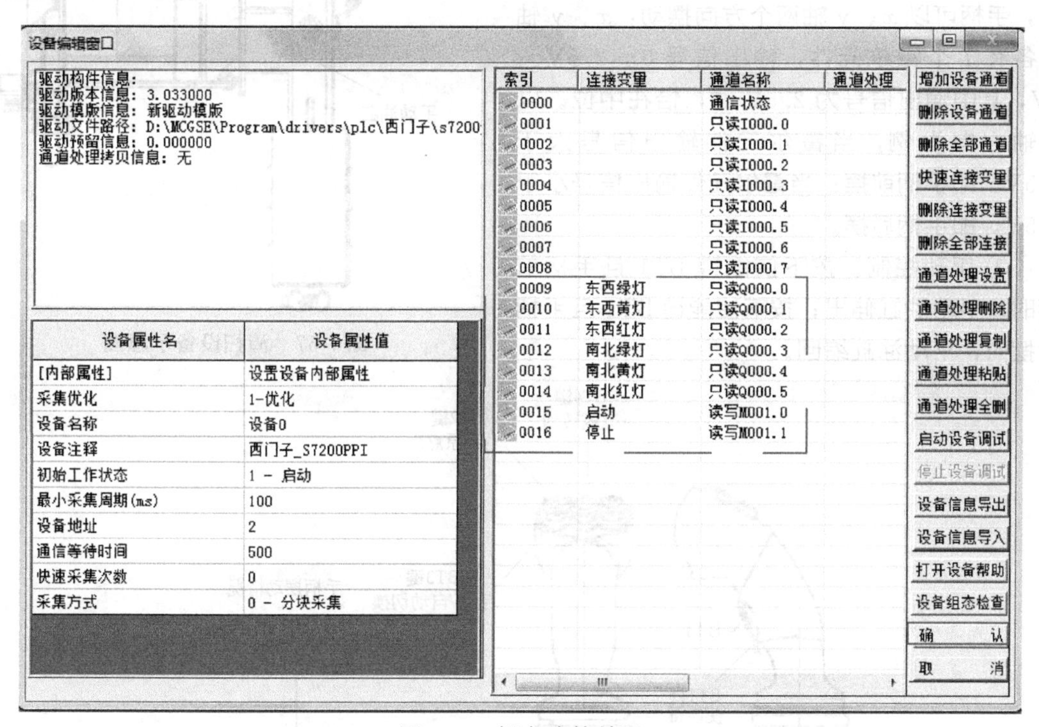

图 7-56　设备连接结果

编者心语：

设备连接窗口是连接触摸屏内部变量和 PLC 变量的桥梁。例如“启动”在触摸屏中地址为 M1.0，“启动”在 PLC 中地址也为 M1.0，它们有公共地址，故能连接。其余地址也同理。

7.6 清扫设备PLC控制系统的设计

7.6.1 清扫设备控制要求

某高速公路有一款清扫设备，专用于清扫高速公路两侧的墙面。清扫墙面时，该设备需挂接在车辆上。设备的俯视图如图7-57所示。在图7-57中，立刷用于清扫墙面，立刷的旋转由液压电动机来驱动；立刷与墙面的距离由平动油缸来调整；现对该设备提出以下控制要求。

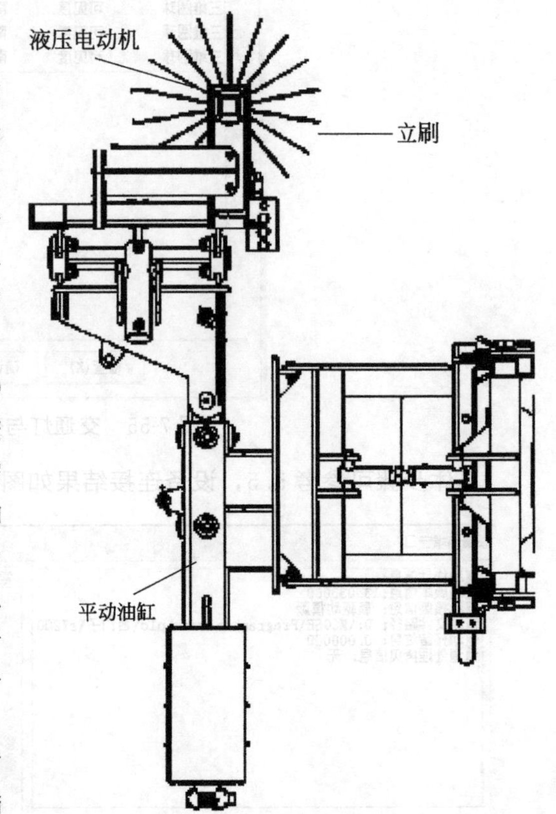

图7-57 清扫设备示意图

该系统采用工业控制手柄+西门子S7-200 SMART PLC的控制模式，其中工业手柄的按键及手柄摆动情况，如图7-58所示。需要指出，手柄可以x、y轴两个方向摆动，x、y轴上各有1个霍尔元件，输出信号0～2.5V～5V，其中输出信号为2.5V时，恰在中位。以y轴方向为例，当霍尔元件输出信号大于2.5V，即手柄前摆；当霍尔元件输出信号小于2.5V，即手柄后摆。

① 手动控制：按下使能键BT1且手柄前摆时，平动油缸伸出；按下使能键BT1且手柄后摆时，平动油缸缩回。

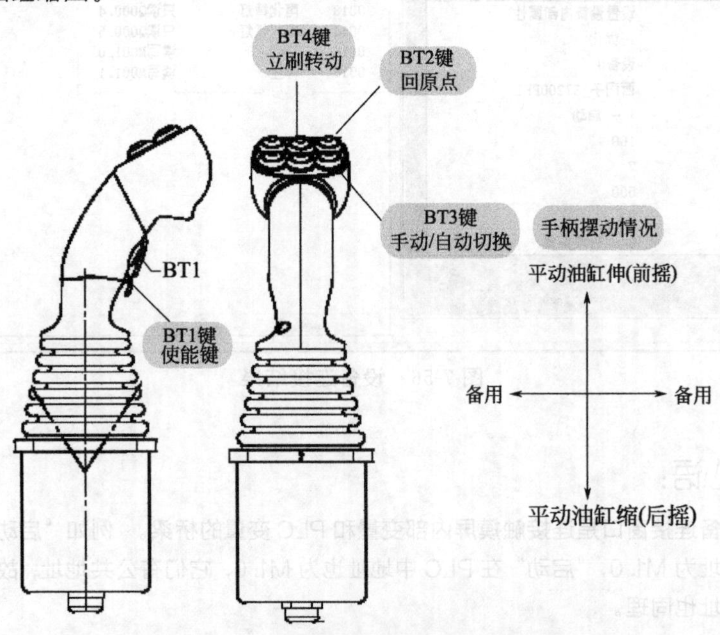

图7-58 工业手柄的按键及手柄摆动情况

② 自动控制：按下手动/自动切换键，设备进入自动模式。刷子触墙面的深浅由压力控制(在电动机转动的液压管路上装有压力变送器，刷子触得深，压力大；反之，压力小)，让压力维持在 7MPa，清扫效果最好。

③ 回原点控制：进入自动模式之前，必须先回原点。平动油缸长 800mm，这里定义原点位置为 400mm。平动油缸中装有磁滞位移传感器，可以实时检测油缸的位置，磁滞位移传感器输出信号为 4～20mA。

根据以上控制要求试设计程序。

7.6.2 硬件设计

清扫设备符号表，如图 7-59 所示。清扫设备硬件图纸，如图 7-60 所示。

符号表

			符号	地址
1			回原点	I0.3
2			自动手动切换	I0.4
3			使能键	I0.5
4			滚刷转动键	I0.6
5			滚刷转动	Q0.0
6			平动油缸伸	Q0.1
7			平动油缸缩	Q0.2
8			液压电机控制	Q0.3

图 7-59　清扫设备符号表

7.6.3 硬件组态

清扫设备控制系统硬件组态，如图 7-61 所示。

7.6.4 程序设计与解析

清扫设备控制系统主程序，如图 7-62 所示。当对应条件满足时，系统将执行相应的子程序。子程序主要包括手动程序、自动程序、回原点程序和滚刷转动程序 4 大部分。

(1) 手动程序

清扫设备控制系统手动程序，如图 7-63 所示。当手动自动切换键 I0.4 常闭＝1 时，系统执行手动程序。当检测霍尔元件输出电压（VD30）小于 2.5V，即手柄后摆，平动油缸缩(Q0.2 和 Q0.3 为 1)；当检测霍尔元件输出电压（VD30）大于 2.5V，即手柄前摆，平动油缸执行伸动作(Q0.1 和 Q0.3 为 1)。

(2) 自动程序

清扫设备控制系统自动程序，如图 7-64 所示。在执行自动程序前，先按下滚刷转动键，为清扫做好准备。按下滚刷转动键 I0.6＝1，滚刷转动 Q0.0 和液压电动机控制 Q0.3 均得电，滚刷转动。需要说明，若想有滚刷转动、平动油缸伸缩等动作，液压电动机必须开启，否则液压系统无流量，即使阀开，动作也不执行。

当手动自动切换键 I0.4 常开＝1 时，系统执行自动程序。压力变送器对压力进行实时检测，当检测压力大于 7MPa，平动油缸执行缩动作(Q0.2 和 Q0.3 为 1)；当检测压力小于 7MPa，平动油缸执行伸动作(Q0.1 和 Q0.3 为 1)。

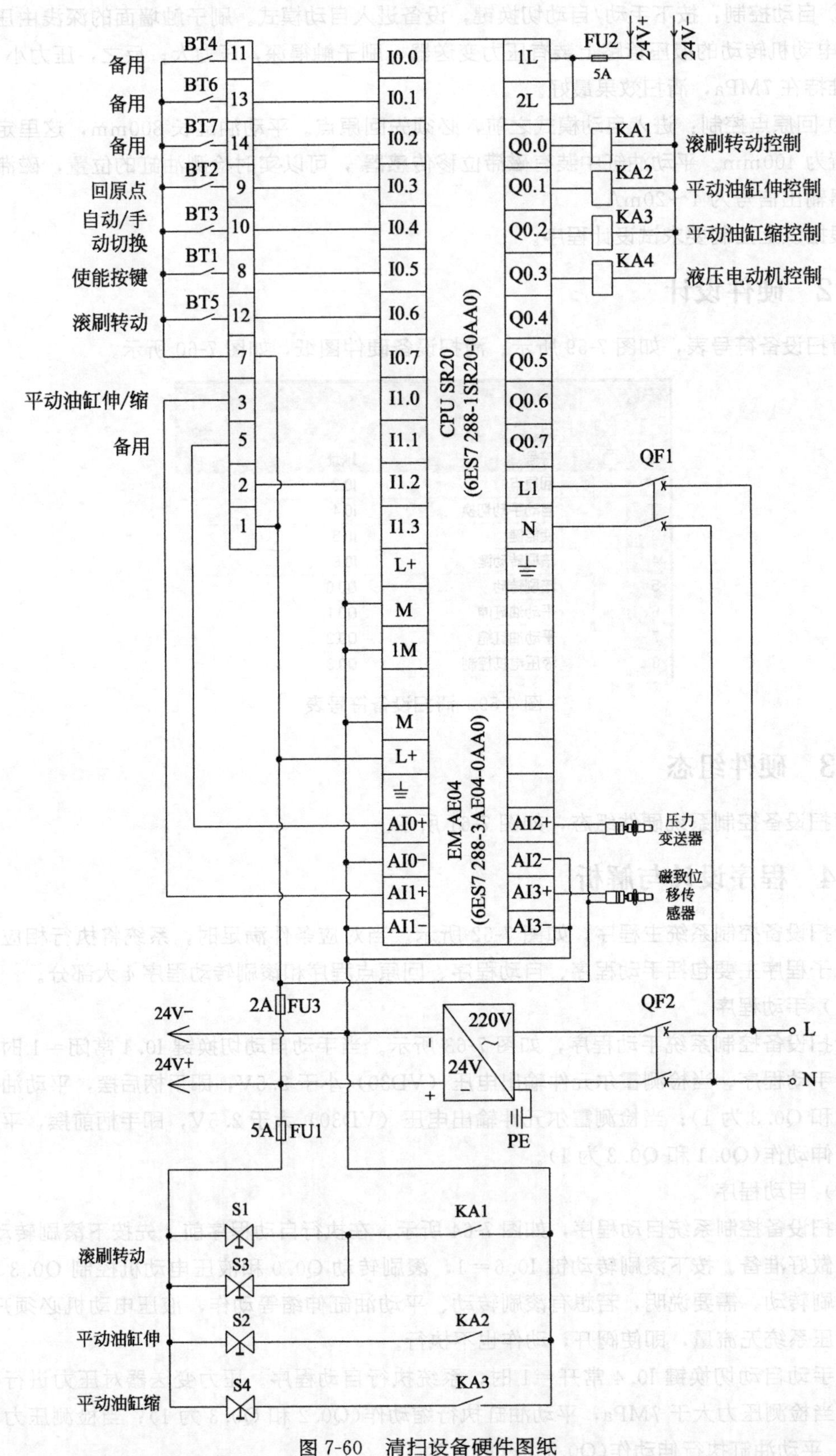

图 7-60 清扫设备硬件图纸

	模块	版本	输入	输出	订货号
CPU	CPU SR20 (AC/DC/Relay)	V02.00.00_00.00...	I0.0	Q0.0	6ES7 288-1SR20-0AA0
SB					
EM 0	EM AE04 (4AI)		AIW16		6ES7 288-3AE04-0AA0
EM 1					

图 7-61 清扫设备控制系统硬件组态

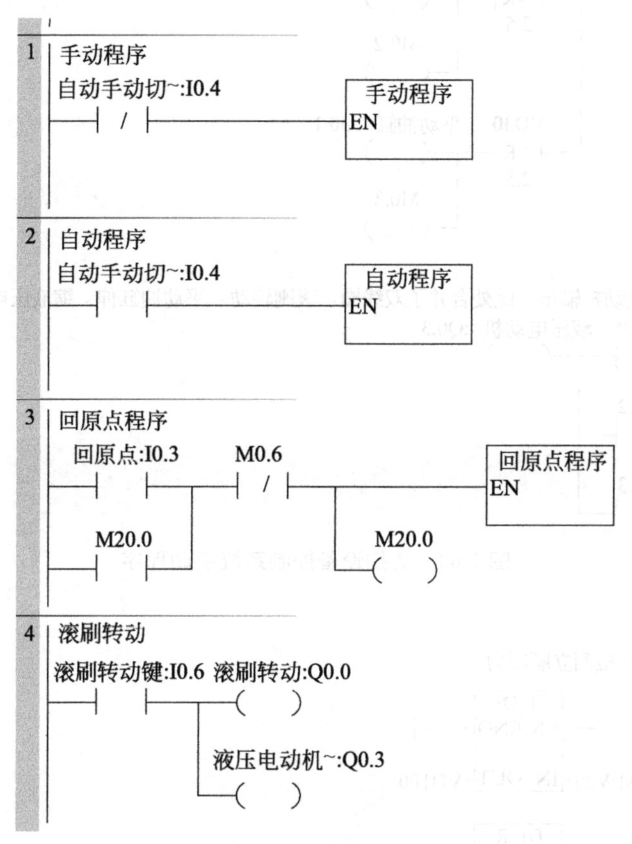

图 7-62 清扫设备控制系统主程序

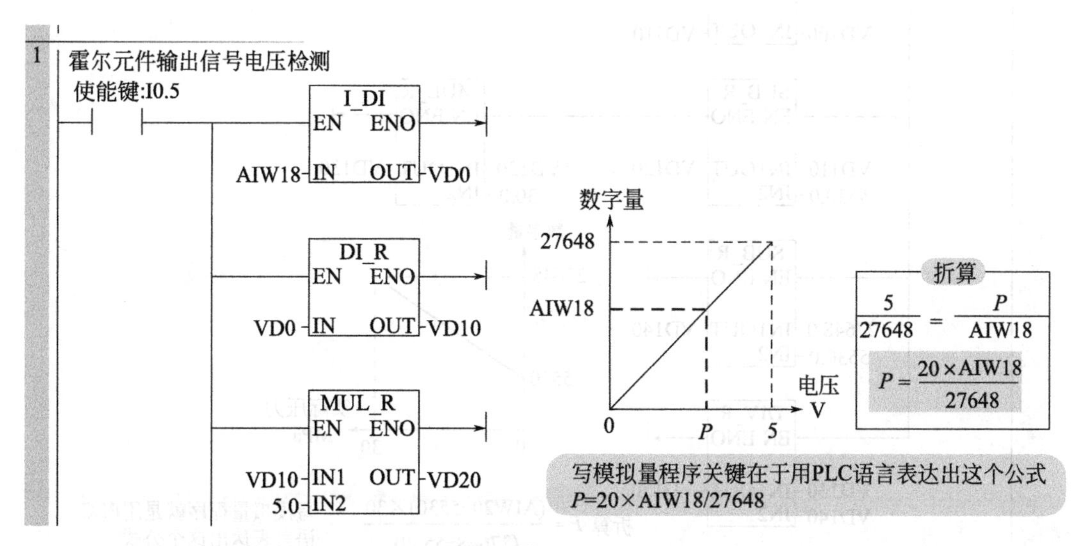

图 7-63

DIV_R
EN ENO
VD20-IN1 OUT-VD30
27648.0-IN2

2 伸缩控制

SM0.0 VD30 <R 2.5 平动油缸~:Q0.2
M0.2
VD30 >R 2.5 平动油缸~:Q0.1
M0.3

3 液压电动机输出；此处合并了双线圈，滚刷转动、平动油缸伸、缩液压电动机都动

M0.0 液压电动机~:Q0.3
M0.2
M0.3

图 7-63　清扫设备控制系统手动程序

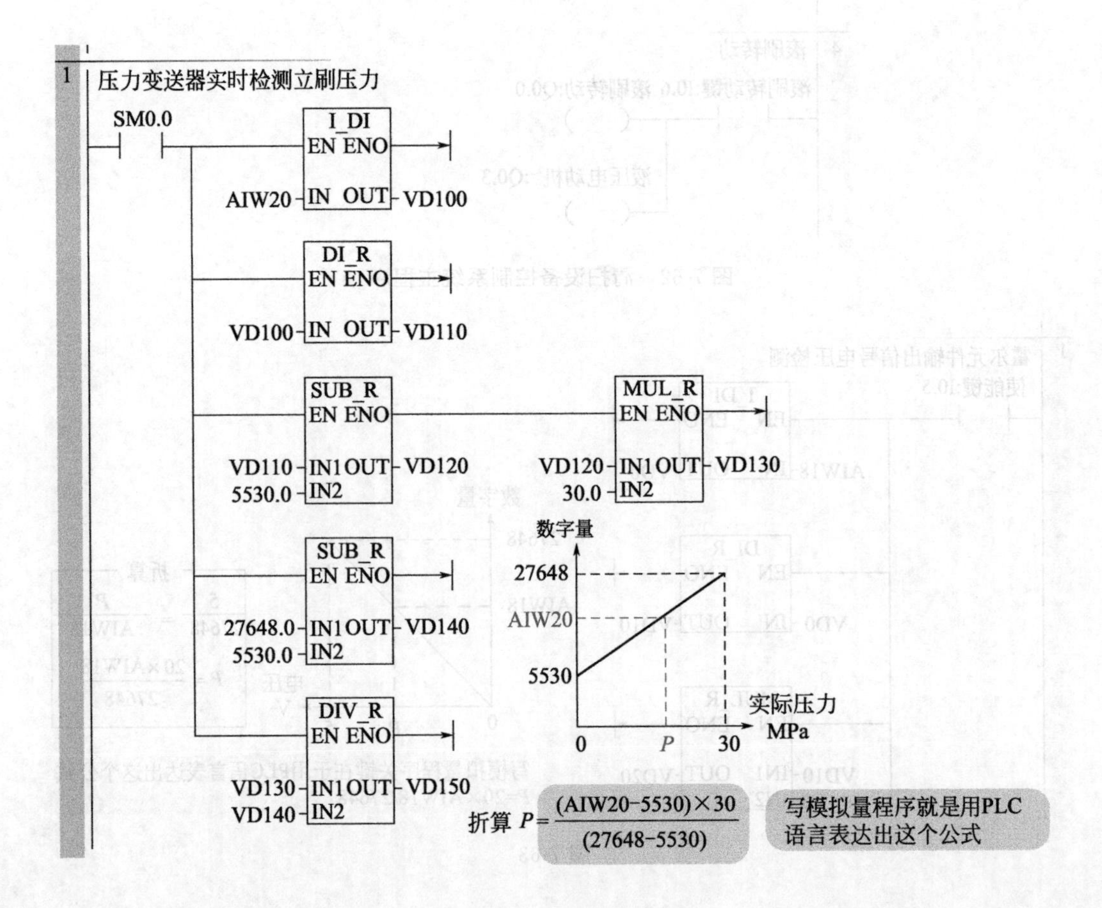

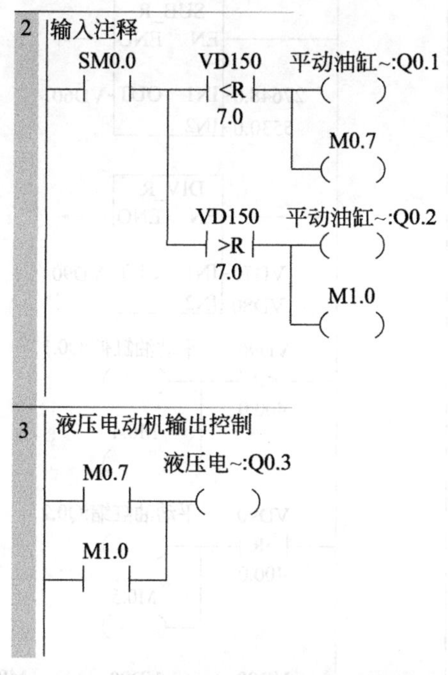

图 7-64　清扫设备控制系统自动程序

(3) 回原点程序

清扫设备控制系统回原点程序，如图 7-65 所示。按下回原点按钮 I0.3=1（此键点动，故用 M20.0 自锁，当油缸停到原点位置，即 400mm 处，M0.6=1 自锁断开），系统执行回原点程序。磁滞位移传感器对油缸行程进行实时检测，当检测到行程大于 400mm，平动油缸执行缩动作（Q0.2 和 Q0.3 为 1）；当检测到行程小于 400mm，平动油缸执行伸动作（Q0.1 和 Q0.3 为 1）。最终油缸会停在原点位置，即 400mm 处。这为执行自动程序做好了准备。

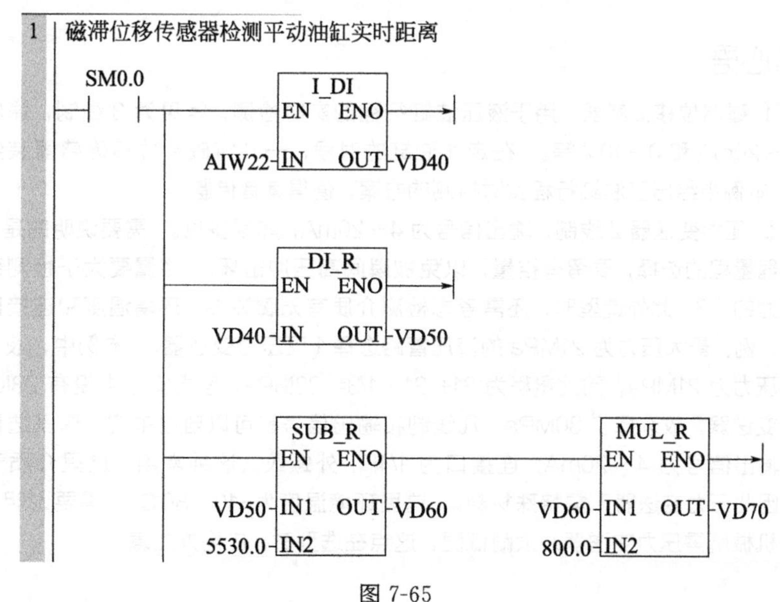

图 7-65

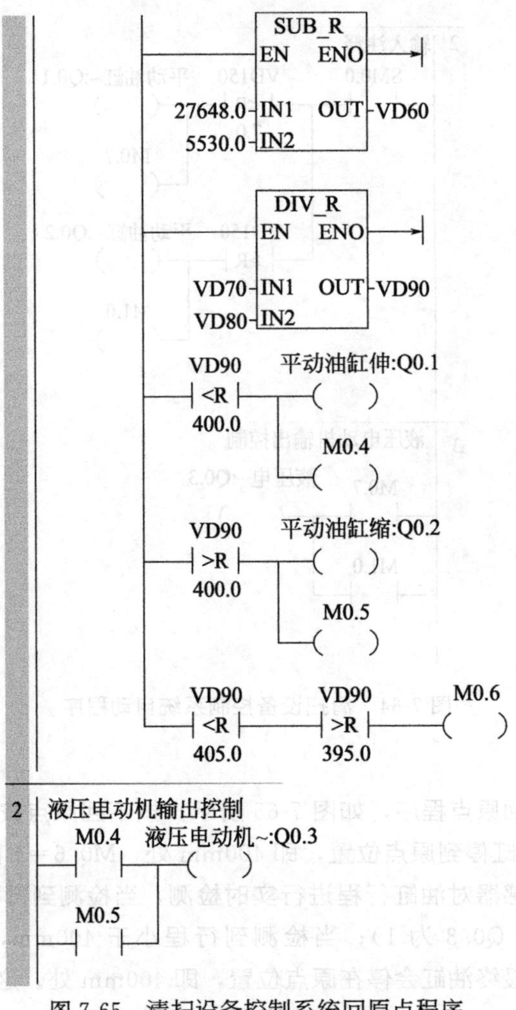

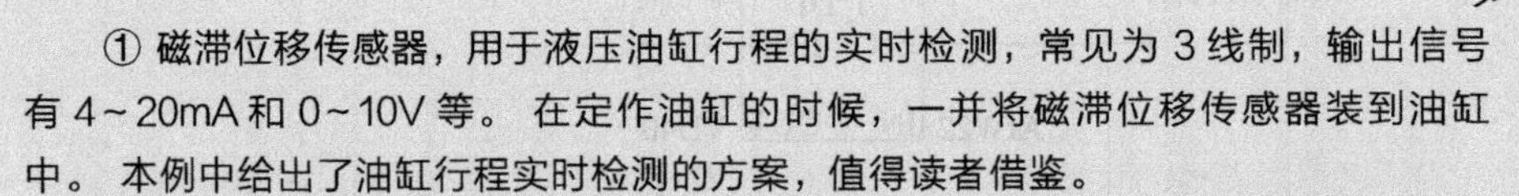

图 7-65 清扫设备控制系统回原点程序

编者心语：

① 磁滞位移传感器，用于液压油缸行程的实时检测，常见为 3 线制，输出信号有 4~20mA 和 0~10V 等。 在定作油缸的时候，一并将磁滞位移传感器装到油缸中。 本例中给出了油缸行程实时检测的方案，值得读者借鉴。

② 压力变送器 2 线制，输出信号为 4~20mA，非常多见。 需要说明的是，压力变送器量程的选择，要留有裕量，以免被瞬间高压冲击坏。 裕量要大于检测系统量大压力的 1/3，此外造型时，还需考虑检测介质有无腐蚀性、环境温度和连接口的形式等；例：最大压力为 21MPa 的液压管路选择 1 只压力变送器。 本例中，液压系统最大压力为 21MPa，因此量程为 21+ 21×1/3= 28MPa，考虑实际中没有 28MPa 的压力变送器，故选择了 30MPa；几线制和输出信号都可以自己来定，这里选择 2 线制，输出信号为 4~20mA；连接口为 1/4PT 外螺纹，这种常用；这里介质无腐蚀性，因此压力变送器无需特殊材料。 这里环境温度为-10~80℃。 需要说明，有些工程机械所需压力变送器必须耐低温，这点在选型时，应格外注意。

附录 A S7-200 SMART PLC 外部接线图

（1）CPU SR20 的接线

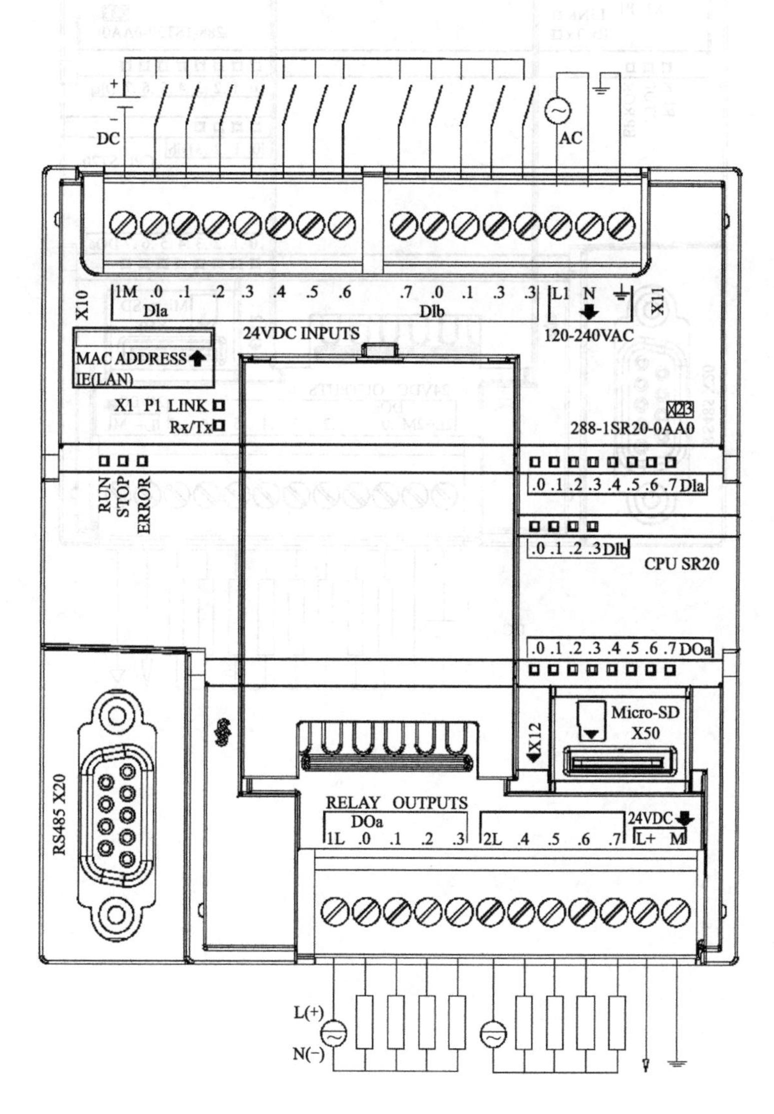

（2）CPU ST20 的接线

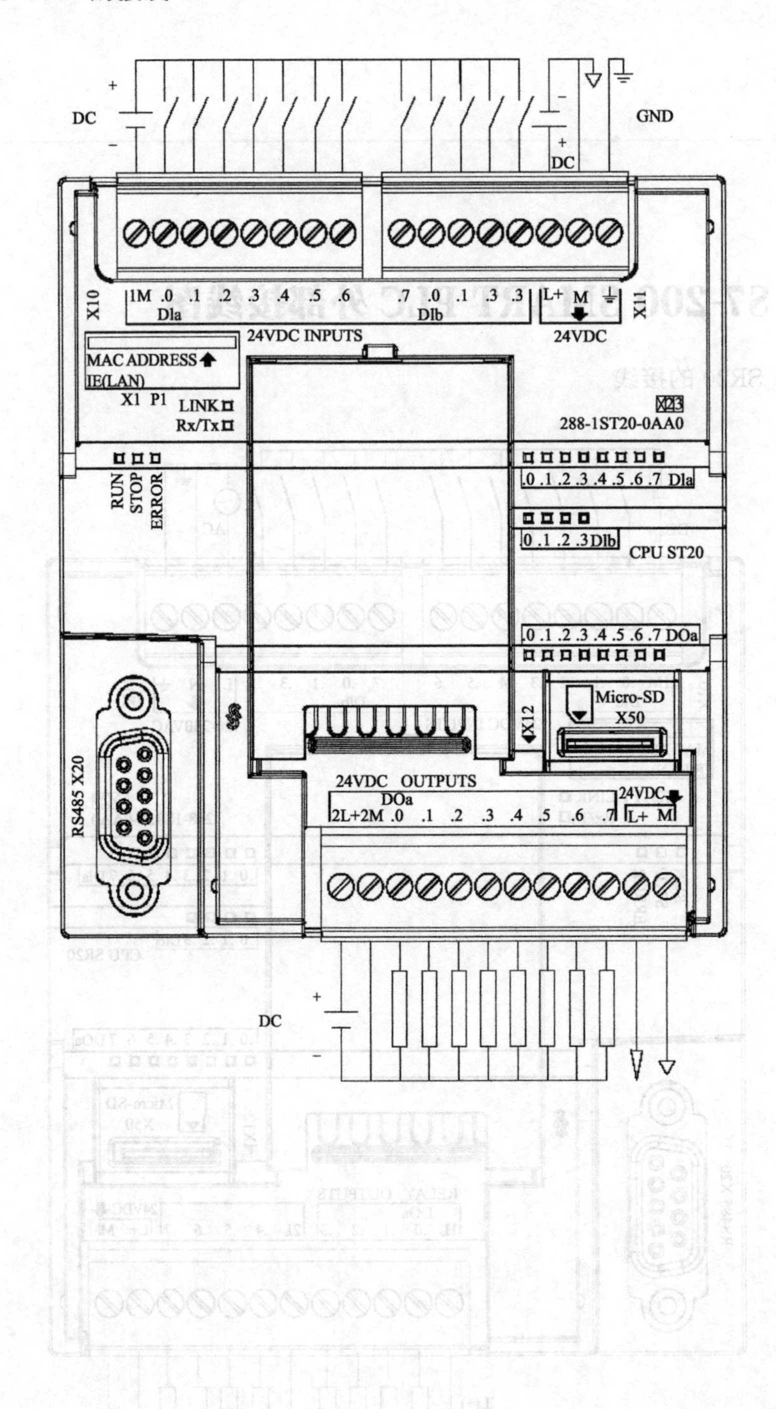

（3）CPU SR40 的接线

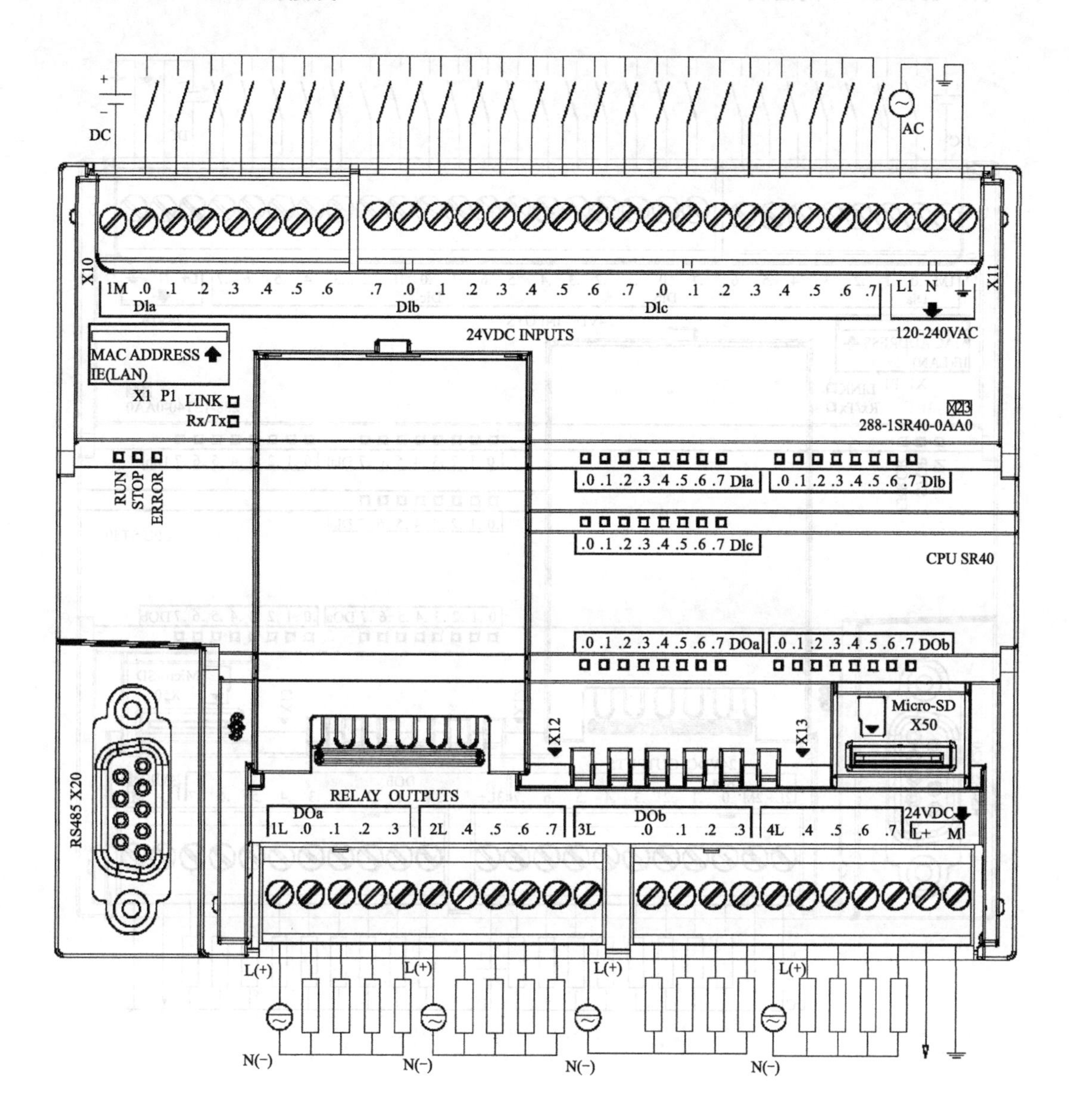

（4）CPU ST40 的接线

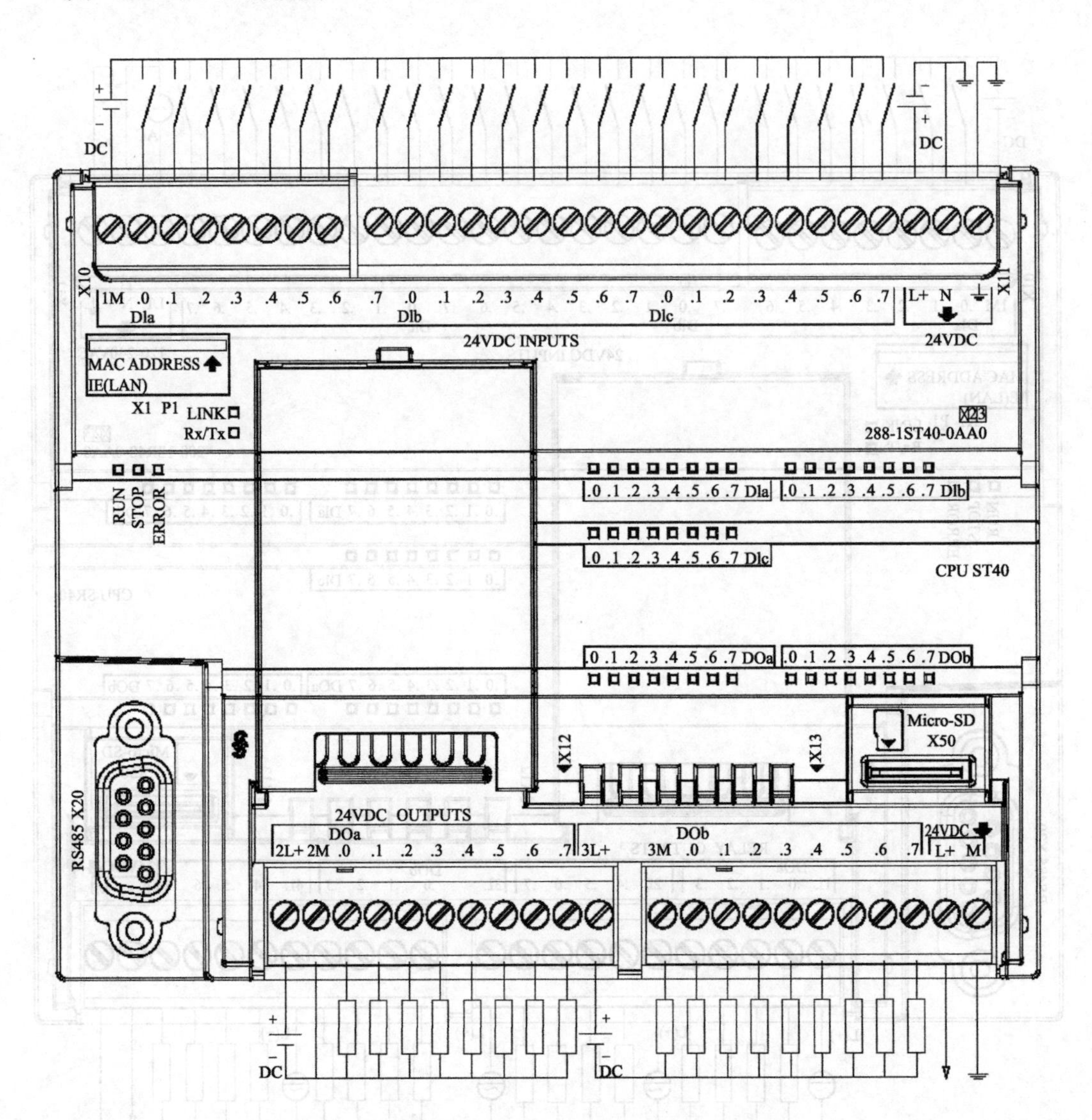

（5）CPU SR60 的接线

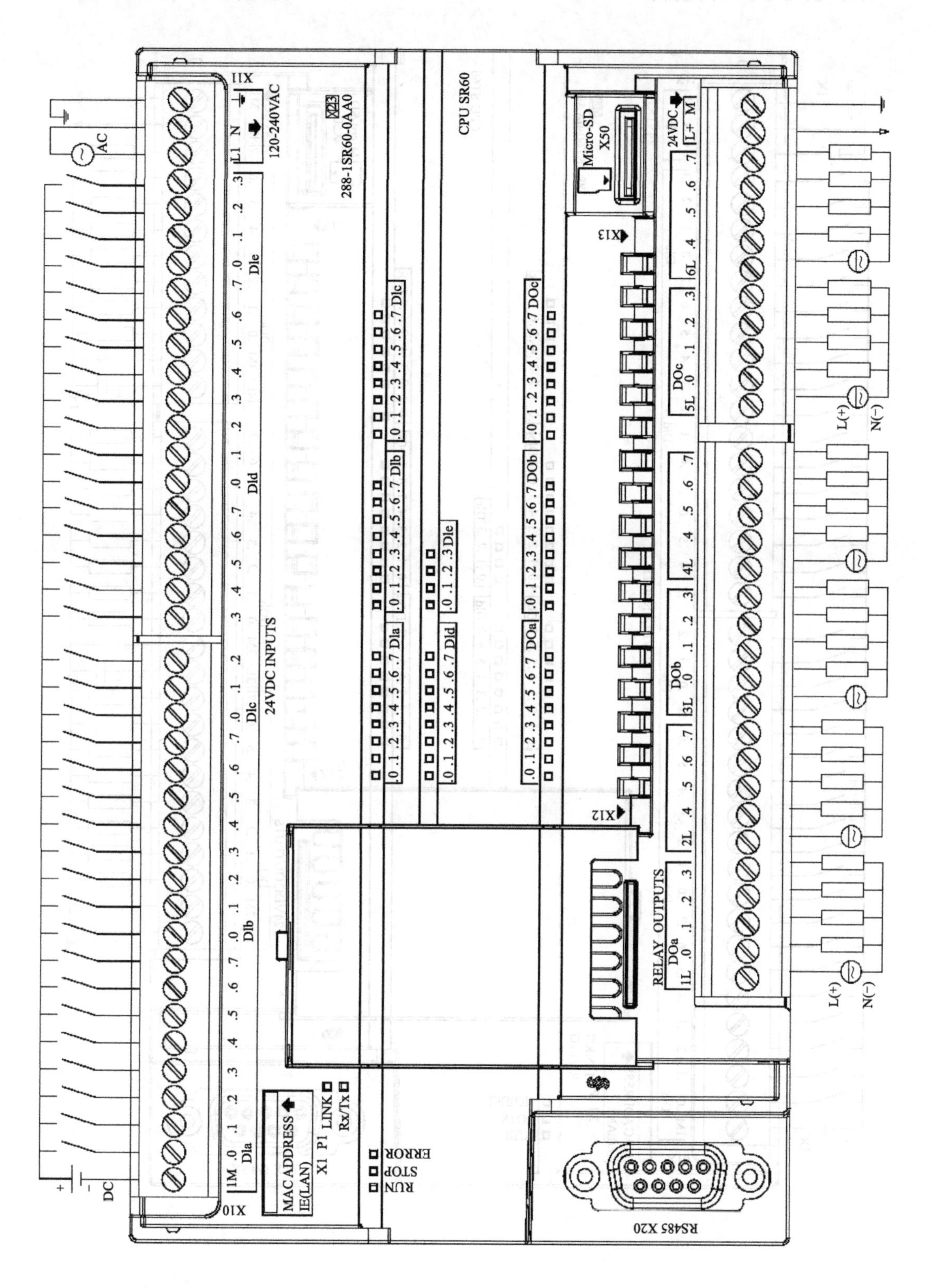

(6) CPU ST60 的接线

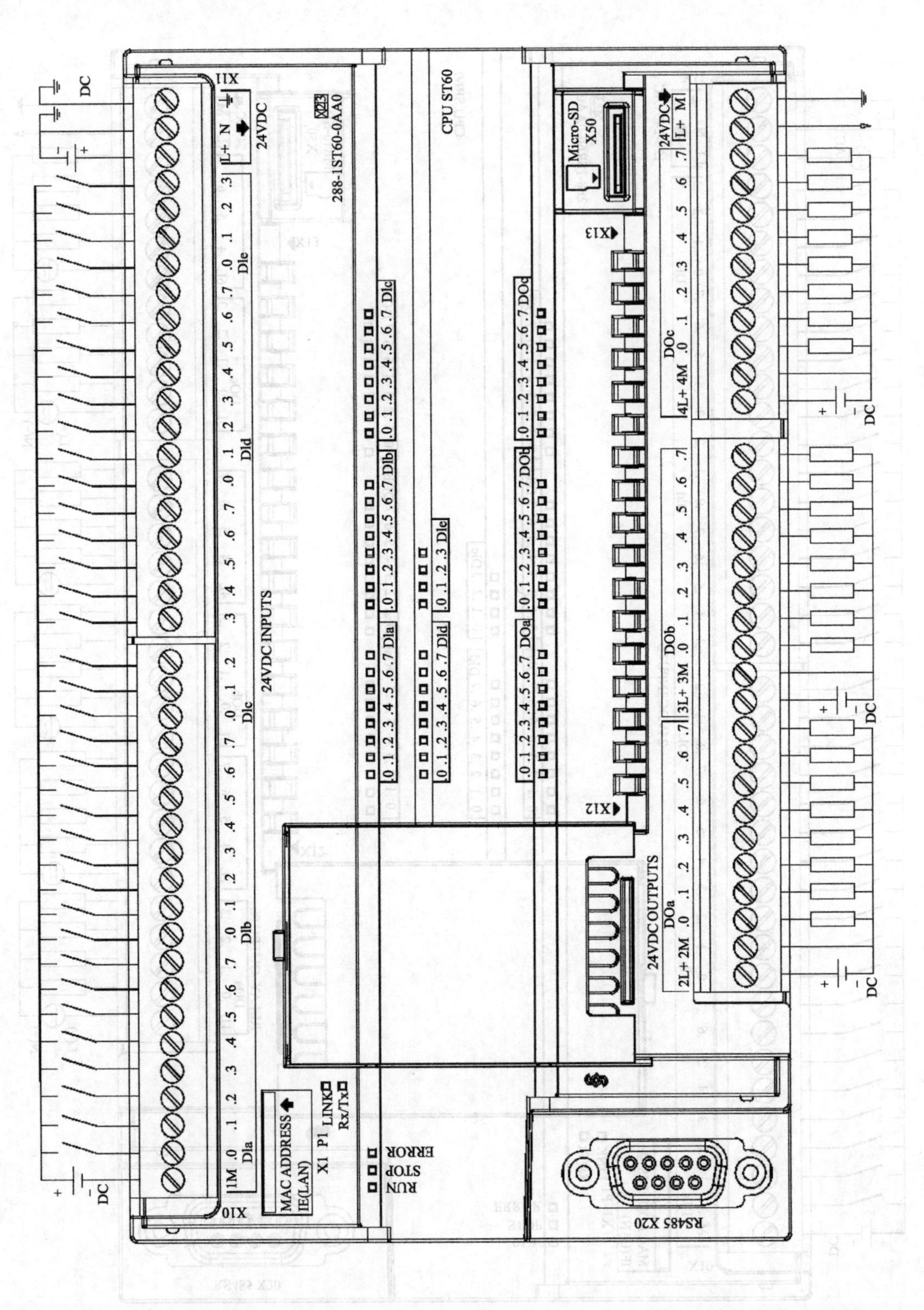

(7) CPU CR60 的接线

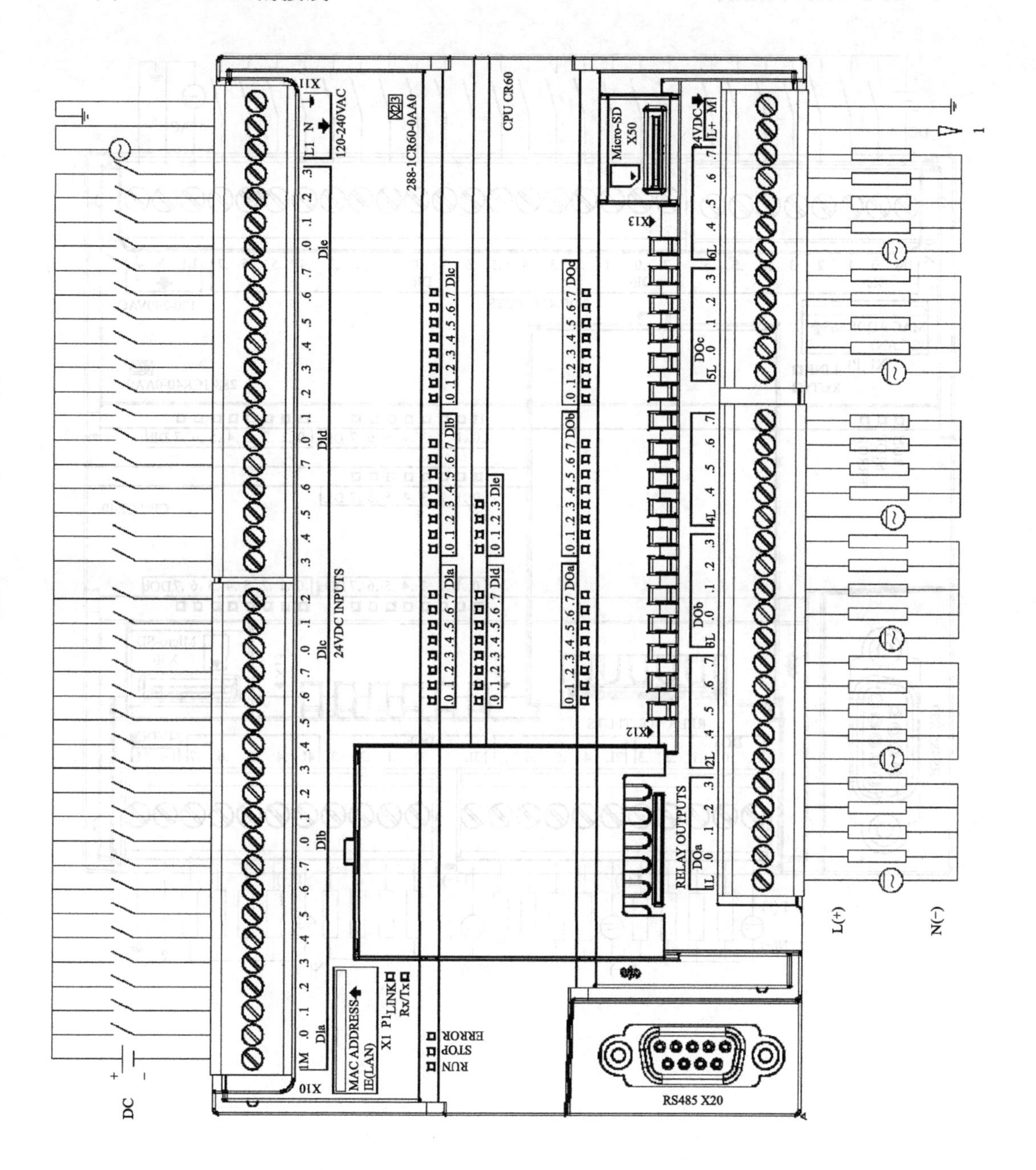

（8）CPU CR40 的接线

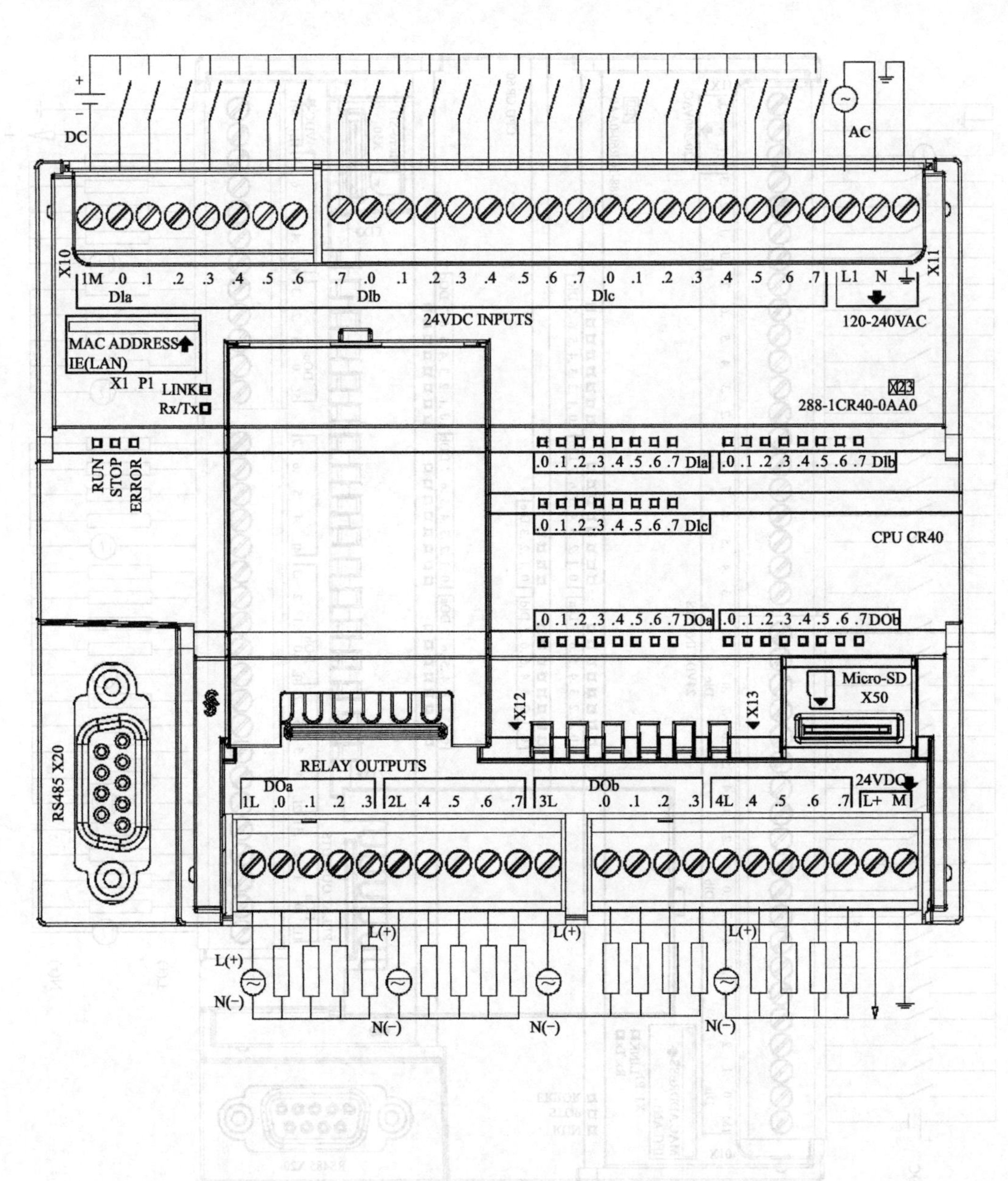

附录 B　捷尼查多功能仪表接线图及参数设置

连接图

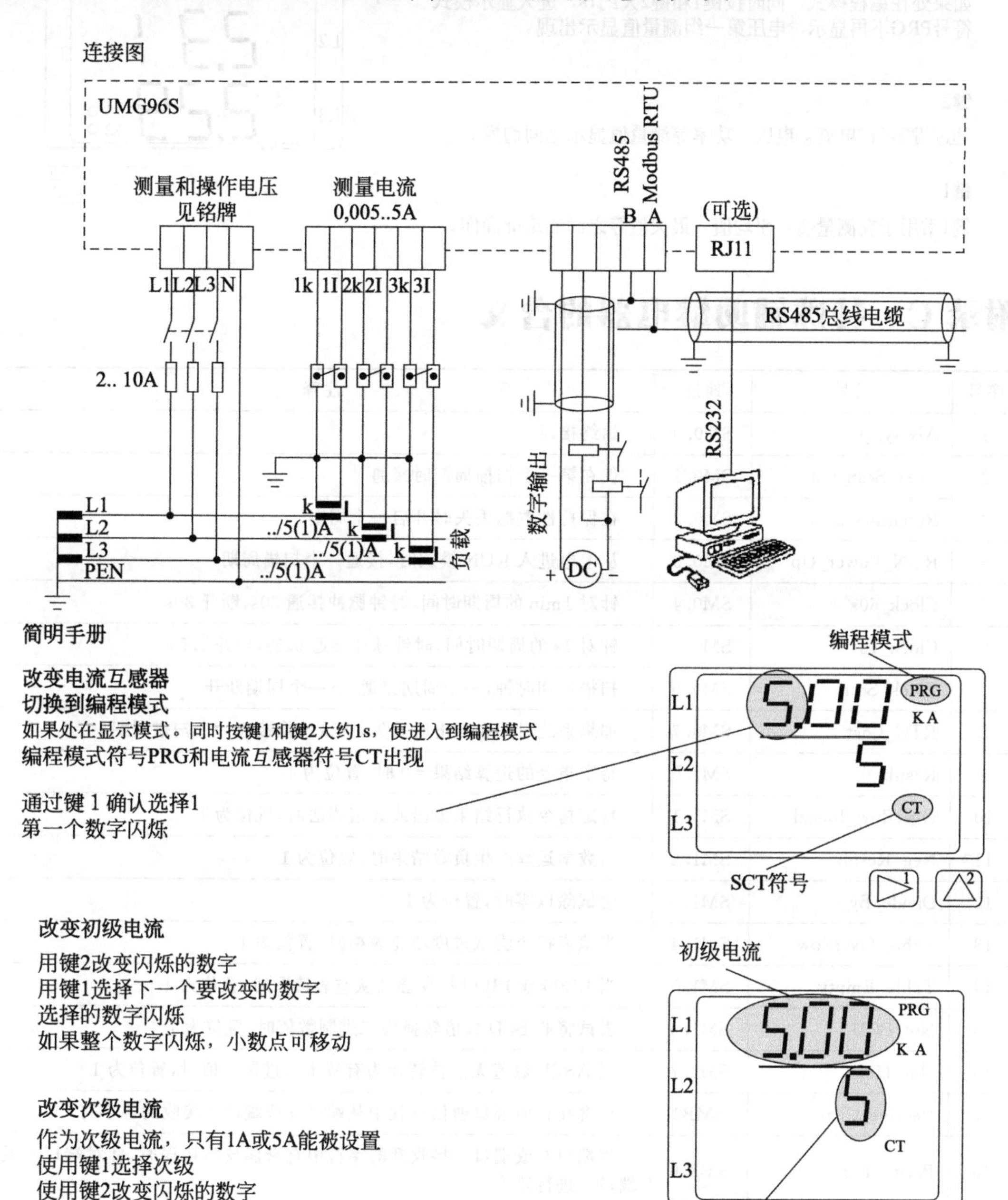

简明手册

改变电流互感器
切换到编程模式

如果处在显示模式。同时按键1和键2大约1s，便进入到编程模式
编程模式符号PRG和电流互感器符号CT出现

通过键 1 确认选择1
第一个数字闪烁

改变初级电流

用键2改变闪烁的数字
用键1选择下一个要改变的数字
选择的数字闪烁
如果整个数字闪烁，小数点可移动

改变次级电流

作为次级电流，只有1A或5A能被设置
使用键1选择次级
使用键2改变闪烁的数字

离开编程模式

按双键大约1s，电流互感器的比率被存储，将返回到显示模式

调用测量值
切换到显示模式
如果处在编程模式，同时按键1和键2大约1s，进入显示模式
符号PRG不再显示，电压第一组测量值显示出现。

键2
通过键2可在电流、电压、功率等测量值显示之间切换。

键1
键1常用于在测量值、平均值、最大值等之间的滚屏操作。

附录 C　特殊辅助继电器的含义

序号	符号	地址	注释
1	Always_On	SM0.0	始终接通
2	First_Scan_On	SM0.1	仅在第一个扫描周期时接通
3	Retentive_Lost	SM0.2	在保持性数据丢失时开启一个周期
4	RUN_Power_Up	SM0.3	从上电进入 RUN 模式时，接通一个扫描周期
5	Clock_60s	SM0.4	针对 1min 的周期时间，时钟脉冲接通 30s，断开 30s
6	Clock_1s	SM0.5	针对 1s 的周期时间，时钟脉冲接通 0.5s，断开 0.5s
7	Clock_Scan	SM0.6	扫描周期时钟，一个周期接通，下一个周期断开
8	RTC_Lost	SM0.7	如果系统时间在上电时丢失，则该位将接通一个扫描周期
9	Result_0	SM1.0	特定指令的运算结果＝0 时，置位为 1
10	Overflow_Illegal	SM1.1	特定指令执行结果溢出或数值非法时，置位为 1
11	Neg_Result	SM1.2	当数学运算产生负数结果时，置位为 1
12	Divide_By_0	SM1.3	尝试除以零时，置位为 1
13	Table_Overflow	SM1.4	当填表指令尝试过度填充表格时，置位为 1
14	Table_Empty	SM1.5	当 LIFO 或 FIFO 指令尝试从空表读取时，置位为 1
15	Not_BCD	SM1.6	尝试将非 BCD 数值转换为二进制数值时，置位为 1
16	Not_Hex	SM1.7	当 ASCII 数值无法被转换为有效十六进制数值时，置位为 1
17	Receive_Char	SMB2	包含在自由端口通信过程中从端口 0 或端口 1 接收的各字符
18	Parity_Err	SM3.0	当端口 0 或端口 1 接收到的字符中有奇偶校验错误时，针对端口 0 或端口 1 进行置位
19	Comm_Int_Ovr	SM4.0	如果通信中断队列溢出（仅限中断例程），则置位为 1
20	Input_Int_Ovr	SM4.1	如果输入中断队列溢出（仅限中断例程），则置位为 1
21	Timed_Int_Ovr	SM4.2	如果定时中断队列溢出（仅限中断例程），则置位为 1
22	RUN_Err	SM4.3	当检测到运行编程错误时置位为 1
23	Int_Enable	SM4.4	指示全局中断启用状态：1＝已启用中断
24	Xmit0_Idle	SM4.5	当发送器空闲时置位为 1（端口 0）
25	Xmit1_Idle	SM4.6	当发送器空闲时置位为 1（端口 1）

续表

序号	符号	地址	注释
26	Force_On	SM4.7	值被强制时置位为1,1=强制值,0=未强制值
27	IO_Err	SM5.0	存在任何I/O错误时置位为1
28	Too_Many_D_IO	SM5.1	如果过多的数字量I/O点连接到I/O总线,置位为1
29	Too_Many_A_IO	SM5.2	如果过多的模拟量I/O点连接到I/O总线,置位为1
30	CPU_ID	SMB6	识别CPU型号
31	CPU_IO	SMB7	识别I/O类型
32	EMO_ID	SMB8	模块OID寄存器
33	EMO_Err	SMB9	模块0错误寄存器
34	EM1_ID	SMB10	模块1ID寄存器
35	EM1_Err	SMB11	模块1错误寄存器
36	EM2_ID	SMB12	模块2ID寄存器
37	EM2_ Err	SMB13	模块2错误寄存器
38	EM3_ID	SMB14	模块3ID寄存器
39	EM3_Err	SMB15	模块3错误寄存器
40	EM4_ID	SMB16	模块4ID寄存器
41	EM4_Err	SMB17	模块4错误寄存器
42	EM5_ID	SMB18	模块5ID寄存器
43	EM5_Err	SMB19	模块5错误寄存器
44	Last_Scan	SMW22	最后一次扫描循环的扫描时间
45	Minimum_Scan	SMW24	自从进入RUN模式起记录的最小扫描时间
46	Maximum_Scan	SMW26	自从进入RUN模式起记录的最大扫描时间
47	SB_ID	SMB28	信号板ID
48	SB_Err	SMB29	信号板错误
49	P0_Config	SMB30	组态端口0通信:奇偶校验、每个字符的数据位数、波特率和协议
50	P0_Config_0	SM30.0	为端口0选择自由口或系统协议
51	P1_Config	SMB130	组态端口1通信:奇偶校验、每个字符的数据位数、波特率和协议
52	P1_Config_0	SM130.0	为端口1选择自由口或系统协议
53	Time_0_Intrvl	SMB34	指定中断0的时间间隔(从5～255,以1ms递增)
54	Time_1_Intrvl	SMB35	指定中断1的时间间隔(从5～255,以1ms递增)
55	HSC0_Status	SMB36	HSC0计数器状态
56	HSC0_Status_ 5	SM36.5	HSC0当前计数方向状态:1=加计数
57	HSC0_Status_6	SM36.6	HSC0当前值等于预设值状态:1=等于
58	HSC0_Status_7	SM36.7	HSC0当前值大于预设值状态:1=大于
59	HSC0_Ctrl	SMB37	组态和控制HSC0
60	HSC0_Reset_Level	SM37.0	HSC0计数器复位的有效电平控制:0=高电平有效:1=低电平有效

续表

序号	符号	地址	注释
61	HSC0_Rate	SM37.2	HSC0 计数速率选择器:0=4x(4 倍速);1=1x
62	HSC0_Dir	SM37.3	HSC0 计数方向控制:0=减计数;1=加计数
63	HSC0_Dir_Update	SM37.4	HSC0 更新计数方向:0=不更新;1=更新方向
64	HSC0_PV_Update	SM37.5	HSC0 更新预设值:0=不更新;1=更新预设值
65	HSC0_CV_Update	SM37.6	HSC0 更新当前值:0=不更新;1=更新当前值
66	HSC0_Enable	SM37.7	HSC0 启用:0=禁用;1=启用
67	HSC0_CV	SMD38	HSC0 新当前值
68	HSC0_PV	SMD42	HSC0 新预设值
69	HSC1_Status	SMB46	HSC1 计数器状态
70	HSC1_Status_5	SM46.5	HSC1 当前计数方向状态:1=加计数
71	HSC1_Status_6	SM46.6	HSC1 当前值等于预设值状态:1=等于
72	HSC1_Status_7	SM46.7	HSC1 当前值大于预设值状态:1=大于
73	HSC1_Ctrl	SMB47	组态和控制 HSC1
74	HSC1_Dir	SM47.3	HSC1 计数方向控制:0=减计数;1=加计数
75	HSC1_Dir_Update	SM47.4	HSC1 更新计数方向:0=不更新:1=更新方向
76	HSC1_PV_Update	SM47.5	HSC1 更新预设值:0=不更新:1=更新预设值
77	HSC1_CV_Update	SM47.6	HSC1 更新当前值:0=不更新:1=更新当前值
78	HSC1_Enable	SM47.7	HSC1 使能:0=禁用;1=启用
79	HSC1_CV	SMD48	HSC1 新当前值
80	HSC1_PV	SMD52	HSC1 新预设值
81	HSC2_Status	SMB56	HSC2 计数器状态
82	HSC2_Status_ 5	SM56.5	HSC2 当前计数方向状态:1=加计数
83	HSC2_Status_6	SM56.6	HSC2 当前值等于预设值状态:1=等于
84	HSC2_Status_7	SM56.7	HSC2 当前值大于预设值状态:1=大于
85	HSC2_Ctrl	SMB57	组态和控制 HSC2
86	HSC2_Reset_Level	SM57.0	HSC2 计数器复位的有效电平控制:0=高电平有效:1=低电平有效
87	HSC2_Rate	SM57.2	HSC2 计数速率选择器:0=4x(4 倍速):1=1x
88	HSC2_Dir	SM57.3	HSC2 计数方向控制:0=减计数:1=加计数
89	HSC2_Dir_Update	SM57.4	HSC2 更新计数方向:0=不更新;1=更新方向
90	HSC2_PV_Update	SM57.5	HSC2 更新预设值:1=将新预设值写入 HSC2 预设值
91	HSC2_CV_Update	SM57.6	HSC2 更新当前值:0=不更新;1=更新当前值
92	HSC2_Enable	SM57.7	HSC2 使能:0=禁用;1=启用
93	HSC2_CV	SMD58	HSC2 新当前值
94	HSC2_PV	SMD62	HSC2 新预设值
95	HSC3_Status	SMB136	HSC3 计数器状态

续表

序号	符号	地址	注释
96	HSC3_Status_ 5	SM136. 5	HSC3 当前计数方向状态:1=加计数
97	HSC3_Status_6	SM136. 6	HSC3 当前值等于预设值状态:1=等于
98	HSC3_Status_7	SM136. 7	HSC3 当前值大于预设值状态:1=大于
99	HSC3_Ctrl	SMB137	组态和控制 HSC3
100	HSC3_Dir	SM137. 3	HSC3 计数方向控制:0=减计数;1=加计数
101	HSC3_Dir_Update	SM137. 4	HSC3 更新计数方向:0=不更新;1=更新方向
102	HSC3_PV_Update	SM137. 5	HSC3 更新预设值:0=不更新;1=更新预设值
103	HSC3_CV_Update	SM137. 6	HSC3 更新当前值:0=不更新:1=更新当前值
104	HSC3_Enable	SM137. 7	HSC3 使能:0=禁用;1=启用
105	HSC3_CV	SMD138	HSC3 新当前值
106	HSC3_PV	SMD142	HSC3 新预设值
107	PTO0_Status	SMB66	PTO0 状态
108	PLS0_Ovr	SM66. 6	PTO0 管道溢出(使用外部包络时,由系统清除,否则必须由用户复位):0=无溢出,1=管道溢出
109	PLS0_Idle	SM66. 7	PTO0 空闲:0= PTO 正在执行:1=PTO 空闲
110	PLS0_Ctrl	SMB67	监视和控制 Q0. 0 的 PTO0(脉冲串输出)和 PWM0(脉冲宽度调制)
111	PLS0_Cycle_Update	SM67. 0	PTO0/PWM0 更新周期值:1=写入新周期
112	PWM0_PW_Update	SM67. 1	PTO0/PWM0 更新脉冲宽度值:1=写入新脉冲宽度
113	PTO0_PC_Update	SM67. 2	PTO0 更新脉冲计数值:1=写入新脉冲计数
114	PLS0_TimeBase	SM67. 3	PTO0/PWM0 时基:0=1μs/刻度,1=1ms/刻度
115	PLS0_选择	SM67. 6	PTO0/PWM0 模式选择:0=PTO;1=PWM
116	PLS0_Enable	SM67. 7	PTO0/PWM0 使能:1=启用
117	PLS0_Cycle	SMW68	字数据类型:PTO0/PWM0 周期值(2~65535 个单位时基)
118	PWM0_PW	SMW70	字数据类型:PWM0 脉冲宽度值(0~65535 个单位时基)
119	PTO0_PC	SMD72	双字数据类型:PTO0 脉冲计数值(1~2^32-1)
120	PTO1_Status	SMB76	PTO1 状态
121	PLS1_Ovr	SM76. 6	PTO1 管道溢出(使用外部包络时,由系统清除,否则必须由用户复位):0=无溢出;1=管道溢出
122	PLS1_Idle	SM76. 7	PTO1 空闲:0=PTO 正在执行;1=PTO 空闲
123	PLS1_Ctrl	SMB77	监视和控制 Q0. 1 的 PTO1(脉冲串输出)和 PWM1(脉冲宽度调制)
124	PLS1_Cycle_Update	SM77. 0	PTO1/PWM1 更新周期值:1=写入新周期
125	PWM1_PW_Update	SM77. 1	PTO1/PWM1 更新脉冲宽度值:1=写入新脉冲宽度
126	PTO1_PC_Update	SM77. 2	PTO1 更新脉冲计数值:1=写入新脉冲计数
127	PLS1_TimeBase	SM77. 3	PTO1/PWM1 时基:0=1μs/刻度,1=1ms/刻度
128	PLS1_Select	SM77. 6	PTO1/PWM1 模式选择:0=PTO;1=PWM
129	PLS1_Enable	SM77. 7	PTO1/PWM1 使能:1=启用

续表

序号	符号	地址	注释
130	PLS1_Cycle	SMW78	字数据类型:PTO1/PWM1 周期值(2～65535 个单位时基)
131	PWM1_PW	SMW80	字数据类型字:PWM1 脉冲宽度值(0～65535 个单位时基)
132	PTO1_PC	SMD82	双字数据类型:PTO1 脉冲计数值(1～2^32－1)
133	PTO2_Status	SMB566	PTO2 状态
134	PLS2_Ovr	SM566.6	PTO2 管道溢出(使用外部包络时,由系统清除,否则必须由用户复位):0＝无溢出,1＝管道溢出
135	PLS2_Idle	SM566.7	PTO2 空闲:0＝PTO 正在执行;1＝PTO 空闲
136	PLS2_Ctrl	SMB567	监视和控制 Q0.0 的 PTO2(脉冲串输出)和 PWM0(脉冲宽度调制)
137	PLS2_Cycle_Update	SM567.0	PTO2/PWM2 更新周期值:1＝写入新周期
138	PWM2_PW_Update	SM567.1	PTO2/PWM2 更新脉冲宽度值:1＝写入新脉冲宽度
139	PTO2_PC_Update	SM567.2	PTO2 更新脉冲计数值:1＝写入新脉冲计数
140	PLS2_TimeBase	SM567.3	PTO2/PWM2 时基:0＝1μs/刻度,1＝1ms/刻度
141	PLS2_Select	SM567.6	PTO2/PWM2 模式选择:0＝PTO;1＝PWM
142	PLS2_Enable	SM567.7	PTO2/PWM2 使能:1＝启用
143	PLS2_Cycle	SMW568	字数据类型:PTO2/PWM2 周期值(2～65535 个单位时基)
144	PWM2_PW	SMW570	字数据类型:PWM2 脉冲宽度值(0～65535 个单位时基)
145	PTO2_PC	SMD572	双字数据类型:PTO2 脉冲计数值(1～2^32－1)
146	P0_Stat_Rcv	SMB86	端口 0 接收消息状态
147	P0_Stat_Rcv_0	SM86.0	1＝接收消息终止:奇偶校验错误
148	P0_Stat_Rcv_1	SM86.1	1＝接收消息终止:达到最大字符计数
149	P0_Stat_Rcv_2	SM86.2	1＝接收消息终止:定时器时间到
150	P0_Stat_Rcv_5	SM86.5	1＝接收信息终止:收到结束字符
151	P0_Stat_Rcv_6	SM86.6	1＝接收消息终止:输入参数错误或者缺少开始或结束条件
152	P0_Stat_Rcv_7	SM86.7	1＝接收信息终止:用户禁用命令
153	P0_Ctrl_Rcv	SMB87	接收消息控制
154	P0_Ctrl_Rcv_1	SM87.1	0＝忽略断开条件;1＝将断开条件用作消息检测的开始
155	P0_Ctrl_Rcv_2	SM87.2	0＝忽略 SMW92,1＝如果超出 SMW92 中的时间段,则终止接收
156	P0_Ctrl_Rcv_3	SM87.3	0＝定时器是字符间定时器,1＝定时器是消息定时器
157	P0_Ctrl_Rcv_4	SM87.4	0＝忽略 SMW90,1＝使用 SMW90 的值检测空闲条件
158	P0_Ctrl_Rcv_5	SM87.5	0＝忽略 SMB89,1＝使用 SMB89 的值检测消息结束
159	P0_Ctrl_Rcv_6	SM87.6	0＝忽略 SMB88,1＝使用 SMB88 的值检测消息开始
160	P0_Ctrl_Rcv_7	SM87.7	0＝禁用接收消息功能,1＝启用接收消息功能
161	P0_Start_Char	SMB88	消息开始字符
164	P0_Timeout	SMW92	字符间消息定时器超时值,以毫秒为单位指定
165	P0_Max_Char	SMB94	要接收的最大字符数(1～255 字节)

续表

序号	符号	地址	注释
166	P1_Stat_Rcv	SMB186	端口1接收消息状态
167	P1_Stat_Rcv_0	SM186.0	1=接收消息终止:奇偶校验错误
168	P1_Stat_Rcv_1	SM186.1	1=接收消息终止:达到最大字符计数
169	P1_Stat_Rcv_2	SM186.2	1=接收消息终止:定时器时间到
170	P1_Stat_Rcv_5	SM186.5	1=接收消息终止:收到结束字符
171	P1_Stat_Rcv_6	SM186.6	1=接收消息终止:输入参数错误或者缺少开始或结束条件
172	P1_Stat_Rcv_7	SM186.7	1=接收消息终止:用户禁用命令
173	P1_Ctrl_Rcv	SMB187	接收消息控制
174	P1_Ctrl_Rcv_1	SM187.1	0=忽略断开条件;1=将断开条件用作消息检测的开始
175	P1_Ctrl_Rcv_2	SM187.2	0=忽略SMW192,1=如果超出SMW92中的时间段,则终止接收
176	P1_Ctrl_Rcv_3	SM187.3	0=定时器是字符间定时器,1=定时器是消息定时器
177	P1_Ctrl_Rcv_4	SM187.4	0=忽略SMW190,1=使用SMW190的值检测空闲条件
178	P1_Ctrl_Rcv_5	SM187.5	0=忽略SMB189,1=使用SMB189的值检测消息结束
179	P1_Ctrl_Rcv_6	SM187.6	0=忽略SMB188,1=使用SMB188的值检测消息开始
180	P1_Ctrl_Rcv_7	SM187.7	0=禁用接收消息功能,1=启用接收消息功能
181	P1_Start_Char	SMB188	消息开始字符
182	P1_End_Char	SMB189	消息结束字符
183	P1_Idle_Time	SMW190	空闲线时间段,以毫秒为单位指定
184	P1_Timeout	SMW192	字符间/消息定时器超时值,以毫秒为单位指定
185	P1_Max_Char	SMB194	要接收的最大字符数(1~255字节)
186	EM_Parity_Err	SMW98	每次检测到扩展I/O总线发生奇偶校验错误时,该字的值将加1。上电和用户写入零时,该字将清零
187	CPU_Alarm	SMW100	CPU
188	SB_Alarm	SMW102	信号板
189	EM0_Alarm	SMW104	扩展模块总线插槽0
190	EM1_Alarm	SMW106	扩展模块总线插槽1
191	EM2_Alarm	SMW108	扩展模块总线插槽2
192	EM3_Alarm	SMW110	扩展模块总线插槽3
193	EM4_Alarm	SMW112	扩展模块总线插槽4
194	EM5_Alarm	SMW114	扩展模块总线插槽5
195	DL0_InitResult	SMB480	数据日志0的初始化结果代码
196	DL1_InitResult	SMB481	数据日志1的初始化结果代码
197	DL2_InitIResult	SMB482	数据日志2的初始化结果代码
198	DL3_InitIResult	SMB483	数据日志3的初始化结果代码
199	DL0_Maximum	SMW500	为数据日志0组态的最大记录数

续表

序号	符号	地址	注释
200	DL0_Current	SMW502	数据日志 0 存在的当前记录数
201	DL1_Maximum	SMW504	为数据日志 1 组态的最大记录数
202	DL1_Current	SMW506	数据日志 1 存在的当前记录数
203	DL2_Maximum	SMW508	为数据日志 3 组态的最大记录数
204	DL2_Current	SMW510	数据日志 3 存在的当前记录数
205	DL3_Maximum	SMW512	为数据日志 3 组态的最大记录数
206	DL3_Current	SMW514	数据日志 3 存在的当前记录数

附录 D 磁滞位移传感器

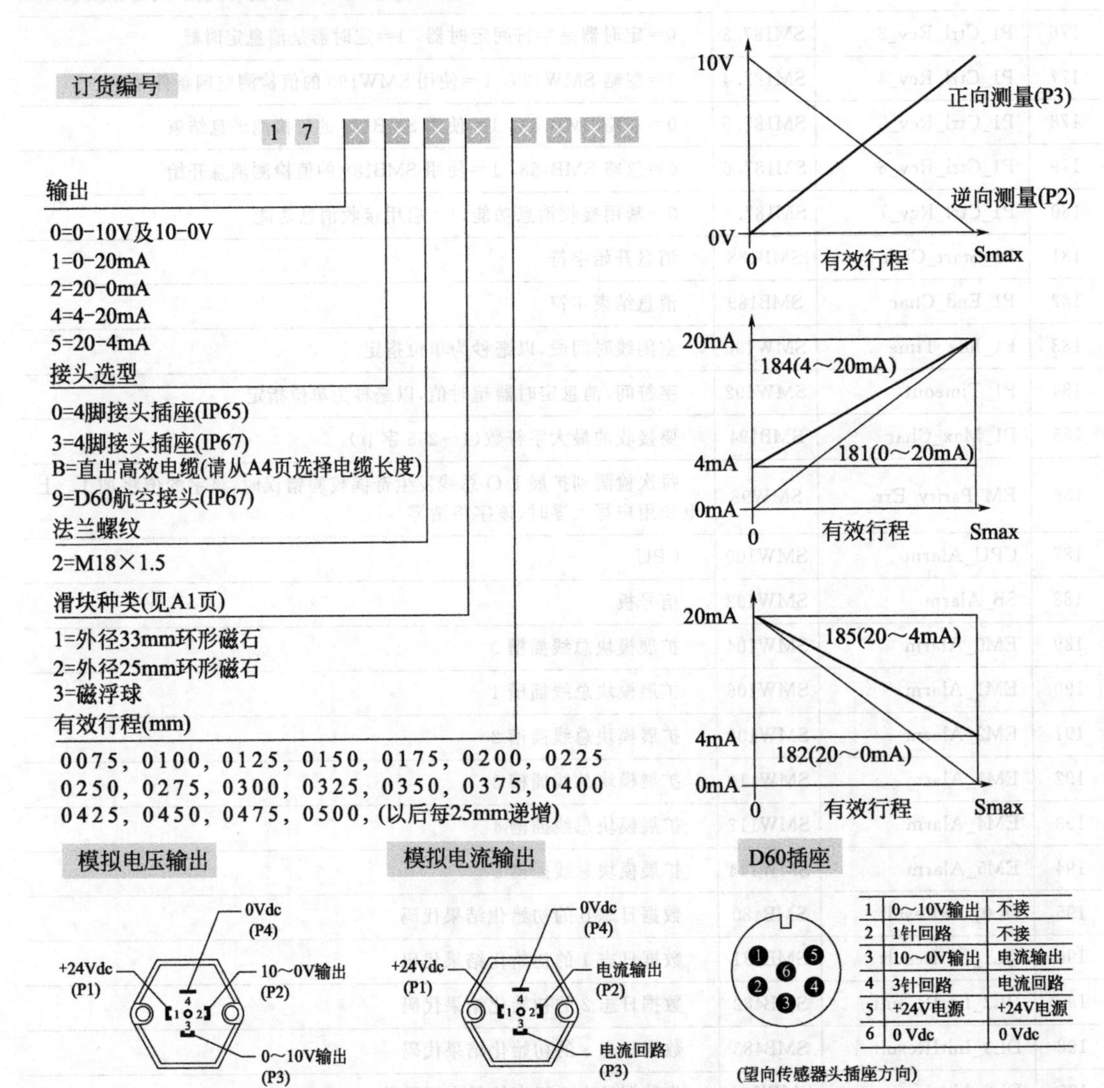

1	0~10V输出	不接
2	1针回路	不接
3	10~0V输出	电流输出
4	3针回路	电流回路
5	+24V电源	+24V电源
6	0 Vdc	0 Vdc

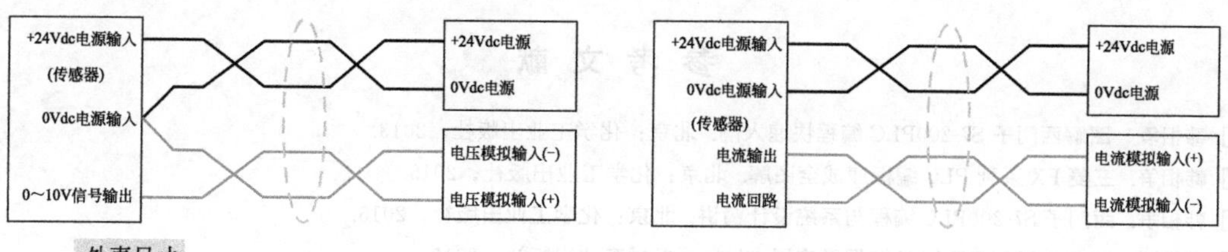

外壳尺寸

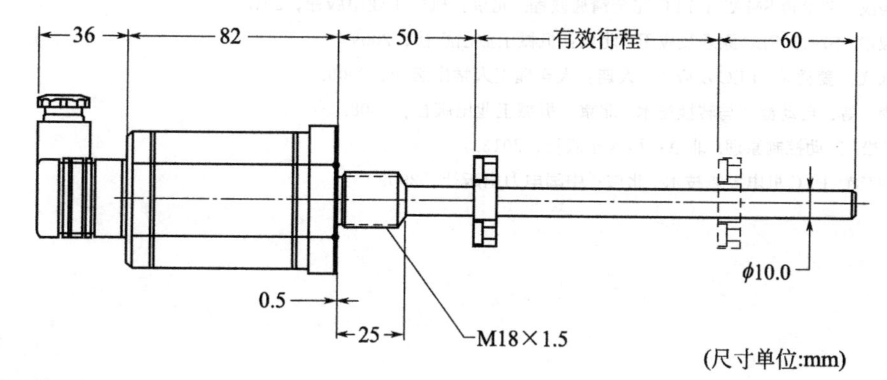

液压缸安装图例引

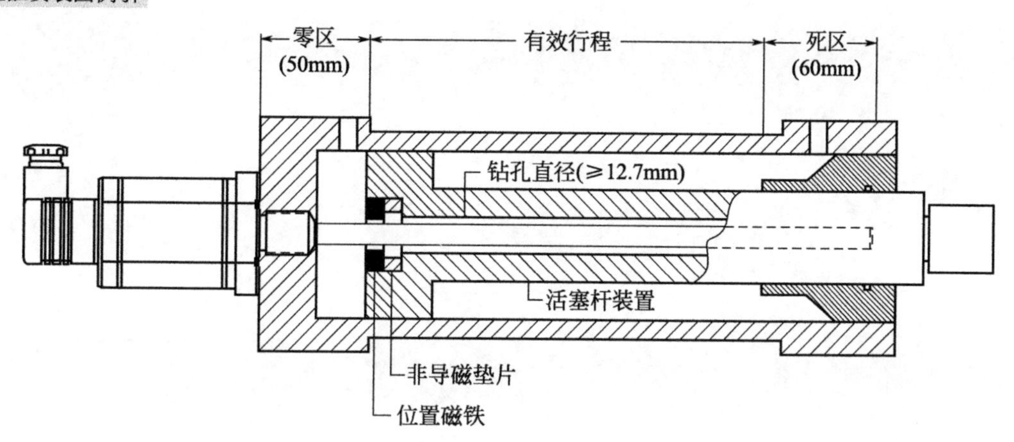

参 考 文 献

[1] 韩相争．图解西门子 S7-200PLC 编程快速入门．北京：化学工业出版社，2013.

[2] 韩相争．三菱 FX 系列 PLC 编程速成全图解．北京：化学工业出版社，2015.

[3] 韩相争．西门子 S7-200PLC 编程与系统设计精讲．北京：化学工业出版社，2015.

[4] 廖常初．S7-200 SMART PLC 编程及应用．北京：机械工业出版社，2013.

[5] 向晓汉．S7-200 SMART PLC 完全精通教程．北京：机械工业出版社，2013.

[6] 田淑珍．S7-200PLC 原理及应用．北京：机械工业出版社，2009.

[7] 张永飞，姜秀玲．PLC 及应用．大连：大连理工大学出版社，2009.

[8] 梁森，等．自动检测与转换技术．北京：机械工业出版社，2008.

[9] 胡寿松．自动控制原理．北京：科学出版社，2013.

[10] 段有艳．PLC 机电控制技术．北京：中国电力出版社，2009.